토목설계

9급 공무원 토목직

각 단원별 핵심내용 체계적 정리 | 기출문제에 대한 철저한 경향분석과 해설
실전능력 향상을 위한 출제문제 제시

채수하 저

1권 이론 + 실전문제

CIVIL ENGINEERING DESIGN

예문사

머리말

본서는 9급 토목직 공무원 수검자들을 위한 기본서로서 기초이론부터 최신 출제기준에 따라 출제경향을 분석하여 출제가능성이 높은 기출문제 위주로 정리하였으며, 단순 암기보다는 근본적인 이해와 이를 통한 문제해결능력을 배양하는데 중점을 두어 기술하였습니다.

또한 동일 개념 및 유사문제의 해결에 대비할 수 있도록 상세한 해설을 첨부하여, 처음 시험을 준비하는 분들이나 단기간에 복습 또는 총정리를 하기 원하는 독자들도 목적에 따라 쉽게 활용할 수 있도록 구성하였습니다.

출제경향분석이나 예상문제, 기출문제를 통하여 출제 빈도를 파악할 수 있으며 해설부분은 목적에 따라 학습성취도를 극대화하는 데 도움이 될 것입니다.

부디 이 교재가 수험자 여러분의 실력향상과 합격에 도움이 되길 바라며, 출간을 위해 애써주신 도서출판 예문사 관계자 분들께 감사의 뜻을 전합니다.

채 수 하

출제빈도표

✚ 국가직 9급

구분	07년	08년	09년	10년	11년	12년	13년	14년	15년	16년	17년	18년	19년	20년	21년	22년	소계
1장 철근콘크리트 개론	2	1	1	2	2	4	0	1	3	3	4	2	2	1	1	2	31 (9.7%)
2장 설계방법	0	0	1	1	0	0	1	1	0	1	0	1	0	0	0	0	6 (1.9%)
3장 보의 휨해석과 설계	4	4	2	1	2	3	3	6	4	1	4	3	3	6	2	5	53 (16.5%)
4장 보의 전단과 비틀림	4	3	3	2	2	1	2	2	1	2	2	2	2	3	3	2	36 (11.2%)
5장 철근의 정착과 이음	0	0	1	2	1	2	1	1	2	1	0	1	1	0	1	1	15 (4.7%)
6장 사용성	0	1	1	0	1	0	1	0	2	2	1	0	1	1	1	1	13 (4.0%)
7장 기둥	3	1	2	3	3	2	2	2	1	2	0	1	2	1	2	2	29 (9.1%)
8장 슬래브	0	1	2	0	0	1	1	1	2	0	1	1	1	1	0	0	12 (3.8%)
9장 확대기초	1	1	0	1	1	2	1	1	0	1	2	2	3	1	0	1	18 (5.6%)
10장 옹벽	1	1	1	2	1	0	1	1	2	1	2	0	0	1	2	1	17 (5.3%)
11장 프리스트레스트 콘크리트(PSC)	3	4	3	3	4	3	3	3	1	3	2	3	3	3	3	3	47 (14.7%)
12장 강구조 및 교량	1	1	3	2	3	2	3	1	2	3	2	4	2	2	4	2	37 (11.6%)
13장 기타	1	2	0	1	0	0	1	0	0	0	0	0	0	0	1	0	6 (1.9%)
Total	20	20	20	20	20	20	20	20	20	20	20	20	20	20	20	20	320 (100%)

✚ 지방직 9급

구분	09년	10년	11년	12년	13년	14년	15년	16년	17년 (1)	17년 (2)	18년	19년	20년	21년	22년	소계
1장 철근콘크리트 개론	1	1	0	2	2	1	0	1	0	1	2	2	1	1	0	15 (5.0%)
2장 설계방법	1	1	0	1	0	1	0	1	0	1	1	0	1	1	1	10 (3.3%)
3장 보의 휨해석과 설계	4	6	7	3	5	2	4	3	5	5	3	3	5	5	4	64 (21.3%)
4장 보의 전단과 비틀림	1	2	3	1	2	2	3	2	2	2	1	1	3	2	1	28 (9.3%)
5장 철근의 정착과 이음	1	1	0	1	1	2	1	1	1	2	1	1	1	1	1	16 (5.3%)
6장 사용성	0	0	0	1	0	3	1	1	1	0	1	2	1	0	2	13 (4.3%)
7장 기둥	2	1	2	2	2	1	0	2	1	1	2	2	1	2	0	21 (7.0%)
8장 슬래브	2	1	1	1	1	0	1	1	1	2	1	1	0	1	1	15 (5.0%)
9장 확대기초	1	1	1	1	1	1	2	1	1	0	1	1	1	1	2	16 (5.3%)
10장 옹벽	1	1	1	1	1	1	0	1	0	1	2	1	1	1	1	14 (4.7%)
11장 프리스트레스트 콘크리트(PSC)	3	3	3	3	3	3	3	3	3	3	3	3	3	3	3	45 (15.0%)
12장 강구조 및 교량	2	1	2	3	2	3	5	3	4	2	2	3	1	2	3	38 (12.7%)
13장 기타	1	1	0	0	0	0	0	0	1	0	0	0	1	0	1	5 (1.7%)
Total	20	20	20	20	20	20	20	20	20	20	20	20	20	20	20	300 (100%)

✚ 서울시 9급

구분	09년	10년	11년	12년	13년	14년	15년	16년	17년	18년 (1)	18년 (2)	19년	소계
1장 철근콘크리트 개론	3	3	5	2	1	0	1	3	5	1	2	2	28 (11.7%)
2장 설계방법	2	0	0	2	3	0	0	0	1	0	0	0	8 (3.3%)
3장 보의 휨해석과 설계	2	2	2	4	3	1	3	4	2	2	5	5	35 (14.6%)
4장 보의 전단과 비틀림	1	2	1	2	2	1	2	1	3	2	1	2	20 (8.3%)
5장 철근의 정착과 이음	2	2	0	1	1	3	1	1	1	2	2	1	17 (7.1%)
6장 사용성	4	1	2	1	2	0	2	4	0	0	0	1	17 (7.1%)
7장 기둥	1	1	1	1	0	0	0	0	0	1	0	2	7 (2.9%)
8장 슬래브	2	3	1	1	0	0	1	1	1	1	2	1	14 (5.8%)
9장 확대기초	0	0	2	1	0	0	1	1	1	1	1	1	9 (3.8%)
10장 옹벽	0	2	1	1	1	0	0	1	1	1	2	1	11 (4.6%)
11장 프리스트레스트 콘크리트(PSC)	2	1	2	2	3	7	4	2	4	2	4	3	36 (15.0%)
12장 강구조 및 교량	1	3	2	1	2	6	5	1	1	2	1	1	26 (10.8%)
13장 기타	0	0	1	1	2	2	0	1	0	5	0	0	12 (5.0%)
Total	20	20	20	20	20	20	20	20	20	20	20	20	240 (100%)

✚ 전체 출제빈도

구분	국가직 소계	지방직 소계	서울시 소계	Total
1장 철근콘크리트 개론	31 (9.7%)	15 (5.0%)	28 (11.7%)	74 (8.6%)
2장 설계방법	6 (1.9%)	10 (3.3%)	8 (3.3%)	24 (2.8%)
3장 보의 휨해석과 설계	53 (16.5%)	64 (21.3%)	35 (14.6%)	152 (17.6%)
4장 보의 전단과 비틀림	36 (11.2%)	28 (9.3%)	20 (8.3%)	84 (9.7%)
5장 철근의 정착과 이음	15 (4.7%)	16 (5.3%)	17 (7.1%)	48 (5.9%)
6장 사용성	13 (4.0%)	13 (4.3%)	17 (7.1%)	43 (5.0%)
7장 기둥	29 (9.1%)	21 (7.0%)	7 (2.9%)	57 (6.6%)
8장 슬래브	12 (3.8%)	15 (5.0%)	14 (5.8%)	41 (4.7%)
9장 확대기초	18 (5.6%)	16 (5.3%)	9 (3.8%)	43 (5.0%)
10장 옹벽	17 (5.3%)	14 (4.7%)	11 (4.6%)	42 (4.9%)
11장 프리스트레스트 콘크리트 (PSC)	47 (14.7%)	45 (15.0%)	36 (15.0%)	128 (14.9%)
12장 강구조 및 교량	37 (11.6%)	38 (12.7%)	26 (10.8%)	101 (11.7%)
13장 기타	6 (1.9%)	5 (1.7%)	12 (5.0%)	23 (2.6%)
Total	320 (100%)	300 (100%)	240 (100%)	860 (100%)

전체 목차

이론+실전문제

기출문제

1권 목차

Chapter 01 철근콘크리트 개론

Chapter 02 설계방법

Chapter 03 보의 휨해석과 설계

Chapter 04 보의 전단과 비틀림

Chapter 05 철근의 정착과 이음

Chapter 06 사용성

Chapter 07 기둥

Chapter 08 슬래브

Chapter 09 확대기초

Chapter 10 옹벽

Chapter 11 프리스트레스트 콘크리트(PSC)

Chapter 12 강구조 및 교량

Chapter 13 기타

C·O·N·T·E·N·T·S

Chapter 01

철근콘크리트 개론

Contents

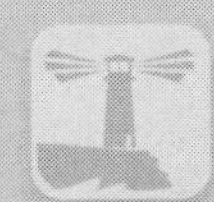

01 철근콘크리트의 기본개념

1. 철근콘크리트의 정의

(1) 콘크리트

압축강도에 비하여 인장강도가 매우 낮은 재료이다.

① 인장강도/압축강도=1/9~1/13

② 휨인장강도/압축강도=1/5~1/7

참고

◈ 콘크리트의 구성재료

① 시멘트풀=시멘트+물

② 모르터=시멘트풀+잔골재

③ 콘크리트=모르터+굵은골재

위의 ①, ②, ③에 추가적으로 혼화재료를 더 넣을 수 있다.

(2) 철근

인장강도와 압축강도가 거의 같고, 또한 그 강도가 매우 큰 재료이다.

(3) 철근콘크리트

① 콘크리트와 철근, 이들 두 재료의 역학적 성질을 잘 반영하여 보와 같이 압축과 인장을 동시에 받는 부재를 콘크리트로 만들 경우 인장측에 철근을 보강 배치한 합성재료이다.

② 콘크리트와 철근, 이들 성질이 서로 다른 두 재료가 완전한 부착에 의하여 외력에 일체 거동을 하도록 하여 압축은 콘크리트가 받고 인장은 철근이 받도록 구성한 합리적이면서 효율적인 합성재료이다.

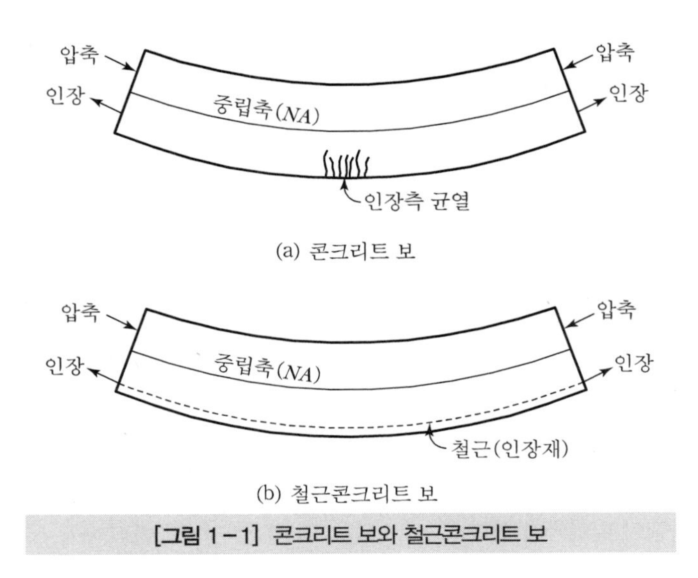

[그림 1-1] 콘크리트 보와 철근콘크리트 보

2. 철근콘크리트의 성립 이유

① 콘크리트와 철근 사이의 부착강도가 크다.
(이러한 부착력이 두 재료 사이의 활동을 방지하여 일체거동을 하도록 한다.)
② 콘크리트 속에 묻힌 철근은 부식되지 않는다.
(이것은 콘크리트의 불투수성 때문이다.)
③ 콘크리트와 철근의 열팽창계수는 거의 같다.
(대기온도의 변화로 인하여 발생되는 두 재료 사이의 응력은 무시할 수 있다.)

참고

◈ 콘크리트와 철근의 열팽창계수
① 콘크리트의 열팽창계수
$\alpha_c = (1.0 \sim 1.3) \times 10^{-5}$ (/℃)
② 철근의 열팽창계수
$\alpha_s = 1.2 \times 10^{-5}$ (/℃)

3. 철근콘크리트의 장단점

(1) 철근콘크리트의 장점

① 구조물을 경제적으로 만들 수 있다.
② 구조물의 형상과 치수에 제약을 받지 않고 시공할 수 있다.
③ 구조물을 일체적으로 만들 수 있으므로 강성이 큰 구조를 얻을 수 있다.

④ 내구성이 좋다.
⑤ 내화성이 좋다.
⑥ 진동이 적고 소음이 덜 난다.

참고

◈ 강성(Stiffness)과 연성(Flexibility)
① 강성 : 단위 변위를 유발시키는 데 필요한 힘
② 연성 : 단위 힘당 발생되는 변위

(2) 철근콘크리트의 단점

① 중량이 비교적 크다.
② 콘크리트에 균열이 발생한다.
③ 부분적인 파손이 일어나기 쉽다.
④ 검사하기가 어렵다.
⑤ 개조, 보강, 그리고 해체하기가 어렵다.
⑥ 시공이 조잡해지기 쉽다.

02 콘크리트

1. 콘크리트의 구성재료

(1) 시멘트

1) 시멘트는 골재를 고형물질로 결합시킬 수 있는 응집성과 점착성을 가진 재료이다.
2) 철근콘크리트에 사용되는 시멘트는 수경성 시멘트이다.
3) 보통 포틀랜드 시멘트(Ordinary Portland Cement)
① 가장 보편적으로 사용되는 시멘트이다.
② 콘크리트 타설 후 14일 정도 경과되면 거푸집을 제거할 수 있는 강도에 도달하고, 재령 28일에 설계강도에 도달하는 시멘트이다.
4) 조강 포틀랜드 시멘트(High Early Strength Portland Cement)
① 급속한 공사를 할 경우에 사용되는 시멘트이다.
② 재령 1~3일에 보통 포틀랜드 시멘트의 재령 28일 강도에 도달하는 시멘트이다.

참고

◈ 수경성 시멘트
물을 만나면 수화작용을 일으켜서 응결, 경화하는 시멘트

(2) 물

1) 철근콘크리트에 사용되는 물은 사람이 마실 수 있을 정도로 깨끗한 것으로서 콘크리트와 철근에 유해한 영향을 미치는 기름, 산, 염류, 그리고 유기물 등을 함유해서는 안 된다.
2) 콘크리트 배합에 필요한 최소의 물－시멘트 비(Water－Cement Ratio)는 35～40% 정도이다.
   ① 시멘트의 수화작용을 위해서 필요한 물의 양 : 25%
   ② 물의 유동성을 위해서 필요한 물의 양 : 10～15%

참고

◈ 물－시멘트 비

$$W/C비 = \frac{물의\ 질량}{시멘트의\ 질량} \times 100\%$$

(3) 잔골재

① 모래, 부순모래 등과 같은 골재를 잔골재라고 한다.
② No.4체(체눈의 크기 5mm)를 거의 통과하고(질량의 85% 이상 통과) No.200체(체눈의 크기 0.08mm)에 거의 남는(질량의 85% 이상 남음) 골재를 잔골재로 정의한다.

(4) 굵은골재

1) 자갈, 부순자갈 등과 같은 골재를 굵은골재라고 한다.
2) No.4체에 거의 남는 골재를 굵은골재로 정의한다.
3) 굵은골재 최대 치수
   ① 질량비로 90% 이상 통과하는 체 중에서 최소 치수의 체의 눈의 호칭치수로 나타낸 것을 굵은골재 최대 치수라고 한다.
   ② 굵은골재 최대 치수는 다음 값 이하라야 한다.
      ㉠ 일반적인 경우 25mm, 단면이 큰 경우 40mm
      ㉡ 거푸집 양 측면 사이의 최소거리의 1/5(부재 최소 치수의 1/5)
      ㉢ 슬래브 두께의 1/3
      ㉣ 철근 수평 순간격의 3/4

(5) 혼화재료

① 콘크리트의 성질을 개선할 목적으로 시멘트, 물, 골재 이외에 추가적으로 더 넣는 재료를 혼화재료라 한다.

② 사용량이 비교적 적어서 그 자체의 부피를 배합설계에서 무시할 수 있는 혼화재료를 혼화제라 한다.

③ 사용량이 비교적 많아서 그 자체의 부피를 배합설계에 고려해야 하는 혼화재료를 혼화재라 한다.

참고

◈ 혼화제의 종류
AE제, 감수제, AE감수제, 유동화제, 촉진제, 지연제, 급결제, 방수제, 기포제, 방청제 등

◈ 혼화재의 종류
플라이 애쉬, 실리카퓸, 폴리머 등

2. 콘크리트의 강도

(1) 콘크리트의 압축강도

1) 콘크리트의 압축강도 시험

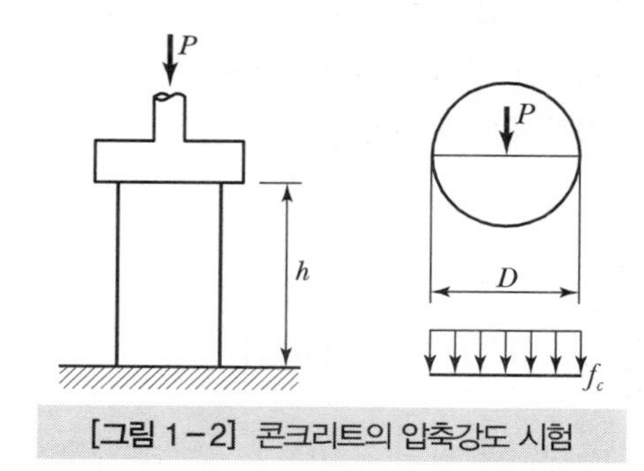

[그림 1-2] 콘크리트의 압축강도 시험

① 시험방법

KS F 2405(콘크리트의 압축강도 시험방법)에 따라 시험

② 시편치수

$\phi 150 \times 300$mm 원주형 공시체($D=150$mm, $h=300$mm)

③ 시험강도

$$f_c = \frac{P}{A} = \frac{4P}{\pi D^2} \quad \cdots\cdots (1.1)$$

여기서, f_c : 콘크리트의 압축강도

2) 콘크리트의 압축강도

① 일반적으로 콘크리트 구조물의 설계에 있어서 콘크리트의 압축강도는 재령 28일의 압축강도를 기준으로 한다.

$$f_c = f_{28} = f_{ck}$$

여기서, f_{28} : 콘크리트의 재령28일 압축강도

f_{ck} : 콘크리트의 설계기준강도

② 콘크리트의 재령 28일 압축강도와 물-시멘트 비의 관계

$$f_{28} = -21 + 21.5\frac{C}{W}(\mathrm{MPa}) \quad \cdots\cdots (1.2)$$

3) 공시체의 형상과 치수에 따른 콘크리트의 압축강도

① 100×200mm 원주형 공시체의 압축강도는 150×300mm 원주형 공시체의 압축강도의 1.03배이다(강도보정계수=0.97).

② 200×200×200mm 정육면체 공시체의 압축강도는 150×300mm 원주형 공시체의 압축강도의 1.2배이다(강도보정계수=0.83).

③ 150×150×150mm 정육면체 공시체의 압축강도는 150×300mm 원주형 공시체의 압축강도의 1.25배이다(강도보정계수=0.80).

참고

◈ 공시체 형상에 따른 콘크리트 압축강도
정육면체 공시체의 강도가 원주형 공시체의 강도보다 크다.

◈ 공시체 치수에 따른 콘크리트 압축강도
공시체의 치수가 작을수록 강도가 크다.

(2) 콘크리트의 쪼갬인장강도

1) 콘크리트의 쪼갬인장강도 시험

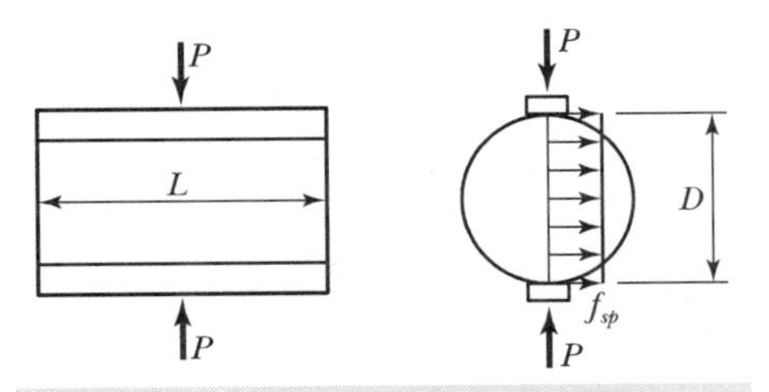

[그림 1-3] 콘크리트의 쪼갬인장강도 시험

① 시험방법

KS F 2423(쪼갬인장강도 시험방법)에 따라 시험

② 시편치수

$\phi 150 \times 300$mm(D=150mm, L=300mm)

③ 시험강도

$$f_{sp} = \frac{2P}{\pi DL} \quad \cdots\cdots (1.3)$$

여기서, f_{sp} : 콘크리트의 쪼갬인장강도

2) 콘크리트의 쪼갬인장강도

① 보통 콘크리트의 쪼갬인장강도

$$f_{sp} = (0.5 \sim 0.66)\sqrt{f_c}$$

② 콘크리트의 설계기준강도와 쪼갬인장강도의 관계

$$f_{sp} = 0.56\lambda\sqrt{f_{ck}}\,(\text{MPa}) \quad \cdots\cdots (1.4)$$

(3) 콘크리트의 휨인장강도

1) 콘크리트의 휨인장강도 시험

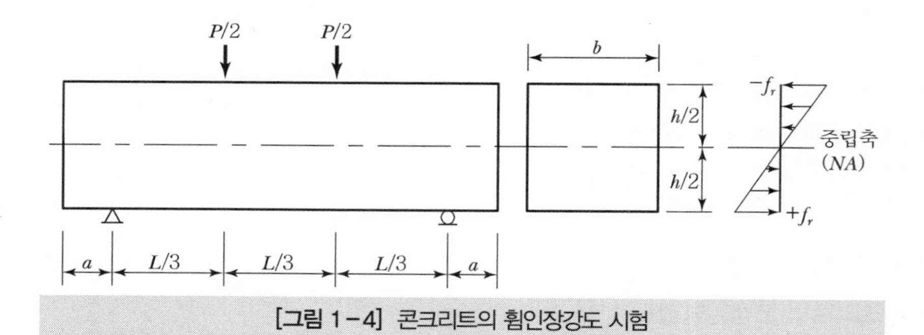

[그림 1-4] 콘크리트의 휨인장강도 시험

① 시험방법

KS F 2408(삼등분점 재하 시험방법)에 따라 시험

② 시편치수

$150 \times 150 \times 530$mm($b$=150mm, h=150mm, L=450mm, a=40mm)

③ 시험강도

$$f_r = \frac{PL}{bh^2} \quad \cdots\cdots (1.5)$$

여기서, f_r : 콘크리트의 휨인장강도(파괴계수)

2) 콘크리트의 휨인장강도

① 보통 콘크리트의 휨인장강도

$$f_r = (0.66 \sim 1.0)\sqrt{f_c}$$

② 콘크리트의 설계기준강도와 휨인장강도의 관계

$$f_r = 0.63\lambda\sqrt{f_{ck}}\,(\text{MPa}) \quad \cdots\cdots (1.6)$$

(4) 콘크리트의 전단강도

1) 콘크리트의 전단강도 시험

콘크리트의 전단강도는 다른 강도와 분리하여 시험하기 어렵다.

2) 콘크리트의 전단강도

① 보통 콘크리트의 전단강도

$$v_c = (0.35 \sim 0.80)f_c$$

여기서, v_c : 콘크리트의 전단강도

② 콘크리트의 설계기준강도와 공칭전단강도의 관계

$$v_c = \frac{1}{6}\lambda\sqrt{f_{ck}}\,(\text{MPa}) \quad \cdots\cdots (1.7)$$

(5) 콘크리트의 피로강도

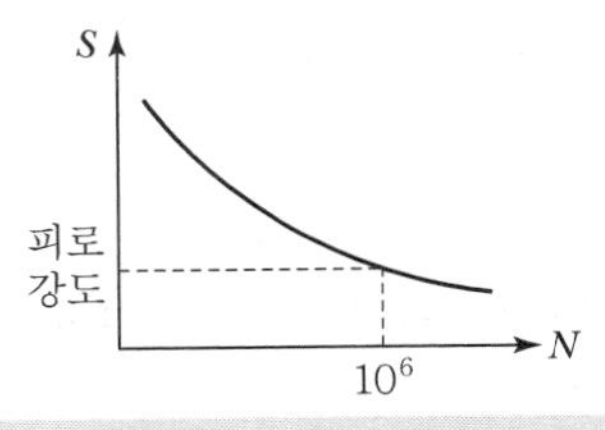

[그림 1-5] S-N Curve

1) 콘크리트는 피로한도를 갖지 않기 때문에 100만 회의 반복하중에 대하여 견딜 수 있는 최대 강도를 콘크리트의 피로강도로 한다.

2) 콘크리트의 피로강도

① 콘크리트의 압축에 대한 피로강도＝정적강도의 50～55%

② 콘크리트의 휨에 대한 피로강도＝정적 강도의 30～60%

3. 콘크리트의 설계기준강도와 배합강도

(1) 콘크리트의 설계기준강도

① 콘크리트의 설계기준강도는 콘크리트 구조물의 설계에 있어서 기준으로 하는 압축강도를 말한다.

② 일반적으로 보통의 콘크리트 구조물의 설계는 재령 28일의 압축강도를 기준으로 한다.

(2) 콘크리트의 배합강도

① 콘크리트의 배합강도는 콘크리트의 배합을 정할 경우에 목표로 하는 압축강도를 말한다.

② 콘크리트의 설계기준강도를 확보하기 위해서 미리 콘크리트의 압축강도의 변동을 고려하여 적절한 수준으로 콘크리트의 설계기준강도를 웃도는 강도를 얻도록 배합을 할 때 목표로 정한 압축강도를 말한다.

(3) 콘크리트의 설계기준강도와 배합강도의 관계

1) 30회 이상의 시험기록이 있는 경우

① $f_{ck} \leq 35\text{MPa}$인 경우

콘크리트의 배합강도는 다음의 두 식에 의한 값 중에서 큰 값으로 한다.

㉠ $f_{cr} = f_{ck} + 1.34s\,(\text{MPa})$ ······ (1.8)

㉡ $f_{cr} = (f_{ck} - 3.5) + 2.33s\,(\text{MPa})$ ······ (1.9)

② $f_{ck} > 35\text{MPa}$인 경우

콘크리트의 배합강도는 다음의 두 식에 의한 값 중에서 큰 값으로 한다.

㉠ $f_{cr} = f_{ck} + 1.34s\,(\text{MPa})$

㉡ $f_{cr} = 0.9f_{ck} + 2.33s\,(\text{MPa})$ ······ (1.10)

여기서, f_{cr} : 콘크리트의 배합강도

참고

◈ 압축강도의 표준편차(s)

$$s = \sqrt{\frac{\sum_{i=1}^{n}(x_i - \overline{x})^2}{n-1}}$$

◈ 압축강도의 평균($\overline{x}$)

$$\overline{x} = \frac{\sum_{i=1}^{n} x_i}{n}$$

◈ 시편 개개의 압축강도

$x_{i\,(i=1,2,3\text{-}n)}$

◈ 압축강도의 시험횟수

n

2) 15회 이상 29회 이하의 시험기록이 있는 경우

15회 이상 29회 이하의 시험기록으로 계산한 표준편차에 [표 1−1]의 보정계수를 곱한 값을 표준편차로 하여 콘크리트의 배합강도를 계산해도 좋다.

[표 1−1] 시험횟수가 15회 이상 29회 이하인 경우 표준편차의 보정계수

시험횟수	보정계수
15	1.16
20	1.08
25	1.03
30 이상	1.00

주 표에 명시되어 있지 않은 시험횟수에 대해서는 직선보간법에 의한다.

3) 시험횟수가 14회 이하이거나 시험기록이 없는 경우

콘크리트 압축강도의 표준편차를 계산하기 위한 현장강도 기록이 없거나 시험횟수가 14회 이하인 경우는 [표 1−2]에 의하여 배합강도를 결정하여야 한다.

[표 1−2] 시험횟수가 14회 이하이거나 시험기록이 없는 경우의 배합강도

설계기준강도, f_{ck}(MPa)	배합강도, f_{cr}(MPa)
21 미만	$f_{ck}+7$
21 이상 35 이하	$f_{ck}+8.5$
35 초과	$1.1f_{ck}+5$

4. 콘크리트의 강도에 영향을 주는 요인

(1) 시멘트와 물

① 시멘트량이 증가할수록 콘크리트의 강도는 증가한다.

② 물−시멘트 비가 낮을수록 콘크리트의 강도는 증가한다.

(2) 골재

① 골재의 입도가 좋을수록 콘크리트의 강도는 증가한다.

② 골재의 표면이 거칠수록 콘크리트의 강도는 증가한다.

(3) 재령

① 재령이 클수록 콘크리트의 강도는 증가한다.

② 재령에 따른 콘크리트의 강도

㉠ 콘크리트 타설 후 1주일 경과 : $0.7f_{ck}$

㉡ 콘크리트 타설 후 2주일 경과 : $(0.85\sim0.90)f_{ck}$

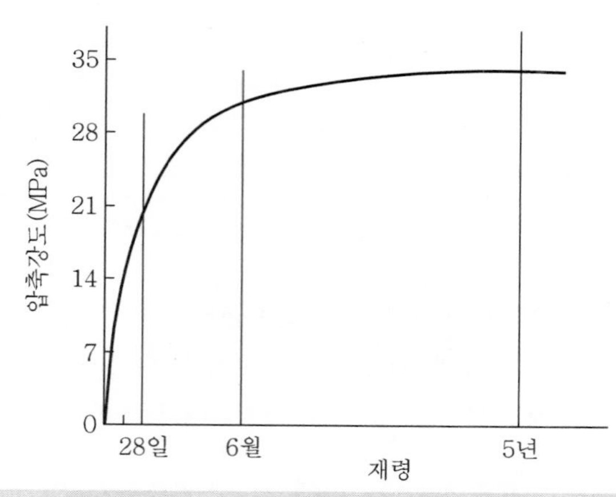

[그림 1-6] 재령에 따른 콘크리트의 압축강도

(4) 하중재하 기간

하중재하 기간이 길수록 콘크리트의 강도는 감소하게 되는데 이러한 현상의 주된 요인은 콘크리트의 크리프 때문이다.

(5) 양생조건

① 콘크리트의 최종적인 강도는 초기재령에서 양생조건에 크게 영향을 받는다.

② 양생조건에 따른 콘크리트의 강도

㉠ 조기건조 : 30% 이상의 강도 감소

㉡ 동결 : 50% 정도의 강도 감소

(6) 기타

콘크리트의 운반, 타설, 다짐 등의 방법에 의해서 콘크리트의 강도는 영향을 받는다.

5. 콘크리트의 응력－변형률 곡선과 탄성상수

(1) 콘크리트의 응력－변형률 곡선의 특성

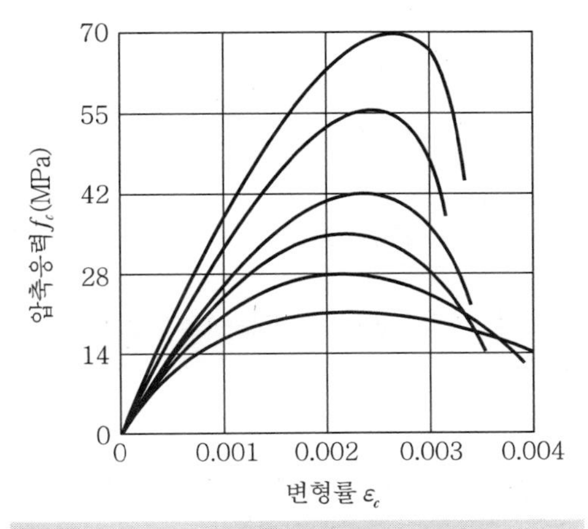

[그림 1－7] 콘크리트의 응력－변형률 곡선

① 고강도 콘크리트는 취성이 크고, 저강도 콘크리트는 취성이 작다.

② 최대 응력 근처의 변형률은 0.002～0.003의 범위에 존재한다.

③ 파괴시의 변형률은 0.003～0.004의 범위에 존재한다.

④ 콘크리트의 강도에 관계없이 콘크리트 압축강도의 30～50% 정도의 낮은 응력 범위에서 콘크리트의 응력－변형률 곡선은 거의 직선으로 거동한다.

(2) 콘크리트의 탄성계수

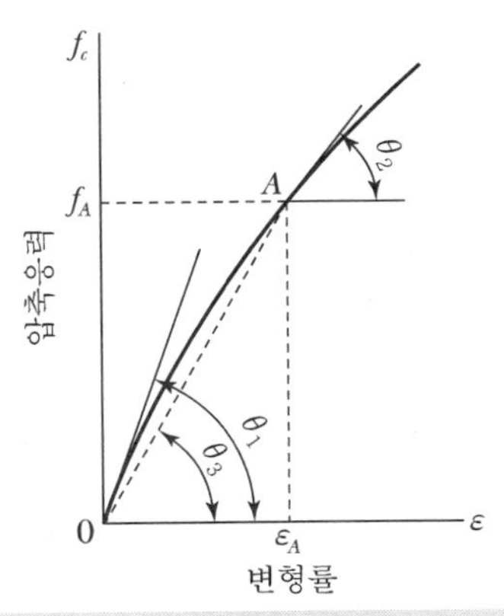

[그림 1－8] 콘크리트의 탄성계수

1) 탄성계수의 종류

① 초기접선 탄성계수 : $E_{ci} = \left(\dfrac{df_c}{d\varepsilon}\right)_{\varepsilon=0} = \tan\theta_1$

② 접선 탄성계수 : $E_{ct} = \left(\dfrac{df_c}{d\varepsilon}\right)_{\varepsilon=\varepsilon_A} = \tan\theta_2$

③ 할선 탄성계수 : $E_c = \dfrac{f_A}{\varepsilon_A} = \tan\theta_3$

참고

◈ 할선 탄성계수
① 콘크리트 압축강도의 30~50% 정도의 압축응력에 해당하는 A점과 원점 0를 연결하는 직선의 기울기를 의미한다.
② 일반적으로 콘크리트의 탄성계수는 할선 탄성계수를 의미한다.

2) 콘크리트 구조 설계기준에 따른 콘크리트의 탄성계수

① $1,450\text{kg/m}^3 \le m_c \le 2,500\text{kg/m}^3$인 경우

$$E_c = 0.077 m_c^{1.5} \sqrt[3]{f_{cm}}\ (\text{MPa}) \quad \cdots\cdots (1.11)$$

$$f_{cm} = f_{ck} + \Delta f\ (\text{MPa}) \quad \cdots\cdots (1.12)$$

여기서, m_c : 콘크리트의 단위질량
f_{cm} : 콘크리트의 평균 압축강도
f_{ck} : 콘크리트의 설계기준 압축강도

Δf값
- $f_{ck} \le 40\text{MPa} \rightarrow \Delta f = 4\text{MPa}$
- $f_{ck} \ge 60\text{MPa} \rightarrow \Delta f = 6\text{MPa}$
- $40\text{MPa} < f_{ck} < 60\text{MPa} \rightarrow \Delta f = 0.1 f_{ck}$

② $m_c = 2,300\text{kg/m}^3$ 보통 골재를 사용한 콘크리트의 경우

$$E_c = 8,500 \sqrt[3]{f_{cm}}\ (\text{MPa}) \quad \cdots\cdots (1.13)$$

③ 콘크리트의 크리프변형을 계산할 경우 사용하는 초기접선 탄성계수

$$E_{ci} = 10,000 \sqrt[3]{f_{cm}} \quad \cdots\cdots (1.14)$$

(3) 콘크리트의 전단 탄성계수

$$G_c = \frac{E_c}{2(1+\nu_c)} \quad \cdots\cdots (1.15)$$

(4) 콘크리트의 포아송비

콘크리트의 포아송비는 $0.7f_{ck}$ 이하의 응력에서 ν_c=0.15~0.20의 범위에 있으며, 일반적으로 ν_c=0.18로 한다.

6. 콘크리트의 크리프

(1) 크리프의 정의

일정한 응력이 콘크리트에 장시간 계속하여 작용할 때 시간의 경과와 더불어 변형이 계속 진행되는 현상을 크리프라 하고, 크리프로 인한 변형률을 크리프변형률이라 한다.

(2) 크리프변형의 진행

1) 하중재하 기간이 경과함에 따라 크리프변형의 진행은 감소한다.

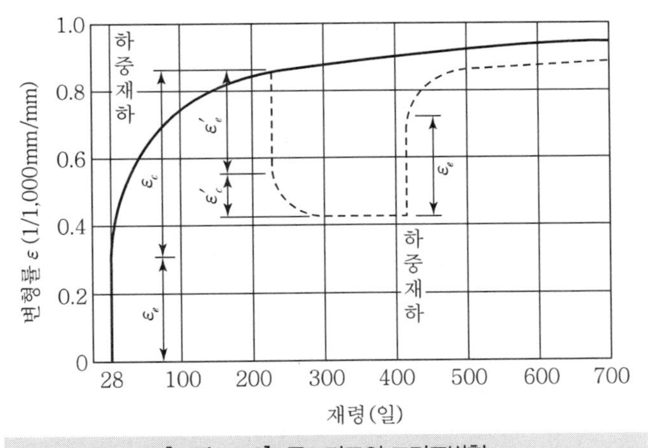

[그림 1-9] 콘크리트의 크리프변형

2) 하중재하 후 시간 경과에 따른 크리프변형의 진행

① 하중재하 후 28일 경과 : 총 크리프변형의 1/2 정도 진행

② 하중재하 후 3~4개월 경과 : 총 크리프변형의 3/4 정도 진행

③ 하중재하 후 2~5년 경과 : 크리프변형 완료

(3) Davis Glanville의 법칙

1) 정의

크리프변형률은 탄성변형률에 비례한다.

$$\varepsilon_c = c_u \cdot \varepsilon_e \quad \cdots\cdots (1.16)$$

여기서, ε_c : 크리프변형률
ε_e : 탄성변형률
c_u : 크리프계수

참고

◈ 탄성변형률
하중이 실리자마자 발생하는 변형률로서 즉시변형률이라고도 한다.

$$\varepsilon_e = \frac{f_c}{E_c}$$

2) 크리프계수

① 옥내구조물 : c_u=3.0
② 옥외구조물 : c_u=2.0
③ 수중콘크리트 : $c_u \leq 1.0$

3) Davis Glanville의 법칙은 콘크리트에 작용하는 응력이 원주형 공시체 강도의 50% 이하인 경우에 성립한다.

참고

Davis Glanville의 법칙은 $f_c \leq \frac{1}{2} f_{ck}$인 경우에 성립한다.

(4) 크리프에 영향을 주는 요인

① 콘크리트의 W/C비가 작을수록 크리프변형은 감소한다.
② 콘크리트의 강도가 클수록 크리프변형은 감소한다.
③ 하중재하시 콘크리트의 재령이 클수록 크리프변형은 감소한다.
④ 콘크리트가 배치될 주위의 온도가 낮고, 습도가 높을수록 크리프변형은 감소한다.

7. 콘크리트의 건조수축

(1) 건조수축의 정의

콘크리트가 대기 중에 방치될 때 콘크리트 속에 있던 자유수가 증발하면서 콘크리트가 수축되는 현상을 건조수축이라고 한다.

참고

◈ 자유수
콘크리트를 배합할 때 유동성을 확보하기 위해서 시멘트의 수화작용에 필요한 물보다 더 많은 물을 사용하게 되는데 이때 수화작용에 사용되고 남은 물을 자유수라 한다.

(2) 건조수축에 영향을 주는 요인

① 단위수량 및 단위시멘트량이 적을수록 건조수축량은 감소한다.
② 부재의 단면치수 및 굵은골재 최대 치수가 클수록 건조수축량은 감소한다.
③ 콘크리트 타설시 다지기를 잘하면 건조수축량은 감소한다.
④ 습윤양생시키면 건조수축량은 감소한다.

(3) 기타 사항

① 건조수축의 진행속도는 초기에 빠르게 진행되지만 시간이 경과함에 따라 그 진행속도가 점차 감소한다.
② 보통 콘크리트의 최종 건조수축량은 일반적으로 0.0002~0.0007의 범위에 있다.
③ 부정정구조물 설계시 고려되는 건조수축 변형률은 일반적으로 [표 1-3]의 값을 표준으로 한다.

[표 1-3] 콘크리트 구조물의 건조수축변형률

구조물의 종류		건조수축변형률
라멘		0.00015
아치	철근량 0.5% 이상	0.00015
	철근량 0.1~0.5%	0.00020

8. 콘크리트의 온도변화

① 콘크리트는 온도가 올라가면 팽창하고, 온도가 내려가면 수축한다.
② 일반적으로 온도변화에 의한 영향은 부정정 구조물의 설계에 있어서 고려되지만, 정정구조물에 대해서는 그 영향을 무시해도 좋다.
③ 콘크리트 구조물의 설계에서 온도의 승강을 보통의 경우는 20℃, 부재의 단면치수가 70cm 이상인 경우는 15℃를 표준으로 한다.
④ 콘크리트 구조물의 설계에서 온도변화의 영향을 고려할 경우에는 콘크리트 및 철근의 열팽창 계수를 $\alpha = 1.0 \times 10^{-5}$(/℃)로 본다.

03 철근

1. 철근의 종류

(1) 이형철근과 원형철근

1) 이형철근

콘크리트와 철근의 부착력을 높이기 위해서 철근의 표면에 리브(rib)와 마디 등의 돌기를 만들어 준 철근으로서 주로 주철근으로 사용된다.

2) 원형철근

철근의 표면에 리브(rib)와 마디 등의 돌기가 없는 철근으로서 보조철근, 나선철근, 띠철근 등으로 사용된다.

3) 철근의 종류와 항복점 및 인장강도는 KS D3504에서 [표 1－4]와 같이 규정하고 있다.

[표 1－4] 철근의 종류와 항복점 및 인장강도

종류	기호	용도	항복점 또는 0.2% 항복강도(MPa)	인장강도(MPa)
원형철근	SR240 SR300	일반용	240 이상 300 이상	380 이상 440 이상
이형철근	SD300 SD350 SD400 SD500	일반용	300 이상 350 이상 400 이상 500 이상	440 이상 490 이상 560 이상 620 이상
이형철근	SD400W SD500W	용접용	400 이상 500 이상	560 이상 620 이상

(2) 용도에 따른 철근의 분류

1) 주철근 : 설계하중에 대한 계산에 의하여 그 단면적이 정해지는 철근

① 정철근 : 보 또는 슬래브에서 정(+)모멘트에 의한 휨인장력에 저항하도록 부재의 하단에 배치된 철근

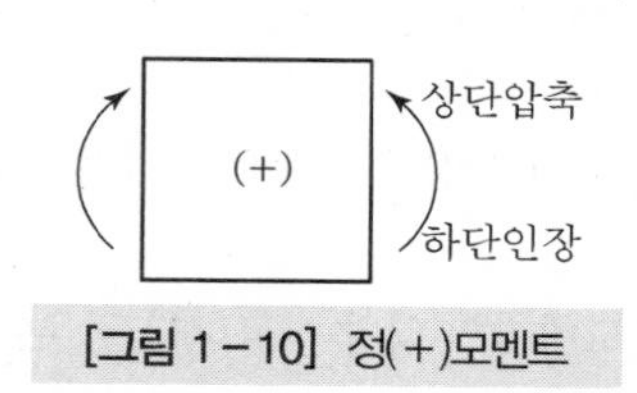

[그림 1－10] 정(+)모멘트

② 부철근 : 보 또는 슬래브에서 부(−)모멘트에 의한 휨인장력에 저항하도록 부재의 상단에 배치된 철근

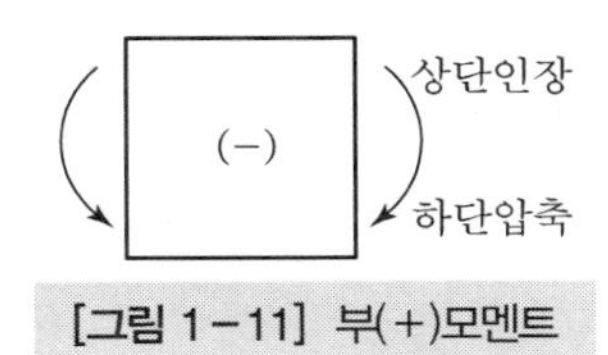

[그림 1−11] 부(+)모멘트

③ 전단철근 : 전단력에 저항하도록 부재의 복부에 배치된 철근(사인장철근 또는 복부철근 이라고도 함)

㉠ 스터럽 : 정철근 또는 부철근을 둘러싸고 이에 직각 또는 45° 이상의 경사로 배치된 철근

㉡ 굽힘철근 : 휨모멘트에 대하여 필요없는 부분의 휨인장철근을 30° 이상의 경사로 구부려 올리거나 또는 구부려 내린 복부철근(절곡철근이라고도 함)

④ 옵셋굽힘철근 : 기둥의 연결부에서 단면치수가 변하는 경우에 배치되는 구부린 주철근

2) 보조철근 : 설계하중에 대한 계산에 의하여 그 단면적이 정해지지 않는 철근

① 조립용 철근 : 철근을 조립할 경우에 철근의 위치를 확보하기 위해서 사용되는 철근

② 가외철근 : 콘크리트의 건조수축 또는 온도변화 등의 원인에 의해서 콘크리트에 발생하는 인장력에 대비하여 추가로 더 넣어주는 철근

③ 표피철근 : 보의 전체높이(h)가 900mm를 초과하는 경우에 보의 복부 양 측면에 부재 축방향으로 배치되는 철근

④ 띠철근 : 축방향철근의 위치를 확보하기 위해서 정해진 간격마다 축방향철근을 횡방향으로 결속하는 철근

⑤ 나선철근 : 축방향철근을 정해진 간격으로 나선형으로 둘러싼 철근

⑥ 배력철근 : 콘크리트의 균열폭과 수축 등을 제어하기 위해서 정철근 또는 부철근에 직각에 가까운 방향으로 배치된 철근

참고

◈ 배력철근의 기능

① 응력을 고루 분산시켜 콘크리트의 균열폭을 최소화

② 건조수축 또는 온도변화에 따른 콘크리트의 수축 억제

③ 주철근의 위치확보

2. 철근의 응력-변형률 곡선과 탄성상수

(1) 철근의 응력-변형률 곡선

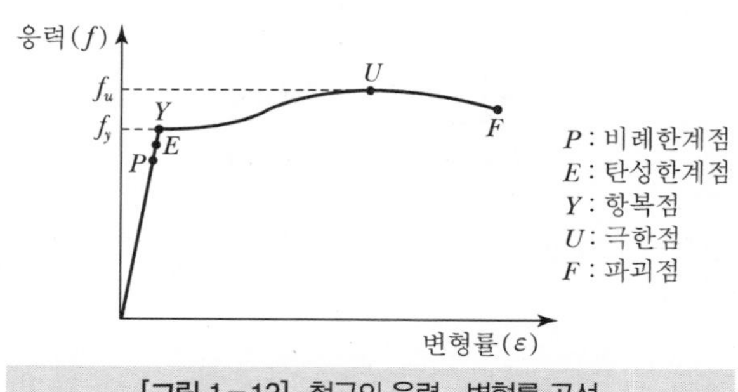

[그림 1-12] 철근의 응력-변형률 곡선

(2) 철근의 탄성계수

1) 일반적인 철근의 탄성계수

$$E_S = (2.0 \sim 2.1) \times 10^5 \text{MPa}$$

2) 콘크리트 설계기준에 따른 철근의 탄성계수

$$E_S = 2.0 \times 10^5 \text{MPa}$$

(3) 철근의 설계강도

① 철근, 철선 및 용접철망의 응력-변형률 곡선에서 항복점이 뚜렷하게 나타나는 경우에는 항복점에서의 응력을 설계기준 항복강도(f_y)로 결정하고, 항복점이 뚜렷하게 나타나지 않는 경우에는 0.002의 변형률에서 강재의 탄성계수와 같은 기울기로 직선을 그은 후 응력-변형률 곡선과 만나는 점의 응력을 항복강도(f_y)로 결정한다.

② 휨철근의 설계기준 항복강도(f_y)는 600MPa을 초과하지 않아야 한다.

③ 전단철근의 설계기준 항복강도(f_y)는 500MPa을 초과하여 취할 수 없다. 다만, 용접이형철망을 사용할 경우는 600MPa을 초과하여 취할 수 없다.

3. 철근의 간격

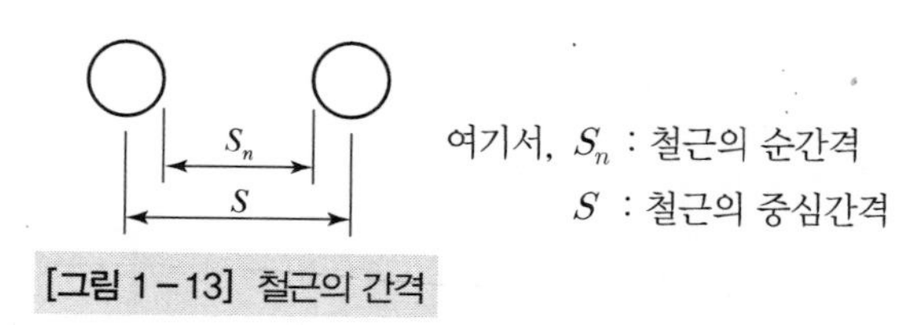

[그림 1-13] 철근의 간격

(1) 보에서 휨철근의 순간격

1) 수평 순간격

① 25mm 이상

② 철근의 공칭지름 이상

③ 굵은골재 최대 치수의 4/3배 이상

2) 연직 순간격

① 25mm 이상

② 상하철근은 동일 연직면 내에 배치되어야 함

(2) 기둥에서 축방향철근의 순간격

① 40mm 이상

② 철근 공칭지름의 3/2배 이상

③ 굵은골재 최대 치수의 4/3배 이상

(3) 벽체 또는 슬래브에서 휨철근의 중심간격

1) 최대 휨모멘트가 일어나는 단면에서 휨철근의 중심간격

① 벽체 또는 슬래브두께의 2배 이하

② 300mm 이하

2) 그 밖의 단면에서 휨철근의 중심간격

① 벽체 또는 슬래브두께의 3배 이하

② 450mm 이하

4. 철근의 피복두께

(1) 철근 피복두께의 정의

최외단에 배근된 주철근 또는 보조철근의 표면으로부터 콘크리트의 표면까지의 최단거리를 철근의 피복두께라 한다.

(2) 철근의 최소 피복두께를 두는 이유

① 철근의 부식방지

② 단열작용으로 철근 보호

③ 철근과 콘크리트 사이의 부착력 확보

(3) 콘크리트구조 설계기준(KDS 14 20 50(4.3))에 제시된 철근의 최소 피복두께

1) 프리스트레스하지 않는 부재의 현장치기콘크리트

프리스트레스하지 않는 부재의 현장치기콘크리트의 최소 피복두께는 [표 1-5]에 제시된 규정을 따라야 하며, 또한 [표 1-8]의 규정을 만족해야 한다.

[표 1-5] 철근의 최소 피복두께 1(프리스트레스하지 않는 부재의 현장치기콘크리트)

<table>
<tr><th colspan="3">환경 조건과 부재의 종류</th><th>최소 피복두께(mm)</th></tr>
<tr><td colspan="3">수중에서 치는 콘크리트</td><td>100</td></tr>
<tr><td colspan="3">흙에 접하여 콘크리트를 친 후 영구히 흙에 묻혀 있는 콘크리트</td><td>75</td></tr>
<tr><td colspan="2" rowspan="2">흙에 접하거나 옥외의 공기에 직접 노출되는 콘크리트</td><td>D19 이상의 철근</td><td>50</td></tr>
<tr><td>D16 이하의 철근, 지름 16mm 이하의 철선</td><td>40</td></tr>
<tr><td rowspan="4">옥외의 공기나 흙에 직접 접하지 않는 콘크리트</td><td rowspan="2">슬래브, 벽체, 장선</td><td>D35 초과하는 철근</td><td>40</td></tr>
<tr><td>D35 이하의 철근</td><td>20</td></tr>
<tr><td colspan="2">보, 기둥(콘크리트의 설계기준 압축강도 f_{ck}가 40MPa 이상인 경우 규정된 값에서 10mm 저감시킬 수 있다.)</td><td>40</td></tr>
<tr><td colspan="2">쉘, 절판</td><td>20</td></tr>
</table>

2) 프리스트레스하는 부재의 현장치기콘크리트

프리스트레스하는 부재의 현장치기콘크리트의 최소 피복두께는 [표 1-6]에 제시된 규정을 따라야 하며, 또한 [표 1-8]의 규정을 만족해야 한다.

[표 1-6] 철근의 최소 피복두께 2(프리스트레스하는 부재의 현장치기콘크리트)

<table>
<tr><th colspan="3">환경 조건과 부재의 종류</th><th>최소 피복두께[mm]</th></tr>
<tr><td colspan="3">흙에 접하여 콘크리트를 친 후 영구히 흙에 묻혀 있는 콘크리트</td><td>75</td></tr>
<tr><td rowspan="2">흙에 접하거나 옥외의 공기에 직접 노출된 콘크리트</td><td colspan="2">벽체, 슬래브, 장선구조</td><td>30</td></tr>
<tr><td colspan="2">기타 부재</td><td>40</td></tr>
<tr><td rowspan="5">옥외의 공기나 흙에 직접 접하지 않는 콘크리트</td><td colspan="2">슬래브, 벽체, 장선</td><td>20</td></tr>
<tr><td rowspan="2">보, 기둥</td><td>주철근</td><td>40</td></tr>
<tr><td>띠철근, 스터럽, 나선철근</td><td>30</td></tr>
<tr><td rowspan="2">쉘, 절판부재</td><td>D19 이상의 철근</td><td>d_b</td></tr>
<tr><td>D16 이하의 철근, 지름 16mm 이하의 철선</td><td>10</td></tr>
</table>

3) 프리캐스트콘크리트

공장제품 생산조건과 동일한 조건으로 제작되는 프리캐스트콘크리트의 최소 피복두께는 [표 1−7]에 제시된 규정을 따라야 하며, 또한 [표 1−8]의 규정을 만족하여야 한다.

[표 1−7] 철근의 최소 피복두께 3(프리캐스트콘크리트)

환경 조건과 부재의 종류			최소 피복두께 [mm]
흙에 접하거나 옥외의 공기에 직접 노출된 콘크리트	벽체	D35를 초과하는 철근 및 지름 40mm를 초과하는 긴장재	40
		D35 이하의 철근, 지름 40mm 이하인 긴장재 및 지름 16mm 이하의 철선	20
	기타 부재	D35를 초과하는 철근 및 지름 40mm를 초과하는 긴장재	50
		D19 이상, D35 이하의 철근 및 지름 16mm를 초과하고 지름 40mm 이하인 긴장재	40
		D16 이하의 철근, 지름 16mm 이하의 철선 및 지름 16mm 이하인 긴장재	30
옥외의 공기나 흙에 직접 접하지 않는 콘크리트	슬래브, 벽체, 장선	D35를 초과하는 철근 및 지름 40mm를 초과하는 긴장재	30
		D35 이하의 철근 및 지름 40mm 이하인 긴장재	20
		지름 16mm 이하의 철선	15
	보, 기둥	주철근(다만, 15mm 이상이어야 하고, 40mm 이상일 필요는 없다.)	d_b
		띠철근, 스터럽, 나선철근	10
	쉘, 절판부재	긴장재	20
		D19 이상의 철근	$[15, 0.5d_b]_{max}$
		D16 이하의 철근, 지름 16mm 이하의 철선	10

4) 특수환경에 노출되는 콘크리트

해수 또는 해수 물보라, 제빙화학제 등 염화물에 노출되어 철근 또는 긴장재의 부식이 우려되는 환경(KDS 14 20 40(4.1.3)에서 규정하고 있는 노출범주 EC)에서 철근의 최소 피복두께는 [표 1−8]에 제시된 규정을 만족해야 한다. 다만, 실험이나 기존 실적으로 입증된 별도의 부식방지대책을 적용하는 경우에는 [표 1−5], [표 1−6], 그리고 [표 1−7]에 제시된 규정을 적용할 수 있다.

[표 1-8] 철근의 최소 피복두께 4(특수환경에 노출되는 콘크리트)

조건	부재의 종류		최소 피복두께(mm)
현장치기 콘크리트	벽체, 슬래브		50
	그 외의 모든 부재	노출등급 EC1, EC2	60
		노출등급 EC3	70
		노출등급 EC4	80
프리캐스트 콘크리트	벽체, 슬래브		40
	그 외의 모든 부재		50
프리스트레스트 콘크리트	KDS 14 20 60(4.1.2(3))에 정의된 부분균열등급 또는 완전균열등급의 프리스트레스 콘크리트 부재는 최소 피복두께를 [표 1-6]과 [표 1-7]에 제시된 최소 피복두께의 50% 이상 증가시켜야 한다. 다만, 프리스트레스된 인장영역이 지속하중을 받을 때 압축응력을 유지하고 있는 경우에는 최소 피복두께를 증가시키지 않아도 된다.		

노출범주EC(탄산화에 의한 철근 부식이 우려되는 노출환경)의 등급과 조건은 [표 1-9]와 같다.

[표 1-9] 노출범주EC의 등급과 조건

등급	조건	예
EC1	건조하거나 수분으로부터 보호되는 또는 영구적으로 습윤한 콘크리트	• 공기 중 습도가 낮은 건물 내부의 콘크리트 • 물에 계속 침지되어 있는 콘크리트
EC2	습윤하고 드물게 건조되는 콘크리트로 탄산화의 위험이 보통인 경우	• 장기간 물과 접하는 콘크리트 표면 • 외기에 노출되는 기초
EC3	보통 정도의 습도에 노출되는 콘크리트로 탄산화 위험이 비교적 높은 경우	• 공기 중 습도가 보통 이상으로 높은 건물 내부의 콘크리트1) • 비를 맞지 않는 외부 콘크리트2)
EC4	건습이 반복되는 콘크리트로 매우 높은 탄산화 위험에 노출되는 경우	EC2 등급에 해당하지 않고, 물과 접하는 콘크리트(예를 들어 비를 맞는 콘크리트 외벽2), 난간 등)

주 1) 중공 구조물의 내부는 노출등급 EC3로 간주할 수 있다. 다만, 외부로부터 물이 침투하거나 노출되어 영향을 받을 수 있는 표면은 EC4로 간주하여야 한다.
2) 비를 맞는 외부 콘크리트라 하더라도 규정에 따라 방수처리된 표면은 노출등급 EC3로 간주할 수 있다.

Item pool
예상문제 및 기출문제

9급 2010년 서울시

01 철근콘크리트가 성립될 수 있는 기본적인 이유로 옳지 않은 것은?

① 철근과 콘크리트는 부착이 잘된다.
② 온도변화에 따른 두 재료 사이의 응력을 무시할 수 있다.
③ 철근과 콘크리트의 열팽창계수가 비슷하다.
④ 철근과 콘크리트의 탄성계수가 거의 같다.
⑤ 콘크리트는 철근의 부식을 방지한다.

해설

철근콘크리트의 성립요건
1) 콘크리트와 철근 사이의 부착강도가 크다.
2) 콘크리트와 철근의 열팽창 계수가 거의 같다.
$\alpha_c = (1.0 \sim 1.3) \times 10^{-5}/℃$
$\alpha_s = 1.2 \times 10^{-5}/℃$
3) 콘크리트 속에 묻힌 철근은 부식되지 않는다.

참고

◈ 콘크리트의 탄성계수
1) $1{,}450\text{kg/m}^3 \le \text{m}_c \le 2{,}500\text{kg/m}^3$인 경우
$E_c = 0.077 m_c^{\frac{3}{2}} \sqrt[3]{f_{cm}}$ (MPa)
$f_{cm} = f_{ck} + \Delta f$
여기서, Δf의 값

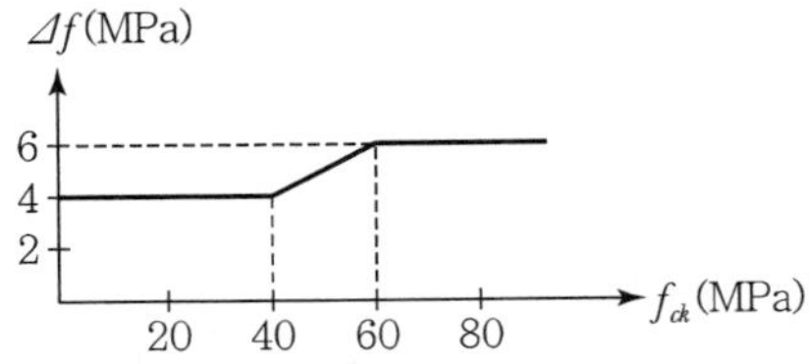

2) $m_c = 2{,}300\text{kg/m}^3$
$E_c = 8{,}500 \sqrt[3]{f_{cm}}$ (MPa)

◈ 철근의 탄성계수
$E_s = 2.0 \times 10^5 \text{MPa}$

정답 ④

9급 2011년 국가직

02 철근콘크리트가 성립할 수 있는 이유로 옳지 않은 것은?

① 철근과 콘크리트 사이의 부착강도가 커서 일체식 구조 형성이 가능하다.
② 철근을 감싸는 콘크리트가 철근의 부식을 막아준다.
③ 철근과 콘크리트의 탄성계수가 비슷하여 변형률이 비슷하다.
④ 철근과 콘크리트의 열팽창계수가 거의 동일하여 온도에 대한 신축이 거의 같다.

해설

1번 해설 참고

정답 ③

9급 2011년 서울시

03 철근콘크리트 구조에 대한 설명으로 옳지 않은 것은?

① 구조물의 치수, 형상 등을 비교적 자유롭게 만들 수 있다.
② 내구성, 내화성이 좋다.
③ 콘크리트에 균열 발생이 우려된다.
④ 비교적 경량으로 장대교량에 적용성이 우수하다.
⑤ 개조, 보강하기 어렵다.

해설

철근콘크리트 구조물은 중량이 비교적 크므로 장대교량에 적용성이 좋지 않다.

정답 ④

9급 2020년 지방직

04 단면이 두꺼운 매스콘크리트 교량 확대기초 시공 시 온도균열의 방지나 제어를 위해 고려하는 방안으로 적절하지 않은 것은?

① 프리쿨링 또는 파이프쿨링을 적절히 적용한다.
② 1종 시멘트를 조강 시멘트로 대체하여 사용한다.
③ 1회당 콘크리트 타설 높이를 적절하게 나누어 시공한다.
④ 1종 시멘트 대신 중용열 시멘트 또는 저발열 시멘트를 사용한다.

해설

조강시멘트는 분말도가 높아서 수화열에 의한 온도균열이 유발된다.

정답 ②

9급 2016년 서울시

05 워커빌리티를 개선하고, 동결융해에 대한 저항성을 높이기 위해서 사용하는 콘크리트 혼화재료는?

① 공기연행제 ② 고성능감수제
③ 촉진제 ④ 유동화제

해설

① 공기연행제(AE제) : 콘크리트에 미세한 기포를 포함시키기 위해 첨가되는 기포 안정제로서 적은 혼수량으로 충분한 유동성이 주어져 작업성(Workability)이 향상되고, 또한 콘크리트의 내구성 및 내동해성 등을 향상시켜 주는 혼화제이다.
② 고성능감수제 : 일반의 감수제보다 분산효과가 뛰어난 감수제로서 보통의 콘크리트와 동일한 작업성으로 물－시멘트 비를 감소시켜 콘크리트의 강도 및 내구성을 향상시켜주는 혼화제이다.
③ 촉진제 : 콘크리트의 응결, 경화 과정을 촉진시켜 주는 혼화제이다.
④ 유동화제 : 콘크리트 시공 시 동일한 물－시멘트 비로써 작업성을 향상시켜주는 혼화제이다.

정답 ①

9급 2016년 국가직

06 표준원주형 공시체(ϕ150mm)가 압축력 675kN에서 파괴되었을 때, 콘크리트의 최대압축응력[MPa]은?(단, π = 3이다.)

① 10.0 ② 22.5
③ 40.0 ④ 90.0

해설

$$f_C = \frac{P}{A} = \frac{P}{\left(\frac{\pi\phi^2}{4}\right)} = \frac{4P}{\pi\phi^2} = \frac{4\times(675\times10^3)}{3\times150^2} = 40\,\mathrm{N/mm^2} = 40\,\mathrm{MPa}$$

정답 ③

9급 2009년 서울시

07 **콘크리트 압축강도시험용 원주형 공시체를 제작할 때는 $\phi 150 \times 300\text{mm}$를 기준으로 하는데, 만약 $\phi 100 \times 200\text{mm}$ 공시체를 사용하여 시험하였다면 이때 공시체 치수의 감소로 인해 사용하는 강도보정계수는 콘크리트구조설계기준에 얼마로 규정되어 있는가?**

① 0.92 ② 0.93
③ 0.95 ④ 0.97
⑤ 0.98

해설

$f_c(\phi150\times300\text{mm}$ 원주형 공시체$)=0.97\times f_c(\phi100\times200\text{mm}$ 원주형 공시체$)$
$=0.83\times f_c(200\times200\times200\text{mm}$ 입방체 공시체$)$
$=0.80\times f_c(150\times150\times150\text{mm}$ 입방체 공시체$)$

공시체의 치수에 따른 콘크리트 압축강도 : f_c(치수가 작은 공시체) > f_c(치수가 큰 공시체)
공시체의 형상에 따른 콘크리트 압축강도 : f_c(입방체 공시체) > f_c(원주형 공시체)

정답 ④

9급 2008년 국가직

08 **콘크리트와 관련된 설명 중 옳지 않은 것은?**

① 콘크리트 배합에 사용되는 물은 청결한 것으로서 일반적으로 산, 기름, 알칼리, 염분, 유기물, 그리고 콘크리트 및 철근에 유해한 물질을 포함하지 않아야 한다.
② 콘크리트의 공시체를 제작할 때 압축강도용 공시체는 $\phi 150 \times 300\text{mm}$를 기준으로 하되, $\phi 100 \times 200\text{mm}$의 공시체를 사용할 경우 강도보정계수 0.87을 사용한다.
③ 콘크리트를 친 후 28일 이내에 부재의 원래 설계하중이나 응력을 받지 않은 경우, 부재의 압축강도는 책임기술자의 승인 하에 재령에 따른 증가계수를 곱할 수 있다.
④ 굵은골재 최대 치수는 철근을 적절히 감싸주고 또한 콘크리트가 허니콤(Honey Comb) 모양의 공극을 최소화하기 위해 제한하고 있다.

해설

$f_c(\phi150\times300\text{mm})=0.97\times f_c(\phi100\times200\text{mm})$

정답 ②

9급 2012년 국가직

09 콘크리트의 압축강도에 대한 설명으로 옳지 않은 것은?

① 물-시멘트비(W/C : W는 물, C는 시멘트)가 클수록 압축강도는 작아진다.

② 공시체의 하중 가력속도가 빠를수록 압축강도는 커진다.

③ 양생방법, 운반, 다짐방법 등에 따라 압축강도는 달라진다.

④ 형상비(H/D : H는 공시체의 높이, D는 공시체의 지름)가 클수록 압축강도는 커진다.

해설

형상비가 작을수록 압축강도는 커진다.

정답 ④

9급 2011년 서울시

10 콘크리트의 강도평가에 대한 설명으로 옳은 것은?

① 조강 콘크리트는 재령 7일의 압축강도를 표준으로 한다.

② 압축강도 측정시 ϕ150 mm × 300mm 원주형 공시체를 표준으로 한다.

③ 보통 콘크리트의 휨강도는 압축강도의 1/10 정도이다.

④ 콘크리트 포장에서는 재령 28일 인장강도를 적용한다.

⑤ 일반적으로 콘크리트의 부착강도는 할렬인장강도시험으로 평가한다.

해설

① 조강 콘크리트는 재령 28일의 압축강도를 표준으로 한다.
③ 보통 콘크리트의 휨강도는 압축강도의 1/5~1/7 정도이다.
④ 콘크리트 포장에서는 재령 28일 휨강도를 적용한다.
⑤ 일반적으로 콘크리트의 부착강도는 인발시험(pull-out test)으로 평가한다.

정답 ②

9급 2017년 서울시

11 콘크리트 강도 평가를 위한 코어 시험에 대한 설명 중 가장 옳지 않은 것은?(단, 「콘크리트구조기준(2012)」을 적용한다.)

① 콘크리트 강도시험 값이 f_{ck}가 35MPa 이하인 경우 f_{ck}보다 3.5MPa 이상 부족하거나, 또는 f_{ck}가 35MPa 초과인 경우 $0.1f_{ck}$ 이상 부족한지 여부를 알아보기 위하여 3개의 코어를 채취하여야 한다.

② 구조물의 콘크리트가 습윤된 상태에 있다면 코어는 적어도 24시간 동안 물속에 담가 두어야 하며 습윤상태에서 시험하여야 한다.

③ 구조물에서 콘크리트 상태가 건조된 경우 코어는 시험 전 7일 동안 공기(온도 15~30℃, 상대습도 60% 이하)로 건조시킨 후 기건상태에서 시험하여야 한다.

④ 코어 공시체 3개의 평균값이 f_{ck}의 85%에 달하고, 각각의 코어 강도가 f_{ck}의 75%보다 작지 않으면 구조적으로 적합하다고 판정할 수 있다.

해설

구조물의 콘크리트가 습윤 상태에 있다면 코어는 적어도 40시간 동안 물속에 담가 두어야 하며 습윤 상태로 시험하여야 한다.

정답 ②

9급 2009년 서울시

12 레디믹스트콘크리트를 사용하여 콘크리트 구조물을 시공하는 경우, 주문자가 콘크리트의 강도를 검사하기 위한 시험은 반죽된 콘크리트 얼마당 1회를 원칙으로 하는가?

① $100m^3$
② $120m^3$
③ $150m^3$
④ $180m^3$
⑤ $200m^3$

해설

레디믹스트콘크리트를 사용하는 경우에는 KCS 14 20 01을 따르되, 시공기준에 명시되지 않은 사항은 KS F 4009에 따라야 한다.

1) 주문자가 콘크리트 강도를 검사하기 위한 시험횟수는 $150m^3$당 1회를 원칙으로 한다.
2) 1회의 시험에 대한 결과는 임의 1개의 운반차에서 채취한 시료에서 3개의 공시체를 제작하여 시험한 시험값의 평균값으로 한다.
3) 한 종류의 콘크리트에 대하여 적어도 3회 이상의 시험을 하여야 한다.
4) 주문량이 $50m^3$ 이하일 때에는 공장에서 시료채취를 하여도 좋다.
5) 강도시험은 일반 콘크리트 시험에 준한다.

정답 ③

9급 2017년 국가직

13 **지름이 150mm, 높이가 300mm인 원주형 표준공시체에 대하여 쪼갬인장시험을 실시한 결과, 파괴 시 하중이 270,000N이었다면 콘크리트의 쪼갬인장강도[MPa]는?(단, π = 3으로 계산한다.)**

① 1.5 ② 2.0
③ 3.5 ④ 4.0

해설

$$f_{sp} = \frac{2P}{\pi DL} = \frac{2\times(27\times10^4)}{3\times150\times300} = 4\text{N/mm}^2 = 4\text{MPa}$$

정답 ④

9급 2019년 지방직

14 **KS F 2423(콘크리트의 쪼갬인장 시험 방법)에 준하여 ϕ100mm × 200mm 원주형 표준공시체에 대한 쪼갬인장강도 시험을 실시한 결과, 파괴 시 하중이 75kN으로 측정된 경우 쪼갬인장강도[MPa]는?(단, π = 3으로 계산하며, KDS (2016) 설계기준을 적용한다.)**

① 1.5 ② 2.0
③ 2.5 ④ 5.0

해설

$$f_{sp} = \frac{2P}{\pi DL} = \frac{2\times(75\times10^3)}{3\times100\times200} = 2.5\text{N/mm}^2 = 2.5\text{MPa}$$

정답 ③

9급 2010년 서울시

15 **콘크리트의 강도에 대한 설명 중 옳지 않은 것은?**

① 콘크리트의 쪼갬인장강도는 압축강도의 약 30%에 해당한다.
② 콘크리트의 설계기준강도는 특별한 규정이 없는 경우에는 재령 28일의 압축강도를 기준으로 한다.
③ 콘크리트의 배합강도는 콘크리트의 배합을 정할 때 목표로 하는 재령 28일의 압축강도이다.
④ 휨인장강도를 구하는 식은 $0.63\lambda\sqrt{f_{ck}}$ 이다.
⑤ 단면 이외의 조건이 같은 경우, 작은 단면의 공시체는 큰 단면의 공시체보다 압축강도가 더 크게 나타난다.

해설

- 콘크리트의 설계기준강도(f_{ck})와 쪼갬인장강도(f_{sp})의 관계
  $f_{sp} = 0.56\lambda\sqrt{f_{ck}}$
- 콘크리트의 쪼갬인장강도는 압축강도의 약 8~10%$\left(\frac{1}{13} \sim \frac{1}{9}\right)$에 해당한다.

정답 ①

9급 2016년 서울시

16 다음 그림과 같은 직사각형 무근 콘크리트보를 사용하여 3등분점 하중법(Third – point Loading)에 의해서 보가 파괴될 때까지 하중을 작용시켜서 휨 강도를 측정할 때, 바닥에서의 최대 인장응력에 해당되는 파괴계수 f_r 은?

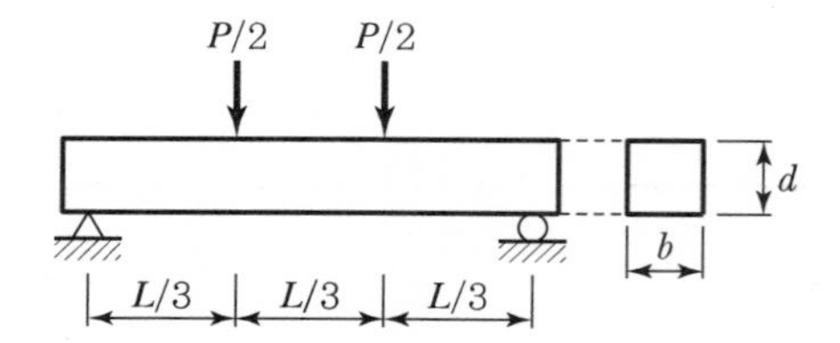

① $\dfrac{PL}{bd}$　② $\dfrac{PL}{bd^2}$　③ $\dfrac{PL}{bd^3}$　④ $\dfrac{PL}{bd^4}$

해설

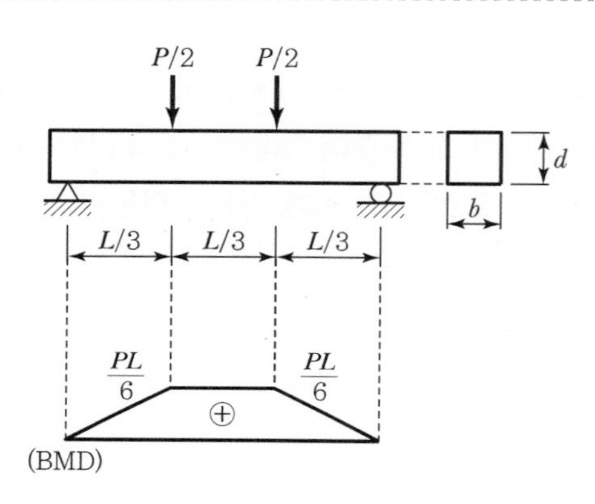

$$Z=\frac{bd^2}{6}$$

$$M_{max}=\frac{PL}{6}$$

$$f_r=\frac{M_{max}}{Z}=\frac{\left(\frac{PL}{6}\right)}{\left(\frac{bd^2}{6}\right)}=\frac{PL}{bd^2}$$

정답 ②

9급 2020년 국가직

17 그림과 같은 KS F 2408에 규정된 콘크리트의 휨강도시험에서, 재하하중 $P=22.5$kN일 때 콘크리트 공시체가 BC 구간에서 파괴될 경우, 공시체의 휨강도[MPa]는?

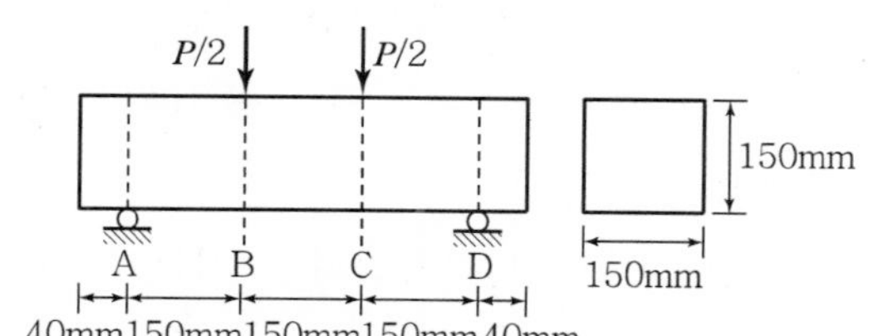

① 2
② 3
③ 4
④ 5

해설

$$f_r=\frac{M_{max}}{Z}=\frac{\left(\frac{Pl}{6}\right)}{\left(\frac{bh^2}{b}\right)}=\frac{Pl}{bh^2}=\frac{(22.5\times10^3)\times450}{150\times150^2}=3\text{MPa}$$

정답 ②

9급 2018년 국가직

18 그림과 같이 장방형 무근 콘크리트보에서 3등분점 하중법(KS F 2408)에 의해서 보가 파괴될 때까지 시험을 실시하였다. 하중 P가 100kN에서 시편의 지간 중앙이 파괴되었을 때의 최대인장응력[MPa]은?(단, 거동이 탄성적이고 휨응력이 단면의 중립축에서 직선으로 분포한다고 가정한다.)

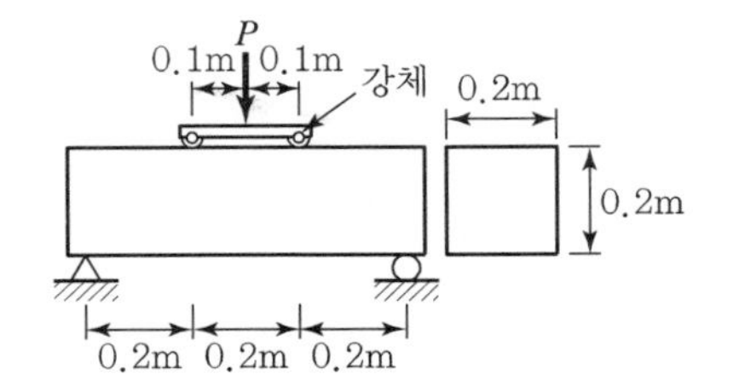

① 7.5
② 10.0
③ 12.5
④ 25.0

해설

$$f=\frac{M}{Z}=\frac{\left(\frac{Pl}{6}\right)}{\left(\frac{bh^2}{6}\right)}=\frac{Pl}{bh^2}=\frac{(100\times10^3)(0.6\times10^3)}{(0.2\times10^3)(0.2\times10^3)^2}=7.5\text{N/mm}^2=7.5\text{MPa}$$

정답 ①

9급 2018년 서울시(2차)

19 〈보기〉와 같이 단철근 직사각형 철근콘크리트 보의 휨균열을 일으키는 휨모멘트(M_{cr})는 약 얼마인가?(단, 콘크리트의 파괴계수(f_r)는 3.0MPa이다.)

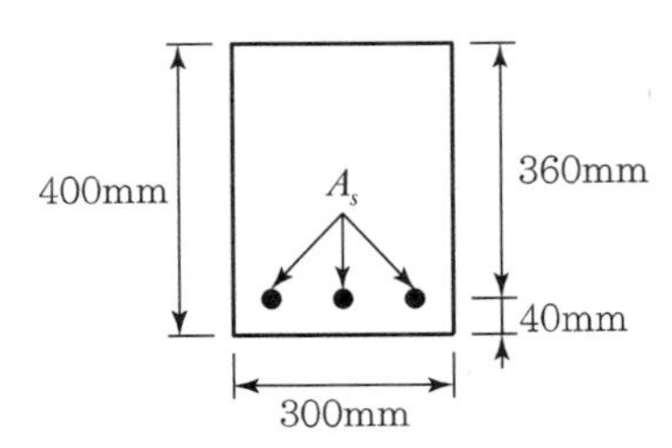

① 20kN · m
② 22kN · m
③ 24kN · m
④ 26kN · m

해설

$$M_{cr}=f_r\cdot Z=f_r\cdot\frac{bh^2}{6}=3\times\frac{300\times400^2}{6}=24\times10^6\text{N}\cdot\text{mm}=24\text{kN}\cdot\text{m}$$

정답 ③

9급 2012년 국가직

20 그림과 같은 단철근 직사각형보의 균열모멘트 M_{cr}[kN · m]은?(단, 콘크리트 설계기준강도 f_{ck} = 25MPa이다.)

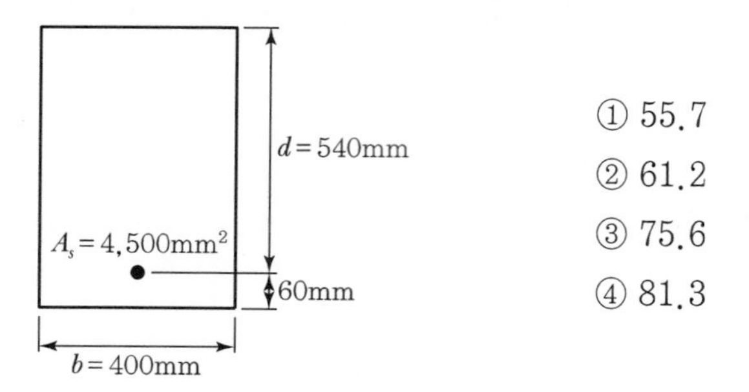

① 55.7
② 61.2
③ 75.6
④ 81.3

해설

- $\lambda = 1$(보통중량인 경우의 경량 콘크리트 계수)
- $f_r = 0.63\lambda\sqrt{f_{ck}} = 0.63 \times 1 \times \sqrt{25} = 3.15\text{MPa}$
- $M_{cr} = f_r \cdot \dfrac{I_g}{y_b} = f_r \cdot Z = f_r \cdot \dfrac{bh^2}{6}$

$$= 3.15 \times \frac{400 \times 600^2}{6} = 75.6 \times 10^6\text{N} \cdot \text{mm} = 75.6\text{kN} \cdot \text{m}$$

정답 ③

9급 2017년 국가직

21 그림과 같은 철근콘크리트 단면에서 균열 모멘트 M_{cr}[kN · m]은?(단, 콘크리트는 보통 골재를 사용하고, f_{ck} = 25MPa이며, 2012년도 콘크리트구조기준을 적용한다.)

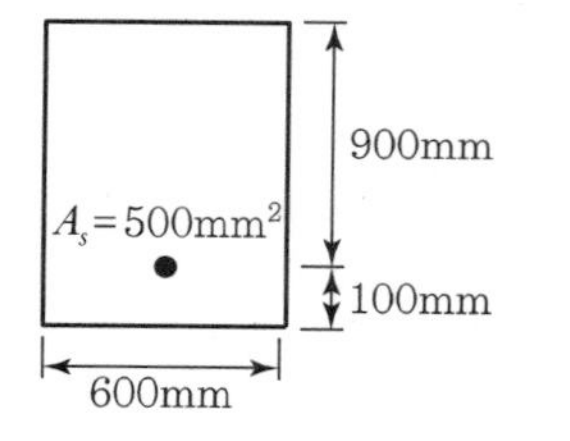

① 315
② 420
③ 3,150
④ 4,200

해설

$\lambda = 1.0$(보통중량 콘크리트의 경우)

$f_r = 0.63\lambda\sqrt{f_{ck}} = 0.63 \times 1.0 \times \sqrt{25} = 3.15\text{MPa}$

$Z = \dfrac{bh^2}{6} = \dfrac{600 \times 1{,}000^2}{6} = 10^8\text{mm}^3$

$M_{cr} = f_r \cdot Z = 3.15 \times 10^8\text{N} \cdot \text{mm} = 315\text{kN} \cdot \text{m}$

정답 ①

9급 2017년 서울시

22 그림과 같이 하중을 받는 무근콘크리트 보의 인장응력이 콘크리트파괴계수(f_r)에 도달할 때의 하중 P는?(단, 콘크리트는 보통중량콘크리트, 설계기준압축강도 f_{ck} = 100MPa, 보의 길이 L = 315mm이고 「콘크리트구조기준(2012)」을 적용한다.)

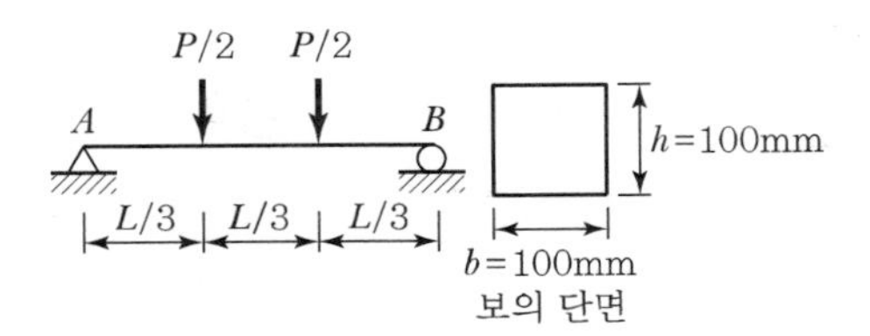

① 10kN
② 15kN
③ 20kN
④ 25kN

해설

$\lambda = 1$(보통중량 콘크리트의 경우)

$$f_r = 0.63\lambda\sqrt{f_{ck}}$$
$$= 0.63 \times 1 \times \sqrt{100} = 6.3\text{MPa}$$

$$f_t = f_{\max} = \frac{M_{\max}}{Z} = \frac{\left(\frac{PL}{6}\right)}{\left(\frac{bh^2}{6}\right)} = \frac{PL}{bh^2}$$

$$f_t = f_r \rightarrow \left(\frac{PL}{bh^2}\right) = (6.3)$$

$$P = \frac{6.3bh^2}{L}$$
$$= \frac{6.3 \times 100 \times 100^2}{315} = 20 \times 10^3\text{N} = 20\text{kN}$$

정답 ③

9급 2019년 서울시

23 **그림과 같이 하중을 받은 무근콘크리트 내민보의 단면에서 휨균열이 발생하는 보의 최대 높이 h는?(단, 콘크리트는 보통중량 콘크리트, 설계기준강도 f_{ck} = 36MPa이고, 콘크리트구조기준(2012)을 적용한다.)**

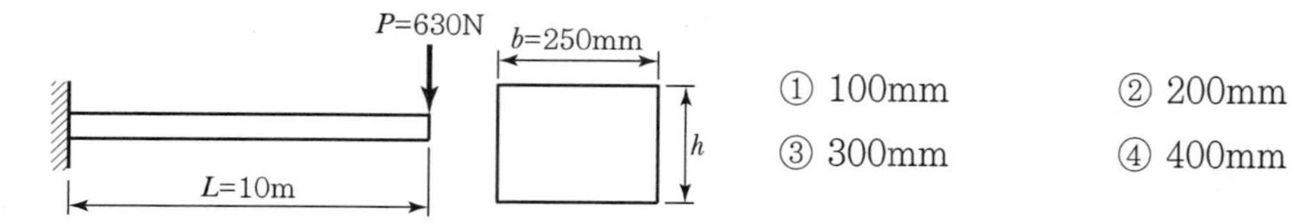

① 100mm ② 200mm
③ 300mm ④ 400mm

해설

$\lambda = 1.0$(보통중량 콘크리트인 경우)

$M_{cr} \le M_{\max}$

$(0.63\lambda\sqrt{f_{ck}})\left(\dfrac{bh^2}{6}\right) \le PL$

$h \le \sqrt{\dfrac{6PL}{0.63\lambda\sqrt{f_{ck}}\,b}} = \sqrt{\dfrac{6\times 630\times(10\times 10^3)}{0.63\times 1.0\times\sqrt{36}\times 250}} = \sqrt{4\times 10^4} = 200\text{mm}$

정답 ②

9급 2013년 서울시

24 **콘크리트 배합의 선정에 대한 설명으로 틀린 것은?**

① 콘크리트의 배합비를 결정하는 데 권장하는 방법으로 현장실험이나 실험실의 시험배합 방법이다.
② 이전의 현장경험이나 시험배합의 자료가 없을 때에는 물－결합재비에 의한 방법으로 허가를 얻어 사용할 수 있다.
③ 콘크리트 배합과정에는 3가지 기본단계가 있다. 첫 단계는 표준편차의 결정이고, 두 번째는 소요 평균강도의 결정이며, 세 번째는 통상적인 시험배합이나 적당한 경험 기록을 이용하여 평균 강도를 얻기 위해 요구되는 배합비의 선택이다.
④ 시험횟수가 29회 이하이면 소요 평균 강도보다 더 안전측에 있도록 하기 위해 계산된 표준편차는 보정계수를 적용하여 증가시킨다.
⑤ 표준편차 계산을 위한 현장기록 자료가 없을 경우 또는 압축강도의 시험횟수가 14회 이하는 정해진 배합강도에 의해 결정한다.

해설

콘크리트의 배합비를 결정하는 데 권장하는 방법으로 현장경험이나 실험실의 시험배합 방법이 있다.

정답 ①

9급 2018년 지방직

25 콘크리트의 설계기준압축강도 f_{ck} = 25MPa에 대한 배합강도[MPa]는?(단, 표준편차는 2.0MPa이며, 시험횟수는 30회 이상이다.)

① 26.16

② 27.16

③ 27.68

④ 28.68

해설

30회 이상의 시험기록이 있으며, $f_{ck}(=25\text{MPa}) \leq 35\text{MPa}$인 경우 설계 기준 강도와 배합강도의 관계

$f_{cr1} = f_{ck} + 1.34s = 25 + 1.34 \times 2 = 27.68\text{MPa}$

$f_{cr2} = (f_{ck} - 3.5) + 2.33s = (25 - 3.5) + 2.33 \times 2 = 26.16\text{MPa}$

$f_{cr} = [f_{cr1},\ f_{cr2}]_{\max} = 27.68\text{MPa}$

정답 ③

9급 2016년 서울시

26 설계기준압축강도가 40MPa이고, 현장에서 배합강도 결정을 위한 연속된 시험횟수가 30회 이상인 콘크리트 배합강도는?(단, 표준공시체의 압축강도 표준편차는 5MPa이고, 콘크리트 구조기준(2012)을 적용한다.)

① 46.70MPa

② 47.65MPa

③ 48.15MPa

④ 51.65MPa

해설

30회 이상의 시험기록이 있으며, $f_{ck} > 35\text{MPa}$인 경우 설계기준강도와 배합강도의 관계

$f_{cr1} = f_{ck} + 1.34s = 40 + 1.34 \times 5 = 46.7\text{MPa}$

$f_{cr2} = 0.9f_{ck} + 2.33s = 0.9 \times 40 + 2.33 \times 5 = 47.65\text{MPa}$

$f_{cr} = [f_{cr1},\ f_{cr2}]_{\max} = 47.65\text{MPa}$

정답 ②

9급 2017년 서울시

27 콘크리트 압축강도 실험 결과 설계기준강도 f_{ck}가 50MPa이고, 충분한 실험에 의해 얻어진 표준편차 s가 5MPa이라면, 「콘크리트구조기준(2012)」에 따라 배합강도 f_{cr}은 얼마로 결정해야 하는가?

① 43.3MPa
② 46.0MPa
③ 54.0MPa
④ 56.7MPa

해설

30회 이상의 시험기록이 있고(충분한 시험기록에 의한 경우), $f_{ck}(=50\text{MPa})>35\text{MPa}$인 경우

㉠ $f_{cr}=f_{ck}+1.34s=(50)+1.34\times(5)=56.7\text{MPa}$

㉡ $f_{cr}=0.9f_{ck}+2.33s=0.9\times(50)+2.33\times(5)=56.65\text{MPa}$

위 값 중에서 큰 값을 취하면 배합강도 f_{cr}은 56.7MPa이다.

정답 ④

9급 2014년 지방직

28 설계기준압축강도 f_{ck}가 30MPa이며, 현장에서 배합강도 결정을 위한 연속된 시험횟수가 20회인 콘크리트의 배합강도 f_{cr}을 결정하는 수식은?(단, s는 시험횟수에 따른 보정계수 적용 이전의 압축강도 표준편차이다.)

① 두 값 중 큰 값 $\begin{cases} f_{cr}=f_{ck}+1.34(1.00\times s) \\ f_{cr}=(f_{ck}-3.5)+2.33(1.00\times s) \end{cases}$

② 두 값 중 큰 값 $\begin{cases} f_{cr}=f_{ck}+1.34(1.00\times s) \\ f_{cr}=0.9f_{ck}+2.33(1.16\times s) \end{cases}$

③ 두 값 중 큰 값 $\begin{cases} f_{cr}=f_{ck}+1.34(1.08\times s) \\ f_{cr}=(f_{ck}-3.5)+2.33(1.08\times s) \end{cases}$

④ 두 값 중 큰 값 $\begin{cases} f_{cr}=f_{ck}+1.34(1.00\times s) \\ f_{cr}=0.9f_{ck}+2.33(1.08\times s) \end{cases}$

해설

15회 이상 29회 이하의 시험기록이 있는 경우, 설계기준강도와 배합강도의 관계

1. 시험기록이 20회인 경우 보정계수
   보정계수=1.08

2. $f_{ck}\le 35\text{MPa}$인 경우 설계기준강도와 배합강도의 관계
   콘크리트의 배합강도는 다음의 두 식에 의한 값 중에서 큰 값으로 한다.
   $f_{cr}=f_{ck}+1.34(1.08\times s),\ f_{cr}=(f_{ck}-3.5)+2.33(1.08\times s)$

정답 ③

9급 2009년 지방직

29 설계기준압축강도 f_{ck}[MPa]가 21 이상 35 이하인 경우의 배합강도 f_{cr}[MPa]는?(단, 압축강도의 시험 횟수가 14회 이하이거나 현장강도 기록자료가 없는 경우이다.)

① $f_{cr}=f_{ck}+7$　② $f_{cr}=f_{ck}+8.5$

③ $f_{cr}=f_{ck}+10$　④ $f_{cr}=f_{ck}+15.5$

해설

시험 횟수가 14회 이하이거나 시험기록이 없는 경우의 배합강도

설계 기준 강도, f_{ck}(MPa)	배합강도, f_{cr}(MPa)
21 미만	$f_{ck}+7$
21 이상 35 이하	$f_{ck}+8.5$
35 초과	$1.1f_{ck}+5$

정답 ②

9급 2016년 국가직

30 현장 강도에 관한 기록 자료가 없을 경우 또는 압축강도 시험횟수가 14회 이하인 경우의 배합강도를 구하기 위한 식으로, 설계기준압축강도 f_{ck}가 35MPa을 초과할 경우에 해당하는 배합강도 f_{cr}[MPa]의 계산식은?(단, 2012년도 콘크리트구조기준을 적용한다.)

① $f_{cr}=f_{ck}+7$

② $f_{cr}=f_{ck}+8.5$

③ $f_{cr}=f_{ck}+10$

④ $f_{cr}=1.1f_{ck}+5.0$

해설

시험횟수가 14회 이하이거나 시험기록이 없는 경우의 배합강도

설계 기준 강도, f_{ck}(MPa)	배합강도, f_{cr}(MPa)
21 미만	$f_{ck}+7$
21 이상 35 이하	$f_{ck}+8.5$
35 초과	$1.1f_{ck}+5$

정답 ④

9급 2015년 국가직

31 콘크리트의 설계기준압축강도 f_{ck} = 40MPa일 때, 콘크리트의 배합강도 f_{cr} [MPa]은?(단, 압축강도 시험횟수는 14회이고, 표준편차 s = 2.0이며, 2012년도 콘크리트 구조기준을 적용한다.)

① 45
② 47
③ 49
④ 51

해설

시험 횟수가 14회 이하이거나 시험기록이 없는 경우의 배합강도

설계 기준 강도, f_{ck}(MPa)	배합강도, f_{cr}(MPa)
21 미만	$f_{ck}+7$
21 이상 35 이하	$f_{ck}+8.5$
35 초과	$1.1f_{ck}+5$

$f_{ck}=40\text{MPa} > 35\text{MPa}$인 경우

$f_{cr}=1.1f_{ck}+5=1.1\times40+5=49\text{MPa}$

정답 ③

9급 2017년 국가직

32 물-시멘트비(W/C) 50%, 단위수량 140kgf/m^3, 단위잔골재량 760kgf/m^{3}인 배합을 실시하여 콘크리트의 단위중량을 측정한 결과 2,300kgf/m^{3}일 때, 콘크리트의 단위굵은골재량[kgf/m^3]은?(단, 시멘트의 비중은 3.15, 잔골재의 비중은 2.60, 굵은 골재의 비중은 2.65이고, 혼화재료는 사용하지 않았다.)

① 1,120
② 1,220
③ 1,260
④ 1,400

해설

$W_C=\dfrac{W_W}{0.5}=\dfrac{140}{0.5}=280\text{kgf/m}^3$

$W_{CA}=W_{con}-(W_W+W_C+W_{FA})=2{,}300-(140+280+760)=1{,}120\text{kgf/m}^3$

정답 ①

9급 2018년 국가직

33 배합설계 과정에서 단위수량 180kg, 단위시멘트량 315kg, 공기량 5%가 결정되었다면 골재의 절대용적[l]은?(단, 시멘트 밀도는 0.00315g/mm^3이고, 혼화재는 사용하지 않는다.)

① 530 ② 600
③ 670 ④ 740

해설

$$V(1\text{m}^3) = V_w + V_c + V_{Ag} + V_{air}$$

$$V_{Ag} = V - (V_w + V_c + V_{air})$$

$$= 1 - \left(\frac{180}{0.001 \times 10^6} + \frac{315}{0.00315 \times 10^6} + \frac{5}{100}\right) = 0.67(\text{m}^3) = 0.67 \times (10^3 l) = 670(l)$$

정답 ③

9급 2019년 국가직

34 KS F 2405(콘크리트 압축강도시험방법)에 따라 결정된 재령 28일에 평가한 원주형 공시체의 기준압축강도 f_{ck}가 30MPa이고, 충분한 통계 자료가 없을 경우 설계에 사용할 수 있는 평균압축강도 f_{cm}[MPa]은?(단, 2015년도 도로교설계기준을 적용한다.)

① 30 ② 32
③ 34 ④ 36

해설

$\Delta f = 4\text{MPa}(f_{ck} \le 40\text{MPa}$인 경우)

$f_{cm} = f_{ck} + \Delta f = 30 + 4 = 34\text{MPa}$

정답 ③

9급 2017년 지방직(2차)

35 보통중량골재를 사용한 설계기준압축강도 $f_{ck}=27\text{MPa}$인 콘크리트의 할선탄성계수[MPa] 계산식으로 옳은 것은?(단, 콘크리트 단위질량 $m_c=2,300\text{kg/m}^3$이며, 2012년도 콘크리트구조기준을 적용한다.)

① $E_c=8,500\sqrt[3]{f_{cm}}$, 여기서 $f_{cm}=f_{ck}+4$

② $E_c=10,000\sqrt[3]{f_{cm}}$, 여기서 $f_{cm}=f_{ck}+4$

③ $E_c=8,500\sqrt[3]{f_{cm}}$, 여기서 $f_{cm}=f_{ck}+6$

④ $E_c=10,000\sqrt[3]{f_{cm}}$, 여기서 $f_{cm}=f_{ck}+6$

해설

콘크리트의 탄성계수

1) $1,450\text{kg/m}^3 \le m_c \le 2,500\text{kg/m}^3$인 경우

$E_c=0.077m_c^{\frac{3}{2}}\sqrt[3]{f_{cm}}\,(\text{MPa})$

$f_{cm}=f_{ck}+\Delta f$

여기서, Δf의 값

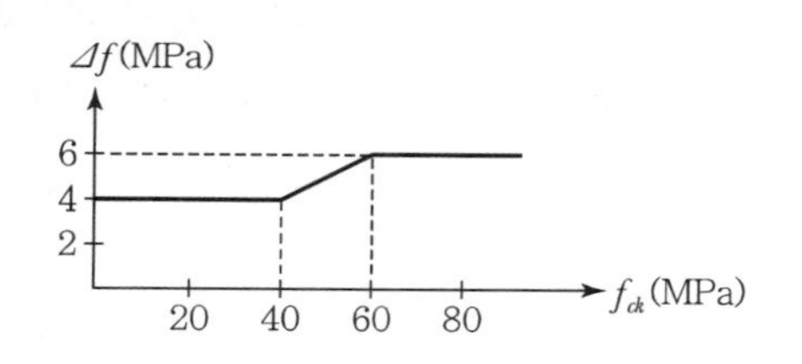

2) $m_c=2,300\text{kg/m}^3$

$E_c=8,500\sqrt[3]{f_{cm}}\,(\text{MPa})$

정답 ①

9급 2013년 지방직

36 보통골재를 사용한 콘크리트의 설계기준 강도가 $f_{ck}=23\text{MPa}$일 때, 콘크리트의 탄성계수 E_c[MPa]는?

① 2.35×10^4

② 2.45×10^4

③ 2.55×10^4

④ 2.65×10^4

해설

보통골재를 사용한 콘크리트($m_c=2,300\text{kg/m}^3$)의 탄성계수, E_c

$\Delta f=4\text{MPa}\,(f_{ck}\le 40\text{MPa}$인 경우)

$f_{cm}=f_{ck}+\Delta f=23+4=27\text{MPa}$

$E_c=8,500\sqrt[3]{f_{cm}}=8,500\sqrt[3]{27}=2.55\times10^4\text{MPa}$

정답 ③

9급 2011년 국가직

37 보통의 골재를 사용한 콘크리트의 설계기준강도 f_{ck} = 19MPa일 때 콘크리트의 탄성계수 [MPa]는?

① 20,487 ② 22,681 ③ 24,173 ④ 37,051

해설

$\Delta f = 4\text{MPa}(f_{ck} \le 40\text{MPa})$

$f_{cm} = f_{ck} + \Delta f = 19 + 4 = 23\text{MPa}$

$E_c = 8{,}500\sqrt[3]{f_{cm}}$ (보통골재를 사용한 콘크리트인 경우) $= 8{,}500\sqrt[3]{23} = 24{,}173\text{MPa}$

정답 ③

9급 2007년 국가직

38 콘크리트의 설계기준강도(f_{ck})가 25MPa일 때 보통 골재를 사용한 콘크리트($m_c = 2{,}300$ kg/m^3)의 탄성계수(E_c)[MPa]는?

① 2.41×10^4 ② 2.61×10^4 ③ 2.81×10^4 ④ 2.91×10^4

해설

$\Delta f = 4\text{MPa}(f_{ck} \le 40\text{MPa}$인 경우$)$

$f_{cm} = f_{ck} + \Delta f = 25 + 4 = 29\text{MPa}$

$E_c = 8{,}500\sqrt[3]{f_{cm}}$ ($m_c = 2{,}300\text{kg/m}^3$인 보통골재를 사용한 콘크리트의 경우)

$= 8{,}500\sqrt[3]{29} = 26{,}114.7\text{MPa} = 2.61 \times 10^4\text{MPa}$

정답 ②

9급 2017년 서울시

39 콘크리트의 설계기준압축강도(f_{ck})가 50MPa인 경우 콘크리트의 할선탄성계수를 구하는 식은?(단, 보통중량골재를 사용한 콘크리트의 경우임)

① $E_C = 8{,}500 \cdot \sqrt[3]{50}$ ② $E_C = 8{,}500 \cdot \sqrt[3]{54}$

③ $E_C = 8{,}500 \cdot \sqrt[3]{55}$ ④ $E_C = 8{,}500 \cdot \sqrt[3]{56}$

해설

$\Delta f = 0.1f_{ck} = 0.1 \times 50 = 5\text{MPa}(40\text{MPa} < f_{ck} < 60\text{MPa}$인 경우$)$

$f_{cm} = f_{ck} + \Delta f = 50 + 5 = 55\text{MPa}$

$E_C = 8{,}500\sqrt[3]{f_{cm}} = 8{,}500\sqrt[3]{55}\text{ MPa}$

정답 ③

9급 2019년 국가직

40 보통중량골재를 사용한 콘크리트의 탄성계수가 25,500MPa일 때, 설계기준압축강도 f_{ck} [MPa]는?(단, 2012년도 콘크리트구조기준을 적용한다.)

① 23　② 24
③ 25　④ 26

해설

$E_c = 8{,}500\sqrt[3]{f_{cm}}$

$f_{cm} = \left(\frac{E_c}{8{,}500}\right)^3 = \left(\frac{25{,}500}{8{,}500}\right)^3 = 3^3 = 27\text{MPa}$

$f_{cm} = f_{ck} + \Delta f$ ($f_{ck} \le 40$MPa인 경우, $\Delta f = 4$MPa)

$f_{ck} = f_{cm} - \Delta f = 27 - 4 = 23\text{MPa}$

정답 ①

9급 2012년 지방직

41 보통콘크리트의 설계기준강도가 $f_{ck} = 19$MPa일 때, 유효숫자 2자리로 계산한 철근과 콘크리트의 탄성계수비는?(단, 콘크리트의 단위질량 $m_c = 2{,}300\text{kg/m}^3$, 철근의 탄성계수 $E_s = 2.0 \times 10^5$MPa이며, 2012년도 콘크리트구조설계기준을 적용한다.)

① 8.3　② 8.6
③ 8.9　④ 9.1

해설

1) E_c

$\Delta f = 4$MPa($f_{ck} \le 40$MPa인 경우)

$f_{cm} = f_{ck} + \Delta f = 19 + 4 = 23\text{MPa}$

$E_c = 8{,}500\sqrt[3]{f_{cm}}$ ($m_c = 2{,}300\text{kg/m}^3$인 경우)

$= 8{,}500\sqrt[3]{23} = 24{,}172.87$

2) $E_s = 2 \times 10^5$MPa

3) $n = \frac{E_s}{E_c} = \frac{2 \times 10^5}{24{,}172.87} = 8.27$

정답 ①

9급 2010년 국가직

42 콘크리트 크리프에 대한 설명으로 옳은 것은?

① 탄성한도 내에서 콘크리트의 크리프 변형률은 작용하는 응력에 비례하고 탄성계수에 반비례한다.

② 콘크리트의 크리프계수는 옥외 구조물이 옥내 구조물보다 크다.

③ 증가되는 응력을 장시간 받았을 경우, 시간의 경과에 따라 탄성변형이 증가하는 현상을 크리프라 한다.

④ 일시적으로 재하되는 하중에 대하여 설계할 때에도 크리프의 영향을 고려하여 설계해야 한다.

해설

② 콘크리트의 크리프계수는 옥외구조물($C_u=2.0$)이 옥내구조물($C_u=3.0$)보다 작다.

③ 일정한 응력을 장시간 받았을 경우, 시간의 경과에 따라 변형이 증가하는 현상을 크리프라 한다.

④ 일시적으로 재하되는 하중에 대해선 설계 시 크리프의 영향을 고려하지 않는다.

정답 ①

9급 2013년 지방직

43 콘크리트가 압축을 받아 발생한 탄성응력이 $f_c=9\text{MPa}$일 때, 장기하중으로 인한 크리프 변형률 ε_{cr}은?(단, 콘크리트의 탄성계수 $E_c=30{,}000\text{MPa}$, 크리프계수 $C_u=2.0$이다.)

① 0.0003 ② 0.0004 ③ 0.0005 ④ 0.0006

해설

$$\varepsilon_e=\frac{f_c}{E_c}=\frac{9}{3\times10^4}=3\times10^{-4}$$

$$\varepsilon_{cr}=C_u\cdot\varepsilon_e=2.0\times(3\times10^{-4})=6\times10^{-4}$$

정답 ④

9급 2017년 국가직

44 길이가 2m이고 사각형 단면(200mm × 200mm)인 기둥에 연직하중 80kN이 고정하중으로 작용한다. 기둥이 옥외에 있을 때, 크리프 변형률(ε_c)은?(단, 콘크리트의 탄성계수 $E_c=20{,}000\text{MPa}$이며, 2012년도 콘크리트구조기준을 적용한다.)

① 0.0001 ② 0.0002 ③ 0.0003 ④ 0.003

해설

$$f_e=\frac{P}{A}=\frac{(80\times10^3)}{(200\times200)}=2\text{N/mm}^2=2\text{MPa}$$

$$\varepsilon_e=\frac{f_e}{E_c}=\frac{2}{(2\times10^4)}=10^{-4}$$

$C_u=2.0$(옥외 구조물인 경우)

$$\varepsilon_c=C_u\cdot\varepsilon_e=(2.0)\times(10^{-4})=0.0002$$

정답 ②

9급 2012년 국가직

45 그림과 같은 콘크리트로 된 기둥(단주)에 하중 P가 도심에 작용하여 A부분에 압축응력 $f_A = 5\text{MPa}$, B부분에 압축응력 $f_B = 3\text{MPa}$가 각 부재에 일정하게 발생하였다. 이들 응력을 5년 이상의 장기하중으로 받을 때, 탄성변형 및 크리프 변형에 의한 총 압축변위[mm]는?(단, 콘크리트의 설계기준강도 $f_{ck} = 19\text{MPa}$, 크리프 계산을 위한 콘크리트의 탄성계수 $E_c = 2.5 \times 10^4\text{MPa}$, 자중은 무시하며, 기둥은 옥외에 있다.)

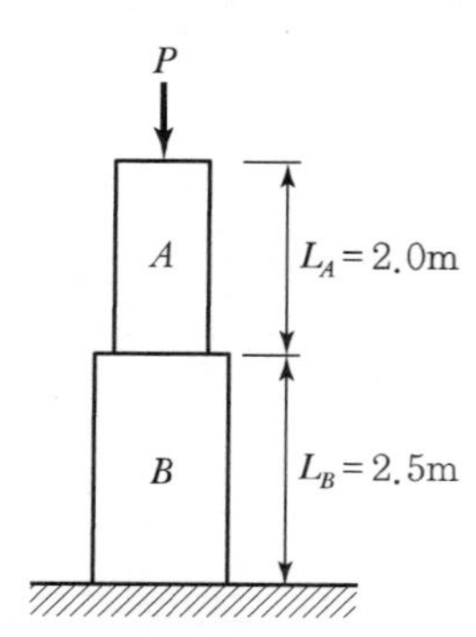

① 1.5
② 1.8
③ 2.1
④ 2.4

해설

$$\delta_e = \delta_{e,A} + \delta_{e,B} = \frac{1}{E}(f_A L_A + f_B L_B)$$

$$= \frac{10^3}{2.5 \times 10^4}(5 \times 2 + 3 \times 2.5) = 0.7\text{mm}$$

$C_u = 2.0$(옥외 구조물인 경우)

$\delta_c = C_u \cdot \delta_e = 2.0 \times 0.7 = 1.4\text{mm}$

$\delta_T = \delta_e + \delta_c = 0.7 + 1.4 = 2.1\text{mm}$

정답 ③

9급 2016년 지방직

46 콘크리트의 크리프에 대한 설명으로 옳지 않은 것은?

① 다짐이 불충분하면 크리프 변형률은 증가한다.
② 물-시멘트비가 클수록 크리프 변형률은 증가한다.
③ 단면의 치수가 클수록 크리프 변형률은 증가한다.
④ 대기 중의 습도가 감소하면 크리프 변형률은 증가한다.

해설

단면의 치수가 클수록 크리프 변형률은 감소한다.

정답 ③

9급 2010년 서울시

47 크리프의 특성에 대한 설명으로 옳지 않은 것은?

① 단위시멘트 양이 많을수록 크다.

② 압축강도가 클수록 작다.

③ 물-시멘트비가 클수록 작다.

④ 온도가 높아지면 크리프는 커진다.

⑤ 습도가 높을수록 크리프는 작아진다.

해설

크리프에 영향을 주는 요인

1) 콘크리트의 물-시멘트 비가 작을수록 크리프 변형은 감소한다.
2) 단위 수량 및 단위 시멘트량이 적을수록 크리프 변형은 감소한다.
3) 콘크리트의 강도가 클수록 크리프 변형은 감소한다.
4) 하중재하시 콘크리트의 재령이 클수록 크리프 변형은 감소한다.
5) 콘크리트가 배치될 주위의 온도가 낮고, 습도가 높을수록 크리프 변형은 감소한다.

정답 ③

9급 2018년 서울시(1차)

48 콘크리트에서 발생하는 크리프(creep)와 관련한 설명으로 가장 옳지 않은 것은?

① 물시멘트비와 시멘트량이 감소할수록 크리프는 감소한다.

② 수화율이 증가할수록 크리프는 감소한다.

③ 상대습도가 클수록 크리프는 증가한다.

④ 고온 증기양생한 콘크리트는 크리프가 감소한다.

해설

상대 습도가 클수록 크리프는 감소한다.

정답 ③

9급 2012년 서울시

49 콘크리트의 크리프(Creep) 변형에 관한 설명으로 옳지 않은 것은?

① 단위시멘트 양이 많을수록 크다.
② 물－시멘트비가 클수록 작다.
③ 압축강도가 클수록 작다.
④ 온도가 높을수록 크리프는 크다.
⑤ 습도가 높을수록 크리프는 작다.

해설

콘크리트의 물–시멘트 비가 클수록 크리프 변형은 증가한다.

정답 ②

9급 2010년 지방직

50 콘크리트의 크리프에 대한 설명으로 옳지 않은 것은?

① 물－시멘트비가 감소할수록 콘크리트의 크리프는 감소한다.
② 해당재령에서의 수화율에 따라 크게 영향을 받는다.
③ 장기하중의 작용과 밀접한 관계가 있다.
④ 크리프의 변형률은 시간의 경과와 더불어 일정하게 증가한다.

해설

하중 재하 기간이 경과함에 따라 크리프 변형의 진행은 감소한다.

정답 ④

9급 2007년 국가직

51 콘크리트의 재료 특성에 관한 설명으로 옳지 않은 것은?

① 콘크리트의 크리프는 물시멘트비, 시멘트량 및 수화율이 감소할수록 감소한다.
② 콘크리트의 크리프는 재령보다 해당 재령에서의 수화율에 따라 더 큰 영향을 받는다.
③ 온도가 상승함에 따라 수축에 미치는 영향은 온도가 올라가기 전에 콘크리트의 함수상태, 온도증가 후의 수분손실 등에 따라 크게 변화한다.
④ 콘크리트의 건조수축은 물시멘트비와 시멘트량이 감소할수록 수축도 감소한다.

해설

콘크리트의 물–시멘트 비, 시멘트량이 감소할수록 수화율이 증가할수록 크리프 변형은 감소한다.

정답 ①

9급 2014년 국가직

52 콘크리트의 크리프 및 건조수축을 설명한 것으로 옳은 것만을 모두 고르면?

ㄱ. 콘크리트의 물－시멘트비가 작을수록 크리프 변형률은 증가한다.
ㄴ. 콘크리트의 재령이 클수록 크리프 변형률의 증가비율은 증가된다.
ㄷ. 콘크리트의 주위 습도가 높을수록 건조수축 변형률은 감소한다.
ㄹ. 콘크리트의 물－시멘트비가 작을수록 건조수축 변형률은 감소한다.

① ㄱ, ㄴ　　② ㄱ, ㄷ
③ ㄴ, ㄹ　　④ ㄷ, ㄹ

해설

ㄱ. 콘크리트의 물－시멘트 비가 작을수록 크리프 변형률은 감소한다.
ㄴ. 콘크리트의 재령이 클수록 크리프 변형률의 증가비율은 감소한다.

정답 ④

9급 2018년 서울시(2차)

53 콘크리트의 크리프계수 보정과 직접적으로 관련이 없는 요소로 가장 옳은 것은?

① 양생온도 및 시멘트 종류　　② 작용 응력의 크기
③ 온도 변화　　④ 콘크리트 휨강도

해설

콘크리트의 크리프 변형률은 콘크리트의 압축강도 또는 설계기준 압축강도, 부재의 크기, 평균 상대습도, 재하할 때의 재령, 재하기간, 시멘트 종류, 양생온도, 온도변화, 작용응력의 크기 등을 고려하여 구한다.

정답 ④

9급 2017년 서울시

54 **「콘크리트구조기준(2012)」에서는 콘크리트의 건조수축 변형률을 산정하기 위해서 개념 건조수축계수(ε_{sho})에 건조기간에 따른 건조수축 변형률 함수($\beta_s(t-t_s)$)를 곱하도록 규정하고 있다. 개념 건조수축계수 산정 시에 고려되는 요소로 가장 옳지 않은 것은?**

① 외기 습도

② 시멘트 종류

③ 재령 28일에서 콘크리트의 평균 압축강도

④ 순인장변형률

해설

콘크리트의 건조수축 변형률($\varepsilon_{sh}(t,\ t_s)$)

$$\varepsilon_{sh}(t,\ t_s)=\varepsilon_{sho}\cdot\beta_s(t-t_s)$$

$$\varepsilon_{sho}=\varepsilon_s(f_{cm})\cdot\beta_{RH}$$

$$\varepsilon_s(f_{cm})=[160+10\beta_{sc}(9-f_{cm}/10)]\times10^{-6}$$

$$\beta_{RH}=\begin{cases}-1.55[1-(RH/100)^3] & (40\%\le RH<99\%)\\ 0.25 & (RH\ge 99\%)\end{cases}$$

$$\beta_s(t-t_s)=\sqrt{\frac{(t-t_s)}{0.035h^2-(t-t_s)}}$$

여기서, $\varepsilon_{sh}(t,t_s)$: 재령 t_s에서 외기에 노출된 콘크리트의 재령 t에서 전체 건조수축 변형률

t : 콘크리트의 재령, 일(day)

t_s : 콘크리트가 외기 중에 노출되었을 때의 재령, 일(day)

ε_{sho} : 개념 건조수축 계수

β_{sc} : 시멘트 종류에 따른 건조수축에 미치는 영향계수, $\beta_{sc}=\begin{cases}4: \text{2종 시멘트}\\ 5: \text{1종, 5종 시멘트}\\ 8: \text{3종 시멘트}\end{cases}$

f_{cm} : 콘크리트의 평균 압축강도, MPa

β_{RH} : 외기습도에 따른 크리프와 건조수축에 미치는 영향계수

RH : 외기의 상대습도, %

$\beta_s(t-t_s)$: 건조기간에 따른 건조수축 변형률 함수

h : 개념부재 치수, mm($h=2A_c/u$)

A_c : 부재의 단면적, mm²

u : 단면적 A_c의 둘레 중에서 수분이 외기로 확산되는 둘레 길이, mm

정답 ④

9급 2019년 서울시

55 단면이 300mm × 500mm의 직사각형인 철근콘크리트 부재가 있다. 철근은 단면 도심에 대칭으로 배치되었으며, 철근 단면적 $A_s = 5,000\text{mm}^2$이다. 콘크리트의 건조수축으로 인해 철근에 발생하는 압축응력이 60MPa일 때, 건조수축에 의해 콘크리트에 발생하는 응력은? (단, 이 부재의 지점 변형은 구속되어 있지 않다.)

① 1MPa
② 2MPa
③ 3MPa
④ 4MPa

해설

$$f_{ct} = \frac{A_s}{A_c} f_{sc} = \frac{5,000}{(300 \times 500)} \times 60 = 2\text{MPa}(\text{인장})$$

정답 ②

9급 2009년 서울시

56 배력철근을 배치하는 이유 중 옳지 않은 것은?

① 응력을 분포시켜 균열의 폭을 최소화하기 위함이다.
② 주철근의 부착력을 확보하기 위함이다.
③ 주철근의 간격을 유지하기 위함이다.
④ 온도변화에 의한 균열을 방지하기 위함이다.
⑤ 건조수축에 의한 균열을 방지하기 위함이다.

해설

배력철근의 기능
1) 응력을 고루 분산시켜 콘크리트의 균열폭을 최소화한다.
2) 건조수축 또는 온도변화에 따른 콘크리트의 수축을 억제하여 균열을 방지한다.
3) 주철근의 위치를 확보한다.

9급 2011년 서울시

57 그림과 같은 철근의 응력-변형률 곡선에서 가했던 하중을 제거해도 변형이 원점으로 되돌아오지 않고 잔류변형을 일으키는 항복점은?

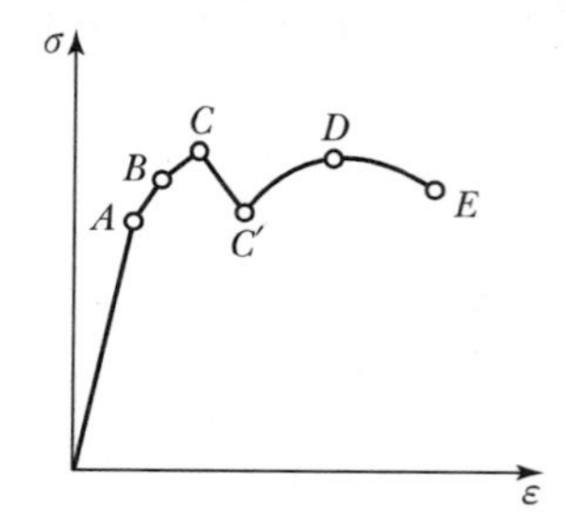

① A ② B
③ C ④ D
⑤ E

해설

1) A(비례한계) : $\sigma-\varepsilon$ 곡선에서 직선구간의 한계
2) B(탄성한계) : 하중 재하 시 발생된 변형이 하중 제거 후 원상태로 되돌아가는 한계
3) 항복점 : 하중 증가 없이 변형만 점진적으로 발생되기 시작하는 점
특히, 절점 C를 상항복점, 절점 C′을 하항복점이라 한다.
4) D(극한강도) : 부재가 파괴되기 전까지 저항할 수 있는 최대강도
5) E(파괴점) : 재료가 파괴에 도달하는 점

정답 ③

9급 2011년 서울시

58 **철근의 간격을 제한하는 이유는 철근 사이 또는 철근과 거푸집 사이에 공극이 없이 콘크리트를 밀실하게 채우기 위해서이다. 다음 중 철근 간격에 대한 규정으로 옳은 것은?**

① 보의 주철근 수평 순간격 20mm 이상

② 보의 주철근을 2단 이상으로 배치할 경우 연직 순간격 25mm 이상

③ 벽체나 슬래브의 주철근 중심간격은 슬래브 두께의 2배 이하, 400mm 이하

④ 나선철근과 띠철근 기둥에서 축방향 철근의 순간격 30mm 이상

⑤ 철근을 다발로 사용할 때는 이형철근이어야 하고, 개수는 3개 이하

해설

철근의 간격

(1) 보에서 휨철근의 순간격
  1) 수평 순간격
    ㉠ 25mm 이상
    ㉡ 철근의 공칭지름 이상
    ㉢ 굵은 골재 최대치수의 4/3배 이상
  2) 연직 순간격
    ㉠ 25mm 이상
    ㉡ 상하 철근은 동일 연직면 내에 배치되어야 함
(2) 기둥에서 축방향 철근의 순간격
  ㉠ 40mm 이상
  ㉡ 철근 공칭지름의 3/2배 이상
  ㉢ 굵은 골재 최대치수의 4/3배 이상
(3) 벽체 또는 슬래브에서 휨철근의 중심간격
  1) 최대 휨모멘트가 일어나는 단면에서 휨철근의 중심간격
    ㉠ 벽체 또는 슬래브 두께의 2배 이하
    ㉡ 300mm 이하
  2) 그 밖의 단면에서 휨철근의 중심간격
    ㉠ 벽체 또는 슬래브 두께의 3배 이하
    ㉡ 450mm 이하

• 철근을 다발로 사용할 때는 이형철근이어야 하고, 개수는 4개 이하라야 한다.

정답 ②

9급 2009년 국가직

59 **철근콘크리트 보의 설계에서 철근의 간격에 대한 설명 중 옳지 않은 것은?**

① 동일 평면에서 평행한 철근 사이의 수평 순간격은 25mm 이상

② 동일 평면에서 평행한 철근 사이의 수평 순간격은 철근의 공칭지름 이상

③ 기둥의 축방향 철근의 순간격은 40mm 이상

④ 기둥의 축방향 철근의 순간격은 철근의 공칭지름 이상

해설

기둥의 축방향 철근의 순간격은 철근 공칭지름의 3/2배 이상

정답 ④

9급 2012년 서울시

60 철근간격에 관한 설명으로 옳지 않은 것은?

① 보의 정철근 또는 부철근의 수평순간격은 25mm 이상이다.

② 각 철근 다발의 철근단은 철근 모두를 받침부에서 끝나게 하지 않는다면 적어도 철근지름의 40배 길이로 서로 엇갈리게 끝내야 한다.

③ 굵은 골재의 최대치수의 3/4배 이상이다.

④ 철근의 공칭지름 이상이다.

⑤ 띠철근 기둥에서 축방향 철근의 순간격은 철근지름의 1.5배 이상으로 해야 한다.

해설

보에서 휨철근의 수평 순간격은 굵은 골재 최대치수의 4/3배 이상이다.

정답 ③

9급 2018년 지방직

61 현장 타설 콘크리트 보에서 철근의 수평 순간격을 결정하는 데 고려사항이 아닌 것은?(단, 2010년도 도로교설계기준과 2016년도 도로교설계기준(한계상태설계법)을 적용한다.)

① 철근 공칭지름의 1.5배

② 40mm

③ 25mm

④ 굵은 골재 최대치수의 1.5배

해설

도로교설계기준(2016년)에 따른 철근의 최소간격

1. 현장타설 콘크리트에서 철근의 수평 순간격은 다음 값 이상으로 하여야 한다.
   ① 철근 공칭지름의 1.5배
   ② 굵은 골재 최대치수의 1.5배
   ③ 40mm

2. 공장 또는 공장과 같은 관리조건하에 제작된 프리캐스트 콘크리트에서 철근의 수평 순간격은 다음 값 이상으로 하여야 한다.
   ① 철근의 공칭지름
   ② 굵은 골재 최대치수의 1.33배
   ③ 25mm

3. 교량 바닥판을 제외한 구조요소에서 각 단 사이의 순간격이 150mm 이하인 다단 배근의 경우 상하철근은 동일 연직면 내에 배치되어야 하며 각 단 간의 연직 순간격은 25mm 이상, 철근 공칭지름 이상으로 하여야 한다.

4. 1, 2, 3항에 규정된 철근 사이의 순간격 제한 값은 겹침이음과 겹침이음 사이 또는 겹침이음과 철근 사이의 순간격에도 적용된다.

정답 ③

9급 2015년 국가직

62 프리캐스트 콘크리트 보의 평행한 철근 사이의 수평 순간격[mm]은?(단, 굵은골재 최대치수는 21mm, 철근 공칭지름은 30mm이며, 2012년도 도로교설계기준을 적용한다.)

① 30 ② 35
③ 40 ④ 45

해설

프리캐스트 콘크리트 보의 평행한 철근 사이의 수평 순간격
㉠ 25mm 이상
㉡ 철근의 공칭지름 이상=30mm 이상
㉢ 굵은 골재 최대치수의 $\frac{4}{3}$배 이상$=21\times\frac{4}{3}=28$mm 이상
따라서 철근 수평 순간격은 최댓값인 30mm 이상이어야 한다.

정답 ①

9급 2012년 지방직

63 철근의 피복두께에 대한 설명으로 옳은 것은?

① 띠철근 기둥에서 피복두께는 띠철근 표면으로부터 콘크리트 표면까지의 최단거리이다.
② 수직스터럽이 있는 보에서 피복두께는 스터럽 철근의 중심으로부터 콘크리트 표면까지의 최단거리이다.
③ 나선철근 기둥에서 피복두께는 축방향 철근의 중심으로부터 콘크리트 표면까지의 최단거리이다.
④ 수직스터럽이 있는 보에서 피복두께는 주철근의 표면으로부터 콘크리트 표면까지의 최단거리이다.

해설

철근의 피복두께란 최외단에 배근된 철근의 표면으로부터 콘크리트의 표면까지의 최단거리를 말한다.

정답 ①

9급 2012년 국가직

64 콘크리트 구조설계기준에 의한 현장치기 콘크리트의 최소 피복 두께에 대한 설명으로 옳지 않은 것은?

① 흙에 접하여 콘크리트를 친 후 영구히 흙에 묻혀 있는 콘크리트의 피복두께는 75mm 이상이다.

② 흙에 접하거나 옥외의 공기에 직접 노출되는 콘크리트로 D19 이상의 철근을 사용하는 경우의 피복 두께는 50mm 이상이다.

③ 옥외의 공기나 흙에 직접 접하지 않는 콘크리트로 슬래브나 벽체에서 D35를 초과하는 철근을 사용하는 경우의 피복 두께는 60mm 이상이다.

④ 수중에 타설하는 콘크리트의 피복 두께는 100mm 이상이다.

해설

옥외의 공기나 흙에 직접 접하지 않는 콘크리트로 슬래브나 벽체에서 D35를 초과하는 철근을 사용하는 경우의 피복두께는 40mm 이상이다.

정답 ③

9급 2010년 국가직

65 현장치기 콘크리트인 경우, 철근의 최소 피복두께에 관한 설명으로 옳지 않은 것은?(단, 책임기술자의 승인을 받아 피복두께를 변경하지 않고, 철근의 정착길이가 피복두께에 영향을 주지 않음)

① D16 이하인 철근이 배치된 흙에 접하거나 옥외의 공기에 직접 노출되는 콘크리트의 최소 피복두께는 40mm이다.

② 수중에 타설하는 콘크리트의 최소 피복두께는 100mm이다.

③ 흙에 접하여 콘크리트를 친 후 영구히 흙에 묻혀있는 콘크리트의 최소 피복두께는 75mm이다.

④ 슬래브에 D35를 초과하는 철근이 배치된 옥외의 공기나 흙에 직접 접하지 않는 콘크리트의 최소 피복두께는 30mm이다.

해설

슬래브에 D35를 초과하는 철근이 배치된 옥외의 공기나 흙에 직접 접하지 않는 콘크리트의 최소 피복두께는 40mm이다.

정답 ④

9급 2016년 국가직

66 **프리스트레스하지 않는 현장치기 콘크리트 부재의 최소 피복두께 규정으로 옳지 않은 것은?(단, 2012년도 콘크리트구조기준을 적용한다.)**

① 수중에서 치는 콘크리트 : 100mm
② 흙에 접하여 콘크리트를 친 후 영구히 흙에 묻혀 있는 콘크리트 : 60mm
③ D19 이상의 철근 중 흙에 접하거나 옥외의 공기에 직접 노출되는 콘크리트 : 50mm
④ 옥외의 공기나 흙에 직접 접하지 않은 콘크리트 보 또는 기둥 : 40mm

해설

현장치기 콘크리트로서, 흙에 접하여 콘크리트를 친 후 영구히 흙에 묻혀 있는 콘크리트의 최소 피복두께는 75mm이다.

정답 ②

9급 2015년 서울시

67 **수중에서 타설되는 콘크리트의 경우 철근의 최소 피복두께는 얼마인가?(단, 프리스트레스하지 않은 현장치기 콘크리트이다.)**

① 40mm ② 60mm
③ 80mm ④ 100mm

해설

수중에서 타설되는 현장치기 콘크리트의 경우 최소 피복두께는 100mm이다.

정답 ④

9급 2019년 지방직

68 **다발철근을 사용하여 수중에서 콘크리트를 치는 경우 최소 피복두께[mm]는?(단, KDS(2016) 설계기준을 적용한다.)**

① 60 ② 80
③ 100 ④ 120

해설

다발철근의 최소 피복두께는 50mm와 다발철근의 등가 지름 중 작은 값 이상이어야 한다. 다만 흙에 접하여 콘크리트를 친 후 영구히 흙에 묻혀 있는 경우에는 최소 피복두께를 75mm 이상, 수중에서 콘크리트를 친 경우에는 100mm 이상으로 하여야 한다.

정답 ③

9급 2015년 국가직

69 **프리캐스트 콘크리트의 최소 피복두께에 대한 규정으로 옳지 않은 것은?(단, 2012년도 콘크리트 구조기준을 적용한다.)**

① 옥외의 공기나 흙에 직접 접하지 않는 콘크리트의 슬래브, 벽체, 장선구조에서 D35를 초과하는 철근 및 지름 40mm를 초과하는 긴장재 : 30mm

② 옥외의 공기나 흙에 직접 접하지 않는 콘크리트의 슬래브, 벽체, 장선구조에서 D35 이하의 철근 및 지름 40mm 이하인 긴장재 : 10mm

③ 흙에 접하거나 옥외의 공기에 직접 노출되는 콘크리트 벽체의 D35를 초과하는 철근 및 지름 40mm를 초과하는 긴장재 : 40mm

④ 흙에 접하거나 옥외의 공기에 직접 노출되는 콘크리트 벽체의 D35 이하의 철근, 지름 40mm 이하인 긴장재 및 지름 16mm 이하의 철선 : 20mm

해설

옥외의 공기나 흙에 직접 접하지 않는 프리캐스트 콘크리트로 슬래브, 벽체, 장선구조에서 D35 이하의 철근 및 지름 40mm 이하인 긴장재를 사용하는 경우 최소 피복두께는 20mm이다.

정답 ②

9급 2011년 서울시

70 **중성화에 의한 부식방지, 내화성 및 부착력 확보, 침식 · 염해 · 화학작용으로부터 보호 등의 이유로 철근은 피복 두께를 필요로 하는데, 특수 환경에 노출되는 철근의 최소 피복 두께 규정으로 옳은 것은?**

① 현장치기 콘크리트 벽체, 슬래브 : 40mm

② 현장치기 콘크리트 기타(노출등급 EC4) : 70mm

③ 프리캐스트 콘크리트 벽체 슬래브 : 50mm

④ 프리캐스트 콘크리트 기타 : 50mm

⑤ 현장치기 콘크리트 중 수중에서 타설하는 콘크리트 : 80mm

해설

특수환경에 노출되는 콘크리트 철근의 최소 피복두께

<table>
<tr><th>조건</th><th colspan="2">부재의 종류</th><th>최소 피복두께(mm)</th></tr>
<tr><td rowspan="4">현장치기
콘크리트</td><td colspan="2">벽체, 슬래브</td><td>50</td></tr>
<tr><td rowspan="3">그 외의 모든 부재</td><td>노출등급 EC1, EC2</td><td>60</td></tr>
<tr><td>노출등급 EC3</td><td>70</td></tr>
<tr><td>노출등급 EC4</td><td>80</td></tr>
<tr><td rowspan="2">프리캐스트
콘크리트</td><td colspan="2">벽체, 슬래브</td><td>40</td></tr>
<tr><td colspan="2">그 외의 모든 부재</td><td>50</td></tr>
<tr><td>프리스트테스트
콘크리트</td><td colspan="3">KDS 14 20 60(4.1.2(3))에 정의된 부분균열등급 또는 완전균열등급의 프리스트레스 콘크리트 부재는 최소 피복두께를 [표 1-6]과 [표 1-7]에 제시된 최소 피복두께의 50% 이상 증가시켜야 한다. 다만, 프리스트레스된 인장영역이 지속하중을 받을 때 압축응력을 유지하고 있는 경우에는 최소 피복두께를 증가시키지 않아도 된다.</td></tr>
</table>

• 현장치기 콘크리트 중 수중에서 타설되는 콘크리트의 최소피복두께는 100mm이다.

정답 ④

Chapter **02**

설계방법

Contents

01 구조물 설계의 기본개념

1. 안전성

① 구조물은 사용기간 동안 작용할 모든 하중에 대하여 파괴 또는 다른 결함 없이 충분히 저항할 수 있도록 안전성이 확보되어야 한다.
② 구조물의 안전성 확보에 대한 검토는 강도, 좌굴 등에 대해서 이루어진다.
③ 강도설계법은 구조물의 안전성 확보에 중점을 둔 설계방법이다.

2. 사용성

① 구조물은 사용기간 동안 사용자로 하여금 구조물에 대한 불안감, 불신감, 그리고 불편함을 느끼지 않도록 사용성이 확보되어야 한다.
② 구조물의 사용성 확보에 대한 검토는 처짐, 균열, 진동 등에 대해서 이루어진다.
③ 허용응력설계법은 구조물의 사용성 확보에 중점을 둔 설계방법이다.

02 강도설계법

1. 기본개념

① 강도설계법은 부재의 파괴상태 또는 파괴에 가까운 상태에 기초한 설계방법이다.
② 강도설계법은 부재의 공칭강도(S_n)에 강도감소계수(ϕ)를 곱한 설계강도(S_d)가 사용하중(L_i)에 하중계수(r_i)를 곱한 계수하중(또는 소요강도, U)보다 작지 않도록 설계하는 방법이다.

$$\Sigma r_i L_i = U \le S_d = \phi S_n \quad \cdots\cdots (2.1)$$

2. 강도감소계수

(1) 강도감소계수를 사용하는 이유

① 부재의 공칭강도와 실제강도의 차이
② 부재의 제작 또는 시공에 있어서 설계도와의 차이
③ 부재강도의 추정과 해석에 관련된 불확실성

(2) 콘크리트 설계기준에 제시된 강도감소계수

[표 2-1] 강도감소계수 ϕ의 값

<table>
<tr><th colspan="2">부재, 단면 또는 하중(단면력)의 종류</th><th>ϕ</th></tr>
<tr><td colspan="2">인장지배단면</td><td>0.85</td></tr>
<tr><td rowspan="3">압축지배
단면</td><td>나선철근부재</td><td>0.70</td></tr>
<tr><td>그 이외의 부재</td><td>0.65</td></tr>
<tr><td>공칭강도에서 최외단 인장철근의 순인장변형률 ε_t가 압축지배와 인장지배 단면 사이에 있을 경우</td><td>ε_t가 압축지배 변형률 한계에서 인장지배 변형률 한계로 증가함에 따라 ϕ값을 압축지배단면에 대한 값에서 0.85까지 증가시킨다.</td></tr>
<tr><td colspan="2">전단력과 비틀림모멘트</td><td>0.75</td></tr>
<tr><td colspan="2">콘크리트의 지압력
(포스트텐션 정착부나 스트럿-타이 모델은 제외)</td><td>0.65</td></tr>
<tr><td colspan="2">포스트텐션 정착구역</td><td>0.85</td></tr>
<tr><td rowspan="2">스트럿-타이 모델</td><td>타이</td><td>0.85</td></tr>
<tr><td>스트럿, 절점부 및 지압부</td><td>0.75</td></tr>
<tr><td rowspan="2">긴장재 묻힘길이가 정착길이보다 작은 프리텐션부재의 휨단면</td><td>부재의 단부에서 전달길이 단부까지</td><td>0.75</td></tr>
<tr><td>전달길이 단부에서 정착길이 단부 사이</td><td>0.75에서 0.85까지 선형적으로 증가시킨다.</td></tr>
<tr><td colspan="2">무근콘크리트의 휨모멘트, 압축력, 전단력, 지압력</td><td>0.55</td></tr>
</table>

3. 하중계수

(1) 하중계수를 사용하는 이유

① 하중의 공칭값과 실제하중 사이의 불가피한 차이

② 하중을 작용외력으로 변환시키는 해석상의 불확실성

③ 환경작용 등의 변동

(2) 콘크리트 설계기준에 제시된 하중계수 및 하중조합

[표 2-2] 하중계수 및 하중조합

하중조건	하중계수 및 하중조합	
고정하중 D, 액체하중 F, 연직토압 H_v	$U=1.4(D+F)$	(a)
온도 등의 영향 T, 적설하중 S, 강우하중 R, 풍하중 W	$U=1.2(D+F+T)+1.6(L+\alpha_H H_v+H_h)+0.5(L_r$ 또는 S 또는 $R)$	(b)
	$U=1.2D+1.6(L_r$ 또는 S 또는 $R)+(1.0L$ 또는 $0.65W)$	(c)
	$U=1.2D+1.3W+1.0L+0.5(L_r$ 또는 S 또는 $R)$	(d)
	$U=1.2(D+F+T)+1.6(L+\alpha_H H_v)+0.8H_h+0.5(L_r$ 또는 S 또는 $R)$	(e)
	$U=0.9(D+H_v)+1.3W+(1.6H_h+0.8H_v)$	(f)
지진하중 E	$U=1.2(D+H_v)+1.0E+1.0L+0.2S+(1.0H_h$ 또는 $0.5H_h)$	(g)
	$U=0.9(D+H_v)+1.0E+(1.0H_h$ 또는 $0.5H_h)$	(h)

여기서, U : 소요강도
D : 고정하중(사하중) 또는 이에 의해 일어나는 단면력
F : 유체의 중량 및 압력 또는 이에 의해 일어나는 단면력
T : 온도, 크리프, 건조수축 및 부등침하의 영향 등에 의해 일어나는 단면력
L : 활하중 또는 이에 의해 일어나는 단면력
H_v : 흙, 지하수 또는 기타 재료의 자중에 의한 연직방향 하중 또는 이에 의해 일어나는 단면력
H_h : 흙, 지하수 또는 기타 재료의 횡압력에 의한 수평방향 하중 또는 이에 의해 일어나는 단면력
L_r : 지붕 활하중 또는 이에 의해 일어나는 단면력
S : 적설하중 또는 이에 의해 일어나는 단면력
R : 강우하중 또는 이에 의해 일어나는 단면력
W : 풍하중 또는 이에 의해 일어나는 단면력
E : 지진하중 또는 이에 의해 일어나는 단면력
a_H : 토피의 두께 h에 따른 연직방향 하중 H_v에 대한 보정계수
$h \leq 2$mm에 대하여 $\alpha_H=1.0$
$h>2$mm에 대하여 $\alpha_H=1.05-0.025h>0.875$

한편 설계기준에서는 [표 2-2]의 하중조합을 적용함에 있어서 고려해야 할 사항들을 아래와 같이 알려주고 있다.

① 차고, 공공의 집회장소 및 L이 5.0kN/m^2 이상인 모든 장소 이외에는 [표 2-2]의 식 (c), 식 (d) 및 식 (g)에서 활하중 L에 대한 하중계수를 0.5로 감소시킬 수 있다.

② 구조물에 충격의 영향이 가해지는 경우에는 활하중L을 충격효과 I가 포함된 $(L+I)$로 대체해야 한다.

③ 부등침하, 크리프, 건조수축, 팽창 콘크리트의 팽창량 및 온도변화는 사용구조물의 실제적 상황을 고려하여 계산하여야 한다.
④ 포스트텐션 정착부의 설계에 있어서는 최대 프리스트레싱 강재 긴장력에 하중계수 1.2를 적용해야 한다.

4. 강도설계법의 장점과 단점

(1) 강도설계법의 장점

① 파괴에 대한 안전확보가 확실하다.
② 하중계수를 사용하여 하중의 특성을 설계에 반영할 수 있다.

(2) 강도설계법의 단점

① 서로 다른 재료의 특성을 설계에 합리적으로 반영하기 어렵다.
② 사용성 확보를 위해서 별도의 검토가 필요하다.

03 허용응력설계법

1. 기본개념

① 허용응력설계법은 철근콘크리트를 탄성체로 간주하여 선형탄성이론에 기초한 설계방법이다.
② 허용응력설계법은 선형탄성이론에 의해 구한 콘크리트의 응력(f_c)과 철근의 응력(f_s)이 각각 콘크리트의 설계기준강도(f_{ck})를 콘크리트응력의 안전율(γ_c)로 나눈 콘크리트의 허용응력(f_{ca})과 철근의 항복응력(f_y)을 철근응력의 안전율(γ_c)로 나눈 철근의 허용응력(f_{sa})을 넘지 않도록 설계하는 방법이다.

$$f_c \le f_{ca} = \frac{f_{ck}}{\gamma_c} \quad \cdots\cdots (2.2ⓐ)$$

$$f_s \le f_{sa} = \frac{f_y}{\gamma_s} \quad \cdots\cdots (2.2ⓑ)$$

2. 콘크리트와 철근의 허용응력

(1) 콘크리트의 허용응력

[표 2-3] 콘크리트의 허용응력

응력	부재 또는 조건		허용응력(MPa)
휨압축	휨부재		$0.40f_{ck}$
전단	보, 1방향 슬래브 및 확대기초	콘크리트가 부담하는 전단응력	$0.08\sqrt{f_{ck}}$
		콘크리트와 전단철근이 부담하는 전단응력	$v_{ca}+0.32\sqrt{f_{ck}}$
	2방향 슬래브 및 확대기초	콘크리트가 부담하는 전단응력	$0.08\left(1+\frac{2}{\beta_c}\right)\sqrt{f_{ck}} \le 0.16\sqrt{f_{ck}}$
지압	전 단면에 재하될 경우		$0.25f_{ck}$
	부분적으로 재하될 경우		$0.25f_{ck}\sqrt{\frac{A_2}{A_1}}\left(\sqrt{\frac{A_2}{A_1}} \le 2\right)$
휨인장	무근의 확대기초 및 벽체		$0.13\sqrt{f_{ck}}$

(2) 철근의 허용응력

[표 2-4] 철근의 허용응력

철근의 종류 또는 조건	허용응력(MPa)
SD300(f_y=300MPa)	150
SD350(f_y=350MPa)	175
SD400(f_y=400MPa)	180
경간 4m 미만의 1방향 슬래브에 배근된 지름 10mm 이하의 휨철근	$0.5f_y \le 200$

3. 허용응력설계법의 장단점

(1) 허용응력설계법의 장점

① 설계계산이 간편하다.

② 설계방법에 대한 친밀성이 있다.

(2) 허용응력설계법의 단점

① 부재의 강도를 알기 어렵다.

② 파괴에 대한 두 재료의 안전도를 일정하게 하기가 어렵다.

③ 성질이 다른 하중들의 영향을 설계에 반영할 수 없다.

Item pool

예상문제 및 기출문제

9급 2012년 지방직

01 다음 괄호 안에 들어갈 단어로서 옳지 않은 것은?

강도설계법은 계수하중 및 단면의 (㉠)강도를 토대로 하여 구조부재의 단면 크기를 결정하는 설계법으로, 계수하중은 작용하중에 (㉡)를 곱하여 구하고, 단면의 (㉠)강도는 콘크리트의 균열발생 후 철근의 (㉢)이 일어나는 조건하에서 구한다. 강도설계법에서 우선시 하는 것은 (㉣)이다.

① ㉠ : 허용
② ㉡ : 하중계수
③ ㉢ : 항복
④ ㉣ : 안전성

해설

강도설계법은 계수하중 및 단면의 (극한)강도를 토대로 하여 구조부재의 단면 크기를 결정하는 설계법으로, 계수하중은 작용하중에 (하중계수)를 곱하여 구하고, 단면의 (극한)강도는 콘크리트의 균열 발생 후 철근의 (항복)이 일어나는 조건하에서 구한다. 강도설계법에서 우선시하는 것은(안전성)이다.

정답 ①

9급 2013년 서울시

02 다음 중에서 강도감소계수를 사용하는 목적이 아닌 것은?

① 공칭강도는 실제 구조부재의 참된 강도와 다를 수 있기 때문
② 재료의 강도 변동을 고려
③ 부재의 중요도를 고려
④ 하중의 변경이나 구조해석 과정에 생길 수 있는 초과하중을 대비
⑤ 파괴에 대한 신뢰도를 고려

해설

하중의 변경이나 구조해석 과정에 생길 수 있는 초과하중을 대비하기 위하여 고려하는 계수는 하중계수이다.

정답 ④

9급 2009년 서울시

03 강도설계법으로 콘크리트 구조물을 설계할 때 강도감소계수 ϕ를 사용해야 하는데 그 사용 목적으로 가장 거리가 먼 것은?

① 재료의 강도와 치수가 변동될 경우에 대비
② 부재 콘크리트의 구조적 취성파괴 방지
③ 부정확한 설계 계산으로 인한 여유 확보
④ 주어진 하중조건에 대한 신뢰 확보
⑤ 구조물에서 차지하는 부재의 중요도 반영

해설

주어진 하중조건에 대한 신뢰 확보를 위하여 사용되는 것은 하중계수이다.

정답 ④

9급 2016년 국가직

04 강도설계법에서 강도감소계수(ϕ)를 사용하는 이유로 옳지 않은 것은?

① 재료 강도와 치수가 변동할 수 있으므로 부재 강도의 저하 확률에 대비한다.
② 부정확한 설계 방정식에 대비한 여유를 반영한다.
③ 구조물에서 차지하는 부재의 중요도를 반영한다.
④ 예상을 초과한 하중 및 구조해석의 단순화로 인하여 발생되는 초과요인에 대비한다.

해설

예상을 초과한 하중 및 구조해석의 단순화로 인하여 발생되는 초과요인에 대비하여 사용하는 것은 하중계수이다.

정답 ④

9급 2017년 서울시

05 구조물의 부재, 부재 간의 연결부나 부재단면의 휨모멘트, 전단력 등에 대한 설계 강도를 구할 때 1보다 작은 강도 감소계수 ϕ를 사용하는 목적으로 적합하지 않은 것은?

① 초과하중이나 하중 조합의 영향을 고려
② 재료의 강도와 치수 등 변동에 대비
③ 구조물에서 차지하는 부재의 중요성을 반영
④ 부정확한 설계방정식에 대비해 여유를 확보

해설

초과하중이나 하중조합의 영향을 고려하여 사용되는 것은 하중계수이다.

정답 ①

9급 2013년 국가직

06 강도감소계수(ϕ)에 대한 설명으로 옳지 않은 것은?

① 설계 및 시공상의 오차를 고려한 값이다.
② 응력의 종류나 부재의 중요도 등에 따라 값이 달라진다.
③ 인장지배단면에 대한 강도감소계수는 0.85이다.
④ 콘크리트 지압력에 대한 강도감소계수는 0.70이다.

해설

콘크리트 지압력에 대한 강도감소계수는 0.65이다.

정답 ④

9급 2010년 국가직

07 콘크리트구조설계기준의 강도감소계수 규정에 대한 설명으로 옳지 않은 것은?

① 압축콘크리트가 가정된 극한변형률 0.003에 도달할 때, 최외단 인장철근의 순인장변형률이 인장지배변형률 한계 이상인 인장지배 단면은 0.85이다.
② 무근콘크리트의 휨모멘트, 압축력, 전단력, 지압력을 받는 단면은 0.65이다.
③ 전단과 비틀림모멘트를 받는 단면은 0.75이다.
④ 압축콘크리트가 가정된 극한변형률 0.003에 도달할 때, 최외단 인장철근의 순인장변형률이 압축지배변형률 한계 이하인 압축지배 단면 중 나선철근 규정에 따라 나선철근으로 보강된 철근콘크리트 부재는 0.70이다.

해설

무근콘크리트의 휨모멘트, 압축력, 전단력, 지압력에 대한 강도감소계수(ϕ)는 0.55이다.

정답 ②

9급 2018년 지방직

08 콘크리트 구조물의 부재, 부재 간의 연결부 및 각 부재 단면에 대한 설계강도는 콘크리트설계기준의 규정과 가정에 따라 정하여야 한다. 이때, 강도감소계수(ϕ)로 옳지 않은 것은?(단, 설계코드(KDS : 2016)와 2012년도 콘크리트구조기준을 적용한다.)

① 전단력과 비틀림모멘트는 0.75를 적용한다.
② 콘크리트의 지압력(포스트텐션 정착부나 스트럿 – 타이 모델은 제외)은 0.65를 적용한다.
③ 포스트텐션 정착구역은 0.85를 적용한다.
④ 무근콘크리트의 휨모멘트, 압축력, 전단력은 0.70을 적용한다.

해설

무근콘크리트의 휨모멘트, 압축력, 전단력에 대한 강도감소계수는 0.55이다.

정답 ④

9급 2014년 지방직

09 **철근콘크리트 구조물 부재 설계 시 사용되는 강도감수계수(ϕ)에 대한 설명으로 옳지 않은 것은?(단, 2012년도 콘크리트구조기준을 적용한다.)**

① 긴장재 묻힘길이가 정착길이보다 작은 프리텐션 부재의 휨단면에서 부재의 단부부터 전달길이 단부까지의 강도감소계수는 0.75를 적용한다.

② 포스트텐션 정착구역의 강도감소계수는 0.85를 적용한다.

③ 무근콘크리트의 휨모멘트, 압축력, 전단력, 지압력에 대한 강도감소계수는 0.55를 적용한다.

④ 스트럿-타이 모델에서 스트럿, 절점부 및 지압부의 강도감소계수는 0.65를 적용한다.

해설

스트럿-타이 모델에서 스트럿, 절점부 및 지압부의 강도감소계수는 0.75를 적용한다.

정답 ④

9급 2009년 서울시

10 **스트럿(Strut) - 타이(Tie) 모델과 그 절점부 및 지압부에서 사용되는 강도 감소계수 ϕ 값과 동일한 강도감소계수를 사용하는 경우는 다음 중 어느 것인가?**

① 인장이 지배하는 단면

② 포스트텐션 정착구역

③ 전단력과 비틀림모멘트

④ 나선철근 보강 압축부재

⑤ 띠철근 보강 압축부재

해설

스트럿-타이 모델과 그 모델에서 스트럿, 절점부 및 지압부 : $\phi=0.75$

① 인장이 지배하는 단면 : $\phi=0.85$

② 포스트텐션 정착구역 : $\phi=0.85$

③ 전단력과 비틀림모멘트 : $\phi=0.75$

④ 나선철근 보강 압축부재 : $\phi=0.70$

⑤ 띠철근 보강 압축부재 : $\phi=0.65$

정답 ③

9급 2013년 서울시

11 구조물에 작용하는 하중에 대한 설명으로 옳지 않은 것은?

① 강도설계법에서 계수하중은 실제하중에 하중계수를 곱한 값이다.

② 고정하중은 구조물의 자중이다.

③ 사용하중은 고정하중과 활하중이 있으며 탑이나 벽체 및 기둥의 지속하중을 포함한다.

④ 사용하중은 하중계수를 곱하기 이전의 하중이다.

⑤ 활하중은 풍하중과 지진하중을 포함하며 구조물의 사용이나 점용에 의해 발생되는 하중을 말한다.

해설

활하중은 교량의 교통하중, 건물의 점유하중을 말한다.

정답 ⑤

9급 2012년 서울시

12 철근콘크리트 구조설계 시 고정하중(D)과 활하중(L)에 대한 소요강도(U)로 옳은 것은?

① $1.4D+1.7L$

② $1.2D+1.6L$

③ $1.6D+1.7L$

④ $1.4D+1.6L$

⑤ $1.2D+1.7L$

해설

철근콘크리트 구조설계 시 고정하중(D)과 활하중에 대한 소요강도(U)는 다음과 같다.

$U_1=1.4D$

$U_2=1.2D+1.6L$

$U=[U_1,\ U_2]_{\max}$

즉, $D>8L \rightarrow U=U_1$

$D=8L \rightarrow U=U_1=U_2$

$D<8L \rightarrow U=U_2$

정답 ②

9급 2016년 지방직

13 철근콘크리트 단순보에 고정하중 30kN/m와 활하중 60kN/m만 작용할 때 강도설계법의 하중계수를 고려한 계수하중[kN/m]은?(단, 2012년도 콘크리트구조기준을 적용한다.)

① 112

② 120

③ 132

④ 138

해설

$w_{u1}=1.4w_D=1.4\times30=42\,\text{kN/m}$

$w_{u2}=1.2w_D+1.6w_L=1.2\times30+1.6\times60=132\,\text{kN/m}$

$w_u=[w_{u1},\ w_{u2}]_{\max}=132\,\text{kN/m}$

정답 ③

9급 2017년 지방직(2차)

14 구조해석결과에서 표와 같은 단면력을 얻었을 때, 계수전단력[kN]과 계수휨모멘트[kN · m] 값은?(단, 2012년도 콘크리트구조기준을 적용한다.)

- 고정하중에 의한 단면력 : $V_D = 200\text{kN}$, $M_D = 180\text{kN} \cdot \text{m}$
- 활하중에 의한 단면력 : $V_L = 150\text{kN}$, $M_L = 120\text{kN} \cdot \text{m}$

	V_u	M_u
①	280	252
②	380	252
③	480	408
④	580	408

해설

$V_u = 1.2\,V_D + 1.6\,V_L = 1.2 \times 200 + 1.6 \times 150 = 480\text{kN}$

$M_u = 1.2M_D + 1.6M_L = 1.2 \times 180 + 1.6 \times 120 = 408\text{kN} \cdot \text{m}$

9급 2009년 국가직

15 지간 8m인 단순보에 고정하중에 의한 등분포하중 20.0kN/m와 활하중에 의한 등분포하중 25.0kN/m만 작용할 때 현행 기준(콘크리트구조설계기준, 2012)에 따라 휨부재를 설계하는 경우 계수휨모멘트[kN·m]는?

① 212　　② 312

③ 412　　④ 512

해설

1) W_u 결정

$W_{u1} = 1.4\,W_D = 1.4 \times 20 = 28\text{kN/m}$

$W_{u2} = 1.2\,W_D + 1.6\,W_L = 1.2 \times 20 + 1.6 \times 25 = 64\text{kN/m}$

$W_u = [\,W_{u1},\ W_{u2}]_{\max} = 64\text{kN/m}$

2) M_u 결정

$$M_u = \frac{W_u L^2}{8} = \frac{64 \times 8^2}{8} = 512\text{kN} \cdot \text{m}$$

정답 ④

9급 2014년 국가직

16 인장지배 단면인 직사각형보의 공칭휨강도 M_n은 320kN·m이다. 이 직사각형보에 고정하중으로 인한 휨모멘트 $M_d = 160\text{kN}\cdot\text{m}$가 작용할 때, 연직 활하중에 의한 휨모멘트 M_l의 허용 가능한 최댓값[kN·m]은?(단, 보에는 고정하중과 활하중만 작용하며, 2012년도 콘크리트 구조기준을 적용한다.)

① 50　　② 80
③ 112　　④ 160

해설

$\phi=0.85$(인장지배 단면인 경우)

$\phi M_n \geq M_u = 1.2M_d + 1.6M_l$

$M_l = \dfrac{\phi M_n - 1.2M_d}{1.6} = \dfrac{0.85\times320-1.2\times160}{1.6} = 50\text{kN}\cdot\text{m}$

정답 ①

9급 2013년 서울시

17 고정하중 100kN·m와 활하중 200 kN·m 가 작용하는 단순보에서 공칭휨강도는?

① 380　　② 440
③ 480　　④ 518
⑤ 618

해설

$M_u = 1.2M_D + 1.6M_L = 1.2\times100 + 1.6\times200 = 440\text{kN}\cdot\text{m}$

$\phi M_n \geq M_u$

$M_n \geq \dfrac{M_u}{\phi} = \dfrac{440}{\phi}$

본 문제의 경우 강도감소계수(ϕ)가 주어지지 않아서 정답을 결정할 수 없다.
만약 본 문제에서 부재를 인장지배 단면 부재라고 가정하여 풀면 다음과 같다.

$\phi=0.85$(인장지배 단면인 경우)

$M_n \geq \dfrac{M_u}{\phi} = \dfrac{440}{0.85} = 517.6\text{kN}\cdot\text{m}$

정답 정답 없음

9급 2018년 국가직

18 보의 경간이 8m인 단순보에 등분포활하중이 20kN/m, 자중을 포함한 등분포고정하중이 8kN/m가 작용할 때, 휨부재를 설계하는 경우의 계수휨모멘트[kN · m]는?(단, KDS 24 12 11 : 2016의 극한한계상태 하중조합 I에 따라 활하중계수는 1.8, 고정하중계수는 1.25를 적용한다.)

① 312.8　　② 315.2
③ 368.0　　④ 432.9

해설

$w_u = 1.25w_D + 1.8w_L = 1.25 \times 8 + 1.8 \times 20 = 46\text{kN/m}$

$M_u = \dfrac{w_u l^2}{8} = \dfrac{46 \times 8^2}{8} = 368\text{kN} \cdot \text{m}$

정답 ③

9급 2012년 서울시

19 철근콘크리트 부재의 단면크기를 결정하는 설계방법에는 강도설계법(극한강도설계법)과 허용응력설계법(탄성설계법)이 있다. 이 중 허용응력설계법의 만족 조건으로 옳은 것은?

① $f_c = f_{ca}$, $f_s = f_{sa}$　　② $M_d = \psi M_n \geq M_u$
③ $f_c \leq f_{ca}$, $f_s \leq f_{sa}$　　④ $S_d = \psi S_n \geq S_u$
⑤ $f_c \geq f_{ca}$, $f_s \geq f_{sa}$

해설

$f_c \leq f_{ca} = \dfrac{f_{ck}}{r_c}$, $f_s \leq f_{sa} = \dfrac{f_y}{r_s}$

여기서, r_c : 콘크리트의 압축강도에 대한 안전율
r_s : 철근의 항복강도에 대한 안전율

9급 2020년 지방직

20 토목 철근콘크리트 구조물의 설계 방법에 대한 설명으로 옳지 않은 것은?

① 허용응력설계법은 구조물을 안전하게 설계하기 위해 하중에 의해 부재에 유발된 응력이 허용응력을 초과하였는지를 검증한다.

② 한계상태설계법은 하중과 재료에 대하여 각각 하중계수와 재료계수를 사용하여 이들의 특성을 설계에 합리적으로 반영한다.

③ 설계법은 이론, 재료, 설계 및 시공기술 등의 발전과 더불어 강도설계법 → 허용응력설계법 → 한계상태설계법 순서로 발전되었다.

④ 강도설계법은 기본적으로 부재의 파괴상태 또는 파괴에 가까운 상태에 기초를 둔 설계법이다.

해설

설계법은 이론, 재료, 설계 및 시공기술 등의 발전과 더불어 허용응력설계법 → 강도설계법 → 한계상태설계법 순서로 발전되었다.

정답 ③

9급 2009년 지방직

21 구조물 설계방법에 대한 설명 중 옳은 것은?

① 허용응력설계법은 비선형탄성이론에 기초한 설계법으로 사용하중에 의한 단면응력이 안전율을 고려한 허용응력 이하가 되도록 설계하는 방법이다.

② 강도설계법은 부재의 소성상태에 기초한 설계법으로 사용하중에 하중계수를 곱한 계수하중이 부재의 공칭강도에 강도감소계수를 곱한 설계강도보다 크도록 설계하는 방법이다.

③ 한계상태설계법은 구조부재나 상세요소의 극한내력강도 또는 한계상태내력에 바탕을 두고 극한 또는 한계하중에 의한 부재력이 부재의 극한 또는 한계상태내력을 초과하지 않도록 하는 설계방법이다.

④ 하중저항계수설계법은 단일하중계수와 다중저항계수를 사용하여 구조물이 목표로 하는 한계여유를 일관성 있게 확보할 수 있는 설계법으로 한계상태설계법의 결점을 개선한 진전된 설계방법이다.

해설

① 허용응력 설계법은 선형탄성이론에 기초한 설계법이다.
② 강도설계법은 사용하중에 하중계수를 곱한 계수하중이 부재의 공칭강도에 강도감소계수를 곱한 설계강도보다 작도록 설계하는 방법이다.
④ 하중저항계수 설계법은 다중하중계수와 다중저항계수를 사용하며 구조물이 목표로 하는 한계여유를 일관성 있게 확보할 수 있는 설계법으로 한계상태설계법의 결점을 개선한 진전된 설계방법이다.

정답 ③

9급 2010년 지방직

22 콘크리트 구조물의 설계개념에 대한 설명으로 가장 적절한 것은?

① 사용하중 상태에서 콘크리트의 압축강도와 철근의 항복강도에 대한 일정 비율로 나타내는 허용응력들을 적절히 규정하여 안전성을 확보하는 설계개념을 허용응력설계법이라 하며, 철근콘크리트와 프리스트레스트 콘크리트 구조물의 설계법은 허용응력설계법을 기본으로 한다.

② 강도설계법에서 사용하는 각각의 하중계수는 다양한 하중 종류의 서로 다른 불확실성 정도를 반영한 것이고, 강도감소계수는 재료 강도와 치수가 변동할 수 있으므로 부재의 강도 저하 확률에 대비한 여유 등을 반영한 것이다.

③ 구조 부재가 사용 중에 실제로 발생하는 하중보다 큰 계수하중을 적절하게 견딜 수 있도록 단면치수와 철근량을 결정하는 방법을 강도설계법이라 하며, 철근콘크리트와 프리스트레스트 콘크리트 구조물의 설계는 강도설계법을 기본으로 한다.

④ 강도설계법에서 휨, 전단, 비틀림 등의 다양한 강도는 이들에 대한 탄성거동을 반영하여 계산할 수 있으며, 이들 계산의 정확한 정도를 고려하기 위하여 강도감소계수를 적용한다.

정답 ②

Chapter 03

보의 휨해석과 설계

Contents

01 강도설계법의 기본개념

1. 설계 기본원칙

$$M_u \leq M_d = \phi M_n \quad \cdots\cdots (3.1)$$

여기서, M_u : 계수휨하중
M_d : 설계휨강도
M_n : 공칭휨강도
ϕ : 강도감소계수

2. 설계 가정

1) 휨모멘트와 축력을 받는 부재의 강도설계는 다음 2)부터 7)까지에 규정된 가정에 따라야 하며, 힘의 평형조건과 변형률 적합조건을 만족시켜야 한다.
2) 철근과 콘크리트의 변형률은 중립축부터 거리에 비례하는 것으로 가정할 수 있다. 그러나 깊은보는 비선형 변형률 분포를 고려하여야 한다. 깊은보의 설계에서 비선형 변형률 분포를 고려하는 대신 스트럿-타이 모델을 적용할 수도 있다.
3) 휨모멘트 또는 휨모멘트와 축력을 동시에 받는 부재의 콘크리트 압축연단의 극한변형률(ε_{cu})은 콘크리트의 설계기준압축강도가 40MPa 이하인 경우에는 0.0033으로 가정하며, 40MPa을 초과할 경우에는 매 10MPa의 강도 증가에 대하여 0.0001씩 감소시킨다. 콘크리트의 설계기준압축강도가 90MPa을 초과하는 경우에는 성능실험을 통한 조사연구에 의하여 콘크리트 압축연단의 극한변형률을 선정하고 근거를 명시하여야 한다.
4) 철근의 응력이 설계기준항복강도 f_y 이하일 때 철근의 응력은 그 변형률에 E_s를 곱한 값으로 하고, 철근의 변형률이 f_y에 대응하는 변형률보다 큰 경우 철근의 응력은 변형률에 관계없이 f_y로 하여야 한다.
5) 콘크리트의 인장강도는 철근콘크리트 부재 단면의 축강도와 휨강도 계산에서 무시할 수 있다.
6) 콘크리트 압축응력의 분포와 콘크리트변형률 사이의 관계는 직사각형, 사다리꼴, 포물선형 또는 강도의 예측에서 광범위한 실험의 결과와 실질적으로 일치하는 어떤 형상으로도 가정할 수 있다.
7) 상기6)의 규정은 다음에 정의되는 포물선-직선 형상의 응력-변형률 관계로 나타낼 수 있다.
   ① 원점에서 최대 응력에 처음 도달할 때까지의 상승 곡선부는 식 (3.2)에 의해 계산하고, 이후 극한변형률 ε_{cu}까지는 식 (3.3)에 의해 계산한다.

$$f_c = 0.85 f_{ck}\left[1-\left(1-\frac{\varepsilon_c}{\varepsilon_{co}}\right)^n\right] \quad \cdots\cdots (3.2)$$

$$f_c = 0.85 f_{ck} \quad \cdots\cdots (3.3)$$

여기서, n은 상승 곡선부의 형상을 나타내는 지수, ε_c는 콘크리트의 압축변형률, ε_{co}는 최대 응력에 처음 도달할 때의 변형률이다.

② 콘크리트 압축강도가 40MPa 이하인 경우 n, ε_{co}, ε_{cu}는 각각 2.0, 0.002, 0.0033으로 한다. 콘크리트 압축강도가 40MPa을 초과하는 경우, n은 식 (3.4)에 따라 결정하며 매 10MPa의 강도 증가에 대하여 식 (3.5)와 같이 ε_{co}의 값을 0.0001씩 증가시키고 식 (3.6)과 같이 ε_{cu}의 값을 0.0001씩 감소시킨다.

$$n = 1.2 + 1.5\left(\frac{100 - f_{ck}}{60}\right)^4 \leq 2.0 \quad \cdots\cdots (3.4)$$

$$\varepsilon_{co} = 0.002 + \left(\frac{f_{ck} - 40}{100,000}\right) \geq 0.002 \quad \cdots\cdots (3.5)$$

$$\varepsilon_{cu} = 0.0033 - \left(\frac{f_{ck} - 40}{100,000}\right) \leq 0.0033 \quad \cdots\cdots (3.6)$$

단, 콘크리트의 압축강도가 90MPa을 초과하는 경우에는 성능실험을 통한 조사연구에 의하여 이 값들을 선정하고 근거를 명시하여야 한다.

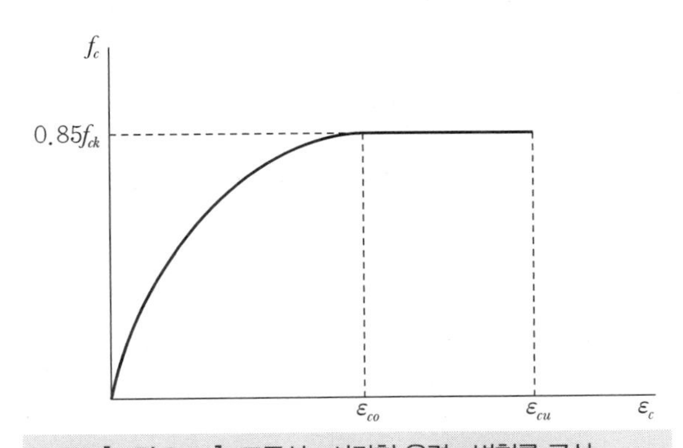

[그림 3-1] 포물선-사각형 응력-변형률 곡선

③ 포물선-직선 형상의 응력-변형률 관계에 의하여 콘크리트에 작용하는 압축응력의 평균값은 $\alpha(0.85f_{ck})$로, 압축연단으로부터 합력의 작용위치는 중립축 깊이 c에 대한 β의 비율로 나타내며, 응력분포의 각 변수 및 계수는 [표 3-1]의 값을 적용한다.

[표 3－1] 응력분포의 변수 및 계수 값

f_{ck}(MPa)	≤40	50	60	70	80	90
n	2.0	1.92	1.50	1.29	1.22	1.20
ε_{co}	0.002	0.0021	0.0022	0.0023	0.0024	0.0025
ε_{cu}	0.0033	0.0032	0.0031	0.003	0.0029	0.0028
α	0.80	0.78	0.72	0.67	0.63	0.59
β	0.40	0.40	0.38	0.37	0.36	0.35

α, β의 값들은 부재단면의 압축영역이 사각형인 경우에 적용하는 값이며, 원형 또는 삼각형 단면 등과 같이 사각형이 아닌 단면에는 적용되지 않는다.

8) 상기 6)의 규정은 상기 7)에 규정된 포물선－직선 형상의 응력－변형률 관계 대신 다음에 정의되는 등가 직사각형 압축응력블록으로 나타낼 수 있다.
   ① 단면의 가장자리와 최대 압축변형률이 일어나는 연단부터 $a = \beta_1 c$ 거리에 있고 중립축과 평행한 직선에 의해 이루어지는 등가 압축영역에 $\eta(0.85f_{ck})$인 콘크리트 응력이 등분포하는 것으로 가정한다.
   ② 최대 변형률이 발생하는 압축연단에서 중립축까지 거리 c는 중립축에 대해 직각방향으로 측정한 것으로 한다.
   ③ 계수 η와 β_1은 [표 3－2]의 값을 적용한다.

[표 3－2] 등가직사각형 응력분포 변수 값

f_{ck}(MPa)	≤40	50	60	70	80	90
ε_{cu}	0.0033	0.0032	0.0031	0.003	0.0029	0.0028
η	1.00	0.97	0.95	0.91	0.87	0.84
β_1	0.80	0.80	0.76	0.74	0.72	0.70

또한, 등가 직사각형 응력블록계수 η와 β_1은 다음과 같이 나타낼 수 있다.

$$\eta = \frac{\alpha}{2\beta},\ \beta_1 = 2\beta$$

02 단철근 직사각형 단면보

1. 균형보

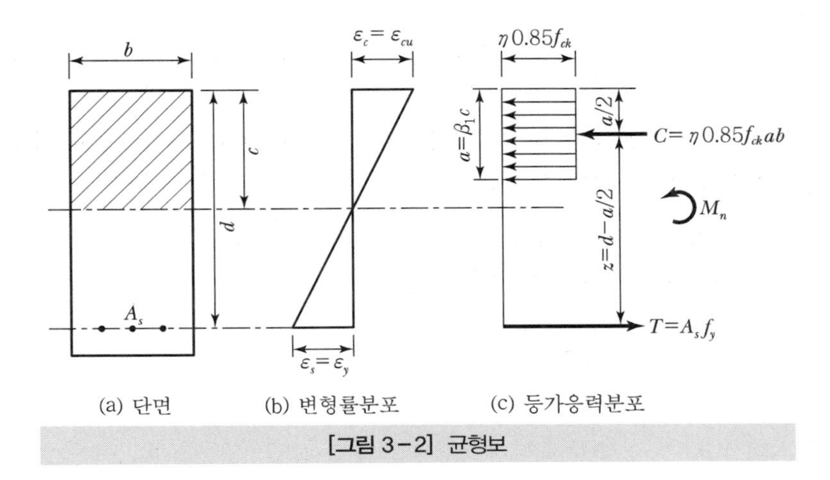

[그림 3-2] 균형보

(1) 균형보의 정의

콘크리트 압축측 연단의 변형률(ε_c)이 극한변형률(ε_{cu})에 도달함과 동시에 인장철근이 항복하여 그 변형률(ε_s)이 항복변형률(ε_y)에 도달하는 상태를 균형상태라 하고, 이러한 보를 균형보라 한다.

참고

◈ 균형상태

$$\begin{cases} \varepsilon_c = \varepsilon_{cu} \\ \varepsilon_s = \varepsilon_y \end{cases}$$

(2) 균형상태의 중립축위치(c_b)와 균형철근비(ρ_b)

1) 인장철근의 변형률(ε_s)과 철근비(ρ)의 관계

① [그림 3-2]의 (b)변형률분포에서 비례식을 사용하면 중립축위치(c)를 다음과 같이 구할 수 있다.

$$\frac{c}{d} = \frac{\varepsilon_c}{\varepsilon_c + \varepsilon_s}$$

$$c = \frac{\varepsilon_c}{\varepsilon_c + \varepsilon_s} d \quad \cdots\cdots (3.7)$$

② [그림 3-2]의 (c)등가응력분포에서 평형방정식을 사용하면 중립축위치(c)를 다음과 같이 구할 수 있다.

$$C = T$$
$$\eta 0.85 f_{ck}(\beta_1 c)b = A_s f_y$$
$$c = \frac{A_s f_y}{\eta 0.85 \beta_1 f_{ck} b} \quad \cdots\cdots (3.8)$$

③ 인장철근의 변형률(ε_s)과 철근비(ρ)의 관계는 중립축 위치를 나타내는 두 식(3.7)과 (3.8)로부터 다음과 같이 나타낼 수 있다.

$$c = \frac{\varepsilon_c}{\varepsilon_c + \varepsilon_s} d = \frac{A_s f_y}{\eta 0.85 \beta_1 f_{ck} b}$$
$$\frac{A_s}{bd} = \eta\, 0.85 \beta_1 \frac{f_{ck}}{f_y} \frac{\varepsilon_c}{\varepsilon_c + \varepsilon_s}$$

위 식에서 $\rho = \dfrac{A_s}{bd}$ 라 두고 다시 쓰면 다음과 같다.

$$\rho = \eta 0.85 \beta_1 \frac{f_{ck}}{f_y} \frac{\varepsilon_c}{\varepsilon_c + \varepsilon_s} \quad \cdots\cdots (3.9)$$

2) 균형상태의 중립축위치(c_b)

균형상태의 중립축위치(c_b)는 중립축위치(c)를 나타내는 식 (3.7)에 $\varepsilon_c = \varepsilon_{cu}$, $\varepsilon_s = \varepsilon_y$를 대입함으로써 구할 수 있다.

$$c_b = \frac{\varepsilon_{cu}}{\varepsilon_{cu} + \varepsilon_y} d \quad \cdots\cdots (3.10)$$

또한, $f_{ck} \leq 40\text{MPa}$인 경우 균형상태의 중립축의 위치(c_b)는 식(3.10)에 $\varepsilon_{cu} = 0.0033$을 대입하여 다음과 같이 나타낼 수 있다.

$$c_b = \frac{\varepsilon_{cu}}{\varepsilon_{cu} + \varepsilon_y} d = \frac{0.0033}{0.0033 + \varepsilon_y} d$$
$$= \frac{0.0033}{0.0033 + \dfrac{f_y}{(2 \times 10^5)}} d$$

$$c_b = \frac{660}{660 + f_y} d \quad \cdots\cdots (3.11)$$

3) 균형철근비(ρ_b)

균형철근비(ρ_b)는 인장철근의 변형률(ε_s)과 철근비(ρ)의 관계를 나타내는 식(3.9)에 $\varepsilon_c = \varepsilon_{cu}$, $\varepsilon_s = \varepsilon_y$를 대입함으로써 구할 수 있다.

$$\rho_b = \eta 0.85 \beta_1 \frac{f_{ck}}{f_y} \frac{\varepsilon_{cu}}{\varepsilon_{cu} + \varepsilon_y} \quad \cdots\cdots (3.12)$$

$f_{ck} \leq 40\text{MPa}$인 경우 균형철근비(ρ_b)는 식 (3.12)에 $\varepsilon_{cu} = 0.0033$, $\eta = 1$, $\beta_1 = 0.8$을 대입하여 다음과 같이 표현할 수 있다.

$$\rho_b = \eta 0.85 \beta_1 \frac{f_{ck}}{f_y} \frac{\varepsilon_{cu}}{\varepsilon_{cu} + \varepsilon_y}$$

$$= 1 \times 0.85 \times 0.8 \times \frac{f_{ck}}{f_y} \frac{0.0033}{0.0033 + \varepsilon_y}$$

$$\rho_b = 0.68 \frac{f_{ck}}{f_y} \frac{660}{660 + f_y} \quad \cdots\cdots (3.13)$$

2. 보의 휨파괴 유형

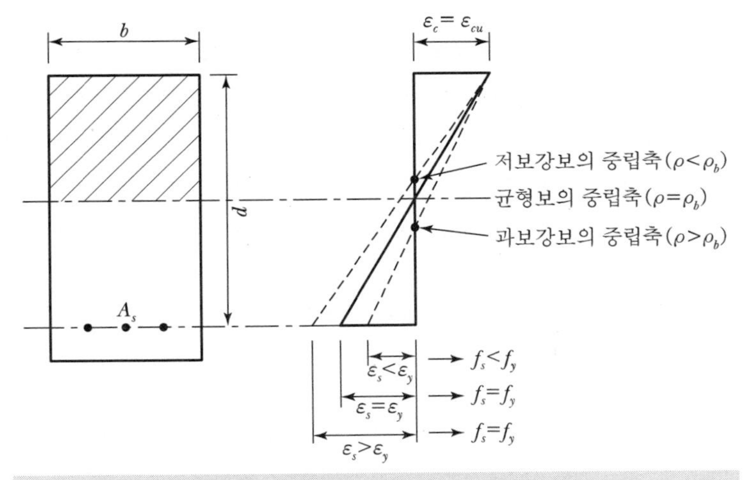

[그림 3-3] 철근비에 따른 중립축의 위치

참고

◈ 철근비에 따른 파괴유형

① $\rho < \rho_b$ 연성파괴

② $\rho > \rho_b$ 취성파괴

(1) 연성파괴

① 연성파괴는 균형철근비보다 적은 철근비를 사용한 저보강보의 파괴유형이다.
② 연성파괴는 콘크리트 압축측 연단의 변형률이 ε_{cu}에 도달하기 전에 인장철근이 먼저 항복하여 일어난다.
③ 연성파괴는 철근이 먼저 항복하여 일어남으로 파괴가 점진적으로 진행되며 중립축의 위치가 압축측으로 이동한다.
④ 연성파괴는 철근콘크리트 보의 바람직한 파괴유형이다.

(2) 취성파괴

① 취성파괴는 균형철근비보다 많은 철근비를 사용한 과보강보의 파괴유형이다.
② 취성파괴는 인장철근이 항복하기 전에 콘크리트 압축측 연단의 변형률이 ε_{cu}에 먼저 도달하여 일어난다.
③ 취성파괴는 콘크리트의 파쇄에 의하여 일어남으로 파괴가 갑작스럽게 진행되며 중립축의 위치가 인장측으로 이동한다.
④ 취성파괴는 인장철근량이 너무 적어도 일어난다.

3. 최소 허용인장변형률에 해당하는 철근비와 최소 철근비

(1) 최소 허용인장변형률($\varepsilon_{t,\,\min}$)

1) 최소 허용인장변형률에 대한 규정을 두는 이유

철근콘크리트 휨부재의 연성파괴를 확보하기 위한 것으로 프리스트레스를 가하지 않은 휨부재 즉, 철근콘크리트 휨부재와 $0.10 f_{ck}\, A_g$보다 작은 계수축하중을 받는 철근콘크리트 휨부재의 최외단에 배치된 인장철근의 순인장변형률(ε_t)은 최소 허용인장변형률($\varepsilon_{t,\,\min}$) 이상이라야 한다.

2) 최소 허용인장변형률($\varepsilon_{t,\,\min}$)의 값

① $f_y \leq 400\text{MPa}$인 철근의 경우, $\varepsilon_{t,\,\min} = 0.004$
② $f_y > 400\text{MPa}$인 철근의 경우, $\varepsilon_{t,\,\min} = 2.0\varepsilon_y$

참고

◈ 최소 허용인장변형률에 대한 규정
$\varepsilon_t \geq \varepsilon_{t,\,\min} \rightarrow (\rho \leq \rho_{\max})$

(2) 최소 허용인장변형률에 해당하는 철근비($\rho_{\max}$, 인장철근비의 상한)

1) 인장철근비의 상한($\rho_{\max}$)

인장철근비의 상한($\rho_{\max}$)은 인장철근의 변형률(ε_s)과 철근비(ρ)의 관계를 나타내는 식 (3.9)

에 $\varepsilon_c = \varepsilon_{cu}$, $\varepsilon_s = \varepsilon_{t,\,min}$을 대입함으로써 구할 수 있다.

$$\rho_{max} = \eta 0.85 \beta_1 \frac{f_{ck}}{f_y} \frac{\varepsilon_{cu}}{\varepsilon_{cu} + \varepsilon_{t,\,min}} \quad \cdots\cdots (3.14)$$

$f_{ck} \le 40$MPa인 경우 인장철근비의 상한(ρ_{max})은 식 (3.14)에 $\varepsilon_{cu} = 0.0033$, $\eta = 1$, $\beta_1 = 0.8$을 대입하여 다음과 같이 나타낼 수 있다.

$$\rho_{max} = 0.68 \frac{f_{ck}}{f_y} \frac{0.0033}{0.0033 + \varepsilon_{t,\,min}} \quad \cdots\cdots (3.15)$$

2) 인장철근비의 상한(ρ_{max})과 균형철근비(ρ_b)의 관계

인장철근비의 상한(ρ_{max})과 균형철근비(ρ_b)의 관계는 식 (3.12)와 (3.14)로부터 다음과 같이 나타낼 수 있다.

$$\rho_{max} = \frac{\varepsilon_{cu} + \varepsilon_y}{\varepsilon_{cu} + \varepsilon_{t,\,min}} \rho_b \quad \cdots\cdots (3.16)$$

$f_{ck} \le 40$MPa인 경우 식 (3.16)은 다음과 같이 나타낼 수 있다.

$$\rho_{max} = \frac{0.0033 + \varepsilon_y}{0.0033 + \varepsilon_{t,min}} \rho_b \quad \cdots\cdots (3.17)$$

참고

$f_{ck} \le 40$MPa인 경우 $f_y = 400$MPa인 철근의 $\frac{\rho_{max}}{\rho_b}$는 얼마인가?

| 해설 |

- $\varepsilon_{cu} = 0.0033$($f_{ck} \le 40$MPa인 경우)
- $\varepsilon_{t,\,min} = 0.004$($f_y \le 400$MPa인 경우)
- $\varepsilon_y = \frac{f_y}{E_s} = \frac{400}{2 \times 10^5} = 0.002$
- $\frac{\rho_{max}}{\rho_b} = \frac{0.0033 + 0.002}{0.0033 + 0.004} = \frac{53}{73} = 0.726$

(3) 휨부재의 최소 철근량($A_{s,max}$)

1) 최소 철근량에 대한 규정을 두는 이유

인장철근을 너무 적게 배치하면 인장균열의 발생과 동시에 콘크리트가 갑작스럽게 파괴되는 취성파괴가 일어나게 된다. 이러한 파괴를 피하고 연성파괴를 확보하기 위해선 인장철근량이 최소 철근량($A_{s,max}$) 이상이라야 한다.

2) 최소 철근량에 대한 규정

① 해석에 의하여 인장철근 보강이 요구되는 휨부재의 모든 단면에 대하여 ②와 ③에 규정된 경우를 제외하고는 설계휨강도가 식 (3.18)의 조건을 만족하도록 인장철근을 배치하여야 한다.

$$\phi M_n \geq 1.2 M_{cr} \quad \cdots\cdots (3.18)$$

여기서, M_{cr}은 휨부재의 균열 휨모멘트이다.

② 부재의 모든 단면에서 해석에 의해 필요한 철근량보다 1/3 이상 인장철근이 더 배치되어 식 (3.19)의 조건을 만족하는 경우는 상기 ①의 규정을 적용하지 않을 수 있다.

$$\phi M_n \geq \frac{4}{3} M_u \quad \cdots\cdots (3.19)$$

③ 두께가 균일한 구조용 슬래브와 기초판에 대하여 경간방향으로 보강되는 휨철근의 단면적은 수축 · 온도철근량(KDS 14 20 50 (4.6)) 이상이어야 한다.

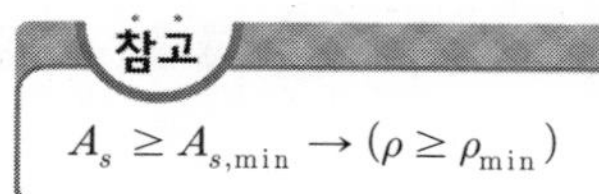

$A_s \geq A_{s,\min} \rightarrow (\rho \geq \rho_{\min})$

4. 지배단면의 구분과 강도감소계수(ϕ)

(1) 최외단 인장철근의 순인장변형률(ε_t)

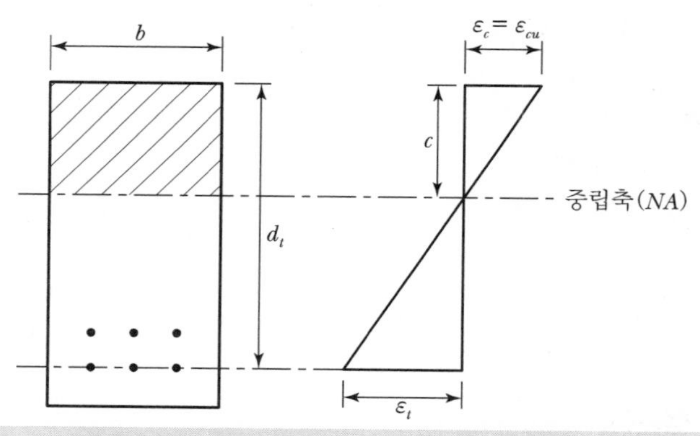

[그림 3-4] 최외단 인장철근의 순인장변형률

1) 최외단 인장철근의 순인장변형률은 최외단 인장철근의 인장변형률에서 크리프, 건조수축, 온도변화, 그리고 프리스트레스 등에 의한 변형률을 제외한 변형률을 의미한다.

2) 최외단 인장철근의 순인장변형률의 크기에 따라 철근콘크리트 부재의 단면을 압축지배단면, 인장지배단면, 그리고 변화구간단면으로 구분하고, 지배단면에 따라 강도감소계수(ϕ)를 각각 달리 적용한다.

3) [그림 3－4]의 변형률분포에서 비례식을 사용하면 최외단 인장철근의 순인장변형률(ε_t)을 다음과 같이 구할 수 있다.

$$\varepsilon_t = \frac{d_t - c}{c}\varepsilon_c \quad \cdots\cdots (3.20ⓐ)$$

$$\varepsilon_t = \frac{\beta_1 d_t - a}{a}\varepsilon_c \quad \cdots\cdots (3.20ⓑ)$$

여기서, d_t : 콘크리트의 압축측 연단에서 최외단 인장철근의 도심까지 거리
a : 등가직사각형 응력분포의 깊이($=\beta_1 c$)

(2) 지배단면의 구분

1) 압축지배단면

① 콘크리트 압축측 연단의 변형률(ε_c)이 극한변형률(ε_{cu})에 도달할 때, 최외단 인장철근의 순인장변형률(ε_t)이 압축지배 한계변형률인 인장철근의 항복변형률(ε_y) 이하인 단면을 압축지배단면이라 한다.

② 압축지배단면의 판별식
$\varepsilon_c = \varepsilon_{cu}$ 일 때, 다음 판별식을 만족하는 단면이 압축지배단면이다.

$$\varepsilon_t \le \varepsilon_y \quad \cdots\cdots (3.21)$$

2) 인장지배단면

① 콘크리트 압축측 연단의 변형률(ε_c)이 극한변형률(ε_{cu})에 도달할 때, 최외단 인장철근의 순인장변형률(ε_t)이 인장지배 한계변형률($\varepsilon_{t,\,l}$) 이상인 단면을 인장지배단면이라 한다.

② 인장지배 한계변형률($\varepsilon_{t,\,l}$)의 값
㉠ $f_y \le 400\text{MPa}$인 철근의 경우, $\varepsilon_{t,\,l} = 0.005$
㉡ $f_y > 400\text{MPa}$인 철근의 경우, $\varepsilon_{t,\,l} = 2.5\varepsilon_y$

③ 인장지배단면의 판별식
$\varepsilon_c = \varepsilon_{cu}$ 일 때 다음 판별식을 만족하는 단면이 인장지배단면이다.

$$\varepsilon_t \ge \varepsilon_{t,l} \quad \cdots\cdots (3.22)$$

3) 변화구간단면

① 콘크리트 압축측 연단의 변형률(ε_c)이 극한변형률(ε_{cu})에 도달할 때, 최외단 인장철근의 순인장변형률(ε_t)이 인장철근의 항복변형률(ε_y)과 인장지배 한계변형률($\varepsilon_{t,\,l}$) 사이에 있는 단면을 변화구간단면이라 한다.

② 변화구간단면의 판별식

$\varepsilon_c = \varepsilon_{cu}$ 일 때, 다음 판별식을 만족하는 단면이 변화구간단면이다.

$$\varepsilon_y < \varepsilon_t < \varepsilon_{t,\,l} \quad \cdots\cdots (3.23)$$

4) 최외단 인장철근의 순인장변형률에 따른 지배단면의 구분

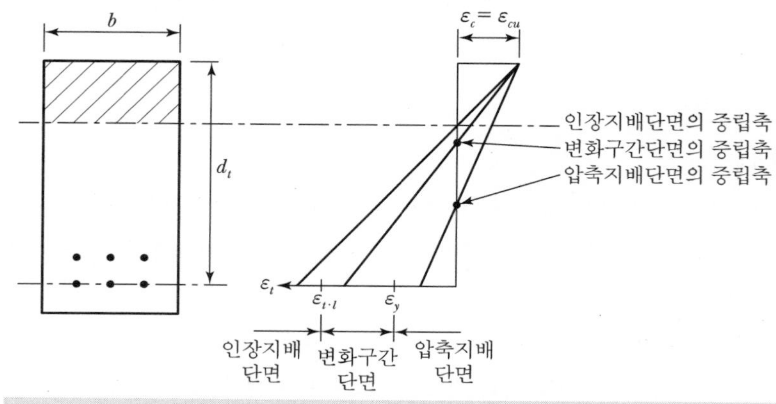

[그림 3-5] 최외단 인장철근의 순인장변형률에 따른 지배단면의 구분

(3) 지배단면에 따른 강도감소계수(ϕ)

1) 압축지배단면에 대한 강도감소계수

$$\phi = \phi_c$$

여기서, ϕ_c의 값

① 나선철근으로 보강된 부재의 경우, ϕ_c=0.70

② 그 외의 기타 부재의 경우, ϕ_c=0.65

2) 인장지배단면에 대한 강도감소계수

$$\phi = 0.85$$

3) 변화구간단면에 대한 강도감소계수

$$\phi = 0.85 - \frac{\varepsilon_{t,\,l} - \varepsilon_t}{\varepsilon_{t,\,l} - \varepsilon_y}(0.85 - \phi_c) \quad \cdots\cdots (3.24)$$

5. 설계휨강도(M_d)

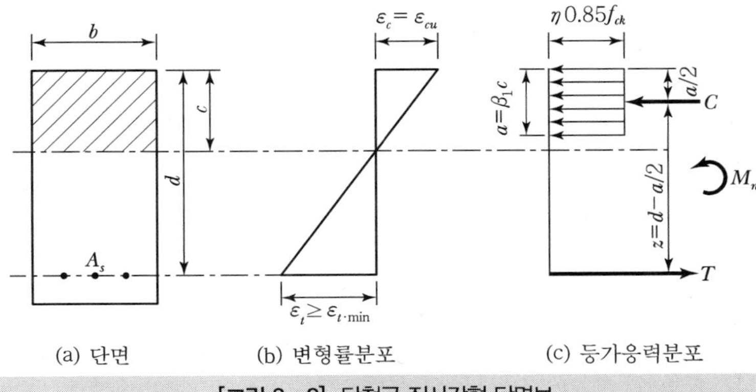

[그림 3-6] 단철근 직사각형 단면보

(1) 등가직사각형 응력의 깊이(a)와 중립축의 위치(c)

1) 등가직사각형 응력의 깊이(a)

[그림 3-6]의 (c)등가응력분포에서 평형방정식을 사용하면 등가직사각형 응력의 깊이(a)를 다음과 같이 구할 수 있다.

$$C = T$$

$$\eta 0.85 f_{ck} a b = A_s f_y$$

$$a = \frac{A_s f_y}{\eta 0.85 f_{ck} b} \quad \cdots\cdots (3.25)$$

2) 중립축의 위치(c)

$$c = \frac{a}{\beta_1} \quad \cdots\cdots (3.26)$$

(2) 공칭휨강도(M_n)와 설계휨강도(M_d)

1) 공칭휨강도(M_n)

[그림 3-6]의 (c)등가응력분포로부터 단철근 직사각형 단면보의 공칭휨강도(M_n)를 다음과 같이 구할 수 있다.

$$M_n = T \cdot Z = A_s f_y \left(d - \frac{a}{2} \right) \quad \cdots\cdots (3.27)$$

또한, $A_s = \rho bd$라 두고, 식 (3.27)을 다시 쓰면 다음과 같다.

$$M_n = \rho f_y bd^2 \left(1 - 0.59 \frac{\rho}{\eta} \frac{f_y}{f_{ck}}\right) \quad \cdots\cdots (3.28)$$

2) 설계휨강도(M_d)

$$M_d = \phi M_n = \phi A_s f_y \left(d - \frac{a}{2}\right) \quad \cdots\cdots (3.29)$$

또는

$$M_d = \phi M_n = \phi \rho f_y bd^2 \left(1 - 0.59 \frac{\rho}{\eta} \frac{f_y}{f_{ck}}\right) \quad \cdots\cdots (3.30)$$

6. 단면설계

(1) 계수휨하중(M_u) 그리고 콘크리트 및 철근 두 재료에 대한 재료의 역학적 성질은 알고 있는 것으로 간주하고, 여기서는 콘크리트의 단면치수(단면의 폭 b, 유효깊이 d)와 인장철근량(A_s)을 선정하는 것에 대하여 다룬다.

(2) 단면설계절차

1) 단계 1 : 계수휨하중(M_u) 결정

2) 단계 2 : 최소 철근비($\rho_{\min}$)와 인장지배 한계변형률($\varepsilon_{t,l}$)에 상응하는 철근비($\rho_{t,l}$) 결정
($\rho_{t,l}$를 결정하는 이유는 $\phi = 0.85$를 사용하기 위해서이다.)

3) 단계 3 : 철근비(ρ) 가정
($\rho_{\min} \leqq \rho \leqq \rho_{t,l}$ 관계가 성립되도록 ρ를 가정한다.)

4) 단계 4 : 설계휨강도(M_d) 결정(M_d는 미지수 b와 d를 포함한다.)

5) 단계 5 : 콘크리트단면(b, d) 선정
㉠ $M_d \geqq M_u$ 관계가 성립되도록 b, d를 선정한다.
㉡ 이때, $d \fallingdotseq 2b$로 가정한다.

6) 단계 6 : 인장철근량(A_s) 선정($A_s = \rho bd$)

7) 단계 7 : 검토

㉠ 선정된 b, d, A_s로부터 $\rho_{\min} \leqq \rho \leqq \rho_{t,l}$ 및 $M_d \geq M_u$ 관계의 성립 여부를 검토한다.

㉡ 만약, $\rho_{\min} \leqq \rho \leqq \rho_{t,l}$ 및 $M_d \geq M_u$ 관계가 성립되지 않으면 단계 3에서 ρ를 재가정한 후, 단계 3~단계 7의 과정을 반복하거나 단계 5에서 선정된 콘크리트단면 b, d를 증가시켜 재검토한다.

03 복철근 직사각형 단면도

1. 복철근 직사각형 단면보를 사용하는 경우

(1) 크리프, 건조수축 등으로 인하여 발생되는 장기처짐을 최소화하기 위한 경우
(2) 파괴 시 압축응력의 깊이를 감소시켜 연성을 증대시키기 위한 경우
(3) 철근의 조립을 쉽게 하기 위한 경우
(4) 정(+), 부(−) 모멘트를 번갈아 받는 경우
(5) 보의 단면높이가 제한되어 단철근 직사각형 단면보의 설계휨강도가 계수 휨하중보다 작은 경우

◈ 직사각형 단면보에 있어서 단철근보와 복철근보의 비교

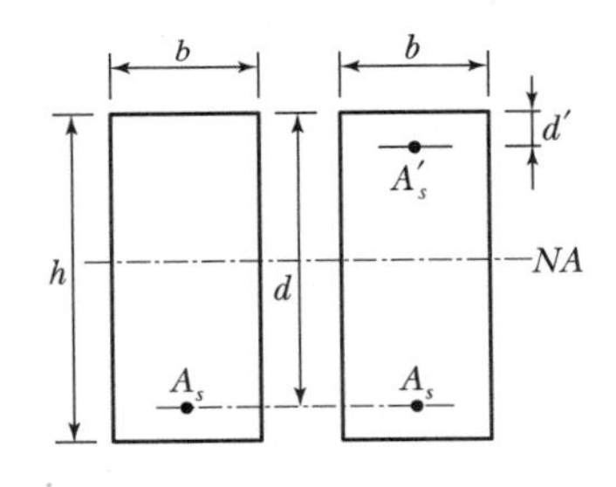

① 단철근보 : 인장철근만 배근된 보
② 복철근보 : 인장철근뿐만 아니라 압축철근도 배근된 보

2. 휨해석

(1) 압축철근이 항복할 경우

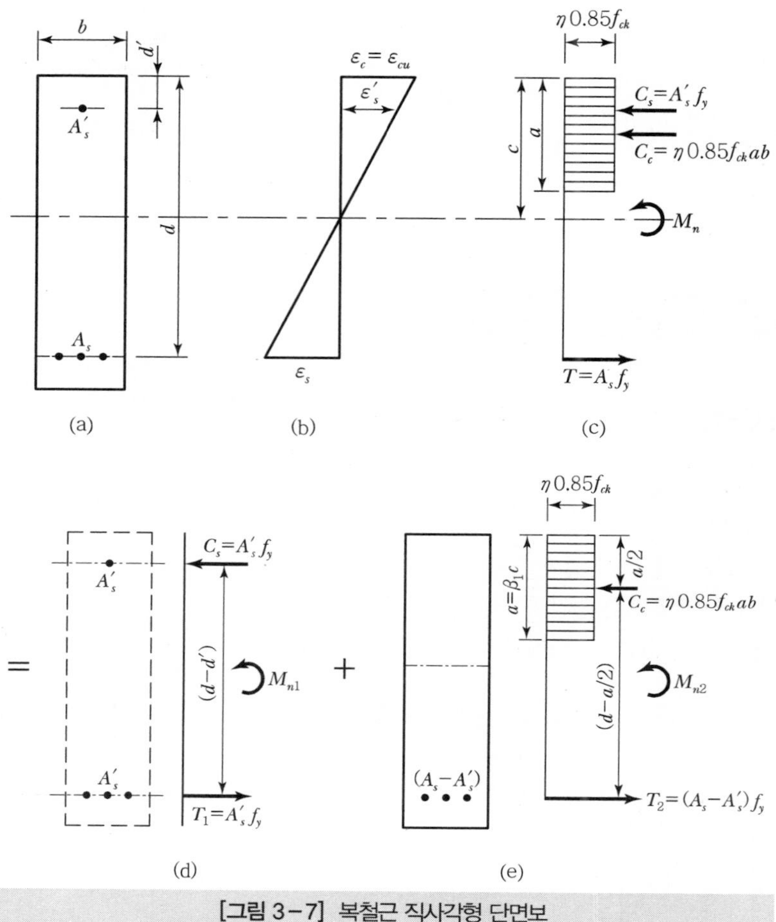

[그림 3−7] 복철근 직사각형 단면보

1) 균형철근비($\overline{\rho_b}$), 인장철근비의 상한($\overline{\rho_{\max}}$), 그리고 인장철근비의 하한($\overline{\rho_{\min}}$)

① 균형철근비($\overline{\rho_b}$)

[그림 3−7]의 (c)에서 평형방정식을 사용하면 균형철근비($\overline{\rho_b}$)를 다음과 같이 구할 수 있다.

$$T = C_c + C_s$$

$$A_s f_y = \eta 0.85 f_{ck}(\beta_1 c) b + A_s{}' f_y$$

위 식에서 $\overline{\rho_b} = \dfrac{A_s}{bd}$, $\rho' = \dfrac{A_s{}'}{bd}$ 라 두고 다시 쓰면 다음과 같다.

$$(\overline{\rho_b}bd)f_y = \eta 0.85 f_{ck}\beta_1 cb + (\rho' bd)f_y$$

$$\overline{\rho_b} = \eta 0.85\beta_1 \frac{f_{ck}}{f_y}\frac{c}{d} + \rho' \quad \cdots\cdots (3.31)$$

균형상태가 되면 식 (3.31)에서 우변 제1항의 c는 균형상태의 중립축위치를 나타내는 식 (3.10)과 같아진다. 따라서, 식 (3.31)의 우변 제1항은 앞의 식 (3.12)의 ρ_b와 같아지므로 복철근 직사각형 단면보의 균형철근비($\overline{\rho_b}$)를 나타내는 식 (3.31)을 다시 표현하면 다음과 같다.

$$\overline{\rho_b} = \rho_b + \rho' \quad \cdots\cdots (3.32)$$

여기서, $\overline{\rho_b}$: 복철근 직사각형 단면보의 균형철근비
ρ_b : 단철근 직사각형 단면보의 균형철근비
ρ' : 압축철근비

② 인장철근비의 상한($\overline{\rho_{max}}$)

콘크리트 구조 설계기준에서는 철근콘크리트 휨부재의 연성파괴를 확보하기 위하여 최외단 인장철근의 순인장변형률을 제한하고 있다. 따라서, 복철근보의 연성파괴를 확보하기 위해서는 단철근보와 동일한 여유를 갖도록 인장철근비의 상한을 다음 식의 $\overline{\rho_{max}}$로 제한해야 한다.

$$\overline{\rho_{max}} = \rho_{max} + \rho' \quad \cdots\cdots (3.33)$$

여기서, $\overline{\rho_{max}}$: 복철근 직사각형 단면보의 인장철근비의 상한
ρ_{max} : 단철근 직사각형 단면보의 인장철근비의 상한

③ 인장철근비의 하한($\overline{\rho_{min}}$)

인장철근이 항복함과 동시에 압축철근이 항복하기 위한 인장철근비의 하한($\overline{\rho_{min}}$)을 구하는 과정은 다음과 같다.
[그림 3－7]의 (b)에서 압축철근의 변형률을 $\varepsilon_s' = \varepsilon_y$라 두고 비례식을 사용하면 인장철근과 압축철근이 동시에 항복할 경우의 중립축위치(c)를 다음과 같이 구할 수 있다.

$$c = \frac{\varepsilon_c}{\varepsilon_c - \varepsilon_y} d' \quad \cdots\cdots (3.34)$$

식 (3.34)에 $\varepsilon_c = \varepsilon_{cu}$를 대입하여 다시 쓰면 다음과 같다.

$$c = \frac{\varepsilon_{cu}}{\varepsilon_{cu} - \varepsilon_y} d' \quad \cdots\cdots (3.35)$$

따라서, 식 (3.35)를 식 (3.31)에 대입하면 인장철근과 압축철근이 동시에 항복하기 위한 복철근 직사각형 단면보의 인장철근비의 하한($\overline{\rho_{\min}}$)을 다음과 같이 얻게 된다.

$$\overline{\rho_{\min}} = \eta 0.85 \beta_1 \frac{f_{ck}}{f_y} \frac{\varepsilon_{cu}}{\varepsilon_{cu} - \varepsilon_y} \frac{d'}{d} + \rho' \quad \cdots\cdots (3.36)$$

$f_{ck} \leq 40\text{MPa}$인 경우 인장철근과 압축철근이 동시에 항복하기 위한 복철근 직사각형 단면보의 인장철근비의 하한($\overline{\rho_{\min}}$)은 식(3.36)에 $\varepsilon_{cu} = 0.0033$, $\eta = 1$, $\beta_1 = 0.8$을 대입하여 나타내면 다음과 같다.

$$\overline{\rho_{\min}} = 0.68 \frac{f_{ck}}{f_y} \frac{660}{660 - f_y} \frac{d'}{d} + \rho' \quad \cdots\cdots (3.37)$$

2) 설계휨강도(M_d)

① 등가직사각형 응력의 깊이(a)

[그림 3-7]의 (c)에서 평형방정식을 사용하면 등가직사각형 응력의 깊이(a)를 다음과 같이 구할 수 있다.

$$T = C_c + C_s$$

$$A_s f_y = \eta 0.85 f_{ck} a b + A_s' f_y$$

$$a = \frac{(A_s - A_s') f_y}{\eta 0.85 f_{ck} b} \quad \cdots\cdots (3.38)$$

② 공칭휨강도(M_n)

[그림 3-7]의 (c), (d), (e)로부터 복철근 직사각형 단면보의 공칭휨강도(M_n)를 다음과 같이 구할 수 있다.

$$M_n = M_{n1} + M_{n2}$$

$$= A_s' f_y (d - d') + (A_s - A_s') f_y \left(d - \frac{a}{2}\right) \quad \cdots\cdots (3.39)$$

③ 설계휨강도(M_d)

$$M_d = \phi M_n = \phi \left[A_s' f_y (d - d') + (A_s - A_s') f_y \left(d - \frac{a}{2}\right) \right] \quad \cdots\cdots (3.40)$$

(2) 압축철근이 항복하지 않을 경우

1) 균형철근비($\overline{\rho_b}$), 인장철근비의 상한($\overline{\rho_{\max}}$)

① 균형철근비($\overline{\rho_b}$)

[그림 3-7]의 (c)에서 압축철근의 응력을 f_s'라 두고 평형방정식을 사용하면 압축철근이 항복하지 않을 경우의 균형철근비($\overline{\rho_b}$)를 다음과 같이 구할 수 있다.

$$T = C_c + C_s$$

$$A_s f_y = \eta 0.85 f_{ck}(\beta_1 c)b + A_s' f_s' \quad \cdots\cdots (3.41)$$

식 (3.41)에서 $\overline{\rho_b} = \dfrac{A_s}{bd}$, $\rho' = \dfrac{A_s'}{bd}$라 두고 다시 쓰면 다음과 같다.

$$(\overline{\rho_b} bd) f_y = \eta 0.85 f_{ck} \beta_1 cb + (\rho' bd) f_s'$$

$$\overline{\rho_b} = \eta 0.85 \beta_1 \frac{f_{ck}}{f_y} \frac{c}{d} + \rho' \frac{f_s'}{f_y} \quad \cdots\cdots (3.42)$$

균형상태가 되면 식 (3.42)의 우변 제1항은 단철근 직사각형 단면보의 균형철근비(ρ_b)와 같아지므로 식 (3.42)는 다음과 같이 표현할 수 있다.

$$\overline{\rho_b} = \rho_b + \rho' \frac{f_s'}{f_y} \quad \cdots\cdots (3.43)$$

여기서, $f_s' = E_s \varepsilon_s' = E_s \left[\varepsilon_c - \dfrac{d'}{d}(\varepsilon_c + \varepsilon_y) \right] \le f_y$

② 인장철근비의 상한($\overline{\rho_{\max}}$)

$$\overline{\rho_{\max}} = \rho_{\max} + \rho' \frac{f_s'}{f_y} \quad \cdots\cdots (3.44)$$

여기서, $f_s' = E_s \varepsilon_s' = E_s \left[\varepsilon_c - \dfrac{d'}{d}(\varepsilon_c + \varepsilon_{t,\min}) \right] \le f_y$

2) 설계휨강도(M_d)

[그림 3-7]의 (b)에서 압축철근의 변형률(ε_s')을 구하면 압축철근의 응력(f_s')을 다음과 같이 나타낼 수 있다.

$$f_s' = E_s \varepsilon_s' = E_s \varepsilon_c \frac{c - d'}{c} \quad \cdots\cdots (3.45)$$

식 (3.41)에 식 (3.45)를 대입하면 중립축위치(c)만을 미지수로 갖는 다음 식을 얻을 수 있다.

$$A_s f_y = \eta 0.85 f_{ck} \beta_1 bc + A_s' E_s \varepsilon_c \frac{c - d'}{c} \quad \cdots\cdots (3.46)$$

식 (3.46)을 c에 관하여 풀면 중립축위치(c)를 얻게 되고, 등가사각형 깊이(a)와 압축철근의 응력(f_s')은 앞서 언급된 식들로부터 구할 수 있다. 따라서, 압축철근이 항복하지 않을 경우의 공칭휨모멘트(M_n)와 설계휨강도(M_d)는 각각 다음과 같다.

$$M_n = A_s' f_s' (d - d') + \eta 0.85 f_{ck} ab \left(d - \frac{a}{2}\right) \quad \cdots\cdots (3.47)$$

$$M_d = \phi M_n = \phi \left[A_s' f_s' (d - d') + \eta 0.85 f_{ck}\, ab \left(d - \frac{a}{2}\right) \right] \quad \cdots\cdots (3.48)$$

3. 단면설계

일반적으로 복철근보의 설계는 계수휨하중(M_u), 콘크리트 및 철근 두 재료의 역학적 성질, 그리고 콘크리트의 단면치수(단면의 폭 b, 유효깊이 d)는 결정된 상태에서 인장철근량(A_s)과 압축철근량(A_s')을 선정하는 것이라 할 수 있겠다.

(1) 설계절차

1) 단계 1 : 계수휨하중(M_u) 결정

2) 단계 2 : 결정된 콘크리트 단면치수에 대하여 최대 인장철근량(A_{s1})을 배근한 단철근보의 설계휨강도(M_{d1}) 결정

$$A_{s1} = \rho_{t,l} bd \quad \cdots\cdots (3.49)$$

여기서, 최대 인장철근량(A_{s1})을 인장지배 한계변형률($\varepsilon_{t,l}$)에 해당하는 철근량으로 계산한 이유는, $\phi = 0.85$를 사용하기 위해서이다.

3) 단계 3 : M_u와 M_{d1} 비교

㉠ $M_u \le M_{d1}$인 경우, 단철근보로 설계

㉡ $M_u > M_{d1}$인 경우, 복철근보로 설계

4) 단계 4 : $M_u > M_{d1}$인 경우 복철근보로 설계한다면 추가 인장철근량(A_{s2})과 압축철근량(A_s') 선정

$$A_{s2} = \frac{(M_u - M_{d1})}{\phi f_y (d - d')} \quad \cdots\cdots (3.50)$$

$$A_s' = A_{s2} \quad \cdots\cdots (3.51)$$

5) 단계 5 : 총 인장철근량(A_s)과 압축철근량($A_s{}'$) 선정

$$A_s = A_{s1} + A_{s2} = \rho_{t,l}bd + \frac{(M_u - M_{d1})}{\phi f_y(d-d')} \quad \cdots\cdots (3.52)$$

$$A_s{}' = A_{s2} = \frac{(M_u - M_{d1})}{\phi f_y(d-d')}$$

6) 단계 6 : 검토

04 T형 단면보

1. 플랜지의 유효폭

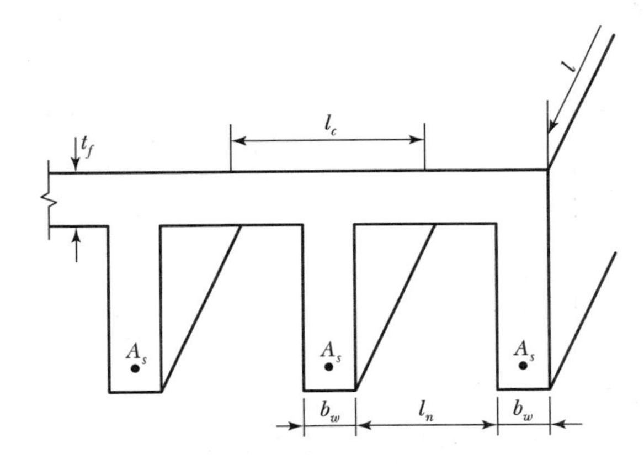

(a) 보와 일체로 된 연속 슬래브

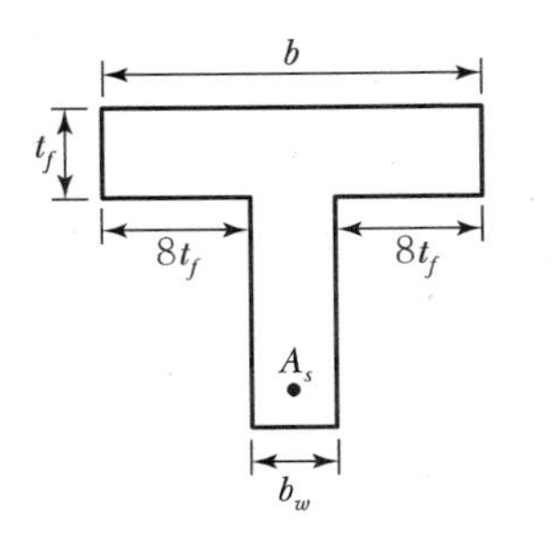

(b) T형 단면보

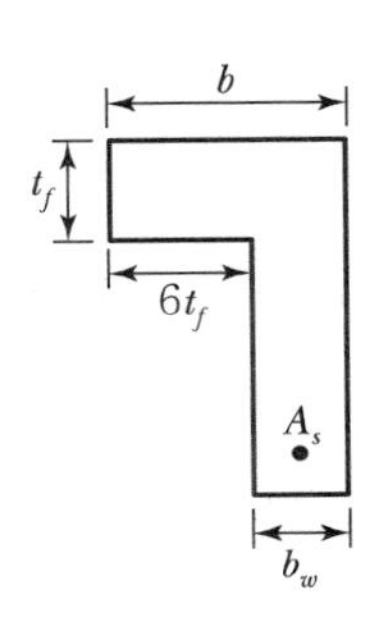

(c) 반T형 단면보

[그림 3-8] 플랜지의 유효폭

(1) T형 단면보(대칭 T형 단면보)의 플랜지의 유효폭

T형 단면보(대칭 T형 단면보)의 플랜지의 유효폭은 다음 값 중에서 최소값으로 한다.

① $16t_f + b_w$

② 양쪽 슬래브의 중심 간 거리, (l_c)

③ 보의 지간의 $\frac{1}{4}$, $\left(\frac{l}{4}\right)$

(2) 반T형 단면보(비대칭 T형 단면보)의 플랜지의 유효폭

반T형 단면보(비대칭 T형 단면보)의 플랜지의 유효폭은 다음 값 중에서 최소값으로 한다.

① $6t_f + b_w$

② 인접보와의 내측 간 거리의 $\frac{1}{2}+b_w$, $\left(\frac{l_n}{2}+b_w\right)$

③ 보의 지간의 $\frac{1}{12}+b_w$, $\left(\frac{l}{12}+b_w\right)$

2. T형 단면보의 판별

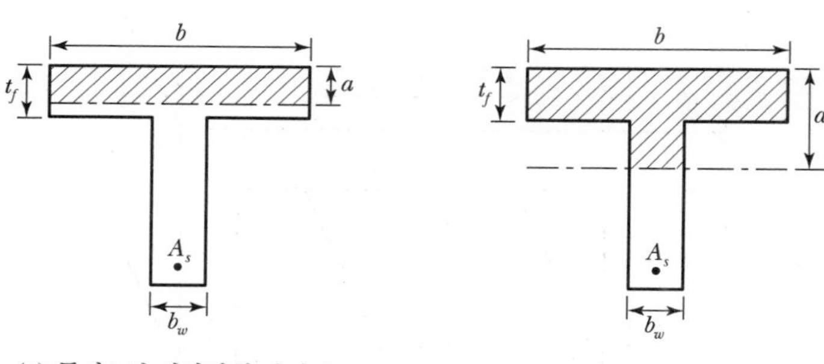

[그림 3-9] T형 단면보의 판별

(1) 철근콘크리트 휨부재에 있어서 T형 단면보와 직사각형 단면보의 판별은 압축에 저항하는 콘크리트 단면의 모양에 따른다.

(2) [그림 3-9]에서 보여주는 것과 같이 폭이 b인 직사각형 단면보의 등가직사각형 응력의 깊이(a)와 플랜지의 두께(t_f)를 서로 비교함으로써 T형 단면보의 판별을 할 수 있다.

$$a = \frac{A_s f_y}{\eta 0.85 f_{ck} b}$$

① $a \le t_f$(또는 $A_s f_y \le \eta 0.85 f_{ck} b t_f$)인 경우

[그림 3-9]의 (a) 경우로서 폭이 b인 직사각형 단면보로 해석한다.

② $a > t_f$(또는 $A_s f_y > \eta 0.85 f_{ck} b t_f$)인 경우

[그림 3−9]의 (b) 경우로서 T형 단면보로 해석한다.

3. 휨해석

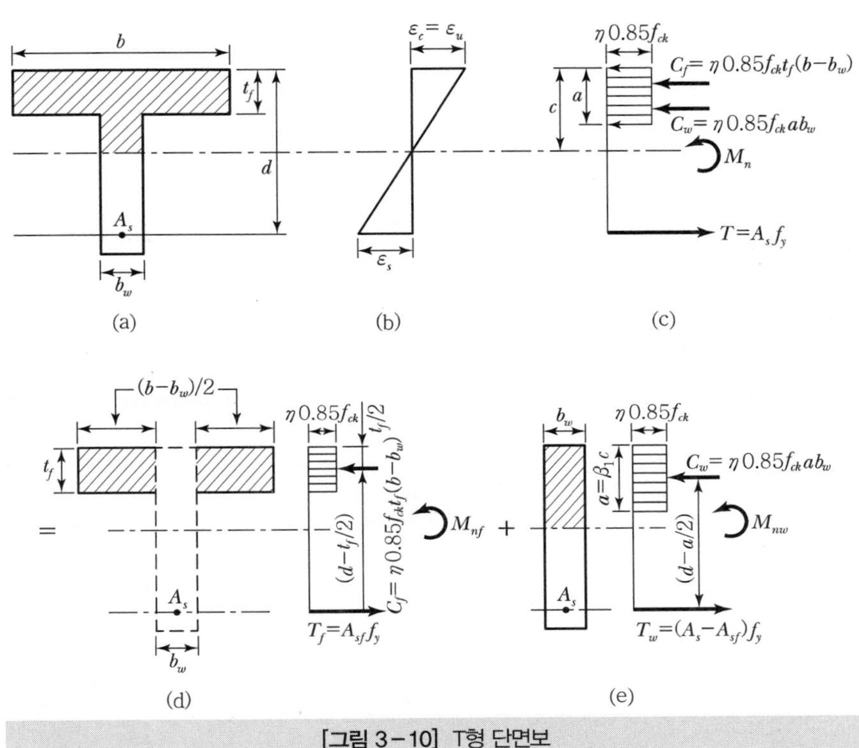

[그림 3−10] T형 단면보

(1) 균형철근비($\rho_{w,b}$), 인장철근비의 상한($\rho_{w,\max}$), 그리고 인장철근비의 하한($\rho_{w,\min}$)

1) 균형 철근비($\rho_{w,b}$)

① 플랜지의 내민부분의 압축력에 상응하는 인장철근량(A_{sf})

[그림 3−10]의 (d)에서 평형방정식을 사용하면 플랜지의 내민부분의 압축력에 상응하는 인장철근량(A_{sf})을 다음과 같이 구할 수 있다.

$$T_f = C_f$$

$$A_{sf} f_y = \eta 0.85 f_{ck} t_f (b - b_w)$$

$$A_{sf} = \frac{\eta 0.85 f_{ck} t_f (b - b_w)}{f_y} \quad \cdots\cdots (3.53)$$

② 균형철근비($\rho_{w,b}$)

[그림 3－10]의 (c)에서 평형방정식을 사용하면 균형철근비($\rho_{w,b}$)를 다음과 같이 구할 수 있다.

$$T = C_w + C_f$$
$$A_s f_y = \eta 0.85 f_{ck}(\beta_1 c) b_w + A_{sf} f_y$$

위 식에서 $\rho_{w,b} = \dfrac{A_s}{b_w d}$, $\rho_f = \dfrac{A_{sf}}{b_w d}$ 라 두고 다시 쓰면 다음과 같다.

$$(\rho_{w,b} b_w d) f_y = \eta 0.85 f_{ck} \beta_1 c b_w + (\rho_f b_w d) f_y$$
$$\rho_{w,b} = \eta 0.85 \beta_1 \frac{f_{ck}}{f_y} \frac{c}{d} + \rho_f \quad \cdots\cdots (3.54)$$

균형상태가 되면 식 (3.54)에서 우변 제1항의 c는 균형상태의 중립축위치를 나타내는 식 (3.10)과 같아진다. 따라서 식 (3.54)의 우변 제1항은 앞의 식 (3.12)의 ρ_b와 같아지므로 T형 단면보의 균형철근비($\rho_{w,b}$)를 나타내는 식 (3.43)을 다시 표현하면 다음과 같다.

$$\rho_{w,b} = \rho_b + \rho_f \quad \cdots\cdots (3.55)$$

여기서, $\rho_{w,b}$: T형 단면보의 균형철근비
ρ_b : 단철근 직사각형 단면보의 균형철근비
ρ_f : A_{sf}에 대한 철근비

2) 인장철근비의 상한($\rho_{w,\max}$)

앞서 복철근 직사각형 단면보에서 언급한 바와 같이 T형 단면보에 있어서도 연성파괴를 확보하기 위해서는 단철근보와 동일한 여유를 갖도록 인장철근비의 상한을 다음 식의 $\rho_{w,\max}$로 제한해야 한다.

$$\rho_{w,\max} = \rho_{\max} + \rho_f \quad \cdots\cdots (3.56)$$

여기서, $\rho_{w,\max}$: T형 단면보의 인장철근비의 상한
$\rho_{\max}$: 단철근 직사각형 단면보의 인장철근비의 상한

3) 인장철근비의 하한($\rho_{w,\min}$)

T형 단면보의 인장철근비의 하한($\rho_{w,\min}$)은 단철근 직사각형 단면보의 경우와 동일하다.

참고

◈ T형 단면보에서 인장철근비(ρ_w)

$$\rho_w = \frac{A_s}{b_w d}$$

◈ 인장철근비의 범위

T 형 단면보에서 연성파괴를 확보하기 위한 인장철근비의 범위

$$\rho_{w,\min} \leqq \rho_w \leqq \rho_{w,\max}$$

(2) 설계휨강도(M_d)

1) 등가직사각형 응력의 깊이(a)

[그림 3－10]의 (c)에서 평형방정식을 사용하면 등가직사각형 응력의 깊이(a)를 다음과 같이 구할 수 있다.

$$T = C_w + C_f$$

$$A_s f_y = \eta 0.85 f_{ck} a b_w + A_{sf} f_y$$

$$a = \frac{(A_s - A_{sf}) f_y}{\eta 0.85 f_{ck}\, b_w} \quad \cdots\cdots (3.57)$$

2) 공칭휨강도(M_n)

[그림 3－10]의 (c), (d), (e)로부터 T형 단면보의 공칭휨강도(M_n)를 다음과 같이 구할 수 있다.

$$M_n = M_{nf} + M_{nw}$$

$$= A_{sf} f_y \left(d - \frac{t_f}{2}\right) + (A_s - A_{sf}) f_y \left(d - \frac{a}{2}\right) \quad \cdots\cdots (3.58)$$

3) 설계휨강도(M_d)

$$M_d = \phi M_n = \phi \left[A_{sf} f_y \left(d - \frac{t_f}{2}\right) + (A_s - A_{sf}) f_y \left(d - \frac{a}{2}\right) \right] \quad \cdots\cdots (3.59)$$

05 허용응력설계법(별도설계법, 대체설계법)

1. 허용응력설계법의 기본개념

(1) 허용응력설계법의 기본원칙

$$f_c \leqq f_{ca} = 0.4f_{ck}$$
$$f_s \leqq f_{sa} \leqq 0.5f_y \leqq 200\text{MPa}$$

여기서, f_c : 콘크리트의 휨압축응력
f_s : 철근의 인장응력
f_{ca} : 콘크리트의 허용휨압축응력
f_{sa} : 철근의 허용인장응력
f_{ck} : 콘크리트의 설계기준강도
f_y : 철근의 항복강도

(2) 허용응력설계법의 기본가정

① 하중을 받기 전에 평면인 단면은 하중을 받아 변형된 후에도 평면상태를 유지한다.
② 콘크리트의 변형률은 중립축으로부터의 거리에 비례한다.
③ 콘크리트의 압축응력은 변형률에 비례한다.
④ 콘크리트의 인장응력은 무시한다.

2. 단철근 직사각형 단면보

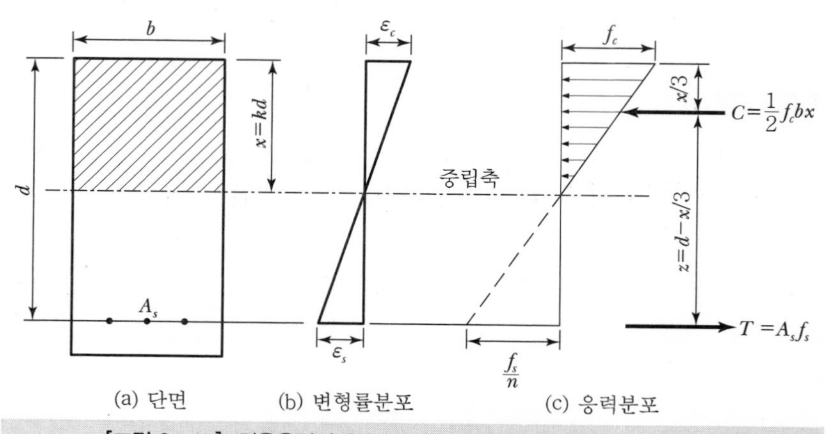

[그림 3-11] 허용응력설계법에 의한 단철근 직사각형 단면보의 해석

(1) 중립축위치(x)

1) [그림 3－11]의 (c)응력분포에서 비례식을 사용하면 철근의 인장응력(f_s)과 콘크리트의 휨압축응력(f_c)의 관계를 다음과 같이 나타낼 수 있다.

$$\frac{f_s}{f_c} = n\frac{d-x}{x} \quad \cdots\cdots (3.60)$$

여기서, n : 탄성계수비$\left(=\frac{E_s}{E_c}\right)$

2) 또한 [그림 3－11]의 (c)응력분포에서 평형방정식을 사용하면 철근의 인장응력(f_s)과 콘크리트의 휨압축응력(f_c)의 관계를 다음과 같이 표현할 수 있다.

$$C = T$$

$$\frac{1}{2}f_c bx = A_s f_s$$

$$\frac{f_s}{f_c} = \frac{bx}{2A_s} \quad \cdots\cdots (3.61)$$

3) 철근의 인장응력(f_s)과 콘크리트의 휨압축응력(f_c)의 관계를 나타내는 두 식 (3.60)과 (3.61)로부터 중립축위치 x만을 미지수로 갖는 다음 식을 얻게 된다.

$$\frac{f_s}{f_c} = n\frac{d-x}{x} = \frac{bx}{2A_s}$$

$$\frac{1}{2}bx^2 - nA_s(d-x) = 0 \quad \cdots\cdots (3.62)$$

4) 따라서 식 (3.62)를 x에 관하여 풀면 중립축위치 x를 다음과 같이 구할 수 있다.

$$x = -\frac{nA_s}{b} + \sqrt{\left(\frac{nA_s}{b}\right)^2 + \frac{2nA_s d}{b}} \quad \cdots\cdots (3.63)$$

(2) 콘크리트의 휨압축응력(f_c)과 철근의 인장응력(f_s)

1) 외력에 의한 모멘트와 내력에 의한 모멘트의 평형에 의한 경우

① 콘크리트의 휨압축응력(f_c)

$$M = Cz = \frac{1}{2}f_c bx\left(d - \frac{x}{3}\right)$$

$$f_c = \frac{2M}{bx\left(d - \frac{x}{3}\right)} \quad \cdots\cdots (3.64)$$

② 철근의 인장응력(f_s)

$$M = Tz = A_s f_s \left(d - \frac{x}{3}\right)$$

$$f_c = \frac{M}{A_s\left(d - \frac{x}{3}\right)} \quad \cdots\cdots (3.65)$$

2) 휨응력식에 의한 경우

① 콘크리트의 휨압축응력(f_c)

$$f_c = \frac{M}{I_{cr}} x \quad \cdots\cdots (3.66)$$

② 철근의 인장응력(f)

$$f_s = n\frac{M}{I_{cr}}(d - x) \quad \cdots\cdots (3.67)$$

③ 단철근 직사각형 단면보의 중립축에 대한 균열 환산 단면 2차 모멘트(I_{cr})

$$I_{cr} = \frac{1}{3}bx^3 + nA_s(d - x)^2 \quad \cdots\cdots (3.68)$$

Item pool
예상문제 및 기출문제

9급 2020년 국가직

01 철근콘크리트 휨부재의 강도설계법에 대한 기본적인 요구사항을 옳게 표시한 것은?(단, M_n은 공칭휨강도, M_d는 설계휨강도, M_u는 계수휨모멘트, ϕ는 강도감소계수이며, KDS 14 20 10 및 KDS 14 20 20을 따른다)

① $M_d \le M_u (= \phi M_n)$
② $M_d \le M_n (= \phi M_u)$
③ $M_u \le M_n (= \phi M_d)$
④ $M_u \le M_d (= \phi M_n)$

해설

철근콘크리트 휨부재의 강도설계법에 대한 설계의 기본원칙
$M_u \le M_d (= \phi M_n)$

정답 ④

9급 2014년 국가직

02 강도설계법에 관한 내용 중 옳지 않은 것은?

① 하중계수, 강도감소계수, 재료의 허용응력을 사용하여 설계한다.
② 압축측 연단에서의 극한변형률은 콘크리트의 설계기준압축강도가 40MPa 이하인 경우 0.0033으로 가정한다.
③ 철근과 콘크리트의 변형률은 중립축부터 거리에 비례하는 것으로 가정할 수 있다.(단, 깊은 보는 제외한다.)
④ 철근의 응력이 설계기준항복강도 f_y 이하일 때 철근의 응력은 그 변형률에 E_s를 곱한 것으로 한다.

해설

강도설계법에서 재료의 허용응력은 사용하지 않는다.

정답 ①

9급 2010년 서울시

03 강도설계법에 대한 사항 중 옳지 않은 것은?

① 철근콘크리트 부재를 안전하게 설계하기 위해 강도감소계수와 하중계수를 적용한다.

② 철근과 콘크리트의 변형률은 중립축에서의 거리에 비례한다.

③ 압축연단에서 콘크리트의 극한변형률은 콘크리트의 설계기준압축강도가 40MPa 이하인 경우 0.0033으로 가정한다.

④ 콘크리트의 인장 및 압축강도는 휨계산에서 고려된다.

⑤ 콘크리트의 압축응력은 중립축에서의 거리에 비례하지 않는다.

해설

강도설계법에서 콘크리트의 인장강도는 휨계산에서 무시한다.

정답 ④

9급 2017년 서울시

04 「콘크리트구조 설계기준(2021)」에서는 휨모멘트와 축력을 받는 철근콘크리트 부재의 강도설계를 위하여 기본적인 가정을 따르도록 규정하고 있다. 강도설계법의 기본 가정에 대한 설명으로 가장 옳지 않은 것은?

① 철근과 콘크리트의 응력은 중립축으로부터의 거리에 비례하는 것으로 가정한다.

② 콘크리트의 설계기준압축강도가 40MPa 이하인 경우 압축연단의 극한변형률은 0.0033으로 가정한다.

③ 휨응력 계산에서 콘크리트의 인장강도는 무시할 수 있다.

④ 극한 상태에서의 압축응력의 분포와 콘크리트 변형률 사이의 관계는 실험의 결과와 실질적으로 일치하는 직사각형, 사다리꼴 등의 형상으로 가정할 수 있다.

해설

극한 강도 상태에서 콘크리트의 응력은 중립축으로부터의 거리에 비례하지 않는다.

정답 ①

9급 2017년 지방직(2차)

05 철근콘크리트 구조의 강도설계법에 대한 설명으로 옳지 않은 것은?(단, 콘크리트구조 설계기준(2021)을 적용한다.)

① 콘크리트의 설계기준압축강도가 40MPa 이하인 경우 압축연단의 극한변형률은 0.0033으로 가정한다.

② 철근과 콘크리트의 변형률은 중립축으로부터의 거리에 비례한다.

③ 단면의 공칭강도 R_n은 있을지 모를 강도의 결함을 고려하여, 강도감소계수 ϕ에 의하여 감소시켜야 한다.

④ 콘크리트의 인장강도는 휨강도 계산에서 고려하여야 한다.

해설

콘크리트의 인장강도는 휨강도 계산에서 고려하지 않는다.

정답 ④

9급 2011년 지방직

06 강도설계법에서 적용하는 기본 가정에 해당되지 않는 것은?

① 철근과 콘크리트의 변형률은 중립축에서부터의 거리에 비례한다.

② 콘크리트의 설계기준압축강도가 40MPa 이하인 경우 압축연단의 극한변형률은 0.0033으로 가정한다.

③ 휨설계에서 콘크리트의 인장 측 면적은 무시한다.

④ 철근과 콘크리트는 모두 후크(Hooke)의 법칙을 따른다.

해설

강도설계법에서 철근은 Hooke의 법칙을 따르지만, 콘크리트는 Hooke의 법칙을 따르지 않는 것으로 가정한다.

정답 ④

9급 2017년 지방직(1차)

07 휨 및 압축을 받는 콘크리트 부재의 설계가정에 대한 설명으로 옳지 않은 것은?(단, 콘크리트구조 설계기준(2021년)을 적용한다.)

① 콘크리트의 설계기준압축강도가 40MPa 이하인 경우 압축연단의 극한변형률은 0.0033으로 가정한다.

② 철근의 응력이 설계기준항복강도 f_y 이하일 때 철근의 응력은 변형률에 탄성계수를 곱한 값으로 하고, 철근의 변형률이 f_y에 대응하는 변형률보다 큰 경우 철근의 응력은 철근의 극한강도까지 증가시킨다.

③ 깊은 보는 비선형 변형률 분포를 고려하여 설계하여야 한다. 그러나 비선형 분포를 고려하는 대신 스트럿－타이 모델을 적용할 수도 있다.

④ 콘크리트 압축응력의 분포와 콘크리트 변형률 사이의 관계는 직사각형, 사다리꼴, 포물선형 또는 실험의 결과와 실질적으로 일치하는 형상으로도 가정할 수 있다.

해설

철근의 응력이 설계기준항복강도 f_y 이하일 때, 철근의 응력은 변형률에 탄성계수를 곱한 값으로 하고, 철근의 변형률이 f_y에 대응하는 변형률보다 큰 경우 철근의 응력은 변형률에 관계없이 설계기준항복강도 f_y이다.

정답 ②

9급 2015년 지방직

08 콘크리트구조 설계기준(2021)에 따라 철근콘크리트 휨부재의 모멘트 강도를 계산하기 위하여 사용하는 등가직사각형 응력블록에 대한 설명으로 옳지 않은 것은?(단, a는 등가직사각형 응력블록의 깊이, b는 단면의 폭, f_{ck}는 콘크리트의 설계기준압축강도이다.)

① 콘크리트의 실제 압축응력분포의 면적과 등가직사각형 응력블록의 면적은 같다.

② 등가직사각형 응력블록의 도심과 실제 압축응력분포의 도심은 일치하지 않는다.

③ 등가직사각형 응력블록에 의한 콘크리트가 받는 압축응력의 합력은 $\eta 0.85 f_{ck} ab$로 계산한다.

④ 등가직사각형 응력블록을 정의하는 주요 변수 값은 콘크리트 압축강도에 따라 달라진다.

해설

등가직사각형 응력블록의 도심과 실제 압축응력분포의 도심은 일치한다.

정답 ②

9급 2018년 서울시(2차)

09 그림과 같은 균형 단면의 직사각형보에서 설계기준강도 f_{ck}가 33MPa이라면 계수 β_1은? (단, c는 압축측 연단에서 중립축까지 거리이다.)

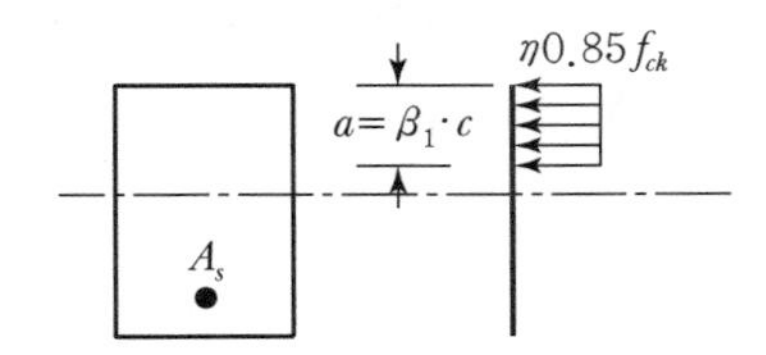

① 0.85
② 0.80
③ 0.75
④ 0.65

해설

$f_{ck} = 33\text{MPa} \le 40\text{MPa}$인 경우, $\beta_1 = 0.80$이다.

정답 ②

9급 2013년 지방직

10 강도설계법에서 콘크리트 응력블록의 깊이는 $a = \beta_1 c$로 정의된다. 콘크리트 설계기준강도가 $f_{ck} = 60\text{MPa}$일 때, β_1은?(단, c는 콘크리트 압축부 상단으로부터 중립축까지 거리이다.)

① 0.72
② 0.74
③ 0.76
④ 0.78

해설

$f_{ck} = 60\text{MPa}$인 경우, $\beta_1 = 0.76$이다.

정답 ③

9급 2011년 지방직

11 그림과 같은 균형단면의 단철근 직사각형보에서 콘크리트의 설계기준강도 f_{ck}가 60MPa이라면, 계수 β_1은?

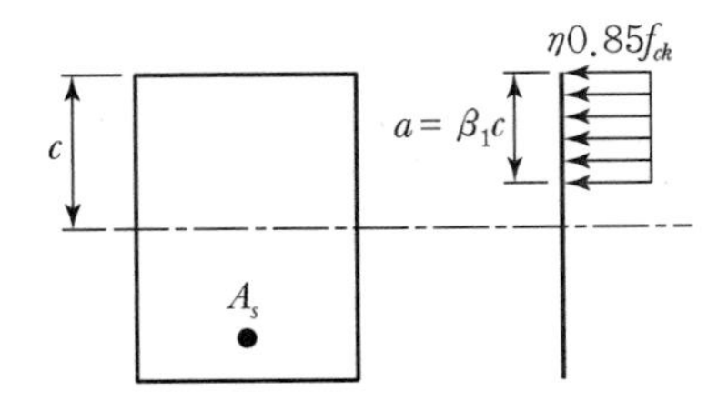

① 0.80
② 0.76
③ 0.72
④ 0.70

해설

$f_{ck} = 60\text{MPa}$인 경우, $\beta_1 = 0.76$이다.

정답 ②

9급 2017년 서울시

12 부재 설계 시 콘크리트 압축분포를 등가직사각형 응력블록으로 볼 때 단면의 가장자리에서 최대압축변형률이 일어나는 응력블록의 높이 $a=\beta_1 \cdot c$로 보고 계산할 경우, 이때 등가사각형 응력블록과 관계된 계수 β_1의 값이 0.70일 경우 콘크리트의 설계기준압축강도 f_{ck}는 얼마인가?(단, 「콘크리트구조 설계기준(2021)」을 적용한다.)

① 70MPa ② 80MPa
③ 90MPa ④ 100MPa

해설

$\beta_1=0.70$일 경우 콘크리트의 설계기준압축강도는 $f_{ck}=90\text{MPa}$이다.

정답 ③

9급 2013년 국가직

13 극한상태에서 콘크리트의 압축응력분포를 다음과 같이 가정할 때, 등가 직사각형 응력블럭 $(k \cdot f_{ck})$의 깊이 a[mm]는?(단, f_{ck} : 콘크리트의 설계기준압축강도, $k>0$으로 가정)

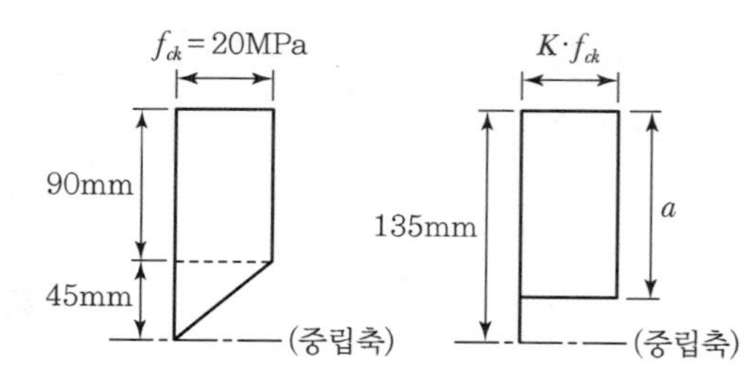

① 108
② 110
③ 112
④ 114

해설

$f_{ck}=20\text{MPa} \le 40\text{MPa}$인 경우, $\beta_1=0.80$
$a=\beta_1 c=0.80\times 135=108\text{mm}$

정답 ①

9급 2012년 서울시

14 유효깊이가 800mm이고, f_y = 400MPa인 균형보의 중립축의 위치(c_b)는?(단, $f_{ck} \leq$ 40MPa인 경우이다.

① 192mm
② 262mm
③ 396mm
④ 498mm
⑤ 534mm

해설

$f_{ck} \leq 40\text{MPa}$인 경우

$$c_b = \frac{660}{660+f_y}d = \frac{660}{660+400} \times 800 = 498\text{mm}$$

정답 ④

9급 2017년 지방직(1차)

15 단철근 직사각형 보에서 콘크리트의 설계기준압축강도 f_{ck} = 25MPa, 철근의 설계기준항복강도 f_y = 300MPa, 철근의 탄성계수 E_s = 200GPa, 단면의 유효깊이 d = 450mm일 때 균형단면이 되기 위한 압축연단으로부터 중립축까지의 거리[mm]는?(단, 2012년도 콘크리트구조기준을 적용한다.)

① 207
② 258
③ 309
④ 361

해설

$f_{ck} = 25\text{MPa} \leq 40\text{MPa}$인 경우

$$c_b = \frac{660}{660+f_y}d = \frac{660}{660+300} \times 450 = 309\text{mm}$$

정답 ③

9급 2018년 국가직

16 폭 $b = 300\text{mm}$, 유효깊이 $d = 500\text{mm}$인 단철근 직사각형 철근콘크리트 보의 단면이 균형변형률 상태에 있을 때, 압축연단에서 중립축까지의 거리 c[mm]는?(단, 콘크리트의 설계기준압축강도 $f_{ck} = 24\text{MPa}$, 철근의 설계기준항복강도 $f_y = 400\text{MPa}$이며, 설계코드(KDS : 2016)와 2012년도 콘크리트구조기준을 적용한다.)

① 263
② 282
③ 311
④ 340

해설

$f_{ck} = 24\text{MPa} \leq 40\text{MPa}$인 경우

$$c_b = \frac{660}{660 + f_y} d = \frac{660}{660 + 400} \times 500 = 311\text{mm}$$

정답 ③

9급 2020년 국가직

17 그림과 같은 단철근 철근콘크리트 직사각형 보가 균형변형률 상태에 있을 때, 압축연단에서 중립축까지 거리 c[mm]는?(단, 콘크리트 압축연단의 극한변형률 $\varepsilon_{cu} = 0.003$, 철근의 설계기준항복강도 $f_y = 400\text{MPa}$, 철근의 탄성계수 $E_s = 200,000\text{MPa}$, A_s는 인장철근 단면적이며, KDS 14 20 20을 따른다)

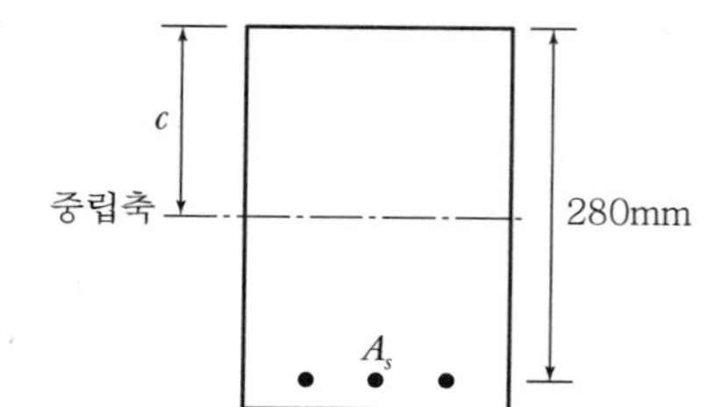

① 168
② 180
③ 192
④ 204

해설

$\varepsilon_{cu} = 0.003$인 경우

$$c_b = \frac{600}{600 + f_y} d = \frac{600}{600 + 400} \times 280 = 168\text{mm}$$

정답 ①

9급 2007년 국가직

18 강도설계법으로 설계 시 $f_{ck} = 30\text{MPa}$, $f_y = 300\text{MPa}$인 단철근 직사각형보의 균형철근비는?

① 0.01692
② 0.02654
③ 0.03684
④ 0.04675

해설

$f_{ck} = 30\text{MPa} \leq 40\text{MPa}$인 경우

$$\rho_b = 0.68\frac{f_{ck}}{f_y}\frac{660}{660+f_y}$$

$$= 0.68 \times \frac{30}{300} \times \frac{660}{660+300} = 0.04675$$

정답 ④

9급 2008년 국가직

19 강도설계법으로 설계할 때 $f_{ck} = 35\text{MPa}$, $f_y = 400\text{MPa}$인 단철근 직사각형보의 균형철근비에 가장 가까운 것은?

① 0.035
② 0.037
③ 0.039
④ 0.041

해설

$f_{ck} = 35\text{MPa} \leq 40\text{MPa}$인 경우

$$\rho_b = 0.68\frac{f_{ck}}{f_y}\frac{660}{660+f_y}$$

$$= 0.68 \times \frac{35}{400} \times \frac{660}{660+400} = 0.037$$

정답 ②

9급 2011년 서울시

20 **균형철근량(A_{sb})을 갖는 단면의 변형률도를 나타낸 것이다. 이 보의 철근량 A_s가 A_{sb}보다 작아지면 철근의 변형률이 ε_y에 도달할 때 최상단의 콘크리트 압축변형률과 중립축의 위치 변화를 맞게 표시한 것은? (압축변형률 $\leftarrow^C$ 혹은 $^C\rightarrow$, 중립축의 위치변화 $\uparrow_N$ 혹은 $\downarrow_N$)**

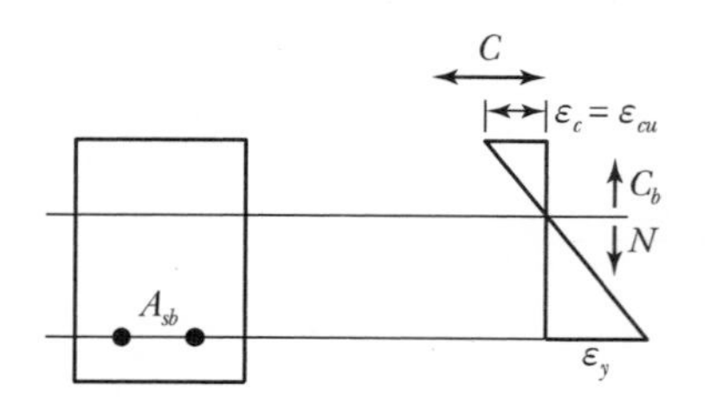

① 콘크리트 변형률 : $^C\rightarrow$, 중립축의 위치 : $\uparrow_N$
② 콘크리트 변형률 : $^C\rightarrow$, 중립축의 위치 : $\downarrow_N$
③ 콘크리트 변형률 : $\leftarrow^C$, 중립축의 위치 : $\uparrow_N$
④ 콘크리트 변형률 : $\leftarrow^C$, 중립축의 위치 : $\downarrow_N$
⑤ 콘크리트 변형률 : $^C\rightarrow$, 중립축의 위치 : $\cdot_N$ (고정)

해설

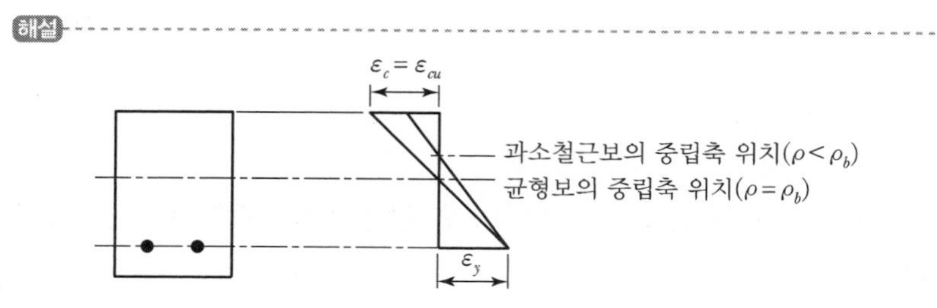

정답 ①

9급 2010년 지방직

21 **철근비에 따른 보의 휨 파괴 형태에 대한 설명으로 옳은 것은?**

① 과다철근보는 파괴 시 중립축이 인장 측으로 이동한다.
② 과소철근보는 압축 측 콘크리트가 먼저 항복한다.
③ 과소철근보는 가장 위험한 보의 파괴형태이고, 과다철근보는 가장 바람직한 보의 파괴형태이다.
④ 연성파괴는 인장철근의 항복과 콘크리트의 압축파괴가 동시에 일어나는 것이다.

해설

② 과소철근보는 압축 측 콘크리트가 파괴되기 전에 인장 측 철근이 먼저 항복한다.
③ 과소철근보는 가장 바람직한 보의 파괴형태이고, 과다철근보는 가장 위험한 보의 파괴형태이다.
④ 연성파괴는 압축 측 콘크리트가 파괴되기 전에 인장 측 철근이 먼저 항복한다.

정답 ①

9급 2016년 지방직

22 철근콘크리트 보의 휨파괴에 대한 설명으로 옳지 않은 것은?

① 과다철근 보는 철근량이 많기 때문에 취성 파괴가 발생하므로 위험 예측이 가능하다.

② 과소철근 보는 인장철근이 항복한 후 하중이 계속 증가하면 중립축이 압축 측으로 이동한다.

③ 보의 인장철근량이 너무 적어 발생하는 취성파괴를 피하기 위하여 휨부재의 최소 철근량을 규정하고 있다.

④ 인장철근이 항복응력 f_y 에 도달함과 동시에 콘크리트 압축 변형률이 극한 변형률에 도달하는 상태를 균형상태라고 한다.

해설

과다철근 보는 철근량이 많기 때문에 취성 파괴가 발생하므로 위험 예측이 불가능하다.

정답 ①

9급 2012년 서울시

23 과소철근콘크리트 보에서 철근이 항복한 후에 계속해서 외부모멘트가 증가할 경우 중립축의 위치는?

① 압축연단으로 이동한다.

② 인장연단으로 이동한다.

③ 단면의 도심으로 이동한다.

④ 변화하지 않는다.

⑤ 알 수 없다.

해설

과소철근콘크리트 보에서 철근이 항복한 후에 계속해서 외부모멘트가 증가할 경우 파괴는 점진적으로 진행되며 중립축의 위치가 압축 측으로 이동한다.

정답 ①

9급 2009년 서울시

24 다음 강도설계법에 관한 설명으로 옳은 것은?

① 보의 상부 콘크리트측의 파괴가 먼저 일어나도록 유도한다.

② 보의 인장측이 먼저 파괴되도록 연성설계를 한다.

③ 보에서 일반적으로 철근은 균형철근비의 85% 이내로 한다.

④ 보의 경우 강도감소계수는 0.8을 사용한다.

⑤ 공칭강도에 하중계수를 곱하여 설계한다.

해설

① 보의 압축측 콘크리트가 파괴되기 전에 인장측 철근의 파괴가 먼저 일어나도록 연성설계를 한다.
③ 콘크리트 압축측 연단의 변형률(ε_c)이 극한변형률에 도달할 때 최외단 인장철근의 순인장 변형률(ε_t)은 최소 허용인장변형률($\varepsilon_{t,\min}$) 이상이라야 한다.
④ 인장지배단면에 대한 강도감소계수는 0.85이다.
⑤ 공칭강도에 강도감소계수를 곱하여 설계한다.

정답 ②

9급 2014년 지방직

25 휨부재 설계에 대한 설명으로 옳지 않은 것은?(단, 2021년 콘크리트구조 설계기준을 적용한다.)

① 휨부재의 최소 허용변형률은 철근의 항복강도가 400MPa 이하인 경우 0.002로 하고, 철근의 항복강도가 400MPa을 초과하는 경우 철근 항복변형률의 1.5배로 한다.

② 압축연단 콘크리트가 가정된 극한변형률에 도달할 때 최외단 인장철근의 순인장변형률 ε_t가 0.005의 인장지배변형률 한계 이상인 단면을 인장지배단면이라고 한다.

③ 휨부재 설계 시 보의 횡지지 간격은 압축 플랜지 또는 압축면의 최소 폭의 50배를 초과하지 않도록 하여야 한다.

④ 휨부재의 강도를 증가시키기 위하여 추가 인장철근과 이에 대응하는 압축철근을 사용할 수 있다.

해설

최소 허용 인장 변형률($\varepsilon_{t,\min}$)의 값
$f_y \leq 400\text{MPa}$인 경우, $\varepsilon_{t,\min} = 0.004$
$f_y > 400\text{MPa}$인 경우, $\varepsilon_{t,\min} = 2.0\varepsilon_y$

정답 ①

9급 2014년 국가직

26 콘크리트의 설계기준압축강도가 $f_{ck} \leq 40\text{MPa}$인 다음 그림과 같은 철근콘크리트 휨부재 단철근 직사각형보에 대한 내용으로 옳지 않은 것은?(단, c_b : 균형보의 중립축거리, ρ_b : 균형철근비, $\rho_{\max}$: 최대철근비, $\varepsilon_{t\min}$: 최소 허용변형률, ε_y : 철근의 항복변형률, M_n : 공칭휨강도, f_{ck} : 콘크리트의 설계기준압축강도(MPa), f_y : 철근의 설계기준항복강도(MPa), E_s : 철근의 탄성계수($= 2.0 \times 10^5\text{MPa}$), 「콘크리트구조 설계기준(2021)」)

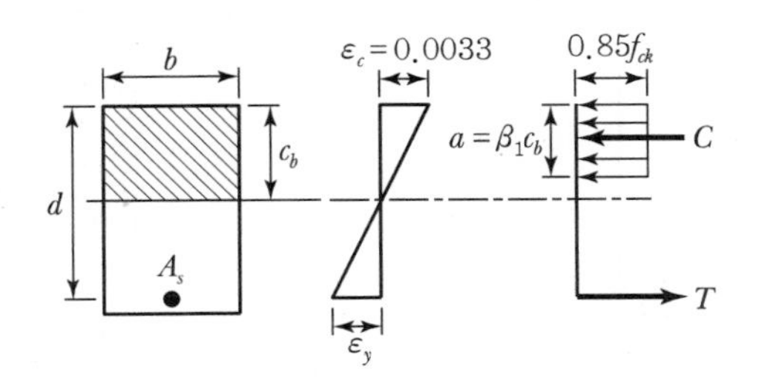

① $c_b = \dfrac{660}{660 + f_y} d$

② $\rho_b = 0.68 \dfrac{f_{ck}}{f_y} \dfrac{660}{660 + f_y}$

③ $f_y > 400\text{MPa}$인 철근에 대해서는 $\varepsilon_{t\min} = 0.004$이고, $f_y \leq 400\text{MPa}$인 철근에 대해서는 $\varepsilon_{t\min} = 2\varepsilon_y$이다.

④ $\varepsilon_{t\min} = 0.004$일 경우, $\rho_{\max} = \dfrac{660 + f_y}{1{,}460} \rho_b$

해설

$\varepsilon_{t,\min}$의 값

$f_y \leq 400\text{MPa}$인 경우, $\varepsilon_{t,\min} = 0.004$

$f_y > 400\text{MPa}$인 경우, $\varepsilon_{t,\min} = 2.0\varepsilon_y$

정답 ③

9급 2019년 지방직

27 그림과 같은 단철근 직사각형 콘크리트 보에 사용 가능한 최대 인장철근비 $\rho_{\max}$는?(단, 콘크리트의 설계기준 압축강도 f_{ck} = 35MPa, 인장철근의 설계기준 항복강도 f_y = 255MPa, 콘크리트구조 설계기준(2021)을 적용한다.)

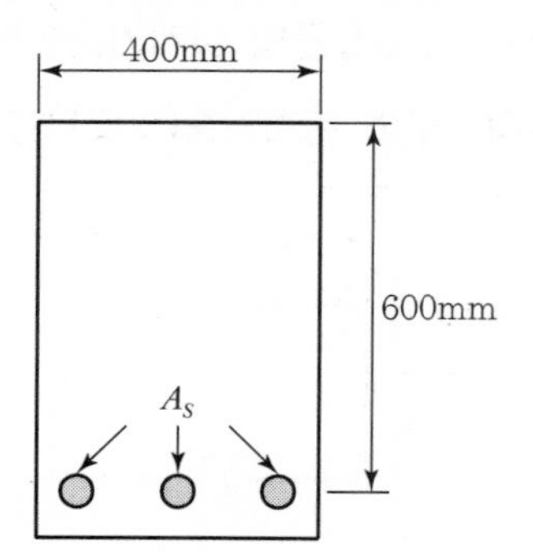

① 0.0138
② 0.0207
③ 0.0316
④ 0.0422

해설

$\varepsilon_{t,\min} = 0.004(f_y = 255\text{MPa} \le 400\text{MPa}$인 경우)

$f_{ck} = 35\text{MPa} \le 40\text{MPa}$인 경우

$$\rho_{\max} = 0.68\frac{f_{ck}}{f_y}\frac{0.0033}{0.0033+\varepsilon_{t,\min}} = 0.68\times\frac{35}{255}\times\frac{0.0033}{0.0033+0.004} = 0.0422$$

정답 ④

9급 2019년 국가직

28 단철근 직사각형보의 최대철근비 $\rho_{\max}$ =0.02일 때, 연성파괴가 되기 위한 최대 철근량[mm^2]은?(단, b = 300mm, d = 600mm, 최소철근비 $\rho_{\min}$ = 0.003이고, 2012년도 콘크리트구조기준을 적용한다.)

① 360
② 540
③ 3,600
④ 5,400

$$A_{s,\max} = \rho_{\max}bd = 0.02\times300\times600 = 3{,}600\text{mm}^2$$

9급 2013년 지방직

29 다음 그림과 같은 단철근 직사각형보가 최대철근비를 만족하는 철근량 $A_{s,max}$ [mm²]는? (단, 콘크리트 설계기준강도 $f_{ck}=21\text{MPa}$, 철근의 항복강도 $f_y=300\text{MPa}$이다.)

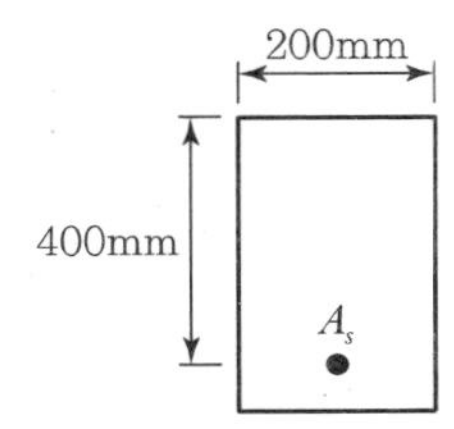

① 1,517
② 1,721
③ 2,023
④ 2,601

해설

1. 최소 허용인장변형률($\varepsilon_{t,\min}$)

$\varepsilon_{t,\min}=0.004$($f_y=300\text{MPa}\le 400\text{MPa}$인 경우)

2. $\rho_{\max}$ 값

$f_{ck}=21\text{MPa}\le 40\text{MPa}$인 경우

$$\rho_{\max}=0.68\frac{f_{ck}}{f_y}\frac{0.0033}{0.0033+\varepsilon_{t,\min}}$$
$$=0.68\times\frac{21}{300}\times\frac{0.0033}{0.0033+0.004}$$
$$=0.021518$$

3. $A_{s,\max}$ 값

$$A_{s,\max}=\rho_{\max}bd$$
$$=0.021518\times 200\times 400$$
$$=1{,}721.44\text{mm}^2$$

정답 ②

9급 2010년 국가직

30 그림과 같은 단철근 직사각형보를 대상으로 할 때, 콘크리트구조설계기준에서 허용한 최대 철근량($A_{s,\max}$)을 계산하는 식은?(단, $f_{ck}=30\text{MPa}$, $f_y=300\text{MPa}$, 보는 프리스트레스를 가하지 않은 휨부재임)

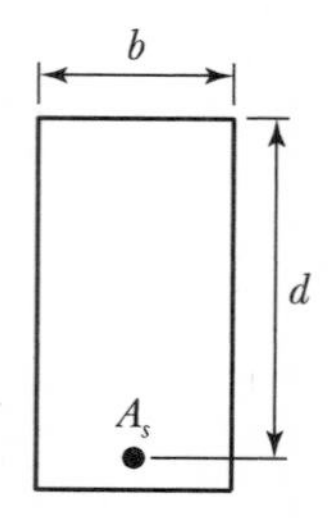

① $A_{s,\max}=0.85\times0.68\dfrac{f_{ck}}{f_y}\dfrac{660}{660+f_y}bd$

② $A_{s,\max}=0.625\times0.68\dfrac{f_{ck}}{f_y}\dfrac{660}{660+f_y}bd$

③ $A_{s,\max}=0.658\times0.68\dfrac{f_{ck}}{f_y}\dfrac{660}{660+f_y}bd$

④ $A_{s,\max}=0.75\times0.68\dfrac{f_{ck}}{f_y}\dfrac{660}{660+f_y}bd$

해설

1. $\varepsilon_{t,\min}$ 값

$\varepsilon_{t,\min}=0.004$

($f_y=300\text{MPa}\le400\text{MPa}$인 경우)

2. ε_y의 값

$$\varepsilon_y=\frac{f_y}{E_s}=\frac{300}{2\times10^5}=0.0015$$

3. $A_{s,\max}$ 값

$f_{ck}=30\text{MPa}\le40\text{MPa}$인 경우

$$A_{s,\max}=\rho_{\max}bd$$
$$=\left(\frac{0.0033+\varepsilon_y}{0.0033+\varepsilon_{t,\min}}\rho_b\right)bd$$
$$=\frac{0.0033+0.0015}{0.0033+0.004}\left(0.68\frac{f_{ck}}{f_y}\frac{660}{660+f_y}\right)bd$$
$$=0.658\times0.68\frac{f_{ck}}{f_y}\frac{660}{660+f_y}bd$$

정답 ③

9급 2012년 국가직

31 「콘크리트구조 설계기준(2021)」에서 다음 조건을 만족하는 휨부재의 최소 철근량에 관한 규정을 제시하고 있는 이유로 타당한 것은?

$$\phi M_n \geq 1.2 M_{cr}$$

① 콘크리트의 취성파괴 방지
② 인장철근량의 감소를 통한 경제성의 확보
③ 철근의 연성파괴 방지
④ 인장철근의 균등한 배치에 따른 균형단면의 형성

해설

최소철근량($A_{s,\min}$)

1) 최소철근량 규정을 두는 이유
인장철근을 너무 적게 배근하면 인장균열의 발생과 동시에 콘크리트가 갑작스럽게 파괴되는 취성파괴가 일어나게 된다. 이러한 파괴를 피하고 연성파괴를 확보하기 위해선 인장철근량이 최소 철근량($A_{s,\min}$) 이상이라야 한다.

2) 최소 철근량에 대한 규정
해석에 의하여 인장철근 보강이 요구되는 휨부재의 모든 단면에 대하여 설계휨강도가 다음 조건을 만족하도록 인장철근을 배치하여야 한다.
$\phi M_n \geq 1.2 M_{cr}$

정답 ①

9급 2015년 서울시

32 휨부재의 최소 철근량에 관한 사항 중 옳지 않은 것은?

① 최소 철근량은 $\phi M_n \geq 1.2M_{cr}$의 조건을 만족하도록 배치하여야 한다.

② 두께가 균일한 구조용 슬래브와 기초판의 최소 인장철근의 단면적은 수축 · 온도 철근량으로 한다.

③ 부재의 모든 단면에서 해석에 의해 필요한 철근량보다 1/3 이상 인장철근이 더 배치되어 $\phi M_n \geq \frac{4}{3}M_u$의 조건을 만족하는 경우에는 최소 철근량 규정을 적용하지 않을 수 있다.

④ 철근의 항복과 콘크리트의 극한변형률 도달이 동시에 발생하도록 하기위해 최소 철근량을 규정한다.

해설

인장철근을 너무 적게 배치하면 인장균열의 발생과 동시에 콘크리트가 갑작스럽게 파괴되는 취성파괴가 일어나게 된다. 이러한 취성파괴를 피하고 연성파괴를 유도하기 위하여 휨부재의 최소 철근량을 규정한다.

정답 ④

9급 2017년 지방직(1차)

33 정모멘트를 받는 보의 최소 인장 철근량에 대한 설명으로 옳지 않은 것은?(단, f_{ck}는 콘크리트의 설계기준압축강도, f_y는 철근의 설계기준항복강도, b_w는 복부의 폭, d는 단면의 유효깊이이며, 「콘크리트구조 설계기준(2021)」을 적용한다.)

① 부재의 모든 단면에서 해석에 의해 필요한 철근량보다 1/3 이상 인장철근이 더 배치되어 $\phi M_n \geq \frac{4}{3}M_u$의 조건을 만족하는 경우는 최소철근량 규정을 적용하지 않을 수 있다.

② 부재의 최소철근량은 $\phi M_n \geq 1.2M_{cr}$의 조건을 만족하도록 배치하여야 한다.

③ 인장 측 균열의 발생과 동시에 갑작스럽게 파괴되는 것을 방지하기 위해서 최소철근량을 규정한다.

④ 철근의 항복과 콘크리트의 극한변형률 도달이 동시에 발생하도록 하기 위해 최소철근량을 규정한다.

해설

인장철근을 너무 적게 배치하면 인장 균열의 발생과 동시에 콘크리트가 갑작스럽게 파괴되는 취성파괴가 일어나게 된다. 이러한 취성파괴를 피하고 연성파괴를 유도하기 위하여 휨부재에서 최소철근량을 규정한다.

정답 ④

9급 2009년 지방직

34 휨부재의 최소 철근량 규정에 대한 설명 중 옳지 않은 것은?

① 균열 모멘트가 보의 강도를 초과할 경우 적절한 양의 철근이 배근되어 있지 않다면 균열발생과 동시에 보에는 예상치 못한 급격한 파괴가 발생할 수 있으므로 이를 방지하기 위한 규정이다.

② 철근의 최대 간격은 슬래브 또는 기초판 두께의 4배와 500mm 중 큰 값을 초과하지 않도록 하여야 한다.

③ 휨부재의 최소 철근량은 $\phi M_n \ge 1.2M_{cr}$의 조건을 만족하도록 배치하여야 한다.

④ 부재의 모든 단면에서 해석에 의해 필요한 철근량보다 1/3 이상 인장철근이 더 배치되어 $\phi M_n \ge \frac{4}{3}M_u$의 조건을 만족하는 경우에는 최소 철근량 규정을 적용하지 않을 수 있다.

해설

슬래브에서 휨철근의 중심간격

1) 최대 휨모멘트가 일어나는 단면에서 휨철근의 중심간격
㉠ 슬래브 두께의 2배 이하
㉡ 300mm 이하

2) 그 밖의 단면에서 휨철근의 중심간격
㉠ 슬래브 두께의 3배 이하
㉡ 450mm 이하

정답 ②

9급 2010년 지방직

35 단철근 직사각형 보의 철근비에 대한 설명으로 옳지 않은 것은?

① 인장철근의 변형률이 항복변형률에 도달함과 동시에 콘크리트가 극한변형률에 도달할 때의 철근비를 균형철근비라고 한다.

② $f_{ck} \le 40\text{MPa}$인 경우 균형철근비 $\rho_b = 0.68\frac{f_{ck}}{f_y}\frac{660}{660+f_y}$이다.

③ 휨부재의 최소 허용변형률과 해당 철근비는 철근의 설계기준항복강도에 따라 변한다.

④ 단철근 직사각형 보의 최소 철근량 $A_{s,\min}$은 $\phi M_n \ge 1.3M_{cr}$의 조건을 만족하도록 배치하여야 한다.

해설

휨부재의 최소 철근량 $A_{s,\min}$은 $\phi M_n \ge 1.2M_{cr}$의 조건을 만족하도록 배치하여야 한다.

정답 ④

9급 2019년 지방직

36 「콘크리트구조 설계기준(2021)」에서 다음 조건을 만족하는 휨부재의 최소 철근량에 관한 규정을 제시하고 있는 이유는?

$$\phi M_n \geq 1.2 M_{cr}$$

① 콘크리트 강도와 철근의 강도를 조절하여 가능한 한 균형단면에 가깝게 하기 위함이다.

② 철근의 강도가 커지면 인장철근량을 줄여 연성파괴를 유도하기 위함이다.

③ 사용 콘크리트의 압축강도가 커짐에 따라 취성이 증가하므로 이를 합리적으로 반영하기 위함이다.

④ 인장철근량을 가능한 한 줄여 휨부재의 연성파괴를 유도하기 위함이다.

해설

휨부재의 최소 철근량($A_{s,\min}$)에 대한 규정은 사용 콘크리트의 압축강도가 커짐에 따라 취성이 증가하므로 이를 합리적으로 반영하기 위함이다.

정답 ③

9급 2013년 서울시

37 휨부재에서 최소 휨철근량을 규정하는 이유는?

① 부재의 급작스러운 취성파괴를 피하려고

② 부재의 균형파괴를 피하려고

③ 철근의 비용을 줄이려고

④ 철근의 항복에 의한 파괴가 발생하지 않게 하려고

⑤ 철근의 연성파괴를 피하려고

해설

휨부재에서 최소 철근량 규정을 두는 이유

인장철근을 너무 적게 배치하면 인장균열의 발생과 동시에 콘크리트가 갑작스럽게 파괴되는 취성파괴가 일어나게 된다. 이러한 취성파괴를 피하고 연성파괴를 유도하기 위하여 휨부재에서 최소 철근량 규정을 두는 것이다.

정답 ①

9급 2015년 국가직

38 **그림과 같은 단철근 직사각형 보를 강도설계법으로 검토했을 때, 발생될 수 있는 파괴형태에 대한 설명으로 옳은 것은?(단, 균형철근비 $\rho_b = 0.0321$, 최소철근비 $\rho_{min} = 0.0047$, 최대철근비 $\rho_{max} = 0.0206$이다.)**

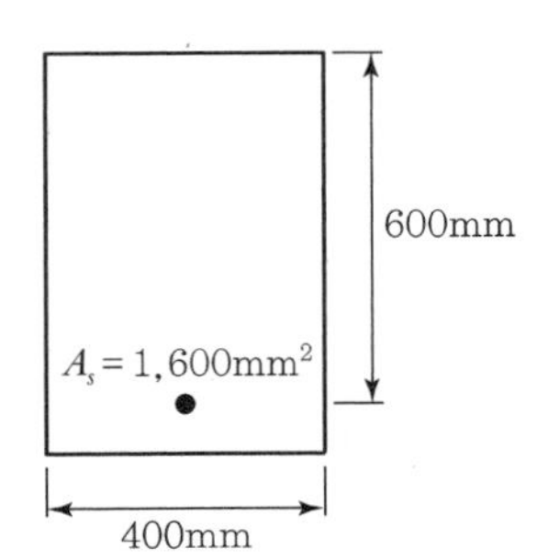

① 압축측 콘크리트와 인장측 철근이 동시에 항복한다.
② 무근콘크리트의 파괴와 유사한 거동을 나타낸다.
③ 부재는 연성파괴된다.
④ 압축측 콘크리트가 먼저 파괴된다.

해설

$$\rho = \frac{A_s}{bd} = \frac{1,600}{400 \times 600} = 0.0067$$

$\rho_{min}(=0.0047) < \rho(=0.0067) < \rho_{max}(=0.0206)$이므로 부재는 연성파괴된다.

정답 ③

9급 2011년 지방직

39 **단면의 폭 $b = 40\,\text{cm}$, 유효깊이 $d = 60\,\text{cm}$, 인장측 철근의 단면적 $A_s = 9\,\text{cm}^2$인 직사각형 보를 강도설계법으로 검토했을 때, 발생할 수 있는 파괴형태에 대한 설명으로 옳은 것은?(단, 균형철근비 $\rho_b = 0.0321$, 최소철근비 $\rho_{min} = 0.0047$, 최대철근비 $\rho_{max} = 0.0206$이다.)**

① 압축측 콘크리트와 인장측 철근이 동시에 항복한다.
② 부재는 연성파괴 형태로 파괴된다.
③ 압축측 콘크리트가 먼저 파괴된다.
④ 무근콘크리트의 파괴와 유사한 거동을 나타낼 수 있다.

해설

$$\rho = \frac{A_s}{bd} = \frac{9}{40 \times 60} = 0.00375$$

$\rho(=0.00375) < \rho_{min}(=0.0047)$이므로 무근콘크리트의 파괴와 유사한 거동을 나타낸다.

정답 ④

9급 2010년 서울시

40 **철근콘크리트 보의 폭이 200mm, 유효깊이가 400mm, 철근 단면적이 1,350mm²인 직사각형 단면보의 파괴형태는?(단, 강도설계법에 의하고 $f_{ck}=24\text{MPa}$, $f_y=400\text{MPa}$)**

① 균형파괴 ② 취성파괴
③ 연성파괴 ④ 찢어짐파괴
⑤ 전단파괴

해설

1. ε_{cu}, η, β_1의 값
   $f_{ck}=24\text{MPa} \le 40\text{MPa}$인 경우
   $\varepsilon_{cu}=0.0033$, $\eta=1$, $\beta_1=0.8$

2. 중립축 위치(c)
   $$c=\frac{f_yA_s}{\eta 0.85 f_{ck} b\beta_1}=\frac{400\times 1,350}{1\times 0.85\times 24\times 200\times 0.8}$$
   $$=165.44\text{mm}$$

3. 최외단 인장철근의 순인장 변형률(ε_t)
   $$\varepsilon_t=\frac{d_t-c}{c}\varepsilon_c=\frac{400-165.44}{165.44}\times 0.0033$$
   $$=0.00468$$

4. 최소 허용인장변형률($\varepsilon_{t,\min}$)
   $\varepsilon_{t,\min}=0.004$($f_y \le 400\text{MPa}$인 경우)

5. 파괴유형 판별
   $\varepsilon_t(=0.00468) > \varepsilon_{t,\min}(=0.004)$이므로 철근콘크리트 보는 연성파괴된다.

정답 ③

9급 2012년 서울시

41 **철근콘크리트 보의 폭이 300mm, 유효깊이가 600mm, 철근단면적이 5,000mm²인 직사각형 단면보의 파괴형태는?(단, $f_{ck}=24\text{MPa}$, $f_y=400\text{MPa}$이고 강도설계법에 의한다.)**

① 균형파괴　　② 연성파괴
③ 취성파괴　　④ 전단파괴
⑤ 알 수 없다.

해설

1. ε_{cu}, η, β_1의 값
   $f_{ck}=24\text{MPa}\le 40\text{MPa}$인 경우
   $\varepsilon_{cu}=0.0033$, $\eta=1$, $\beta_1=0.8$

2. 중립축 위치(c)
   $$c=\frac{f_yA_s}{\eta 0.85 f_{ck} b \beta_1}=\frac{400\times 5{,}000}{1\times 0.85\times 24\times 300\times 0.8}$$
   $=408.5\text{mm}$

3. 최외단 인장철근의 순인장 변형률(ε_t)
   $$\varepsilon_t=\frac{d_t-c}{c}\varepsilon_c=\frac{600-408.5}{408.5}\times 0.0033$$
   $=0.00155$

4. 최소 허용인장변형률($\varepsilon_{t,\min}$)
   $\varepsilon_{t,\min}=0.004$($f_y\le 400\text{MPa}$인 경우)

5. 파괴유형 판별
   $\varepsilon_t(=0.00155)<\varepsilon_{t,\min}(=0.004)$이므로 철근콘크리트 보는 취성파괴된다.

정답 ③

9급 2015년 지방직

42 유효깊이 $d = 480\text{mm}$, 압축연단에서 중립축까지의 거리 $c = 160\text{mm}$인 단철근 철근콘크리트 직사각형보의 휨파괴 시 인장철근 변형률은?(단, 인장철근은 1단 배근되어 있고, 파괴 시 압축연단 콘크리트의 변형률은 0.0033이다.)

① 0.0033
② 0.0044
③ 0.0055
④ 0.0066

해설

$$\varepsilon_t = \frac{d_t - c}{c}\varepsilon_c = \frac{480-160}{160} \times 0.0033 = 0.0066$$

정답 ④

9급 2020년 국가직

43 그림과 같은 단철근 철근콘크리트 직사각형 보에서 인장철근의 응력 f_s[MPa]는?(단, 철근의 설계기준항복강도 $f_y = 400\text{MPa}$, 철근의 탄성계수 $E_s = 200,000\text{MPa}$, ε_{cu} 는 콘크리트 압축연단의 극한변형률, ε_s 는 인장철근의 변형률이며, KDS 14 20 20을 따른다)

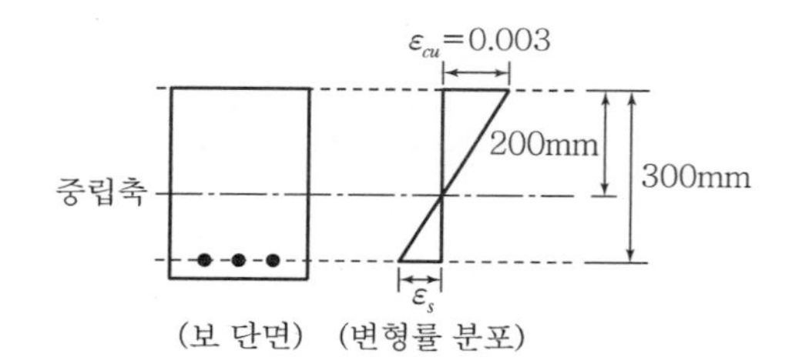

① 300
② 350
③ 400
④ 450

해설

$$\varepsilon_y = \frac{f_y}{E_s} = \frac{400}{2 \times 10^5} = 0.002$$

$$\varepsilon_s = \frac{\varepsilon_{cu}}{c}(d-c) = \frac{0.003}{200}(300-200) = 0.0015$$

$$\varepsilon_y(=0.002) > \varepsilon_s(=0.0015) \rightarrow f_y > f_s$$

$$f_s = E_s\varepsilon_s = (2\times 10^5)\times(0.0015) = 300\text{MPa}$$

정답 ①

9급 2016년 지방직

44 단철근 직사각형 보에서 1단으로 배치된 인장철근의 유효깊이 $d = 500$mm, 등가직사각형 응력블록의 깊이 $a = 170$mm일 때, 철근의 순인장변형률(ε_t)은?(단, 콘크리트의 설계기준 압축강도 $f_{ck} = 24$MPa이며, 「콘크리트구조 설계기준(2021)」을 적용한다.)

① 0.003472 ② 0.004107
③ 0.004465 ④ 0.005278

해설

$f_{ck} = 24\text{MPa} \leq 40\text{MPa}$인 경우, $\varepsilon_{cu} = 0.0033$, $\beta_1 = 0.8$

$$\varepsilon_t = \frac{d_t\beta_1 - a}{a}\varepsilon_{cu} = \frac{500 \times 0.8 - 170}{170} \times 0.0033 = 0.004465$$

정답 ③

9급 2018년 서울시(2차)

45 <보기>의 단면을 가진 철근콘크리트 보가 정모멘트 작용 시 휨 극한상태에서 순인장변형률 $\varepsilon_t = 0.006$이 발생한다고 할 때 콘크리트 압축력 계산을 위한 등가직사각형 응력 깊이 a는?(단, $f_{ck} = 24$MPa이다.)

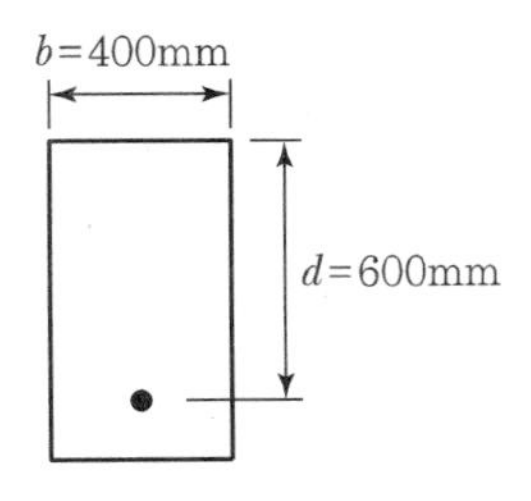

① 150mm
② 170mm
③ 200mm
④ 235mm

해설

$f_{ck} = 24\text{MPa} \leq 40\text{MPa}$인 경우

$\varepsilon_{cu} = 0.0033$, $\beta_1 = 0.8$

$$\varepsilon_t = \frac{d_t\beta_1 - a}{a}\varepsilon_{cu}$$

$$a = \frac{d_t\beta_1\varepsilon_{cu}}{\varepsilon_t + \varepsilon_{cu}} = \frac{600 \times 0.8 \times 0.0033}{0.006 + 0.0033} = 170.3\text{mm}$$

정답 ②

9급 2017년 지방직(2차)

46 철근콘크리트 보의 설계에 대한 설명으로 옳지 않은 것은?(단, 「콘크리트구조 설계기준(2021)」을 적용한다.)

① 보는 부재의 축에 수직한 힘을 주로 받는 구조물로, 일반적인 보는 휨에 지배되므로 휨설계는 전단설계보다 선행한다.

② 인장철근이 설계기준항복강도 f_y에 대응하는 변형률에 도달하고 동시에 콘크리트의 압축연단변형률이 극한변형률에 도달할 때, 그 단면은 균형변형률 상태에 있다고 한다.

③ 콘크리트의 압축연단변형률이 극한변형률에 도달할 때, 최외단 인장철근의 순인장변형률이 압축지배변형률한계 이상인 단면을 압축지배 단면이라고 한다.

④ 압축지배변형률 한계는 균형변형률 상태에서의 인장철근의 순인장변형률과 같다.

해설

콘크리트의 압축연단변형률이 극한변형률에 도달할 때, 최외단 인장철근의 순인장변형률이 압축지배변형률한계 이하인 단면을 압축지배 단면이라고 한다.

정답 ③

9급 2020년 지방직

47 휨모멘트와 축력을 받는 철근콘크리트 부재의 설계를 위한 일반 가정으로 옳지 않은 것은?(단, 콘크리트구조 휨 및 압축 설계기준(KDS 14 20 20)을 따른다)

① 인장철근이 설계기준항복강도 f_y에 대응하는 변형률에 도달하고 동시에 압축연단 콘크리트가 가정된 극한변형률에 도달할 때, 그 단면이 균형변형률 상태에 있다고 본다.

② 압축연단 콘크리트가 가정된 극한변형률에 도달할 때 최외단 인장철근의 순인장변형률 ε_t가 압축지배변형률 한계 이하인 단면을 압축지배단면이라고 한다.

③ 휨부재의 강도를 증가시키기 위하여 추가 인장철근과 이에 대응하는 압축철근을 사용할 수 있다.

④ 압축연단 콘크리트가 가정된 극한변형률에 도달할 때 최외단 인장철근의 순인장변형률 ε_t가 0.003인 단면은 인장지배단면으로 분류된다.

해설

인장지배 단면

1. 인장지배단면의 정의
   콘크리트 압축 측 연단의 변형률(ε_c)이 극한변형률에 도달할 때 최외단 인장철근의 순인장 변형률(ε_t)이 인장지배 한계변형률($\varepsilon_{t,l}$) 이상인 단면을 인장지배단면이라 한다.

2. 인장지배 한계변형률($\varepsilon_{t,l}$)의 값
   1) $f_y \le 400\text{MPa}$인 철근의 경우, $\varepsilon_{t,l} = 0.005$
   2) $f_y > 400\text{MPa}$인 철근의 경우, $\varepsilon_{t,l} = 2.5\varepsilon_y$

정답 ④

9급 2009년 국가직

48 **SD400 철근을 사용한 단철근 직사각형보에서 인장지배단면에 대한 설명으로 옳은 것은?**

① 압축콘크리트가 극한변형률에 도달할 때 최외단 인장철근의 순인장변형률이 0.005 이상인 단면

② 압축콘크리트가 극한변형률에 도달할 때 최외단 인장철근의 순인장변형률이 0.004 이상인 단면

③ 압축콘크리트가 극한변형률에 도달할 때 최외단 인장철근의 순인장변형률이 0.005 이하인 단면

④ 압축콘크리트가 극한변형률에 도달할 때 최외단 인장철근의 순인장변형률이 0.004 이하인 단면

해설

인장지배 단면

1. 인장지배단면의 정의
콘크리트 압축측 연단의 변형률(ε_c)이 극한 변형률에 도달할 때 최외단 인장철근의 순인장 변형률(ε_t)이 인장지배 한계변형률($\varepsilon_{t,l}$) 이상인 단면을 인장지배단면이라 한다.

2. 인장지배 한계변형률($\varepsilon_{t,l}$)의 값
1) $f_y \leq 400\text{MPa}$인 철근의 경우, $\varepsilon_{t,l} = 0.005$
2) $f_y > 400\text{MPa}$인 철근의 경우, $\varepsilon_{t,l} = 2.5\varepsilon_y$

정답 ①

9급 2009년 서울시

49 **철근의 설계항복강도가 400MPa을 초과하지 않는 일반적인 부재 단면에서 압축콘크리트가 가정된 극한변형률에 도달할 때 최외단 인장철근의 순인장변형률 ε_t (인장지배변형률)가 얼마 이상인 단면을 인장지배단면이라 하는가?**

① 0.003
② 0.004
③ 0.005
④ 0.006
⑤ 0.007

해설

48번 해설 참고

정답 ③

9급 2017년 지방직(2차)

50 철근의 설계기준항복강도가 400MPa 이하일 때, 인장지배 단면의 순인장변형률은 얼마 이상이어야 하는가?(단, 「콘크리트구조 설계기준(2021)」을 적용한다.)

① 0.002 ② 0.003
③ 0.004 ④ 0.005

해설

인장지배 한계 변형률($\varepsilon_{t,l}$)

1) $f_y \leq 400\text{MPa}$인 경우, $\varepsilon_{t,l} = 0.005$

2) $f_y > 400\text{MPa}$인 경우, $\varepsilon_{t,l} = 2.5\varepsilon_y$

정답 ④

9급 2016년 서울시

51 「콘크리트구조 설계기준(2021)」에서 규정된 인장지배단면에 대하여 c/d_t의 최댓값은?(단, 압축연단에서 중립축까지의 거리는 c, 최외단 인장철근의 깊이는 d_t, $f_y = 400\text{MPa}$, $f_{ck} \leq 40\text{MPa}$이다.)

① 0.3254 ② 0.3419
③ 0.3762 ④ 0.3976

해설

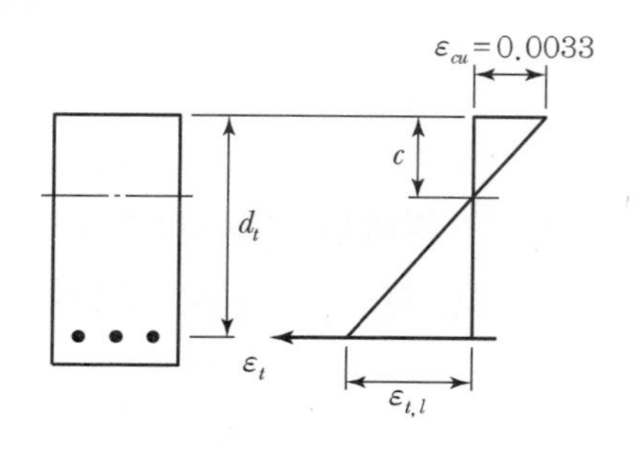

- $f_{ck} \leq 40\text{MPa}$인 경우 $\varepsilon_{cu} = 0.0033$
- $f_y = 400\text{MPa}$인 경우 $\varepsilon_{t,l} = 0.005$
- $\varepsilon_t = \varepsilon_{t,l}$일 경우 $\dfrac{c}{d_t}$ 값이 최대가 된다.
- 변형률 분포로부터 비례식을 고려하면

$$\frac{c}{d_t} = \frac{\varepsilon_{cu}}{\varepsilon_{t,l} + \varepsilon_{cu}} = \frac{0.0033}{0.005 + 0.0033} = \frac{33}{83} = 0.3976$$

정답 ④

9급 2017년 국가직

52 압축연단에서 중립축까지의 거리 $c = 120\text{mm}$인 단철근 직사각형 보의 단면이 인장지배 단면이 되기 위한 인장철근의 최소 유효깊이 d[mm]는?(단, 인장철근은 1단 배근되어 있고, 철근의 탄성계수 $E_s = 200{,}000\text{MPa}$, $f_y = 500\text{MPa}$, $f_{ck} \leq 40\text{MPa}$이며, 「콘크리트구조 설계기준(2021)」을 적용한다.)

① 200 ② 256
③ 300 ④ 347

해설

1. $\varepsilon_{cu}(f_{ck} \leq 40\text{MPa}$인 경우)

$$\varepsilon_{cu} = 0.0033$$

2. $\varepsilon_{t,l}(f_y > 400\text{MPa}$인 경우)

$$\varepsilon_{t,l} = 2.5\varepsilon_y = 2.5 \times \frac{f_y}{E_s} = 2.5 \times \frac{500}{2 \times 10^5} = 0.00625$$

3. 인장지배 단면이 되기 위한 인장철근의 최소 유효 깊이

$$\varepsilon_t = \frac{d_t - c}{c}\varepsilon_{cu} \geq \varepsilon_{t,l}$$

$$d_t \geq c + \frac{\varepsilon_{t,l} \cdot c}{\varepsilon_{cu}} = 120 + \frac{0.00625 \times 120}{0.0033} = 347.3\text{mm}$$

정답 ④

9급 2019년 서울시

53 단철근 직사각형보의 압축연단 콘크리트가 가정된 극한변형률인 0.0033에 도달할 때 최외단 인장철근의 순인장변형률 ε_t가 인장지배한계변형률 한계 이상인 단면을 유지할 수 있는 최대철근비 ρ_t는 균형철근비 ρ_b의 몇 배인가?(단, $f_y = 600\text{MPa}$, $f_{ck} = 25\text{MPa}$이고, 「콘크리트구조 설계기준(2021)」을 적용한다.)

① $\frac{53}{108}$ ② $\frac{63}{108}$ ③ $\frac{53}{83}$ ④ $\frac{63}{83}$

해설

- $f_y = 600\text{MPa} > 400\text{MPa}$인 경우 ε_y, $\varepsilon_{t,l}$ 값

$$\varepsilon_y = \frac{f_y}{E_s} = \frac{600}{2 \times 10^5} = 0.003$$

$$\varepsilon_{t,l} = 2.5\varepsilon_y = 2.5 \times 0.003 = 0.0075$$

- $\rho_t = \frac{0.0033 + \varepsilon_y}{0.0033 + \varepsilon_{t,l}}\rho_b = \frac{0.0033 + 0.003}{0.0033 + 0.0075}\rho_b = \frac{63}{108}\rho_b$

정답 ②

9급 2018년 서울시(2차)

54 휨설계 일반 원칙에 대한 설명으로 가장 옳지 않은 것은?

① 균형 변형률 상태는 인장 철근이 설계기준 항복 강도 f_y에 대응하는 변형률에 도달하고 동시에 압축 콘크리트가 가정된 극한 변형률에 도달할 때이다.

② 압축 지배 변형률 한계는 균형 변형률 상태에서 인장철근의 순인장 변형률과 같다.

③ 휨부재의 최소 허용 변형률은 $f_y \leq 400\text{MPa}$인 경우에 0.004이고, $f_y > 400\text{MPa}$인 경우에는 철근 항복 변형률의 2배이다.

④ 철근의 항복 강도가 400MPa을 초과하는 경우에는 인장지배 변형률 한계를 철근 항복 변형률의 2배로 한다.

해설

인장지배 한계 변형률($\varepsilon_{t,l}$)의 값

1) $f_y \leq 400\text{MPa}$인 경우, $\varepsilon_{t,l} = 0.005$

2) $f_y > 400\text{MPa}$인 경우, $\varepsilon_{t,l} = 2.5\varepsilon_y$

정답 ④

9급 2015년 서울시

55 철근콘크리트 보에서 철근의 항복강도 f_y = 600MPa인 경우 압축지배변형률과 인장지배변형률의 한계 및 최소허용인장변형률은 각각 얼마인가?

① 압축지배변형률 : 0.002, 인장지배변형률 : 0.005, 최소허용인장변형률 : 0.004

② 압축지배변형률 : 0.002, 인장지배변형률 : 0.0075, 최소허용인장변형률 : 0.006

③ 압축지배변형률 : 0.003, 인장지배변형률 : 0.005, 최소허용인장변형률 : 0.004

④ 압축지배변형률 : 0.003, 인장지배변형률 : 0.0075, 최소허용인장변형률 : 0.006

해설

$f_y = 600\text{MPa}$인 경우($f_y = 600\text{MPa} > 400\text{MPa}$인 경우)

$\varepsilon_{c,l}$(압축지배변형률의 한계)$= \varepsilon_y = \dfrac{f_y}{E_s} = \dfrac{600}{2\times 10^5} = 0.003$

$\varepsilon_{t,l}$(인장지배변형률의 한계)$= 2.5\varepsilon_y = 2.5\times 0.003 = 0.0075$

$\varepsilon_{t,\min}$(최소허용인장변형률)의 값$= 2.0\varepsilon_y = 2.0\times 0.003 = 0.006$

정답 ④

9급 2011년 국가직

56 **철근의 설계기준 항복강도와 지배단면 변형률 한계 사이의 관계가 옳지 않은 것은?**

① 철근의 항복강도가 300MPa일 때, 압축지배 변형률 한계는 0.0015이고, 인장지배 변형률 한계는 0.005이다.

② 철근의 항복강도가 350MPa일 때, 압축지배 변형률 한계는 0.00175이고, 인장지배 변형률 한계는 0.005이다.

③ 철근의 항복강도가 400MPa일 때, 압축지배 변형률 한계는 0.002이고, 인장지배 변형률 한계는 0.005이다.

④ 철근의 항복강도가 500MPa일 때, 압축지배 변형률 한계는 0.0025이고, 인장지배 변형률 한계는 0.005이다.

해설

1. 압축지배 한계변형률($\varepsilon_{t,c}$)

$$\varepsilon_{c,l} = \varepsilon_y = \frac{f_y}{E_s} = \frac{f_y}{2\times 10^5}$$

2. 인장지배 한계변형률($\varepsilon_{t,l}$)

1) $f_y \le 400$MPa인 경우, $\varepsilon_{t,l} = 0.005$

2) $f_y > 400$MPa인 경우, $\varepsilon_{t,l} = 2.5\varepsilon_y = \dfrac{2.5f_y}{2\times 10^5}$

따라서, $f_y = 500$MPa인 경우($f_y = 500\text{MPa} > 400$MPa인 경우)

$$\varepsilon_{c,l} = \frac{f_y}{2\times 10^5} = \frac{500}{2\times 10^5} = 0.0025$$

$$\varepsilon_{t,l} = \frac{2.5f_y}{2\times 10^5} = \frac{2.5\times 500}{2\times 10^5} = 0.00625$$

정답 ④

9급 2015년 국가직

57 **철근콘크리트 단면에서 인장철근의 순인장변형률(ε_t)이 0.003일 경우 강도감소계수(ϕ)는?(단, f_y = 400MPa, 나선철근 부재이고, 「콘크리트구조 설계기준(2021)」을 적용한다.)**

① 0.70 ② 0.75
③ 0.80 ④ 0.85

해설

1) $f_y = 400$MPa인 경우 $\varepsilon_{t,l}$, ε_y

$\varepsilon_{t,l} = 0.005$

$\varepsilon_y = \dfrac{f_y}{E_s} = \dfrac{400}{2 \times 10^5} = 0.002$

2) 단면 구분

$\varepsilon_y (= 0.002) < \varepsilon_t (= 0.003) < \varepsilon_{t,l} (= 0.005)$

– 변화구간 단면

3) ϕ 결정

$\phi_c = 0.7$(나선철근으로 보강된 경우)

$\phi = 0.85 - \dfrac{\varepsilon_{t,l} - \varepsilon_t}{\varepsilon_{t,l} - \varepsilon_y}(0.85 - \phi_c)$

$= 0.85 - \dfrac{0.005 - 0.003}{0.005 - 0.002}(0.85 - 0.7) = 0.75$

정답 ②

9급 2013년 서울시

58 **나선철근으로 보강된 보의 단면이 인장지배단면일 때 강도감소계수 $\phi = 0.85$이고, 압축지배단면일 때 강도감소계수 $\phi = 0.7$이다. 만약 철근의 순인장변형률이 최소허용인장변형률인 경우 강도감소계수 ϕ는?**

① 0.65 ② 0.75
③ 0.78 ④ 0.80
⑤ 0.85

해설

본 문제의 경우 철근의 항복강도(f_y)가 주어지지 않아서 정답을 결정할 수 없다.
만약 본 문제에서 철근의 항복강도(f_y)를 400MPa이라고 가정하여 풀면 다음과 같다.

1) $f_y \leq 400$MPa인 경우 ε_t, $\varepsilon_{t,l}$, ε_y

$\varepsilon_t = \varepsilon_{t,\min} = 0.004$

$\varepsilon_{t,l} = 0.005$

$\varepsilon_y = \dfrac{f_y}{E_s} = \dfrac{400}{(2 \times 10^5)} = 0.002$

2) 단면 구분

$\varepsilon_y (= 0.002) < \varepsilon_t (= 0.004) < \varepsilon_{t,l} (= 0.005)$

– 변화구간 단면

3) ϕ 결정

$\phi = 0.85 - \dfrac{\varepsilon_{t,l} - \varepsilon_t}{\varepsilon_{t,l} - \varepsilon_y}(0.85 - \phi_c)$

$= 0.85 - \dfrac{0.005 - 0.004}{0.005 - 0.002}(0.85 - 0.7) = 0.80$

정답 정답 없음

9급 2019년 서울시

59 휨을 받는 띠철근으로 보강된 직사각형 단면에서 $\frac{(d-c)}{c}=\frac{0.0035}{0.0033}$ 일 때, 강도감소계수의 값은?(단, 인장철근은 1열로 배치되어 있으며, d는 유효깊이, c는 중립축 깊이, 철근 항복강도 $f_y=400\text{MPa}$이고, $f_{ck}\le 40\text{MPa}$이며, 「콘크리트구조 설계기준(2021)」을 적용한다.)

① 0.65 ② 0.70

③ 0.75 ④ 0.85

해설

1. $f_{ck}\le 40\text{MPa}$인 경우 ε_{cu}값

$\varepsilon_{cu}=0.0033$

2. $f_y\le 400\text{MPa}$인 경우 ε_t, $\varepsilon_{t,l}$, ε_y 값

$$\varepsilon_t=\frac{d-c}{c}\varepsilon_{cu}=\frac{0.0035}{0.0033}\times 0.0033=0.0035$$

$$\varepsilon_{t,l}=0.005$$

$$\varepsilon_y=\frac{f_y}{E_s}=\frac{400}{2\times 10^5}=0.002$$

3. 단면 구분

$\varepsilon_y(=0.002)<\varepsilon_t(=0.0035)<\varepsilon_{t,l}(=0.005)$ – 변화구간 단면

4. ϕ값

$\phi_c=0.65$(나선철근으로 보강되지 않은 경우)

$$\phi=0.85-\frac{\varepsilon_{t,l}-\varepsilon_t}{\varepsilon_{t,l}-\varepsilon_y}(0.85-\phi_c)=0.85-\frac{0.005-0.0035}{0.005-0.002}(0.85-0.65)=0.75$$

정답 ③

9급 2011년 지방직

60 단철근 직사각형 보(축력이 없는 띠철근 휨부재)에서 콘크리트의 설계기준강도 $f_{ck}=28\text{MPa}$, 철근의 항복강도 $f_y=400\text{MPa}$, 인장측 철근의 단면적 $A_s=850\text{mm}^2$, 등가직사각형의 응력 깊이 $a=85\text{mm}$, 유효깊이 $d=200\text{mm}$이다. 「콘크리트구조 설계기준(2021)」에 의거하여 설계휨강도를 계산할 때, 강도감소계수 ϕ는?

① 0.71
② 0.75
③ 0.78
④ 0.85

해설

1) ε_t 결정

$f_{ck}=28\text{MPa}\le 40\text{MPa}$인 경우, $\varepsilon_{cu}=0.0033$, $\beta_1=0.8$

$$\varepsilon_t=\frac{d_t\beta_1-a}{a}\varepsilon_{cu}=\frac{200\times0.8-85}{85}\times0.0033$$
$$=0.0029$$

2) $f_y=400\text{MPa}$인 경우 $\varepsilon_{t,l}$, ε_y

$\varepsilon_{t,l}=0.005$

$$\varepsilon_y=\frac{f_y}{E_s}=\frac{400}{2\times10^5}=0.002$$

3) 단면 구분

$\varepsilon_y(=0.002)<\varepsilon_t(=0.0029)<\varepsilon_{t,l}(=0.005)$ – 변화구간 단면

4) ϕ 결정

$\phi_c=0.65$(나선철근으로 보강되지 않은 경우)

$$\phi=0.85-\frac{\varepsilon_{t,l}-\varepsilon_t}{\varepsilon_{t,l}-\varepsilon_y}(0.85-\phi_c)$$
$$=0.85-\frac{0.005-0.0029}{0.005-0.002}(0.85-0.65)$$
$$=0.71$$

정답 ①

9급 2017년 국가직

61 단면의 폭 $b = 300\text{mm}$, 유효깊이 $d = 500\text{mm}$인 단철근 직사각형 보가 등가 직사각형의 응력깊이 $a = 170\text{mm}$, $f_{ck} = 28\text{MPa}$, $f_y = 400\text{MPa}$인 경우 강도감소계수는?(단, 압축지배 단면에서 강도감소계수는 0.65로 계산하며, 소수 넷째 자리에서 반올림하고, 「콘크리트구조 설계기준(2021)」을 적용한다.)

① 0.814 ② 0.833

③ 0.842 ④ 0.850

해설

1) ε_t 결정

$f_{ck} = 28\text{MPa} \le 40\text{MPa}$인 경우, $\varepsilon_{cu} = 0.0033$, $\beta_1 = 0.8$

$$\varepsilon_t = \frac{d_t\beta_1 - a}{a}\varepsilon_{cu} = \frac{500 \times 0.8 - 170}{170} \times 0.0033 = 0.004465$$

2) $\varepsilon_{t,l}$, ε_y($f_y \le 400\text{MPa}$인 경우)

$\varepsilon_{t,l} = 0.005$

$$\varepsilon_y = \frac{f_y}{E_s} = \frac{400}{2 \times 10^5} = 0.002$$

3) 단면 구분

$\varepsilon_y(=0.002) < \varepsilon_t(=0.004465) < \varepsilon_{t,l}(=0.005)$ − 변화구간 단면

4) ϕ 결정

$\phi_c = 0.65$

$$\phi = 0.85 - \frac{\varepsilon_{t,l} - \varepsilon_t}{\varepsilon_{t,l} - \varepsilon_y}(0.85 - \phi_c) = 0.85 - \frac{0.005 - 0.004465}{0.005 - 0.002}(0.85 - 0.65) = 0.814$$

정답 ①

9급 2013년 지방직

62 다음 그림과 같은 단철근 직사각형보에서 인장철근의 단면적이 $A_s = 2{,}890\text{mm}^2$일 때, 휨설계를 위한 강도감소계수 ϕ는?(단, 콘크리트 설계기준강도 $f_{ck} = 20\text{MPa}$, 철근의 항복강도 $f_y = 300\text{MPa}$, 철근의 탄성계수 $E_s = 200{,}000\text{MPa}$이다.)

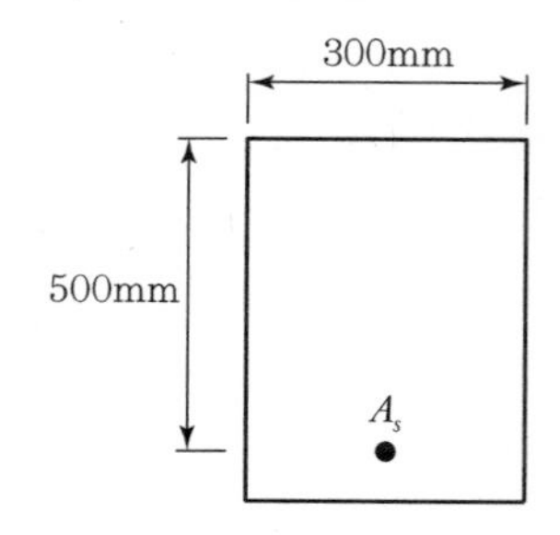

① 0.783
② 0.819
③ 0.845
④ 0.850

해설

1) ε_t 결정

$f_{ck} = 20\text{MPa} \le 40\text{MPa}$인 경우, $\varepsilon_{cu} = 0.0033$, $\eta = 1$, $\beta_1 = 0.8$

$$a = \frac{f_y A_s}{\eta 0.85 f_{ck} b} = \frac{300 \times 2{,}890}{1 \times 0.85 \times 20 \times 300} = 170\text{mm}$$

$$\varepsilon_t = \frac{d_t \beta_1 - a}{a} \varepsilon_{cu} = \frac{500 \times 0.8 - 170}{170} \times 0.0033 = 0.004465$$

2) $f_y \le 400\text{MPa}$인 경우 $\varepsilon_{t,l}$, ε_y

$\varepsilon_{t,l} = 0.005$

$$\varepsilon_y = \frac{f_y}{E_s} = \frac{300}{(2 \times 10^5)} = 0.0015$$

3) 단면 구분

$\varepsilon_y(=0.0015) < \varepsilon_t(=0.004465) < \varepsilon_{t,l}(=0.005)$ – 변화구간 단면

4) ϕ 결정

$\phi_c = 0.65$(나선철근으로 보강되지 않은 경우)

$$\phi = 0.85 - \frac{\varepsilon_{t,l} - \varepsilon_t}{\varepsilon_{t,l} - \varepsilon_y}(0.85 - \phi_c)$$

$$= 0.85 - \frac{0.005 - 0.004465}{0.005 - 0.0015}(0.85 - 0.65)$$

$$= 0.8194$$

정답 ❷

9급 2016년 서울시

63 다음 그림과 같은 단철근 직사각형 철근콘크리트보(축력이 없는 띠철근 휨부재)에 대한 설계 휨강도 M_d를 계산할 때, 강도감소계수 ϕ의 값은?(단, $f_{ck}=27\text{MPa}$, $f_y=400\text{MPa}$, 「콘크리트구조 설계기준(2021)」을 적용한다.)

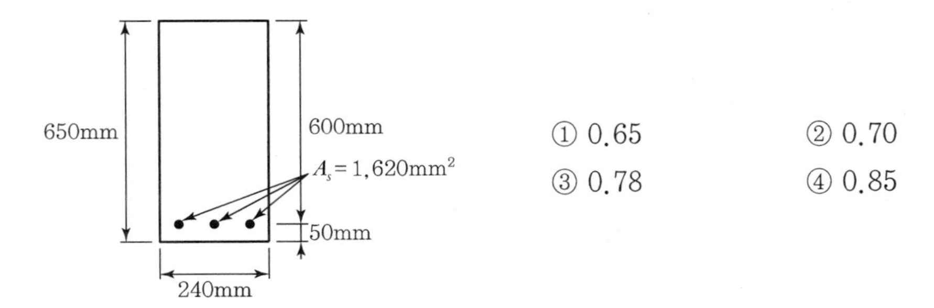

① 0.65　② 0.70　③ 0.78　④ 0.85

해설

1) ε_t 결정

$f_{ck}=27\text{MPa} \le 40\text{MPa}$인 경우, $\varepsilon_{cu}=0.0033$, $\eta=1$, $\beta_1=0.8$

$$a=\frac{f_y A_s}{\eta 0.85 f_{ck} b}=\frac{400\times 1,620}{1\times 0.85\times 27\times 240}=117.65\,\text{mm}$$

$$\varepsilon_t=\frac{d_t\beta_1-a}{a}\varepsilon_{cu}=\frac{600\times 0.8-117.65}{117.65}\times 0.0033=0.01$$

2) $f_y=400\,\text{MPa}$인 경우 $\varepsilon_{t,\ell}$, ε_y

$\varepsilon_{t,\ell}=0.005$

$$\varepsilon_y=\frac{f_y}{E_s}=\frac{400}{2\times 10^5}=0.002$$

3) 단면 구분

$\varepsilon_{t,\ell}(=0.005)<\varepsilon_t(=0.010)$ − 인장지배단면

4) ϕ 결정

$\phi=0.85$

정답 ④

9급 2018년 지방직

64 그림과 같이 D22인 5개의 인장철근이 배치되어 있을 때, 단면의 유효깊이[mm]는?

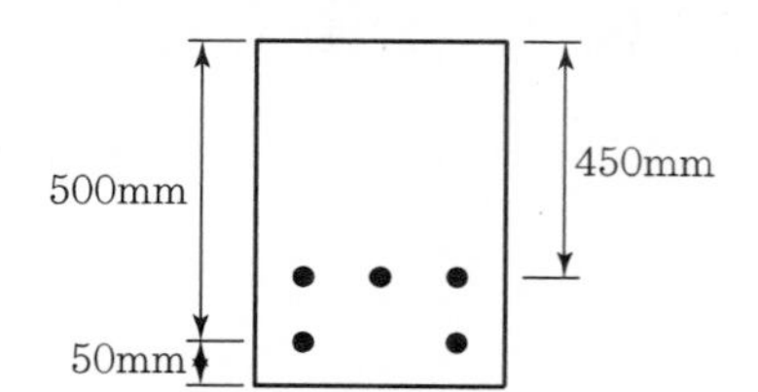

① 460
② 470
③ 480
④ 490

해설

$$d=\frac{1}{A_s}\left(d_1\times\frac{3}{5}A_s+d_2\times\frac{2}{5}A_s\right)=\frac{1}{5}(450\times3+500\times2)=470\text{mm}$$

정답 ②

9급 2008년 국가직

65 강도설계법에 따라 단철근 직사각형 단면의 공칭모멘트 강도를 구할 때 압축콘크리트의 등가 직사각형 응력블럭의 깊이[mm]는?(단, 콘크리트 단면이 폭 300mm, 유효깊이 450mm, 철근량 2,550mm^{2}이고 콘크리트의 설계기준강도는 30MPa, 철근의 항복강도는 300MPa 이다.)

① 70
② 85
③ 100
④ 125

해설

$f_{ck}=30\text{MPa}\le40\text{MPa}$인 경우, $\eta=1$

$C=T$

$\eta0.85f_{ck}ab=f_yA_s$

$$a=\frac{f_yA_s}{\eta0.85f_{ck}b}=\frac{300\times2{,}550}{1\times0.85\times30\times300}=100\text{mm}$$

정답 ③

9급 2012년 서울시

66 단철근 직사각형 보에서 폭 30cm, 유효깊이 50cm, 인장철근의 단면적 $16\,\text{cm}^2$, $f_{ck} = 20$ MPa, $f_y = 300$MPa일 때 강도설계법에 의한 직사각형 압축응력 분포도의 깊이는?

① 9.4cm
② 5cm
③ 20cm
④ 40cm
⑤ 8cm

해설

$f_{ck} = 20\text{MPa} \le 40\text{MPa}$인 경우, $\eta = 1$

$C = T$

$\eta 0.85 f_{ck} ab = f_y A_s$

$$a = \frac{f_y A_s}{\eta 0.85 f_{ck} b} = \frac{300 \times 16}{1 \times 0.85 \times 20 \times 30} = 9.4\text{cm}$$

정답 ①

9급 2020년 지방직

67 그림과 같이 1방향 슬래브 단면에 주철근으로 D13 철근을 200mm 간격으로 보강하여 휨설계를 하고자 할 때, 등가직사각형 응력블록의 깊이 a[mm]는?(단, D13 철근 하나의 공칭단면적은 126mm²로 하고, 유효깊이 $d = 170$mm, $f_{ck} = 21$MPa, $f_y = 340$MPa이며, 콘크리트구조 휨 및 압축 설계기준(KDS 14 20 20)을 따른다)

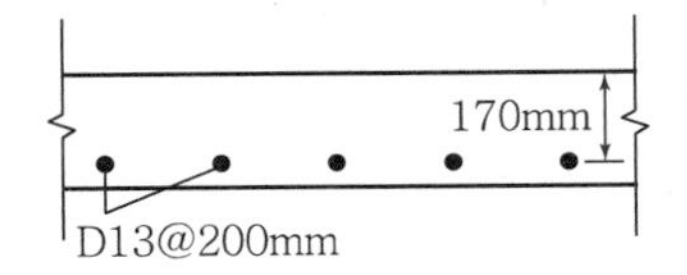

① 9.0
② 10.5
③ 12.0
④ 12.6

해설

1방향 슬래브의 휨설계는 단변을 경간으로 간주하고, 장변은 단위폭을 취하여 폭이 1m인 직사각형 단면보로 설계한다.

1. 단위폭당 철근량(A_s)

$$n = \frac{1\text{m}}{s} = \frac{1,000}{200} = 5$$

$$A_s = nA_b = 5 \times 126 = 630\text{mm}^2$$

2. 등가사각형 응력블록의 깊이(a)

$\eta = 1\,(f_{ck} = 21\text{MPa} \le 40\text{MPa}$인 경우$)$

$$a = \frac{f_y A_s}{\eta 0.85 f_{ck} b} = \frac{340 \times 630}{1 \times 0.85 \times 21 \times 1,000} = 12\text{mm}$$

정답 ③

9급 2016년 국가직

68 폭 $b = 200\text{mm}$, 유효깊이 $d = 400\text{mm}$, 인장철근 단면적 $A_s = 850\text{mm}^2$인 단철근 직사각형 보가 극한 상태에 도달했을 때, 압축연단에서 중립축까지의 거리 c[mm]는?(단, 철근의 설계기준항복강도 $f_y = 300\text{MPa}$, 콘크리트의 설계기준압축강도 $f_{ck} = 30\text{MPa}$이고, 「콘크리트구조 설계기준(2021)」을 적용한다.)

① $\dfrac{50}{0.85}$ ② $\dfrac{50}{0.80}$

③ $\dfrac{59}{0.85}$ ④ $\dfrac{59}{0.80}$

해설

1. $f_{ck} = 30\text{MPa} \le 40\text{MPa}$인 경우
   $\eta = 1$, $\beta_1 = 0.80$

2. c(중립축의 위치)
   $$c = \frac{f_y A_s}{\eta 0.85 f_{ck} b \beta_1} = \frac{300 \times 850}{1 \times 0.85 \times 30 \times 200 \times 0.80} = \frac{50}{0.80}\text{mm}$$

정답 ②

9급 2018년 서울시(2차)

69 〈보기〉와 같이 직사각형 단면보가 3개의 D29 인장철근으로 보강되어 있을 때 단면 중립축의 깊이는 압축연단으로부터 약 얼마인가?(단, 콘크리트의 설계기준압축강도(f_{ck})는 28MPa이며 철근의 설계기준항복강도(f_y)는 400MPa이다.)

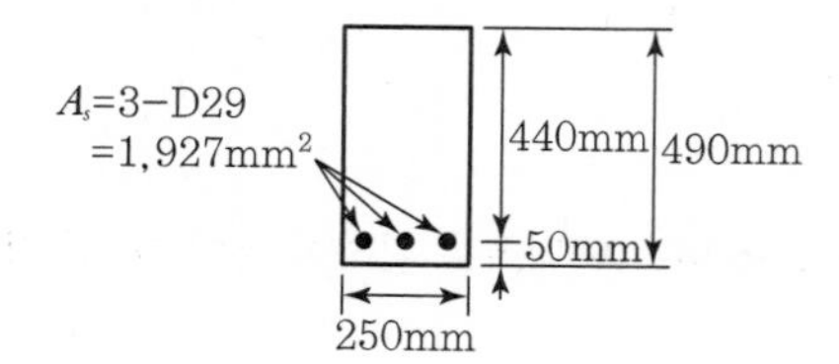

① 161.9mm
② 167.9mm
③ 173.9mm
④ 179.9mm

해설

1. $f_{ck} = 28\text{MPa} \le 40\text{MPa}$인 경우
   $\eta = 1$, $\beta_1 = 0.8$

2. 중립축의 위치(c)
   $$c = \frac{f_y A_s}{\eta 0.85 f_{ck} b \beta_1} = \frac{400 \times 1{,}927}{1 \times 0.85 \times 28 \times 250 \times 0.8} = 161.9\text{mm}$$

정답 ①

9급 2017년 지방직(2차)

70 철근 한 가닥의 단면적이 $\frac{1,700}{5}\,\text{mm}^2$인 인장철근이 5가닥 배치된 단철근 직사각형보에서 단면의 공칭휨강도 M_n을 계산할 때 적용하는 팔길이 z[mm]는?(단, $f_{ck}=20\text{MPa}$, $f_y=400\text{MPa}$이며 「콘크리트구조 설계기준(2021)」을 적용한다.)

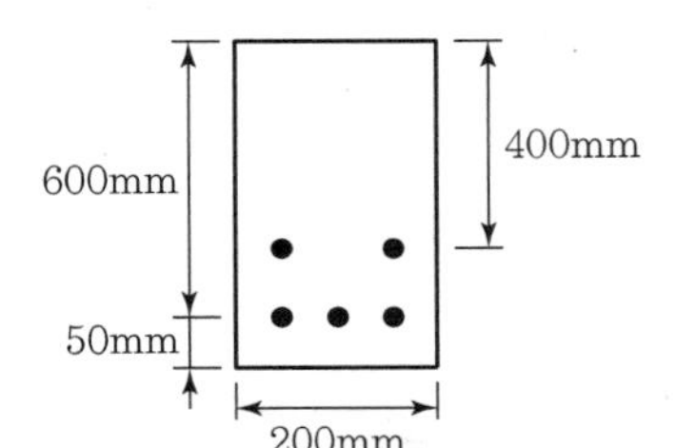

① 420
② 440
③ 460
④ 480

해설

$$d=\frac{1}{A_s}\left(d_1\times\frac{2}{5}A_s+d_2\times\frac{3}{5}A_s\right)=\frac{1}{5}(400\times2+600\times3)=520\text{mm}$$

$f_{ck}=20\text{MPa}\le40\text{MPa}$인 경우, $\eta=1$

$$a=\frac{f_yA_s}{\eta0.85f_{ck}b}=\frac{400\times\left(5\times\frac{1,700}{5}\right)}{1\times0.85\times20\times200}=200\text{mm}$$

$$z=d-\frac{a}{2}=520-\frac{200}{2}=420\text{mm}$$

정답 ①

9급 2008년 국가직

71 다음 그림과 같은 단철근직사각형보에서 $f_{ck}=21\text{MPa}$, $f_y=300\text{MPa}$일 때 철근량 $A_s[\text{cm}^2]$는?

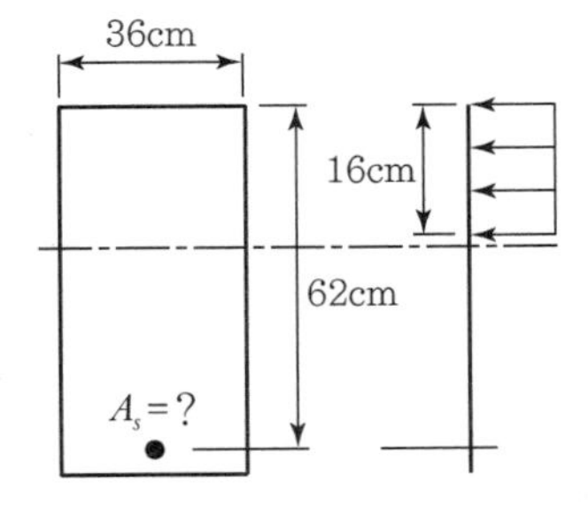

① 31.2
② 32.3
③ 33.1
④ 34.3

해설

$f_{ck}=21\text{MPa}\le40\text{MPa}$인 경우, $\eta=1$

$T=C$

$f_yA_s=\eta0.85f_{ck}ab$

$$A_s=\frac{\eta0.85f_{ck}ab}{f_y}=\frac{1\times0.85\times21\times16\times36}{300}=34.27\text{cm}^2$$

정답 ④

9급 2010년 지방직

72 단철근 직사각형보에서 단면폭 $b = 400\,\text{mm}$, 유효높이 $d = 600\,\text{mm}$일 때 철근량 $A_s\,[\text{mm}^2]$는?(단, $f_{ck} = 20\text{MPa}$, $f_y = 400\text{MPa}$ 등가직사각형 응력블록의 깊이 $a = 100\,\text{mm}$이며, 기타사항은 「콘크리트구조 설계기준(2021)」에 따른다.)

① 1,700　　② 1,800
③ 2,700　　④ 4,010

해설

$f_{ck} = 20\text{MPa} \leq 40\text{MPa}$인 경우, $\eta = 1$

$$A_s = \frac{\eta 0.85 f_{ck} ab}{f_y} = \frac{1 \times 0.85 \times 20 \times 100 \times 400}{400} = 1{,}700\text{mm}^2$$

정답 ①

9급 2017년 국가직

73 $b = 300\text{mm}$, $d = 600\text{mm}$인 단철근 직사각형 보의 등가직사각형 응력블록의 깊이 $a = 100\text{mm}$일 때, 철근량 $A_s\,[\text{mm}^2]$는?(단, $f_{ck} = 20\text{MPa}$, $f_y = 300\text{MPa}$이며, 「콘크리트구조 설계기준(2021)」을 적용한다.)

① 850　　② 1,550
③ 1,700　　④ 3,400

해설

$f_{ck} = 20\text{MPa} \leq 40\text{MPa}$인 경우, $\eta = 1$

$$A_s = \frac{\eta 0.85 f_{ck} ab}{f_y} = \frac{1 \times 0.85 \times 20 \times 100 \times 300}{300} = 1{,}700\text{mm}^2$$

정답 ③

9급 2009년 지방직

74 그림과 같은 임의 단면에서 중립축거리 c에 작용하는 압축응력을 등가직사각형응력분포로 환산하여 그 면적을 빗금친 부분으로 나타내었다면, 철근량 $A_s\,[\text{mm}^2]$는?(단, $f_{ck}=24\text{MPa}$, $f_y=400\text{MPa}$, 빗금 친 부분의 면적은 $40{,}000\text{mm}^2$이다.)

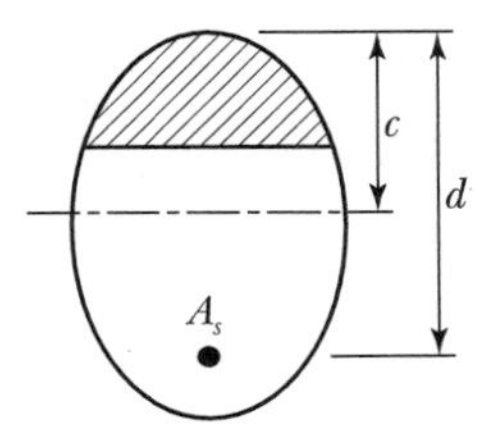

① 2,040
② 2,160
③ 2,380
④ 2,430

해설

$f_{ck}=24\text{MPa}\le 40\text{MPa}$인 경우, $\eta=1$

$$A_s=\frac{\eta 0.85 f_{ck}A_c}{f_y}=\frac{1\times0.85\times24\times40{,}000}{400}=2{,}040\text{mm}^2$$

정답 ①

9급 2007년 국가직

75 그림과 같은 직사각형보에서 $f_{ck}=30\text{MPa}$, $f_y=300\text{MPa}$, $a=150\text{mm}$일 때, 콘크리트가 부담하는 압축력[kN]은?

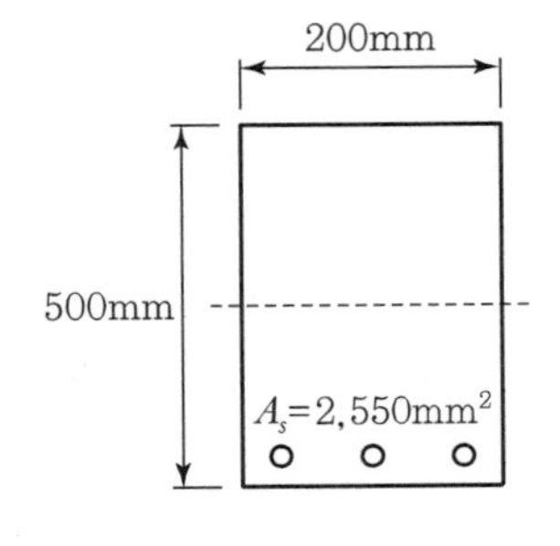

① 565
② 665
③ 765
④ 865

해설

$f_{ck}=30\text{MPa}\le 40\text{MPa}$인 경우, $\eta=1$

$C=\eta 0.85 f_{ck}ab=1\times0.85\times30\times150\times200=765\times10^3\text{N}=765\text{kN}$

[별해] $C=T=f_yA_s=300\times2{,}550=765\times10^3\text{N}=765\text{kN}$

정답 ③

9급 2018년 서울시(1차)

76 〈보기〉와 같은 응력도를 갖는 단철근 직사각형보에서 콘크리트 응력도의 응력 최대치는 $\eta 0.85f_{ck}$, $f_{ck}=20\text{MPa}$, $f_y=400\text{MPa}$일 때 공칭 휨강도는?

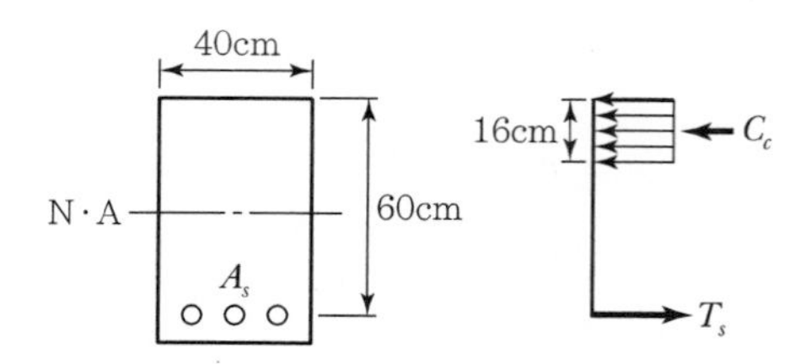

① 665kN · m
② 1.7kN · m
③ 565kN · m
④ 33kN · m

해설

$f_{ck}=20\text{MPa} \le 40\text{MPa}$인 경우, $\eta=1$

$$M_n=\eta 0.85 f_{ck} ab\left(d-\frac{a}{2}\right)$$

$$=1\times 0.85\times 20\times 160\times 400\times\left(600-\frac{160}{2}\right)$$

$$=565.76\times 10^6\text{N}\cdot\text{mm}=565.76\text{kN}\cdot\text{m}$$

정답 ③

9급 2007년 국가직

77 폭 $b=300\text{mm}$, 유효깊이 $d=550\text{mm}$, 인장철근 $A_s=2{,}040\text{mm}^2$인 단철근 직사각형단면의 공칭 휨모멘트강도[kN·m]는?(단, $f_{ck}=24\text{MPa}$, $f_y=300\text{MPa}$)

① 26
② 30.6
③ 260
④ 306

해설

1. 연성파괴 판별

1) $\varepsilon_{t,\min}$(최소 허용인장 변형률)

$\varepsilon_{t,\min}=0.004$($f_y=300\text{MPa}\le 400\text{MPa}$인 경우)

2) $\rho_{\max}$(인장철근비의 상한)

$f_{ck}=24\text{MPa}\le 40\text{MPa}$인 경우

$$\rho_{\max}=0.68\frac{f_{ck}}{f_y}\frac{0.0033}{0.0033+\varepsilon_{t,\min}}$$

$$=0.68\times\frac{24}{300}\times\frac{0.0033}{0.0033+0.004}=0.0246$$

3) ρ(인장철근비)

$$\rho=\frac{A_s}{bd}=\frac{2{,}040}{300\times 550}=0.0124$$

4) 연성파괴 판별

$\rho(=0.0124)<\rho_{\max}(=0.0246)$ – 연성파괴

2. 공칭 휨강도(M_n)

1) a(등가사각형 깊이)

$$a=\frac{f_y A_s}{\eta 0.85 f_{ck} b}=\frac{300\times 2{,}040}{1\times 0.85\times 24\times 300}=100\text{mm}$$

2) M_n(공칭 휨강도)

$$M_n=f_y A_s\left(d-\frac{a}{2}\right)$$

$$=300\times 2{,}040\times\left(550-\frac{100}{2}\right)$$

$$=306\times 10^6\text{N}\cdot\text{mm}=306\text{kN}\cdot\text{m}$$

정답 ④

9급 2011년 지방직

78 폭 $b = 40\,\mathrm{cm}$, 전체높이 $h = 60\,\mathrm{cm}$, 유효길이 $d = 55\,\mathrm{cm}$인 단철근 직사각형 단면의 공칭모멘트[kN·m]는?(단, 콘크리트의 설계기준강도 $f_{ck} = 30\mathrm{MPa}$, 철근의 항복강도 $f_y = 300\mathrm{MPa}$, 인장측 철근의 단면적 $A_s = 34\,\mathrm{cm}^2$, 철근비(ρ)는 $\rho_{\min} \le \rho \le \rho_{\max}$를 만족한다.)

① 510　　② 561

③ 610　　④ 661

해설

$f_{ck} = 30\mathrm{MPa} \le 40\mathrm{MPa}$인 경우, $\eta_1 = 1$

$$a = \frac{f_y A_s}{\eta 0.85 f_{ck} b} = \frac{300 \times 34}{1 \times 0.85 \times 30 \times 40} = 10\mathrm{cm}$$

$$M_n = f_y A_s \left(d - \frac{a}{2}\right)$$

$$= 300 \times 3{,}400 \times \left(550 - \frac{100}{2}\right) = 510 \times 10^6 \mathrm{N \cdot mm} = 510\mathrm{kN \cdot m}$$

정답 ①

9급 2015년 지방직

79 단철근 철근콘크리트 직사각형보의 폭 $b = 400\mathrm{mm}$, 유효깊이 $d = 450\mathrm{mm}$이며, 인장철근 단면적 $A_s = 1{,}700\mathrm{mm}^2$, 콘크리트 설계기준압축강도 $f_{ck} = 20\mathrm{MPa}$, 철근의 설계기준항복강도 $f_y = 400\mathrm{MPa}$일 때, 공칭휨강도 M_n[kN·m]은?(단, 인장철근은 1단 배근되어 있다.)

① 192　　② 232

③ 272　　④ 312

해설

$f_{ck} = 20\mathrm{MPa} \le 40\mathrm{MPa}$인 경우, $\eta = 1$

$$a = \frac{f_y A_s}{\eta 0.85 f_{ck} b} = \frac{400 \times 1{,}700}{1 \times 0.85 \times 20 \times 400} = 100\mathrm{mm}$$

$$M_n = f_y A_s \left(d - \frac{a}{2}\right)$$

$$= 400 \times 1{,}700 \left(450 - \frac{100}{2}\right) = 272 \times 10^6 \mathrm{N \cdot mm} = 272\mathrm{kN \cdot m}$$

정답 ③

9급 2020년 국가직

80 단철근 철근콘크리트 직사각형 보의 폭 b = 400mm, 유효깊이 d = 400mm, 콘크리트의 설계기준압축강도 f_{ck} = 24MPa, 철근의 설계기준항복강도 f_y = 400MPa, 인장철근 단면적 A_s = 2,040mm²일 때, 보의 공칭휨강도 M_n[kN · m]은?(단, KDS 14 20 20을 따른다)

① 240.6
② 264.2
③ 285.6
④ 359.4

해설

$\eta = 1(f_{ck} = 24\text{MPa} \le 40\text{MPa}$ 인 경우)

$$a = \frac{f_y A_s}{\eta 0.85 f_{ck} b} = \frac{400 \times 2{,}040}{1 \times 0.85 \times 24 \times 400} = 100\text{mm}$$

$$M_n = f_y A_s\left(d - \frac{a}{2}\right) = 400 \times 2{,}040\left(400 - \frac{100}{2}\right) = 285.6 \times 10^6\text{N} \cdot \text{mm} = 285.6\text{kN} \cdot \text{m}$$

정답 ③

9급 2020년 국가직

81 단철근 철근콘크리트 직사각형 보의 단면이 인장지배단면이고, 극한상태에서 단면에 발생하는 압축력이 1,190kN일 때, 보의 공칭휨강도 M_n[kN · m]은?(단, 보의 폭 b = 400mm, 유효깊이 d = 550mm, 콘크리트의 설계기준압축강도 f_{ck} = 35MPa이며, KDS 14 20 20을 따른다)

① 595
② 645
③ 695
④ 745

해설

1. 등가사각형 깊이(a)

$\eta = 1(f_{ck} = 35\text{MPa} \le 40\text{MPa}$ 인 경우)

$C = 0.85 f_{ck} ab$ .... ㉠

식 ㉠으로부터 a를 구하면 다음과 같다.

$$a = \frac{C}{\eta 0.85 f_{ck} b} = \frac{(1{,}190 \times 10^3)}{1 \times 0.85 \times 35 \times 400} = 100\text{mm}$$

2. 공칭휨강도(M_n)

$$M_n = C \cdot z = C\left(d - \frac{a}{2}\right)$$

$$= (1{,}190 \times 10^3)\left(550 - \frac{100}{2}\right) = 595 \times 10^6\text{N} \cdot \text{mm} = 595\text{kN} \cdot \text{m}$$

정답 ①

9급 2018년 서울시(2차)

82 단철근 직사각형 단면의 공칭휨강도(M_n)가 360kN · m인 경우 단면의 유효깊이(d)는 약 얼마인가?(단, $f_{ck}=24$MPa, $f_y=350$MPa, $b_w=280$mm, $A_s=2,160\text{mm}^2$)

① 383.4mm
② 436.4mm
③ 490.4mm
④ 542.4mm

해설

$f_{ck}=24\text{MPa} \le 40\text{MPa}$인 경우, $\eta=1$

$$a=\frac{f_yA_s}{\eta 0.85 f_{ck}b}=\frac{350\times 2,160}{1\times 0.85\times 24\times 280}=132.35\text{mm}$$

$$M_n=f_yA_s\left(d-\frac{a}{2}\right)$$

$$d=\frac{M_n}{f_yA_s}+\frac{a}{2}=\frac{360\times 10^6}{350\times 2,160}+\frac{132.35}{2}=542.4\text{mm}$$

정답 ④

9급 2012년 지방직

83 공칭휨강도 $M_n=85\text{kN}\cdot\text{m}$ 이상인 철근콘크리트 단철근 직사각형보를 강도설계법으로 설계하려고 한다. 콘크리트의 설계기준강도는 20MPa, 철근의 항복강도는 400MPa인 경우, 필요한 단면의 최소 폭[mm]은?(단, 철근량은 850mm^2, 유효깊이는 275mm이다.)

① 200
② 300
③ 400
④ 500

해설

1. 등가사각형 깊이(a)

$$M_n=f_yA_s\left(d-\frac{a}{2}\right) \quad \cdots\cdots ㉠$$

식 ㉠로부터 a를 구하면 다음과 같다.

$$a=2\left(d-\frac{M_n}{f_yA_s}\right)=2\left(275-\frac{85\times 10^6}{400\times 850}\right)=50\text{mm}$$

2. 단면의 폭(b)

$f_{ck}=20\text{MPa} \le 40\text{MPa}$인 경우, $\eta=1$

$$a=\frac{f_yA_s}{\eta 0.85 f_{ck}b} \quad \cdots\cdots ㉡$$

식 ㉡로부터 b를 구하면 다음과 같다.

$$b=\frac{f_yA_s}{\eta 0.85 f_{ck}a}=\frac{400\times 850}{1\times 0.85\times 20\times 50}=400\text{mm}$$

정답 ③

9급 2009년 지방직

84 단철근 직사각형 보에서 유도된 값 중 옳지 않은 것은?

a : 콘크리트 압축부 직사각형 등가응력 블록의 깊이 A_s : 인장철근의 단면적 f_y : 철근의 설계기준항복강도 f_{ck} : 콘크리트의 설계기준압축강도 b : 단면의 폭 ρ : 철근비 d : 단면의 유효깊이 M_n : 공칭모멘트

① $a = \dfrac{A_s f_y}{\eta 0.85 f_{ck} b}$

② $M_n = \rho f_y b d^2 \left(1 - 0.59 \dfrac{\rho}{\eta} \dfrac{f_y}{f_{ck}}\right)$

③ $M_n = \eta 0.85 f_{ck} a d \left(d - \dfrac{a}{2}\right)$

④ $M_n = A_s f_y \left(d - \dfrac{a}{2}\right)$

해설

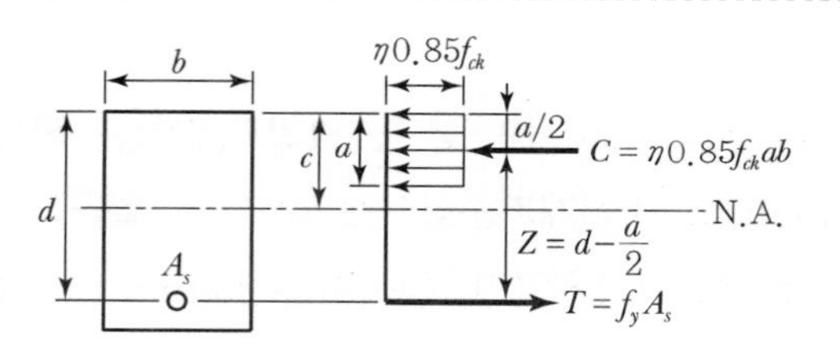

① $C = T$

$\eta 0.85 f_{ck} ab = f_y A_s$

$a = \dfrac{f_y A_s}{\eta 0.85 f_{ck} b}$

② $M_n = T \cdot Z = f_y A_s \left(d - \dfrac{a}{2}\right)$

$= f_y A_s \left\{d - \dfrac{1}{2}\left(\dfrac{f_y A_s}{\eta 0.85 f_{ck} b}\right)\right\}$

$= f_y(\rho bd)\left\{d - \dfrac{1}{2}\dfrac{f_y(\rho bd)}{\eta 0.85 f_{ck} b}\right\}$

$= \rho f_y bd^2 \left(1 - 0.59 \dfrac{\rho}{\eta}\dfrac{f_y}{f_{ck}}\right)$

③ $M_n = C \cdot Z = \eta 0.85 f_{ck} ab \left(d - \dfrac{a}{2}\right)$

④ $M_n = T \cdot Z = f_y A_s \left(d - \dfrac{a}{2}\right)$

정답 ③

9급 2013년 국가직

85 강도설계법에 따른 다음 단철근 직사각형보의 설계휨강도[kN·m]는?

- 인장지배단면으로 가정
- 인장철근의 단면적 $A_s = 1{,}000\text{mm}^2$
- 등가 직사각형 응력블럭의 깊이 $a = 100\text{mm}$
- 유효깊이 $d = 450\text{mm}$
- 철근의 설계기준항복강도 $f_y = 400\text{MPa}$

① 104 ② 136

③ 160 ④ 188

해설

$\phi = 0.85$(인장지배단면인 경우)

$$M_d = \phi M_n$$
$$= \phi f_y A_s\left(d - \frac{a}{2}\right)$$
$$= 0.85 \times 400 \times 1{,}000 \times \left(450 - \frac{100}{2}\right)$$
$$= 136 \times 10^6\text{N} \cdot \text{mm} = 136\text{kN} \cdot \text{m}$$

정답 ②

9급 2010년 지방직

86 단철근 직사각형 단면보의 폭 $b = 400\text{mm}$, 유효깊이 $d = 700\text{mm}$, 인장철근 단면적 $A_s = 4{,}080\text{mm}^2$, 콘크리트의 설계기준압축강도 $f_{ck} = 24\text{MPa}$, 철근의 설계기준항복강도 $f_y = 400\text{MPa}$일 때, 소수점 이하 첫째 자리에서 반올림한 설계휨강도의 크기[kN · m]는?(단, 단철근 직사각형 단면보는 인장지배단면이고, 등가직사각형 응력블록의 깊이 $a = 200\text{mm}$이며, 기타 사항은 「콘크리트구조 설계기준(2021)」에 따른다.)

① 734 ② 783

③ 832 ④ 979

해설

$\phi = 0.85$(인장지배단면인 경우)

$$M_d = \phi M_n$$
$$= \phi f_y A_s\left(d - \frac{a}{2}\right)$$
$$= 0.85 \times 400 \times 4{,}080 \times \left(700 - \frac{200}{2}\right)$$
$$= 832.3 \times 10^6\text{N} \cdot \text{mm} = 832\text{kN} \cdot \text{m}$$

정답 ③

9급 2012년 국가직

87 단철근 직사각형보가 폭 $b=400\text{mm}$, 유효깊이 $d=700\text{mm}$, 인장철근 단면적 $A_s=1{,}445\text{mm}^2$, 콘크리트 설계기준강도 $f_{ck}=20\text{MPa}$, 철근의 항복강도 $f_y=400\text{MPa}$일 때, 설계휨강도 $M_d[\text{kN}\cdot\text{m}]$는?

① 287　　② 323
③ 356　　④ 380

해설

1. ε_{cu}, η, β_1의 값

$f_{ck}=20\text{MPa} \le 40\text{MPa}$인 경우

$\varepsilon_{cu}=0.0033$, $\eta=1$, $\beta_1=0.8$

2. 공칭휨강도(M_n)

1) 등가사각형 깊이(a)

$$a=\frac{f_yA_s}{\eta 0.85 f_{ck} b}=\frac{400\times 1{,}445}{1\times 0.85\times 20\times 400}=85\text{mm}$$

2) 공칭휨강도(M_n)

$$M_n=f_yA_s\left(d-\frac{a}{2}\right)$$
$$=400\times 1{,}445\times\left(700-\frac{85}{2}\right)$$
$$=380\times 10^6\text{N}\cdot\text{mm}=380\text{kN}\cdot\text{m}$$

3. 설계휨강도(M_d)

1) 최외단 인장철근의 순인장변형률(ε_t)

$$\varepsilon_t=\frac{d_t\beta_1-a}{a}\varepsilon_{cu}=\frac{700\times 0.8-85}{85}\times 0.0033=0.01844$$

2) 단면 구분

$\varepsilon_{t,l}$(인장지배 한계 변형률)$=0.005$($f_y \le 400\text{MPa}$인 경우)

$\varepsilon_t(=0.01844)>\varepsilon_{t,l}(=0.005)$ − 인장지배 단면

3) 강도감소계수(ϕ)

$\phi=0.85$(인장지배단면인 경우)

4) 설계휨강도(M_d)

$M_d=\phi M_n=0.85\times 380=323\text{kN}\cdot\text{m}$

정답 ②

9급 2009년 지방직

88 **강도설계법에서 철근콘크리트 보의 설계휨강도(M_d)를 증가시키는 방법으로 옳은 것은?**

① 단면의 폭을 크게 한다.

② 콘크리트의 설계기준압축강도를 작게 한다.

③ 인장지배 단면보다는 압축지배 단면이 되도록 한다.

④ 단면의 유효깊이를 작게 한다.

해설

$$M_d = \phi M_n = \phi f_y \rho b d^2 \left(1 - 0.59 \frac{\rho}{\eta} \frac{f_y}{f_{ck}}\right)$$

① 단면의 폭을 증가시키면 보의 설계휨강도가 증가한다.
② 콘크리트의 설계기준 압축강도를 증가시키면 보의 설계휨강도가 증가한다.

③ 압축지배단면보다 인장지배단면에 대한 강도감소계수가 더 크므로 인장지배단면이 되도록 한다.

인장지배단면과 압축지배단면에 대한 강도감소계수
인장지배단면 : $\phi = 0.85$
압축지배단면 ┌ 나선철근으로 보강된 경우 : $\phi = 0.70$
　　　　　　 └ 그 외의 경우 : $\phi = 0.65$

④ 단면의 유효깊이를 증가시키면 보의 설계 휨강도가 증가한다.

정답 ①

9급 2019년 지방직

89 단철근 직사각형 콘크리트 보의 설계휨모멘트를 증가시키는 방법 중에서 가장 효과가 적은 것은?

① 인장철근량의 증가
② 인장철근 설계기준 항복강도의 상향
③ 단면 유효깊이의 증가
④ 콘크리트 설계기준 압축강도의 상향

해설

$$M_d = \phi M_n = \phi f_y A_s\left(d - \frac{a}{2}\right) = \underbrace{\phi f_y A_s}_{(\text{I})}\underbrace{\left(d - \frac{1}{2}\cdot\frac{f_y A_s}{\eta 0.85 f_{ck} b}\right)}_{(\text{II})}$$

M_d 증가 요인	(Ⅰ)항	(Ⅱ)항	M_d
① A_s 증가	증가	감소	증가
② f_y 증가	증가	감소	증가
③ d 증가	–	증가	증가
④ f_{ck} 증가	–	증가	증가

문제에 주어진 A_s, f_y, d, f_{ck}를 증가시키면 M_d는 전체적으로 모든 요인에 의하여 증가하게 되며 가장 효과가 적은 요인은 f_{ck}(콘크리트의 설계기준 강도)이다. 그러나 문제에 주어진 내용만으로 M_d를 증가시키는 요인 중에서 가장 효과가 적은 것을 선택하는 것은 쉽지 않을 것으로 판단된다.

정답 ④

9급 2015년 국가직

90 양단 고정단보 지간 중앙에 집중 활하중 P만 작용하고 있다. 콘크리트 구조기준(2012)을 적용한 단철근 보에 작용 가능한 최대 집중 활하중의 크기 P[kN]는?(단, 인장지배단면 가정, 고정하중 무시, 인장철근 단면적 $A_s = 1{,}000\text{mm}^2$, 철근의 설계기준항복강도 $f_y = 400\text{MPa}$, 유효깊이 $d = 450\text{mm}$, 등가 직사각형 응력블럭의 깊이 $a = 100\text{mm}$, 고정단보 지간길이 $L = 8.5\text{m}$, 강도감소계수 $\phi = 0.85$를 적용한다.)

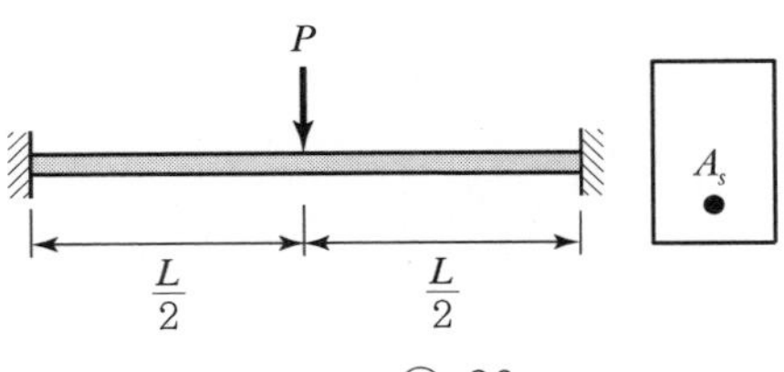

① 50 ② 80
③ 120 ④ 160

해설

$$M_d = \phi f_y A_s\left(d - \frac{a}{2}\right) = 0.85 \times 400 \times 1{,}000\left(450 - \frac{100}{2}\right) = 136 \times 10^6(\text{N}\cdot\text{mm})$$

$$M_u = \frac{P_u L}{8} = \frac{(1.6P)L}{8} = 0.2PL = 0.2 \times (8.5 \times 10^3)P = 1{,}700P(\text{mm})$$

$M_u \leq M_d$

$1{,}700P(\text{mm}) \leq 136 \times 10^6(\text{N}\cdot\text{mm})$

$P \leq 80{,}000\text{N} = 80\text{kN}$

정답 ②

9급 2013년 국가직

91 단순보에 등분포 활하중 w_n 만 작용하고 있다. 강도설계법에서 강도감소계수와 하중계수를 1.0으로 가정할 때, 보가 부담할 수 있는 최대 등분포 활하중의 크기는? (f_{ck} : 콘크리트의 설계기준압축강도, f_y : 철근의 설계기준항복강도, A_s : 인장철근의 단면적)

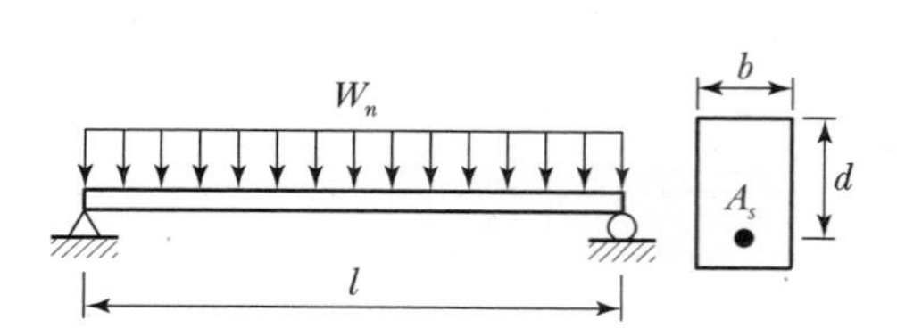

① $w_n = \dfrac{4A_s f_y}{l^2}\left(d - \dfrac{1}{2} \times \dfrac{A_s f_y}{\eta 0.85 f_{ck} b}\right)$

② $w_n = \dfrac{8A_s f_y}{l^2}\left(d - \dfrac{1}{2} \times \dfrac{1}{\eta 0.85 f_{ck} b}\right)$

③ $w_n = \dfrac{8A_s f_y}{l^2}\left(d - \dfrac{1}{2} \times \dfrac{A_s f_y}{\eta 0.85 f_{ck} b}\right)$

④ $w_n = \dfrac{4A_s f_y}{l^2}\left(d - \dfrac{1}{2} \times \dfrac{1}{\eta 0.85 f_{ck} b}\right)$

해설

1) M_u 결정

r(하중계수)$=1.0$

$w_u = r \cdot w_n = 1 \times w_n = w_n$

$M_u = \dfrac{w_u l^2}{8} = \dfrac{w_n l^2}{8}$

2) M_d 결정

ϕ(강도감소계수)$=1.0$

$M_d = \phi M_n = 1 \times M_n = M_n$

$= f_y A_s\left(d - \dfrac{a}{2}\right) = f_y A_s\left(d - \dfrac{1}{2} \times \dfrac{f_y A_s}{\eta 0.85 f_{ck} b}\right)$

3) w_n 결정

$M_u \le M_d$

$\dfrac{w_n l^2}{8} \le f_y A_s\left(d - \dfrac{1}{2} \times \dfrac{f_y A_s}{\eta 0.85 f_{ck} b}\right)$

$w_n \le \dfrac{8 f_y A_s}{l^2}\left(d - \dfrac{1}{2} \times \dfrac{f_y A_s}{\eta 0.85 f_{ck} b}\right)$

정답 ③

9급 2019년 서울시

92 그림과 같은 보에서 4개의 종방향 인장철근 중 2개를 절단할 수 있는 이론적인 절단점의 길이 x는?(단, 인장철근이 2개인 단면의 설계휨모멘트 ϕM_n = 100kN · m이다.)

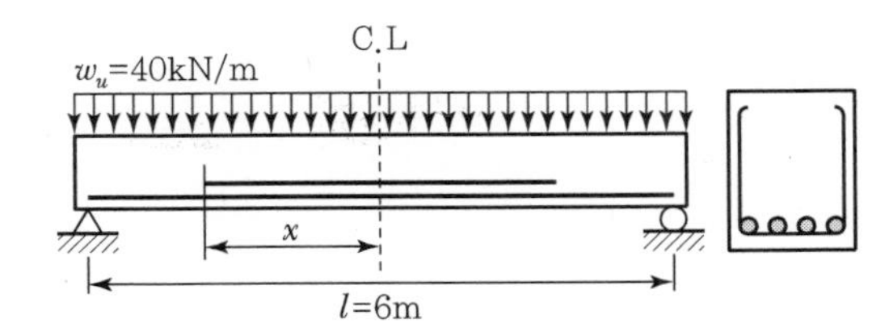

① 1,000mm
② 1,200mm
③ 1,600mm
④ 2,000mm

해설

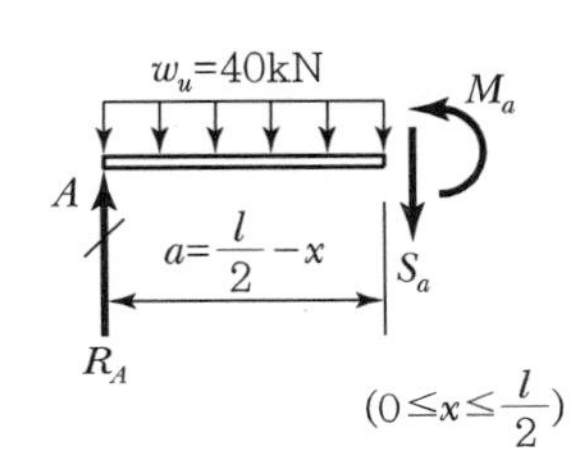

$0 \le x \le \frac{l}{2} = \frac{6}{2} = 3\text{m}$

$a = \frac{l}{2} - x = \frac{6}{2} - x = 3 - x \ (0 \le a \le 3\text{m})$

$R_A = \frac{w_u l}{2} = \frac{40 \times 6}{2} = 120\text{kN}$

$M_a = 120a - 20a^2$

$M_a(= 120a - 20a^2) = \phi M_n(= 100)$

$a^2 - 6a + 5 = 0 \rightarrow a = 1$ 또는 $a = 5$, $0 \le a \le 3\text{m}$이어야 하므로 $a = 1\text{m}$이다.

$x = 3 - a = 3 - 1 = 2\text{m} = 2{,}000\text{mm}$

정답 ④

9급 2019년 국가직

93 복철근 직사각형보에서 압축철근의 배치목적으로 옳지 않은 것은?(단, 보는 정모멘트(+)만을 받고 있다고 가정한다.)

① 전단철근 등 철근 조립 시 시공성 향상을 위하여
② 크리프 현상에 의한 처짐량을 감소시키기 위하여
③ 보의 연성거동을 감소시키기 위하여
④ 보의 압축에 대한 저항성을 증가시키기 위하여

해설

복철근 직사각형 단면보를 사용하는 경우
㉠ 크리프, 건조수축 등으로 인하여 발생되는 장기처짐을 최소화하기 위한 경우
㉡ 파괴 시 압축응력의 깊이를 감소시켜 연성을 증대시키기 위한 경우
㉢ 철근의 조립을 쉽게 하기 위한 경우
㉣ 정(+), 부(−)의 모멘트를 번갈아 받는 경우
㉤ 보의 단면높이가 제한되어 단철근 직사각형 단면보의 설계휨강도가 계수휨하중보다 작은 경우

정답 ③

9급 2011년 서울시

94 압축철근을 배근하는 이유로 옳은 것은?

① 지속하중에 의한 처짐을 감소

② 강성의 증가

③ 파괴모드를 인장파괴에서 압축파괴로 전환

④ 철근의 배치가 곤란

⑤ 크리프 증가

해설

압축철근을 배근하는 이유

㉠ 지속하중에 의한 처짐을 감소시킨다(크리프와 건조수축 감소).

㉡ 연성을 증가시킨다(파괴모드를 압축파괴에서 인장파괴로 전환).

㉢ 철근의 조립을 쉽게 한다.

정답 ①

9급 2014년 국가직

95 압축철근의 역할 중 옳지 않은 것은?

① 연성을 증가시킨다.

② 전단철근의 조립을 편리하게 한다.

③ 지속하중으로 인한 처짐을 감소시킨다.

④ 압축지배 단면에서 파괴가 일어나도록 유도한다.

해설

압축철근의 역할

㉠ 지속하중으로 인한 장기처짐을 감소시킨다.

㉡ 연성을 증가시킨다.

㉢ 철근의 조립을 쉽게 한다.

9급 2018년 국가직

96 압축연단에서 압축철근까지의 거리 $d' = 50\text{mm}$, 중립축까지의 거리 $c = 150\text{mm}$인 복철근 철근콘크리트 직사각형보의 휨파괴 시 압축철근 변형률은?(단, 압축철근은 1단 배근되어 있고, 파괴 시 압축연단 콘크리트의 변형률은 0.0033이고, 「콘크리트구조 설계기준(2021)」을 적용한다.)

① 0.0005
② 0.0011
③ 0.0015
④ 0.0022

해설

$$\varepsilon_s' = \frac{c-d'}{c}\varepsilon_{cu} = \frac{150-50}{150}\times 0.0033 = 0.0022$$

정답 ④

9급 2016년 서울시

97 다음 그림은 균형철근비를 가진 복철근보의 단면이다. 정모멘트 작용에 의한 휨 극한 상태에 도달했을 때 압축철근의 변형률은?(단, $f_y = 400\text{MPa}$, $f_{ck} = 20\text{MPa}$, $b = 300\text{mm}$, $d = 500\text{mm}$, $d' = 60\text{mm}$이다.)

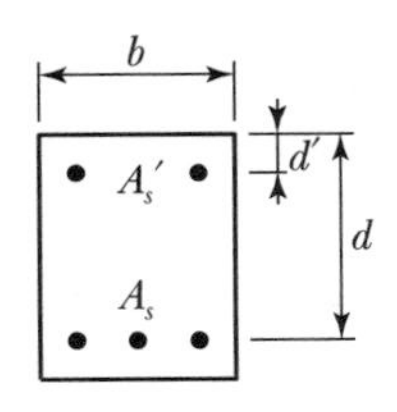

① 0.00253
② 0.00266
③ 0.00274
④ 0.00287

해설

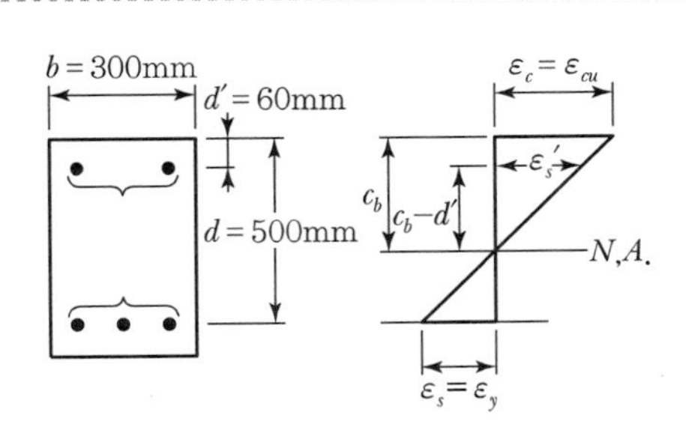

• $\varepsilon_y = \frac{f_y}{E_s} = \frac{400}{2\times 10^5} = 0.002$

• $f_{ck} = 20\text{MPa} \le 40\text{MPa}$인 경우

$$c_b = \frac{660}{660+f_y}d = \frac{660}{660+400}\times 500 = 311.32\text{mm}$$

• $f_{ck} = 20\text{MPa} \le 40\text{MPa}$인 경우, $\varepsilon_{cu} = 0.0033$

$$\varepsilon_s' = \frac{c_b - d'}{c_b}\varepsilon_{cu} = \frac{311.32-60}{311.32}\times 0.0033 = 0.002664$$

정답 ②

9급 2018년 서울시(1차)

98 〈보기〉와 같은 다음 복철근보가 휨극한 상태에 도달했을 때 인장철근의 변형률이 최소허용 변형률이었다면 압축철근에 발생하는 응력은?(단, 「콘크리트구조 설계기준(2021)」을 적용하며, $f_y = 500\text{MPa}$, $f_{ck} = 20\text{MPa}$이다.)

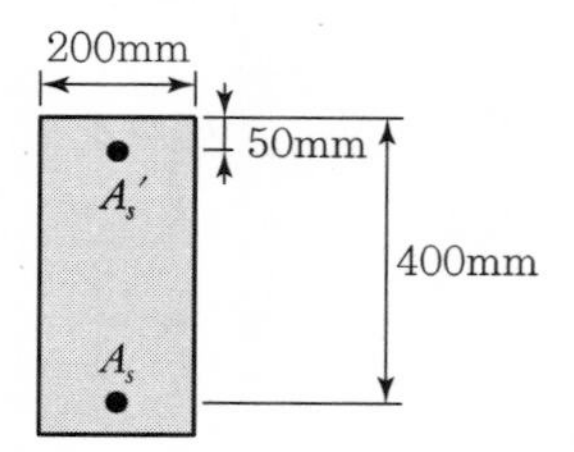

① 400MPa
② 452MPa
③ 478MPa
④ 500MPa

해설

1. $\varepsilon_{t,\min}$의 값($f_y = 500\text{MPa} > 400\text{MPa}$인 경우)

$$\varepsilon_y = \frac{f_y}{E_s} = \frac{500}{2 \times 10^5} = 0.0025$$

$$\varepsilon_{t,\min} = 2.0\varepsilon_y = 2.0 \times 0.0025 = 0.005$$

2. f_s'의 값

$$\varepsilon_{cu} = 0.0033 (f_{ck} = 20\text{MPa} \le 40\text{MPa}\text{인 경우})$$

$$c = \frac{\varepsilon_{cu}}{\varepsilon_{cu} + \varepsilon_t(= \varepsilon_{t,\min})} d = \frac{0.0033}{0.0033 + 0.005} \times 400 = 159\text{mm}$$

$$\varepsilon_s' = \frac{c - d'}{c}\varepsilon_{cu} = \frac{159 - 50}{159} \times 0.0033 = 0.00226 (< \varepsilon_y = 0.0025)$$

$$f_s' = E_s \varepsilon_s' = (2 \times 10^5) \times 0.00226 = 452\text{MPa}$$

정답 ②

9급 2013년 서울시

99 **그림과 같은 단철근 직사각형보에 압축철근량 A_s'와 인장철근량 A_{s1}을 배치하여 두 철근의 변형률이 항복변형률을 초과하여 모두 항복하였다. 단면의 하부에 A_{s2}를 추가한다면 인장철근과 압축철근의 항복에 대해 설명한 것 중 맞는 것을 모두 골라라.**

가. A_s'는 무조건 항복한다.
나. A_s'는 항복할 수도 있고 항복하지 않을 수도 있다.
다. A_{s2}는 무조건 항복한다.
라. A_{s2}는 항복할 수도 있고 항복하지 않을 수도 있다.

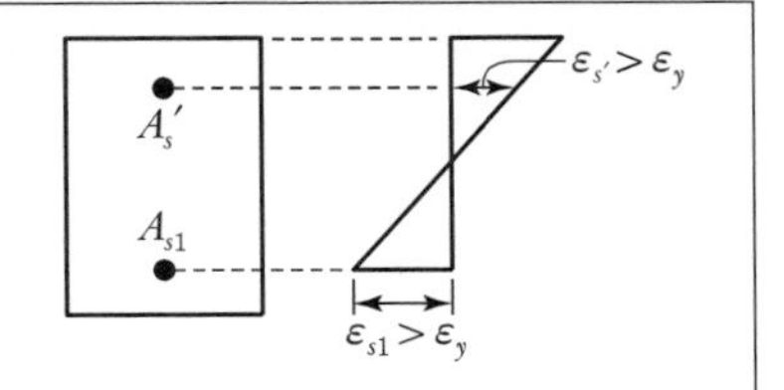

① 가, 다
② 가, 라
③ 나, 다
④ 나 ,라
⑤ 알 수 없다.

해설

1) $\rho_1 = \dfrac{A_{s1}}{bd}$

$\rho_{\min}' \le \rho_1 \le \rho_{\max}'$

$\rho_{\min}' \le \rho_1$ ………………………………… A_{s1} 항복 시, A_s' 항복

$\rho_1 \le \rho_{\max}'$ ………………………………… A_{s1} 항복

2) $\rho_2 = \dfrac{A_{s1} + A_{s2}}{bd} > \rho_1$

$\rho_{\min}' \le \rho_1 < \rho_2$ ………………………… $(A_{s1} + A_{s2})$항복 시, A_s' 항복

$\rho_1 < \rho_2 \left(\substack{> \\ <}\right) \rho_{\max}'$ ……………………… $(A_{s1} + A_{s2})$ 항복여부 판별 불가능

정답 ②

9급 2019년 서울시

100 **RC 복철근 직사각형 단면의 보에서 인장철근의 단면적은 그대로인 상태로 압축철근의 단면적만 2배로 증가시켰을 때, 단면의 응력 및 변형률 분포에 대한 설명으로 옳지 않은 것은? (단, 두 경우 모두 인장 및 압축철근은 항복한 것으로 가정한다.)**

① 콘크리트의 등가 압축응력 블록 깊이가 감소한다.

② 콘크리트와 압축철근에 의한 압축 내력의 합이 증가한다.

③ 휨모멘트의 팔길이가 증가한다.

④ 압축철근의 변형률이 감소한다.

해설

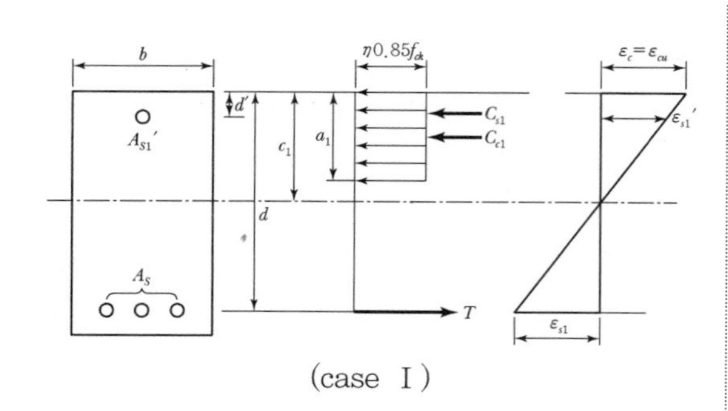

(case Ⅰ)

- 압축 측 콘크리트에 상응하는 인장철근량 $(A_s - A_{s1}')$
- $a_1 = \dfrac{(A_s - A_s')f_y}{\eta 0.85 f_{ck} b}$, $c_1 = \dfrac{a_1}{\beta_1}$
- $z_1 = d - \dfrac{a_1}{2}$
- $\varepsilon_{s_1}' = \dfrac{c_1 - d'}{c_1}\varepsilon_c$
- $T(=f_y A_s) = C = (C_{s1} + C_{c1})$

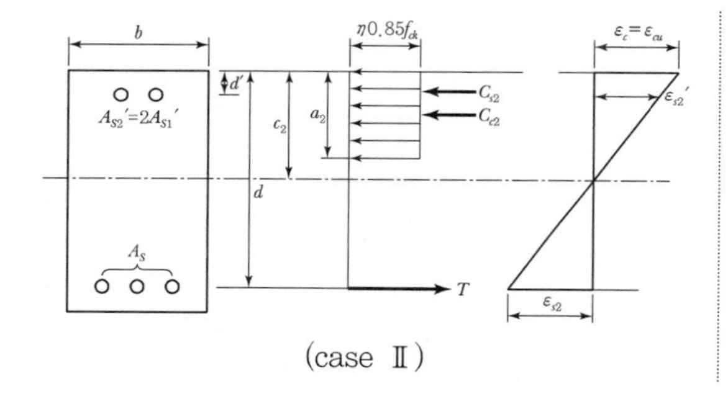

(case Ⅱ)

- 압축 측 콘크리트에 상응하는 인장철근량 $(A_s - A_{s2}') = (A_s - 2A_{s1}') < (A_s - A_{s1}')$
- $a_2 < a_1$, $c_2 < c_1$
- $z_2 > z_1$
- $\varepsilon_{s2}' < \varepsilon_{s1}'$
- $T(=f_y A_s) = C = (C_{s2} + C_{c2}) = (C_{s1} + C_{c1})$

RC 복철근 직사각형 단면의 보에서 인장철근의 단면적은 그대로인 상태로 압축철근의 단면적만 2배로 증가시켰을 때, 위의 (case I)과 (case II)에서 보여주듯이 콘크리트와 압축철근에 의한 압축 내력의 합은 동일하다.

정답 ②

9급 2011년 지방직

101 강도설계법으로 그림과 같은 복철근 직사각형 단면을 설계할 때, 등가직사각형의 깊이 a[mm]는?(단, 콘크리트의 설계기준강도 $f_{ck} = 25\text{MPa}$, 철근의 항복강도 $f_y = 400\text{MPa}$이다.)

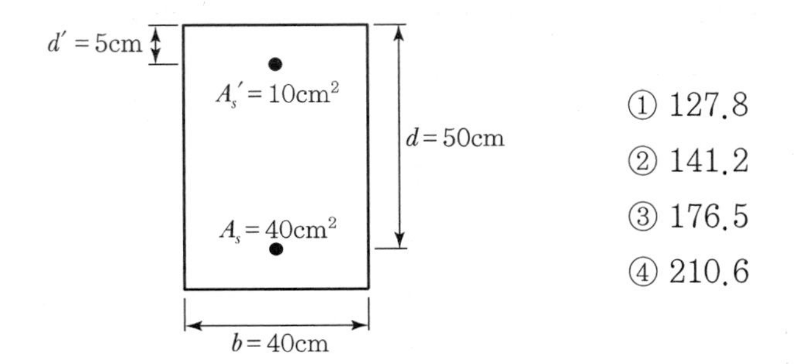

① 127.8
② 141.2
③ 176.5
④ 210.6

해설

1. 철근비 결정

$$\rho = \frac{A_s}{bd} = \frac{40}{40 \times 50} = 0.02$$

$$\rho' = \frac{A_s'}{bd} = \frac{10}{40 \times 50} = 0.005$$

2. 압축철근의 항복여부 판별

$f_{ck} = 25\text{MPa} \leq 40\text{MPa}$인 경우

$$\overline{\rho_{\min}} = 0.68 \frac{f_{ck}}{f_y} \frac{660}{660 - f_y} \frac{d'}{d} + \rho'$$

$$= 0.68 \times \frac{25}{400} \times \frac{660}{660 - 400} \times \frac{5}{50} + 0.005$$

$$= 0.0158$$

$\overline{\rho_{\min}}(=0.0158) < \rho(=0.02)$이므로 인장철근 항복 시 압축철근도 항복한다.

3. a 결정

$\eta = 1(f_{ck} \leq 40\text{MPa}$인 경우$)$

$$a = \frac{(A_s - A_s')f_y}{\eta 0.85 f_{ck} b} = \frac{(4{,}000 - 1{,}000) \times 400}{1 \times 0.85 \times 25 \times 400} = 141.2\text{mm}$$

정답 ②

9급 2018년 국가직

102 그림과 같은 복철근 직사각형 보에서 인장철근과 압축철근이 모두 항복할 때, 등가직사각형 응력블록의 깊이 a[mm]는?(단, 인장철근량 $A_s = 4{,}050\text{mm}^2$, 압축철근량 $A_s{}' = 1{,}500\text{mm}^2$, 콘크리트의 설계기준압축강도 $f_{ck} = 30\text{MPa}$, 철근의 설계기준항복강도 $f_y = 300\text{MPa}$이고, 「콘크리트구조 설계기준(2021)」을 적용한다.)

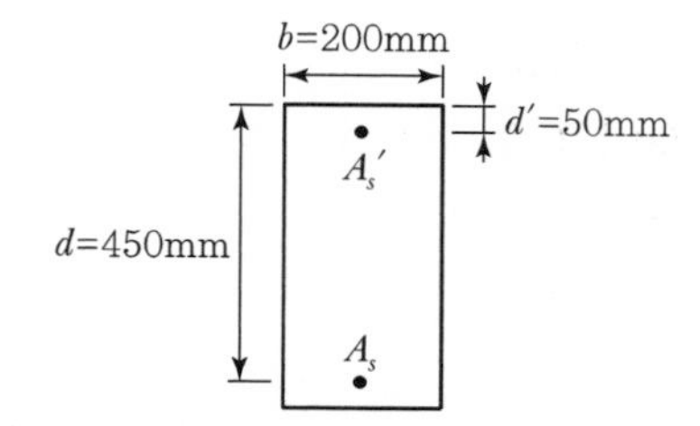

① 125
② 150
③ 175
④ 200

해설

$\eta = 1(f_{ck} = 30\text{MPa} \le 40\text{MPa}$인 경우)

$$a = \frac{f_y(A_s - A_s{}')}{\eta 0.85 f_{ck} b} = \frac{300(4{,}050 - 1{,}500)}{1 \times 0.85 \times 30 \times 200} = 150\text{mm}$$

정답 ②

9급 2017년 지방직(2차)

103 인장철근과 압축철근이 모두 항복하는 복철근 직사각형 보의 등가응력블럭의 깊이 a[mm]는?(단, 콘크리트의 설계기준압축강도 $f_{ck} = 20\text{MPa}$, 철근의 설계기준항복강도 $f_y = 400\text{MPa}$, $d = 500\text{mm}$, $b = 300\text{mm}$, $d' = 50\text{mm}$, $A'_s = 2 \times 550\text{mm}^2$, $A_s = 4 \times 700\text{mm}^2$이고, 「콘크리트구조 설계기준(2021)」을 적용한다.)

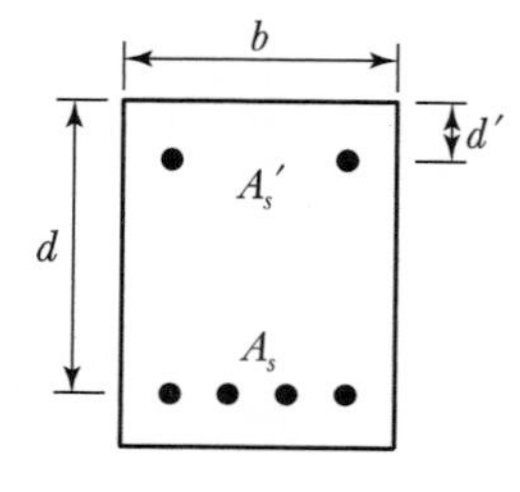

① $\frac{350}{3}$ ② $\frac{400}{3}$

③ $\frac{450}{3}$ ④ $\frac{500}{3}$

해설

$\eta = 1(f_{ck} = 20\text{MPa} \le 40\text{MPa}$인 경우)

$$a = \frac{f_y(A_s - A_s{}')}{\eta 0.85 f_{ck} b} = \frac{400(4 \times 700 - 2 \times 550)}{1 \times 0.85 \times 20 \times 300} = \frac{400}{3}\text{mm}$$

정답 ②

9급 2020년 국가직

104 그림과 같은 복철근 철근콘크리트 직사각형 보가 극한상태에서 인장철근과 압축철근이 모두 항복할 때, 압축연단에서 중립축까지 거리 c[mm]는?(단, 철근의 설계기준항복강도 f_y = 400MPa, 콘크리트의 설계기준압축강도 f_{ck} = 20MPa, A_s는 인장철근 단면적, A_s'은 압축철근 단면적이며, KDS 14 20 20을 따른다)

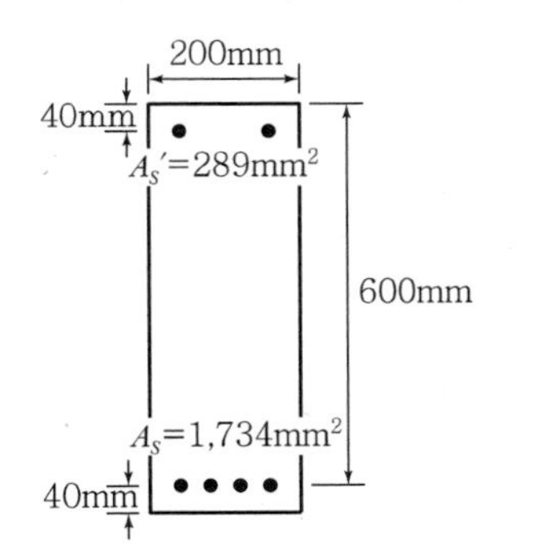

① 148.8
② 170.0
③ 191.3
④ 212.5

해설

$f_{ck} = 20\text{MPa} \leq 40\text{MPa}$인 경우

$\eta = 1,\ \beta_1 = 0.8$

$$c = \frac{f_y(A_s - A_s')}{\eta 0.85 f_{ck} b \beta_1} = \frac{400(1{,}734 - 289)}{1 \times 0.85 \times 20 \times 200 \times 0.8} = 212.5\text{mm}$$

정답 ④

9급 2013년 지방직

105 다음 그림과 같은 복철근 직사각형보에서 인장철근량 $A_s = 2{,}000\,\text{mm}^2$, 압축철근량 $A_s{}' = 900\,\text{mm}^2$일 때, 인장철근비 ρ^d는 $\rho^d{}_{\min} \le \rho^d \le \rho^d{}_{\max}$를 만족한다면 압축측의 총압축력 C [kN]는?(단, 콘크리트 설계기준강도 $f_{ck} = 20\text{MPa}$, 철근의 항복강도 $f_y = 300\text{MPa}$, $\rho^d{}_{\min}$은 복철근보의 최소철근비, $\rho^d{}_{\max}$는 복철근보의 최대철근비이다.)

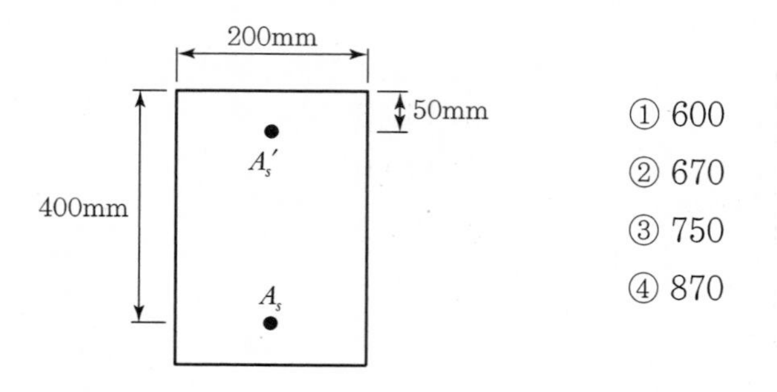

① 600
② 670
③ 750
④ 870

해설

$\rho^d{}_{\min} \le \rho^d \le \rho^d{}_{\max}$ – 인장철근 항복 시 압축철근도 항복, 또한 연성파괴

$\eta = 1(f_{ck} = 20\text{MPa} \le 40\text{MPa}$인 경우)

$$a = \frac{(A_s - A_s{}')f_y}{\eta 0.85 f_{ck} b} = \frac{(2{,}000 - 900)\times 300}{1\times 0.85\times 20\times 200} = 97.06\text{mm}$$

$$C = f_y A_s{}' + \eta 0.85 f_{ck} ab$$

$$= 300\times 900 + 1\times 0.85\times 20\times 97.06\times 200 = 600\times 10^3\text{N} = 600\text{kN}$$

[별해] $C = T = f_y A_s = 300\times 2{,}000 = 600\times 10^3\text{N} = 600\text{kN}$

정답 ①

9급 2016년 지방직

106 그림과 같은 복철근 직사각형 보의 공칭휨강도 M_n을 구하는 식으로 옳은 것은?(단, 압축철근은 항복한 것으로 가정하고, f_y는 철근의 설계기준항복강도, f_{ck}는 콘크리트의 설계기준압축강도이다.)

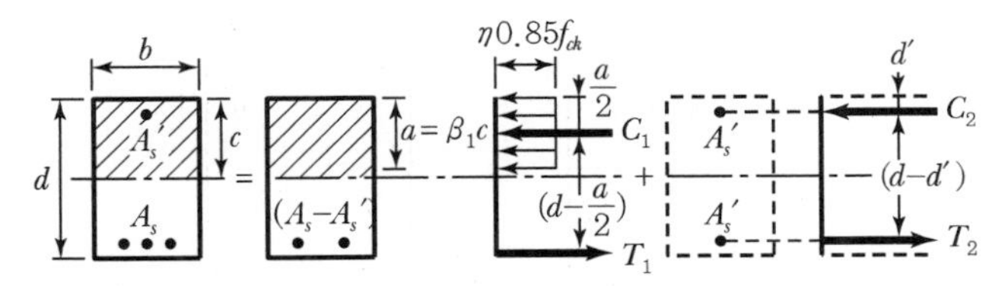

① $M_n = f_y(A_s - A_s')\left(d - \frac{a}{2}\right) + f_y A_s'(d - d'),\ a = \frac{f_y(A_s - A_s')}{\eta 0.85 f_{ck} b}$

② $M_n = f_y(A_s - A_s')\left(d - \frac{a}{2}\right) + f_y A_s'(d - d'),\ a = \frac{f_y A_s}{\eta 0.85 f_{ck} b}$

③ $M_n = f_y(A_s - A_s')(d - d') + f_y A_s'\left(d - \frac{a}{2}\right),\ a = \frac{f_y(A_s - A_s')}{\eta 0.85 f_{ck} b}$

④ $M_n = f_y(A_s - A_s')(d - d') + f_y A_s'\left(d - \frac{a}{2}\right),\ a = \frac{f_y A_s}{\eta 0.85 f_{ck} b}$

해설

복철근 직사각형 단면보의 공칭휨강도(M_n)
(인장철근이 항복될 때 압축철근도 항복될 경우)

$$M_n = f_y(A_s - A_s')\left(d - \frac{a}{2}\right) + f_y A_s'(d - d'),\ a = \frac{f_y(A_s - A_s')}{\eta 0.85 f_{ck} b}$$

정답 ①

9급 2020년 지방직

107 그림과 같은 복철근 직사각형보의 공칭휨강도 M_n 및 등가직사각형 응력블록의 깊이 a를 구하는 식은?(단, 인장철근 및 압축철근은 항복하였고, 콘크리트 설계기준압축강도는 f_{ck}, 철근의 설계기준항복강도는 f_y이며, 콘크리트구조 휨 및 압축 설계기준(KDS 14 20 20)을 따른다)

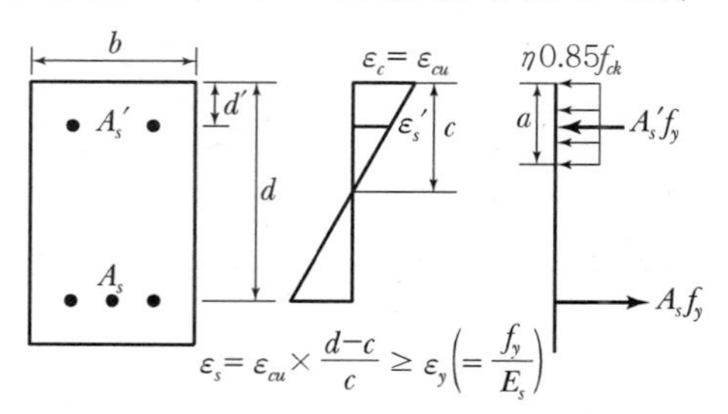

	M_n	a
①	$A_s' f_y (d-d') + (A_s - A_s') f_y \left(d - \frac{a}{2}\right)$	$\frac{(A_s - A_s') f_y}{\eta 0.85 f_{ck}}$
②	$A_s' f_y (d-d') + (A_s - A_s') f_y \left(d - \frac{a}{2}\right)$	$\frac{(A_s - A_s') f_{ck}}{\eta 0.85 f_y b}$
③	$A_s f_y (d-c) + (A_s - A_s') f_y \left(d - \frac{a}{2}\right)$	$\frac{(A_s - A_s') f_y}{\eta 0.85 f_{ck} b}$
④	$A_s' f_y (d-d') + (A_s - A_s') f_y \left(d - \frac{a}{2}\right)$	$\frac{(A_s - A_s') f_y}{\eta 0.85 f_{ck} b}$

해설

복철근 직사각형 단면보의 공칭휨강도(M_n)
(인장철근이 항복될 때 압축철근도 항복될 경우)

$$M_n = f_y (A_s - A_s')\left(d - \frac{a}{2}\right) + f_y A_s'(d-d'),\quad a = \frac{f_y (A_s - A_s')}{\eta 0.85 f_{ck} b}$$

정답 ④

9급 2012년 국가직

108 그림과 같은 복철근 직사각형보의 설계휨강도 M_d[kN·m]는?(단, 콘크리트 설계기준강도 $f_{ck} = 20\text{MPa}$, 철근 항복강도 $f_y = 400\text{MPa}$, 인장철근 단면적 $A_s = 7{,}890\,\text{mm}^2$, 압축철근 단면적 $A_s' = 5{,}000\,\text{mm}^2$이다.)

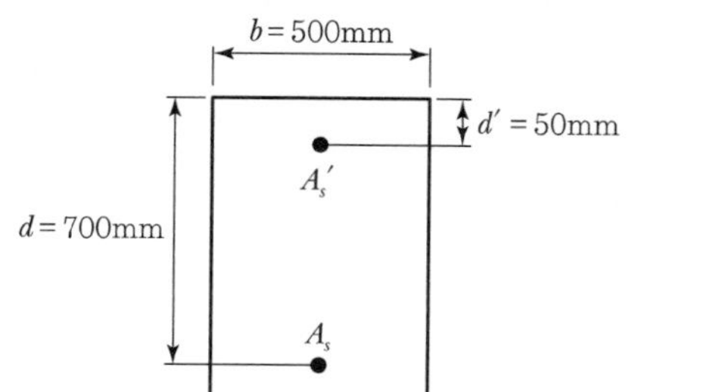

① 1,452
② 1,726
③ 2,074
④ 2,480

해설

1. ε_{cu}, η, β_1의 값

$f_{ck}=20\text{MPa} \le 40\text{MPa}$인 경우

$\varepsilon_{cu}=0.0033$, $\eta=1$, $\beta_1=0.8$

2. 압축철근의 항복여부 판별

1) 철근비 결정

$$\rho=\frac{A_s}{bd}=\frac{7,890}{500\times700}=0.0225$$

$$\rho'=\frac{A_s'}{bd}=\frac{5,000}{500\times700}=0.0143$$

$f_{ck}=20\text{MPa} \le 40\text{MPa}$인 경우

$$\overline{\rho_{\min}}=0.68\frac{f_{ck}}{f_y}\frac{660}{660-f_y}\frac{d'}{d}+\rho'=0.68\times\frac{20}{400}\times\frac{660}{660-400}\times\frac{50}{700}+0.0143=0.0205$$

2) 압축철근의 항복여부 판별

$\overline{\rho_{\min}}(=0.0205)<\rho(=0.0225)$이므로 인장철근 항복 시 압축철근도 항복한다.

3. 공칭휨모멘트(M_n)

1) 등가사각형 깊이(a)

$$a=\frac{(A_s-A_s')f_y}{\eta 0.85 f_{ck} b}=\frac{(7,890-5,000)\times400}{1\times0.85\times20\times500}=136\text{mm}$$

2) 공칭휨모멘트(M_n)

$$M_n=f_yA_s'(d-d')+f_y(A_s-A_s')\left(d-\frac{a}{2}\right)$$

$$=400\times5,000\times(700-50)+400\times(7,890-5,000)\times\left(700-\frac{136}{2}\right)$$

$$=2,030.6\times10^6\text{N}\cdot\text{mm}=2,030.6\text{kN}\cdot\text{m}$$

4. 설계휨강도(M_d)

1) 최외단 인장철근의 순인장 변형률(ε_t)

$$\varepsilon_t=\frac{d_t\beta_1-a}{a}\varepsilon_{cu}=\frac{700\times0.8-136}{136}\times0.0033=0.0103$$

2) 단면 구분

$\varepsilon_{t,l}$(인장지배 한계 변형률)$=0.005$($f_y \le 400\text{MPa}$인 경우)

$\varepsilon_t(=0.0103)>\varepsilon_{t,l}(=0.005)$ − 인장지배 단면

3) 강도감소계수(ϕ)

$\phi=0.85$(인장지배 단면인 경우)

4) 설계휨강도(M_d)

$M_d=\phi M_n=0.85\times2,030.6=1,726\text{kN}\cdot\text{m}$

정답 ②

9급 2010년 지방직

109 보의 지간이 10m이고, 양쪽 슬래브의 중심 간 거리가 2m인 대칭형 T형보에 있어서 유효 플랜지 폭[mm]은?(단, 복부폭 $b_w = 500$mm, 플랜지 두께 $t = 100$mm이다.)

① 2,000 ② 2,100
③ 2,500 ④ 3,000

해설

T형보(대칭 T형보)에서 플랜지의 유효폭(b_e)

① $16t_f + b_w = 16 \times 100 + 500 = 2{,}100$mm

② 양쪽 슬래브의 중심 간 거리 $= 2 \times 10^3 = 2{,}000$mm

③ 보 경간의 $\frac{1}{4} = \frac{10 \times 10^3}{4} = 2{,}500$mm

위 값 중에서 최솟값을 취하면 $b_e = 2{,}000$mm이다.

정답 ①

9급 2014년 국가직

110 보의 경간이 10m이고, 양쪽 슬래브의 중심 간 거리가 2m인 대칭형 T형보에 있어서 유효 플랜지 폭[mm]은?(단, 복부폭 $b_w = 500$mm, 플랜지 두께 $t = 100$mm이다.)

① 2,000 ② 2,100
③ 2,500 ④ 3,000

해설

T형보(대칭 T형보)에서 플랜지의 유효폭(b_e)

① $16t_f + b_w = 16 \times 100 + 500 = 2{,}100$mm

② 양쪽 슬래브의 중심 간 거리 $= 2 \times 10^3 = 2{,}000$mm

③ 보 경간의 $\frac{1}{4} = \frac{10 \times 10^3}{4} = 2{,}500$mm

위 값 중에서 최솟값을 취하면 $b_e = 2{,}000$mm이다.

정답 ①

9급 2016년 서울시

111 다음 그림과 같은 경간이 7.2m인 연속 대칭 T형 보에서 플랜지 유효폭은?(단, 콘크리트 구조기준(2012)을 적용하다.)

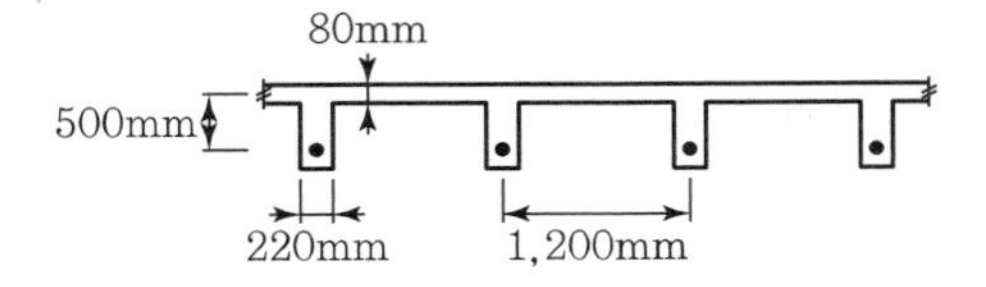

① 1,200mm ② 1,500mm
③ 1,800mm ④ 2,100mm

해설

T형 보(대칭 T형 보)에서 플랜지의 유효폭(b_e)

① $16t_f + b_w = 16 \times 80 + 220 = 1{,}500\,\text{mm}$

② 양쪽 슬래브의 중심 간 거리$=1{,}200\,\text{mm}$

③ 보 경간의 $\frac{1}{4} = \frac{7.2 \times 10^3}{4} = 1{,}800\,\text{mm}$

위 값 중에서 최솟값을 취하면 $b_e = 1{,}200\,\text{mm}$이다.

정답 ①

9급 2011년 지방직

112 경간 $L = 12\,\text{m}$인 교량의 단면이 그림과 같은 경우, 대칭 T형보의 플랜지 유효폭[mm]은?

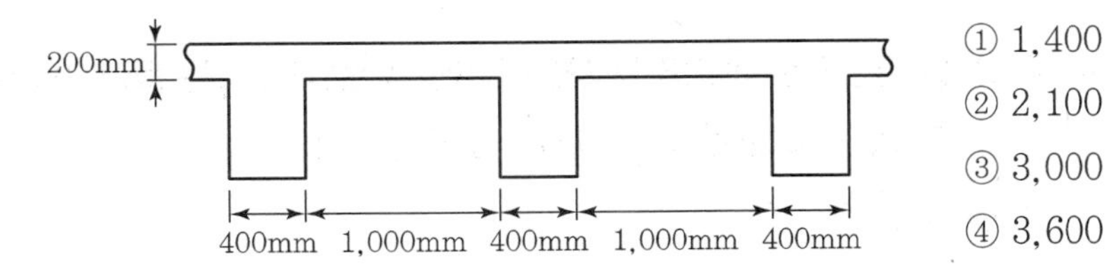

① 1,400
② 2,100
③ 3,000
④ 3,600

해설

T형보(대칭 T형보)에서 플랜지의 유효폭(b_e)

① $16t_f + b_w = 16 \times 200 + 400 = 3{,}600\text{mm}$

② 양쪽 슬래브의 중심 간 거리$= 1{,}000 + 400 = 1{,}400\text{mm}$

③ 보 경간의 $\frac{1}{4} = \frac{12 \times 10^3}{4} = 3{,}000\text{mm}$

위 값 중에서 최솟값을 취하면 $b_e = 1{,}400\text{mm}$이다.

정답 ①

9급 2012년 지방직

113 경간이 12m, 양쪽의 슬래브 중심 간의 거리가 3.1m, 복부 폭이 440mm인 대칭 T형보를 설계하려고 한다. 경간에 의하여 플랜지 유효폭을 결정할 수 있는 슬래브의 최소 두께[mm]는?

① 150 ② 160
③ 170 ④ 180

해설

T형보(대칭 T형보)에서 플랜지의 유효폭(b_e)

$b_{e1} = 16t_f + b_w = 16t_f + 440\text{mm}$

$b_{e2} =$ 보 경간의 $\frac{1}{4} = \frac{12 \times 10^3}{4} = 3{,}000\text{mm}$

$b_e = [b_{e1},\ b_{e2}]_{\min} = b_{e2}$

$[16t_f + 440,\ 3{,}000]_{\min} = 3{,}000$

따라서 슬래브의 두께(t_f)는 다음과 같다.

$16t_f + 440 \geq 3{,}000$

$t_f \geq 160\text{mm}$

정답 ②

9급 2018년 지방직

114 반 T형보의 플랜지 유효폭을 결정하는 데 고려할 사항이 아닌 것은?(단, t_f는 플랜지의 두께, b_w는 복부의 폭이며, 「콘크리트구조 설계기준(2021)」을 적용한다.)

① 양쪽 슬래브의 중심 간 거리
② $6t_f + b_w$
③ (보의 경간의 $\frac{1}{12}$) + b_w
④ (인접한 보와의 내측 거리의 $\frac{1}{2}$) + b_w

해설

반T형보(비대칭 T형보)에서 플랜지의 유효폭(b_e)

① $6t_f + b_w$

② (인접한 보와의 내측 거리의 $\frac{1}{2}$)$+b_w$

③ (보의 경간의 $\frac{1}{2}$)$+b_w$

위 값 중에서 최솟값을 반 T형보의 플랜지 유효폭으로 고려한다.

정답 ①

9급 2007년 국가직

115 그림과 같이 경간(L) 12m인 연속 T형보에서 비대칭 부분의 플랜지 유효폭[mm]은?

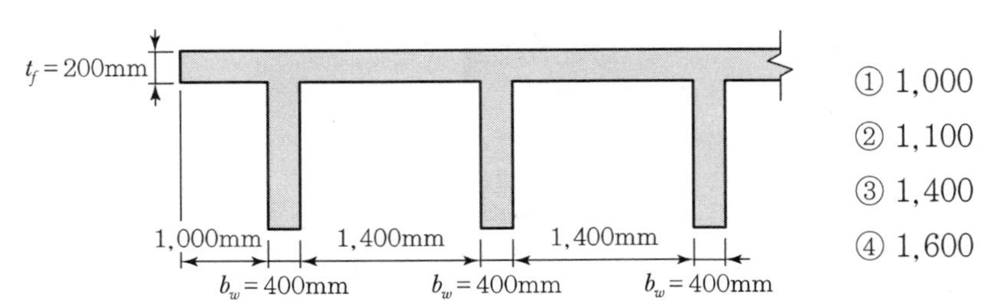

① 1,000
② 1,100
③ 1,400
④ 1,600

해설

반 T형보(비대칭 T형보)에서 플랜지의 유효폭(b_e)

① $6t_f + b_w = 6 \times 200 + 400 = 1{,}600\text{mm}$

② 인접 보와의 내측 간 거리의 $\frac{1}{2} + b_w = \frac{1{,}400}{2} + 400 = 1{,}100\text{mm}$

③ 보 경간의 $\frac{1}{12} + b_w = \frac{12 \times 10^3}{12} + 400 = 1{,}400\text{mm}$

위 값 중에서 최솟값을 취하면 $b_e = 1{,}100\text{mm}$이다.

정답 ②

9급 2015년 서울시

116 지간이 9.6m이고 인접한 보와의 내측거리가 3m인 아래 그림과 같은 비대칭 T형 단면에 대한 플랜지의 유효폭은 얼마인가?

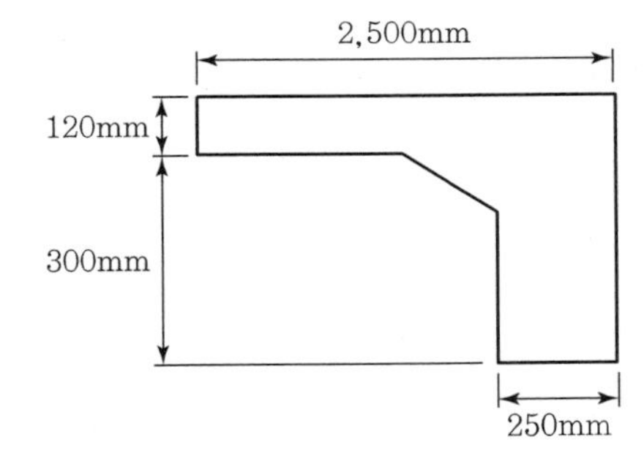

① 970mm
② 1,050mm
③ 1,300mm
④ 1,750mm

해설

반 T형보(비대칭 T형보)에서 플랜지의 유효폭(b_e)

① $6t_f + b_w = 6 \times 120 + 250 = 970\text{mm}$

② 인접 보와의 내측 간 거리의 $\frac{1}{2} + b_w = \frac{3 \times 10^3}{2} + 250 = 1{,}750\text{mm}$

③ 보 경간의 $\frac{1}{12} + b_w = \frac{9.6 \times 10^3}{12} + 250 = 1{,}050\text{mm}$

위 값 중에서 최솟값을 취하면 $b_e = 970\text{mm}$이다.

정답 ①

9급 2012년 지방직

117 **강도설계법에서 플랜지가 휨압축응력을 받는 T형보의 휨설계 시 $a \le t$인 경우 직사각형보로 해석하는 가장 타당한 이유는?(단, a는 등가 압축응력깊이, t는 플랜지 두께이다.)**

① 복부의 폭이 플랜지의 유효폭보다 작기 때문

② 직사각형보로 설계해야 더 안전하기 때문

③ 콘크리트의 인장응력을 고려하기 위해서

④ 플랜지유효폭×a의 면적 이외에는 압축응력이 작용하지 않는다는 가정 때문

해설

T형 단면보의 판별

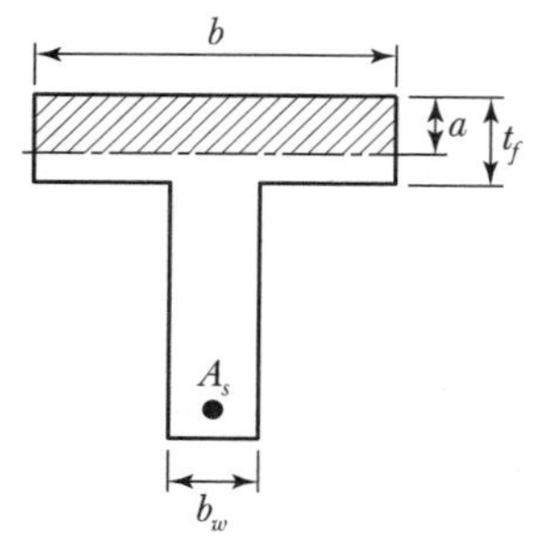

(a) 폭이 b인 직사각형 단면보

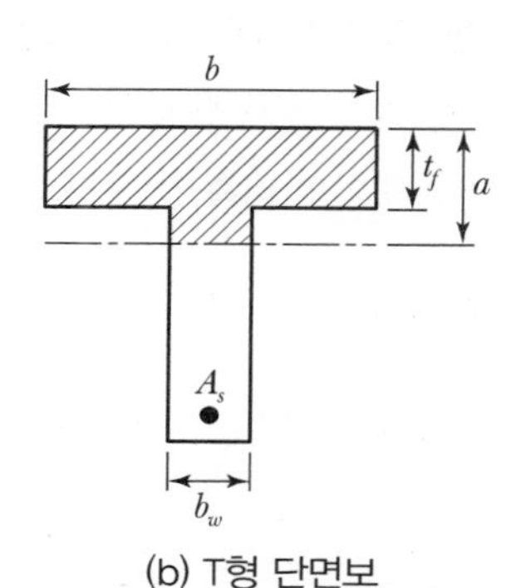

(b) T형 단면보

1) 철근콘크리트 휨부재에 있어서 T형 단면보와 직사각형 단면보의 판별은 압축에 저항하는 콘크리트 단면의 모양(빗금 친 단면의 모양)에 따른다.

2) 그림에서와 같이 폭이 b인 직사각형 단면보의 등가직사각형 응력의 깊이(a)와 플랜지의 두께(t_f)를 서로 비교함으로써 T형 단면보의 판별을 할 수 있다.

$$a = \frac{f_y A_s}{\eta 0.85 f_{ck} b}$$

① $a \le t_f$(또는 $f_y A_s \le \eta 0.85 f_{ck} b t_f$)인 경우
그림(a)의 경우로서 직사각형 단면보로 해석한다.

② $a > t_f$(또는 $f_y A_s > \eta 0.85 f_{ck} b t_f$)인 경우
그림(b)의 경우로서 T형 단면보로 해석한다.

정답 ④

9급 2014년 지방직

118 철근콘크리트 T형보의 설계에 대한 설명으로 옳지 않은 것은?

① 독립 T형보의 추가 압축면적을 제공하는 플랜지의 두께는 복부폭의 1/2 이상이어야 한다.
② 독립 T형보의 추가 압축면적을 제공하는 플랜지의 유효폭은 복부폭의 4배 이하이어야 한다.
③ 정(+)의 휨모멘트를 받는 T형 단면의 중립축이 플랜지 안에 있으면, T형 단면으로 고려하여 설계하여야 한다.
④ 장선구조를 제외한 T형보의 플랜지로 취급되는 슬래브에서 주철근이 보의 방향과 같을 때, 횡방향 철근의 간격은 슬래브 두께의 5배 이하로 하여야 하고, 또한 450mm 이하로 하여야 한다.

해설

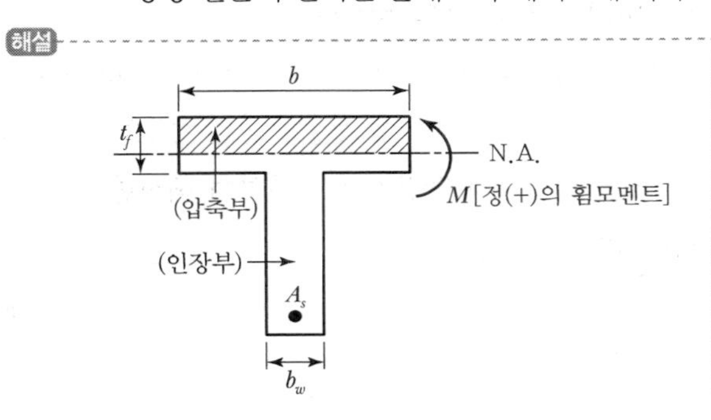

콘크리트 단면에 정(+)의 휨모멘트가 작용하면 중립축 상단이 압축부가 된다. 따라서, 그림에서와 같이 콘크리트의 압축을 받는 단면이 직사각형 단면이므로 폭이 b인 직사각형 단면으로 고려하여 설계하여야 한다.

정답 ③

9급 2009년 국가직

119 복철근보와 단철근 T형보에 대한 설명으로 옳지 않은 것은?

① 복철근보는 보의 높이가 제한을 받거나 단면이 정(+)·부(−)의 휨모멘트를 교대로 받는 경우 적합하다.
② 복철근보의 압축철근은 지속하중에 의한 장기처짐을 감소시키는 효과가 있다.
③ 정(+)의 휨모멘트가 작용하는 T형보의 단면에서 중립축이 복부에 있을 때는 T형보로 보고 해석한다.
④ 부(−)의 휨모멘트가 작용하는 T형보의 단면에서 중립축이 복부에 있을 때는 유효플랜지 폭과 동일한 폭을 갖는 직사각형 단면으로 보고 해석한다.

해설

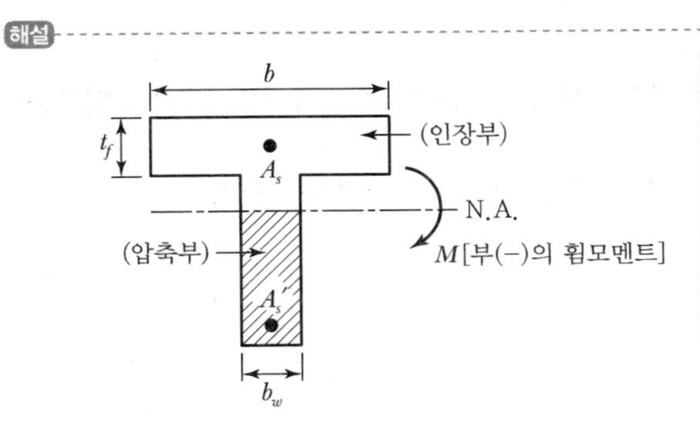

콘크리트 단면에 부(−)의 휨모멘트가 작용하면 중립축 하단이 압축부가 된다. 따라서 그림에서와 같이 콘크리트의 압축을 받는 단면이 직사각형 단면이므로 폭이 b_w인 직사각형 단면보로 해석한다.

정답 ④

9급 2020년 지방직

120 그림과 같이 슬래브와 보를 일체로 타설한 경간이 20m인 단순지지된 철근콘크리트 보가 있다. 빗금친 T형 단면에 대한 내용으로 옳은 것은?(단, 콘크리트구조 해석과 설계원칙(KDS 14 20 10)을 따른다)

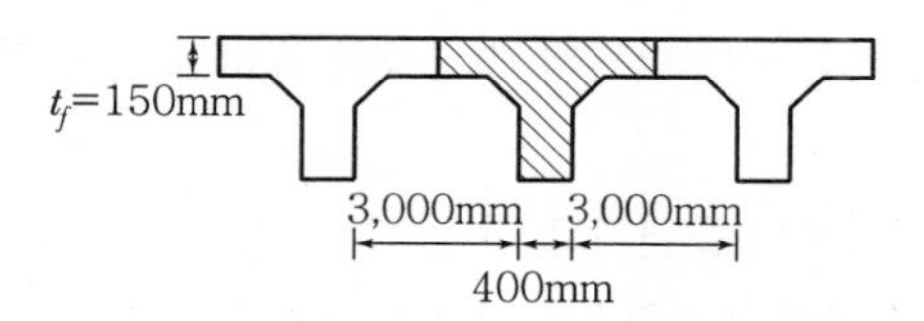

① t_f를 180mm로 증가시키면 빗금친 T형 단면의 유효폭(b)은 증가한다.

② 경간 중앙의 T형 단면에서 종방향 휨모멘트에 의해 슬래브 콘크리트 전체 단면이 종방향 인장응력을 받는다.

③ 등가직사각형 응력블록 깊이(a)가 t_f보다 크면 직사각형 단면으로 간주하여 해석한다.

④ 빗금친 T형 단면의 유효폭(b)은 3,000mm이다.

해설

1) T형(대칭 T형) 보의 플랜지 유효폭(b_e), $t_f = 150$mm인 경우

- $16t_f + b_w = 16 \times 150 + 400 = 2{,}800\text{mm}$
- $l_c = l_n + b_w = 3{,}000 + 400 = 3{,}400\text{mm}$
- $\frac{l}{4} = \frac{20 \times 10^3}{4} = 5{,}000\text{mm}$

위 값 중에서 최솟값을 취하면 $b_e = 2{,}800$mm이다.

$t_f' = 180$mm 인 경우, 플랜지 유효폭(b_e')

- $16t_f' + b_w = 16 \times 180 + 400 = 3{,}280\text{mm}$
- $l_c = 3{,}400\text{mm}$
- $\frac{l}{4} = 5{,}000\text{mm}$

위 값 중에서 최솟값을 취하면 $b_e' = 3{,}280$mm이다.

* 따라서 플랜지 두께(t_f)를 150mm에서 180mm로 증가시키면 플랜지 유효폭(b_e)은 2,800mm에서, 3,280mm로 증가한다.

2) 경간 중앙의 T형 단면에서 종방향 휨모멘트에 의해서 슬래브 콘크리트 전체 단면이 종방향 압축응력을 받는다.

3) 등가직사각형 응력블록 깊이(a)가 t_f보다 크면 T형 단면으로 간주하여 해석한다.

4) 빗금친 T형 단면의 유효폭(b_e)은 2,800mm이다.

정답 ①

9급 2018년 지방직

121 **그림과 같은 단철근 T형 단면보 설계에 대한 설명으로 옳은 것은?(단, 플랜지의 유효폭 b = 1,200mm, 플랜지의 두께 t_f = 80mm, 유효깊이 d = 600mm, 복부 폭 b_w = 400mm, 인장철근 단면적 A_s = 3,000mm^2, 인장철근의 설계기준항복강도 f_y = 400MPa, 콘크리트의 설계기준압축강도 f_{ck} = 20MPa이며, 「콘크리트구조 설계기준(2021)」을 적용한다.)**

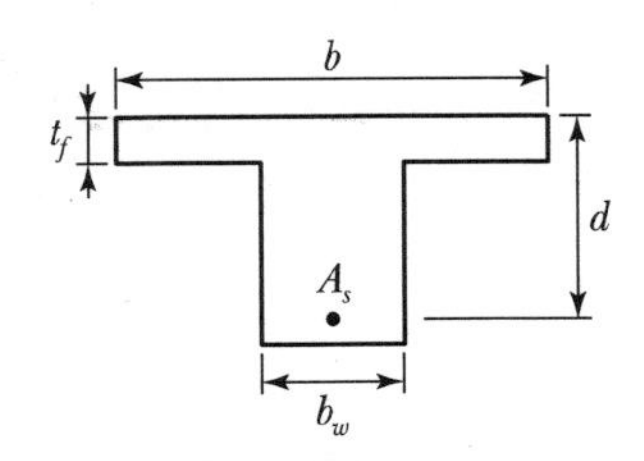

① b = 1,200mm를 폭으로 하는 직사각형 단면보로 설계한다.

② b_w = 400mm를 폭으로 하는 직사각형 단면보로 설계한다.

③ t_f = 80mm를 등가직사각형 응력블록으로 하는 직사각형 단면보로 설계한다.

④ T형 단면보로 설계한다.

해설

1. 폭이 b = 1,200mm 인 직사각형 단면에 대한 등가사각형 깊이(a)

$\eta = 1(f_{ck} = 20\text{MPa} \leq 40\text{MPa}$인 경우)

$$a = \frac{F_y A_s}{\eta 0.85 f_{ck} b} = \frac{400 \times 3{,}000}{1 \times 0.85 \times 20 \times 1{,}200} = 58.8\text{mm}$$

2. T형보의 판별

$a(=58.8\text{mm}) < t_f(=80\text{mm})$이므로 폭이 b = 1,200mm 인 직사각형 단면보로 설계한다.

정답 ①

9급 2010년 지방직

122 그림과 같은 T형보에 정(+)의 휨모멘트가 작용할 때, 강도설계법에 의하여 이 보의 안전성을 검토한 사항으로 옳은 것은?(단, $f_{ck} = 21\text{MPa}$, $f_y = 280\text{MPa}$이다.)

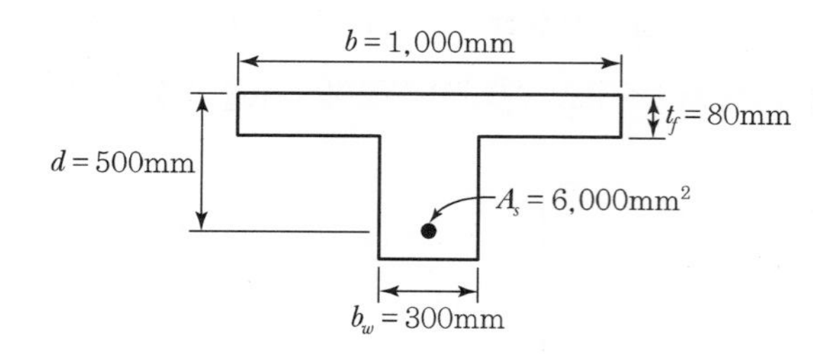

① T형보로 취급한다.
② b를 폭으로 하는 직사각형 보로 취급한다.
③ b_w를 폭으로 하는 직사각형 보로 취급한다.
④ 중립축 c를 t_f로 보아서 극한 저항 모멘트를 계산한다.

해설

1. 폭이 $b = 1{,}000\text{mm}$인 직사각형 단면에 대한 등가사각형 깊이(a)

$\eta = 1$($f_{ck} = 21\text{MPa} \le 40\text{MPa}$인 경우)

$$a = \frac{f_y A_s}{\eta 0.85 f_{ck} b} = \frac{280 \times 6{,}000}{1 \times 0.85 \times 21 \times 1{,}000} = 94.12\text{mm}$$

2. T형보의 판별

$a(=94.12\text{mm}) > t_f(=80\text{mm})$이므로 T형보로 해석한다.

정답 ①

9급 2014년 국가직

123 다음 그림과 같이 정(+)의 휨모멘트가 작용하는 T형보 설계 시 $b(=800\text{mm})$를 폭으로 하는 직사각형보로 취급할 수 있는 철근량 A_s의 한계값[mm²]은?(단, 콘크리트의 설계기준압축강도 $f_{ck} = 20\text{MPa}$, 철근의 설계기준항복강도 $f_y = 400\text{MPa}$이다.)

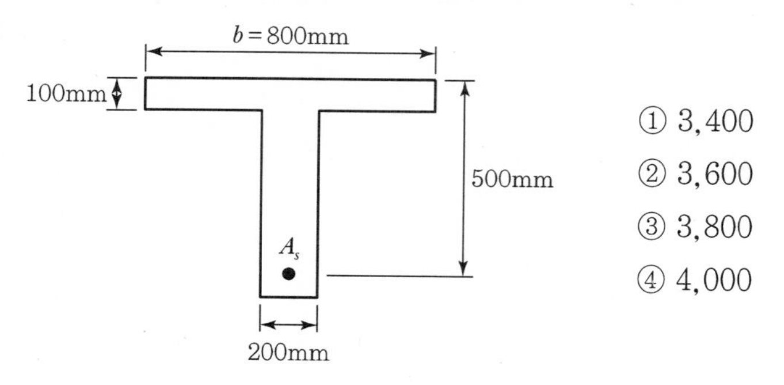

① 3,400
② 3,600
③ 3,800
④ 4,000

해설

$\eta = 1$($f_{ck} = 20\text{MPa} \le 40\text{MPa}$인 경우)

$$a = \frac{f_y A_s}{\eta 0.85 f_{ck} b} \le t_f$$

$$A_s \le \frac{\eta 0.85 f_{ck} b t_f}{f_y} = \frac{1 \times 0.85 \times 20 \times 800 \times 100}{400} = 3{,}400\text{mm}^2$$

정답 ①

9급 2017년 지방직(1차)

124 그림과 같은 T형보를 직사각형보로 해석할 수 있는 최대 철근량 A_s[mm²]는?(단, f_{ck} = 20MPa, f_y = 400MPa이며 「콘크리트구조 설계기준(2021)」을 적용한다.)

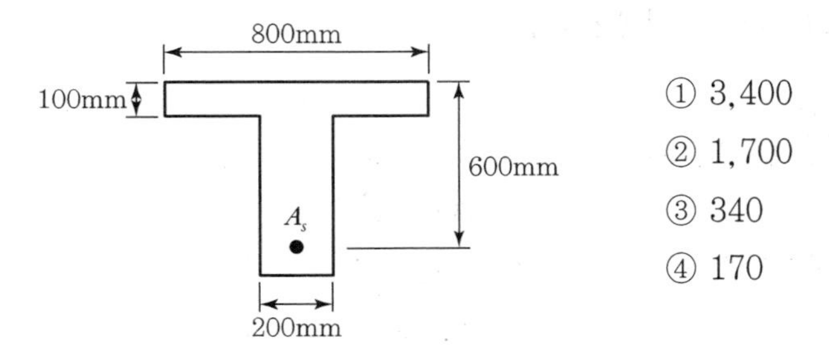

① 3,400
② 1,700
③ 340
④ 170

해설

$\eta = 1(f_{ck} = 20\text{MPa} \le 40\text{MPa}$인 경우)

$$a = \frac{A_s f_y}{\eta 0.85 f_{ck} b} \le t_f$$

$$A_s \le \frac{\eta 0.85 f_{ck} b t_f}{f_y} = \frac{1 \times 0.85 \times 20 \times 800 \times 100}{400} = 3{,}400\text{mm}^2$$

정답 ①

9급 2015년 국가직

125 그림과 같은 철근콘크리트 T형보를 직사각형보로 설계해도 되는 인장철근량[mm²]을 모두 고른 것은?(단, 철근의 설계기준항복강도 f_y = 400MPa, 콘크리트의 설계기준압축강도 f_{ck} = 25MPa이다.)

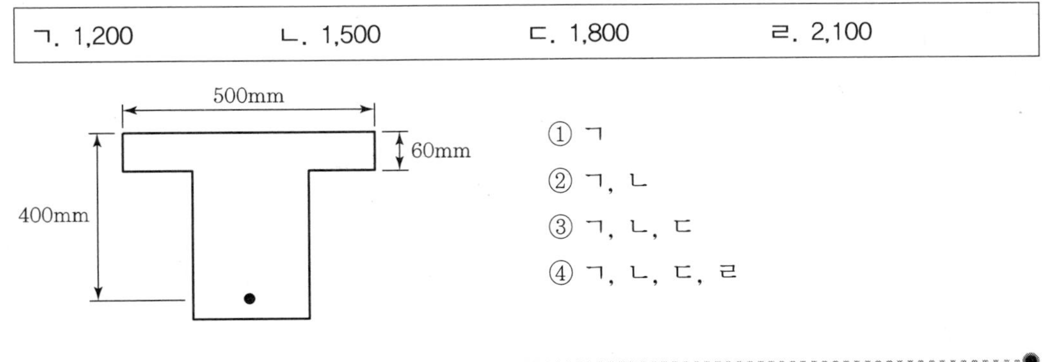

ㄱ. 1,200	ㄴ. 1,500	ㄷ. 1,800	ㄹ. 2,100

① ㄱ
② ㄱ, ㄴ
③ ㄱ, ㄴ, ㄷ
④ ㄱ, ㄴ, ㄷ, ㄹ

해설

$\eta = 1(f_{ck} = 25\text{MPa} \le 40\text{MPa}$인 경우)

$$a = \frac{f_y A_s}{\eta 0.85 f_{ck} b} \le t_f$$

$$A_s \le \frac{\eta 0.85 f_{ck} b t_f}{f_y} = \frac{1 \times 0.85 \times 25 \times 500 \times 60}{400} = 1{,}593.75\text{mm}^2$$

정답 ②

9급 2019년 서울시

126 그림과 같은 정(+)의 휨모멘트가 작용하는 T형보를 설계할 때, 유효폭 b_e를 폭으로 하는 직사각형보로 해석할 수 있는 유효폭 b_e의 최솟값은?(단, f_{ck} = 20MPa, f_y = 400MPa이고, 「콘크리트구조 설계기준(2021)」을 적용한다.)

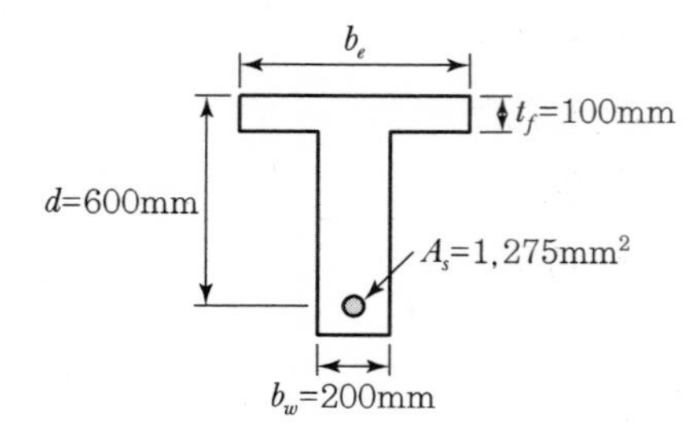

① 250mm
② 300mm
③ 350mm
④ 400mm

해설

$\eta = 1(f_{ck} = 20\text{MPa} \le 40\text{MPa}$인 경우)

$$a = \frac{f_y A_s}{\eta 0.85 f_{ck} b_e} \le t_f$$

$$b_e \ge \frac{f_y A_s}{\eta 0.85 f_{ck} t_f} = \frac{400 \times 1{,}275}{1 \times 0.85 \times 20 \times 100} = 300\text{mm}$$

정답 ❷

9급 2008년 국가직

127 다음 그림과 같은 T 형보에서 플랜지 내민 부분의 압축력과 균형을 이루기 위한 철근 단면적 A_{sf} [cm^2]는?(단, 강도설계법에 의하고, $f_{ck}=20\text{MPa}$, $f_y=400\text{MPa}$, $b=80\text{cm}$, $b_w=30\text{cm}$, $d=90\text{cm}$, $t_f=20\text{cm}$, $A_s=80\text{cm}^2$라고 가정한다.)

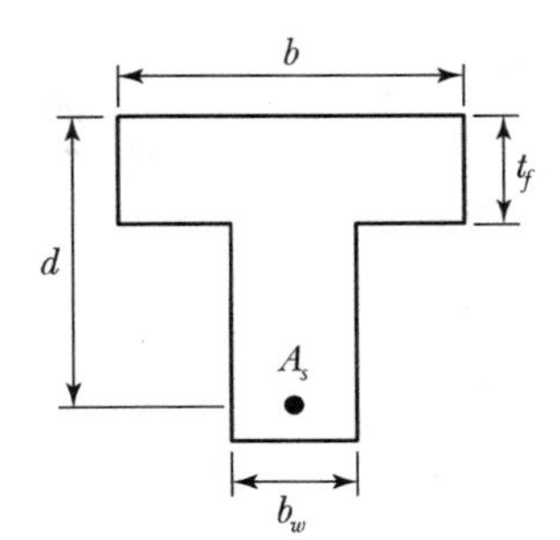

① 21.3
② 42.5
③ 85
④ 120

해설

$\eta=1(f_{ck}=20\text{MPa}\le 40\text{MPa}$인 경우)

$T_f=C_f$

$f_y \cdot A_{sf}=\eta 0.85 f_{ck}(b-b_w)t_f$

$$A_{sf}=\frac{\eta 0.85 f_{ck}(b-b_w)t_f}{f_y}=\frac{1\times 0.85\times 20\times(80-30)\times 20}{400}=42.5\text{cm}^2$$

정답 ②

9급 2014년 서울시

128 다음 그림과 같은 T형보에서 플랜지 내민 부분의 압축력과 균형을 이루기 위한 철근 단면적 A_{sf}(cm^2)는?(단, 강도설계법에 의하고, $f_{ck}=20\text{MPa}$, $f_y=400\text{MPa}$, $b=70\text{cm}$, $b_w=20\text{cm}$, $d=65\text{cm}$, $t_f=15\text{cm}$, $A_s=47.65\text{cm}^2$라고 가정한다.)

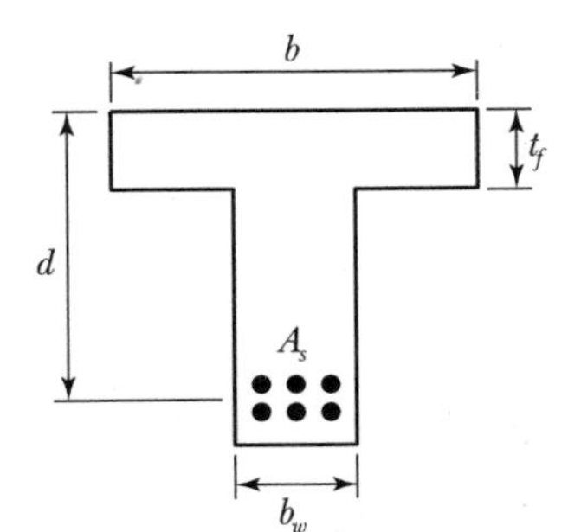

① 31.875cm^2
② 52cm^2
③ 65.275cm^2
④ 85cm^2
⑤ 110cm^2

해설

$\eta=1(f_{ck}=20\text{MPa}\le 40\text{MPa}$인 경우)

$T_f=C_f$

$f_y A_{sf}=\eta 0.85 f_{ck}(b-b_w)t_f$

$$A_{sf}=\frac{\eta 0.85 f_{ck}(b-b_w)t_f}{f_y}=\frac{1\times 0.85\times 20\times(70-20)\times 15}{400}=31.875\text{cm}^2$$

정답 ①

9급 2017년 국가직

129 그림과 같은 단철근 T형보에서 플랜지 부분에 대응하는 철근량 A_{sf}[mm²]는?(단, f_{ck} = 30MPa, f_y = 300MPa이며, 「콘크리트구조 설계기준(2021)」을 적용한다.)

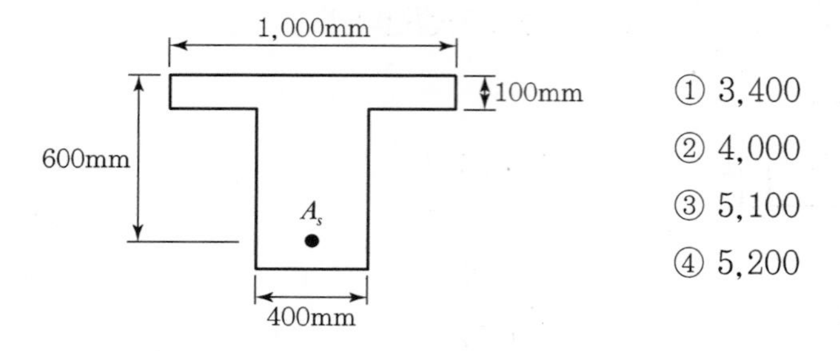

① 3,400
② 4,000
③ 5,100
④ 5,200

해설

$\eta = 1(f_{ck} = 30\text{MPa} \leq 40\text{MPa}$인 경우)

$$A_{sf} = \frac{\eta 0.85 f_{ck}(b-b_w)t_f}{f_y} = \frac{1 \times 0.85 \times 30 \times (1{,}000 - 400) \times 100}{300} = 5{,}100\text{mm}^2$$

정답 ③

9급 2019년 국가직

130 그림과 같은 T형보에 대한 등가 응력블록의 깊이 a[mm]는?(단, f_{ck} = 20MPa, f_y = 400MPa이다.)

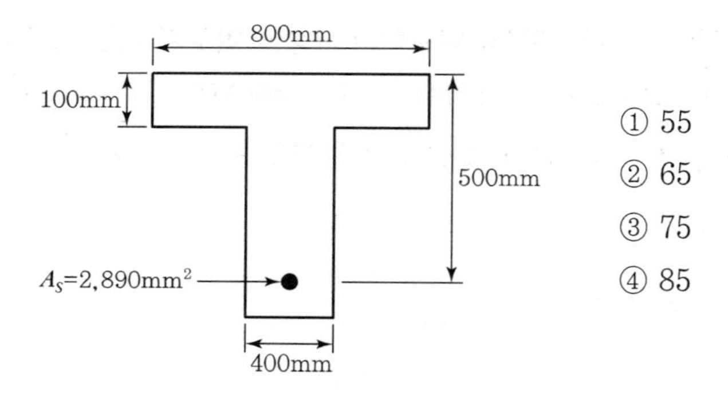

① 55
② 65
③ 75
④ 85

해설

1. 폭이 $b = 800\text{mm}$인 직사각형 단면보에 대한 등가사각형 깊이

$\eta = 1(f_{ck} = 20\text{MPa} \leq 40\text{MPa}$인 경우)

$$a = \frac{f_y A_s}{\eta 0.85 f_{ck} b} = \frac{400 \times 2{,}890}{1 \times 0.85 \times 20 \times 800} = 85\text{mm}$$

2. T형보의 판별

$a(=85\text{mm}) < t_f(=100\text{mm})$이므로 폭이 $b = 800\text{mm}$인 직사각형 단면보로 해석한다.

따라서, 등가사각형 깊이는 $a = 85\text{mm}$이다.

정답 ④

9급 2013년 지방직

131 다음 그림과 같은 T형보에서 인장철근의 단면적이 $A_s = 4,250\,\text{mm}^2$일 때, 등가직사각형 응력블록의 깊이 a[mm]는?(단, 콘크리트 설계기준강도 $f_{ck} = 20\text{MPa}$, 철근의 항복강도 $f_y = 400\text{MPa}$이다.)

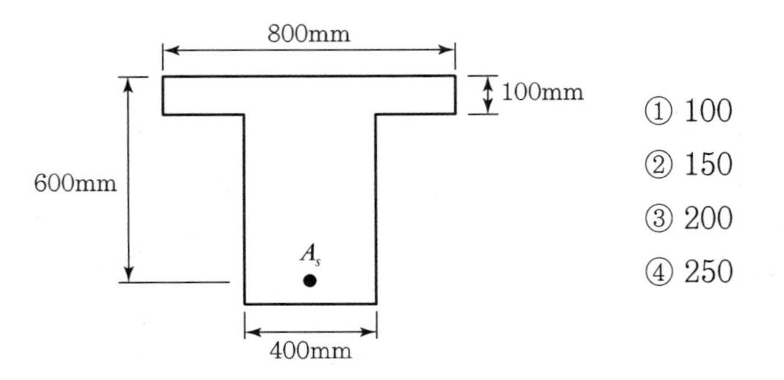

① 100
② 150
③ 200
④ 250

해설

1. T형보의 판별

폭이 $b = 800\text{mm}$인 직사각형 단면보에 대한 등가사각형 깊이

$\eta = 1(f_{ck} = 20\text{MPa} \le 40\text{MPa}$인 경우)

$$a = \frac{f_y A_s}{\eta 0.85 f_{ck} b} = \frac{400 \times 4,250}{1 \times 0.85 \times 20 \times 800} = 125\text{mm}$$

$a(=125\text{mm}) > t_f(=100\text{mm})$ − T형보로 해석

2. T형보의 등가 직사각형 깊이(a)

$$A_{sf} = \frac{\eta 0.85 f_{ck}(b - b_w)t_f}{f_y} = \frac{1 \times 0.85 \times 20 \times (800 - 400) \times 100}{400} = 1,700\text{mm}^2$$

$$a = \frac{(A_s - A_{sf})f_y}{\eta 0.85 f_{ck} b_w} = \frac{(4,250 - 1,700) \times 400}{1 \times 0.85 \times 20 \times 400} = 150\text{mm}$$

정답 ②

9급 2011년 국가직

132 그림과 같은 철근콘크리트 T형보의 휨강도 계산 시 플랜지 상연에서 중립축까지의 거리와 가장 가까운 값[mm]은?(단, 콘크리트 압축강도 $f_{ck}=25\text{MPa}$, 철근의 항복강도 $f_y=300\text{MPa}$, 철근 단면적 $A_s=5{,}000\text{mm}^2$이다.)

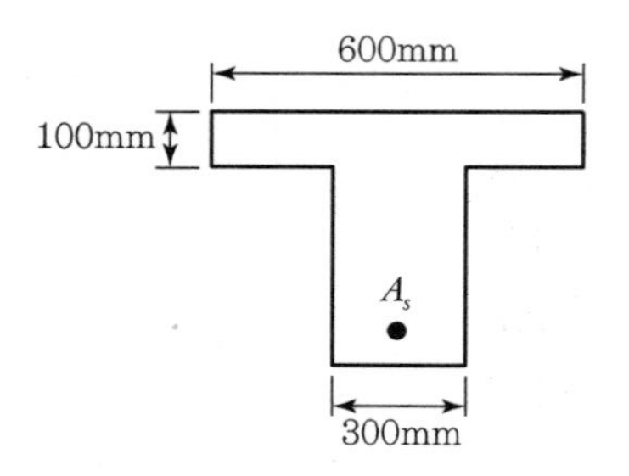

① 139　② 147　③ 158　④ 169

해설

1. η, β_1의 값

$f_{ck}=25\text{MPa}\le 40\text{MPa}$인 경우

$\eta=1,\ \beta_1=0.8$

2. T형보의 판별

폭이 $b=600\text{mm}$인 직사각형 단면보에 대한 등가사각형 깊이

$$a=\frac{f_y A_s}{\eta 0.85 f_{ck} b}=\frac{300\times 5{,}000}{1\times 0.85\times 25\times 600}=117.6\text{mm}$$

$a(=117.6\text{mm})>t_f(=100\text{mm})$이므로 T형보로 해석한다.

3. T형보의 중립축 위치(c)

$$A_{sf}=\frac{\eta 0.85 f_{ck}(b-b_w)t_f}{f_y}=\frac{1\times 0.85\times 25\times(600-300)\times 100}{300}=2{,}125\text{mm}^2$$

$$c=\frac{(A_s-A_{sf})f_y}{\eta 0.85 f_{ck} b_w \beta_1}=\frac{(5{,}000-2{,}125)\times 300}{1\times 0.85\times 25\times 300\times 0.80}=169.2\text{mm}$$

정답 ④

9급 2020년 지방직

133 그림과 같은 단면을 가진 T형보에 정모멘트가 작용할 때 극한상태에서의 등가직사각형 응력블록의 깊이 a가 200mm라면 콘크리트에 작용하는 압축력의 크기[kN]는?(단, f_{ck} = 24 MPa, f_y = 400MPa이며, 콘크리트구조 휨 및 압축 설계기준(KDS 14 20 20)을 따른다)

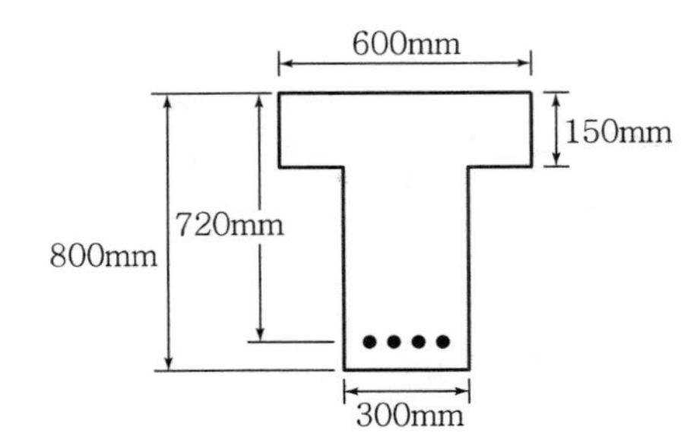

① 2,142
② 2,448
③ 2,520
④ 2,880

해설

$\eta = 1(f_{ck} = 24\text{MPa} \le 40\text{MPa}$인 경우)

$C = \eta 0.85 f_{ck}[(b - b_w)t_f + a \cdot b_w]$

$= 1 \times 0.85 \times 24[(600 - 300) \times 150 + 200 \times 300]$

$= 2{,}142 \times 10^3\text{N} = 2{,}142\text{kN}$

정답 

9급 2014년 국가직

134 다음 그림과 같은 단철근 T형보의 공칭휨강도 M_n 및 철근량 A_{sf}를 구하는 식으로 옳은 것은?(단, 중립축은 복부에 위치하고, $A_{sw} = A_s - A_{sf}$, f_{ck} : 콘크리트의 설계기준압축강도, f_y : 철근의 설계기준항복강도이다.)

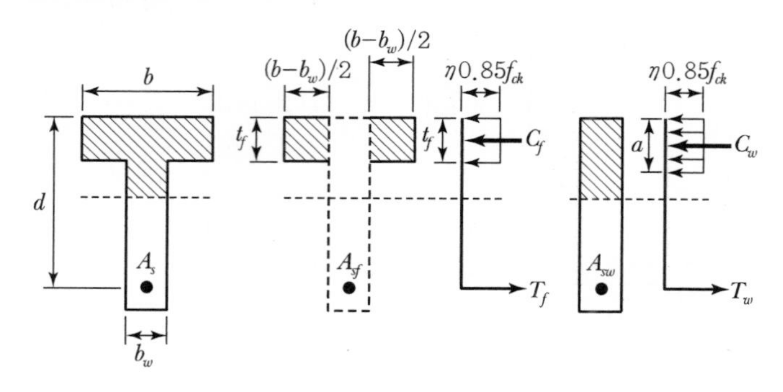

① $M_n = f_y A_{sf}\left(d - \frac{t_f}{2}\right) + f_y A_{sw}\left(d - \frac{a}{2}\right)$, $A_{sf} = \frac{\eta 0.85 f_{ck} t_f (b - b_w)/2}{f_y}$

② $M_n = f_y A_{sf}\left(d - \frac{t_f}{2}\right) + f_y A_s\left(d - \frac{a}{2}\right)$, $A_{sf} = \frac{\eta 0.85 f_{ck} t_f (b - b_w)}{f_y}$

③ $M_n = f_y A_{sf}\left(d - \frac{t_f}{2}\right) + f_y A_{sw}\left(d - \frac{a}{2}\right)$, $A_{sf} = \frac{\eta 0.85 f_{ck} t_f (b - b_w)}{f_y}$

④ $M_n = f_y A_{sf}\left(d - \frac{t_f}{2}\right) + f_y A_s\left(d - \frac{a}{2}\right)$, $A_{sf} = \frac{\eta 0.85 f_{ck} t_f (b - b_w)/2}{f_y}$

해설

T형보의 공칭휨강도(M_n)

$$M_n = f_y A_{sf}\left(d - \frac{t_f}{2}\right) + f_y A_{sw}\left(d - \frac{a}{2}\right)$$

$$A_{sf} = \frac{\eta 0.85 f_{ck} t_f (b - b_w)}{f_y},\ A_{sw} = A_s - A_{sf},\ a = \frac{f_y A_{sw}}{\eta 0.85 f_{ck} b_w}$$

정답 ③

9급 2015년 지방직

135 다음 그림과 같은 박스형 단면을 갖는 철근콘크리트보의 공칭휨강도 M_n[kN · m]은?(단, f_{ck} = 20MPa, f_y = 400MPa, f_{ck}는 콘크리트의 설계기준압축강도, f_y는 철근의 설계기준 항복강도이다.)

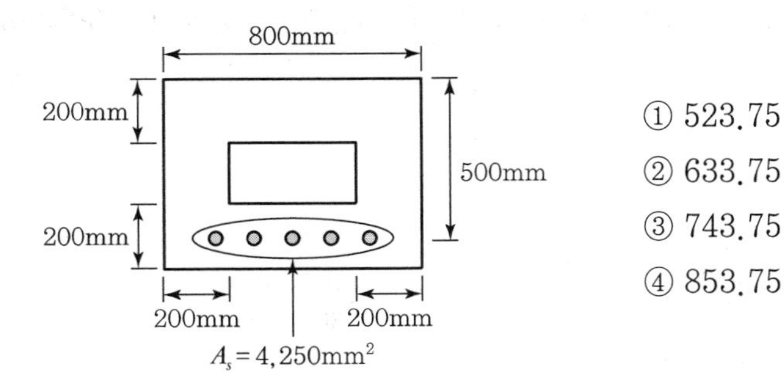

① 523.75
② 633.75
③ 743.75
④ 853.75

해설

1. 박스형 단면보의 판별 및 등가사각형 깊이(a)

폭이 $b=800$mm 인 직사각형 단면보에 대한 등가사각형 깊이(a)

$\eta=1$($f_{ck}=20$MPa $\le$ 40MPa인 경우)

$$a=\frac{f_y A_s}{\eta 0.85 f_{ck} b}=\frac{400\times 4,250}{1\times 0.85\times 20\times 800}=125\text{mm}$$

$t_f=200$mm

$a(=125\text{mm})<t_f(=200\text{mm})$이므로 폭이 $b=800$mm 인 직사각형 단면보로 해석한다.

따라서, 등가사각형 깊이는 $a=125$mm 이다.

2. 공칭 휨강도(M_n)

$$M_n=f_y A_s\left(d-\frac{a}{2}\right)$$

$$=400\times 4,250\left(500-\frac{125}{2}\right)=743.75\times 10^6\text{N}\cdot\text{mm}=743.75\text{kN}\cdot\text{m}$$

정답 ③

9급 2017년 지방직(1차)

136 사용하중이 작용하여 인장 측 콘크리트에 휨인장균열이 발생한 단철근 직사각형 보에서 압축연단의 콘크리트 응력이 10MPa일 때 인장철근의 응력[MPa]은?(단, 재료는 Hooke의 법칙이 성립하고, 단면의 유효깊이 $d = 450$mm, 압축연단에서 중립축까지의 거리 $c = 150$mm, 철근의 탄성계수 $E_s = 210$GPa, 콘크리트의 탄성계수 $E_c = 30,000$MPa이다.)

① 100 ② 120

③ 140 ④ 160

해설

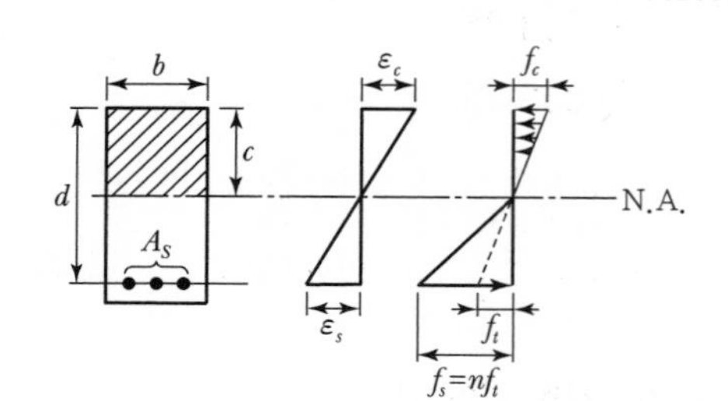

$$n = \frac{E_s}{E_c} = \frac{(210 \times 10^3)}{(30,000)} = 7$$

$$f_s = nf_t = nf_c \frac{d-c}{c}$$

$$= 7 \times 10 \times \frac{450-150}{150} = 140\text{MPa}$$

정답 

Chapter 04

보의 전단과 비틀림

Contents

01 전단응력

1. 등단면보의 전단응력

(1) 균질보의 전단응력

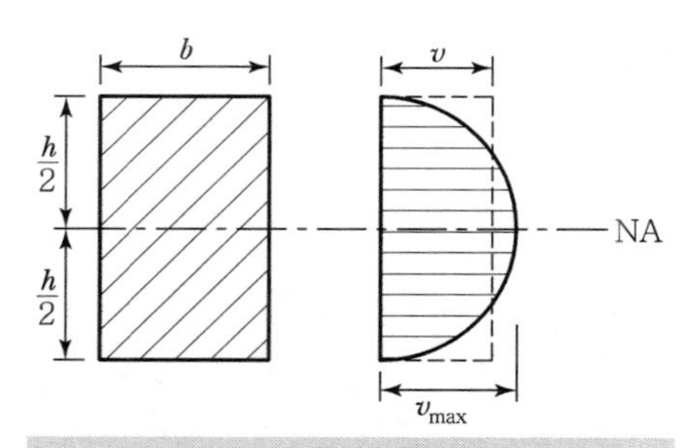

[그림 4-1] 균질보의 전단응력

1) 균질보의 최대 전단응력(v_{max})

$$v_{max} = \alpha \frac{V}{bh} \quad \cdots\cdots (4.1)$$

여기서, V : 전단력

α : 형상계수(직사각형 단면일 경우, $\alpha = 1.5$)

2) 균질보의 평균 전단응력(v)

$$v = \frac{V}{bh} \quad \cdots\cdots (4.2)$$

3) 균질보에서 최대 전단응력과 평균 전단응력의 비

$$\frac{v_{max}}{v} = 1.5$$

(2) 철근콘크리트 보의 전단응력

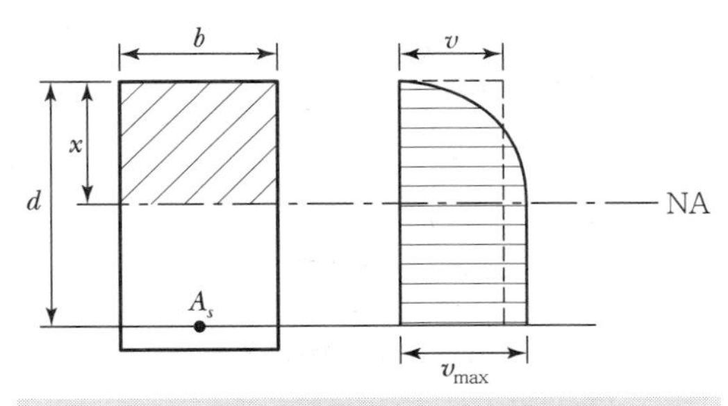

[그림 4-2] 철근콘크리트 보의 전단응력

1) 철근콘크리트 보의 최대 전단응력(v_{max})

$$v_{max} = \frac{V}{bdj} \quad \cdots\cdots (4.3)$$

여기서, $j = \frac{7}{8} \sim \frac{8}{9}$

2) 철근콘크리트 보의 평균 전단응력(v)

$$v = \frac{V}{bd} \quad \cdots\cdots (4.4)$$

3) 철근콘크리트 보에서 최대 전단응력과 평균 전단응력의 비

$$\frac{v_{max}}{v} \fallingdotseq 1.1$$

4) 철근콘크리트 보의 전단거동은 다양한 요인들에 의하여 그 거동이 매우 복잡하다. 또한 최대 전단응력과 평균 전단응력의 값이 거의 비슷하므로 전단에 대한 해석과 설계에서는 평균 전단응력을 사용한다.

참고

철근콘크리트 보의 최대 전단응력은 중립축에서부터 인장측까지 일정한 값으로 존재한다.

2. 부등단면보의 전단응력

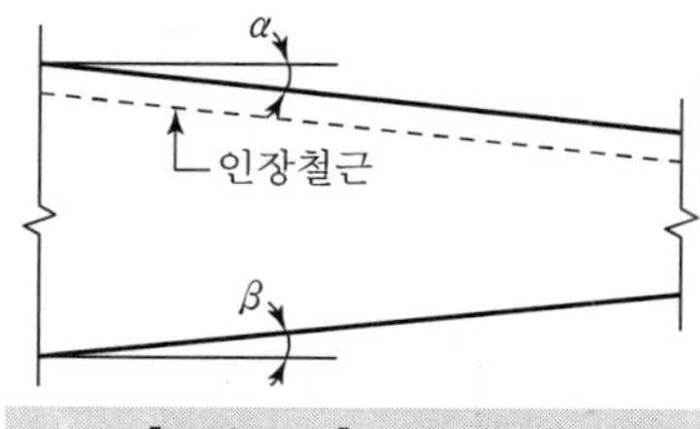

[그림 4-3] 부등단면보

$$v=\frac{1}{bd}\left\{V-\frac{M}{d}(\tan\alpha+\tan\beta)\right\} \quad \cdots\cdots (4.5)$$

여기서, V : 전단력(절댓값)

M : 휨모멘트(절댓값)

α, β의 부호 : $|M|$이 증가함에 따라 d (증가 → '+' / d 감소 → '−')

02 사인장응력과 균열

1. 사인장응력

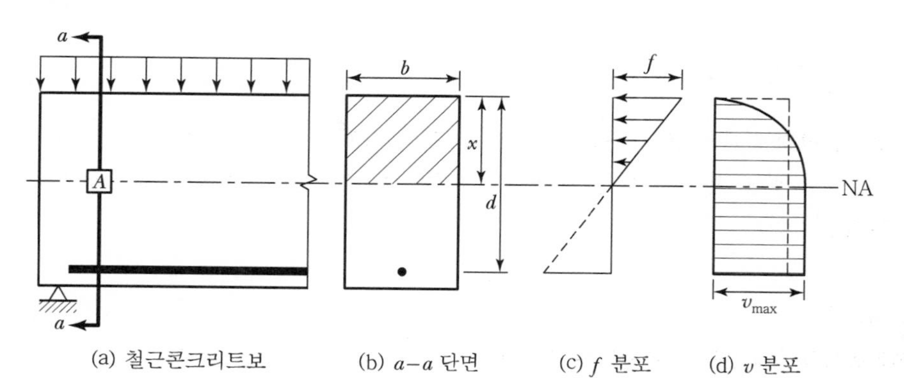

(a) 철근콘크리트보 (b) $a-a$ 단면 (c) f 분포 (d) v 분포

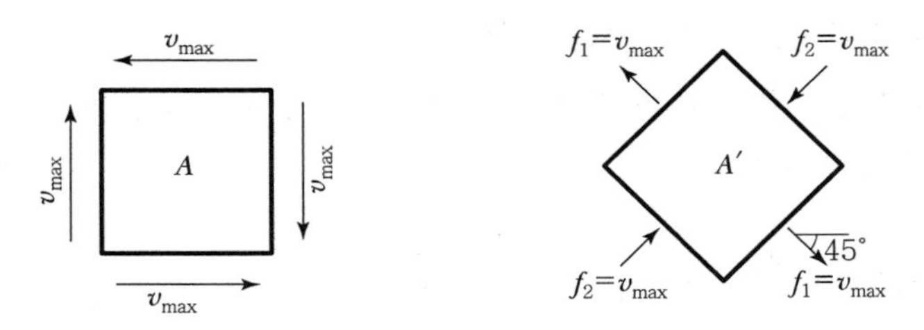

(e) 중립축에 위치한 요소 A

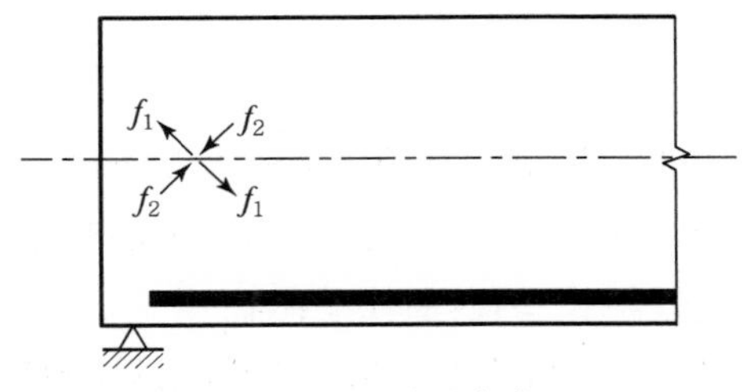

(f) 요소 A의 주응력

[그림 4-4] 철근콘크리트 보의 중립축에 위치한 요소의 주응력

(1) 철근콘크리트 보의 주응력

1) 철근콘크리트 보의 주응력 식

균열이 발생하기 전에는 철근콘크리트 보를 균질보로 간주할 수 있고, 또한 탄성 거동을 하므로 다음 식이 성립한다.

$$f_{1.2} = \frac{f}{2} \pm \sqrt{\left(\frac{f}{2}\right)^2 + v^2} \quad \cdots\cdots (4.6)$$

2) 중립축에 위치한 요소 A의 주응력

중립축에 위치한 요소 A의 응력은 [그림 4-4]의 (c)와 (d)에서 보여주는 것과 같이 $f=0$, $v=v_{max}$이므로 식 (4.6)에 의하여 요소 A의 주응력은 다음과 같이 된다.

$$f_1 = v_{max},\ f_2 = -v_{max}$$

(2) 철근콘크리트 보의 주응력면

1) 철근콘크리트 보의 주응력면 식

$$\tan 2\theta = -\frac{2v}{f} \quad \cdots\cdots (4.7)$$

2) 중립축에 위치한 요소 A의 주응력면

중립축에 위치한 요소 A의 응력은 $f=0$, $v=v_{max}$ 이므로 식 (4.7)에 의하여 요소 A의 주응력면은 다음과 같이 된다.

$$\tan 2\theta = -\frac{2v}{f} = -\frac{2v_{max}}{0} = \infty$$

$$\theta_P = 45° \text{ 또는 } 135°$$

(3) 사인장응력

① [그림 4−4]의 (e)와 (f)에서 알 수 있는 것과 같이 주압축응력 $f_2(=-v_{max})$은 콘크리트가 충분히 견딜 수 있지만, 이것에 직각으로 작용하는 주인장응력 $f_1(=v_{max})$은 철근콘크리트 보의 지점 부근에서 사인장균열을 일으키는 원인이 된다.

② 주인장응력은 그 크기가 전단응력과 같기 때문에 전단응력이라고도 하며, 또 보의 축에 대하여 45° 경사로 작용하기 때문에 사인장응력이라고도 한다.

2. 사인장균열

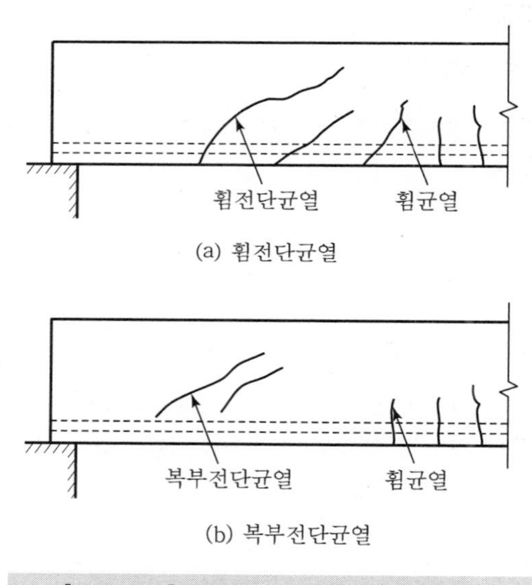

[그림 4−5] 철근콘크리트 보의 사인장균열

(1) 휨전단균열

① 휨모멘트에 의하여 철근콘크리트 보에 수직균열이 먼저 발생

② 전단에 유효한 비균열 단면의 감소

③ 전단응력의 증가

④ 수직균열의 끝에 경사균열(사인장 균열) 발생
⑤ 휨모멘트가 크고 전단력도 큰 단면에서 발생

(2) 복부전단균열

① 휨모멘트는 작고 전단력은 큰 지점부 가까이의 중립축 근처에서 발생하는 경사균열
② I형 단면과 같이 얇은 복부에서 발생

03 전단철근의 종류

1. 전단철근의 종류

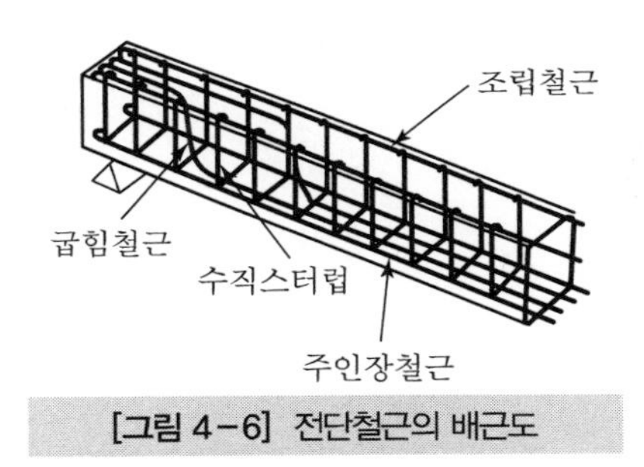

[그림 4-6] 전단철근의 배근도

① 주인장철근에 수직으로 배치한 스터럽
② 주인장철근에 45° 이상의 경사로 배치한 스터럽
③ 주인장철근에 30° 이상의 경사로 구부린 굽힘철근(절곡 철근)
④ 스터럽과 굽힘철근의 병용(①과 ③의 병용 또는 ②와 ③의 병용)
⑤ 나선철근 또는 용접 철망

참고
전단철근은 전단보강철근 또는 사인장철근이라고도 하며, 전단력으로 인해 발생되는 경사균열을 제어하기 위하여 배치한다.

2. 스터럽의 종류

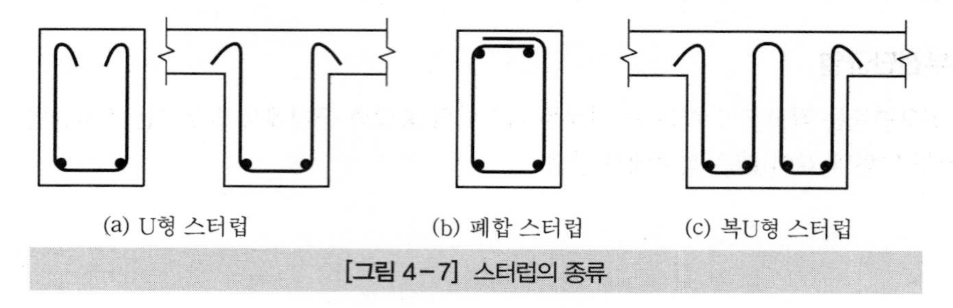

(a) U형 스터럽 (b) 폐합 스터럽 (c) 복U형 스터럽

[그림 4-7] 스터럽의 종류

① U형 스터럽
② 폐합 스터럽
③ 복U형 스터럽(W형 스터럽)

04 전단해석과 설계

1. 설계의 기본원칙

$$V_u \le V_d = \phi V_n \quad \cdots\cdots (4.8)$$

여기서, V_u : 계수전단력
V_d : 설계전단강도
V_n : 공칭전단강도
ϕ : 강도감소계수(=0.75)

참고

◈ 계수전단력(V_u)
계수전단력(V_u)은 전단에 대한 위험단면의 위치에서 취한다.

◈ 전단에 대한 위험단면의 위치
① 보 또는 1방향 슬래브 : 지점으로부터 d만큼 떨어진 곳
② 2방향 슬래브 : 지점으로부터 $\frac{d}{2}$만큼 떨어진 곳

2. 공칭전단강도(V_n)

(1) 공칭전단강도(V_n)

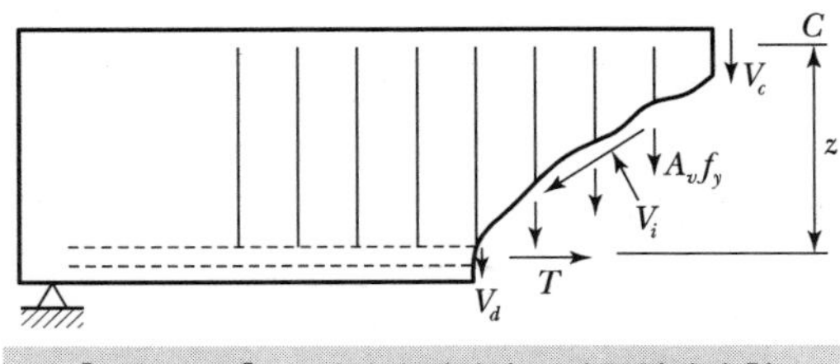

[그림 4-8] 스터럽이 배치된 보의 균열면의 힘

1) 스터럽이 배치된 보의 지점 부근에서 사인장 균열이 발생하면 균열면에는 [그림 4-8]에 나타낸 것과 같은 힘들이 발생되며, 이 힘들에 대하여 평형방정식을 적용하면 스터럽이 배치된 보의 공칭전단강도를 다음과 같이 구할 수 있다.

$$V_n = V_c + V_d + V_{iy} + V_s \quad \cdots\cdots (4.9)$$

여기서, V_c : 균열이 발생하지 않은 부분의 콘크리트가 부담하는 전단력
V_d : 인장철근의 도웰작용(Dowel Action)에 의한 수직내력
V_{iy} : 거치른 균열면의 맞물림(Interlocking)에 의한 내력 V_i의 수직분력
V_s : 균열면과 교차된 전단철근(스터럽)이 부담하는 전단력

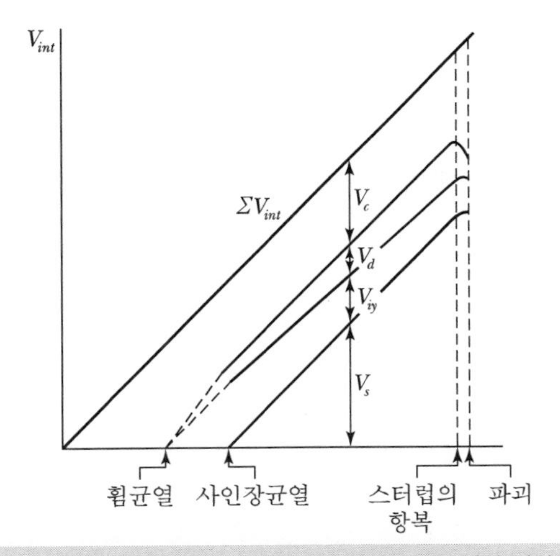

[그림 4-9] 스터럽이 배치된 보의 내적 전단력의 변화

2) [그림 4−9]에서 보여 주듯이 스터럽이 항복하여 균열이 보의 전 높이에 이르게 되면 $V_d = 0$, $V_{iy} = 0$으로 간주할 수 있다. 그러므로 스터럽이 항복하는 단계에서 식 (4.9)는 다음과 같이 된다.

$$V_n = V_c + V_s \quad \cdots\cdots (4.10)$$

(2) 콘크리트가 부담하는 전단강도(V_c)

1) 간이식

$$V_c = \frac{1}{6}\lambda\sqrt{f_{ck}}\,b_w d \quad \cdots\cdots (4.11)$$

2) 엄밀식

$$V_c = \left(0.16\lambda\sqrt{f_{ck}} + 17.6\rho_w \frac{V_u d}{M_u}\right)b_w d \le 0.29\lambda\sqrt{f_{ck}}\,b_w d \quad \cdots\cdots (4.12)$$

여기서, $\rho_w = \dfrac{A_s}{b_w d}$, $\dfrac{V_u d}{M_u} \le 1$

3) 축방향압축력 작용

$$V_c = \frac{1}{6}\left(1 + \frac{N_u}{14A_g}\right)\lambda\sqrt{f_{ck}}\,b_w d \quad \cdots\cdots (4.13)$$

여기서, N_u : 계수하중에 의한 축방향압축력(+)

4) 축방향인장력 작용

$$V_c = \frac{1}{6}\left(1 + \frac{N_u}{3.5A_g}\right)\lambda\sqrt{f_{ck}}\,b_w d \quad \cdots\cdots (4.14)$$

여기서, N_u : 계수하중에 의한 축방향인장력(−)

참고

◈ 콘크리트의 설계기준강도(f_{ck})
전단강도의 계산에 있어서 $\sqrt{f_{ck}}$를 8.4MPa보다 크게 취해서는 안 된다.
즉, $\sqrt{f_{ck}} \le 8.4$MPa

(3) 전단철근이 부담하는 전단강도(V_s)

전단철근이 부담하는 전단강도는 식(4.8)과 (4.10)으로부터 다음과 같이 나타낼 수 있다.

$$V_s \geq \frac{V_u - \phi V_c}{\phi} \quad \cdots\cdots (4.15)$$

3. 전단철근의 설계

(1) 전단철근량(A_v)

1) $V_u \leq \frac{1}{2}\phi V_c$인 경우

이 경우는 전단철근이 필요 없다.

$$A_v = 0$$

2) $\frac{1}{2}\phi V_c < V_u \leq \phi V_c$인 경우

이 경우는 이론상 전단철근이 필요 없지만 콘크리트 구조 설계기준에서는 최소 전단철근량 ($A_{v,\min}$)을 배치하도록 요구하고 있다.

① 최소 전단철근량($A_{v,\min}$)

$$A_{v,\min} = 0.0625\sqrt{f_{ck}}\frac{b_w s}{f_y} \geq 0.35\frac{b_w s}{f_y} \quad \cdots\cdots (4.16)$$

여기서, s : 전단철근의 간격

② 최소 전단철근량 규정이 적용되지 않는 경우

㉠ 보의 높이(h)가 250mm 이하인 경우

㉡ I형 보 또는 T형 보에서 그 높이(h)가 플랜지두께(t_f)의 2.5배와 복부폭(b_w)의 $\frac{1}{2}$ 중, 큰 값보다 크지 않을 경우

㉢ 슬래브와 확대기초

㉣ 교대 벽체 및 날개벽, 옹벽의 벽체, 암거 등과 같이 휨이 주거동인 판부재

㉤ 콘크리트 장선구조

3) $\phi V_c < V_u$ 인 경우

① 수직스터럽을 사용할 경우

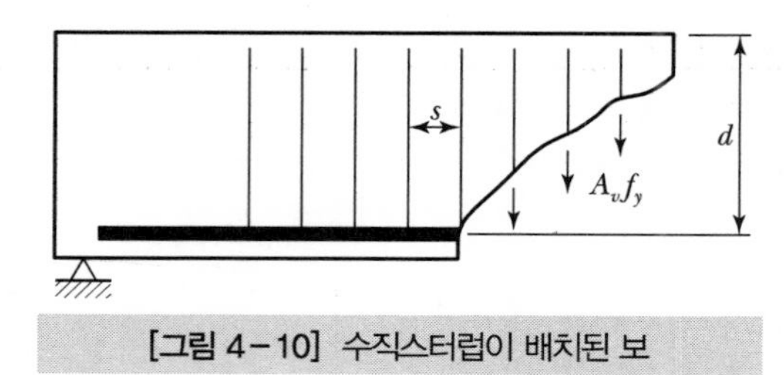

[그림 4-10] 수직스터럽이 배치된 보

수직스터럽을 전단보강철근으로 사용할 경우에 필요로 하는 전단철근량(A_v)은 [그림 4-10]으로부터 다음과 같이 구할 수 있다.

$$A_v = \frac{V_s s}{f_y d} \geq \frac{(V_u - \phi V_c)s}{\phi f_y d} \quad \cdots\cdots (4.17)$$

또한, 전단철근량(A_v)에 대한 식 (4.17)을 전단철근의 간격(s)에 대한 식으로 다시 쓰면 다음과 같다.

$$s = \frac{A_v f_y d}{V_s} \leq \frac{\phi A_v f_y d}{(V_u - \phi V_c)} \quad \cdots\cdots (4.18)$$

참고

전단철근량 A_v은 스터럽 1개의 단면적이다.

② 경사스터럽을 사용할 경우

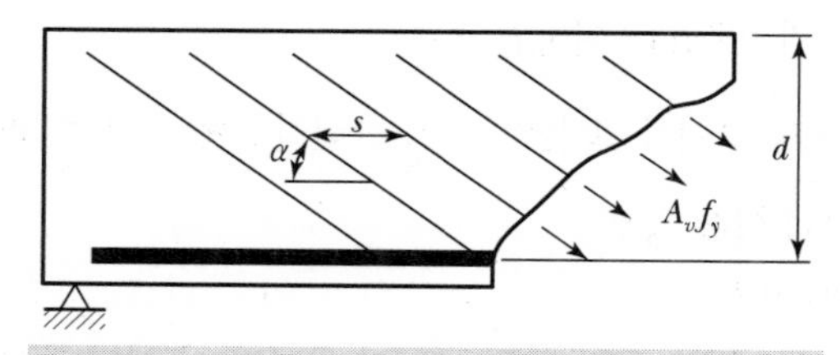

[그림 4-11] 경사스터럽이 배치된 보

경사스터럽 또는 종방향철근을 구부려 올린 굽힘철근을 전단보강철근으로 사용할 경우에 필요로 하는 전단철근량(A_v)은 [그림 4-11]로부터 다음과 같이 구할 수 있다.

$$A_v = \frac{V_s s}{f_y d(\sin\alpha + \cos\alpha)} \geq \frac{(V_u - \phi V_c)s}{\phi f_y d(\sin\alpha + \cos\alpha)} \quad \cdots\cdots (4.19)$$

여기서, α : 경사스터럽 또는 굽힘철근이 부재축과 이루는 경사각도

또한, 전단철근량(A_v)에 대한 식 (4.19)를 전단철근의 간격(s)에 대한 식으로 다시 쓰면 다음과 같다.

$$s = \frac{A_v f_y d(\sin\alpha + \cos\alpha)}{V_s} \leq \frac{\phi A_v f_y d(\sin\alpha + \cos\alpha)}{(V_u - \phi V_c)} \quad \cdots\cdots (4.20)$$

(2) 전단철근의 상세

1) 콘크리트 구조 설계기준에서 전단철근의 간격(s)을 다음과 같이 규정하고 있다.

① 수직스터럽의 간격은 철근콘크리트 부재의 경우 $0.5d$ 이하, 프리스트레스트 콘크리트 부재의 경우 $0.75h$ 이하, 또 어느 경우이든 600mm 이하로 한다.

② 경사스터럽과 굽힘철근은 부재의 중간 높이 $0.5d$에서 반력점 방향으로 주인장 철근까지 연장된 45°선과 한 번 이상 교차되도록 배치하여야 한다.

③ $V_s > \frac{1}{3}\lambda\sqrt{f_{ck}}b_w d$인 경우는 전단철근의 간격을 위 ①, ②항에 규정된 값의 1/2 이하로 해야 한다.

참고

◈ 전단철근의 간격(s)

① 수직스터럽

$s \leq 0.5d$, $s \leq$600mm(PSC의 경우, $s \leq 0.75h$)

② 경사스터럽

$s \leq \frac{3}{4}d$

③ $V_s > \frac{1}{3}\lambda\sqrt{f_{ck}}b_w d$인 경우

①, ②항의 $\frac{1}{2}$ 이하로 감소

2) 전단철근이 부담하는 전단강도(V_s)는 $0.2\left(1 - \frac{f_{ck}}{250}\right)f_{ck}b_w d$ 이하라야 한다.

3) 전단철근의 설계기준 항복강도(f_y)는 500MPa 이하라야 한다. 다만, 용접이형철망을 사용한 경우는 600MPa 이하라야 한다.

4) 전단철근으로 사용된 스터럽 기타 철근 또는 철선은 압축연단에서 d거리까지 직접 연장되거나 겹침이음 길이가 $1.3l_d$ 이상으로 연장되어야 하며, 철근의 설계기준 항복강도를 발휘할 수 있도록 정착되어야 한다.

05 특수한 경우의 전단설계

1. 깊은 보

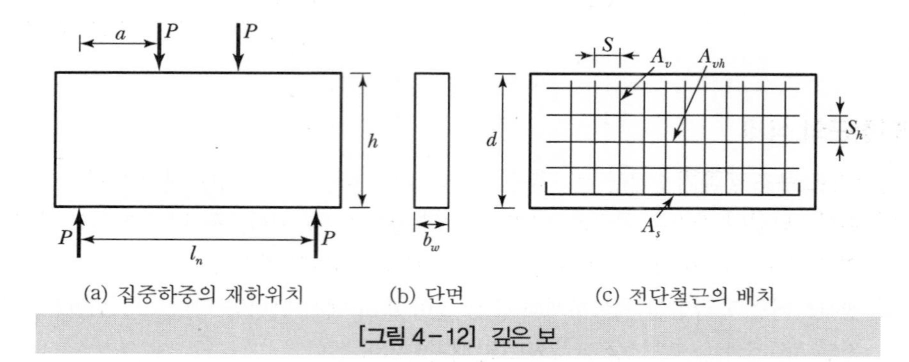

[그림 4-12] 깊은 보

(1) 깊은 보의 정의

1) 보의 높이가 지간에 비하여 보통의 경우보다 높고, 보의 폭이 지간이나 높이보다 매우 작은 보를 깊은 보(Deep Beam) 또는 높이가 큰 보라 한다.
2) 콘크리트 구조 설계기준에서 깊은 보를 다음과 같이 정의하고 있다.
   ① 받침부 내면 사이의 순경간(l_n)이 부재깊이(h)의 4배 이하인 부재
   ② 집중하중이 받침점으로부터 부재깊이(h)의 2배 이내의 거리에 작용하는 부재

참고

◈ 깊은 보

$\frac{l_n}{h} \leq 4$ 또는 $\frac{a}{h} \leq 2$인 부재

(2) 깊은 보의 공칭전단강도

깊은 보의 공칭전단강도는 다음과 같다.

$$V_n \leq \frac{5}{6}\sqrt{f_{ck}}\,b_w d \quad \cdots\cdots (4.21)$$

(3) 깊은 보의 전단철근

1) 최소 전단철근량

① 수직전단철근

$$A_v \geq 0.0025 b_w s$$

여기서, A_v : 수직전단철근의 단면적
s : 수직전단철근의 간격

② 수평전단철근

$$A_{vh} \geq 0.0015 b_w s_h$$

여기서, A_{vh} : 수평전단철근의 단면적
s_h : 수평전단철근의 간격

2) 전단철근의 간격

① 수직전단철근 : $s \leq \dfrac{d}{5}$ 또는 $s \leq 300\text{mm}$

② 수평전단철근 : $s_h \leq \dfrac{d}{5}$ 또는 $s_h \leq 300\text{mm}$

2. 전단마찰

(1) 전단마찰을 고려하여 설계해야 하는 경우

① 굳은 콘크리트와 이에 이어친 콘크리트의 접합면
② 기둥과 브래킷(Bracket) 또는 내민받침(Corbel)의 접합면
③ 프리캐스트 구조에서 부재요소의 접합면
④ 콘크리트와 강재의 접합면

(2) 전단마찰설계

1) 전단마찰철근이 전단 면에 수직 배치된 경우

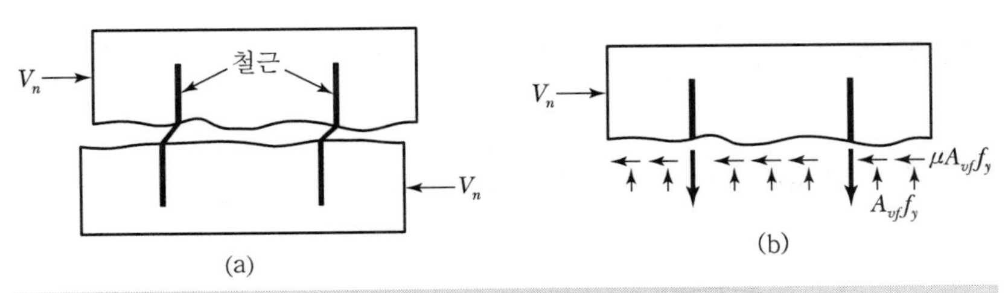

[그림 4-13] 전단마찰철근이 전단 면에 수직 배치된 경우

① 공칭전단강도(V_n)

$$V_n = \mu A_{vf} f_y \quad \cdots\cdots (4.22)$$

여기서, μ : 균열면의 마찰계수
A_{vf} : 균열면(전단 면)에 수직 배치된 전단마찰철근량

② 전단마찰철근량(A_{vf})

전단마찰에 대한 설계 역시 식 (4.8)에 따라야 하므로 전단마찰철근량은 다음과 같이 구할 수 있다.

$$A_{vf} = \frac{V_n}{\mu f_y} \geq \frac{V_u}{\phi \mu f_y} \quad \cdots\cdots (4.23)$$

2) 전단마찰철근이 전단 면에 경사 배치된 경우

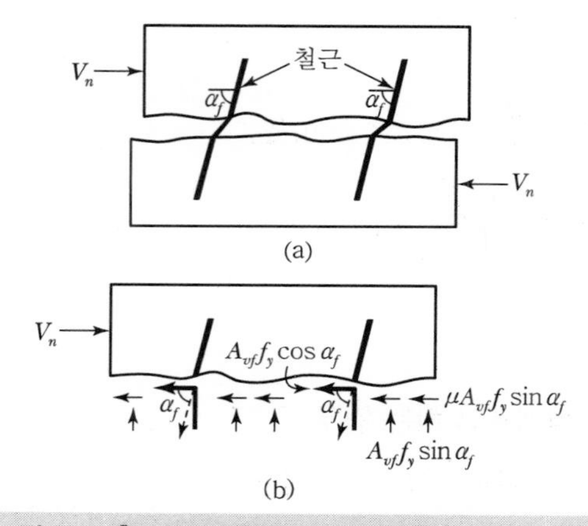

[그림 4-14] 전단마찰철근이 전단 면에 경사 배치된 경우

① 공칭전단강도(V_n)

$$V_n = A_{vf} f_y (\mu \sin\alpha_f + \cos\alpha_f) \quad \cdots\cdots (4.24)$$

여기서, α_f : 전단마찰철근이 균열면과 이루는 각도

② 전단마찰철근량(A_{vf})

$$A_{vf} = \frac{V_n}{f_y(\mu \sin\alpha_f + \cos\alpha_f)} \geq \frac{V_u}{\phi f_y(\mu \sin\alpha_f + \cos\alpha_f)} \quad \cdots\cdots (4.25)$$

3) 일반콘크리트의 마찰계수 값

① 일체로 친 콘크리트 $\mu=1.4\lambda$

② 표면을 거칠게 처리한 굳은 콘크리트에 이어친 콘크리트 $\mu=1.0\lambda$

③ 표면을 거칠게 처리하지 않은 굳은 콘크리트에 이어친 콘크리트 $\mu=0.6\lambda$

④ 구조용 강재에 정착된 콘크리트 $\mu=0.7\lambda$

4) 전단마찰설계에 관한 기타 사항

① 전단마찰에서 전단강도(V_n) 제한

- 일체로 친 콘크리트나 표면을 거칠게 만든 굳은 콘크리트에 새로 친 콘크리트
  $0.2f_{ck}A_c$, $(3.3+0.08f_{ck})A_c$ 및 $11A_c$(단위는 N) 중 가장 작은 값 이하
- 그 밖의 경우
  $0.2f_{ck}A_c$ 또한 $5.5A_c$ 이하
- 강도가 다른 콘크리트는 낮은 강도 사용

② 전단면을 가로지르는 순인장력에 대해서도 철근을 추가로 배치해야 한다. 이 경우 전단면을 가로지르는 영구적인 순압축력은 전단마찰철근의 힘 $A_v f_y$에 추가되는 힘으로 고려할 수 있다.

3. 비틀림

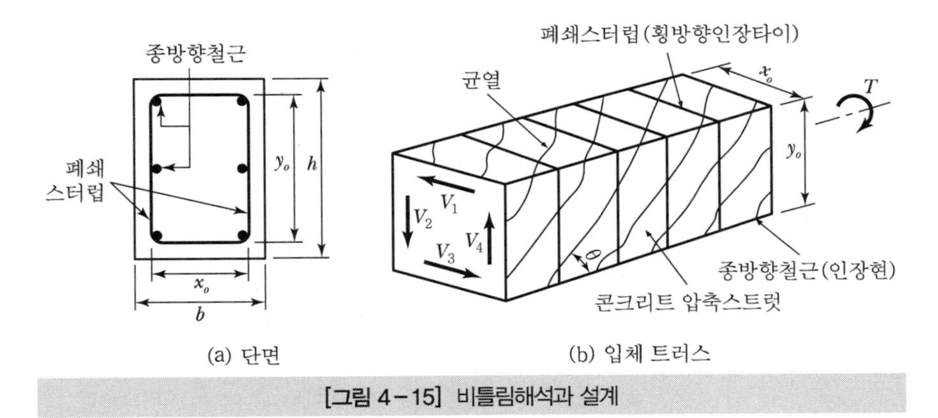

(a) 단면　　(b) 입체 트러스

[그림 4-15] 비틀림해석과 설계

(1) 균열 비틀림모멘트

1) 균열 비틀림모멘트의 정의

사인장균열을 일으키는 비틀림모멘트를 균열 비틀림모멘트(T_{cr})라 한다.

2) 균열 비틀림모멘트(T_{cr})

$$T_{cr}=\frac{1}{3}\lambda\sqrt{f_{ck}}\,\frac{A_{cp}^2}{p_{cp}} \quad \cdots\cdots (4.26)$$

여기서, A_{cp} : 콘크리트 단면의 외부 둘레로 둘러싸인 면적($=bh$) 속빈 단면의 경우 속빈 부분의 면적 포함

p_{cp} : 콘크리트 단면의 외부 둘레의 길이($=2b+2h$)

(2) 비틀림철근의 종류

비틀림철근은 종방향철근 또는 종방향긴장재와 다음의 보강철근으로 구성될 수 있다.

① 부재축에 수직인 폐쇄스터럽 또는 폐쇄띠철근

② 부재축에 수직인 횡방향강선으로 구성된 폐쇄용접철망

③ 프리스트레싱되지 않은 부재에서 나선철근

(3) 비틀림철근의 설계

1) 설계의 기본원칙

$$T_u \le T_d = \phi T_n \quad \cdots\cdots (4.27)$$

여기서, T_u : 계수비틀림하중

T_d : 설계비틀림강도

T_n : 공칭비틀림강도

ϕ : 강도감소계수($=0.75$)

2) 공칭비틀림강도(T_n)

$$T_n = \frac{2A_o\, A_t\, f_{yt}}{s}\cot\theta \quad \cdots\cdots (4.28)$$

여기서, A_o : 전단흐름 경로에 의해서 둘러싸인 면적, $A_o=0.85A_{oh}$로 보아도 좋으며, A_{oh}는 폐쇄스터럽의 중심선으로 둘러싸인 면적이다.($A_{oh}=x_o y_o$)

A_t : 폐쇄스터럽의 다리 1개의 면적

f_{yt} : 폐쇄스터럽의 설계기준 항복강도

s : 스터럽의 간격

θ : 압축 경사각(θ는 30° 이상 60° 이하의 값으로서 프리스트레싱 되지 않은 부재나 프리스트레스 힘이 주철근 인장강도의 40% 미만인 경우는 45°로 취할 수 있고, 프리스트레스 힘이 주철근 인장강도의 40% 이상인 경우는 37.5°로 취할 수 있다.)

① 공칭비틀림강도를 계산할 경우의 가정사항

㉠ 공칭비틀림강도(T_n)를 계산할 경우 모든 비틀림하중이 스터럽과 주철근에 의해 저항되고 $T_c=0$이라 가정한다.

㉡ 전단과 비틀림이 동시에 작용할 경우 비틀림은 콘크리트의 전단강도(V_c)에 영향을 미치지 않는다고 가정한다.

3) 비틀림의 영향을 고려하지 않아도 되는 최소의 비틀림 하중

$$T_u \le \phi\left(\frac{1}{12}\lambda\sqrt{f_{ck}}\right)\frac{A_{cp}^2}{p_{cp}} \quad \cdots\cdots (4.29)$$

4) 비틀림철근량

① 폐쇄스터럽

$$A_t = \frac{T_n \cdot s}{2A_o f_{yt} \cot\theta} \ge \frac{T_u \cdot s}{\phi 2A_o f_{yt} \cot\theta} \quad \cdots\cdots (4.30)$$

② 종방향 비틀림철근

$$A_l = \frac{A_t}{s} p_h \frac{f_{yt}}{f_y} cot^2\theta \quad \cdots\cdots (4.31)$$

여기서, A_l : 비틀림에 저항하기 위한 종방향철근의 면적

p_h : 폐쇄스터럽의 중심선 둘레의 길이(A_{oh}의 둘레길이)

f_y : 종방향 비틀림철근의 설계기준 항복강도

③ 최소 비틀림철근량

㉠ 최소 횡방향 비틀림철근량

$$A_v + 2A_t = 0.063\sqrt{f_{ck}}\frac{b_w s}{f_y} \ge 0.35\frac{b_w s}{f_y} \quad \cdots\cdots (4.32)$$

㉡ 최소 종방향 비틀림철근량

$$A_{l,\min} = \frac{0.42\sqrt{f_{ck}}A_{cp}}{f_y} - \frac{A_t}{s} p_h \frac{f_{yt}}{f_y} \quad \cdots\cdots (4.33)$$

여기서, $\dfrac{A_t}{s} \ge 0.175\dfrac{b_w}{f_y}$

5) 비틀림철근의 상세

① 폐쇄스터럽(횡방향 비틀림철근)의 간격은 $p_h/8$ 이하라야 하고, 또한 300mm 이하라야 한다.

② 종방향 비틀림철근의 간격은 폐쇄스터럽의 둘레를 따라 300mm 이하의 간격으로 분포시켜야 한다.

③ 종방향 비틀림철근은 스터럽의 내부에 배치되어야 하며, 스터럽의 각 모서리에 적어도 한 개의 종방향 비틀림철근을 두어야 한다.

④ 종방향 비틀림철근의 직경은 폐쇄 스터럽 간격의 1/24 이상이어야 하며, D10 이상이어야 한다.

⑤ 폐쇄스터럽은 종방향 비틀림철근 주위로 135° 표준 갈고리에 의해 정착되어야 한다.

⑥ 종방향 비틀림철근은 양단에 정착되어야 한다.

⑦ 비틀림하중을 받는 속빈 단면에서 폐쇄스터럽의 중심선에서 단면 내벽까지의 거리가 $0.5A_{oh}/p_h$ 이상이 되어야 한다.

⑧ 비틀림철근은 계산상으로 필요한 위치에서 $(b_t + d)$ 이상의 거리까지 연장시켜 배치되어야 한다.

Item pool

예상문제 및 기출문제

9급 2015년 지방직

01 축력, 휨모멘트, 전단력의 작용에 의해 부재 단면에 발생하는 응력에 관한 설명으로 옳지 않은 것은?

① 인장력이 단면의 도심에 작용할 때, 하중작용점에서 충분히 멀리 떨어진 단면의 인장응력은 단면 내에 균등하게 분포된다.

② 휨모멘트가 작용할 때, 단면의 상하단 위치에서 최대압축 또는 최대인장 응력이 발생한다.

③ 휨모멘트에 의한 휨응력은 단면의 단면2차모멘트가 클수록 작아진다.

④ 전단력이 작용할 때, 직사각형 단면의 전단응력은 단면 내에 균등하게 분포된다.

해설

1. 균질보의 전단응력 분포

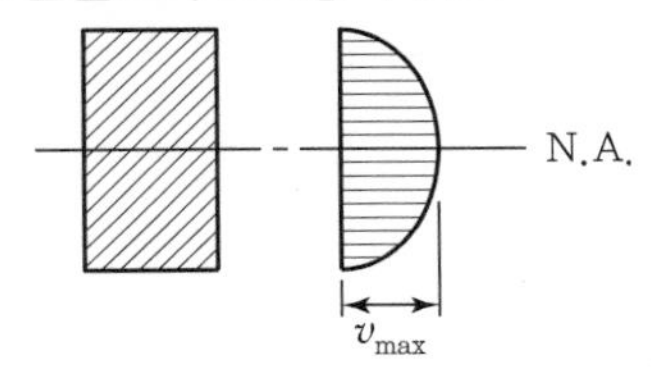

2. 철근콘크리트 보의 전단응력 분포

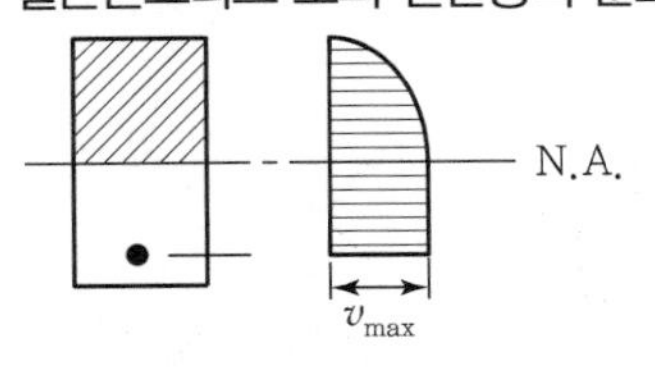

정답 ④

9급 2013년 서울시

02 **단순보에 집중하중 P가 작용하고 있을 때 중립축을 지나는 C점에 대한 설명으로 잘못된 것은?**

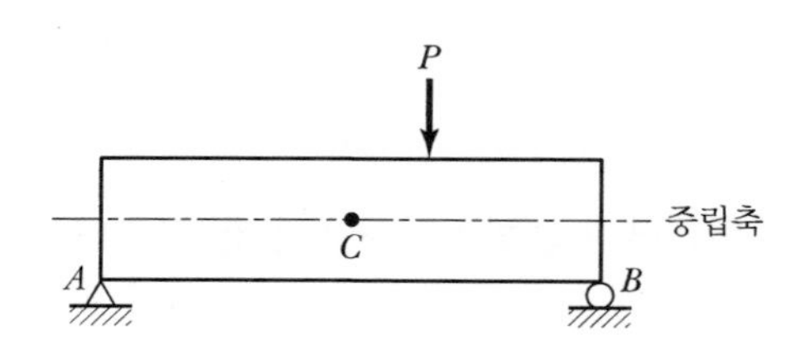

① C점은 순수전단 상태에 있다.

② 주인장응력의 방향은 중립축에서 반시계방향으로 45°이다.

③ 주인장응력의 방향에서 90° 위치에 주압축응력이 있다.

④ 균열은 주인장응력과 90° 방향으로 발생한다.

⑤ 주인장응력은 전단응력과 크기가 같다.

해설

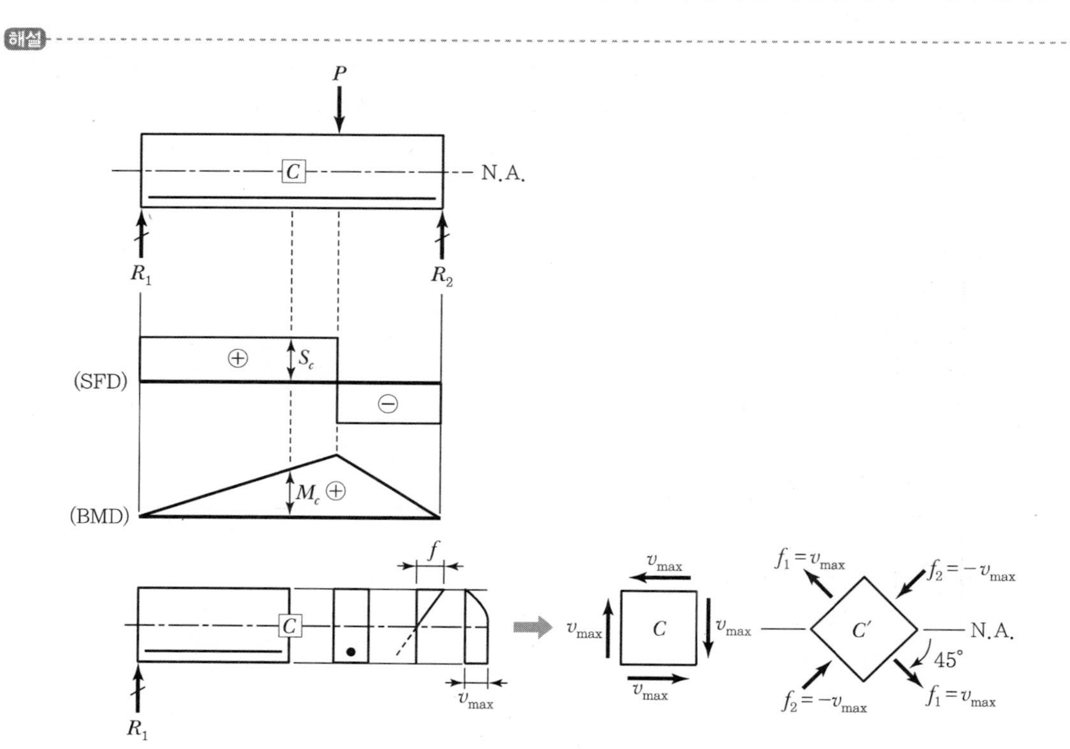

주인장 응력의 방향은 중립축에서 시계방향으로 45°이다.

정답 ②

9급 2007년 국가직

03 **다음 그림과 같이 등분포하중을 받고 있는 철근콘크리트 보의 중립축에 있는 미소요소에 대한 설명으로 옳지 않은 것은?**

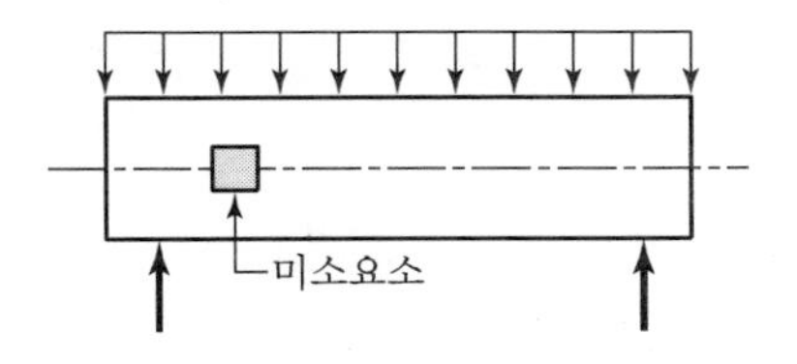

① 콘크리트의 휨응력은 0이다.

② 단면에서의 전단응력이 최대가 된다.

③ 휨변형과 전단변형이 일어난다.

④ 사인장균열이 발생한다.

해설

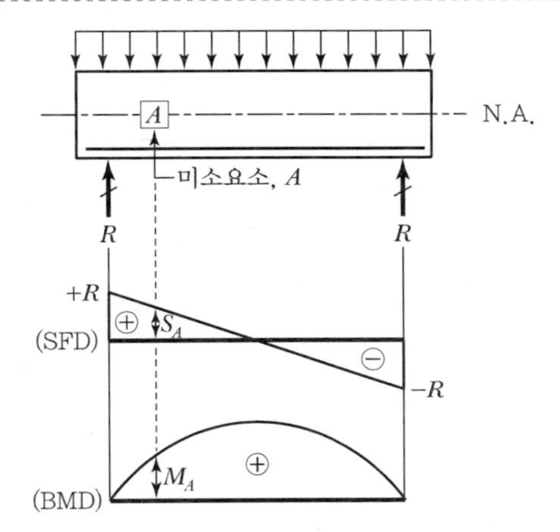

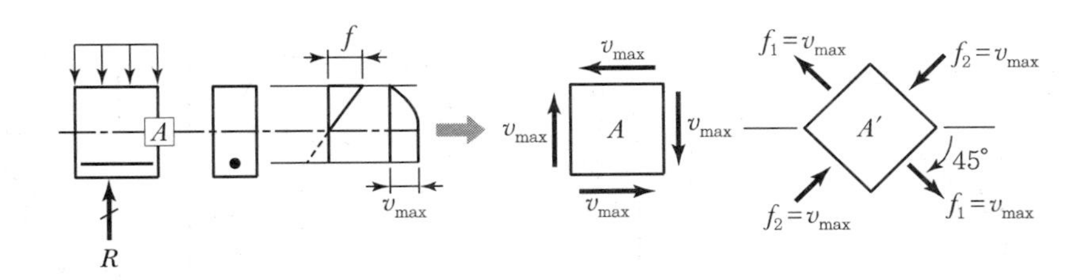

미소요소는 전단변형만 일어난다.

정답 ③

9급 2020년 지방직

04 그림은 철근콘크리트 단순보에서 철근 배근을 표현한 것이다. 자중의 영향만을 고려할 때 전단철근과 지간 중앙에서의 압축철근을 바르게 연결한 것은?(단, 왼쪽 하단에 지점으로 지지되어 있다)

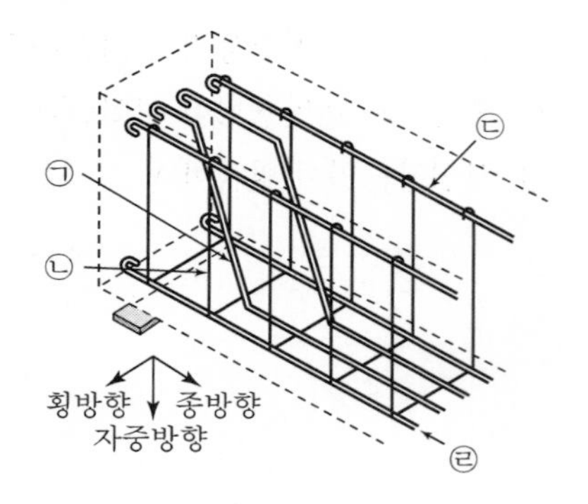

	전단철근	압축철근
①	㉠, ㉡	㉢
②	㉠, ㉡	㉣
③	㉡, ㉣	㉠
④	㉡, ㉣	㉢

해설

㉠ – 굽힘철근, ㉡ – 수직스터럽, ㉢ – 압축철근, ㉣ – 인장철근
- 전단철근 : ㉠, ㉡
- 압축철근 : ㉢

정답 ①

9급 2013년 서울시

05 그림과 같은 구조물에서 전단에 대한 위험단면으로 옳은 것은?

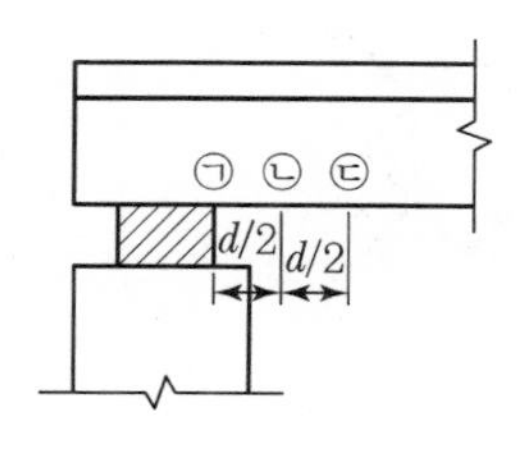

(가) 단순지지보

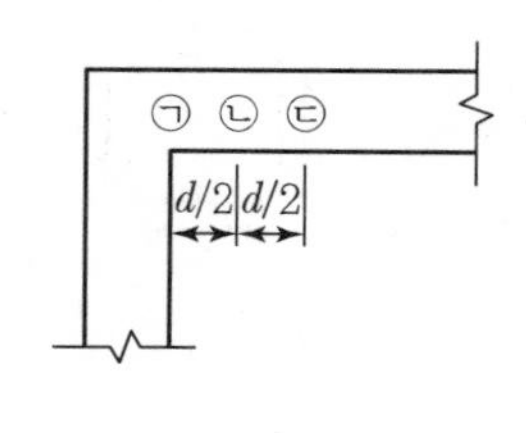

(나) 인장부재와 일체

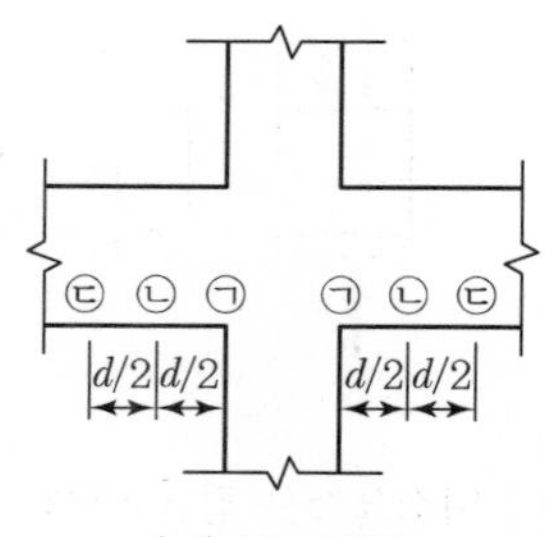

(다) 보 – 기둥

① (가) ㉡, (나) ㉠, (다) ㉡
② (가) ㉢, (나) ㉠, (다) ㉡
③ (가) ㉠, (나) ㉡, (다) ㉡
④ (가) ㉠, (나) ㉡, (다) ㉢
⑤ (가) ㉢, (나) ㉠, (다) ㉢

해설

보에서 전단에 대한 위험 단면의 위치
(가) 일반적인 보 – 지지면에서 d만큼 떨어진 곳
(나) 인장재와 일체로 된 보 – 지지면
(다) 보–기둥 접합부 – 지지면에서 d만큼 떨어진 곳

정답 ⑤

9급 2011년 서울시

06 다음 그림과 같은 직사각형 철근콘크리트 캔틸레버보에서 전단 위험 단면의 평균 전단응력은?(단, 단면 폭 $b = 0.4\text{m}$, 단면 유효깊이 $d = 0.6\text{m}$)

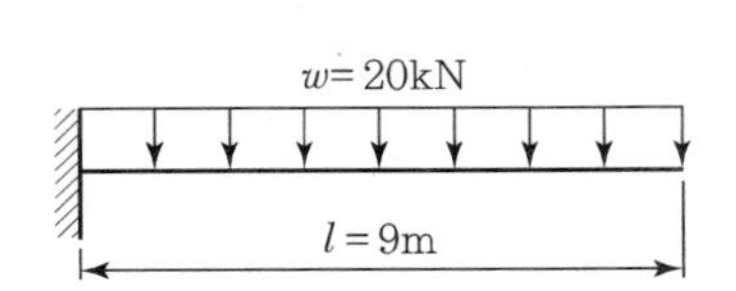

① 0.75MPa
② 0.70MPa
③ 0.65MPa
④ 0.60MPa
⑤ 0.55MPa

해설

- $V = w(l-d) = 20(9-0.6) = 168\text{kN}$
- $v = \dfrac{V}{bd} = \dfrac{168}{0.4 \times 0.6} = 700\text{kN/m}^2 = 700\text{KPa} = 0.7\text{MPa}$

정답 ②

9급 2020년 국가직

07 단순 지지된 철근콘크리트 직사각형 보에서 자중을 포함한 계수등분포하중 $w_u = 48\ \text{kN/m}$가 작용할 때, 전단에 대한 위험단면에서 계수전단력 V_u[kN]는?(단, 보의 유효깊이 d = 500mm, 보의 받침부 내면 사이의 경간 길이는 6m이며, KDS 14 20 22를 따른다)

① 108
② 120
③ 132
④ 144

해설

$V_u = w_u\left(\dfrac{l}{2} - d\right) = 48\left(\dfrac{6}{2} - 0.5\right) = 120\text{kN}$

정답 ②

9급 2009년 서울시

08 강도설계법에서 콘크리트가 부담하는 공칭전단강도는 다음 중 어느 것인가?

① $\frac{1}{6}\lambda\sqrt{f_{ck}} \times b_w \times d$
② $\frac{1}{3}\lambda\sqrt{f_{ck}} \times b_w \times d$
③ $\frac{1}{2}\lambda\sqrt{f_{ck}} \times b_w \times d$
④ $0.85\lambda\sqrt{f_{ck}} \times b_w \times d$
⑤ $1.06\lambda\sqrt{f_{ck}} \times b_w \times d$

해설

$V_c = \frac{1}{6}\lambda\sqrt{f_{ck}}\, b_w d$

정답 ①

9급 2009년 국가직

09 폭 $b = 300\,\text{mm}$ 유효높이 $d = 400\,\text{mm}$인 단철근 직사각형보에서 콘크리트에 의한 공칭전단강도[kN]는?(단, $f_{ck} = 36\text{MPa}$)

① 100
② 120
③ 140
④ 160

해설

$\lambda = 1$(보통 중량 콘크리트의 경우)

$V_c = \frac{1}{6}\lambda\sqrt{f_{ck}}\, b_w d = \frac{1}{6} \times 1 \times \sqrt{36} \times 300 \times 400 = 120 \times 10^3\text{N} = 120\text{kN}$

정답 ②

9급 2013년 지방직

10 다음 그림과 같은 직사각형 단면의 콘크리트가 전단력과 휨모멘트만을 받을 때, 보통골재를 사용한 콘크리트가 부담할 수 있는 공칭전단강도 V_c[kN]는?(단, 콘크리트의 설계기준강도 $f_{ck} = 25\text{MPa}$이다.)

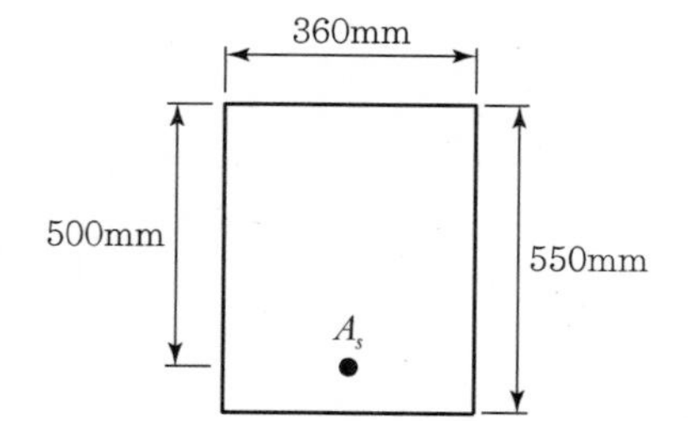

① 120
② 130
③ 140
④ 150

해설

$\lambda = 1$(보통 중량 콘크리트의 경우)

$V_c = \frac{1}{6}\lambda\sqrt{f_{ck}}\, bd = \frac{1}{6} \times 1 \times \sqrt{25} \times 360 \times 500 = 150 \times 10^3\text{N} = 150\text{kN}$

정답 ④

9급 2020년 국가직

11 **보통중량콘크리트를 사용한 철근콘크리트 직사각형 보에서 상세한 계산을 하지 않는 경우 콘크리트의 공칭전단강도 V_c[kN]는?(단, 보의 폭 b = 400mm, 유효깊이 d = 600mm, 콘크리트의 설계기준압축강도 f_{ck} = 36MPa이며, KDS 14 20 22를 따른다)**

① 120 ② 240
③ 360 ④ 480

해설

$\lambda = 1$(보통중량콘크리트의 경우)

$$V_c = \frac{1}{6}\lambda\sqrt{f_{ck}}\,bd = \frac{1}{6}\times 1\times\sqrt{36}\times 400\times 600 = 240\times 10^3\text{N} = 240\text{kN}$$

정답 ②

9급 2020년 국가직

12 **단순 지지된 철근콘크리트 직사각형 보에 자중을 포함한 계수등분포하중 w_u = 40kN/m가 작용한다. 콘크리트가 부담하는 공칭전단강도 V_c = 160kN일 때, 전단에 대한 위험단면에서 전단설계에 대한 설명으로 옳은 것은?(단, 보의 유효깊이 d = 500mm, 보의 받침부 내면 사이의 경간 길이는 8m이며, KDS 14 20 22를 따른다)**

① 전단철근을 배치할 필요가 없다.
② 최소 전단철근을 배치해야 한다.
③ 계수전단력 $V_u = 160$kN이다.
④ 계수전단력 V_u는 콘크리트의 설계전단강도를 초과한다.

해설

$$V_u = w_u\left(\frac{l}{2} - d\right) = 40\left(\frac{8}{2} - 0.5\right) = 140\text{kN}$$

$\phi V_c = 0.75\times 160 = 120\text{kN}$

$V_u(=140\text{kN}) > \phi V_c(=120\text{kN})$이므로 전단보강이 필요하다.

정답 ④

9급 2007년 국가직

13 길이(l)가 6m 이고 직사각형 단면(유효깊이 $d = 400\text{mm}$)의 철근콘크리트 단순보에 계수분포하중(w_u) 32kN/m가 작용하고 있다. 강도설계법으로 설계 시 이 단면의 콘크리트가 부담하는 공칭전단강도(V_c)가 70kN 인 경우, 전단철근이 부담해야 하는 공칭전단강도(V_s)의 최솟값[kN]은?

① 22　　② 28

③ 34　　④ 41

해설

$$V_u = w_u\left(\frac{l}{2} - d\right) = 32\left(\frac{6}{2} - 0.4\right) = 83.2\text{kN}$$

$$V_s \geq \frac{V_u - \phi V_c}{\phi} = \frac{83.2 - 0.75 \times 70}{0.75} = 40.93\text{kN}$$

정답 ④

9급 2017년 서울시

14 내민보에 자중을 포함한 계수등분포하중(w_u) 10kN/m가 작용할 때, 위험단면에서 콘크리트가 부담하는 전단력(V_c)이 16.67kN이라면 전단보강철근이 부담해야 할 전단력(V_s)의 최솟값은?(단, 보통 중량의 콘크리트를 사용하였으며 f_{ck} = 25MPa, f_y = 280MPa, 강도설계법을 적용한다.)

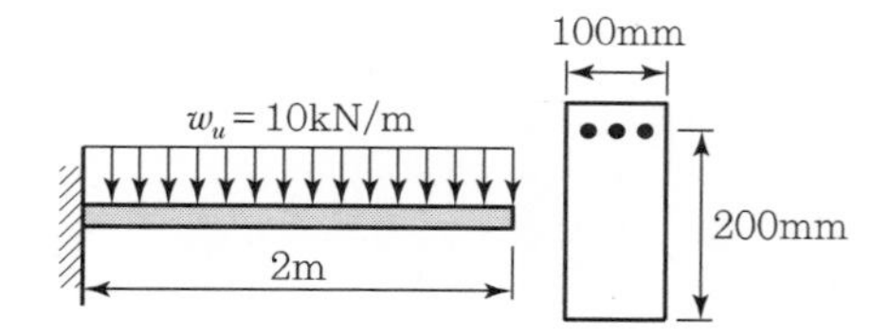

① 5.83kN

② 6.36kN

③ 7.33kN

④ 8.12kN

해설

$$V_u = w_u(l - d) = 10(2 - 0.2) = 18\text{kN}$$

$\lambda = 1.0$(보통 중량 콘크리트의 경우)

$$\phi V_c = \phi\left(\frac{1}{6}\lambda\sqrt{f_{ck}}\, b_w d\right)$$

$$= 0.75 \times \left(\frac{1}{6} \times 1.0 \times \sqrt{25} \times 100 \times 200\right)$$

$$= 12.5 \times 10^3\text{N} = 12.5\text{kN}$$

$$V_s \geq \frac{V_u - \phi V_c}{\phi} = \frac{18 - 12.5}{0.75} = 7.33\text{kN}$$

정답 ③

9급 2017년 국가직

15 그림과 같이 $b = 300\text{mm}$, $d = 500\text{mm}$인 철근콘크리트 캔틸레버보에 자중을 포함한 계수 등분포하중 $w_u = 50\text{kN/m}$가 작용하고 있다. 전단에 대한 위험단면에서 전단철근이 부담해야 할 공칭전단강도 V_s의 최소값[kN]은?(단, 콘크리트는 보통골재를 사용하고, $f_{ck} = 25\text{MPa}$, $f_y = 300\text{MPa}$이며, 2012년도 콘크리트구조기준을 적용한다.)

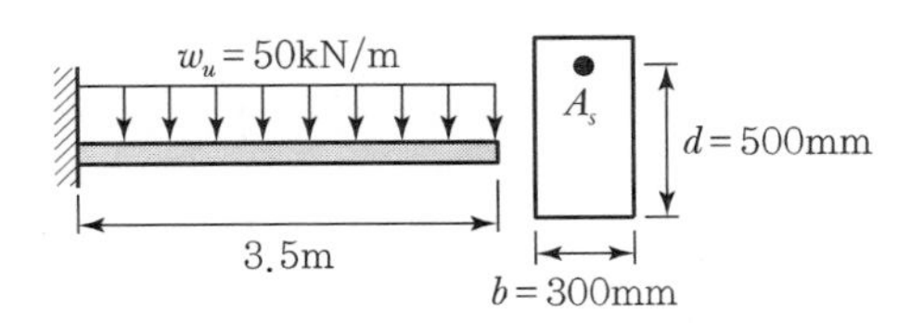

① 52
② 66.7
③ 75
④ 120.5

해설

$V_u = w_u(l-d) = 50 \times (3.5 - 0.5) = 150\text{kN}$

$\lambda = 1.0$(보통 중량 콘크리트의 경우)

$V_c = \frac{1}{6}\lambda\sqrt{f_{ck}}\,bd = \frac{1}{6} \times 1.0 \times \sqrt{25} \times 300 \times 500 = 125 \times 10^3\text{N} = 125\text{kN}$

$\phi V_c = 0.75 \times 125 = 93.75\text{kN}$

$V_u(=150\text{kN}) > \phi V_c(=93.75\text{kN})$ — 전단보강 필요

$V_s \geq \frac{V_u}{\phi} - V_c = \frac{150}{0.75} - 125 = 75\text{kN}$

정답 ③

9급 2017년 지방직(1차)

16 그림과 같은 지간 $L = 10\text{m}$의 단순보에 자중을 포함한 등분포 계수하중 $w_u = 60\text{kN/m}$가 작용하는 경우, 전단위험단면에서 전단철근이 부담해야 할 설계전단력 ϕV_s[kN]는?(단, 보통중량콘크리트로서 $f_{ck} = 25\text{MPa}$이며, 2012년도 콘크리트구조기준을 적용한다.)

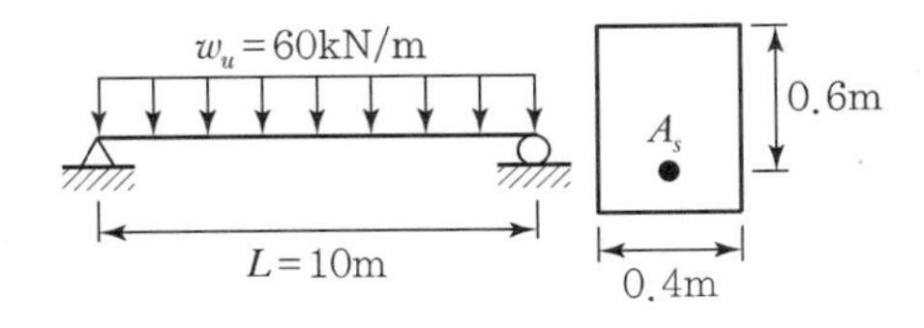

① 114
② 135
③ 152
④ 186

해설

$V_u = w_u\left(\frac{l}{2} - d\right) = 60\left(\frac{10}{2} - 0.6\right) = 264\text{kN}$

$\lambda = 1$(보통 중량의 콘크리트인 경우)

$V_c = \frac{1}{6}\lambda\sqrt{f_{ck}}\,bd = \frac{1}{6} \times 1 \times \sqrt{25} \times (0.4 \times 10^3) \times (0.6 \times 10^3) = 200 \times 10^3\text{N} = 200\text{kN}$

$\phi V_s \geq V_u - \phi V_c = 264 - 0.75 \times 200 = 114\text{kN}$

정답 ①

9급 2019년 지방직

17 그림과 같은 단면의 캔틸레버 보에 자중을 포함한 등분포 계수하중 $w_u = 25\text{kN/m}$가 작용하고 있을 때, 전단위험단면에서 전단철근이 부담해야 할 공칭전단력 V_s[kN]는?(단, 보의 지간은 3.3m, 콘크리트의 쪼갬인장강도 $f_{sp} = 1.4\text{MPa}$, 콘크리트의 설계기준 압축강도 $f_{ck} = 25\text{MPa}$, 인장철근의 설계기준 항복강도 $f_y = 350\text{MPa}$이며, KDS(2016) 설계기준을 적용한다.)

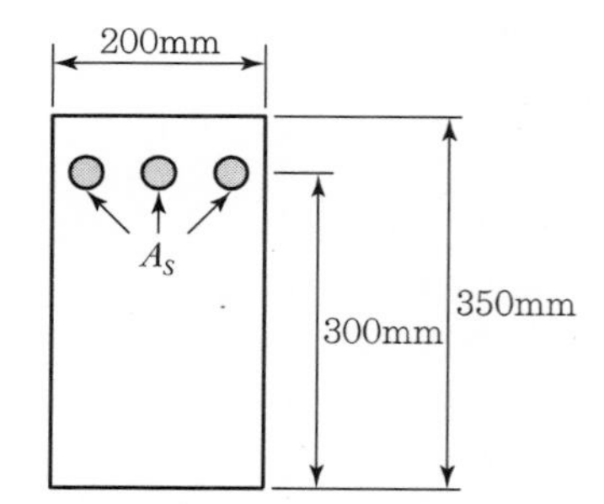

① 25
② 50
③ 75
④ 100

해설

$$\lambda = \frac{f_{sp}}{0.56\sqrt{f_{ck}}} = \frac{1.4}{0.56 \times \sqrt{25}} = 0.5$$

$$V_u = w_u(l-d) = 25(3.3-0.3) = 75\text{kN}$$

$$V_c = \frac{1}{6}\lambda\sqrt{f_{ck}}bd = \frac{1}{6} \times 0.5 \times \sqrt{25} \times 200 \times 300 = 25 \times 10^3\text{N} = 25\text{kN}$$

$$V_s \geq \frac{V_u - \phi V_c}{\phi} = \frac{75 - 0.75 \times 25}{0.75} = 75\text{kN}$$

정답 ③

9급 2014년 국가직

18 보통중량콘크리트를 사용한 휨부재인 철근콘크리트 직사각형보가 폭이 600mm, 유효깊이가 800mm일 때 전단철근을 배치하지 않으려고 한다. 이때 위험단면에 작용하는 계수전단력(V_u)은 최대 얼마 이하의 값[kN]인가?(단, 직사각형보는 슬래브, 기초판, 장선구조, 판부재에 해당되지 않으며, 콘크리트의 설계기준압축강도 $f_{ck}=25\text{MPa}$, 철근의 설계기준항복강도 $f_y=300\text{MPa}$, 2012년도 콘크리트구조기준을 적용한다.)

① 150　　② 170
③ 300　　④ 340

해설

$$V_u \le \phi\frac{1}{2}V_c=\phi\frac{1}{2}\left(\frac{1}{6}\lambda\sqrt{f_{ck}}\,bd\right)$$
$$=\frac{\phi\lambda\sqrt{f_{ck}}\,bd}{12}=\frac{0.75\times1\times\sqrt{25}\times600\times800}{12}$$
$$=150\times10^3\text{N}=150\text{kN}$$

정답 ①

9급 2011년 지방직

19 최소전단철근 및 전단철근을 배근하지 않아도 되는 직사각형 단면의 최소 유효깊이 d[mm]는?(단, 소요전단력 $V_u=75\text{kN}$, 콘크리트의 설계기준강도 $f_{ck}=36\text{MPa}$, 단면의 폭 $b=400\text{mm}$이다.)

① 450　　② 500
③ 550　　④ 600

해설

$\lambda=1.0$(보통 중량 콘크리트의 경우)

$$V_u \le \frac{1}{2}\phi V_c$$
$$V_u \le \frac{1}{2}\phi\left(\frac{1}{6}\lambda\sqrt{f_{ck}}\,b_w d\right)$$
$$d \ge \frac{12V_u}{\phi\lambda\sqrt{f_{ck}}\,b_w}=\frac{12\times(75\times10^3)}{0.75\times1.0\times\sqrt{36}\times400}=500\text{mm}$$

정답 ②

9급 2017년 국가직

20 직사각형 철근콘크리트 단면이 전단철근 없이 계수전단력 V_u = 75kN을 저항할 수 있는 단면의 최소 유효깊이 d[mm]는?(단, f_{ck} = 16MPa, 단면의 폭 b = 400mm이며, 2012년도 콘크리트구조기준을 적용한다.)

① 600　　② 750

③ 850　　④ 1,000

해설

$\lambda = 1.0$(보통 중량 콘크리트의 경우)

$$V_u \le \frac{1}{2}\phi V_c = \frac{1}{2}\phi\left(\frac{1}{6}\lambda\sqrt{f_{ck}}bd\right)$$

$$d \ge \frac{12V_u}{\phi\lambda\sqrt{f_{ck}}b} = \frac{12\times(75\times10^3)}{0.75\times1.0\times\sqrt{16}\times400} = 750\text{mm}$$

정답 ②

9급 2017년 서울시

21 계수전단력 V_u = 7.5kN이 폭 b = 100mm인 직사각형 단면에 작용한다. 이때, 전단철근 없이 콘크리트만으로 견딜 수 있는 단면의 최소 유효깊이 d는?(단, 콘크리트 설계기준 압축강도 f_{ck} = 36MPa, 보통중량콘크리트이고, 「콘크리트구조기준(2012)」을 적용한다.)

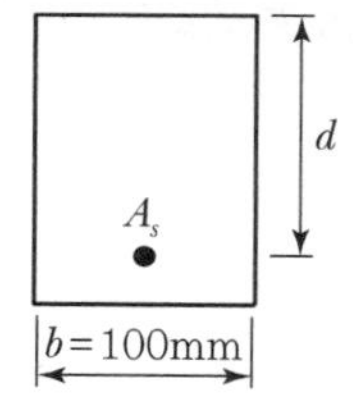

① 150mm

② 200mm

③ 250mm

④ 300mm

해설

$\lambda = 1.0$(보통 중량 콘크리트의 경우)

$$V_u \le \frac{1}{2}\phi V_c = \frac{1}{2}\phi\left(\frac{1}{6}\lambda\sqrt{f_{ck}}b_w d\right)$$

$$d \ge \frac{12V_u}{\phi\lambda\sqrt{f_{ck}}b_w} = \frac{12\times(7.5\times10^3)}{0.75\times1.0\times\sqrt{36}\times100} = 200\text{mm}$$

정답 ②

9급 2011년 지방직

22 그림에서 폭 $b = 300\text{mm}$, 유효깊이 $d = 400\text{mm}$, 전체높이 $h = 450\text{mm}$인 직사각형 단면의 캔틸레버보가 최소전단철근 및 전단철근 없이 계수하중 $w_u = 10\text{kN/m}$를 지지할 수 있는 최대 길이 $L[\text{mm}]$은?(단, 휨에 대한 고려는 하지 않으며, 콘크리트의 설계기준강도 $f_{ck} = 25\text{MPa}$이다.)

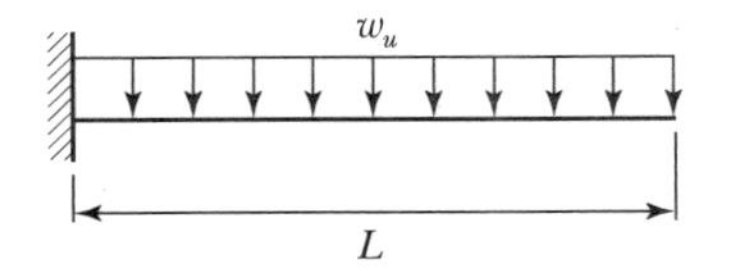

① 3,400 ② 3,650
③ 3,900 ④ 4,150

해설

$\lambda = 1.0$(보통 중량 콘크리트의 경우)

$V_u \le \frac{1}{2}\phi V_c$

$w_u(L-d) \le \frac{1}{2}\phi\left(\frac{1}{6}\lambda\sqrt{f_{ck}}\,b_w d\right)$

$L \le \frac{\phi\lambda\sqrt{f_{ck}}\,b_w d}{12w_u} + d = \frac{0.75\times1.0\times\sqrt{25}\times300\times400}{12\times10} + 400 = 3{,}750 + 400 = 4{,}150\text{mm}$

정답 ④

9급 2010년 지방직

23 전단력과 휨모멘트만을 받는 철근콘크리트 부재에서 외력에 의한 전단하중 $V_u = 75\text{kN}$이 작용할 때, 전단철근 없이 견딜 수 있는 철근콘크리트 보의 최소 높이[mm]는?(단, 콘크리트의 설계기준압축강도 $f_{ck} = 25\text{MPa}$이고, 보의 폭은 480mm, 피복두께는 50mm이며, 기타 사항은 2012년도 콘크리트구조설계기준에 따른다.)

① 450 ② 500
③ 550 ④ 600

해설

$\lambda = 1.0$(보통 중량 콘크리트의 경우)

$V_u \le \frac{1}{2}\phi V_c$

$V_u \le \frac{1}{2}\phi\left(\frac{1}{6}\lambda\sqrt{f_{ck}}\,b_w d\right)$

$d \ge \frac{12V_u}{\phi\lambda\sqrt{f_{ck}}\,b_w} = \frac{12\times(75\times10^3)}{0.75\times1.0\times\sqrt{25}\times480} = 500\text{mm}$

$h = d + \frac{1}{2}$(휨인장철근의 직경) + (전단철근의 직경) + 피복두께

$= 500 + 50 + \frac{1}{2}$(휨인장철근의 직경) + (전단철근의 직경)

정답 정답 없음

9급 2016년 서울시

24 다음 그림과 같은 자중을 포함한 계수등분포하중 w_u을 받고 있는 단철근 직사각형 철근콘크리트 단순보에서, 지점 A로부터 최소전단철근을 포함한 전단철근이 배근되는 점까지의 거리 x는?(단, 보통 중량 콘크리트를 사용하고, $f_{ck}=36\text{MPa}$, 단면의 폭 $b=400\text{mm}$, 유효깊이 $d=400\text{mm}$이다.)

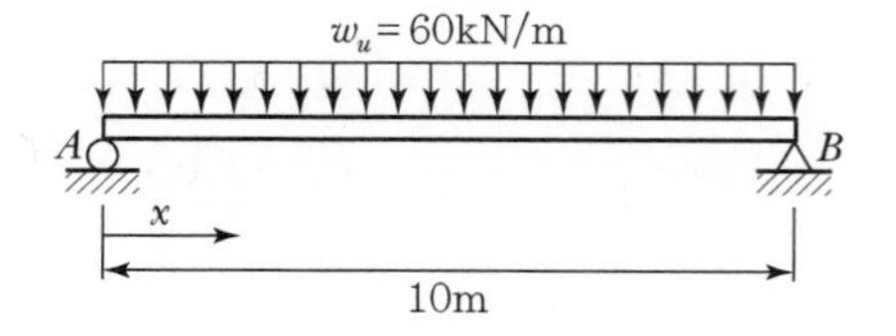

① 3m ② 4m
③ 5m ④ 6m

해설

$\lambda = 1.0$(보통 중량 콘크리트의 경우)

$$\frac{1}{2}\phi V_c = \frac{1}{2}\phi\frac{1}{6}\lambda\sqrt{f_{ck}}\,bd = \frac{1}{2}\times 0.75\times\frac{1}{6}\times 1\times\sqrt{36}\times 400\times 400 = 60\times 10^3\text{N} = 60\,\text{kN}$$

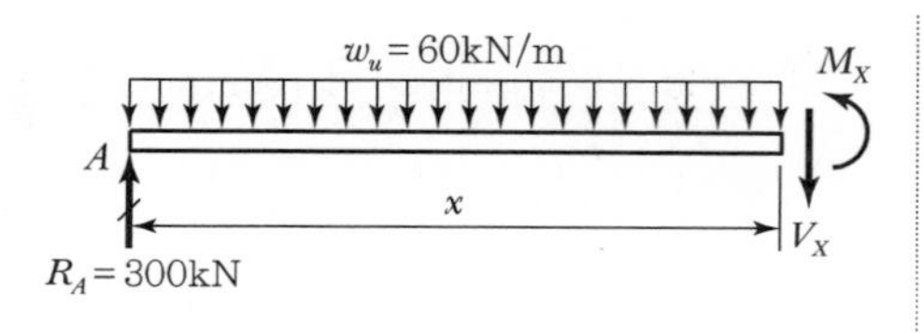

$$R_A = \frac{w_u l}{2} = \frac{60\times 10}{2} = 300\,\text{kN}(\uparrow)$$

$\Sigma F_y = 0(\uparrow\oplus)$

$300 - 60x - V_X = 0$

$V_X = 300 - 60x$

$V_X \geq \frac{1}{2}\phi V_c$

$300 - 60x \geq 60$

$x \leq 4\text{m}$

정답 ②

9급 2016년 지방직

25 그림과 같은 경계 조건을 갖는 직사각형 철근콘크리트 보에 계수등분포하중 w_u = 40kN/m가 작용한다. 강도설계법에 의해 전단철근을 설계할 경우 설계기준에서 규정하고 있는 최소전단철근이 적용$\left(V_u \geq \phi \frac{V_c}{2}\right)$되는 시작점의 고정단으로부터 거리 x[m]는?(단, 직사각형 보의 폭 b = 400mm, 유효깊이 d = 600mm, 지간 l = 8m, 보통 중량 콘크리트의 설계기준압축강도 f_{ck} = 25MPa, 철근의 설계기준항복강도 f_y = 400MPa이며, 2012년도 콘크리트구조기준을 적용한다.)

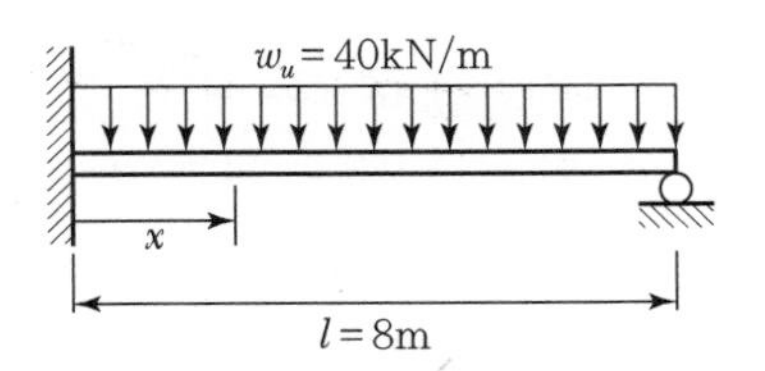

① 1.125　② 1.875　③ 3.125　④ 3.875

해설

$\lambda = 1.0$(보통 중량 콘크리트의 경우)

$\frac{1}{2}\phi V_c = \frac{1}{2}\phi\frac{1}{6}\lambda\sqrt{f_{ck}}bwd = \frac{1}{2}\times 0.75\times\frac{1}{6}\times 1\times\sqrt{25}\times 400\times 600 = 75\times 10^3\text{N} = 75\text{kN}$

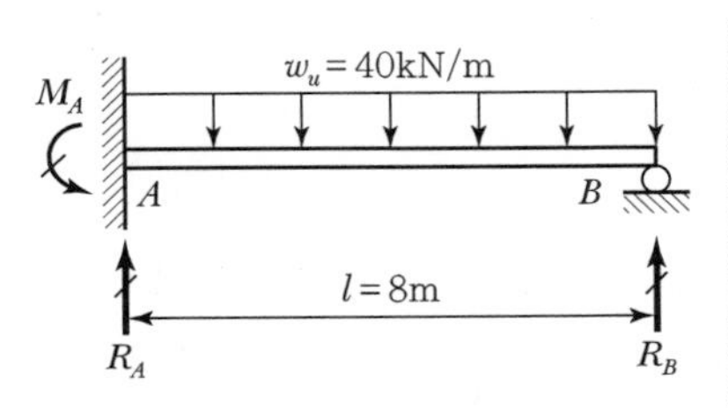

$M_A = \frac{w_u l^2}{8} = \frac{40\times 8^2}{8} = 320\text{kN}\cdot\text{m}$

$R_A = \frac{5w_u l}{8} = \frac{5\times 40\times 8}{8} = 200\text{kN}$

$R_B = \frac{3w_u l}{8} = \frac{3\times 40\times 8}{8} = 120\text{kN}$

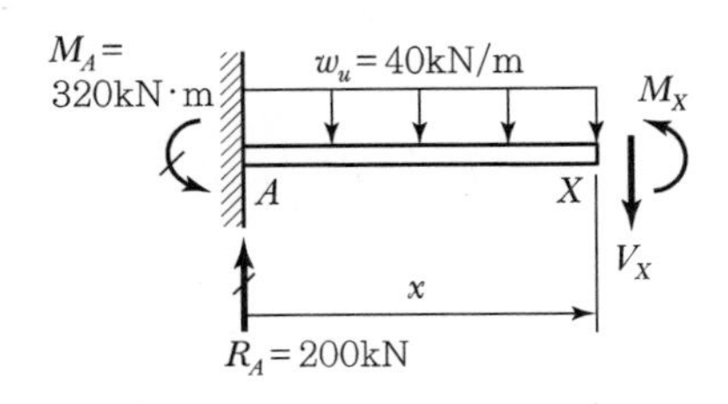

$\Sigma F_y = 0(\uparrow\oplus)$

$200-(40x)-V_X = 0$

$V_X = 200-40x$

$V_X \geq \frac{1}{2}\phi V_c$

$(200-40x) \geq 75$

$x \leq 3.125\text{m}$

정답 ③

9급 2019년 서울시

26 **철근콘크리트 부재나 프리스트레스트 부재의 경우 〈보기〉의 식에 따라 최소 전단철근량을 산정하여야 한다. 최소 전단철근에 관한 설명 중 옳지 않은 것은?**

$$A_{v,\min} = 0.0625\sqrt{f_{ck}}\frac{b_w s}{f_{yt}}$$

① 계수전단력 V_u가 콘크리트에 의한 공칭전단강도 V_c의 1/2을 초과하는 모든 철근콘크리트 및 프리스트레스트 콘크리트 휨부재에 최소 전단철근을 배치하여야 한다.

② 전체 깊이가 250mm 이하이거나 I형보, T형보에서 그 깊이가 플랜지 두께의 2.5배 또는 복부폭의 1/2 중 큰 값 이하인 보는 최소 전단철근을 배치하지 않아도 된다.

③ 교대 벽체 및 날개벽, 옹벽의 벽체, 암거 등과 같이 휨이 주거동인 판부재는 최소 전단철근을 배치하지 않아도 된다.

④ 최소 전단철근량은 $0.35b_w s/f_{ty}$보다 작지 않아야 한다. 여기서, b_w와 s의 단위는 mm이다.

해설

계수전단력 V_u가 콘크리트에 의한 설계전단강도 ϕV_c의 1/2을 초과하는 모든 철근콘크리트 및 프리스트레스트 콘크리트 휨부재에 최소 전단철근을 배치하여야 한다.

정답 ①

9급 2010년 국가직

27 **계수전단력 V_u가 콘크리트에 의한 설계전단강도 ϕV_c의 1/2을 초과하고 ϕV_c 이하인 모든 철근콘크리트 휨부재에는 최소 전단철근을 배치한다. 이에 대한 예외규정으로 옳지 않은 것은?**

① 슬래브와 기초판

② 콘크리트 장선구조

③ I형보, T형보에서 그 깊이가 플랜지 두께의 3.5배 또는 복부폭 중 큰 값 이하인 보

④ 교대 벽체 및 날개벽, 옹벽의 벽체, 암거 등과 같이 휨이 주 거동인 판 부재

해설

최소 전단철근량 규정이 적용되지 않는 경우

㉠ 보의 높이(h)가 250mm 이하인 경우

㉡ I형 또는 T형 보에서 그 높이(h)가 플랜지 두께(t_f)의 2.5배와 복부폭(b_w)의 $\frac{1}{2}$ 중, 큰 값보다 크지 않을 경우

㉢ 슬래브와 확대기초

㉣ 교대 벽체 및 날개벽, 옹벽의 벽체, 암거 등과 같이 휨이 주거동인 판 부재

㉤ 콘크리트 장선구조

정답 ③

9급 2011년 국가직

28 길이가 10m인 캔틸레버보에 자중을 포함한 계수하중 $w_u = 20\text{kN/m}$가 작용할 때 전단철근이 필요한 구간 x[m]는?(단, 최소전단철근 배근구간은 제외한다. 그리고 폭 $b = 400\text{mm}$, 유효깊이 $d = 600\text{mm}$, $f_{ck} = 25\text{MPa}$이다.)

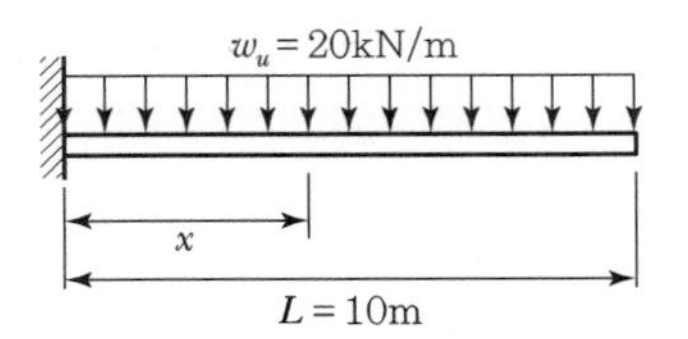

① 2.5 ② 3.0
③ 3.5 ④ 4.0

해설

$R = w_u l = 20 \times 10 = 200\text{kN}$

$\lambda = 1.0$(보통 중량 콘크리트의 경우)

$\phi V_c = \phi \frac{1}{6} \lambda \sqrt{f_{ck}}\, b_w d = 0.75 \times \frac{1}{6} \times 1.0 \times \sqrt{25} \times 400 \times 600 = 150 \times 10^3\text{N} = 150\text{kN}$

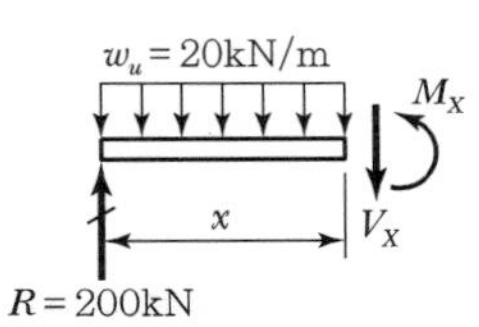

$\Sigma F_y = 0(\uparrow \oplus)$

$200 - 20x - V_X = 0$

$V_X = 200 - 20x$

$V_X \geq \phi V_c$

$200 - 20x \geq 150$

$x \leq 2.5\text{m}$

정답 ①

9급 2018년 국가직

29 다음과 같은 수직 전단철근배치 범위에 대한 그래프에서 전단철근량 A_v 및 전단철근 전단강도 V_s의 한계치를 옳게 표시한 것은?(단, A_v : 전단철근의 단면적, V_s : 전단철근에 의한 단면의 공칭전단강도, V_c : 콘크리트에 의한 단면의 공칭전단강도, V_u : 단면에서의 계수전단력, f_{ck} : 콘크리트의 설계기준압축강도, f_{yt} : 전단철근의 설계기준항복강도, b_w : 복부의 폭, d : 단면의 유효깊이, s : 전단철근의 간격, ϕ : 전단에 대한 강도감소계수, 설계코드(KDS : 2016)와 2012년도 콘크리트구조기준을 적용한다.)

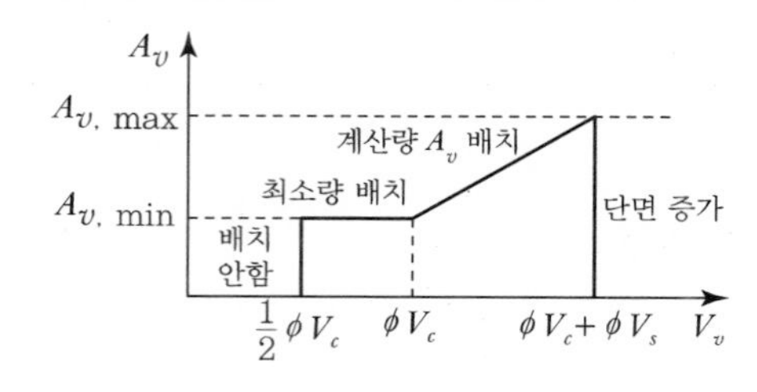

① $A_v = \dfrac{(V_u - \phi V_c)s}{\phi f_{yt}\, d}$, $V_s = \dfrac{V_u - \phi V_c}{\phi} \le \dfrac{2}{3}\sqrt{f_{ck}}\, b_w\, d$

② $A_v = \dfrac{(\phi V_u - V_c)s}{\phi f_{yt}\, d}$, $V_s = \dfrac{V_u - \phi V_c}{\phi} \le \dfrac{2}{3}\sqrt{f_{ck}}\, b_w\, d$

③ $A_v = \dfrac{(V_u - \phi V_c)s}{\phi f_{yt}\, d}$, $V_s = \dfrac{V_u - \phi V_c}{\phi} \le \dfrac{1}{3}\sqrt{f_{ck}}\, b_w\, d$

④ $A_v = \dfrac{(\phi V_u - V_c)s}{\phi f_{yt}\, d}$, $V_s = \dfrac{V_u - \phi V_c}{\phi} \le \dfrac{1}{3}\sqrt{f_{ck}}\, b_w\, d$

해설

$A_v = \dfrac{V_s s}{f_{yt} d} = \dfrac{(V_u - \phi V_c)s}{\phi f_{yt} d}$, $V_s = \dfrac{V_u - \phi V_c}{\phi} \le \dfrac{2}{3}\sqrt{f_{ck}} b_w d$

정답 ①

9급 2015년 국가직

30 보통중량콘크리트를 사용한 휨부재인 철근콘크리트 직사각형 보에 계수전단력 $V_u = 750\text{kN}$이 작용할 때, 콘크리트가 부담하는 전단강도 $V_c = 600\text{kN}$일 경우 전단철근량[mm^2]은?(단, 수직전단철근을 적용하고, 철근의 설계기준항복강도 $f_y = 300\text{MPa}$, 전단철근의 간격 $s = 300\text{mm}$, 보의 유효깊이 $d = 1,000\text{mm}$이며, 2012년도 콘크리트 구조기준을 적용한다.)

① 200 ② 300
③ 400 ④ 500

해설

$V_u = 750\text{kN}$

$\phi V_c = 0.75 \times 600 = 450\text{kN}$

$V_u(=750\text{kN}) > \phi V_c(=450\text{kN})$ − 전단보강 필요

$$V_s = \frac{V_u - \phi V_c}{\phi} = \frac{750 - 450}{0.75} = 400\text{kN}$$

$$A_v = \frac{V_s \cdot S}{f_y d} = \frac{(400 \times 10^3) \times 300}{300 \times 1,000} = 400\text{mm}^2$$

정답 ③

9급 2012년 서울시

31 전단보강철근이 부담하는 공칭전단강도 V_s 값은?(단, 전단균열의 기울기는 45°이고 A_v : 전단보강철근 1개의 단면적, f_y : 철근의 항복강도, d : 보의 유효깊이, α : 전단보강철근 기울기 s : 전단보강철근 간격이다.)

① $V_s = A_v \cdot f_y \cdot \frac{\sin\alpha \cdot d}{s}$ ② $V_s = A_v \cdot f_y \cdot \cos\alpha$

③ $V_s = A_v \cdot f_y \cdot \sin\alpha$ ④ $V_s = A_v \cdot f_y \cdot (\sin\alpha + \cos\alpha)$

⑤ $V_s = A_v \cdot f_y \cdot \frac{(\sin\alpha + \cos\alpha) \cdot d}{s}$

해설

전단철근이 부담하는 전단력(V_s)

㉠ 수직 전단철근 : $V_s = \frac{A_v f_y d}{s}$

㉡ 경사 전단철근 : $V_s = \frac{A_v f_y d(\sin\alpha + \cos\alpha)}{s}$

정답 ⑤

9급 2015년 서울시

32 그림에 나타난 직사각형 단철근보에서 전단철근이 부담하는 전단력(V_s)은 약 얼마인가? (단, 철근 D13을 수직 스터럽(Stirrup)으로 사용하며, 스터럽 간격은 200mm, D13 철근 1본의 단면적은 127mm^2, f_{ck} = 28MPa, f_{yt} = 350MPa, 보통콘크리트 사용)

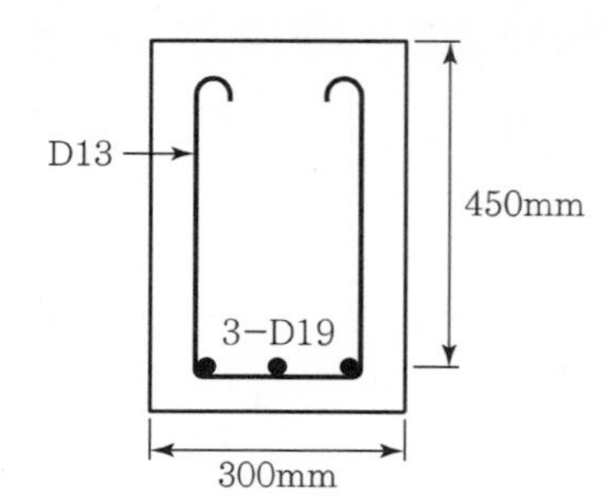

① 125kN
② 150kN
③ 200kN
④ 250kN

해설

$$V_s = \frac{A_v f_{yt} d}{s} = \frac{(2\times 127)\times 350\times 450}{200} = 200.025\times 10^3\text{N} = 200\text{kN}$$

정답 ③

9급 2018년 서울시(2차)

33 〈보기〉와 같이 T형 단면보에서 전단철근이 부담하는 공칭전단력(V_s)는 약 얼마인가?(단, 보통중량콘크리트를 사용하며 콘크리트의 설계기준압축강도(f_{ck})는 25MPa, 전단철근의 설계기준항복강도(f_{yt})는 400MPa이고, 철근 D10을 수직 스터럽(stirrup)으로 사용하며, 스터럽의 간격은 180mm, D10 철근 1본의 단면적은 71mm^2이다.)

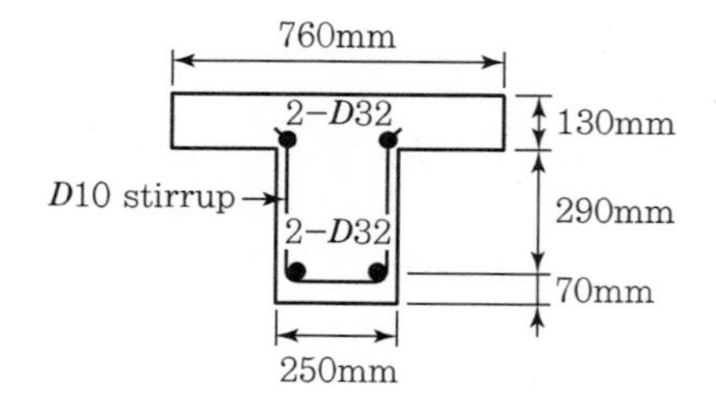

① 132.5kN
② 137.5kN
③ 142.5kN
④ 147.5kN

해설

$$V_s = \frac{A_v f_{yt} d}{s} = \frac{(2\times 71)\times 400\times (130+290)}{180} = 132.5\times 10^3\text{N} = 132.5\text{kN}$$

정답 ①

9급 2020년 지방직

34 전단철근이 부담해야 할 전단력 V_s = 500kN일 때, 전단철근(수직스터럽)의 간격 s를 240mm로 하면 직사각형 단면에서 필요한 최소 유효깊이 d[mm]는?(단, 보통중량콘크리트이며 f_{ck} = 36MPa, f_y = 400MPa, b = 400mm, 전단철근의 면적 A_v = 500mm²이고, 콘크리트구조 전단 및 비틀림 설계기준(KDS 14 20 22 : 2016)을 따른다. 또한, 전단철근 최대간격기준을 만족한다)

① 550 ② 600

③ 650 ④ 700

해설

$$d=\frac{V_s \cdot s}{f_y \cdot A_V}=\frac{(500\times 10^3)\times 240}{400\times 500}=600\text{mm}$$

정답 ②

9급 2009년 지방직

35 폭 $b=300\text{mm}$, 유효깊이 $d=500\text{mm}$, 콘크리트 설계기준압축강도 $f_{ck}=36\text{MPa}$ 인 직사각형 단면보에 철근 설계기준항복강도 $f_y=300\text{MPa}$인 U형 스터럽을 간격 $s=200\text{mm}$로 배치하였을 때 공칭전단강도 V_n[kN]은?(단, 스터럽 한 가닥의 면적은 100mm^2이다.)

① 150 ② 200

③ 225 ④ 300

해설

$\lambda=1.0$(보통 중량 콘크리트의 경우)

$$V_n=V_c+V_s$$

$$=\frac{1}{6}\lambda\sqrt{f_{ck}}\,b_w d+\frac{A_v f_y d}{s}$$

$$=\frac{1}{6}\times 1.0\times\sqrt{36}\times 300\times 500+\frac{(2\times 100)\times 300\times 500}{200}$$

$$=(150+150)10^3\text{N}=300\text{kN}$$

정답 ④

9급 2016년 국가직

36 폭 $b=400\text{mm}$, 유효깊이 $d=600\text{mm}$인 단철근 직사각형 보에 U형 수직 스터럽을 간격 $s=250\text{mm}$로 배치하였을 때, 공칭전단강도 $V_n[\text{kN}]$은?(단, 보통 중량 콘크리트의 설계기준압축강도 $f_{ck}=25\text{MPa}$, 전단철근의 설계기준항복강도 $f_{yt}=400\text{MPa}$, 스터럽 한 가닥의 단면적은 125mm^2이고, 2012년도 콘크리트구조기준을 적용한다.)

① 320　② 380
③ 440　④ 640

해설

$\lambda=1.0$(보통 중량 콘크리트의 경우)

$$V_n=V_c+V_s$$
$$=\frac{1}{6}\lambda\sqrt{f_{ck}}\,b_w d+\frac{A_V f_y d}{s}$$
$$=\frac{1}{6}\times1\times\sqrt{25}\times400\times600+\frac{(2\times125)\times400\times600}{250}$$
$$=(200+240)\times10^3\text{N}=440\text{kN}$$

정답 ③

9급 2015년 지방직

37 단철근 철근콘크리트 직사각형보의 폭 $b=400\text{mm}$, 유효깊이 $d=600\text{mm}$이며, 전단철근 단면적 $A_v=200\text{mm}^2$이고, 전단철근 간격 $s=300\text{mm}$일 때, 보의 계수전단력 $V_u[\text{kN}]$는?(단, $\lambda\sqrt{f_{ck}}=5\text{MPa}$, $f_{yt}=400\text{MPa}$, λ는 경량콘크리트 계수, f_{ck}는 콘크리트의 설계기준압축강도, f_{yt}는 횡방향철근의 설계기준항복강도이다.)

① 270　② 360
③ 420　④ 540

해설

$$V_c=\frac{1}{6}\lambda\sqrt{f_{ck}}\,b_w d=\frac{1}{6}\times5\times400\times600=200\times10^3\text{N}=200\text{kN}$$

$$V_s=\frac{A_v f_{yt} d}{s}=\frac{200\times400\times600}{300}=160\times10^3\text{N}=160\text{kN}$$

$$V_d=\phi V_n=\phi(V_c+V_s)=0.75(200+160)=270\text{kN}$$

$$V_u\le V_d=270\text{kN}$$

정답 ①

9급 2013년 국가직

38 강도설계법에 따라서 그림과 같은 단면에 전단철근을 충분히 사용하는 경우, 단면이 부담할 수 있는 최대 설계전단강도[kN]는?(단, 콘크리트에 의한 전단강도(V_c)는 간략식에 의하여 계산, 콘크리트의 설계기준압축강도 $f_{ck}=36\text{MPa}$, 횡방향 철근의 설계기준항복강도 $f_{yt}=400\text{MPa}$, 경량콘크리트계수 $\lambda=1.0$)

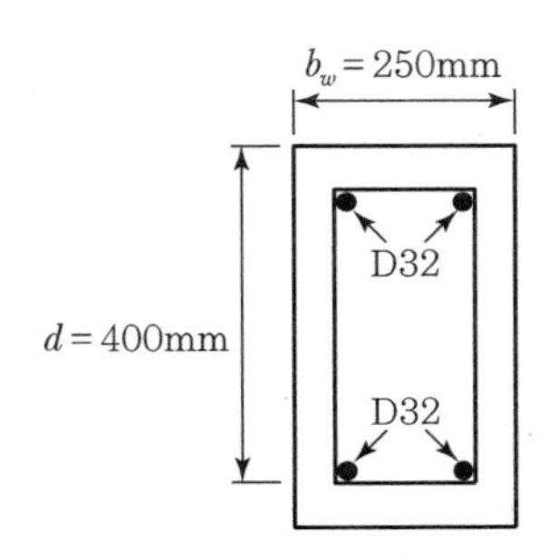

① 716　② 674　③ 618　④ 537

해설

$$V_c=\frac{1}{6}\lambda\sqrt{f_{ck}}\,bd=\frac{1}{6}\times1\times\sqrt{36}\times250\times400=10^5\text{N}=100\text{kN}$$

$$V_s=0.2\left(1-\frac{f_{ck}}{250}\right)f_{ck}bd=0.2\times\left(1-\frac{36}{250}\right)\times36\times250\times400=616\times10^3\text{N}=616\text{kN}$$

$$V_d=\phi V_n=\phi(V_c+V_s)=0.75(100+616)=537\text{kN}$$

정답 ④

9급 2013년 지방직

39 다음 그림과 같이 수직 전단철근 면적이 $A_v = 300\text{mm}^2(= 2 \times 150\text{mm}^2)$이고 전단철근이 부담해야 할 공칭전단력이 $V_s = 300\text{kN}$일 때, 전단철근규정을 만족하는 최대간격 $s_{\max}$ [mm]는?(단, 보통골재 콘크리트를 적용한 콘크리트의 설계기준강도 $f_{ck} = 25\text{MPa}$, 철근의 항복강도 $f_y = 400\text{MPa}$이다.)

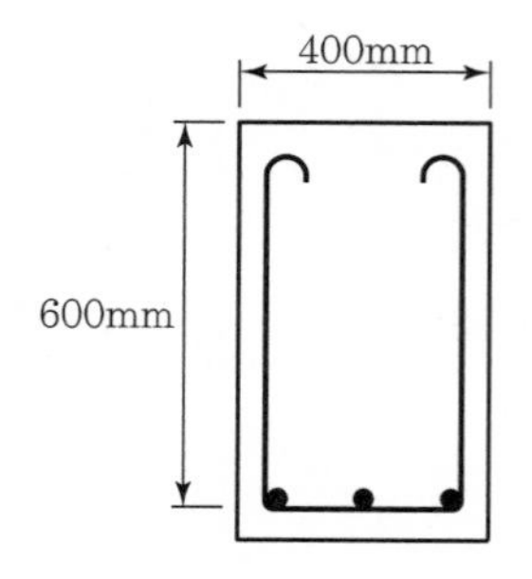

① 150
② 240
③ 300
④ 600

해설

$V_s = 300\text{kN}$

$\frac{1}{3}\lambda\sqrt{f_{ck}}\,bd = \frac{1}{3} \times 1 \times \sqrt{25} \times 400 \times 600 = 400 \times 10^3\text{N} = 400\text{kN}$

$V_s < \frac{1}{3}\lambda\sqrt{f_{ck}}\,bd$인 경우이므로 전단철근의 간격 s는 다음 값 이하라야 한다.

㉠ $s \le \frac{d}{2} = \frac{600}{2} = 300\text{mm}$

㉡ $s \le 600\text{mm}$

㉢ $s \le \frac{A_v f_y d}{V_s} = \frac{300 \times 400 \times 600}{300 \times 10^3} = 240\text{mm}$

따라서, 전단철근의 최대간격 s는 최솟값인 240mm 이하랴야 한다.

정답 ②

9급 2012년 서울시

40 **철근콘크리트 보의 폭이 400mm이고, 유효깊이가 600mm인 직사각형 단면보의 경우 부재축에 직각으로 설치되는 스터럽의 최대간격은?**

① 200mm
② 300mm
③ 400mm
④ 500mm
⑤ 600mm

해설

수직 스터럽의 간격(s)

1) $V_s \le \frac{1}{3}\lambda\sqrt{f_{ck}}\,b_w d$인 경우

㉠ $s \le \frac{d}{2} = \frac{600}{2} = 300\text{mm}$

㉡ $s \le 600\text{mm}$

수직 스터럽의 간격 s는 최솟값인 300mm 이하라야 한다.

2) $V_s > \frac{1}{3}\lambda\sqrt{f_{ck}}\,b_w d$인 경우

㉠ $s \le \frac{d}{4} = \frac{600}{4} = 150\text{mm}$

㉡ $s \le 300\text{mm}$

수직 스터럽의 간격 s는 최솟값인 150mm 이하라야 한다.

정답 정답 없음

9급 2018년 지방직

41 **폭 400mm, 유효깊이 600mm인 직사각형 단면을 갖는 철근콘크리트 보를 설계할 때, 부재축에 직각으로 배치되는 전단철근의 최대간격[mm]은?(단, 설계코드(KDS : 2016)와 2012년도 콘크리트구조기준을 적용한다.)**

① 300
② 400
③ 500
④ 600

해설

수직 스터럽의 간격(s)

1) $V_s \le \frac{1}{3}\lambda\sqrt{f_{ck}}\,b_w d$인 경우

㉠ $s \le \frac{d}{2} = \frac{600}{2} = 300\text{mm}$

㉡ $s \le 600\text{mm}$

수직스터럽의 간격 s는 최솟값인 300mm 이하라야 한다.

2) $V_s > \frac{1}{3}\lambda\sqrt{f_{ck}}\,b_w d$인 경우

㉠ $s \le \frac{d}{4} = \frac{600}{4} = 150\text{mm}$

㉡ $s \le 300\text{mm}$

수직스터럽의 간격 s는 최솟값인 150mm 이하라야 한다.

정답 정답 없음

9급 2008년 국가직

42 철근콘크리트 부재에서 스터럽의 단면적이 $A_v = 600\text{mm}^2$, 스터럽이 부담해야 하는 전단력이 $V_s = 400\text{kN}$일 때 스터럽의 최대간격[mm]은?(단, $f_y = 400\text{MPa}$, $b_w = 380\text{mm}$, $d = 500\text{mm}$이다.)

① 228
② 250
③ 300
④ 600

해설

수직 스터럽의 간격(s)

1) $V_s \le \frac{1}{3}\lambda\sqrt{f_{ck}}\,b_w d$인 경우

㉠ $s \le \frac{d}{2} = \frac{500}{2} = 250\text{mm}$

㉡ $s \le 600\text{mm}$

㉢ $s \le \frac{A_v f_y d}{V_s} = \frac{600 \times 400 \times 500}{400 \times 10^3} = 300\text{mm}$

수직 스터럽의 간격 s는 최솟값인 250mm 이하라야 한다.

2) $V_s > \frac{1}{3}\lambda\sqrt{f_{ck}}\,b_w d$인 경우

㉠ $s \le \frac{d}{4} = \frac{500}{4} = 125\text{mm}$

㉡ $s \le 300\text{mm}$

㉢ $s \le \frac{A_v f_y d}{V_s} = \frac{600 \times 400 \times 500}{400 \times 10^3} = 300\text{mm}$

수직 스터럽의 간격 s는 최솟값인 125mm 이하라야 한다.

정답 정답 없음

9급 2019년 국가직

43 전단철근이 부담해야 할 전단력 $V_s = 700\text{kN}$일 때, 전단철근(수직스터럽)의 간격 s[mm]는?(단, 보통중량콘크리트이며 $f_{ck} = 36\text{MPa}$, $f_y = 400\text{MPa}$, $b = 400\text{mm}$, $d = 600\text{mm}$, 전단철근의 면적 $A_v = 700\text{mm}^2$이고, 2012년도 콘크리트구조기준을 적용한다.)

① 350 ② 300

③ 240 ④ 150

해설

$V_s = 700\text{kN}$

$\lambda = 1.0$(보통 중량의 콘크리트인 경우)

$\frac{1}{3}\lambda\sqrt{f_{ck}}bd = \frac{1}{3} \times 1.0 \times \sqrt{36} \times 400 \times 600 = 480 \times 10^3\text{N} = 480\text{kN}$

$V_s(=700\text{kN}) > \frac{1}{3}\lambda\sqrt{f_{ck}}bd(=480\text{kN})$인 경우 수직 스터럽의 간격 s는 다음 값 이하라야 한다.

㉠ $s \leq 300\text{mm}$

㉡ $s \leq \frac{d}{4} = \frac{600}{4} = 150\text{mm}$

㉢ $s \leq \frac{A_v f_y d}{V_s} = \frac{700 \times 400 \times 600}{(700 \times 10^3)} = 240\text{mm}$

따라서, 수직 스터럽의 간격 s는 150mm 이하라야 한다.

9급 2012년 국가직

44 계수 전단력 $V_u = 480\text{kN}$을 받는 직사각형 콘크리트 부재의 단면이 폭 $b = 400\text{mm}$, 유효 깊이 $d = 600\text{mm}$이다. 강도설계법에 의해 전단철근을 배근할 경우, 규정에 따른 수직 스터럽의 최대 간격 s[mm]는?(단, 콘크리트 설계기준강도 $f_{ck} = 25\text{MPa}$이다.)

① 150 ② 250
③ 300 ④ 600

해설

$\lambda = 1.0$(보통 중량 콘크리트의 경우)

$V_c = \frac{1}{6}\lambda\sqrt{f_{ck}}\, b_w d = \frac{1}{6} \times 1.0 \times \sqrt{25} \times 400 \times 600 = 200 \times 10^3\text{N} = 200\text{kN}$

$\phi V_c = 0.75 \times 200 = 150\text{kN}$

$V_u(=480\text{kN}) > \phi V_c(=150\text{kN})$ – 전단보강 필요

$V_s = \frac{V_u}{\phi} - V_c = \frac{480}{0.75} - 200 = 440\text{kN}$

$\frac{1}{3}\lambda\sqrt{f_{ck}}\, b_w d = 2V_c = 2 \times 200 = 400\text{kN}$

$V_s > \frac{1}{3}\lambda\sqrt{f_{ck}}\, b_w d$인 경우 수직 스터럽의 간격 s는 다음 값 이하라야 한다.

㉠ $s \le \frac{d}{4} = \frac{600}{4} = 150\text{mm}$

㉡ $s \le 300\text{mm}$

따라서, 수직스터럽의 간격 s는 최솟값인 150mm 이하라야 한다.

정답 ①

9급 2011년 지방직

45 단순보의 지간이 9m 이고 단면의 형상이 그림과 같은 경우, 부재축과 수직인 U형 전단철근의 최대 간격 s[mm]는?(단, 콘크리트의 설계기준강도 $f_{ck}=25\text{MPa}$, 철근의 항복강도 $f_y=400\text{MPa}$, 설계등분포하중 $w_u=50\text{kN/m}$, 사용 전단철근 1본의 단면적 $A_s=100\text{mm}^2$이다.)

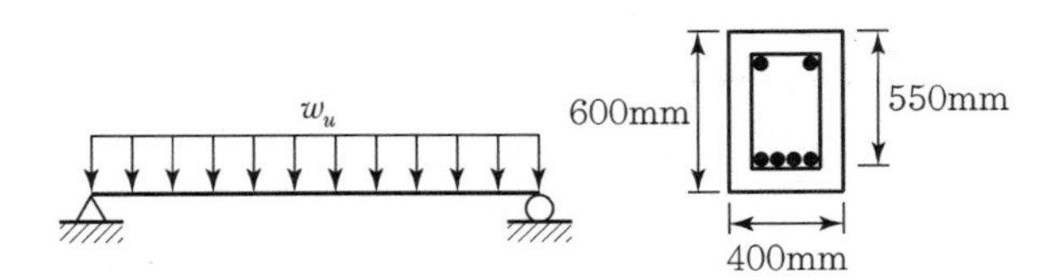

① 137.5
② 275
③ 412.5
④ 550

해설

$V_u=w_u\left(\frac{l}{2}-d\right)=50\left(\frac{9}{2}-0.55\right)=197.5\text{kN}$

$\lambda=1.0$(보통 중량 콘크리트의 경우)

$V_c=\frac{1}{6}\lambda\sqrt{f_{ck}}\,b_w d=\frac{1}{6}\times 1.0\times\sqrt{25}\times 400\times 550=183.333\times 10^3\text{N}=183.333\text{kN}$

$\phi V_c=0.75\times 183.333=137.5\text{kN}$

$V_u(=197.5\text{kN})>\phi V_c(=137.5\text{kN})$ – 전단보강 필요

$V_s=\frac{V_u}{\phi}-V_c=\frac{197.5}{0.75}-183.333=80\text{kN}$

$\frac{1}{3}\lambda\sqrt{f_{ck}}\,b_w d=2V_c=2\times 183.333=366.666\text{kN}$

$V_s<\frac{1}{3}\lambda\sqrt{f_{ck}}\,b_w d$이므로 수직스터럽 간격 s는 다음 값 이하라야 한다.

㉠ $s\le\frac{d}{2}=\frac{550}{2}=275\text{mm}$

㉡ $s\le 600\text{mm}$

㉢ $s\le\frac{A_v\cdot f_y\cdot d}{V_s}=\frac{(2\times 100)\times 400\times 550}{80\times 10^3}=550\text{mm}$

따라서, 수직스터럽의 간격 s는 최솟값인 275mm 이하라야 한다.

정답 ②

9급 2019년 서울시

46 그림과 같은 철근콘크리트 내민보에 자중을 포함한 계수등분포하중(w_u)이 100kN/m로 작용할 때, 위험단면에서 전단보강철근이 부담해야 할 최소의 전단력(V_s)을 부담한다면 전단보강철근의 최대간격은 얼마 이하여야 하는가?(단, 보통중량 콘트리트를 사용하였으며, f_{ck} = 36MPa, 전단철근의 단면적 A_v = 400mm^2, f_{yt} = 300MPa이며, 콘크리트구조기준(2012)을 적용한다.)

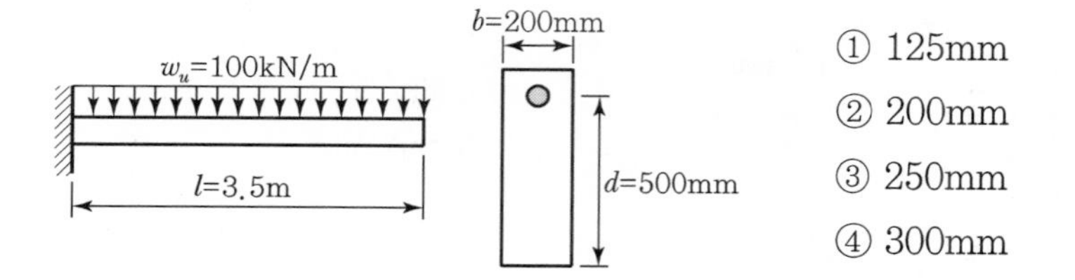

① 125mm
② 200mm
③ 250mm
④ 300mm

해설

$V_u = w_u(l-d) = 100(3.5-0.5) = 300\text{kN}$

$\lambda = 1.0$(보통중량 콘크리트인 경우)

$V_c = \frac{1}{6}\lambda\sqrt{f_{ck}}bd = \frac{1}{6}\times 1.0\times\sqrt{36}\times 200\times 500 = 100\times 10^3\text{N} = 100\text{kN}$

$V_s = \frac{V_u - \phi V_c}{\phi} = \frac{300 - 0.75\times 100}{0.75} = 300\text{kN}$

$\frac{1}{3}\lambda\sqrt{f_{ck}}bd = 2V_c = 2\times 100 = 200\text{kN}$

$V_s > \frac{1}{3}\lambda\sqrt{f_{ck}}bd$이므로 수직스터럽 간격 s는 다음 값 이하라야 한다.

㉠ $s \le \frac{d}{4} = \frac{500}{4} = 125\text{mm}$

㉡ $s \le 300\text{mm}$

㉢ $s \le \frac{A_v\cdot f_y\cdot d}{V_s} = \frac{400\times 300\times 500}{300\times 10^3} = 200\text{mm}$

따라서, 수직스터럽의 간격 s는 최솟값인 125mm 이하라야 한다.

정답 ①

9급 2015년 지방직

47 **철근콘크리트의 전단설계에 관한 설명으로 옳은 것은?(단, s는 전단철근의 간격, A_v는 전단철근의 단면적, f_{yt}는 횡방향 철근의 설계기준항복강도, d는 유효깊이, α는 경사스터럽과 부재축 사이의 각도를 나타낸다.)**

① 계수전단력 V_u가 콘크리트가 부담하는 전단력 ϕV_c보다 크지 않은 구간에서는 이론상 전단철근이 필요 없으므로, 실제 설계에서도 전단철근을 배근하지 않는다.

② 교대 벽체 및 날개벽, 옹벽의 벽체, 암거 등과 같이 휨이 주거동인 판부재에서는 최소 전단철근을 배근하지 않아도 된다.

③ 경사스터럽을 전단철근으로 사용하는 경우에 스터럽이 부담하는 전단강도 $V_s = \dfrac{A_v f_{yt} d(\sin\alpha)}{s}$이다.

④ 수직스터럽의 간격은 $0.5d$ 이하, 800mm 이하로 하여야 한다.

해설

① $\frac{1}{2}\phi V_c < V_u \le \phi V_c$인 경우 이론상 전단철근이 필요 없지만 실제설계에서는 최소전단철근량 $(A_{v,\min})$을 배치한다.

③ 경사스터럽을 전단철근으로 사용하는 경우에 스터럽이 부담하는 전단강도

$$V_s = \frac{A_v f_{yt} d(\sin\alpha + \cos\alpha)}{s}$$ 이다.

④ 수직스터럽의 간격은 다음과 같다.

- $V_s \le \frac{1}{3}\lambda\sqrt{f_{ck}}\, b_w d$인 경우 : $0.5d$ 이하, 600mm 이하
- $V_s > \frac{1}{3}\lambda\sqrt{f_{ck}}\, b_w d$인 경우 : $0.25d$ 이하, 300mm 이하

정답 ②

9급 2012년 지방직

48 **철근콘크리트 보의 전단설계에 대한 설명으로 옳지 않은 것은?(단, V_s는 전단철근에 의한 공칭전단강도, V_c는 콘크리트에 의한 공칭전단강도, V_u는 계수 전단력, ϕ는 강도감소계수, d는 유효깊이이다.)**

① $\phi V_c \leq V_u$인 경우에는 전단철근을 보강할 필요가 없다.

② $V_s \leq \frac{1}{3}\lambda\sqrt{f_{ck}}\, b_w d$인 경우에 수직스터럽의 간격은 $d/2$ 이하, $600\,\text{mm}$ 이하라야 한다.

③ $V_s > 0.2\left(1 - \frac{f_{ck}}{250}\right)f_{ck} b_w d$인 경우에는 콘크리트 단면의 크기를 변경해야 한다.

④ 전단철근은 시공상의 이유로 경사스터럽보다는 수직스터럽의 사용이 보편적이다.

해설

$V_u \leq \frac{1}{2}\phi V_c$인 경우에는 전단철근을 보강할 필요가 없다.

정답 ①

9급 2016년 국가직

49 **철근콘크리트 직사각형 보의 전단철근에 대한 설명으로 옳지 않은 것은?(단, V_s = 전단철근에 의한 전단강도, λ = 경량콘크리트 계수, f_{ck} = 콘크리트의 설계기준압축강도, b_w = 직사각형 보의 폭, d = 직사각형 보의 유효깊이이고, 「콘크리트구조 설계기준(2021)」을 적용한다.)**

① $V_s \leq \frac{\lambda\sqrt{f_{ck}}}{3} b_w d$일 때, 수직 전단철근의 간격은 $0.5d$ 이하이어야 하고, 어느 경우이든 600mm 이하로 하여야 한다.

② $V_s \leq \frac{\lambda\sqrt{f_{ck}}}{3} b_w d$일 때, 경사 스터럽과 굽힘철근은 부재의 중간 높이인 $0.5d$에서 반력점 방향으로 주인장철근까지 연장된 60° 선과 한 번 이상 교차되도록 배치하여야 한다.

③ $\frac{\lambda\sqrt{f_{ck}}}{3} b_w d < V_s \leq 0.2\left(1 - \frac{f_{ck}}{250}\right)f_{ck} b_w d$일 때, 수직 전단철근의 간격은 $0.25d$ 이하이어야 하고, 어느 경우이든 300mm 이하로 하여야 한다.

④ 전단철근의 설계기준항복강도 f_y는 500MPa을 초과할 수 없다. 단, 용접 이형철망을 사용할 경우 전단철근의 설계기준항복강도 f_y는 600MPa을 초과할 수 없다.

해설

$V_s \leq \frac{\lambda\sqrt{f_{ck}}}{3} b_w d$일 때, 경사 스터럽과 굽힘철근은 부재의 중간 높이인 $0.5d$에서 반력점 방향으로 주인장 철근까지 연장된 45°선과 한 번 이상 교차되도록 배치하여야 한다.

정답 ②

9급 2010년 국가직

50 휨을 받는 철근콘크리트 직사각형보의 전단철근 설계에 대한 설명으로 옳지 않은 것은?

① 여러 종류의 전단철근이 부재의 같은 부분을 보강하기 위해 사용되는 경우의 전단강도 V_s 는 각 종류별로 구한 전단강도 V_s 를 합한 값으로 하여야 한다.

② 계수전단력 V_u 가 콘크리트에 의한 설계전단강도 ϕV_c 이하이고 $\frac{1}{2}\phi V_c$ 를 초과하는 경우는 이론상으로는 전단철근이 필요하지 않으나, 보의 전체 깊이가 250mm를 초과한 경우에는 최소 전단철근량을 배치하도록 콘크리트구조기준에서 규정하고 있다.

③ $\frac{1}{3}\lambda\sqrt{f_{ck}}b_w d < V_s < 0.2\left(1-\frac{f_{ck}}{250}\right)f_{ck}b_w d$ 이고, 수직스터럽을 설치할 경우 전단철근의 최대 간격 $0.5d$ 이하, 600mm 이하로 하여야 한다.

④ 경사스터럽과 굽힘철근은 부재의 중간 높이인 $0.5d$ 에서 반력점 방향으로 주인장철근까지 연장된 45° 선과 한 번 이상 교차되도록 배치하여야 한다.

해설

$\frac{1}{3}\lambda\sqrt{f_{ck}}b_w d < V_s \le 0.2\left(1-\frac{f_{ck}}{250}\right)f_{ck}b_w d$ 이고, 수직스터럽을 설치할 경우 전단철근의 최대간격은 $\frac{d}{4}$ 이하, 300mm 이하로 하여야 한다.

정답 ③

9급 2019년 국가직

51 보통중량콘크리트를 사용한 경우 전단설계에 대한 설명으로 옳지 않은 것은?(단, 「콘크리트구조 설계기준(2021)」을 적용한다.)

① $\frac{1}{2}\phi V_c < V_u \le \phi V_c$ 인 경우는 최소 전단철근을 배치해야 한다.

② 용접이형철망을 제외한 전단철근의 항복강도는 500MPa 이하여야 한다.

③ $V_s > 0.2\left(1-\frac{f_{ck}}{250}\right)f_{ck}b_w d$ 인 경우 콘크리트의 단면을 크게 해야 한다.

④ $V_s > \frac{1}{3}\sqrt{f_{ck}}b_w d$ 인 경우의 전단철근의 간격은 $V_s < \frac{1}{3}\sqrt{f_{ck}}b_w d$ 인 경우보다 2배로 늘려야 한다.

해설

$V_s > \frac{1}{3}\sqrt{f_{ck}}b_w d$ 인 경우의 전단철근의 간격은 $V_s < \frac{1}{3}\sqrt{f_{ck}}b_w d$ 인 경우보다 $\frac{1}{2}$ 로 줄어야 한다.

정답 ④

9급 2017년 지방직(1차)

52 **철근콘크리트 부재의 전단철근에 대한 설명으로 옳지 않은 것은?(단, λ는 경량콘크리트계수, f_{ck}는 콘크리트 설계기준압축강도, b_w는 복부의 폭, d는 단면의 유효깊이, V_s는 전단철근에 의한 단면의 공칭전단강도이며, 2012년도 콘크리트구조기준을 적용한다.)**

① 최소 전단철근은 경사균열폭이 확대되는 것을 억제함으로써 덜 취성적인 파괴를 유도한다.

② 부재축에 직각으로 배치된 전단철근의 간격은 V_s가 $\lambda(\sqrt{f_{ck}}/3)b_w d$ 이하인 경우 $d/2$ 이하이어야 하고, 또한 600mm 이하로 하여야 한다.

③ V_s가 $\lambda(\sqrt{f_{ck}}/3)b_w d$을 초과하는 경우 V_s가 $\lambda(\sqrt{f_{ck}}/3)b_w d$ 이하일 때 적용된 최대 간격을 절반으로 감소시켜야 한다.

④ 경사스터럽과 굽힘철근은 부재의 중간 높이인 $0.5d$에서 보의 지간 중간 방향으로 주인장 철근까지 연장된 45° 선과 한 번 이상 수직으로 교차되도록 배치하여야 한다.

해설

경사스터럽과 굽힘철근은 부재의 중간 높이인 $0.5d$에서 반력점 방향으로 주 인장철근까지 연장된 45° 선과 한 번 이상 교차되도록 배치하여야 한다.

정답 ④

9급 2008년 국가직

53 **전단철근에 대한 설명으로 옳은 것은?**

① 용접이형철망을 사용할 경우 전단철근의 설계기준항복강도는 400MPa를 초과할 수 없다.

② 전단철근의 전단강도는 $V_s = 0.2\left(1-\frac{f_{ck}}{250}\right)f_{ck}b_w d$ 이상이어야 한다.

③ 종방향 철근을 구부려 전단철근으로 사용할 때는 그 경사길이의 중앙 3/4만이 전단철근으로서 유효하다고 보아야 한다.

④ 부재축에 직각으로 배치된 전단철근의 간격은 프리스트레스트 콘크리트 부재일 경우 $0.5h$ 이하, 또는 600mm 이하로 하여야 한다.

해설

① 용접이형철망을 사용할 경우 전단철근의 설계기준 항복강도는 600MPa을 초과할 수 없다.

② 전단 철근의 전단강도 $V_s = 0.2\left(1-\frac{f_{ck}}{250}\right)f_{ck}b_w d$ 이하라야 한다.

④ 부재축에 직각으로 배치된 전단철근의 간격은 프리스트레스트 콘크리트 부재일 경우 0.75h 이하 또는 600mm 이하로 하여야 한다.

정답 ③

9급 2014년 지방직

54 전단철근의 설계에 대한 설명으로 옳지 않은 것은?(단, 2012년도 콘크리트구조기준을 적용한다.)

① 철근콘크리트 부재의 경우 주인장 철근에 45° 이상의 각도로 설치되는 스터럽을 전단철근으로 사용할 수 있다.

② 철근콘크리트 부재의 경우 주인장 철근에 30° 이상의 각도로 구부린 굽힘철근을 전단철근으로 사용할 수 있다.

③ 전단철근의 설계기준항복강도는 500MPa을 초과할 수 없다. 다만, 용접이형철망을 사용할 경우 전단철근의 설계기준항복강도는 600MPa을 초과할 수 없다.

④ 부재축에 직각으로 배치된 전단철근의 간격은 철근콘크리트 부재일 경우와 프리스트레스트 콘크리트 부재일 경우 모두 700mm이하로 하여야 한다.

해설

부재축에 직각으로 배치된 전단철근의 간격은 철근콘크리트 부재일 경우 $0.5d$ 이하, 프리스트레스트 콘크리트 부재일 경우 $0.75h$ 이하, 또 어느 경우이든 600mm 이하로 하여야 한다.

정답 ④

9급 2015년 서울시

55 철근콘크리트 보의 전단철근 설계에 대한 다음 설명 중 옳지 않은 것은?

① 콘크리트가 부담하는 전단강도의 계산에서 특별한 경우 이외에는 f_{ck}는 70MPa을 초과하지 않도록 하여야 한다.

② 전단철근이 부담하는 전단강도는 $0.2\left(1-\dfrac{f_{ck}}{250}\right)f_{ck}b_w d$ 이내이어야 한다.

③ 부재 축에 직각으로 배치된 전단철근의 간격은 철근콘크리트 부재의 경우에 $d/2$ 이하이어야 하며, 또한 600mm 이하이어야 한다.

④ 보의 전체 높이가 250mm 이하인 경우에는 최소 전단철근을 배치하지 않아도 된다.

정답 정답 없음

9급 2013년 국가직

56 **다음 그림과 같은 철근콘크리트보의 전단 경간 a의 영향에 대한 설명으로 옳지 않은 것은?**

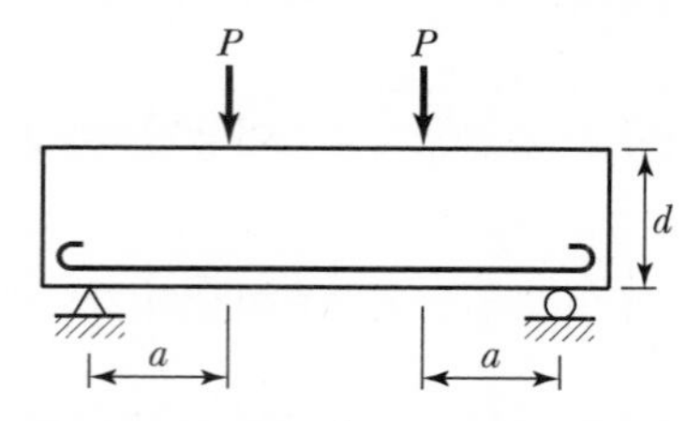

① 전단 경간 a와 보의 유효길이 d의 비(a/d)를 전단 경간비라고 한다.

② a/d가 큰 경우는 경간이 긴 경우를 의미하며, 휨모멘트의 영향이 커져서 휨파괴가 일어 나기 쉽다.

③ a/d가 작은 경우는 경간에 비해 보의 깊이가 큰 경우를 의미하며, 아치거동의 파괴가 쉽게 나타난다.

④ a/d가 7보다 큰 보에서는 휨균열보다 전단균열이 먼저 발생하여 사인장균열 파괴를 일으키기 쉽다.

해설

$\frac{a}{d} > 6$인 경간이 긴 보의 파괴는 전단강도보다 휨강도에 지배된다.

정답 ④

9급 2009년 국가직

57 **전단마찰철근의 단면적이 $4{,}000\text{mm}^2$이고, 설계기준항복강도가 300MPa이다. 전단마찰철근이 예상균열면에 수직한 경우 공칭전단강도[kN]는?(단, 일체로 친 일반 콘크리트이다.)**

① 1,280
② 1,480
③ 1,680
④ 1,880

해설

$\mu = 1.4$(일체로 친 콘크리트의 경우)

$V_n = \mu A_{vf} f_y$

$= 1.4 \times 4{,}000 \times 300$

$= 1{,}680 \times 10^3\text{N} = 1{,}680\text{kN}$

정답 ③

9급 2014년 국가직

58 전단력이 연직방향으로 작용할 때 동일방향으로 균열이 예상되는 콘크리트 접합면에 계수전단력 $V_u = 540\text{kN}$이 작용하였다. 이때 전단면(균열면)에 수직하게 배치되는 전단마찰철근량 $A_{vf}[\text{mm}^2]$는?(단, 전단면(균열면)의 마찰계수 $\mu = 0.6$, 콘크리트의 설계기준압축강도 $f_{ck} = 20\text{MPa}$, 철근의 설계기준항복강도 $f_y = 400\text{MPa}$, 2012년도 콘크리트구조기준을 적용한다.)

① 1,800 ② 2,647

③ 2,812 ④ 3,000

해설

$$V_u \le \phi V_n = \phi(\mu A_{vf} f_y)$$

$$A_{vf} \ge \frac{V_u}{\phi \mu f_y} = \frac{(540 \times 10^3)}{0.75 \times 0.6 \times 400} = 3{,}000\text{mm}^2$$

정답 ④

9급 2016년 지방직

59 그림과 같이 직접전단 균열이 발생할 곳에 대하여 전단마찰 이론을 적용할 경우 소요철근의 면적$(A_{vf})[\text{mm}^2]$은?(단, 계수전단력 $V_u = 45\text{kN}$, 철근의 설계기준항복강도 $f_y = 400$ MPa, 콘크리트 마찰계수 $\mu = 0.5$, $\sin\alpha_f = \frac{4}{5}$, $\cos\alpha_f = \frac{3}{5}$이며, 2012년도 콘크리트구조기준을 적용한다.)

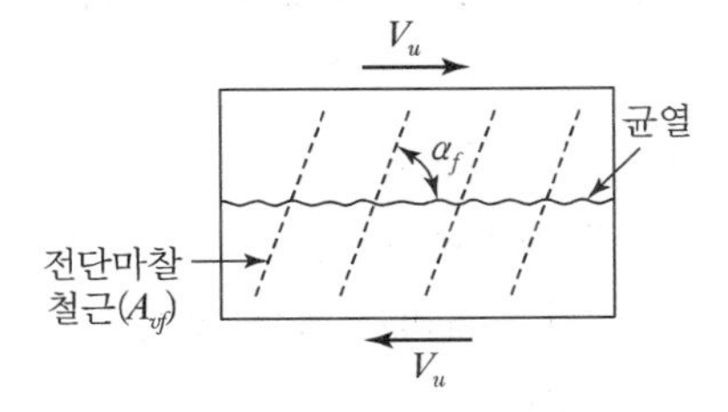

① 75 ② 150

③ 180 ④ 225

해설

$$V_u \le \phi V_n = \phi A_{vf} f_y(\mu \sin\alpha_f + \cos\alpha_f)$$

$$A_{uf} \ge \frac{V_u}{\phi f_y(\mu \sin\alpha_f + \cos\alpha_f)} = \frac{(45 \times 10^3)}{0.75 \times 400 \times \left(0.5 \times \frac{4}{5} + \frac{3}{5}\right)} = 150\text{mm}^2$$

정답 ②

9급 2010년 서울시

60 전단마찰이론에 대한 설명 중 옳지 않은 것은?

① 공칭전단강도 V_n 은 $0.2f_{ck}b_wd$와 $5.5b_wd$ 중 작은 값보다 커서는 안 된다.

② 표면을 거칠게 하지 않은 굳은 콘크리트에 이어친 콘크리트의 마찰계수는 0.7λ 이다.

③ 일체로 친 콘크리트의 마찰계수는 1.4λ 이다.

④ 전단마찰철근량을 구하는 식은 $\dfrac{V_u}{\phi \mu f_y}$ 이다.

⑤ 전단마찰철근의 설계기준 항복강도는 500MPa 이하로 하여야 한다.

해설

전단마찰에서 전단강도 V_n

㉠ 일체로 친 콘크리트나 표면을 거칠게 만든 굳은 콘크리트에 새로 친 콘크리트
$0.2f_{ck}A_c$, $(3.3+0.08f_{ck})A_c$ 및 $11A_c$(단위는 N) 중 가장 작은 값 이하

㉡ 그 밖의 경우
$0.2f_{ck}A_c$ 또한 $5.5A_c$ 이하

㉢ 강도가 다른 콘크리트는 낮은 강도 사용

일반 콘크리트의 마찰계수 값

㉠ 일체로 친 콘크리트, $\mu=1.4\lambda$

㉡ 표면을 거칠게 처리한 굳은 콘크리트에 이어 친 콘크리트, $\mu=1.0\lambda$

㉢ 표면을 거칠게 처리하지 않은 굳은 콘크리트에 이어 친 콘크리트, $\mu=0.6\lambda$

㉣ 구조용 강재에 정착된 콘크리트, $\mu=0.7\lambda$

정답 ②

9급 2017년 지방직(2차)

61 철근콘크리트 부재의 전단마찰 설계방법에 대한 설명으로 옳지 않은 것은?(단, 2012년도 콘크리트구조기준을 적용한다.)

① 전단면에 순인장력이 작용할 때는 이에 저항하기 위해서 철근을 추가로 두어야 한다.

② 전단마찰철근의 설계기준항복강도는 500MPa 이하로 하여야 한다.

③ 일체로 친 콘크리트의 마찰계수는 1.0λ이다.(λ는 경량 콘크리트 계수이다.)

④ 전단마찰철근을 전단면에 걸쳐 적절하게 배치하여야 한다.

일체로 친 콘크리트의 마찰계수는 1.4λ이다.(λ는 경량 콘크리트 계수이다.)

정답 ③

9급 2018년 서울시(1차)

62 브래킷, 내민받침 등에 적용하는 전단마찰철근의 설계기준 항복강도의 최댓값은?(단, 콘크리트구조기준(2012)을 적용한다.)

① 400MPa ② 500MPa
③ 550MPa ④ 600MPa

해설

전단마찰철근의 설계기준 항복강도는 500MPa 이하라야 한다.

9급 2010년 지방직

63 브래킷과 내민받침에 대한 전단설계에 관한 설명으로 옳지 않은 것은?

① 전단마찰철근이 전단면에 수직한 경우 전단마찰철근량 A_{vf} 는 $\frac{V_u}{\phi \mu f_y}$ 로 계산된다.

② 수평인장력 N_{uc} 에 저항할 철근량 A_n은 $N_{uc} \leq \phi A_n f_y$로 결정된다. 이때 N_{uc}는 크리프, 건조수축 또는 온도변화에 기인한 경우라도 활하중으로 간주하여야 한다.

③ 브래킷 상부에 배치되는 주인장철근의 단면적 A_s는 $(A_n + A_f)$와 $\left(\frac{2A_n}{3} + A_{vf}\right)$ 중 큰 값을 사용한다.

④ 주인장철근량 A_s와 나란한 폐쇄스터럽이나 띠철근의 전체 단면적 A_h는 $0.5(A_s - A_n)$ 이상이어야 하고, A_s에 인접한 유효깊이 $\frac{2}{3}$ 내에 균등하게 배치하여야 한다.

해설

브래킷 상부에 배치되는 주인장 철근의 단면적 A_s는 $(A_n + A_f)$와 $\left(\frac{2A_{vf}}{3} + A_n\right)$ 중 큰 값을 사용한다.

정답 ③

9급 2017년 서울시

64 브래킷과 내민받침의 전단설계에 대한 보기의 설명 중 옳은 내용을 모두 고른 것은?(단, 「콘크리트구조기준(2012)」을 적용한다.)

ㄱ. 받침부 면의 단면은 계수전단력 V_u와 계수휨모멘트 $[V_u a_v + N_{uc}(h-d)]$ 및 계수수평 인장력 N_{uc}를 동시에 견디도록 설계하여야 한다.
ㄴ. 브래킷 또는 내민받침 위에 놓이는 부재가 인장력을 피하도록 특별한 장치가 마련되어 있지 않는 한 인장력 N_{uc}를 $0.1V_u$ 이상으로 하여야 한다.
ㄷ. 인장력 N_{uc}는 인장력이 비록 크리프, 건조수축 또는 온도변화에 기인한 경우라도 고정하중으로 간주하여야 한다.
ㄹ. 주인장철근의 단면적 A_s는 $(A_f + A_n)$과 $(2A_{uf}/3 + A_n)$ 중에서 큰 값 이상이어야 한다.(여기서 A_f = 계수휨모멘트에 저항하는 철근 단면적, A_n = 인장력 N_{uc}에 저항하는 철근 단면적, A_{uf} = 전단마찰철근의 단면적을 의미한다.)

① ㄱ, ㄷ　② ㄱ, ㄹ
③ ㄴ, ㄷ　④ ㄴ, ㄹ

해설

ㄴ. 브래킷 또는 내민받침 위에 놓이는 부재가 인장력을 피하도록 특별한 장치가 마련되어 있지 않는 한 인장력 N_{uc}를 $0.2V_u$ 이상으로 하여야 한다.
ㄷ. 인장력 N_{uc}는 인장력이 비록 크리프, 건조수축 또는 온도변화에 기인한 경우라도 활하중으로 간주하여야 한다.

정답 ②

9급 2017년 지방직(2차)

65 동일한 재료와 단면적을 사용하여 비틀림에 저항하는 부재를 설계할 때, 가장 효과적인 단면으로 옳은 것은?

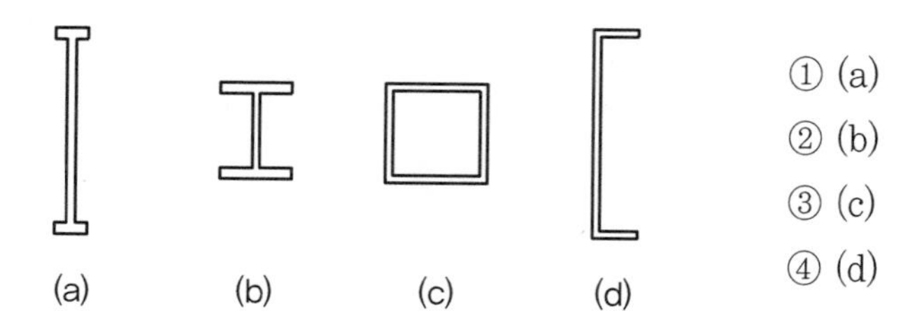

① (a)
② (b)
③ (c)
④ (d)

해설

동일한 재료와 단면적을 사용하여 비틀림에 저항하는 부재를 설계할 때, 가장 효과적인 단면은 폐합단면이다.

정답 ③

9급 2008년 국가직

66 $b=200\,\text{mm}$ **이고** $h=200\,\text{mm}$ **인 사각형 단면에 균열을 일으키는 비틀림모멘트** T_{cr} $[\text{kN}\cdot\text{m}]$**은?(단,** $f_{ck}=36\text{MPa}$ **이다.)**

① 3 ② 4

③ 5 ④ 6

해설

A_{cp}[콘크리트 단면의 바깥 둘레로 둘러싸인 단면적]$=bh=200\times200=40{,}000\text{mm}^2$

P_{cp}[콘크리트 단면의 바깥 둘레]$=2(b+h)=2(200+200)=800\text{mm}$

$\lambda=1$(보통 중량 콘크리트의 경우)

$T_{cr}=\dfrac{1}{3}\lambda\sqrt{f_{ck}}\dfrac{A_{cp}^{\ 2}}{P_{cp}}=\dfrac{1}{3}\times1\times\sqrt{36}\times\dfrac{40{,}000^2}{800}=4\times10^6\text{N}\cdot\text{mm}=4\text{kN}\cdot\text{m}$

정답 ②

9급 2009년 국가직

67 그림과 같은 보통중량콘크리트를 사용한 철근콘크리트 테두리보의 균열비틀림모멘트 T_{cr} $[\text{kN}\cdot\text{m}]$**은?(단,** $f_{ck}=29.16\text{MPa}$, $\sqrt{29.16}=5.4$**)**

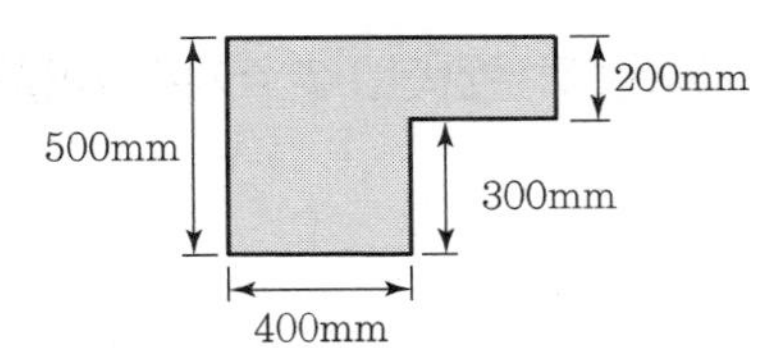

① 30.7 ② 40.7

③ 50.7 ④ 60.7

해설

보가 슬래브와 일체로 되거나 완전한 합성구조로 되어 있을 때, 보의 단면은 보가 슬래브의 위 또는 아래로 내민 깊이 중 큰 깊이만큼을 보의 양측으로 연장한 슬래브 부분을 포함한 것으로서 보의 한 측으로 연장되는 거리는 슬래브 두께의 4배 이하로 하여야 한다.

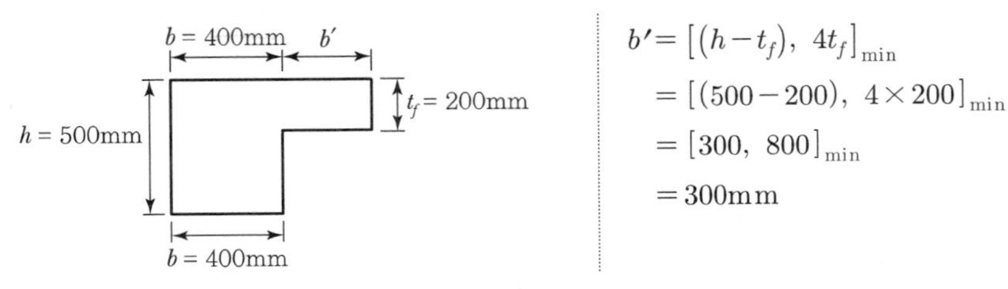

$b'=[(h-t_f),\ 4t_f]_{\min}$
$=[(500-200),\ 4\times200]_{\min}$
$=[300,\ 800]_{\min}$
$=300\text{mm}$

A_{cp}[콘크리트 단면의 바깥 둘레로 둘러싸인 단면적]$=b't_f+bh=(300\times200)+(400\times500)=260{,}000\text{mm}^2$

P_{cp}[콘크리트 단면의 바깥 둘레]$=2(b'+b+h)=2(300+400+500)=2{,}400\text{mm}$

$\lambda=1$(보통 중량 콘크리트의 경우)

$T_{cr}=\dfrac{1}{3}\lambda\sqrt{f_{ck}}\dfrac{A_{cp}^{\ 2}}{P_{cp}}=\dfrac{1}{3}\times1.0\times\sqrt{29.16}\times\dfrac{260{,}000^2}{2{,}400}=50.7\times10^6\text{N}\cdot\text{mm}=50.7\text{kN}\cdot\text{m}$

정답 ③

9급 2007년 국가직

68 **비틀림을 받는 부재를 보강하기 위하여 사용하는 종방향 철근 또는 종방향 긴장재와 함께 사용하는 횡방향 철근으로 적당하지 않은 것은?**

① 부재축에 수직인 폐쇄스터럽 또는 폐쇄띠철근

② 부재축에 수직인 횡방향 강선으로 구성된 폐쇄용접철망

③ 프리스트레싱되지 않은 부재에서 나선철근

④ 두 개의 U형 스터럽을 거꾸로 겹쳐서 만든 철근

해설

비틀림 철근의 종류

비틀림 철근은 종방향 철근 또는 종방향 긴장재와 다음의 횡방향 철근으로 구성될 수 있다.

① 부재축에 수직인 폐쇄스터럽 또는 폐쇄 띠철근

② 부재축에 수직인 횡방향 강선으로 구성된 폐쇄용접철망

③ 프리스트레싱 되지 않은 부재에서 나선철근

정답 ④

9급 2014년 서울시

69 **비틀림모멘트가 작용하는 부재의 설계조건으로 옳은 것은?(단, T_u=계수 비틀림 모멘트, T_n=공칭 비틀림 강도, ϕ=비틀림에 대한 강도 감소계수)**

① $T_n \le 0.75\phi T_u$

② $T_u \le 0.75\phi T_n$

③ $T_u \le 0.85\phi T_n$

④ $T_u \le \phi T_n$

⑤ $T_n \le \phi T_u$

해설

$T_u \le T_d = \phi T_n$

정답 ④

9급 2010년 서울시

70 **프리스트레싱되지 않은 철근콘트리트 부재에서 다음 중 비틀림에 대한 검토를 무시할 수 있는 경우는?(T_u : 계수비틀림모멘트, P_{cp} : 단면의 외부 둘레길이, ϕ : 강도감소계수, A_{cp} : 단면의 외부 둘레로 둘러싸인 면적, f_{ck} : 콘크리트 압축강도)**

① $T_u < \phi(\lambda \sqrt[3]{f_{ck}}/12)\dfrac{A_{cp}^2}{P_{cp}}$

② $T_u < \phi(\lambda \sqrt{f_{ck}}/12)\dfrac{A_{cp}^2}{P_{cp}}$

③ $T_u < \phi(\lambda \sqrt{f_{ck}}/4)\dfrac{A_{cp}^2}{P_{cp}}$

④ $T_u < \phi(\lambda \sqrt{f_{ck}}/12)\dfrac{A_{cp}}{P_{cp}}$

⑤ $T_u < \phi(\lambda \sqrt{f_{ck}}/12)\dfrac{A_{cp}}{P_{cp}^2}$

해설

비틀림의 영향을 고려하지 않아도 되는 최소의 비틀림 하중

$$T_u \le \phi\left(\frac{1}{12}\lambda\sqrt{f_{ck}}\right)\frac{A_{cp}^2}{P_{cp}}$$

정답 ②

9급 2020년 지방직

71 **폭이 400mm, 높이가 400mm인 철근콘크리트 보에 대해 비틀림의 영향을 무시할 수 없는 계수 비틀림모멘트의 최솟값[kN · m]은?(단, f_{ck} = 36MPa인 보통중량콘크리트 보이며, 콘크리트구조 전단 및 비틀림 설계기준(KDS 14 20 22 : 2016)을 따르고, 비틀림모멘트만을 고려한다)**

① 4

② 6

③ 8

④ 10

해설

$A_{cp} = bh = 400 \times 400 = 160{,}000\text{mm}^2$

$P_{cp} = 2(b+h) = 2(400+400) = 1{,}600\text{mm}$

$\lambda = 1$(보통중량 콘크리트의 경우)

$$T_u > \phi\left(\frac{1}{12}\lambda\sqrt{f_{ck}}\right)\frac{A_{cp}^2}{P_{cp}} = 0.75\left(\frac{1}{12}\times 1\times\sqrt{36}\right)\frac{160{,}000^2}{1{,}600} = 6\times 10^6\text{N}\cdot\text{mm} = 6\text{kN}\cdot\text{m}$$

정답 ②

9급 2011년 국가직

72 **철근콘크리트 구조물의 전단과 비틀림 설계에 대한 설명으로 옳지 않은 것은?**

① 받침부로부터 d 이내에 위치한 단면은 d 에서 구한 계수전단력 V_u 의 값으로 설계할 수 있다.

② 철근콘크리트 부재에서 계수비틀림모멘트 T_u 가 $\phi\left(\frac{1}{12}\lambda\sqrt{f_{ck}}\right)\frac{A_{cp}^{\ 2}}{P_{cp}}$ 보다 작으면 비틀림의 영향을 무시할 수 있다.

③ 비틀림에 저항하기 위해서는 폐쇄스터럽만 필요하고 종방향 철근은 고려하지 않는다.

④ 비틀림 설계 시에 폐쇄스터럽은 비틀림과 전단에 대한 스터럽 필요량을 함께 고려한다.

해설

비틀림에 저항하기 위해서는 폐쇄스터럽과 종방향 철근이 모두 필요하다.

정답 ③

9급 2007년 국가직

73 **콘크리트구조기준(2012년도 개정)에서 비틀림 설계에 관한 사항 중 옳지 않은 것은?**

① 콘크리트 전단과 비틀림 강도의 상호작용을 고려해야 한다.

② 콘크리트의 전단강도는 비틀림과 상관없이 일정하다.

③ 비틀림에 대한 설계는 박벽관(Thin－Walled Tube)과 입체트러스 해석법에 근거를 두고 있다.

④ 비틀림 설계 시 보 단면에서 가운데 부분의 콘크리트는 무시한다.

해설

콘크리트의 공칭 전단강도 V_c는 비틀림에 의해서 변하지 않는다고 가정한다.

정답 ①

9급 2014년 지방직

74 **비틀림철근의 상세에 대한 설명으로 옳지 않은 것은?(단, 2012년도 콘크리트구조기준을 적용한다.)**

① 종방향 비틀림철근은 양단에 정착하여야 한다.

② 횡방향 비틀림철근은 종방향 철근 주위로 90° 표준갈고리에 의하여 정착하여야 한다.

③ 비틀림철근은 종방향 철근 또는 종방향 긴장재와 부재축에 수직인 폐쇄스터럽 또는 폐쇄띠철근으로 구성될 수 있다.

④ 비틀림철근은 종방향 철근 또는 종방향 긴장재와 부재축에 수직인 횡방향 강선으로 구성된 폐쇄용접철망으로 구성될 수 있다.

해설

횡방향 비틀림철근은 종방향 철근 주위로 135° 표준갈고리에 의하여 정착하여야 한다.

정답 ②

9급 2018년 서울시(1차)

75 〈보기〉와 같이 콘크리트구조기준(2012)에서 규정된 비틀림설계에 대한 설명 중 옳은 내용을 모두 고른 것은?

> ㉠ 다음과 같은 철근콘크리트 부재의 경우 비틀림의 영향을 무시할 수 있다.
> $$T_u < \phi\left(\frac{\lambda\sqrt{f_{ck}}}{12}\frac{A_{cp}{}^2}{p_{cp}}\right)$$
> ㉡ 비틀림 모멘트가 작용하는 속 빈 단면 부재의 단면 치수는 다음을 만족하여야 한다.
> $$\sqrt{\left(\frac{V_u}{b_w d}\right)^2+\left(\frac{T_u p_h}{1.7A_{oh}{}^2}\right)^2} \le \phi\left(\frac{V_c}{b_w d}+\frac{2\sqrt{f_{ck}}}{3}\right)$$
> ㉢ 비틀림 철근의 설계기준항복강도는 550MPa를 초과할 수 없다.
>
> ㉣ 횡방향 폐쇄스터럽의 최소 면적은 $(A_v+2A_t) \ge 0.00625\sqrt{f_{ck}}\frac{b_w s}{f_{yt}} \ge 0.035\frac{b_w s}{f_{yt}}$ 이다.
>
> ㉤ 비틀림에 요구되는 종방향 철근의 지름은 스트럽 간격의 1/24 이상이어야 하며, 또한 D10 이상의 철근이어야 한다.

① ㉠, ㉤　　② ㉠, ㉣

③ ㉡, ㉢　　④ ㉣, ㉤

해설

㉡ 비틀림 모멘트가 작용하는 부재의 단면 치수는 다음을 만족해야 한다.

1. 속이 찬 단면의 경우

$$\sqrt{\left(\frac{V_u}{b_w d}\right)^2+\left(\frac{T_u p_h}{1.7A_{oh}{}^2}\right)^2} \le \phi\left(\frac{V_c}{b_w d}+\frac{2\lambda\sqrt{f_{ck}}}{3}\right)$$

2. 속이 빈 단면의 경우

$$\frac{V_u}{b_w d}+\frac{T_u p_h}{1.7A_{oh}{}^2} \le \phi\left(\frac{V_c}{b_w d}+\frac{2\lambda\sqrt{f_{ck}}}{3}\right)$$

㉢ 비틀림 철근의 설계기준항복강도는 500MPa를 초과할 수 없다.

㉣ 횡방향 폐쇄 스터럽의 최소 면적은

$(A_v+2A_t)=0.0625\lambda\sqrt{f_{ck}}\frac{b_w s}{f_{yt}} \ge 0.35\frac{b_w s}{f_{yt}}$ 이다.

정답 ①

9급 2018년 국가직

76 그림과 같이 철근콘크리트 깊은 보를 스트럿－타이 모델에 의하여 설계할 때, 타이 BC에 필요한 휨 인장 철근 면적[mm²]은?(단, 철근의 설계기준항복강도 $f_y = 400$MPa이고, 설계코드(KDS : 2016)와 2012년도 콘크리트구조기준을 적용한다.)

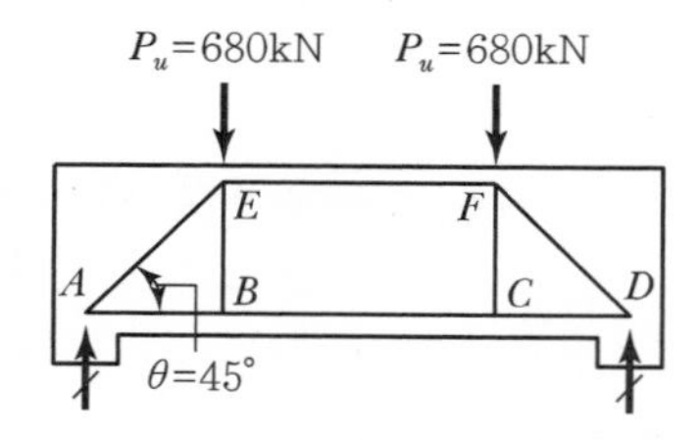

① 1,000
② 1,500
③ 1,875
④ 2,000

해설

1. 지점반력(R_A, R_D)
   대칭구조물에 하중이 대칭으로 작용하므로 $R_A = R_D = 680\text{kN}(\uparrow)$

2. BC 부재의 부재력(N_{BC})
   1) 절점 A에서

N_{AE}, 45°, A, N_{AB}, R_A=680kN

$\Sigma F_y = 0(\uparrow \oplus)$

$N_{AE} \cdot \sin 45° + 680 = 0$

$N_{AE} = -680\sqrt{2}\,\text{kN}$(압축)

$\Sigma F_x = 0(\rightarrow \oplus)$

$N_{AE} \cdot \cos 45° + N_{AB} = 0$

$N_{AB} = -\frac{1}{\sqrt{2}} N_{AE} = -\frac{1}{\sqrt{2}}(-680\sqrt{2}) = 680\text{kN}$(인장)

   2) 절점 B에서

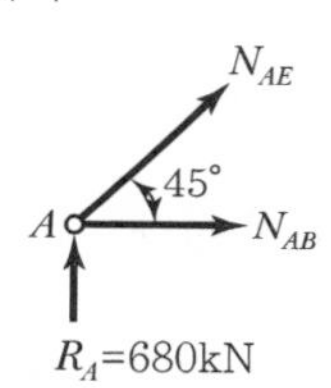

$\Sigma F_x = 0(\rightarrow \oplus)$

$N_{BC} - 680 = 0$

$N_{BC} = 680\text{kN}$(인장)

3. 타이 BC에 필요한 인장 철근 면적(A_s)

$$A_s = \frac{N_{BC}}{\phi f_y} = \frac{680 \times 10^3}{0.85 \times 400} = 2{,}000\text{mm}^2$$

정답 ④

Chapter 05

철근의 정착과 이음

Contents

01 철근의 구조세목

1. 표준 갈고리

(1) 갈고리의 사용 목적

① 갈고리는 철근의 정착을 목적으로 사용된다.

② 원형철근에는 반드시 갈고리를 두어야 하며, 이형철근에도 중요 부재일 경우는 갈고리를 두어야 한다.

③ 갈고리는 인장철근에만 두고, 압축 구역에서는 정착에 유효하지 않으므로 만들 필요가 없다.

(2) 표준 갈고리의 분류

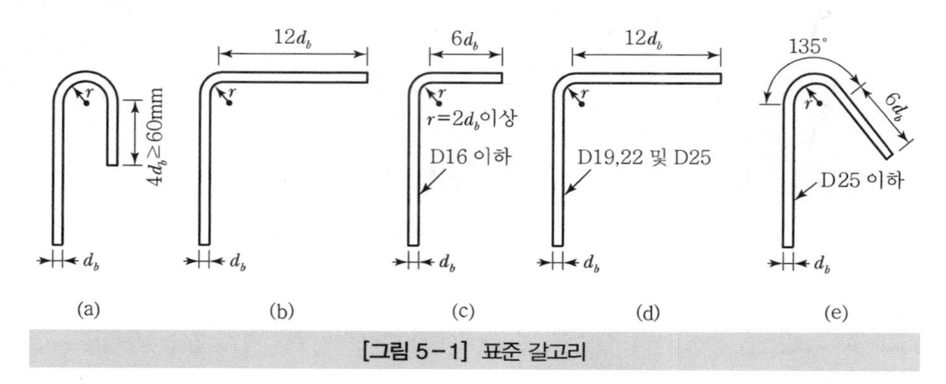

[그림 5-1] 표준 갈고리

1) 형상에 따른 분류

① 90° 갈고리(직각갈고리) : [그림 5-1]의 (b), (c), (d)

② 135° 갈고리(예각갈고리) : [그림 5-1]의 (e)

③ 180° 갈고리(반원형 갈고리) : [그림 5-1]의 (a)

2) 용도에 따른 분류

① 정·부 철근의 표준 갈고리 : [그림 5-1]의 (a), (b)

② 스터럽 또는 띠철근의 표준 갈고리 : [그림 5-1]의 (c), (d), (e)

(3) 표준 갈고리의 최소 내면 반지름

① 철근의 재질을 손상시키지 않을 한도 내에서 정해진 표준 갈고리의 최소 내면 반지름을 나타낸 것이 [표 5－1]이다.

② 스터럽과 띠철근의 표준 갈고리의 최소 내면 반지름은 사용철근이 D16 이하이면 $2d_b$ 이상으로 하여야 하며, D19 이상이면 [표 5－1]에 따라야 한다.

[표 5－1] 표준 갈고리의 최소 내면 반지름

철근의 크기	최소 내면 반지름(r)
D10～D25	$3d_b$
D29～D35	$4d_b$
D38 이상	$5d_b$

(d_b : 철근의 공칭지름)

2. 철근 구부리기

표준 갈고리 이외의 부분에서 철근을 구부릴 경우 철근의 재질에 손상을 주지 않기 위해서 다음의 최소 내면 반지름 이상으로 철근을 구부려야 한다.

(1) 스터럽과 띠철근

철근지름 이상

(2) 굽힘철근(절곡철근)

철근지름의 5배 이상

(3) 라멘구조의 모서리 부분의 외측

철근지름의 10배 이상

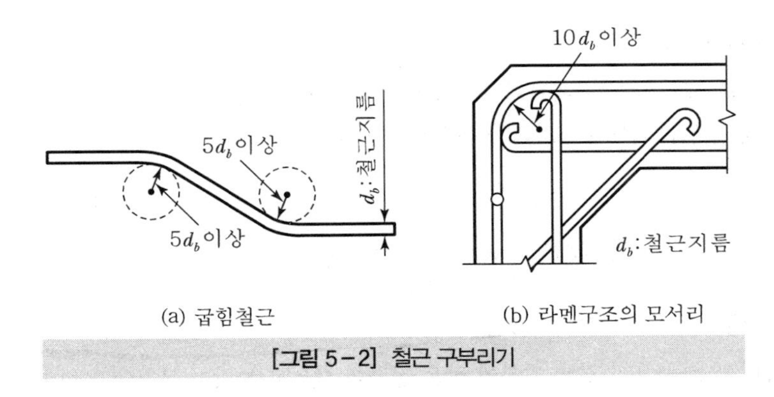

(a) 굽힘철근　　(b) 라멘구조의 모서리

[그림 5－2] 철근 구부리기

02 부착과 정착

1. 서론

(1) 정의

① 부착의 정의 : 철근과 콘크리트의 경계면에서 활동에 저항하는 것을 부착이라 한다.
② 정착의 정의 : 철근의 끝부분이 콘크리트 속에서 빠져나오지 않도록 고정하는 것을 정착이라 한다.

(2) 철근과 콘크리트의 부착작용

① 시멘트풀과 철근 표면의 교착작용
② 콘크리트와 철근 표면의 마찰작용
③ 이형철근 표면의 요철에 의한 기계적 작용

2. 부착에 영향을 주는 요인

(1) 철근의 표면상태

원형철근보다 이형철근이 부착강도가 크며, 약간 녹이 슬어 거친 표면을 갖는 철근이 부착에 유리하다.

(2) 콘크리트의 강도

콘크리트의 강도가 클수록 부착에 유리하다.

(3) 철근의 묻힌 위치 및 방향

블리딩(Bleeding) 현상 때문에 수평철근보다 연직철근이 부착에 유리하며, 수평철근이라도 상부철근보다 하부철근이 부착에 유리하다.

(4) 철근의 피복두께

철근의 피복두께가 충분히 확보되어야 부착강도가 제대로 발휘될 수 있으며, 피복두께가 부족하면 콘크리트의 할렬로 인한 부착파괴가 유발될 수 있다.

(5) 다지기

콘크리트의 다지기가 불충분하면 부착강도가 저하된다.

(6) 철근의 지름

동일한 철근량을 사용할 경우 지름이 작은 철근을 사용하는 것이 부착에 유리하다.

03 철근의 정착

1. 정착방법

(1) 묻힘길이에 의한 정착

① 철근을 직선인 채 그대로 콘크리트 속에 충분한 길이만큼 묻어서 콘크리트와 철근의 부착에 의하여 정착하는 방법이다. 이때 콘크리트 속에 묻어 넣는 철근의 묻힘길이를 정착길이라 한다.
② 인장철근 및 압축철근의 정착에 사용되는 방법이다.
③ 이형철근에 한하여 사용되는 방법이다.
④ 철근의 정착길이는 철근의 피복두께와 철근의 간격에 관계된다.

(2) 갈고리에 의한 정착

① 철근 끝부분에 표준 갈고리를 만들어서 갈고리의 기계적 작용과 직선부분의 부착의 조합작용으로 정착하는 방법이다.
② 원형철근의 정착에는 반드시 갈고리를 두어야 하며, 이형철근의 정착에도 중요부재일 경우는 갈고리를 둔다.
③ 압축철근의 정착에는 갈고리의 효과가 별로 없으므로 사용되지 않는다.

(3) 기타 방법에 의한 정착

① 철근의 가로방향에 따로 철근을 용접하는 방법
② 특별한 정착장치를 사용하는 방법

2. 묻힘길이에 의한 정착

(1) 인장철근의 정착길이

1) 기본 정착길이

$$l_{db} = \frac{0.6 d_b f_y}{\lambda \sqrt{f_{ck}}} \quad \cdots\cdots (5.1)$$

참고

◈ 콘크리트의 설계기준강도(f_{ck})
70MPa를 초과하면 f_{ck}는 정착길이에 영향을 주지 않는다.
$\sqrt{f_{ck}} \le 8.4$MPa

2) 정착길이

$$l_d = l_{db} \times 보정계수 \geq 300\text{mm} \quad \cdots\cdots (5.2)$$

[표 5-2] 보정계수(인장철근)

<table>
<tr><th colspan="3">조건</th><th>D19 이하의 철근</th><th>D22 이상의 철근</th></tr>
<tr><td colspan="3">정착되거나 이어지는 철근의 순간격이 d_b 이상이고 피복두께도 d_b 이상이면서 l_d 전 구간에 설계기준에서 규정된 최소 철근량 이상의 스터럽 또는 띠철근을 배근한 경우 또는, 정착되거나 이어지는 철근의 순간격이 $2d_b$ 이상이고 피복두께가 d_b 이상인 경우</td><td>$0.8\alpha\beta\lambda$</td><td>$\alpha\beta\lambda$</td></tr>
<tr><td colspan="3">기타</td><td>$1.2\alpha\beta\lambda$</td><td>$1.5\alpha\beta\lambda$</td></tr>
<tr><td rowspan="2">α
철근배치 위치계수</td><td colspan="3">상부철근(정착길이 또는 겹침 이음부 아래 300mm를 초과되게 굳지 않은 콘크리트를 친 수평철근)</td><td>1.3</td></tr>
<tr><td colspan="3">기타 철근</td><td>1.0</td></tr>
<tr><td rowspan="3">β
도막계수</td><td colspan="3">피복두께가 $3d_b$ 미만 또는 순간격이 $6d_b$ 미만인 에폭시 도막 혹은 아연-에폭시 이중 도막철근 또는 철선</td><td>1.5</td></tr>
<tr><td colspan="3">기타 에폭시 도막 혹은 아연-에폭시 이중 도막철근 또는 철선</td><td>1.2</td></tr>
<tr><td colspan="3">아연도금 혹은 도막되지 않은 철근 또는 철선</td><td>1.0</td></tr>
<tr><td rowspan="4">λ
경량 콘크리트계수</td><td colspan="3">f_{sp} 값이 주어진 경우</td><td>$\dfrac{f_{sp}}{0.56\sqrt{f_{ck}}} \leq 1.0$</td></tr>
<tr><td rowspan="3">f_{sp} 값이 규정되어 있지 않은 경우</td><td colspan="2">보통중량콘크리트</td><td>1</td></tr>
<tr><td colspan="2">모래경량콘크리트</td><td>0.85</td></tr>
<tr><td colspan="2">전경량콘크리트</td><td>0.75</td></tr>
<tr><td colspan="4">인장철근이 소요량 이상 배근된 경우</td><td>$\dfrac{소요A_s}{배근A_s}$</td></tr>
</table>

주 에폭시 도막철근이 상부철근인 경우 $\alpha\beta \leq 1.7$

(2) 압축철근의 정착길이

1) 기본 정착길이

$$l_{db} = \frac{0.25 d_b f_y}{\lambda\sqrt{f_{ck}}} \geq 0.043 d_b f_y \quad \cdots\cdots (5.3)$$

2) 정착길이

$$l_d = l_{db} \times 보정계수 \geq 200\text{mm} \quad \cdots\cdots (5.4)$$

[표 5-3] 보정계수(압축철근)

조건	보정계수
해석결과 요구되는 철근량을 초과하여 배치한 경우	$\frac{소요 A_s}{배근 A_s}$
지름이 6mm 이상이고 피치가 100mm 이하인 나선철근, 또는 중심간격이 100mm 이하로 콘크리트 구조 설계기준[KDS 14 20 50(4.4.2(3))]의 요구 조건에 따라 배치된 D13 띠철근으로 둘러싸인 압축이형철근	0.75

3. 표준 갈고리에 의한 정착

(1) 기본 정착길이

$$l_{hb} = \frac{0.24\,\beta\,d_b f_y}{\lambda\sqrt{f_{ck}}} \quad \cdots\cdots (5.5)$$

(2) 정착길이

$$l_{dh} = l_{hb} \times 보정계수 \geq 150\mathrm{mm},\ 또한 \geq 8d_b \quad \cdots\cdots (5.6)$$

[표 5-4] 보정계수(표준 갈고리)

조건	보정계수
D35 이하의 철근으로서 갈고리 평면에 수직방향인 측면의 피복두께가 70mm 이상이고, 또 90° 갈고리의 경우, 그 연장 끝에서 피복두께가 50mm 이상인 경우	0.7
① D35 이하의 철근의 90°갈고리에서 정착길이 l_{dh} 구간을 $3d_b$ 이하의 간격으로, 띠철근 또는 스터럽이 정착된 철근을 수직으로 둘러싼 경우 또는 갈고리 끝 연장부와 구부림의 전 구간을 $3d_b$ 이하의 간격으로, 띠철근 또는 스터럽이 정착된 철근을 평행하게 둘러싼 경우 ② D35 이하의 철근의 180° 갈고리에서 정착길이 l_{dh} 구간을 $3d_b$ 이하의 간격으로, 띠철근 또는 스터럽이 정착된 철근을 평행하게 둘러싼 경우	0.8
휨부재의 철근이 소요량 이상 사용된 경우	$\frac{소요 A_s}{배근 A_s}$

4. 휨철근의 정착

(1) 정착의 일반 원칙

① 휨철근을 지간 내에서 끊어내고자 할 경우 휨을 저항하는 데 더 이상 필요로 하지 않는 단면을 지나서 유효높이(d) 이상, 또 철근지름(d_b)의 12배 이상 더 연장한다.

참고

◈ 철근정착의 위험단면
① 인장철근이 절단 또는 절곡된 점
② 최대응력점

② 인장구역에서 절단된 철근 또는 절곡된 철근에 인접한 철근으로서 더 연장되는 철근은 휨을 저항하는 데 더 이상 필요로 하지 않는 단면을 지나서 정착길이(l_d) 이상의 묻힘길이를 가지도록 연장해야 한다.

③ 휨철근은 압축구역에서 절단하는 것을 원칙으로 한다. 단, 다음 조건 중의 하나를 만족할 경우 인장구역에서 끊어내도 좋다.

㉠ 끊는 점의 계수전단력(V_u)이 설계전단강도(ϕV_n) 의 $\frac{2}{3}$ 이하인 경우

즉, $V_u \leq \frac{2}{3}\phi V_n$인 경우

㉡ 전단과 비틀림에 필요로 하는 이상의 스터럽이 휨철근을 절단하는 점의 전후 $\frac{3}{4}d$ 구간에 촘촘하게 배치되어 있는 경우

이때, 스터럽의 간격(s)과 스터럽의 단면적(A_v)은 다음과 같다.

$$s \leq \frac{d}{8\beta_b},\ A_v \geq 0.42\frac{b_w \cdot s}{f_y}$$

여기서, β_b는 끊은 철근의 전체 철근에 대한 단면비이다.

㉢ D35 이하의 철근에 대해서는 연장되는 철근량이 끊는 점에서 휨에 필요한 철근량의 2배 이상이고, 또 $V_u \leq \frac{3}{4}\phi V_n$인 경우

(2) 정철근의 정착

① 단순보에서는 정철근의 $\frac{1}{3}$ 이상, 연속보에서는 $\frac{1}{4}$ 이상을 지점을 넘어 150mm 이상 연장한다.

② 동일한 철근량이면 적은 수의 굵은 철근보다 많은 수의 가는 철근을 사용하는 것이 부착에 유리하다. 따라서 가는 철근을 사용하도록 단순지점 및 반곡점에서 정철근의 정착길이 (l_d)를 다음과 같이 제한한다.

$$l_d \leqq \frac{M_n}{V_u} + l_a \quad \cdots\cdots (5.7)$$

여기서, l_a는 지점 또는 반곡점에서 추가되는 묻힘길이이다.

또한, 단순보의 받침부와 같이 철근의 단부가 지점 반력에 의해 압축될 경우 정착길이 (l_d)는 다음 조건을 만족해야 한다.

$$l_d \leqq 1.3\frac{M_n}{V_u} + l_a \quad \cdots\cdots (5.8)$$

(3) 부철근의 정착

① 부철근의 정착에서도 휨철근의 정착에 대한 일반사항을 따른다.

② 받침부에서 부철근의 $\frac{1}{3}$ 이상을 부재의 유효깊이(d) 이상, 철근지름(d_b)의 12배 이상, 그리고 순경간(l_n)의 $\frac{1}{16}$ 이상을 반곡점을 넘어서 더 연장해야 한다.

5. 복부철근의 정착

① 스터럽은 될 수 있는 대로 압축면 가까이까지 연장하는 것이 효과적이다.

② D16 이하인 철근 및 철근의 설계기준 항복강도(f_y)가 300MPa 미만인 D19, D22, D25인 스터럽의 경우 종방향철근을 둘러싸는 표준 갈고리로 정착한다.

③ f_y가 300MPa 이상인 D19, D22, D25인 스터럽의 경우 종방향철근을 둘러싸는 표준 갈고리 외에 추가로 보의 중간 높이에서 갈고리의 바깥면까지 $\frac{0.17 d_b f_y}{\sqrt{f_{ck}}}$ 이상의 묻힘길이를 두어야 한다.

④ U형 스터럽으로 폐쇄스터럽을 만들 경우 겹이음 길이는 $1.3 l_d$ 이상이라야 한다.

⑤ 높이가 450mm 이상인 부재에서 스터럽의 다리를 부재의 전 높이까지 연장한다면 폐쇄스터럽의 이음이 적절한 것으로 본다. 이때, 스터럽의 다리 한 개당 인장력($A_b f_y$)은 40kN을 넘지 않아야 한다.

04 철근의 이음

1. 철근이음의 일반사항

① 철근은 설계도 또는 시방서에서 요구하거나 허용한 경우 또는 책임구조기술자가 승인하는 경우에만 이음을 할 수 있다.

② 최대 인장응력이 작용하는 곳에서는 이음을 하지 않는 것이 좋다.

③ 이음부는 한 곳에 집중시키지 말고, 엇갈리게 두는 것이 좋다.

④ D35를 초과하는 철근은 겹침이음을 할 수 없다.(다만, D41과 D51 철근은 D35 이하 철근과의 겹침이음을 할 수 있다.)

⑤ 철근다발의 겹침이음은 다발 내의 각 철근에 요구되는 겹침이음 길이에 따라 결정하고, 다발내 각 철근의 겹침이음 길이는 서로 중첩되어서는 안 된다. 규정된 겹침이음 길이의 증가량은 3개의 철근다발의 경우 20%, 4개의 철근다발의 경우 33%이다.

⑥ 겹침이음으로 이어진 철근의 순간격은 겹침이음 길이의 1/5 이하, 150mm 이하라야 한다.

⑦ 용접이음과 기계적 이음은 철근의 설계기준 항복강도 f_y의 125% 이상을 발휘할 수 있는 이음이어야 한다.

2. 인장철근의 겹침이음

(1) 철근의 겹침이음 길이는 부재의 종류, 철근이 부담하는 응력, 그리고 해당 단면에서 겹침이음할 철근량의 전체 철근량에 대한 비에 따라 달라진다.

(2) 이형인장철근의 최소 겹침이음 길이

① A급 이음 : $1.0l_d \left(\dfrac{\text{배근}A_s}{\text{소요}A_s} \geq 2\text{이고} \dfrac{\text{겹침이음}A_s}{\text{전체}A_s} \leq \dfrac{1}{2}\text{인 경우}\right)$

② B급 이음 : $1.3l_d$ (A급 이음 이외의 경우)

③ 최소 겹침이음 길이는 300mm 이상이어야 하며, l_d는 정착길이로서 $\dfrac{\text{소요}A_s}{\text{배근}A_s}$의 보정계수는 적용되지 않는다.

3. 압축철근의 겹침이음

(1) 압축철근의 겹침이음길이는 콘크리트구조 설계기준에서 다음과 같이 제시하고 있다.

$$l_s = \left(\frac{1.4 f_y}{\lambda \sqrt{f_{ck}}} - 52 \right) d_b \quad \cdots\cdots (5.9)$$

여기서, 식 (5.9)로 산정된 이음길이가 식 (5.10ⓐ), 식 (5.10ⓑ)보다 긴 경우 압축철근의 겹침이음길이는 식 (5.10ⓐ), 식 (5.10ⓑ)로 구할 수 있다.

① $f_y \leq 400\text{MPa}$이면 $l_s = 0.072 f_y d_b$ ······ (5.10ⓐ)

② $f_y > 400\text{MPa}$이면 $l_s = (0.13 f_y - 24) d_b$ ······ (5.10ⓑ)

(2) 어느 경우라도 겹침이음 길이는 300mm 이상이어야 하며, 인장철근의 겹침이음 길이보다 더 길 필요는 없다.

(3) 콘크리트 설계기준강도(f_{ck})가 21MPa 이하이면 겹침이음 길이를 앞의 값의 $\frac{1}{3}$만큼 더 증가시켜야 한다.

(4) 압축구역에서 지름이 서로 다른 철근을 겹침이음할 경우, 이음 길이는 지름이 큰 철근의 정착길이와 지름이 작은 철근의 겹침이음 길이 중에서 큰 값 이상이어야 한다.

Item pool

예상문제 및 기출문제

9급 2011년 국가직

01 표준갈고리에 대한 설명으로 옳지 않은 것은?

① 주철근의 경우 180° 표준갈고리는 구부린 반원 끝에서 $4d_b$ 이상, 또한 40mm 이상 더 연장해야 한다.

② 주철근의 경우 90° 표준갈고리는 구부린 끝에서 $12d_b$ 이상 더 연장해야 한다.

③ 스터럽 또는 띠철근의 경우 135° 표준갈고리에서 D25 이하의 철근은 구부린 끝에서 $6d_b$ 이상 더 연장해야 한다.

④ 스터럽 또는 띠철근의 경우 90° 표준갈고리에서 D16 이하의 철근은 구부린 끝에서 $6d_b$ 이상 더 연장해야 한다.

해설

주철근의 경우 180° 표준 갈고리는 구부린 반원 끝에서 $4d_b$ 이상 또한 60mm 이상 더 연장해야 한다.

정답 ①

9급 2014년 서울시

02 철근과 콘크리트 사이의 부착에 영향을 미치는 요인이 아닌 것은?

① 철근의 강도
② 철근의 표면상태
③ 철근의 묻힌 위치 및 방향
④ 피복두께
⑤ 다지기

해설

철근과 콘크리트 사이의 부착에 영향을 주는 요인

㉠ 철근의 표면 상태
㉡ 콘크리트의 강도
㉢ 철근의 묻힌 위치 및 방향
㉣ 철근의 피복두께
㉤ 다지기
㉥ 철근의 지름

정답 ①

9급 2017년 지방직(2차)

03 철근과 콘크리트의 부착강도에 대한 설명으로 옳지 않은 것은?

① 콘크리트 피복두께는 부착강도에 영향을 미치지 않는다.

② 이형철근의 부착강도는 원형철근보다 크다.

③ 블리딩이 발생하면 수평철근의 부착강도는 연직철근보다 감소한다.

④ 일반적으로 콘크리트의 압축강도나 인장강도가 증가할수록 부착강도는 증가한다.

해설

콘크리트 피복두께가 충분히 확보되어야 부착강도가 제대로 발휘될 수 있으며, 피복두께가 부족하면 콘크리트의 할렬로 인한 부착파괴가 유발될 수 있다.

정답 ①

9급 2012년 서울시

04 기본정착길이를 계산할 때 $\sqrt{f_{ck}}$ 의 값은 얼마 이하로 제한되는가?

① 0.6MPa

② 0.85MPa

③ 5.4MPa

④ 7.2MPa

⑤ 8.4MPa

해설

f_{ck}가 70MPa보다 더 크더라도 정착길이가 감소하지 않기 때문에 $\sqrt{f_{ck}}$ 의 값은 8.4MPa를 초과해서는 안 된다.

정답 ⑤

9급 2018년 서울시(2차)

05 〈보기〉는 콘크리트 속에 매설된 철근이 한쪽 끝에서 인장력(T)을 받고 있음을 나타낸다. 철근의 정착길이(l_d)에 대한 식으로 가장 옳은 것은?(단, A_s는 인장철근의 단면적, f_y는 철근의 설계기준항복강도, u_u는 철근과 콘크리트의 극한공칭부착강도, d_b는 철근의 공칭지름을 나타낸다.)

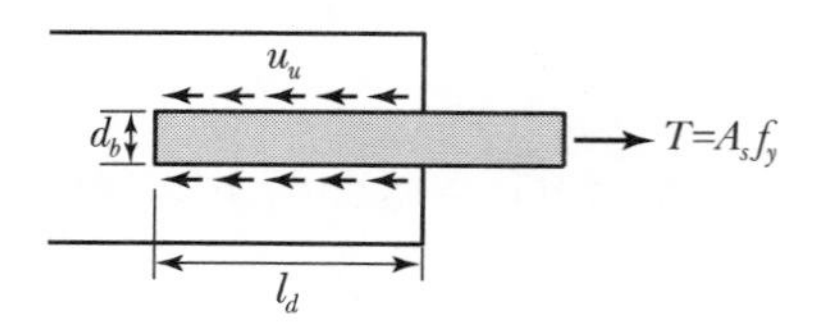

① $l_d = \dfrac{d_b f_y}{4u_u}$ ② $l_d = \dfrac{{d_b}^2 f_y}{4u_u}$

③ $l_d = \dfrac{f_y}{4u_u d_b}$ ④ $l_d = \dfrac{d_b u_u}{4f_y}$

해설

$\Sigma F_x = 0(\rightarrow\oplus)$

$A_s f_y - d_b \pi l_d u_u = 0$

$$l_d = \frac{A_s f_y}{\pi d_b u_u} = \frac{\left(\dfrac{\pi {d_b}^2}{4}\right) f_y}{\pi d_b u_u} = \frac{d_b f_y}{4u_u}$$

정답 ①

9급 2019년 국가직

06 보통중량콘크리트에 D25 철근이 매립되어 있을 때, 철근의 기능을 발휘하기 위한 최소 묻힘길이(정착길이 l_d)[mm]는?(단, 부착응력 u = 5MPa, 철근의 항복강도 f_y = 300MPa, 철근의 직경 d_b = 25mm이고, 2012년도 콘크리트구조기준을 적용한다.)

① 250 ② 375

③ 750 ④ 1,000

해설

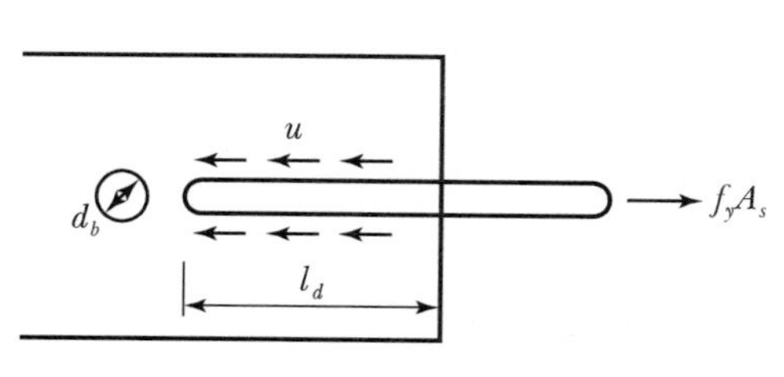

$\Sigma F_x = 0(\rightarrow\oplus)$

$f_y A_s - u(\pi d_b \cdot l_d) = 0$

$$l_d = \frac{f_y A_s}{u \pi d_b} = \frac{f_y}{u \pi d_b}\left(\frac{\pi {d_b}^2}{4}\right) = \frac{f_y d_b}{4u}$$

$$l_d = \frac{f_y d_b}{4u} = \frac{300 \times 25}{4 \times 5} = 375\text{mm}$$

정답 ②

9급 2010년 지방직

07 콘크리트의 설계기준압축강도 $f_{ck}=25\text{MPa}$, 철근의 설계기준항복강도 $f_y=350\text{MPa}$인 인장철근 D32(직경 $d_b=31.8\text{mm}$, 공칭단면적 $A_b=794.2\text{mm}^2$)를 정착시키는 데 소요되는 기본정착길이[mm]는?(단, 소수점 이하 첫째 자리에서 반올림한다.)

① 1,336 ② 1,558

③ 33,356 ④ 38,926

해설

$\lambda=1.0$(보통 중량 콘크리트의 경우)

$$l_{db}=\frac{0.6\,d_b f_y}{\lambda\sqrt{f_{ck}}}=\frac{0.6\times31.8\times350}{1.0\times\sqrt{25}}=1{,}335.6\text{mm}$$

정답 ①

9급 2010년 서울시

08 인장이형철근의 공칭지름 $d_b=35\text{mm}$, 콘크리트 설계기준강도 $f_{ck}=24\text{MPa}$, 철근의 항복강도 $f_y=400\text{MPa}$일 때, 기본정착길이는 얼마인가?

① 1,715mm ② 1,915mm

③ 1,500mm ④ 2,000mm

⑤ 2,015mm

해설

$\lambda=1.0$(보통 중량 콘크리트의 경우)

$$l_{db}=\frac{0.6\,d_b f_y}{\lambda\sqrt{f_{ck}}}=\frac{0.6\times35\times400}{1.0\times\sqrt{24}}=1{,}714.6\text{mm}$$

정답 ①

9급 2012년 국가직

09 인장을 받는 이형철근의 직경 $d_b=25\text{mm}$일 때, 기본정착길이 l_{db}[mm]는?(단, 콘크리트의 설계기준강도 $f_{ck}=25\text{MPa}$, 철근의 항복강도 $f_y=400\text{MPa}$이다.)

① 625 ② 850 ③ 1,200 ④ 1,440

해설

$\lambda=1.0$(보통 중량 콘크리트의 경우)

$$l_{db}=\frac{0.6\,d_b f_y}{\lambda\sqrt{f_{ck}}}=\frac{0.6\times25\times400}{1.0\times\sqrt{25}}=1{,}200\text{mm}$$

정답 ③

9급 2013년 지방직

10 강도설계법에서 이형철근을 보통골재 콘크리트에 정착시키는 경우, 인장을 받는 직선 철근의 기본정착길이 l_{db}[mm]는?(단, 철근의 직경 $d_b = 10\text{mm}$, 콘크리트의 설계기준강도 $f_{ck} = 25\text{MPa}$, 철근의 항복강도 $f_y = 300\text{MPa}$이다.)

① 150 ② 210 ③ 360 ④ 800

해설

$\lambda = 1.0$(보통 중량 콘크리트의 경우)

$$l_{db} = \frac{0.6 d_b f_y}{\lambda\sqrt{f_{ck}}} = \frac{0.6 \times 10 \times 300}{1.0 \times \sqrt{25}} = 360\text{mm}$$

정답 ③

9급 2015년 국가직

11 콘크리트의 설계기준압축강도를 $\frac{1}{4}$로 줄이고 인장철근의 공칭지름을 $\frac{1}{3}$로 줄였을 때, 기본정착길이는 원래 기본정착길이에 비해 어떻게 변하는가?(단, 2012년도 콘크리트구조기준을 적용한다.)

① 변화 없다.
② $\frac{1}{3}$로 줄어든다.
③ $\frac{2}{3}$로 줄어든다.
④ $\frac{1}{4}$로 줄어든다.

해설

$$l_{db} = \frac{0.6 d_b f_y}{\lambda\sqrt{f_{ck}}},\quad l_{db}' = \frac{0.6\left(\frac{d_b}{3}\right)f_y}{\lambda\sqrt{\left(\frac{f_{ck}}{4}\right)}} = \frac{2}{3} \cdot \frac{0.6 d_b f_y}{\lambda\sqrt{f_{ck}}} = \frac{2}{3} l_{db}$$

정답 ③

9급 2013년 서울시

12 다음은 인장철근의 정착길이에 곱해 주는 보정계수에 대한 설명이다. 괄호 안에 들어갈 숫자로 옳은 것은?

(1) 상부철근(정착길이 또는 겹침이음부 아래 300mm를 초과되게 굳지 않은 콘크리트를 친 수평철근)
(2) 피복두께가 $3d_b$ 미만 순간격이 $6d_b$ 미만인 에폭시 도막철근 상부철근의 위치계수와 도막계수의 곱은 (　　)보다 클 필요는 없다.

① 1.3　② 1.7
③ 1.4　④ 1.6
⑤ 2.0

해설

α : 철근의 위치계수, β : 철근의 표면처리계수(에폭시 도막계수)
에폭시 도막철근이 상부철근인 경우 $\alpha\beta \le 1.7$

정답 ②

9급 2019년 서울시

13 인장 이형철근 및 이형철선의 정착길이 l_d는 기본정착 길이 l_{db}에 보정계수를 고려하는 방법이 적용될 수 있다. 〈보기〉는 기본정착길이 l_{db}를 구하기 위한 식이다. 이 식에 적용되는 보정계수 α, β, λ에 대한 설명 중 옳지 않은 것은?

$$l_{db} = \frac{0.6 d_b f_y}{\lambda \sqrt{f_{ck}}}$$

① 철근배치 위치계수인 α는 정착길이 또는 겹침이음부 아래 300mm를 초과되게 굳지 않은 콘크리트를 친 수평철근일 경우 1.3이다.
② 철근 도막계수인 β는 피복두께가 $3d_b$ 미만 또는 순간격이 $6d_b$ 미만인 에폭시 도막철근 또는 철선일 경우 1.5이다.
③ 에폭시 도막철근이 상부철근인 경우에 상부철근의 위치계수 α와 철근 도막계수 β의 곱, $\alpha\beta$가 1.8보다 클 필요는 없다.
④ 경량콘크리트계수인 λ는 경량콘크리트 사용에 따른 영향을 반영하기 위하여 사용하는 보정계수이며 전경량 콘크리트의 경량콘크리트계수는 0.75이다.

해설

에폭시 도막철근이 상부철근인 경우에 상부철근의 위치계수 α와 철근 도막계수 β의 곱, $\alpha\beta$가 1.7보다 클 필요는 없다.

정답 ③

9급 2015년 서울시

14 **경량콘크리트 사용에 따른 영향을 반영하기 위해 사용하는 경량콘크리트 계수 λ의 설명 중 옳지 않은 것은?**

① f_{sp}값이 규정되어 있지 않은 전경량콘크리트 경우 : 0.65
② f_{sp}값이 규정되어 있지 않은 모래경량콘크리트 경우 : 0.85
③ f_{sp}값이 주어진 경우 : $f_{sp}/(0.56\sqrt{f_{ck}}) \leq 1.0$
④ 0.85에서 1.0 사이의 값은 보통중량콘크리트의 굵은 골재를 경량골재로 치환하는 체적비에 따라 직선보간한다.

해설

f_{sp} 값이 규정되어 있지 않은 전경량콘크리트의 경우 : 0.75
여기서, f_{sp} : 콘크리트의 쪼갬인장강도

정답 ①

9급 2014년 국가직

15 **보통중량콘크리트에서 압축을 받는 이형철근 D25를 정착시키기 위해 소요되는 기본정착길이 l_{db}[mm]는?(단, 콘크리트의 설계기준압축강도 $f_{ck}=25\text{MPa}$, 철근의 설계기준항복강도 $f_y=300\text{MPa}$, 이형철근 D25의 직경(d_b)은 25mm로 고려하고, 2012년도 콘크리트구조기준을 적용한다.)**

① 188 ② 375
③ 450 ④ 900

해설

$\lambda=1.0$(보통 중량의 콘크리트인 경우)

$$l_{db}=\frac{0.25\,d_b f_y}{\lambda\sqrt{f_{ck}}}=\frac{0.25\times25\times300}{1.0\times\sqrt{25}}=375\text{mm}$$

$0.043\,d_b f_y=0.043\times25\times300=322.5\text{mm}$

$l_{db}\geq0.043\,d_b f_y$ ……………… o.k.

정답 ②

9급 2014년 지방직

16 그림과 같이 압축 이형철근 4 − D25가 배근된 교각이 확대기초로 축 압축력을 전달하는 경우에 확대기초 내 다우얼(dowel)의 정착길이 l_d[mm]는?(단, $f_{ck}=25\text{MPa}$, $f_y=400\text{MPa}$, 압축부재에 사용되는 띠철근의 설계기준에 따라 배근된 띠철근 중심간격은 100mm, 다우얼 철근의 배치량은 소요량과 동일, D25 이형철근의 공칭지름 $d_b=25\text{mm}$로 가정하고, 경량콘크리트계수 λ는 고려하지 않으며, 2012년도 콘크리트구조기준을 적용한다.)

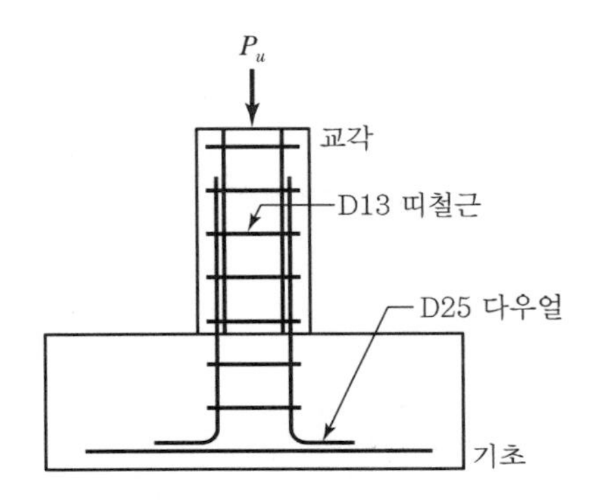

① 200mm
② 275mm
③ 300mm
④ 375mm

해설

1. 압축 이형철근의 기본 정착길이

$$l_{db}=\frac{0.25\,d_b f_y}{\lambda\sqrt{f_{ck}}}=\frac{0.25\times25\times400}{1\times\sqrt{25}}=500\text{mm}$$

$0.043\,d_b f_y=0.043\times25\times400=430\text{mm}$

$l_{db}>0.043\,d_b f_y$ ………………………………………… (o.k.)

2. 보정계수

지름이 6mm 이상이고 피치가 100mm 이하인 나선철근, 또는 간격이 100mm 이하이고 설계기준의 띠철근 조건에 맞는 D13 띠철근으로 둘러싸인 철근 ……… 0.75

3. 압축 이형철근의 정착길이

$l_d=l_{db}\times$ 보정계수 $=500\times0.75=375\text{mm}\ge200\text{mm}$ ……… (o.k.)

정답 ④

9급 2013년 국가직

17 「콘크리트구조기준(2012)」에 따른 표준갈고리의 기본정착길이[mm]는?(단, 콘크리트의 설계기준압축강도 $f_{ck}=25\text{MPa}$, 철근의 설계기준항복강도 $f_y=400\text{MPa}$, 철근의 공칭지름 $d_b=25\text{mm}$, 경량콘크리트계수 $\lambda=1.0$, 철근 도막계수 $\beta=1.0$)

① 500 ② 480
③ 460 ④ 440

해설

$$l_{hb}=\frac{0.24\beta d_b f_y}{\lambda\sqrt{f_{ck}}}=\frac{0.24\times 1.0\times 25\times 400}{1.0\times\sqrt{25}}=480\text{mm}$$

정답 ②

9급 2009년 서울시

18 $f_{ck}=25\text{MPa}$, $f_y=400\text{MPa}$으로 된 부재에 인장을 받은 표준갈고리를 둔다면 기본정착길이는 얼마인가?(단, 철근의 공칭지름은 25.4mm(D25)이다.)

① 488mm ② 498mm
③ 508mm ④ 518mm
⑤ 528mm

해설

$\lambda=1.0$(보통 중량 콘크리트의 경우)
$\beta=1.0$(표면 처리하지 않은 철근의 경우)

$$l_{hb}=\frac{0.24\beta d_b f_y}{\lambda\sqrt{f_{ck}}}=\frac{0.24\times 1.0\times 25.4\times 400}{1.0\times\sqrt{25}}=487.68\text{mm}$$

정답 ①

9급 2010년 국가직

19 에폭시 도막된 180° 표준갈고리를 갖는 인장 이형철근(D35)을 기둥 속으로 연장하여 정착시키려고 한다. 갈고리 평면에 수직방향인 측면 피복두께가 80mm이고, 배근철근량은 소요철근량과 같을 때, 표준갈고리의 최소 정착길이를 계산한 값[mm]은?(단, $f_{ck} = 25\text{MPa}$, $f_y = 400\text{MPa}$이다.)

① 565　　② 700
③ 490　　④ 840

해설

1. 표준갈고리의 기본 정착길이
   $\beta = 1.2$(에폭시 도막 철근의 경우)
   $\lambda = 1.0$(보통 중량 콘크리트의 경우)
   $$l_{hb} = \frac{0.24\beta d_b f_y}{\lambda\sqrt{f_{ck}}} = \frac{0.24 \times 1.2 \times 35 \times 400}{1.0 \times \sqrt{25}} = 806.4\text{mm}$$

2. 보정계수(표준갈고리)
   D35 이하의 철근으로서 갈고리 평면에 직각인 측면의 피복두께가 70mm 이상인 경우 : 0.7

3. 표준갈고리의 정착길이(l_{dh})
   $l_{dh} = l_{hb} \times$ 보정계수 $= 806.4 \times 0.7 = 564.48\text{mm}$

4. 검토
   $8d_b = 8 \times 35 = 280\text{mm}$
   $l_{dh}(=564.48\text{mm}) \geq 150\text{mm}$, 또한 $8d_b(=280\text{mm})$ ·········· o.k.

정답 ①

9급 2016년 서울시

20 다음 그림과 같은 캔틸레버보에서 도막되지 않은 D25(d_b = 25mm) 철근이 90° 표준갈고리로 종결되었을 때, 소요정착길이와 가장 가까운 값은?(단, D10 폐쇄스터럽이 갈고리 길이를 따라 배치되어 있고, 갈고리 평면에 수직방향인 측면 피복 두께가 70mm이며, 보통 중량 콘크리트를 사용하고, $A_{s,소요}/A_{s,배근}$ = 0.9, f_{ck} = 25MPa, f_y = 400MPa, 콘크리트구조기준(2012)을 적용한다.)

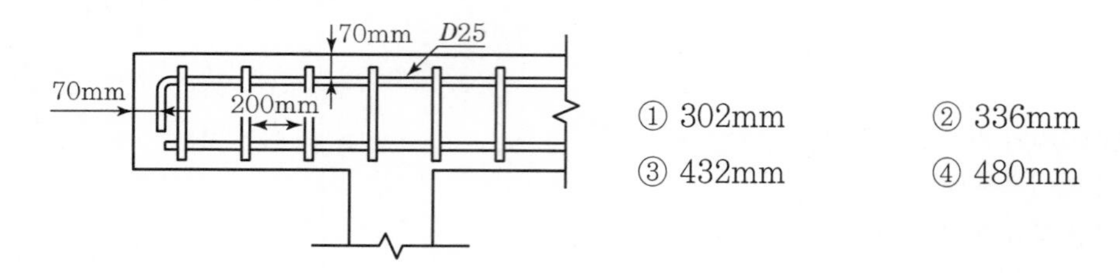

① 302mm ② 336mm
③ 432mm ④ 480mm

해설

1. 표준갈고리의 기본정착길이(l_{hb})
   - $\lambda = 1.0$(보통 중량 콘크리트의 경우)
   - $\beta = 1.0$(표면 처리하지 않은 경우)
   - $\ell_{hb} = \dfrac{0.24\beta d_b f_y}{\lambda\sqrt{f_{ck}}} = \dfrac{0.24\times 1\times 25\times 400}{1\times\sqrt{25}} = 480\,\text{mm}$

2. 보정계수(표준 갈고리)
   - D35 이하의 철근으로서 갈고리 평면에 직각인 측면의 피복두께가 70mm 이상인 경우 : 0.7
   - $\dfrac{A_{s,\,소요}}{A_{s,\,배근}} = 0.9$

3. 표준갈고리의 정착길이(l_{dh})

   $l_{dh} = l_{hb} \times$ 보정계수 $= 480 \times 0.7 \times 0.9 = 302.4\,\text{mm}$

4. 검토

   $l_{dh}(= 302.4\,\text{mm}) \geq 150\,\text{mm}$, 또한 $8d_b(= 8\times 25 = 200\,\text{mm})$ –O.K.

정답 ①

9급 2016년 국가직

21 철근의 공칭지름 d_b = 10mm일 때, 인장을 받는 표준갈고리의 정착길이[mm]는?(단, 도막되지 않은 이형철근을 사용하고, 철근의 설계기준항복강도 f_y = 300MPa, 보통 중량 콘크리트의 설계기준압축강도 f_{ck} = 25MPa이며, 2012년도 콘크리트구조기준을 적용한다.)

① 80　　② 144

③ 150　　④ 187

해설

1. 표준갈고리의 기본 정착 길이(l_{hb})

$\lambda = 1.0$(보통 중량 콘크리트의 경우)

$\beta = 1.0$(표면 처리하지 않은 철근의 경우)

$$l_{hb} = \frac{0.24\beta d_b f_y}{\lambda\sqrt{f_{ck}}} = \frac{0.24 \times 1 \times 10 \times 300}{1 \times \sqrt{25}} = 144\,\text{mm}$$

2. 보정계수

$f_y \neq 400\,\text{MPa}$인 경우 : $\frac{f_y}{400} = \frac{300}{400} = 0.75$

3. 표준 갈고리의 정착길이(l_{dh})

$l_{dh} = l_{hb} \times$ 보정계수 $= 144 \times 0.75 = 108\,\text{mm}$

그러나, $l_{dh} \geq [150\,\text{mm},\ 8_{db}]_{\max} = [150\,\text{mm},\ 8 \times 10 = 80\,\text{mm}]_{\max} = 150\,\text{mm}$ 이어야 하므로,

$l_{dh} = 150\,\text{mm}$ 이다.

9급 2018년 지방직

22 철근의 공칭지름 d_b = 10mm일 때, 인장 이형철근의 최소 표준갈고리 정착길이[mm]는? (단, 도막되지 않은 이형철근을 사용하고, 철근의 설계기준항복강도 f_y = 300MPa, 보통중량콘크리트의 설계기준압축강도 f_{ck} = 25MPa이며, 설계코드(KDS : 2016)와 2012년도 콘크리트구조기준을 적용한다.)

① 80
② 144
③ 150
④ 300

해설

1. 표준 갈고리의 기본 정착길이(l_{hb})

$\lambda = 1.0$(보통 중량 콘크리트의 경우)

$\beta = 1.0$(도막되지 않은 이형철근의 경우)

$$l_{hb} = \frac{0.24\beta d_b f_y}{\lambda\sqrt{f_{ck}}} = \frac{0.24 \times 1 \times 10 \times 300}{1 \times \sqrt{25}} = 144\text{mm}$$

2. 보정계수

$f_y \neq 400$MPa인 경우 : $\frac{f_y}{400} = \frac{300}{400} = 0.75$

3. 표준 갈고리의 정착길이(l_{dh})

$l_{dh} = l_{hb} \times$보정계수$= 144 \times 0.75 = 108$mm

그러나, $l_{dh} \geq [150\text{mm},\ 8d_b]_{max} = [150\text{mm},\ 8 \times 10 = 80\text{mm}]_{max} = 150\text{mm}$이므로,

$l_{dh} = 150$mm이다.

정답 ③

9급 2015년 지방직

23 「KDS 14 20 52(2021)」에 따른 확대머리 이형철근의 인장에 대한 정착길이 계산식을 적용하기 위한 조건으로 옳지 않은 것은?(단, 최상층을 제외한 부재 접합부에 정착된 경우이다.)

① 보통중량콘크리트에만 사용한다.

② 철근의 순피복두께는 $1.35d_b$ 이상이어야 한다.

③ 철근 순간격은 $4d_b$ 이상이어야 한다.

④ 확대머리의 순지압면적은 철근 1개 단면적의 4배 이상이어야 한다.

해설

1) 인장을 받는 확대머리 이형철근의 정착길이(l_{dt})는 정착된 부위에 따라 다음 2) 또는 3)으로 구할 수 있다. 정착길이는 항상 $8d_b$ 또한 150mm 이상이어야 하며 다음 조건을 만족해야 한다.
   ① 확대머리의 순지압면적(A_{brg})은 $4A_b$ 이상이어야 한다.
   ② 확대머리 이형철근은 경량콘크리트에 적용할 수 없으며, 보통중량콘크리트에만 사용한다.

2) 최상층을 제외한 부재 접합부에 정착된 경우

$$l_{dt} = \frac{0.22\beta d_b f_y}{\psi\sqrt{f_{ck}}} \quad \cdots\cdots \text{ⓐ}$$

여기서, β : 에폭시 도막 혹은 아연－에폭시 이중 도막 철근의 경우 1.2, 아연도금 도는 도막되지 않은 철근의 경우 1.0
ψ : 측면피복과 횡보강철근에 의한 영향계수($\psi \le 1.375$)

식 ⓐ를 적용하기 위해서는 다음 조건을 만족해야 한다.
① 철근의 순피복두께는 $1.35d_b$ 이상
② 철근 순간격은 $2d_b$ 이상
③ 확대머리의 뒷면이 횡보강철근 바깥 면부터 50mm 이내에 위치
④ 확대머리 이형철근이 정착된 접합부는 지진력 저항 시스템별로 요구되는 전단강도를 가져야 한다.

3) 2) 외의 부위에 정착된 경우

$$l_{dt} = \frac{0.24\beta d_b f_y}{\sqrt{f_{ck}}} \quad \cdots\cdots \text{ⓑ}$$

식 ⓑ를 적용하기 위해서는 다음 조건을 만족해야 한다.
① K_{tr}(횡방향 철근지수)$\ge 1.2d_b$
② 순피복두께는 $2d_b$ 이상
③ 철근 순간격은 $4d_b$ 이상

정답 ③

9급 2018년 서울시(1차)

24 **이형철근의 정착과 관련한 내용 중 가장 옳지 않은 것은?(단, l_{db}는 기본정착길이, l_d는 정착길이, d_b는 철근지름, f_y는 철근의 설계기준항복강도이다.)**

① 인장 이형철근의 정착길이는 기본정착길이에 보정계수를 곱하여 구하며, 이때 정착길이는 300mm 이상이어야 한다.

② 압축 이형철근의 기본 정착길이는 $0.043d_bf_y$ 이상이어야 한다.

③ 표준갈고리를 갖는 인장 이형철근의 정착길이는 150mm 이상이어야 하며, 갈고리는 압축을 받는 경우 철근정착에 유효한 것으로 보아야 한다.

④ 철근의 설계기준항복강도가 400MPa 이하인 경우 확대머리 이형철근의 정착길이는 150mm 이상이어야 한다.

해설

표준갈고리를 갖는 인장 이형철근의 정착길이는 150mm 이상이어야 하며, 갈고리는 압축을 받는 경우 철근정착에 유효하지 않은 것으로 보아야 한다.

정답 ③

9급 2010년 국가직

25 **철근 또는 강연선의 간격에 대한 설명으로 옳은 것은?(단, d_b는 철근, 철선 또는 프리스트레싱 강연선의 공칭지름)**

① 나선철근과 띠철근 기둥에서 축방향 철근의 순간격 30mm 이상, 또한 철근 공칭지름의 1.5배 이상, 굵은 골재 최대치수 4/3배 이상이다.

② 벽체 또는 슬래브에서 휨 주철근의 간격은 벽체나 슬래브 두께의 4배 이하이어야 하고, 또한 450mm 이하이다, 단, 콘크리트 장선구조는 제외한다.

③ 휨부재의 경간 내에서 끝나는 한 다발철근 내의 개개 철근은 $40d_b$ 이상 서로 엇갈리게 끝나야 한다.

④ 콘크리트 압축강도가 28MPa보다 작은 경우, 부재단에서 프리텐셔닝 긴장재의 중심간격은 강선의 경우 $4d_b$, 강연선의 경우 $5d_b$ 이상이어야 한다.

해설

① 기둥에서 축방향 철근의 순간격은 40mm 이상, 또한 철근 공칭지름의 1.5배 이상, 굵은 골재 최대치수의 4/3배 이상이다.

② 벽체 또는 슬래브에서 휨 철근의 중심간격은 최대 휨모멘트가 일어나는 단면에서는 벽체 또는 슬래브두께의 2배 이하, 300mm 이하라야 한다. 그리고 그 밖의 단면에서는 벽체 또는 슬래브두께의 3배 이하, 450mm 이하라야 한다.

④ 콘크리트 압축강도가 28MPa보다 큰 경우, 부재단에서 프리텐셔닝 긴장재의 중심간격은 PS강선의 경우 $5d_b$, PS강연선의 경우 $4d_b$ 이상이어야 한다.

정답 ③

9급 2014년 지방직

26 철근의 정착에 대한 설명으로 옳은 것은?(단, d_b = 철근의 공칭지름이고, 2012년도 콘크리트구조기준을 적용한다.)

① 인장 또는 압축을 받는 하나의 다발철근 내에 있는 개개철근의 정착길이 l_d는 다발철근이 아닌 경우의 각 철근의 정착길이와 같게 하여야 한다.

② 압축 이형철근의 정착길이 l_d는 적용 가능한 모든 보정계수를 곱하여 구하여야 하며, 항상 300mm 이상이어야 한다.

③ 단부에 표준갈고리가 있는 인장 이형철근의 정착길이 l_{dh}는 항상 $8d_b$ 이상, 또한 150mm 이상이어야 한다.

④ 휨철근은 휨모멘트를 저항하는 데 더 이상 철근을 요구하지 않는 점에서 부재의 유효깊이 d 또는 $6d_b$ 중 큰 값 이상으로 더 연장하여야 한다. (단, 단순경간의 받침부와 캔틸레버의 자유단에서는 적용하지 않는다.)

해설

① 인장 또는 압축을 받는 하나의 다발철근 내에 있는 개개 철근의 정착길이 l_d는 다발철근이 아닌 경우의 각 철근의 정착길이보다 3개의 철근으로 구성된 다발철근에 대해서는 20%($1.20l_d$), 4개의 철근으로 구성된 다발철근에 대해서는 33%($1.33l_d$)를 증가시켜야 한다.

② 압축 이형철근의 정착길이 l_d는 적용 가능한 모든 보정계수를 곱하여 구하여야 하며, 항상 200mm 이상이어야 한다.

④ 휨철근은 휨모멘트를 저항하는 데 더 이상 철근을 요구하지 않는 점에서 부재의 유효깊이 d 또는 $12d_b$ 중 큰 값 이상으로 더 연장하여야 한다.(단, 단순경간의 받침부와 캔틸레버의 자유단에서는 적용하지 않는다.)

정답 ③

9급 2014년 서울시

27 휨부재의 철근배근에 대한 설명 중 옳지 않은 것은?

① 휨부재에서 최대 응력점과 경간 내에서 인장철근이 끝나거나 굽혀진 위험단면에서 철근의 정착에 대한 안전을 검토하여야 한다.

② 휨철근은 휨모멘트를 저항하는 데 더 이상 철근을 요구하지 않는 점에서 부재의 유효깊이 d 또는 $12d_b$ 중 큰 값 이상으로 더 연장하여야 한다.

③ 연속철근은 구부러지거나 절단된 인장철근이 휨을 저항하는 데 더 이상 필요하지 않은 점에서 정착길이 l_d 이상의 묻힘길이를 확보하여야 한다.

④ 인장철근은 구부려서 복부를 지나 정착하거나 부재의 반대측에 있는 철근 쪽으로 연속하여 정착시켜야 한다.

⑤ 철근응력이 직접적으로 휨모멘트에 비례하는 휨부재의 인장철근은 적절한 정착을 마련하여야 한다.

해설

철근 응력이 직접적으로 휨모멘트에 비례하지 않는 휨부재의 인장철근은 적절한 정착을 마련하여야 한다.

정답 ⑤

9급 2017년 서울시

28 항복강도가 400MPa인 용접용 철근을 이용하여 용접이음을 할 때 용접이음부에서 발휘해야 하는 응력의 최솟값은?(단, 「콘크리트구조기준(2012)」을 적용한다.)

① 400MPa
② 450MPa
③ 500MPa
④ 550MPa

해설

용접이음부의 강도 $\geq 1.25f_y = 1.25 \times 400 = 500\text{MPa}$

정답 ③

9급 2014년 서울시

29 철근의 이음에 관한 설명으로 옳지 않은 것은?

① D35를 초과하는 철근은 겹침이음을 해야 한다.

② 휨부재에서 서로 직접 접촉되지 않게 겹침이음된 철근은 횡방향으로 소요 겹침이음길이의 1/5 또는 150mm 중 작은 값 이상 떨어지지 않아야 한다.

③ 기계적 이음은 철근의 설계기준항복강도의 125% 이상을 발휘할 수 있는 완전 기계적 이음이어야 한다.

④ 다발철근의 겹침이음은 다발 내의 개개 철근에 대한 겹침이음길이를 기본으로 하여 결정하여야 한다.

⑤ 용접이음은 용접용 철근을 사용해야 하며 철근의 설계기준항복강도의 125% 이상을 발휘할 수 있는 완전용접이어야 한다.

해설

D35를 초과하는 철근은 겹침이음을 해서는 안 된다.(용접에 의한 맞댐이음을 해야 하고, 이때 이음부의 인장력은 $1.25f_y$ 이상이어야 한다.)

정답 ①

9급 2012년 지방직

30 철근의 이음에 대한 설명으로 옳지 않은 것은?

① 배치된 철근량이 이음부 전체 구간에서 해석결과 요구되는 소요철근량의 2배 이상이고 소요 겹침이음길이 내 겹침이음된 철근량이 전체 철근량의 $\frac{1}{2}$ 이하인 경우가 A급 이음이다.

② 철근의 이음은 설계도에서 요구하거나 설계기준에서 허용하는 경우, 또는 책임기술자의 승인 하에서만 할 수 있다.

③ D35를 초과하는 철근끼리는 겹침이음을 할 수 있다.

④ 3개의 철근으로 구성된 다발철근의 겹침이음 길이는 다발 내의 개개 철근에 대하여 다발철근이 아닌 경우의 각 철근의 겹침이음 길이보다 20% 증가시킨다.

해설

D35를 초과하는 철근은 겹침이음을 해서는 안 된다.(용접에 의한 맞댐이음을 해야 하고, 이때 이음부의 인장력은 $1.25f_y$ 이상이어야 한다.)

정답 ③

9급 2009년 국가직

31 철근의 이음에 관한 설명으로 옳지 않은 것은?

① 휨부재에서 서로 접촉되지 않게 겹침이음된 철근은 횡방향으로 소요 겹침길이의 1/5 또는 150mm 중 작은 값 이상 떨어지지 않아야 한다.

② 용접이음은 철근의 설계기준항복강도의 125% 이상 발휘할 수 있는 완전용접이어야 한다.

③ 콘크리트 설계기준압축강도가 21MPa 미만인 경우, 압축철근의 겹침이음 길이를 1/3 증가시켜야 한다.

④ 다발철근의 이음 시 다발 내에서 각 철근은 같은 위치에서 겹침이음을 한다.

해설

다발철근의 이음 시 다발 내에서 각 철근의 겹침이음길이는 서로 중첩되어서는 안된다.

정답 ④

9급 2018년 국가직

32 철근의 이음에 대한 설명으로 옳지 않은 것은?(단, 설계코드(KDS : 2016)와 2012년도 콘크리트구조기준을 적용한다.)

① 압축부에서 이음길이 조건을 만족하면, D41과 D51 철근은 D35 이하 철근과의 겹침이음을 할 수 있다.

② 인장력을 받는 이형철근의 겹침이음길이는 A급과 B급으로 분류하며, 어느 경우에도 300mm 이상이어야 한다.

③ 다발철근의 겹침이음에서 두 다발철근은 개개 철근처럼 겹침이음을 한다.

④ 휨부재에서 서로 접촉되지 않게 겹침이음된 철근은 횡방향으로 소요 겹침이음길이의 1/5 또는 150mm 중 작은 값 이상 떨어지지 않아야 한다.

해설

다발철근의 겹침이음에서 두 다발철근은 개개 철근처럼 겹침이음을 할 수 없다.

정답 ③

9급 2009년 서울시

33 압축철근 이음을 다발로 된 철근으로 겹침이음 할 때 3개의 철근 다발을 사용한다면 규정된 겹침이음 길이의 몇 %를 증가시켜야 하는가?

① 10% ② 15% ③ 20%

④ 25% ⑤ 33%

해설

철근다발의 규정된 겹침이음 길이의 증가량

㉠ 3개의 철근다발인 경우 : 20%

㉡ 4개의 철근다발인 경우 : 33%

9급 2010년 서울시

34 철근의 이음에 대한 설명 중 옳지 않은 것은?

① 이음부에 사용된 철근 단면적이 소요 철근량의 2배 이상인 곳에서 전체 1/2 이하의 철근의 소요 겹침이음 길이 내에서 겹침이음을 할 경우가 인장이형철근이 겹이음에서 A급 이음이다.

② 이형철근을 겹침이음할 때는 일반적으로 갈고리를 하지 않는다.

③ 지름이 35 mm를 넘지 않는 철근은 기계적 또는 겹침이음을 하고, 35 mm를 초과하는 철근은 용접이음을 한다.

④ 다발철근의 정착길이는 3개의 철근다발을 사용할 때 15% 증가시킨다.

⑤ 원형철근을 겹침이음 할 때는 갈고리를 붙인다.

해설

33번 해설 참고

9급 2017년 지방직(1차)

35 **철근의 정착 및 이음에 대한 설명으로 옳은 것은?(단, l_{db}는 정착길이, d_b는 철근의 직경, f_{ck}는 콘크리트의 설계기준압축강도, f_y는 철근의 설계기준항복강도, 2012년도 콘크리트구조기준을 적용한다.)**

① 갈고리에 의한 정착은 압축철근의 정착에 유효하다.

② 3개의 철근으로 구성된 다발철근의 정착길이는 개개 철근의 정착길이보다 33% 증가시켜야 한다.

③ 보통중량 콘크리트에서 인장 이형철근의 기본정착길이는 $l_{db} = \dfrac{0.25\, d_b\, f_y}{\sqrt{f_{ck}}} \geq 300\,\text{mm}$이다.

④ D35를 초과하는 철근끼리는 인장부에서 겹침이음을 할 수 없다.

해설

① 갈고리에 의한 정착은 압축철근의 정착에 유효하지 않다.

② 3개의 철근으로 구성된 다발철근의 정착길이는 개개 철근의 정착길이보다 20% 증가시켜야 한다.

③ 보통중량 콘크리트에서 인장 이형철근의 기본정착길이(l_{db})는 $l_{db} = \dfrac{0.6 d_b f_y}{\sqrt{f_{ck}}}$이고, 정착길이($l_d$)는 $l_d = l_{db} \times$ 보정계수 $\geq 300\text{mm}$이다.

정답 ④

9급 2015년 국가직

36 철근콘크리트 보에서 철근의 이음에 대한 설명으로 옳은 것은?(단, 2012년도 콘크리트 구조기준을 적용한다.)

① 휨부재에서 서로 직접 접촉되지 않게 겹침 이음된 철근은 횡방향으로 소요 겹침 이음길이의 $\frac{1}{10}$ 또는 150mm 중 작은 값 이상 떨어지지 않아야 한다.

② 휨부재에서 서로 직접 접촉되지 않게 겹침 이음된 철근은 횡방향으로 소요 겹침 이음길이의 $\frac{1}{5}$ 또는 100mm 중 작은 값 이상 떨어지지 않아야 한다.

③ 용접이음은 철근의 설계기준항복강도 f_y의 135 % 이상을 발휘할 수 있는 완전용접이어야 한다.

④ 기계적이음은 철근의 설계기준항복강도 f_y의 125 % 이상을 발휘할 수 있는 완전 기계적 이음이어야 한다.

해설

① ② 휨부재에서 서로 직접 접촉되지 않게 겹침 이음된 철근은 횡방향으로 소요 겹침 이음길이의 $\frac{1}{5}$ 또는 150mm 중 작은 값 이상 떨어지지 않아야 한다.

③ 용접이음은 철근의 설계기준항복강도 f_y의 125% 이상을 발휘할 수 있는 완전용접이어야 한다.

정답 ④

9급 2009년 지방직

37 철근의 정착 및 이음에 대한 설명 중 옳은 것은?

① 철근의 정착방법에는 묻힘길이에 의한 정착, 갈고리에 의한 정착, 겹이음길이에 의한 정착, 기계적 정착 또는 이들의 조합에 의한 정착이 있으며, 갈고리에 의한 정착은 압축철근의 정착에 유효하다.

② 묻힘길이에 의한 정착 시 인장철근과 압축철근의 소요 정착길이는 동일하게 산정한다.

③ 용접이형철망을 겹침이음 하는 최소 길이는 두 장의 철망이 겹쳐진 길이가 $2.0\,l_d$ 이상 또한 50mm 이상이어야 한다.

④ 휨부재에서 서로 직접 접촉되지 않게 겹침이음된 철근은 횡방향으로 소요 겹침 이음길이의 1/5 또는 150mm 중 작은 값 이상 떨어지지 않아야 한다.

해설

① 갈고리는 인장철근에만 두고 압축구역에서는 정착에 유효하지 않으므로 만들 필요가 없다.
② 묻힘길이에 의한 정착 시 인장철근과 압축철근의 소요 정착길이를 산정하는 방법은 서로 다르다.
③ 용접이형철망을 겹침이음 하는 최소 길이는 두 장의 철망이 겹쳐진 길이가 $1.3l_d$ 이상 또한 200mm 이상이어야 한다.

묻힘 길이에 의한 철근 정착길이

1) 인장철근의 정착길이

- 기본정착길이 : $l_{db} = \dfrac{0.6\,d_b f_y}{\lambda\sqrt{f_{ck}}}$
- 정착길이 : $l_d = l_{db} \times$ 보정계수 $\geq 300\text{mm}$

2) 압축철근의 정착길이

- 기본정착길이 : $l_{db} = \dfrac{0.25\,d_b f_y}{\lambda\sqrt{f_{ck}}} \geq 0.043\,d_b f_y$
- 정착길이 : $l_d = l_{db} \times$ 보정계수 $\geq 200\text{mm}$

정답 ④

9급 2016년 지방직

38 **철근의 이음에 대한 설명으로 옳지 않은 것은?(단, 2012년도 콘크리트구조기준을 적용한다.)**

① 인장철근의 겹침이음 길이는 300mm 미만이어야 한다.

② 철근의 이음에는 겹침이음, 용접이음, 기계적 이음이 있다.

③ 기계적 이음은 철근의 설계기준항복강도 f_y의 125% 이상을 발휘할 수 있는 완전 기계적 이음이어야 한다.

④ 휨부재에서 서로 직접 접촉되지 않게 겹침이음된 철근은 횡방향으로 소요 겹침 이음길이의 1/5 또는 150mm 중 작은 값 이상 떨어지지 않아야 한다.

해설

인장철근의 겹침이음 길이는 300mm 이상이어야 한다.

정답 ①

9급 2017년 지방직(2차)

39 **그림과 같은 철근콘크리트 구조의 겹침이음부의 평면에서, 서로 엇갈리게 겹침이음한 경우의 철근 순간격은?(단, 2012년도 콘크리트구조기준을 적용한다.)**

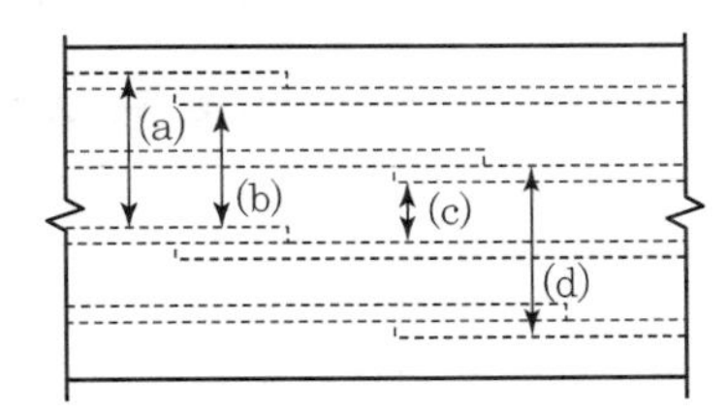

① (a)

② (b)

③ (c)

④ (d)

정답 ②

9급 2019년 지방직

40 철근의 순간격이 80mm이고 피복두께가 40mm인 보통중량 콘크리트를 사용한 부재에서 D32 인장철근의 A급 겹침이음길이[mm]는?(단, 콘크리트의 설계기준 압축강도 f_{ck} = 36MPa, 철근의 설계기준 항복강도 f_y = 400MPa이며, 철근은 도막되지 않은 하부에 배치되는 이형철근으로 공칭지름은 32mm이고, KDS(2016) 설계기준을 적용한다.)

① 1,280
② 1,664
③ 1,920
④ 2,130

해설

$\lambda = 1.0$(보통중량 콘크리트의 경우)

$$l_d = \frac{0.6 d_b f_y}{\lambda \sqrt{f_{ck}}} = \frac{0.6 \times 32 \times 400}{1.0 \times \sqrt{36}} = 1{,}280\text{mm}$$

$l_s = 1.0 l_d = 1.0 \times 1{,}280 = 1{,}280\text{mm} \geq 300\text{mm}$ ………………………… (o.k.)

정답 ①

9급 2020년 지방직

41 휨부재에서 f_{ck} = 25MPa, f_y = 500MPa일 때 인장 이형철근(D25)의 겹침이음 길이[mm]는?(단, 콘크리트구조 정착 및 이음 설계기준(KDS 14 20 52)을 따르며, λ = 1.0, d_b = 25mm, $\dfrac{\text{배근 철근량}}{\text{소요 철근량}}$ = 1.5로 한다)

① 1,500
② 1,650
③ 1,800
④ 1,950

해설

㉠ $\dfrac{\text{배근 } A_s}{\text{소요 } A_s}(=1.5) < 2$ – B급이음

㉡ B급이음인 경우 이형인장철근의 최소 겹침이음 길이(l_s)

$$l_s = 1.3 l_d = 1.3\left(\frac{0.6 d_b f_y}{\lambda \sqrt{f_{ck}}}\right) = 1.3\left(\frac{0.6 \times 25 \times 500}{1 \times \sqrt{25}}\right) = 1{,}950\text{mm} > 300\text{mm} - (0, k)$$

정답 ④

9급 2012년 국가직

42 **콘크리트 설계기준강도 $f_{ck}=24\mathrm{MPa}$ 인 철근콘크리트 구조물의 압축 이형철근에 대한 최소 겹침이음길이[mm]는?(단, 겹침이음에 사용되는 두 철근은 항복강도 $f_y=300\mathrm{MPa}$ 인 D13[공칭직경 $d_b=13\mathrm{mm}$ 로 가정]을 사용한다.)**

① 150 ② 200

③ 250 ④ 300

해설

압축철근의 겹침이음

1) 압축철근의 겹침이음 길이(l_s)

$$l_s=\left(\frac{1.4f_y}{\lambda\sqrt{f_{ck}}}-52\right)d_b$$

㉠ $f_y\le 400\mathrm{MPa}$인 경우 : $l_s=0.072f_yd_b$

㉡ $f_y>400\mathrm{MPa}$인 경우 : $l_s=(0.13f_y-24)d_b$

2) 어느 경우이든 겹침이음 길이(l_s)는 $l_s\ge 300\mathrm{mm}$ 이어야 한다.

3) $f_{ck}\le 21\mathrm{MPa}$이면 겹침이음 길이를 $\frac{1}{3}$만큼 더 증가시켜야 한다.

따라서, 압축철근의 겹침이음 길이(l_s)는 다음과 같다.

$f_y(=300\mathrm{MPa})<400\mathrm{MPa}$인 경우

$\lambda=1$(보통 중량콘크리트인 경우)

$$l_{s1}=\left(\frac{1.4f_y}{\lambda\sqrt{f_{ck}}}-52\right)d_b=\left(\frac{1.4\times 300}{1\times\sqrt{24}}-52\right)\times 13=438.5\mathrm{mm}$$

$$l_{s2}=0.072d_bf_y=0.072\times 300\times 13=280.8\mathrm{mm}$$

$$l_s=[l_{s1},\ l_{s2}]_{\min}=[438.5\mathrm{mm},\ 280.8\mathrm{mm}]_{\min}=280.8\mathrm{mm}$$

그러나, $l_s\ge 300\mathrm{mm}$ 이어야 하므로 $l_s=300\mathrm{mm}$ 이다.

정답 ④

9급 2018년 서울시(1차)

43 압축이형철근의 겹침이음길이에 대한 설명으로 가장 옳은 것은?

① 서로 다른 크기의 철근을 압축부에서 겹침이음 하는 경우, 이음길이는 크기가 큰 철근의 겹침이음길이와 크기가 작은 철근의 정착길이 중 큰 값 이상이어야 한다.

② $f_y > 400\text{MPa}$이면 $0.072 d_b f_y$ 이하, $f_y \le 400\text{MPa}$이면 $(0.13 f_y - 24) d_b$ 이하이다.

③ $f_{ck} < 24\text{MPa}$일 때 규정된 겹침이음길이를 1/3만큼 증가시켜야 한다.

④ 나선철근 압축부재의 나선철근으로 둘러싸인 축 방향 철근의 겹침이음길이에 계수 0.75를 곱할 수 있으나 겹침이음길이는 300mm 이상이어야 한다.

해설

① 서로 다른 크기의 철근을 압축부에서 겹침이음하는 경우, 이음길이는 크기가 큰 철근의 정착길이와 크기가 작은 철근의 겹침이음길이 중 큰 값 이상이어야 한다.

② $f_y \le 400\text{MPa}$이면 $0.072 d_b f_y$ 이하, $f_y > 400\text{MPa}$이면 $(0.13 f_y - 24) d_b$ 이하이다.

③ $f_{ck} < 21\text{MPa}$일 때 규정된 겹침이음길이를 $\frac{1}{3}$만큼 증가시켜야 한다.

정답 ④

9급 2018년 서울시(2차)

44 철근 배치 원칙으로 가장 옳지 않은 것은?

① 철근은 콘크리트를 치기 전에 정확하게 배치되고 움직이지 않도록 적절하게 지지되어야 하며, 시공이 편리하도록 배치되어야 한다.

② 철근은 「콘크리트구조기준(2012)」에 명시된 허용오차 이내에서 규정된 위치에 배치되어야 한다. 다만, 책임구조기술자가 승인한 경우에는 허용오차를 벗어날 수 있다.

③ 경간이 5.0m 이하인 슬래브에 사용되는 지름이 6.4mm 이하인 용접철망이 받침부를 지나 연속되어 있거나 받침부에 확실하게 정착되어 있는 경우, 이 용접철망은 받침부 위의 슬래브 상단 부근의 한 점부터 경간 중앙의 슬래브 바닥 부분의 한 점까지 구부릴 수 있다.

④ 철근 조립을 위해 교차되는 철근은 용접할 수 없다. 다만, 책임구조기술자가 승인한 경우에는 용접할 수 있다.

해설

경간이 3.0m 이하인 슬래브에 사용되는 지름이 6.4mm 이하인 용접철망이 받침부를 지나 연속되어 있거나 받침부에 확실하게 정착되어 있는 경우, 이 용접철망은 받침부 위의 슬래브 상단 부근의 한 점부터 경간 중앙의 슬래브 바닥 부분의 한 점까지 구부릴 수 있다.

정답 ③

Chapter

06

사용성

Contents

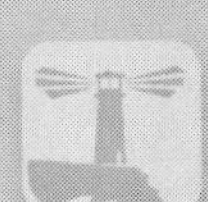

01 서론

1. 사용성 검토의 필요성

① 구조물은 작용하는 외력에 대하여 안전성에 대한 문제는 없지만 사용성에 대한 문제가 발생될 수 있다.

② 구조물에 발생되는 과대한 처짐, 균열, 그리고 피로 등은 구조물의 기능을 저하시키고, 미관을 해치며, 사용자에게 불안감을 주게 된다.

③ 구조물은 작용하는 외력에 대하여 안전성뿐만 아니라 사용성도 동시에 확보되어야 한다.

2. 사용성에 대한 검토사항

① 구조물의 사용성 검토는 처짐, 균열, 그리고 피로 등에 대하여 수행된다.

② 구조물의 안전성 검토는 계수하중에 의하여 이루어지지만 사용성 검토는 사용하중에 의하여 이루어진다.

02 처짐

1. 즉시처짐

(1) 즉시처짐의 정의

구조물에 하중이 실리자마자 발생하는 처짐을 즉시처짐 또는 탄성처짐이라 한다.

(2) 즉시처짐의 계산

즉시처짐은 철근콘크리트 부재가 선형탄성거동을 하는 것으로 간주하여 역학에서 배운 보통의 방법으로 계산한다.

(3) 유효 단면 2차 모멘트(I_e)

1) 정정보의 경우

$$I_e = \left(\frac{M_{cr}}{M_a}\right)^3 I_g + \left\{1 - \left(\frac{M_{cr}}{M_a}\right)^3\right\} I_{cr} \le I_g \quad \cdots\cdots (6.1)$$

여기서, M_{cr} : 균열 휨모멘트
M_a : 부재의 최대 휨모멘트
I_g : 철근을 무시한 콘크리트 총 단면에 대한 단면 2차 모멘트
I_{cr} : 균열 환산 단면 2차 모멘트

참고

◈ 철근콘크리트부재의 I_g와 I_{cr}

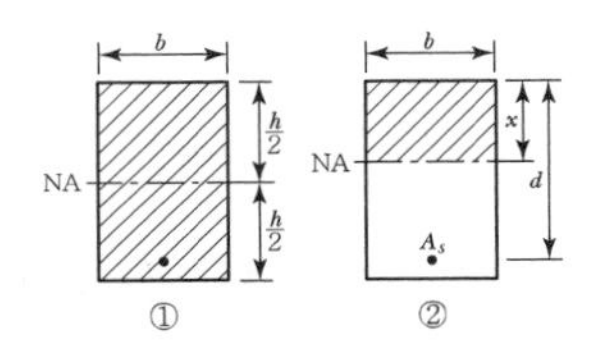

① 균열 발생 전의 단면

$$I_g = \frac{bh^3}{12}$$

② 균열 발생 후의 단면

$$I_{cr} = \frac{1}{3}bx^3 + nA_s(d-x)^2$$

2) 연속보의 경우

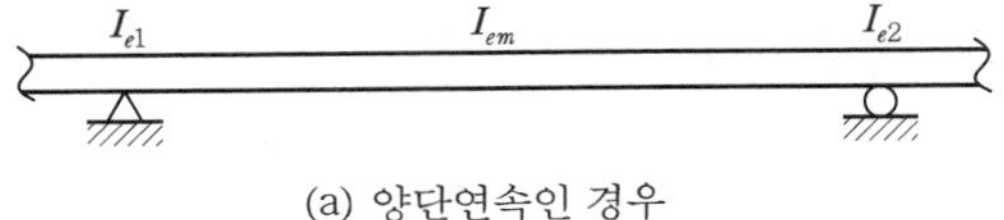

(a) 양단연속인 경우

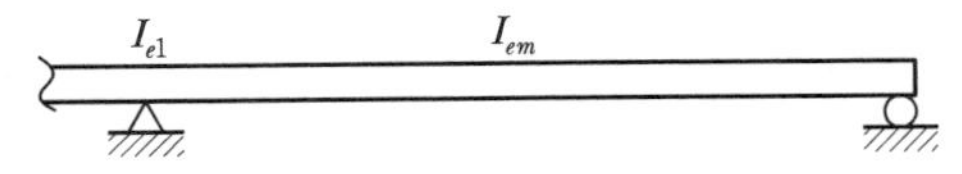

(b) 일단연속인 경우

[그림 6-1] 연속보의 I_e 계산

① 양단연속인 경우

$$I_e = 0.70\, I_{em} + 0.15(I_{e1} + I_{e2}) \quad \cdots\cdots (6.2)$$

여기서, I_{em} : 지간 중앙의 유효 단면 2차 모멘트
I_{e1}, I_{e2} : 양단의 부모멘트 단면에 대한 유효 단면 2차 모멘트

② 일단연속인 경우

$$I_e = 0.85 I_{em} + 0.15 I_{e1} \quad \cdots\cdots (6.3)$$

참고

◈ 철근콘크리트 부재의 처짐 계산시 I의 적용

① $\dfrac{M_{cr}}{M_a} \geq 1.0$이면 I_g 적용

② $\dfrac{M_{cr}}{M_a} < 1.0$이면 I_e 적용

I_e 범위 : $I_{cr} < I_e < I_g$

2. 장기처짐

(1) 장기처짐의 정의

① 즉시처짐 외에 콘크리트의 건조수축과 크리프로 인하여 추가적으로 발생하는 처짐을 장기처짐이라 한다.

② 콘크리트의 건조수축과 크리프는 지속하중(장기하중)에 의하여 시간의 경과와 더불어 발생하는 변형이므로 장기처짐은 지속하중에 의하여 발생하는 처짐이다.

③ 장기처짐은 콘크리트가 받는 온도와 습도, 양생조건, 하중 재하시의 콘크리트의 재령과 함수량, 압축철근량 등의 영향을 받는다.

(2) 장기처짐의 계산

1) 장기처짐에 대한 계수(λ_Δ)

$$\lambda_\Delta = \frac{\xi}{1+50\rho'} \quad \cdots\cdots (6.4)$$

여기서, ρ' : 압축철근비$\left(=\dfrac{A_s'}{bd}\right)$

ξ : 지속하중에 대한 시간경과 계수([표 6-1] 참고)

[표 6-1] 지속하중의 재하기간에 따른 계수

시간	1개월	3개월	6개월	1년	2년	3년	5년 이상
ξ	0.5	1.0	1.2	1.4	1.7	1.8	2.0

2) 장기처짐량(δ_L)과 총처짐량(δ_T)

① 장기처짐량(δ_L)

$$\delta_L = \lambda_\Delta \delta_i \quad \cdots\cdots (6.5)$$

여기서, δ_i : 지속하중에 의한 즉시처짐량

② 총처짐량(δ_T)

$$\delta_T = \delta_i + \delta_L \quad \cdots\cdots (6.6)$$

3. 허용처짐량

① 보행자 및 차량하중 등 동하중(충격을 포함한 사용활하중)을 주로 받는 구조물의 처짐량은 [표 6−2]의 허용처짐량(δ_a) 이하라야 한다.

[표 6−2] 동하중을 주로 받는 구조물의 허용처짐량

조건	허용처짐량
캔틸레버의 경우	l/300
캔틸레버에 있어서 보행자도 이용할 경우	l/375
단순교 및 연속교의 경우	l/800
단순교 및 연속교에 있어서 보행자도 이용하는 시가지 교량의 경우	l/1000

(l : 지간 길이)

② 장기처짐 효과를 고려한 구조물의 처짐량은 [표 6−3]의 허용처짐량(δ_a) 이하라야 한다.

[표 6−3] 장기처짐 효과를 고려한 구조물의 허용처짐량

부재의 형태	고려하여야 할 저짐	처짐 한계
과도한 처짐에 의해 손상되기 쉬운 비구조 요소를 지지 또는 부착하지 않은 평지붕구조	활하중 L에 의한 순간처짐	$\frac{l}{180}$
과도한 처짐에 의해 손상되기 쉬운 비구조 요소를 지지 또는 부착하지 않은 바닥구조	활하중 L에 의한 순간처짐	$\frac{l}{360}$
과도한 처짐에 의해 손상되기 쉬운 비구조 요소를 지지 또는 부착한 지붕 또는 바닥구조	전체 처짐 중에서 비구조 요소가 부착된 후에 발생하는 처짐부분(모든 지속하중에 의한 장기처짐과 후가적인 활하중에 의한 순간처짐의 합)	$\frac{l}{480}$
과도한 처짐에 의해 손상될 염려가 없는 비구조 요소를 짖 또는 부착한 지붕 또는 바닥구조		$\frac{l}{240}$

4. 휨부재의 최소 두께

① 휨부재의 최소 두께에 대한 규정은 철근콘크리트 부재의 처짐을 정확하게 계산할 수 없기 때문에 처짐을 간접 규제하기 위한 것이다.
② 철근콘크리트 휨부재의 두께가 [표 6－4]의 값 이상이면 처짐의 영향을 고려하지 않아도 좋다.

[표 6－4] 휨부재의 최소 두께

부재	최소 두께 또는 높이			
	캔틸레버	단순지지	일단연속	양단연속
보	$\frac{l}{8}$	$\frac{l}{16}$	$\frac{l}{18.5}$	$\frac{l}{21}$
1방향 슬래브	$\frac{l}{10}$	$\frac{l}{20}$	$\frac{l}{24}$	$\frac{l}{28}$

이 표의 값은 보통중량콘크리트(m_c=2,300kg/m^3)와 설계기준항복강도 400MPa 철근을 사용한 부재에 대한 값이며, 다른 조건에 대해서는 이 값을 다음과 같이 보정하여야 한다.
① 1,500~2,000kg/m^3 범위의 단위질량을 갖는 구조용 경량콘크리트에 대해서는 계산된 h 값에 $(1.65-0.00031m_c)$를 곱하여야 하나, 1.09 이상이어야 한다.
② f_y가 400MPa 이외인 경우는 계산된 h 값에 $(0.43+\frac{f_y}{700})$를 곱하여야 한다.

03 균열

1. 균열에 관한 일반사항

(1) 균열 발생의 원인

1) 재료적인 원인

반응성 골재, 수화열, 큰 물－시멘트 비로 인한 건조수축 등

2) 시공상의 원인

부적절한 양생, 재료분리 현상, 콜드조인트(Cold Joint)의 형성 등

3) 설계상의 원인

철근 피복두께의 부족, 철근 정착길이의 부족, 응력집중 현상, 기초의 부등침하 등

4) 사용환경에 따른 원인

온도의 변화, 건습의 반복, 동결 · 융해 등

(2) 균열폭 제어의 중요성

① 폭이 큰 균열은 외관상 좋지 않다.
② 폭이 큰 균열은 사용자에게 불안감을 준다.
③ 폭이 큰 균열은 철근을 부식시켜 구조물의 내구성을 저하시킨다.

(3) 균열폭에 영향을 미치는 요인

① 균열폭은 철근의 응력에 비례한다.
② 균열폭은 철근의 피복두께에 비례한다.
③ 균열폭은 철근의 지름에 비례하지만 철근비에 반비례한다.(동일한 철근량을 사용할 경우 큰 지름의 철근을 적게 사용하는 것보다 작은 지름의 철근을 많이 사용하는 것이 균열 폭을 제어하는 데 유리하다.)
④ 콘크리트의 인장구역에 이형철근을 고르게 분포시켜 배치하면 균열폭을 제어하는 데 효과적이다.

2. 휨균열 제어를 위한 설계기준의 규정

(1) 보 및 1방향 슬래브에 있어서 휨균열을 제어하기 위하여 다음에 따라 휨철근을 배치하여야 한다. 콘크리트 인장연단에 가장 가까이에 배치되는 철근의 중심간격 s는 다음 두 식에 의해 계산된 값 이하로 하여야 한다.

$$s = 375\left(\frac{k_{cr}}{f_s}\right) - 2.5\,C_c \quad \cdots\cdots (6.7)$$

$$s = 300\left(\frac{k_{cr}}{f_s}\right) \quad \cdots\cdots (6.8)$$

여기서, k_{cr} : 철근의 노출 조건을 고려한 계수(건조 환경 : 280, 그 외의 환경 : 210)
C_c : 인장철근 표면과 콘크리트 표면 사이의 최소 두께
f_s : 사용하중 휨모멘트에 의한 인장연단에 가장 가까이에 배치된 철근의 응력(근사값으로 $f_s = \frac{2}{3}f_y$를 사용해도 좋다.)

(2) T형 보 구조의 플랜지가 인장을 받는 경우에는 휨인장철근을 유효플랜지폭과 경간의 1/10에 해당하는 폭 중에서 작은 폭에 걸쳐서 분포시켜야 한다. 만일 유효플랜지폭이 경간의 1/10을 넘는 경우에는 종방향철근을 플랜지 바깥부분에 추가로 배치해야 한다.
(3) 보나 장선의 높이 h가 900mm를 초과하면, 종방향 표피철근을 인장연단으로부터 $h/2$ 지점까지 부재 양쪽 측면을 따라 균일하게 배치하여야 한다. 이때 표피철근의 간격 s는 앞의 (1)에 따라야 하고, C_c는 표피철근 표면에서 부재 측면까지 최단거리이다.

3. 균열폭의 검증

(1) 균열폭(ω_d)의 계산

$$\omega_d = k_{st}\, l_s (\varepsilon_{sm} - \varepsilon_{cm}) \quad \cdots\cdots (6.9)$$

여기서, ω_d : 설계 균열폭
k_{st} : 균열폭 평가계수
l_s : 평균 균열간격
ε_{sm} : 균열간격 내의 평균 철근 변형률
ε_{cm} : 균열간격 내의 평균 콘크리트 변형률

(2) 환경조건

균열로 인한 철근의 부식은 철근의 피복두께, 철근의 종류, 구조물이 놓이는 환경 등에 따라 크게 영향을 받는다. 강재(철근)부식에 대한 환경조건은 [표 6-5]와 같다.

[표 6-5] 강재부식에 대한 환경조건의 구분

구분	내용
건조환경	일반 옥내 부재, 부식의 우려가 없을 정도로 보호한 경우의 보통 주거 및 사무실 건물 내부
습윤환경	일반 옥외의 경우, 흙 속의 경우, 옥내의 경우에 있어서 습기가 찬 곳
부식성환경	① 습윤환경과 비교하여 건습의 반복작용이 많은 경우, 특히 유해한 물질을 함유한 지하수위 이하의 흙 속에 있어서 강재의 부식에 해로운 영향을 주는 경우, 동결작용이 있는 경우, 결빙 방지제를 사용하는 경우 ② 해양 콘크리트 구조물 중 해수 중에 있거나 극심하지 않은 해양환경에 있는 경우(가스, 액체, 고체)
고(高)부식성 환경	① 강재의 부식에 현저하게 해로운 영향을 주는 경우 ② 해양 콘크리트구조물 중 간만조위의 영향을 받거나 비말대(飛沫帶)에 있는 경우, 극심한 해풍의 영향을 받는 경우

(3) 허용균열폭(ω_a)

① 사용하중에 의한 구조물의 설계균열폭(ω_d)은 허용균열폭(ω_a) 이하라야 한다.

② 내구성 확보를 위한 허용균열폭은 [표 6-6]과 같다.

[표 6-6] 허용균열폭

강재의 종류	강재의 부식에 대한 환경 조건			
	건조환경	습윤환경	부식성환경	고부식성환경
철근	0.4mm와 0.006C_c 중 큰 값	0.3mm와 0.005C_c 중 큰 값	0.3mm와 0.004C_c 중 큰 값	0.3mm와 0.0035C_c 중 큰 값
긴장재	0.2mm와 0.005C_c 중 큰 값	0.2mm와 0.004C_c 중 큰 값	-	-

주 이 표에서 C_c는 최외단 주철근의 표면과 콘크리트 표면 사이의 최소 피복두께(mm)

③ 수처리 구조물의 내구성과 누수 방지를 위한 허용균열폭은 [표 6－7]과 같다.

[표 6－7] 수처리 구조물의 허용균열폭

	휨인장균열	전단면인장균열
오염되지 않은 물[1]	0.25mm	0.20mm
오염된 액체[2]	0.20mm	0.15mm

주 1) 음용수(상수도) 시설물
2) 오염이 매우 심한 경우 발주처 또는 건축주와 협의하여 결정

04 피로

① 교량은 사용기간 동안 수백만 회의 반복하중을 받게 된다. 이러한 교량은 과재하중으로 인한 파괴 위험보다 계속되는 반복하중으로 인한 파괴 위험이 더 크기 때문에 피로에 대한 검토가 필요하다.
② 보와 슬래브의 피로는 휨과 전단에 대하여 검토하고, 기둥의 피로는 검토하지 않아도 좋다.
③ 휨부재는 과소철근보로 설계하므로 휨부재의 피로는 반복 인장응력을 받는 철근의 피로에 대하여 검토하는 것이 바람직하다.
④ 충격을 포함한 사용활하중에 의한 철근의 응력범위가 [표 6－8]의 값 이하이면 피로에 대하여 검토하지 않아도 좋다.

[표 6－8] 피로를 고려하지 않아도 되는 철근의 응력범위

철근의 종류	인장응력 및 압축응력의 범위
SD 300 (f_y=300MPa)	130MPa
SD 350 (f_y=350MPa)	140MPa
$f_y \geq$400MPa	150MPa

참고

◈ 철근의 응력범위
충격을 포함한 사용 활하중에 의한 철근의 최대 응력에서 최소응력을 뺀 값이다.

Item pool

예상문제 및 기출문제

9급 2009년 서울시

01 우리나라 시방서 강도설계편에서 처짐의 검사는 어떤 하중에 의하여 하도록 되어 있는가?

① 계수하중 ② 상재하중 ③ 설계하중
④ 사용하중 ⑤ 고정하중

해설

우리나라 시방서 강도설계편에서 사용성 검토는 사용하중에 의하여 수행하도록 하고 있으며, 사용성 검토는 처짐, 균열, 그리고 피로 등에 대하여 수행된다.

정답 ④

9급 2013년 서울시

02 토목 구조물을 설계할 때 목표로 하지 않는 것은?

① 안전성 ② 사용성 ③ 내구성
④ 미관 ⑤ 수용성

해설

토목구조물을 설계할 경우 목표로 하는 것은 안전성, 사용성, 내구성, 경제성, 미관이다.

정답 ⑤

9급 2013년 국가직

03 철근콘크리트 구조물의 사용성 및 내구성에 대한 검토 및 대책으로 적절하지 않은 것은?

① 구조물 또는 부재의 사용기간 중 충분한 기능과 성능을 유지하기 위하여 사용하중을 받을 때 사용성을 검토하여야 한다.
② 처짐을 계산할 때 하중의 작용에 의한 순간처짐은 부재강성에 대한 균열과 철근의 영향을 고려할 필요가 없다.
③ 철근콘크리트 부재는 하중에 의한 균열을 제어하기 위해 필요한 철근 외에도 필요에 따라 온도변화, 건조수축 등에 의한 균열을 제어하기 위한 추가적인 철근을 배치하여야 한다.
④ 균열 제어를 위한 철근은 필요로 하는 부재 단면의 주변에 분산시켜 배치하여야 하고, 이 경우 철근의 지름과 간격을 가능한 한 작게 하여야 한다.

해설

처짐을 계산할 때 하중의 작용에 의한 순간처짐은 부재강성에 대한 균열과 철근의 영향을 고려해야 한다.

정답 ②

9급 2016년 서울시

04 다음 그림과 같이 정모멘트에 의한 휨을 받는 철근콘크리트보에서 단면의 상단에서 균열 발생 이전 단면(비균열 단면)의 중립축까지의 거리를 x, 균열 발생 후 단면(균열 단면)의 중립축까지의 거리를 y라 할 때, x와 y에 대한 식이 모두 바르게 표기된 것은?(단, 철근과 콘크리트의 탄성계수비 $n=\dfrac{E_s}{E_c}$ 이다.)

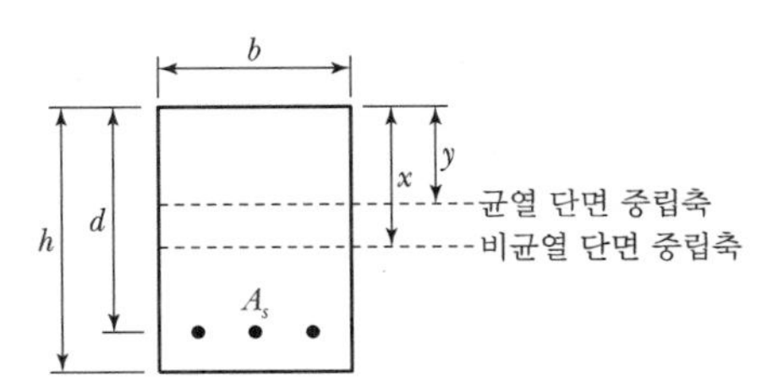

① $\{bh+nA_s\}\cdot x-\left\{\frac{1}{2}bh^2+nA_sd\right\}=0,\ \ \frac{1}{2}by^2-nA_s(d-y)=0$

② $\{bh+(n-1)A_s\}\cdot x-\left\{\frac{1}{2}bh^2+(n-1)A_sd\right\}=0,\ \ \frac{1}{2}by^2-nA_s(d-y)=0$

③ $\{bh+nA_s\}\cdot x-\left\{\frac{1}{2}bh^2+nA_sd\right\}=0,\ \ \frac{1}{2}by^2-(n-1)A_s(d-y)=0$

④ $\{bh+nA_s\}\cdot x-\left\{\frac{1}{2}bh^2+(n-1)A_sd\right\}=0,\ \ \frac{1}{2}by^2-nA_s(d-y)=0$

해설

1. 비균열 단면의 중립축 위치(x)

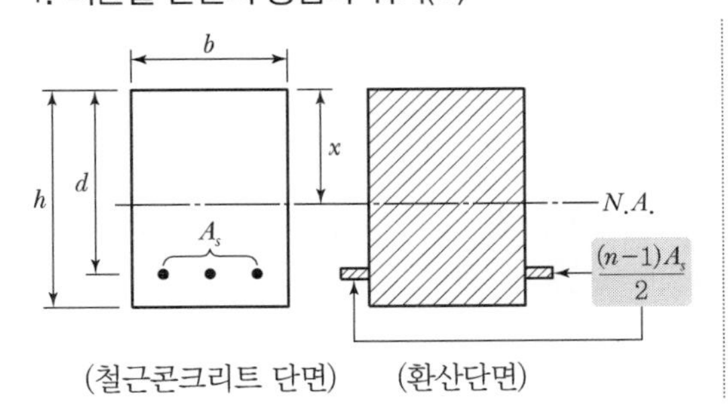

(철근콘크리트 단면) (환산단면)

$G_{N.A.}=0$

$(bx)\frac{x}{2}-\left[\{b(h-x)\}\frac{(h-x)}{2}+(n-1)A_s(d-x)\right]$

$=0$

$\{bh+(n-1)A_s\}x-\left\{\frac{1}{2}bh^2+(n-1)A_sd\right\}=0$

2. 균열 단면의 중립축 위치(y)

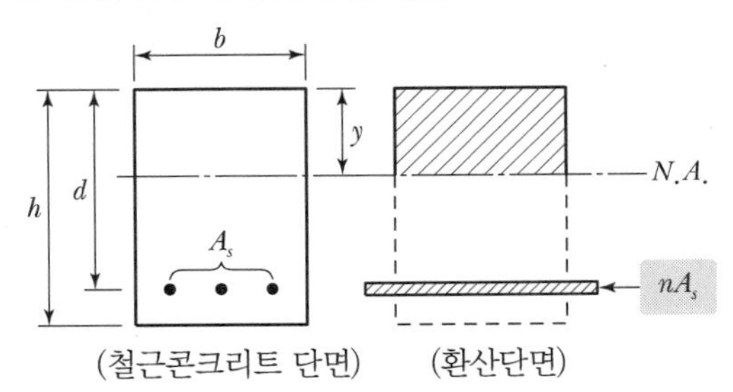

(철근콘크리트 단면) (환산단면)

$G_{N.A.}=0$

$(by)\frac{y}{2}-nA_s(d-y)=0$

$\frac{1}{2}by^2-nA_s(d-y)=0$

정답 ②

9급 2009년 서울시

05 **부정정구조물의 구조해석을 위해서는 각 부재의 강성 계산이 필요한데, 철근콘크리트구조의 경우는 정확한 강성의 계산이 불가능하다. 가장 큰 이유는 무엇인가?**

① 상이한 재료의 탄성계수
② 부재의 과도한 처짐
③ 과다한 철근의 변형
④ 콘크리트 부분의 균열
⑤ 재료의 품질변동

해설

철근콘크리트 구조의 경우 정확한 강성의 계산이 불가능한 가장 큰 이유는 콘크리트에 발생되는 균열 때문이다. 즉, 콘크리트 단면에 균열이 발생되면 I(단면 2차 모멘트)는 감소한다.

철근콘크리트 부재의 I(단면2차 모멘트)

1. 균열발생 전의 단면

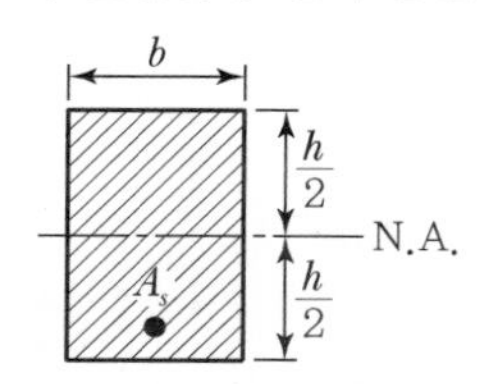

$I=I_g$(철근을 무시한 콘크리트 총 단면에 대한 단면 2차 모멘트)$=\dfrac{bh^3}{12}$

2. 균열발생 후의 단면

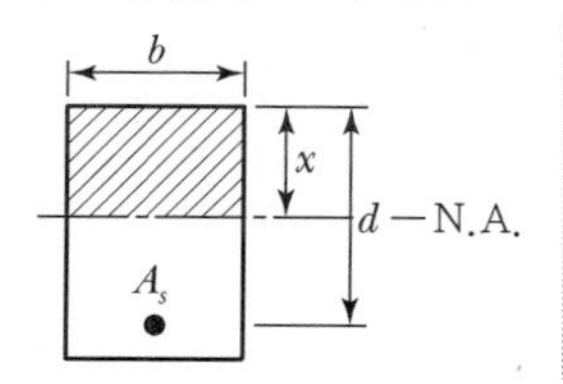

$I=I_{cr}$(균열환산단면 2차 모멘트)$=\dfrac{1}{3}bx^3+nA_s(d-x)^2$

3. 사용하중 상태에 해당하는 단면

$I=I_e$(유효단면 2차 모멘트)$=\left(\dfrac{M_{cr}}{M_a}\right)^3 I_g+\left\{1-\left(\dfrac{M_{cr}}{M_a}\right)^3\right\}I_{cr}$

(I_e의 범위, $I_{cr} \le I_e \le I_g$)

여기서, M_{cr} : 균열 휨 모멘트

M_a : 부재의 최대 휨 모멘트

$\left(\dfrac{M_{cr}}{M_a}\right) \ge 1.0$ 이면, $I=I_g$

$\left(\dfrac{M_{cr}}{M_a}\right) < 1.0$ 이면, $I=I_e$

정답 ④

9급 2016년 서울시

06 콘크리트구조기준(2012)에서 규정된 철근콘크리트 부재의 처짐에 대한 설명 중 가장 옳지 않은 것은?

① 부재의 강성도를 엄밀한 해석방법으로 구하지 않는 한, 부재의 순간처짐은 콘크리트의 탄성계수와 유효단면2차모멘트를 이용하여 구하여야 한다.

② 연속부재인 경우에 정 및 부모멘트에 대한 위험단면의 유효단면2차모멘트를 구하고 그 평균값을 사용할 수 있다.

③ 엄밀한 해석에 의하지 않는 한, 일반 또는 경량콘크리트 휨부재의 크리프와 건조수축에 의한 추가 장기처짐은 해당 지속하중에 의해 생긴 순간처짐에 장기처짐계수를 곱하여 구할 수 있다.

④ 처짐을 계산할 때 하중의 작용에 의한 순간처짐은 부재의 상태를 비균열 탄성 상태로 가정하여 탄성 처짐 공식을 사용하여 계산하여야 한다.

해설

처짐을 계산할 때 하중의 작용에 의한 순간처짐은 부재 강성에 대한 균열과 철근의 영향을 고려하여 탄성처짐 공식을 사용하여 계산하여야 한다.

정답 ④

9급 2009년 국가직

07 그림과 같은 단철근 직사각형보에 균열이 발생하여 중립축의 깊이가 200mm가 된 경우 균열단면의 단면2차모멘트 계산식으로 옳은 것은?(단, 탄성계수비 $n=7$)

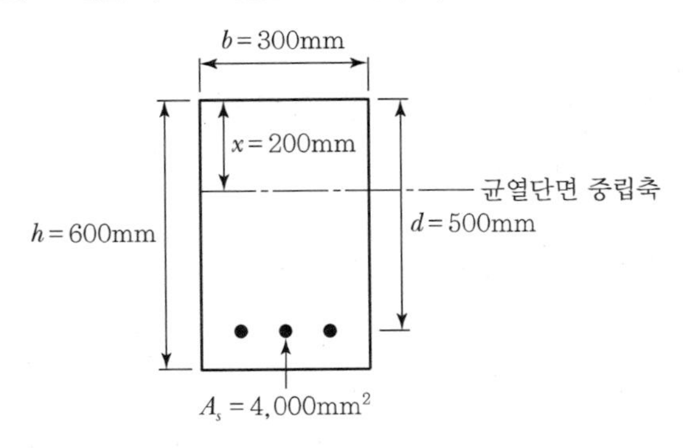

① $I_{cr}=\dfrac{(300)(500)^3}{3}+(4{,}000)(7-1)^2$

② $I_{cr}=\dfrac{(300)(200)^3}{3}+(7)(4{,}000)(500-200)^2$

③ $I_{cr}=\dfrac{(300)(500)^3}{3}+(7)(4{,}000)(500-200)^2$

④ $I_{cr}=\dfrac{(300)(200)^3}{3}+(4{,}000)(500-300)^2$

해설

$$I_{cr}=\frac{bx^3}{3}+nA_s(d-x)^2=\frac{(300)(200)^3}{3}+(7)(4{,}000)(500-200)^2$$

정답 ②

9급 2016년 지방직

08 그림과 같이 철근콘크리트 보에 균열이 발생하여 중립축 깊이(x)가 100mm일 때 균열 단면의 단면2차모멘트 계산식은?(단, 탄성계수비 n = 8이다.)

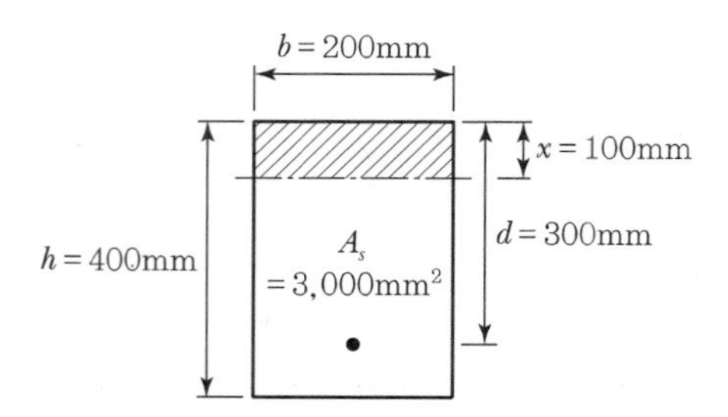

① $I_{cr} = \dfrac{(200)(100)^3}{12} + (8)(3,000)(300-100)^2$

② $I_{cr} = \dfrac{(200)(100)^3}{3} + \left(\dfrac{3,000}{8}\right)(300-100)^2$

③ $I_{cr} = \dfrac{(200)(400)^3}{12} + \left(\dfrac{3,000}{8}\right)(300-100)^2$

④ $I_{cr} = \dfrac{(200)(100)^3}{3} + (8)(3,000)(300-100)^2$

해설

$$I_{cr} = \frac{bx^3}{3} + nA_s(d-x)^2 = \frac{(200)(100)^3}{3} + (8)(3,000)(300-100)^2$$

정답 ④

9급 2013년 서울시

09 콘크리트의 처짐을 구하기 위한 공식 중 틀린 것?

① 단면2차모멘트의 크기는 $I_{cr} < I_e < I_g$ 순이다.

② 균열모멘트를 구하기 식은 $M_{cr} = \dfrac{f_r}{y_t} I_{cr}$ 이다.

③ 유효단면2차모멘트는 $I_e = \left(\dfrac{M_{cr}}{M_a}\right)^3 I_g + \left\{1 - \left(\dfrac{M_{cr}}{M_a}\right)^3\right\} I_{cr}$ 이다.

④ M_a는 처짐을 계산하는 부재에서 발생하는 최대 휨모멘트이다.

⑤ 휨인장강도는 $f_r = 0.63\lambda\sqrt{f_{ck}}$ 이다.

해설

$$M_{cr} = \frac{f_r}{y_t} I_g$$

정답 ②

9급 2009년 서울시

10 일반적인 철근콘크리트 휨부재에서 크리프(Creep)와 건조수축에 의해 발생하는 추가적인 장기처짐에 가장 큰 영향을 미치는 것은?

① 인장철근량
② 압축철근량
③ 콘크리트 압축강도
④ 콘크리트 인장강도
⑤ 콘크리트 단면적

해설

$\delta_L = \lambda_\Delta \cdot \delta_i$, $\lambda_\Delta = \dfrac{\xi}{1+50\rho'}$, $\rho' = \dfrac{A_s'}{bd}$

철근콘크리트 휨부재에서 크리프와 건조수축에 의해 발생하는 추가적인 장기처짐(δ_L)에 가장 큰 영향을 미치는 것은 압축철근량(A_s')이다. 압축철근량이 증가할수록 장기처짐량은 감소한다.

정답 ②

9급 2014년 지방직

11 단순지지된 보의 지간 중앙단면의 압축철근비 $\rho' = 0.01$일 때, 5년 후의 장기처짐을 추정하기 위한 계수 λ_Δ의 값은?(단, λ_Δ는 장기처짐을 추정하기 위해 지속하중에 의한 탄성처짐에 곱하는 계수이다.)

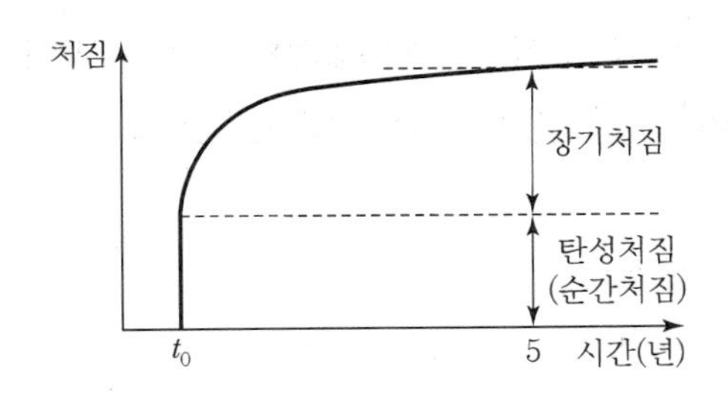

① $\dfrac{2}{3}$
② 1
③ $\dfrac{4}{3}$
④ $\dfrac{5}{3}$

해설

$\xi = 2.0$(하중재하 기간이 5년 이상인 경우)

$\lambda_\Delta = \dfrac{\xi}{1+50\rho'} = \dfrac{2}{1+(50\times 0.01)} = \dfrac{4}{3}$

정답 ③

9급 2016년 서울시

12 다음 그림은 지속하중을 받는 복철근보의 단면이다. 이 보의 장기처짐을 구하고자 할 때 지속하중 재하기간이 7년이라면 장기처짐계수 λ_Δ는?(단, $A_s = 2,400\text{mm}^2$, $A_s' = 1,200\text{mm}^2$, 콘크리트구조기준(2012)을 적용한다.)

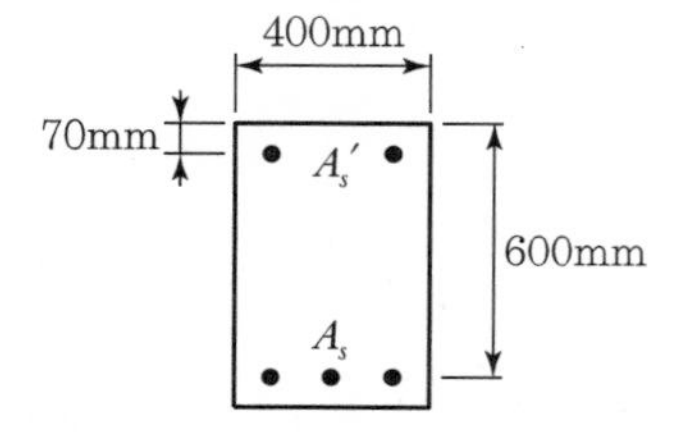

① 0.7 ② 1.0
③ 1.3 ④ 1.6

해설

$\xi = 2.0$(하중 재하기간이 5년 이상인 경우)

$$\rho' = \frac{A_s'}{bd} = \frac{1,200}{400 \times 600} = 0.005$$

$$\lambda_\Delta = \frac{\xi}{1+50\rho'} = \frac{2}{1+(50 \times 0.005)} = 1.6$$

정답 ④

9급 2017년 지방직(1차)

13 복철근 콘크리트보의 탄성처짐이 10mm일 경우, 5년 이상의 지속하중에 의해 유발되는 추가 장기처짐량[mm]은?(단, 보의 압축철근비는 0.02이며, 2012년도 콘크리트구조기준을 적용한다.)

① 2.5 ② 5.0
③ 7.5 ④ 10.0

해설

$\xi = 2.0$(하중재하기간이 5년 이상인 경우)

$$\lambda_\Delta = \frac{\xi}{1+50\rho'} = \frac{2}{1+(50 \times 0.02)} = 1$$

$$\delta_L = \lambda_\Delta \delta_i = 1 \times 10 = 10\text{mm}$$

정답 ④

9급 2019년 지방직

14 압축철근비 $\rho' = 0.02$인 복철근 직사각형 콘크리트 보에 고정하중이 작용하여 15mm의 순간처짐이 발생하였다. 1년 후 크리프와 건조수축에 의하여 보에 발생하는 추가 장기처짐[mm]은?(단, 활하중은 없으며, KDS(2016) 설계기준을 적용한다.)

① 8.8　② 10.5
③ 15.4　④ 25.5

해설

$\xi = 1.4$(하중 재하기간이 1년인 경우)

$$\lambda_\Delta = \frac{\xi}{1+50\rho'} = \frac{1.4}{1+50\times0.02} = 0.7$$

$$\delta_L = \lambda_\Delta \delta_i = 0.7\times15 = 10.5\text{mm}$$

정답 ②

9급 2011년 국가직

15 지속하중에 의한 탄성처짐이 20mm 발생한 캔틸레버보의 5년간의 장기처짐을 포함한 총 처짐[mm]은?(단, 보의 인장철근비는 0.06, 압축철근비는 0.02, 지속하중의 재하기간에 따른 계수는 2.0이다.)

① 20　② 30
③ 40　④ 50

해설

$$\lambda_\Delta = \frac{\xi}{1+50\rho'} = \frac{2.0}{1+(50\times0.02)} = 1$$

$$\delta_L = \lambda_\Delta \delta_i = 1\times20 = 20\text{mm}$$

$$\delta_T = \delta_i + \delta_L = 20+20 = 40\text{mm}$$

정답 ③

9급 2010년 서울시

16 일반콘크리트 휨부재의 해당 지속하중에 대한 순간처짐이 50mm일 때 크리프 및 건조수축에 따른 추가적인 장기처짐을 고려한 최종 총처짐량은?(단, 하중재하기간은 7년이고, 압축철근비 ρ'는 0.002)

① 136mm
② 141mm
③ 150mm
④ 123mm
⑤ 162mm

해설

$\xi = 2.0$(하중재하기간이 5년 이상인 경우)

$$\lambda_{\Delta} = \frac{\xi}{1+50\rho'} = \frac{2.0}{1+(50\times0.002)} = 1.818$$

$\delta_L = \lambda_{\Delta} \cdot \delta_i = 1.818\times50 = 90.9\text{mm}$

$\delta_T = \delta_i + \delta_L = 50 + 90.9 = 140.9\text{mm}$

정답 ②

9급 2012년 서울시

17 철근콘크리트 휨부재의 지속하중에 대한 순간처짐 40mm일 때 크리프 및 건조수축에 따른 추가적인 장기처짐을 고려한 최종처짐량은?(단, 하중재하기간은 7년이고, 압축철근비 ρ'는 0.0025이다.)

① 118.3mm
② 122.8mm
③ 145.3mm
④ 130.2mm
⑤ 111.2mm

해설

$\xi = 2.0$(하중재하기간이 5년 이상인 경우)

$$\lambda_{\Delta} = \frac{\xi}{1+50\rho'} = \frac{2.0}{1+(50\times0.0025)} = 1.778$$

$\delta_L = \lambda_{\Delta}\delta_i = 1.778\times40 = 71.1\text{mm}$

$\delta_T = \delta_i + \delta_L = 40 + 71.1 = 111.1\text{mm}$

정답 ⑤

9급 2015년 서울시

18 철근콘크리트 구조물에서 탄성처짐이 30mm인 부재의 경우 하중의 재하기간이 7년이고 압축철근비가 0.002일 때, 추가적인 장기처짐을 고려한 최종 처짐량은 약 얼마인가?

① 80mm ② 85mm

③ 90mm ④ 95mm

해설

$\xi = 2.0$(하중재하기간이 5년 이상인 경우)

$\lambda_{\Delta} = \dfrac{\xi}{1+50\rho'} = \dfrac{2}{1+(50\times 0.002)} = 1.82$

$\delta_L = \lambda_{\Delta}\delta_i = 1.82\times 30 = 54.6\text{mm}$

$\delta_T = \delta_i + \delta_L = 30 + 54.6 = 84.6\text{mm} \fallingdotseq 85\text{mm}$

정답 ②

9급 2016년 국가직

19 철근콘크리트 캔틸레버 보에 하중이 작용하여 하향 탄성 처짐 20mm가 발생되었다. 이 하중이 장기하중으로 작용할 때, 5년 후의 총 처짐량[mm]은?(단, 보의 지지부에서의 인장철근비는 0.01, 압축철근비는 0.005이고, 2012년도 콘크리트구조기준을 적용한다.)

① 26.7 ② 32.0

③ 46.7 ④ 52.0

해설

$\xi = 2.0$(하중 재하 기간이 5년 이상인 경우)

$\lambda_{\Delta} = \dfrac{\xi}{1+50\rho'} = \dfrac{2.0}{1+(50\times 0.005)} = 1.6$

$\delta_L = \lambda_{\Delta}\cdot\delta_i = 1.6\times 20 = 32\text{mm}$

$\delta_T = \delta_i + \delta_L = 20 + 32 = 52\text{mm}$

9급 2017년 국가직

20 단순 지지된 보에 등분포 고정하중이 작용하고 있다. 순간 탄성 처짐이 20mm일 경우 5년 뒤의 총 처짐량[mm]은?(단, 중앙 단면의 압축 철근비는 0.02이며, 2012년도 콘크리트구조기준을 적용한다.)

① 20
② 25
③ 30
④ 40

해설

$\xi = 2.0$(하중 재하 기간이 5년 이상인 경우)

$\lambda_\Delta = \dfrac{\xi}{1+50\rho'} = \dfrac{2.0}{1+(50\times 0.02)} = 1$

$\delta_T = \delta_i + \delta_L = \delta_i + \lambda_\Delta \delta_i = \delta_i(1+\lambda_\Delta) = 20(1+1) = 40\text{mm}$

정답 ④

9급 2015년 국가직

21 복철근 직사각형 보에 하중이 작용하여 10mm의 순간처짐이 발생하였다. 1년 후의 총 처짐량[mm]은?(단, 압축철근비 ρ'는 0.02이며, 2012년도 콘크리트 구조기준을 적용한다.)

① 17
② 18
③ 19
④ 20

해설

$\xi = 1.4$(하중재하기간이 1년인 경우)

$\lambda_\Delta = \dfrac{\xi}{1+50\rho'} = \dfrac{1.4}{1+(50\times 0.02)} = 0.7$

$\delta_L = \lambda_\Delta \cdot \delta_i = 0.7\times 10 = 7\text{mm}$

$\delta_T = \delta_i + \delta_L = 10 + 7 = 17\text{mm}$

정답 ①

9급 2019년 국가직

22 **압축철근량 $A_s' = 2,400\text{mm}^2$로 배근된 복철근 직사각형보의 탄성처짐이 10mm인 부재의 경우 하중의 재하기간이 10년이고 압축철근비가 0.02일 때, 장기처짐을 고려한 총 처짐량 [mm]은?(단, 폭 $b = 200\text{mm}$, 유효깊이 $d = 600\text{mm}$이고, 2012년도 콘크리트구조기준을 적용한다.)**

① 10 ② 15 ③ 20 ④ 25

해설

$\xi = 2.0$(하중재하기간이 5년 이상인 경우)

$$\rho' = \frac{A_s'}{bd} = \frac{2,400}{200 \times 600} = 0.02$$

$$\lambda_\Delta = \frac{\xi}{1+50\rho'} = \frac{2.0}{1+50\times 0.02} = 1$$

$$\delta_L = \lambda_\Delta \delta_i = 1 \times 10 = 10\text{mm}$$

$$\delta_T = \delta_i + \delta_L = 10 + 10 = 20\text{mm}$$

정답 ③

9급 2012년 지방직

23 **다음과 같이 복철근 단면을 갖는 부재에서 지속하중에 의한 탄성처짐이 15mm 발생하였다면 10년 후 이 지속하중에 의한 추가 장기처짐을 고려한 총 처짐[mm]은?(단, 압축철근량 $A_s' = 1,200\text{mm}^2$이다.)**

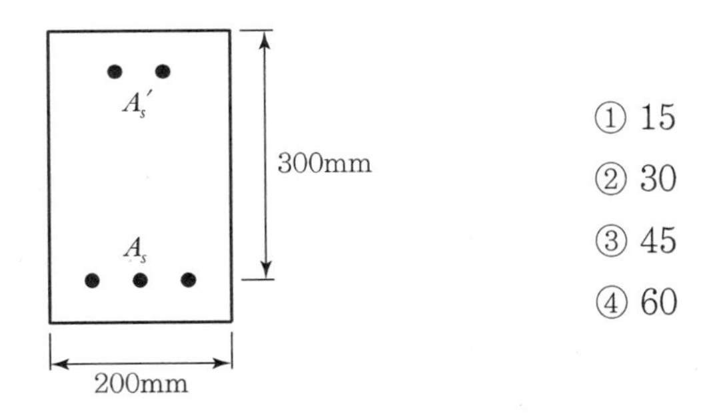

① 15
② 30
③ 45
④ 60

해설

$\xi = 2.0$(하중재하기간이 5년 이상인 경우)

$$\rho' = \frac{A_s'}{bd} = \frac{1,200}{200 \times 300} = 0.02$$

$$\lambda_\Delta = \frac{\xi}{1+50\rho'} = \frac{2.0}{1+(50\times 0.02)} = 1$$

$$\delta_L = \lambda_\Delta \delta_i = 1 \times 15 = 15\text{mm}$$

$$\delta_T = \delta_i + \delta_L = 15 + 15 = 30\text{mm}$$

정답 ②

9급 2011년 서울시

24 도로교설계기준에서 교량의 허용처짐에 대한 설명으로 옳은 것은?

① 단순교에서 충격의 영향을 포함한 활하중으로 인한 처짐은 $l/1,000$(l : 교량의 지간)이다.
② 연속교에 있어서 충격의 영향을 포함한 활하중으로 인한 처짐은 $l/750$(l : 교량의 지간)이다.
③ 보행자가 이용하는 시가지 교량에 대한 처짐은 $l/800$(l : 교량의 지간)이다.
④ 캔틸레버 교량에서 충격을 포함한 활하중에 의한 캔틸레버부의 처짐은 $l/500$(l : 캔틸레버부의 지간)이다.
⑤ 보행자가 이용하는 시가지 교량에 대한 처짐은 $l/375$(l : 캔틸레버부의 지간)이다.

해설

철근콘크리트 구조물의 허용처짐량
단기하중(충격을 포함한 사용활하중)에 의하여 교량에 발생하는 즉시처짐량은 다음의 허용처짐량 이하라야 한다.

조건	허용 처짐량
캔틸레버의 경우	$l/300$
캔틸레버에 있어서 보행자도 이용할 경우	$l/375$
단순교 및 연속교의 경우	$l/800$
단순교 및 연속교에 있어서 보행자도 이용하는 시가지 교량의 경우	$l/1,000$

(l : 지간길이)

정답 ⑤

9급 2020년 국가직

25 처짐량을 계산해 보지 않아도 되는 경우에 해당하는 단순 지지된 철근콘크리트 보의 최소 두께[mm]는?(단, 보의 길이 l = 3.2m, 보통중량콘크리트와 설계기준항복강도 f_y = 350MPa인 철근을 사용하며, 보는 큰 처짐에 의하여 손상되기 쉬운 칸막이벽이나 기타 구조물을 지지하지 않는 부재이며, KDS 14 20 30을 따른다)

① 149
② 160
③ 186
④ 200

해설

단순보에서 처짐을 계산하지 않아도 되는 최소두께(h_{min})

$$h_{min} = \frac{l}{16}\left(0.43 + \frac{f_y}{700}\right) = \frac{3.2\times 10^3}{16}\left(0.43 + \frac{350}{700}\right) = 186\text{mm}$$

정답 ③

9급 2015년 국가직

26 캔틸레버로 지지된 1방향 슬래브의 지간이 6m일 때, 처짐을 계산하지 않기 위한 슬래브의 최소 두께[mm]는?(단, 보통중량콘크리트를 사용하였고 철근의 설계기준항복강도는 400MPa이며, 2012년도 콘크리트 구조기준을 적용한다.)

① 300　　② 400

③ 500　　④ 600

해설

캔틸레버로 지지된 1방향 슬래브에서 처짐을 계산하지 않아도 되는 최소두께(h_{min})

- $f_y = 400\text{MPa}$: $h_{min} = \dfrac{l}{10}$
- $f_y \neq 400\text{MPa}$: $h_{min} = \dfrac{l}{10}\left(0.43 + \dfrac{f_y}{700}\right)$

$f_y = 400\text{MPa}$인 경우

- $h_{min} = \dfrac{l}{10} = \dfrac{6\times10^3}{10} = 600\text{mm}$

정답 ④

9급 2014년 지방직

27 큰 처짐에 의해 손상되기 쉬운 칸막이벽이나 기타 구조물을 지지 또는 부착하지 않은 경간 길이 5m인 단순지지 1방향 슬래브에서 처짐을 계산하지 않는 경우, 슬래브의 최소두께[mm]는?(단, 부재는 보통중량콘크리트와 설계기준항복강도 400MPa 철근을 사용한 리브가 없는 1방향 슬래브이고, 2012년도 콘크리트구조기준을 적용한다.)

① 250mm　　② 300mm

③ 350mm　　④ 400mm

해설

단순지지 1방향 슬래브에서 처짐을 계산하지 않아도 되는 최소두께(h_{min})

- $f_y = 400\text{MPa}$: $h_{min} = \dfrac{l}{20}$
- $f_y \neq 400\text{MPa}$: $h_{min} = \dfrac{l}{20}\left(0.43 + \dfrac{f_y}{700}\right)$

$f_y = 400\text{MPa}$인 경우

- $h_{min} = \dfrac{l}{20} = \dfrac{5\times10^3}{20} = 250\text{mm}$

9급 2016년 국가직

28 큰 처짐에 의해 손상되기 쉬운 칸막이벽이나 기타 구조물을 지지하지 않는 지간 4m의 1방향 슬래브가 단순 지지되어 있을 때, 처짐 검토를 생략할 수 있는 슬래브의 최소 두께[mm]는? (단, 부재는 보통중량콘크리트와 설계기준항복강도 400MPa인 철근을 사용하고, 2012년도 콘크리트구조기준을 적용한다.)

① 400
② 267
③ 200
④ 167

해설

단순지지된 1방향 슬래브에서 처짐을 계산하지 않아도 되는 최소 두께(h_{min})

$f_y = 400\,\text{MPa}$인 경우, $h_{min} = \dfrac{l}{20} = \dfrac{4 \times 10^3}{20} = 200\,\text{mm}$

정답 ③

9급 2019년 서울시

29 큰 처짐에 의해 손상되기 쉬운 칸막이벽이나 기타 구조물을 지지하지 않는 지간 5m의 1방향 슬래브가 단순 지지되어 있다. 처짐을 계산하지 않는 경우, 슬래브의 최소 두께는?(단, 부재는 보통중량 콘크리트와 설계기준항복강도 300 MPa 철근을 사용한 리브가 없는 1방향 슬래브이고, 콘크리트구조기준(2012)을 적용한다.)

① 200mm
② 215mm
③ 250mm
④ 300mm

해설

단순지지된 1방향 슬래브에서 처짐을 계산하지 않아도 되는 최소 두께(h_{min})

$f_y \neq 400\,\text{MPa}$인 경우

$$h_{min} = \frac{l}{20}\left(0.43 + \frac{f_y}{700}\right) = \frac{5 \times 10^3}{20}\left(0.43 + \frac{300}{700}\right) = 214.6\,\text{mm}$$

정답 ②

9급 2018년 지방직

30 **보통중량콘크리트를 사용한 1방향 단순지지 슬래브의 최소두께는?(단, 처짐을 계산하지 않는다고 가정하며, 부재의 길이는 l, 인장철근의 설계기준항복강도 f_y = 350MPa, 설계코드(KDS : 2016)와 2012년도 콘크리트구조기준을 적용한다.)**

① $\frac{l}{13.5}$와 150mm 중 작은 값

② $\frac{l}{13.5}$와 150mm 중 큰 값

③ $\frac{l}{21.5}$와 100mm 중 작은 값

④ $\frac{l}{21.5}$와 100mm 중 큰 값

해설

- 1방향 단순지지 슬래브에서 처짐을 계산하지 않아도 되는 최소두께($h_{\min}$)

$$h_{\min} = \frac{l}{20}\left(0.43 + \frac{f_y}{700}\right) = \frac{l}{20}\left(0.43 + \frac{350}{700}\right) = \frac{0.93l}{20} = \frac{l}{21.5}$$

- 또한 1방향 슬래브의 두께는 100mm 이상이어야 하므로 1방향 단순지지 슬래브의 최소두께는 $\frac{l}{21.5}$와 100mm 중 큰 값으로 고려해야 한다.

정답 ④

9급 2016년 서울시

31 **다음 그림과 같은 큰 처짐에 의하여 손상되기 쉬운 칸막이벽이나 기타 구조물을 지지 또는 부착하지 않은 연속부재에서, 처짐을 계산하지 않는 경우의 1방향 슬래브의 최소 두께는?(단, 보통중량 콘크리트를 사용하고, 슬래브의 두께는 일정하며, $f_y = 400\text{MPa}$, 콘크리트 구조기준(2012)을 적용한다.)**

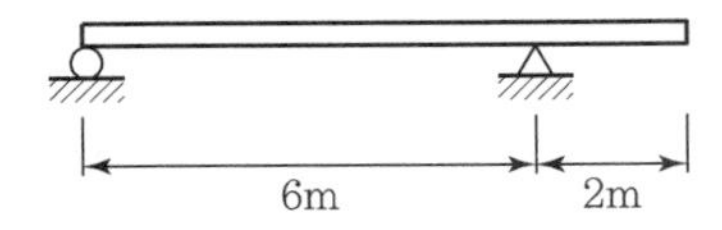

① 200mm ② 230mm

③ 250mm ④ 280mm

해설

일단 연속인 1방향 슬래브에서 처짐을 계산하지 않아도 되는 최소두께($h_{\min}$)

$f_y = 400\,\text{MPa}$인 경우, $h_{\min} = \frac{l}{24} = \frac{6\times10^3}{24} = 250\,\text{mm}$

정답 ③

9급 2015년 지방직

32 콘크리트구조기준(2012)에 따른 처짐을 계산하지 않는 경우의 철근콘크리트 1방향 슬래브의 최소 두께로 옳지 않은 것은?(단, 슬래브는 큰 처짐에 의해 손상되기 쉬운 칸막이벽이나 기타 구조물을 지지 또는 부착하지 않은 부재이고, 부재의 길이는 l이다.)

① 1단 연속 1방향 슬래브 : $l/24$
② 양단 연속 1방향 슬래브 : $l/28$
③ 단순지지 1방향 슬래브 : $l/16$
④ 캔틸레버 1방향 슬래브 : $l/10$

해설

처짐을 계산하지 않는 경우의 철근콘크리트 1방향 슬래브의 최소두께($h_{\min}$)

캔틸레버	단순지지	일단연속	양단연속
$\frac{l}{10}$	$\frac{l}{20}$	$\frac{l}{24}$	$\frac{l}{28}$

정답 ③

9급 2015년 서울시

33 콘크리트 구조물에 발생하는 균열에 대한 설명 중 옳지 않은 것은?

① 균열발생의 요인으로는 재료적 요인, 시공상의 요인, 설계상의 요인, 사용환경의 요인 등이 있다.
② 균열 폭에 영향을 미치는 요인으로는 철근의 종류, 철근의 응력 및 피복두께 등이 있다.
③ 구조물 내구성을 위해서는 많은 수의 미세한 균열보다 폭이 큰 몇 개의 균열이 바람직하다.
④ 균열은 구조적인 균열과 비구조적인 균열로 구분되기도 한다.

해설

구조물 내구성을 위해서는 폭이 큰 몇 개의 균열보다 많은 수의 미세한 균열이 바람직하다.

정답 ③

9급 2019년 지방직

34 균열폭에 대한 설명으로 옳지 않은 것은?

① 균열폭을 작게 하기 위해서는 지름이 작은 철근을 많이 사용하는 것이 지름이 큰 철근을 적게 사용하는 것보다 유리하다.

② 하중에 의한 균열을 제어하기 위해 요구되는 철근 이외에도 필요에 따라 온도변화, 건조수축 등에 의한 균열을 제어하기 위해 추가적인 보강철근을 배근할 수 있다.

③ 균열폭은 철근의 인장응력에 선형 또는 비선형적으로 비례한다.

④ 일반적으로 피복두께가 클수록 균열폭은 작아진다.

해설

균열폭은 철근의 응력, 철근의 피복두께, 철근의 지름에 비례하지만 철근비에 반비례한다.(동일한 철근량을 사용할 경우 큰 지름의 철근을 적게 사용하는 것보다 작은 지름의 철근을 많이 사용하는 것이 균열폭을 제어하는 데 유리하다.)

정답 ④

9급 2020년 지방직

35 철근콘크리트 구조물에서 부착 철근의 중심 간격이 $5(c_c+d_b/2)$ 이하인 경우, 설계 균열폭을 감소시킬 수 있는 방법으로 옳지 않은 것은?(단, c_c는 최외단 인장철근의 최소피복두께, d_b는 철근 공칭지름을 의미하며, 콘크리트구조 사용성 설계기준(KDS 14 20 30: 2016)을 따른다)

① 원형철근 대신 이형철근을 사용한다.

② 철근의 순피복 두께를 크게 한다.

③ 동일한 철근비에 대해 지름이 작은 철근을 사용한다.

④ 동일한 철근 지름에 대해 철근비를 크게 한다.

해설

콘크리트의 균열폭은 철근의 피복두께에 비례한다. 따라서 철근의 피복두께를 감소시켜야 콘크리트의 균열폭을 감소시킬 수 있다.

정답 ②

9급 2008년 국가직

36 철근콘크리트구조물의 내구성 설계기준에 대한 설명 중 옳지 않은 것은?

① 다지기와 양생이 적절하여 밀도가 크고, 강도가 높고, 투수성이 높은 콘크리트를 시공하고, 피복두께가 확보되어야 한다.

② 구조의 모서리나 부재의 연결부 등의 건전성 확보를 위한 철근콘크리트 및 프리스트레스트 콘크리트 구조요소의 구조상세가 적절하여야 한다.

③ 고부식성 환경 조건에 있는 구조는 표면을 보호하여 내구성을 증진시켜야 한다.

④ 철근의 부식방지를 위하여 굳지 않은 콘크리트의 총 염화물 이온량은 원칙적으로 $0.3\,kg/m^3$ 이하로 하여야 한다.

해설

다지기와 양생이 적절하여 밀도가 크고, 강도가 높고, 투수성이 낮은 콘크리트를 시공하고, 피복두께가 확보되어야 한다.

정답 ①

9급 2014년 지방직

37 매스콘크리트에서의 수화열 균열에 대한 설명으로 옳지 않은 것은?

① 콘크리트를 타설한 후 파이프 쿨링 등을 통해 온도 상승을 억제하는 것은 수화열에 의한 균열 발생 저감에 효과적일 수 있다.

② 단위시멘트량을 적게 하고 굵은 골재의 최대치수를 크게 하는 것은 수화열에 의한 균열 발생 저감에 효과적일 수 있다.

③ 플라이애시 시멘트나 중용열 포틀랜드 시멘트를 사용하는 것은 수화열에 의한 균열 발생 저감에 효과적일 수 있다.

④ 매스콘크리트를 필요로 하는 구조물 설계 시 신축이음이나 수축이음을 계획하면 수화열에 의한 균열 발생이 심해지고 균열 제어가 어려우므로 주의를 요한다.

해설

1. 신축이음

콘크리트 구조물의 온도변화에 따른 건조수축, 팽창수축, 기초의 부등침하 등에 의하여 발생되는 균열을 방지하기 위하여 설치하는 이음

2. 수축이음

콘크리트 구조물은 수화열, 온도변화, 건조수축, 외력 등에 의하여 균열이 발생하므로 미리 어느 정해진 장소에 균열을 집중시킬 목적으로 소정의 간격으로 단면 결손부를 설치하여 균열을 강제적으로 생기게 하는 이음

정답 ④

9급 2009년 서울시

38 강재가 고부식성 환경일 때 철근콘크리트 구조물의 내구성 확보를 위한 철근의 허용 균열폭 w_a는 얼마인가?(단, 여기서 C_c는 콘크리트의 최소 피복두께(mm)이다.)

① 0.4mm와 0.006 C_c 중 큰 값
② 0.3mm와 0.005 C_c 중 큰 값
③ 0.3mm와 0.0035 C_c 중 큰 값
④ 0.3mm와 0.004 C_c 중 큰 값
⑤ 0.4mm와 0.005 C_c 중 큰 값

해설

고부식성 환경에서 철근콘크리트 구조물의 내구성 확보를 위한 철근의 허용 균열폭(w_a)은 다음과 같다.

$w_a = [0.3\text{mm},\ 0.0035C_c]_{\max}$

정답 ③

9급 2010년 서울시

39 철근콘크리트 부재의 피로에 대한 설명 중 옳지 않은 것은?

① 콘크리트의 피로한도는 보통 100만 회의 피로시험 강도로 정의된다.
② 기둥부재의 피로는 반드시 검토하여야 한다.
③ 피로의 검토가 필요한 구조부재에서는 높은 응력을 받는 부분에서 철근을 구부리지 말아야 한다.
④ 콘크리트의 압축에 대한 피로강도는 정적강도의 50~55% 범위이다.
⑤ 보 및 슬래브의 피로는 휨 및 전단에 대하여 검토한다.

해설

기둥부재의 피로는 검토하지 않아도 좋다.

정답 ②

Chapter

07

기둥

Contents

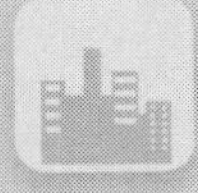

01 서론

1. 기둥의 정의

① 축방향압축을 받는 부재를 기둥 또는 압축부재라고 하며 특히 높이가 단면의 최소 치수의 3배 이상인 것을 기둥이라고 한다.

② 대부분의 기둥은 순수한 축방향압축력만 받는 경우보다 여러 가지 원인에 의하여 발생되는 휨모멘트를 동시에 받는 것이 보통이다.

③ 기둥의 강도는 길이의 영향과 양단의 지지조건에 따라 달라진다.

2. 기둥의 종류

(1) 부재에 따른 종류

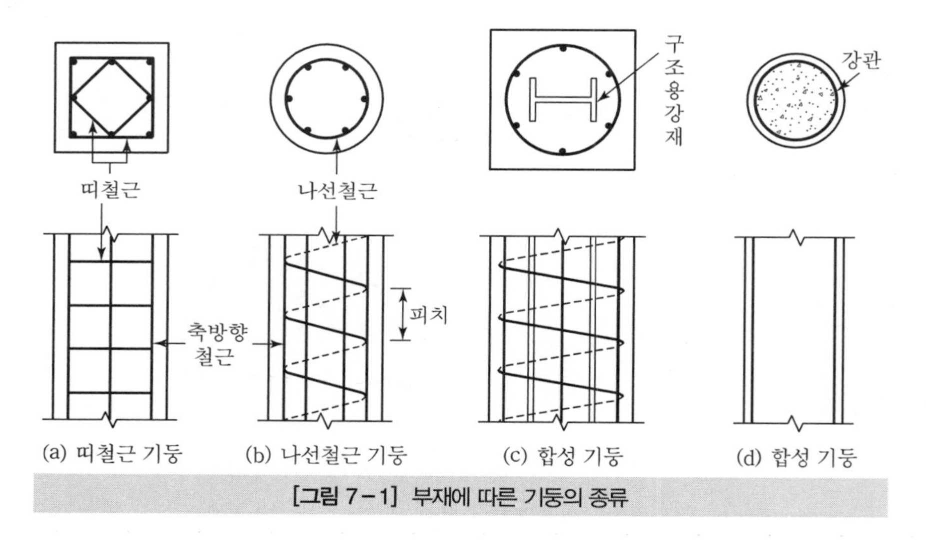

[그림 7-1] 부재에 따른 기둥의 종류

1) 띠철근 기둥

[그림 7-1]의 (a)와 같이 축방향철근을 띠철근으로 적당한 간격으로 둘러 감은 압축부재를 띠철근 기둥이라고 한다.

2) 나선철근 기둥

[그림 7-1]의 (b)와 같이 축방향철근을 나선철근으로 나선형으로 둘러 감은 압축부재를 나선철근 기둥이라고 한다.

3) 합성 기둥

[그림 7-1]의 (c) 또는 (d)와 같이 구조용 강재나 강관을 축방향으로 보강한 압축부재를 합성 기둥

이라고 한다. 이때 축방향철근을 사용해도 좋고 또는 사용하지 않아도 좋다.

(2) 거동에 따른 종류

1) 단주

세장비가 특정 한계값 미만인 기둥으로서 파괴거동이 콘크리트의 파쇄 또는 철근의 항복에 의하여 지배되는 기둥을 단주라고 한다.

2) 장주

세장비가 특정 한계값 이상인 기둥으로서 파괴거동이 좌굴에 의하여 지배되는 기둥을 장주라고 한다.

3) 단주와 장주의 구별

① 세장비(λ)

$$\lambda = \frac{kl_u}{r} \quad \cdots\cdots (7.1)$$

여기서, l_u : 기둥의 비지지 길이

r : 기둥 단면의 최소 회전반경$\left(= \sqrt{\frac{I_{\min}}{A}}\right)$

k : 유효길이 계수([표 7-1] 참고)

참고

◈ 기둥 단면의 최소 회전반경(r)은 근사적으로 다음 값을 사용해도 좋다.

① 원형 단면인 경우

$r = 0.25d$(d는 지름)

② 직사각형 단면인 경우

$r = 0.30h$(h는 좌굴이 고려되는 방향의 단면치수)

[표 7-1] 경계조건과 유효길이 계수

경계조건	유효길이 계수 k (이론 값)
고정-고정	0.5
고정-단순	0.7
단순-단순	1.0
고정-자유	2.0

② 단주와 장주의 구별

다음 각 경우에 대하여 세장비(λ)가 주어진 조건을 만족하면 단주로서 고려하고, 조건을 만족하지 않으면 장주로서 고려한다.

㉠ 횡방향 상대변위가 구속된 경우

$$\lambda \leq 34 - 12\left(\frac{M_1}{M_2}\right) \leq 40 \quad \cdots\cdots (7.2)$$

여기서, M_1 : 라멘 해석에 의해 구한 기둥의 계수 단 모멘트 중에서 작은 값
M_2 : 라멘 해석에 의해 구한 기둥의 계수 단 모멘트 중에서 큰 값
$\left(\frac{M_1}{M_2}\right)$의 부호 : 단굴곡인 경우(+), 복굴곡인 경우(−)

㉡ 횡방향 상대변위가 구속되지 않은 경우

$$\lambda \leq 22 \quad \cdots\cdots (7.3)$$

02 기둥의 구조세목

1. 띠철근 기둥

(1) 축방향철근

1) 띠철근 기둥에서 축방향철근의 최소 개수는 삼각형 단면인 경우는 3개로 하여야 하고, 사각형 또는 원형 단면인 경우는 4개로 하여야 한다.
2) 축방향철근의 철근비(ρ_g)는 $0.01 \leq \rho_g \leq 0.08$이라야 한다.
또한, 축방향철근이 겹침이음 되는 경우는 $\rho_g \leq 0.04$라야 한다.
여기서, $\rho_g = \frac{A_{st}}{A_g}$이며, A_{st}는 축방향철근의 단면적이고, A_g는 기둥의 총 단면적이다.

3) 축방향철근비의 한계를 두는 이유
① 최소 한계를 두는 이유($0.01 \leq \rho_g$)
㉠ 예상하지 못한 편심 등으로 인하여 발생되는 휨에 저항한다.
㉡ 시공시 재료분리 현상 등으로 인한 콘크리트의 부분적 결함을 보완한다.
㉢ 콘크리트의 크리프 및 건조수축의 영향을 감소시킨다.
㉣ 너무 적게 배치하면 효과가 없다.
② 최대 한계를 두는 이유($\rho_g \leq 0.08$)
㉠ 콘크리트 타설시 지장을 초래한다.
㉡ 비경제적이다.

(2) 띠철근

① 띠철근의 배치목적은 축방향철근을 횡방향으로 결속하여 축방향철근의 위치확보 및 좌굴방지를 위한 것이다.

② 띠철근의 지름은 D32 이하의 철근을 축방향철근으로 사용하는 경우 D10 이상이어야 하고, D35 이상의 철근을 축방향철근으로 사용하는 경우는 D13 이상이라야 한다.

③ 띠철근의 간격은 축방향철근지름의 16배 이하, 띠철근지름의 48배 이하, 기둥단면의 최소 치수 이하라야 한다.

④ 확대기초의 상면 또는 건물의 바닥 상하면과 같이 기둥이 바닥층이나 보와 접합되는 부분의 띠철근 간격은 다른 부분의 띠철근 간격의 $\frac{1}{2}$ 이하의 간격으로 배치하여야 한다.

⑤ 모서리의 축방향철근과 하나 건너 위치하고 있는 축방향철근들은 135° 이하로 구부린 띠철근의 모서리에 의해 횡지지되어야 한다.

2. 나선철근 기둥

(1) 축방향철근

① 나선철근 기둥에서 축방향철근의 최소 개수는 원형 단면인 경우 6개로 하여야 한다.

② 축방향철근의 철근비(ρ_g)는 $0.01 \leq \rho_g \leq 0.08$이라야 한다.

③ 축방향철근비의 한계를 두는 이유는 띠철근 기둥의 경우와 같다.

(2) 나선철근

① 나선철근의 배치목적은 콘크리트의 횡방향 변형을 방지하여 보다 큰 하중을 받을 수 있도록 한 것이다.

② 나선철근의 지름은 나선철근 기둥을 현장에서 콘크리트를 쳐서 만들 경우 10mm 이상이라야 한다.

③ 나선철근의 순간격은 25mm 이상 75mm 이하라야 한다.

④ 나선철근의 정착을 위하여 나선철근 끝에서 1.5회전만큼 더 연장하여야 한다.

⑤ 나선철근의 겹침이음 길이는 이형철근 또는 철선인 경우 지름의 48배 이상이어야 하고, 원형철근 또는 철선인 경우 지름의 72배 이상 그리고 300mm 이상이어야 한다.

⑥ 나선철근 기둥의 콘크리트 설계기준강도(f_{ck})는 21MPa 이상이어야 하고, 나선철근의 설계기준항복강도(f_{yt})는 700MPa 이하라야 하며, 400MPa를 초과하는 경우는 겹침이음을 할 수 없다.

⑦ 나선철근의 철근비(ρ_s)는 다음 조건을 만족해야 한다.

$$\rho_s \geq 0.45\left(\frac{A_g}{A_{ch}} - 1\right)\frac{f_{ck}}{f_{yt}} \quad \cdots\cdots (7.4)$$

여기서, ρ_s : 나선철근비$\left(= \frac{\text{나선철근의 체적}}{\text{심부의 체적}}\right)$

A_g : 기둥의 총 단면적
A_{ch} : 심부의 단면적
f_{ck} : 콘크리트의 설계기준강도
f_{yt} : 나선철근의 설계기준 항복강도

참고
◈ 심부(Core)
나선철근의 중심선으로 둘러싸인 부분

3. 축방향철근의 간격과 이음

(1) 축방향철근의 순간격

① 모든 기둥에 있어서 축방향철근의 순간격은 40mm 이상 그리고 철근지름의 1.5배 이상이어야 한다.
② 띠철근 기둥에 있어서 축방향철근의 순간격은 150mm 이하라야 한다.

(2) 축방향철근의 겹침이음 길이

1) 축방향철근의 항복강도(f_y)에 따른 겹침이음 길이

① $f_y \leq 400\text{MPa}$인 경우
겹침이음 길이는 $0.072 f_y d_b$(mm) 이상, 300mm 이상이어야 한다.

② $f_y > 400\text{MPa}$인 경우
겹침이음 길이는 $(0.13 f_y - 24) d_b$(mm) 이상, 300mm 이상이어야 한다.

2) 콘크리트의 설계기준강도(f_{ck})에 따른 겹침이음 길이

$f_{ck} < 21\text{MPa}$인 경우 : 겹침이음 길이는 앞의 값의 $\frac{1}{3}$만큼 더 증가시켜야 한다.

4. 옵셋굽힘철근

① 기둥 연결부에서 단면치수가 변하는 경우는 옵셋굽힘철근을 배치하여야 한다.
② 옵셋굽힘철근의 굽힘부에서 기울기는 1/6을 초과하지 않아야 한다.
③ 옵셋굽힘철근의 굽힘부를 벗어난 상 · 하부 철근은 기둥축에 평행하여야 한다.
④ 옵셋굽힘철근의 굽힘부에는 띠철근, 나선철근 또는 바닥 구조에 의해 수평지지가 이루어져야 한다. 이때 수평지지는 옵셋굽힘철근의 굽힘부에서 계산된 수평분력의 1.5배를 지지할 수 있도록 설계되어야 하며, 수평지지로 띠철근이나 나선철근을 사용하는 경우에는 이들 철근을 굽힘점으로부터 150mm 이내에 배치하여야 한다.

⑤ 옵셋굽힘철근은 거푸집 내에 배치하기 전에 굽혀두어야 한다.
⑥ 기둥 연결부에서 상 · 하부의 기둥면이 75mm 이상 차이가 나는 경우는 축방향 철근을 구부려서 옵셋 굽힘철근으로 사용하여서는 안 된다. 이러한 경우에 별도의 연결철근을 옵셋되는 기둥의 축방향철근과 겹침이음하여 사용하여야 한다.

03 설계의 기본개념

1. 설계의 기본원칙

$$P_u \leq P_d = \phi P_n$$

여기서, P_u : 계수축방향압축하중
P_d : 설계축방향압축강도
P_n : 공칭축방향압축강도
ϕ : 강도감소계수

2. 압축지배단면에 대한 강도감소계수

(1) 압축지배단면에 대한 강도감소계수(ϕ)의 값

① 나선철근 부재로 보강된 경우 : ϕ=0.70
② 그 이외의 부재에 대한 경우 : ϕ=0.65

(2) 압축지배단면 부재에 대한 강도감소계수를 휨부재에 대한 강도감소계수보다 작게 취하는 이유

① 휨부재의 강도는 철근의 인장강도에 의하여 지배되지만, 압축지배단면 부재(축방향압축부재)의 강도는 주로 콘크리트의 강도에 의하여 지배된다.
② 콘크리트는 철근에 비하여 품질의 변동이 심하다.
③ 축방향압축부재의 콘크리트 타설은 콘크리트를 높은 곳에서 쏟아붓는 경우가 많으므로 콘크리트에 결함이 발생하기 쉽다.

3. 수정계수

(1) 수정계수(α)의 값

① 나선철근 기둥 : $\alpha = 0.85$

② 띠철근 기둥 : $\alpha = 0.80$

(2) 강도감소계수 외에 수정계수를 두는 이유

① 시공상의 오차

② 예상하지 못한 편심하중

③ 하중의 장기 재하에 따른 부재의 강도저하

04 단주

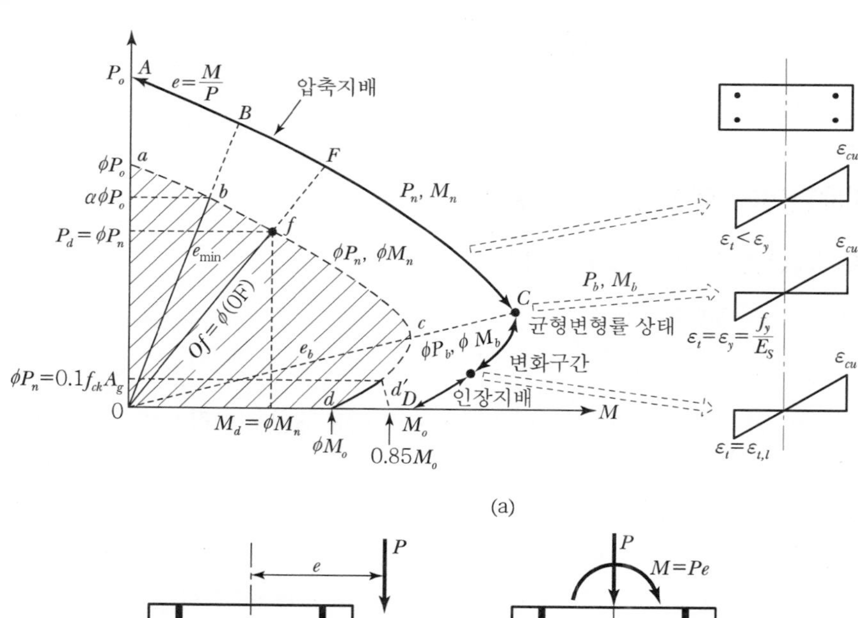

(a)

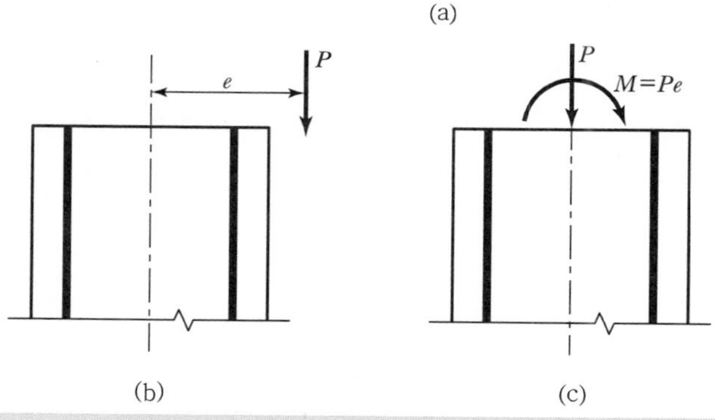

(b) (c)

[그림 7-2] P-M 상관도

1. 중심축하중을 받는 경우($e=0$)

중심축하중을 받는 기둥의 설계축방향압축강도(P_d)는 다음과 같다.

$$P_d = \phi P_n = \phi\alpha[0.85 f_{ck}(A_g - A_{st}) + f_y A_{st}] \quad \cdots\cdots (7.5)$$

여기서, A_g : 기둥의 총 단면적

A_{st} : 축방향철근의 총 단면적

2. 편심하중을 받는 경우($e \neq 0$)

(1) $P-M$ 상관도

1) 최소 편심거리($e_{\min}$)

편심이 너무 작아서 축방향압축하중만 작용하는 것으로 간주할 수 있는 편심거리를 최소 편심거리라고 한다. [그림 7−2]의 (a), $P-M$ 상관도에서 b점에 해당하는 편심거리이다.

① 나선철근 기둥 : $e_{\min} = 0.05h$

② 띠철근 기둥 : $e_{\min} = 0.10h$

여기서, h : 편심방향의 부재치수

2) 균형 편심거리(e_b)

콘크리트 압축측 연단의 변형률(ε_c)이 극한변형률 ε_{cu}에 도달함과 동시에 철근이 항복하여 그 변형률(ε_s)이 항복변형률(ε_y)에 도달하는 상태의 편심거리를 균형 편심거리라고 한다. [그림 7−2]의 (a), $P-M$ 상관도에서 c점에 해당하는 편심거리이다.

3) 편심거리에 따른 기둥의 파괴유형

① $e = e_b(P = P_b)$: 균형파괴

② $e > e_b(P < P_b)$: 인장파괴

③ $e < e_b(P > P_b)$: 압축파괴

(2) 편심하중을 받는 기둥의 설계축방향압축강도

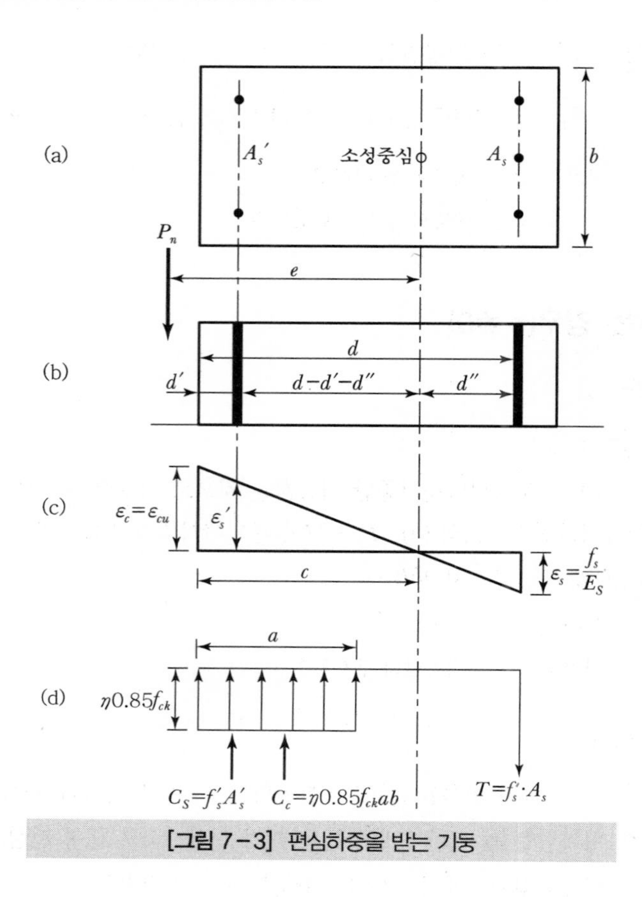

[그림 7-3] 편심하중을 받는 기둥

편심하중을 받는 기둥의 설계축방향압축강도(P_d)는 다음과 같다.

$$P_d = \phi P_n = \phi(\eta 0.85 f_{ck}ab + f_s{}'A_s{}' - f_s A_s) \quad \cdots\cdots (7.6)$$

1) 균형상태

① 균형상태의 중립축위치(c_b)

균형상태의 중립축위치는 [그림 7-3]의 (c)에서 $\varepsilon_s = \varepsilon_y$라 두고 비례식을 사용하면 다음과 같이 구할 수 있다.

$$c_b = \frac{\varepsilon_{cu}}{\varepsilon_{cu} + \varepsilon_y} d$$

또한, $f_{ck} \le 40\text{MPa}$인 경우 균형상태의 중립축의 위치(c_b)는 $\varepsilon_{cu} = 0.0033$을 대입하여 다음과 같이 나타낼 수 있다.

$$c_b = \frac{660}{660 + f_y} d$$

② 균형상태의 등가사각형 깊이(a_b)

$$a_b = \beta_1 c_b$$

③ 균형상태의 공칭축방향압축강도(P_b)

균형상태의 공칭축방향압축강도는 [그림 7-3]의 (d)에서 $f_s = f_y$라 두고 평형방정식을 사용하면 다음과 같이 구할 수 있다.

$$P_n = P_b = \eta 0.85 f_{ck} a_b b + f_s{}' A_s{}' - f_y A_s \quad \cdots\cdots (7.7)$$

여기서, $f_s{}' = E_s \varepsilon_s' = E_s \left[\varepsilon_c - \frac{d'}{d} (\varepsilon_c + \varepsilon_y) \right] \le f_y$

④ 균형상태의 설계축방향압축강도(P_d)

$$P_d = \phi P_b = \phi(\eta 0.85 f_{ck} a_b b + f_s{}' A_s{}' - f_y A_s) \quad \cdots\cdots (7.8)$$

⑤ 균형상태의 편심모멘트(M_b)

균형상태의 편심모멘트는 [그림 7-3]에서 소성중심에 대하여 모멘트에 대한 평형방정식을 적용하면 다음과 같다.

$$\begin{aligned} M_b &= P_b e_b \\ &= \eta 0.85 f_{ck} a_b b \left(d - d'' - \frac{a_b}{2} \right) + f_s{}' A_s{}' (d - d' - d'') + f_y A_s d'' \end{aligned} \quad \cdots\cdots (7.9)$$

⑥ 균형편심거리(e_b)

균형편심거리는 식 (7.7)과 (7.9)로부터 다음과 같이 얻어진다.

$$e_b = \frac{M_b}{P_b} \quad \cdots\cdots (7.10)$$

2) 기둥의 강도가 인장에 의하여 지배되는 경우

기둥의 강도가 인장에 의하여 지배되는 경우의 설계축방향압축강도는 다음과 같다.

$$P_d = \phi P_n = \phi\left[\eta 0.85 f_{ck} bd\left\{\rho' m - \rho m + \left(1+\frac{e'}{d}\right) + \sqrt{\left(1-\frac{e'}{d}\right)^2 + \frac{2e'}{d}(\rho m - \rho' m) + 2\rho' m\left(\frac{1-d'}{d}\right)}\right\}\right] \cdots (7.11)$$

여기서, $\rho = \frac{A_s}{bd}$, $\rho' = \frac{A_s'}{bd}$, $m = \frac{f_y}{\eta 0.85 f_{ck}}$

① 단면이 대칭이고, $A_s = A_s'(\rho = \rho')$인 경우

$$P_d = \phi P_n = \phi\left[\eta 0.85 f_{ck} bd\left\{1+\frac{e'}{d} + \sqrt{\left(1-\frac{e'}{d}\right)^2 + 2\rho' m\left(\frac{1-d'}{d}\right)}\right\}\right] \cdots (7.12)$$

② 압축측 철근이 없는 경우($\rho'=0$)

$$P_d = \phi P_n = \phi\left[\eta 0.85 f_{ck} bd\left\{-\rho m + \left(1+\frac{e'}{d}\right) + \sqrt{\left(1-\frac{e'}{d}\right)^2 + 2\rho m\frac{e'}{d}}\right\}\right] \cdots (7.13)$$

3) 기둥의 강도가 압축에 의하여 지배되는 경우

기둥의 강도가 압축에 의하여 지배되는 경우의 설계축방향압축강도는 [그림 7－2]의 (a), P－M 상관도에서 afc구간(압축지배구간)이 직선적으로 변하는 것으로 간주하여 다음과 같이 나타낼 수 있다.

$$P_d = \phi P_n = \phi\left[\frac{P_o}{1+\frac{e}{e_b}\left(\frac{P_o}{P_b}-1\right)}\right] \cdots (7.14)$$

여기서, $P_0 = 0.85 f_{ck}(A_g - A_{st}) + f_y A_{st}$

05 장주

1. 기둥의 좌굴강도

(1) 좌굴하중(P_{cr})

중심축하중을 받는 기둥의 좌굴하중(임계하중)은 다음과 같다.(Euler 좌굴식)

$$P_{cr} = \frac{\pi^2 EI}{(kl_u)^2} \quad \cdots\cdots (7.15)$$

여기서, EI : 철근콘크리트 부재의 휨강성

(2) 철근콘크리트 부재의 휨강성(EI)

설계기준에 제시된 철근콘크리트 부재의 휨강성은 다음과 같다.

1) 일반화된 휨강성

$$EI = \frac{0.2E_c I_g + E_s I_{se}}{1+\beta_{dns}} \quad \cdots\cdots (7.16)$$

여기서, E_c : 콘크리트의 탄성계수

I_g : 철근을 무시한 콘크리트 전체 단면의 중심축에 대한 단면 2차 모멘트

E_s : 철근의 탄성계수

I_{se} : 부재 단면의 중심축에 대한 철근의 단면 2차 모멘트

$\beta_{dns} = \frac{\text{축방향 계수지속하중}}{\text{최대 축방향 계수하중}}$

2) 단순화된 휨강성

$$EI = \frac{0.4E_c I_g}{1+\beta_{dns}} \quad \cdots\cdots (7.17)$$

2. 확대모멘트

(1) 확대모멘트의 정의

철근콘크리트 기둥은 구조의 연속성 또는 횡방향하중에 의하여 축방향압축하중과 휨모멘트를 동시에 받는 것이 보통이다. 이때, 기둥에 횡방향변위가 발생하게 되면 기둥의 임의 점에서 발생되는 휨모멘트는 축방향압축하중과 횡방향변위에 의하여 발생되는 휨모멘트만큼 확대된다. 이와 같이, 축방향압축하중의 영향을 고려한 휨모멘트를 확대모멘트라고 한다.

(2) 확대모멘트 식

확대모멘트 식은 다음과 같다.

$$M_c = \delta_{ns} M_2 = \frac{C_m}{1 - \dfrac{P_u}{0.75 P_c}} M_2 \quad \cdots\cdots (7.18)$$

여기서, M_c : 확대계수휨모멘트

M_2 : 압축부재의 단부 계수휨모멘트 중 큰 값

δ_{ns} : 모멘트확대계수

P_u : 계수축방향압축하중

P_c : 양단의 경계조건을 고려한 좌굴하중

C_m : ① 기둥의 양단 사이에 횡방향 하중이 작용하지 않는 경우

$$C_m = 0.6 + 0.4 \frac{M_1}{M_2} \geq 0.4$$

② 기둥의 양단 사이에 횡하중이 있는 경우

$C_m = 1$

9급 2010년 국가직

01 **압축부재의 설계에 대한 설명으로 옳지 않은 것은?**

① 압축부재의 유효세장비를 구할 때, 회전반지름 r 은 직사각형의 경우 좌굴안정성이 고려되는 방향에 관계없이 단면치수에 0.3배로 사용할 수 있다.

② 압축부재의 비지지길이는 바닥슬래브, 보, 기타 고려하는 방향으로 횡지지할 수 있는 부재들 사이의 순길이로 취하여야 한다.

③ 장주효과를 고려할 때, 압축부재는 2계 비선형해석방법 또는 휨모멘트 확대계수법과 같은 근사해법에 의하여 설계할 수 있다.

④ 압축부재의 유효세장비를 구할 때, 회전반지름 r 은 원형의 경우 지름의 0.25배로 사용할 수 있다.

해설

압축부재의 유효세장비(λ)를 구할 때, 회전반지름 r은 직사각형의 경우 좌굴안정성이 고려되는 방향의 단면치수에 0.3배로 사용할 수 있다.

$\lambda = \dfrac{kl_u}{r}$, $r = 0.3h$

여기서, h는 좌굴안정성이 고려되는 방향의 단면치수, 즉 단면의 최소치수이다.

정답 ①

9급 2009년 국가직

02 장주의 유효좌굴길이를 구하고자 한다. L이 10m이면 이론적인 유효좌굴길이[m]는?(단, 하단의 구속조건에서 회전은 고정이며 수평변위를 허용하지 않고, 상단의 구속조건에서 회전은 고정이나 수평변위를 허용한다.)

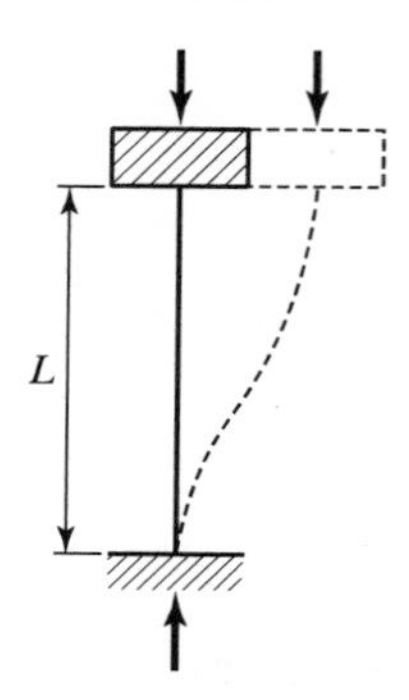

① 5
② 10
③ 15
④ 20

해설

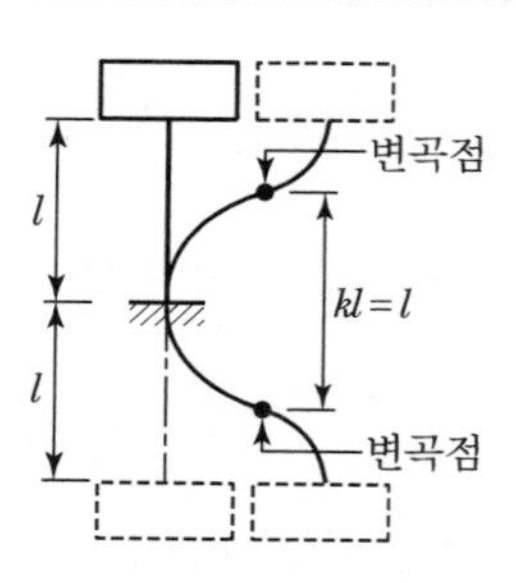

$k = 1.0$(고정 – 회전구속 이동지점인 경우)

$kl = 1.0 \times 10 = 10\text{m}$

정답 ②

9급 2012년 지방직

03 직사각형 단면(400mm × 300mm)을 갖는 길이 6m의 기둥을 설계하려고 할 때 사용되는 유효세장비(λ)는?(단, 기둥은 양단이 힌지로 지지되어 있고, 회전반지름은 공식으로 계산한다.)

① $30\sqrt{3}$
② $40\sqrt{3}$
③ $60\sqrt{3}$
④ $80\sqrt{3}$

해설

$k = 1.0$(양단 힌지인 경우)

$$\lambda = \frac{kl}{r} = \frac{kl}{\left(\frac{h}{2\sqrt{3}}\right)} = \frac{2\sqrt{3}\,kl}{h} = \frac{2\sqrt{3} \times 1.0 \times 6{,}000}{300} = 40\sqrt{3}$$

여기서, h는 단면의 최소치수이다.

정답 ②

9급 2016년 국가직

04 유효길이 $l_u = 2.5\text{m}$, 지름 $d = 500\text{mm}$인 횡구속된 골조 압축부재의 유효세장비는?

① 20 ② 35 ③ 50 ④ 65

해설

$$r_{min} = \sqrt{\frac{I_{min}}{A}} = \sqrt{\frac{\left(\frac{\pi d^4}{64}\right)}{\left(\frac{\pi d^2}{4}\right)}} = \frac{d}{4} = \frac{500}{4} = 125\text{mm}$$

$$\lambda = \frac{l_u}{r_{min}} = \frac{(2.5 \times 10^3)}{125} = 20$$

정답 ①

9급 2012년 국가직

05 기둥의 길이 $L = 8\text{m}$, 지름 $d = 500\text{mm}$ 인 원형기둥의 유효세장비 λ는?(단, 기둥은 양단 고정이다.)

① 32 ② 44.8

③ 64 ④ 128

해설

$k = 0.5$(양단 고정인 경우)

$$\lambda = \frac{kl}{r} = \frac{kl}{0.25d} = \frac{0.5 \times 8{,}000}{0.25 \times 500} = 32$$

정답 ①

9급 2018년 지방직

06 길이 8m인 단순지지 기둥이 상단으로부터 3m 지점에 y축 방향으로 단순 횡지지되어 있다. 이때, 이 압축부재의 세장비는?(단, 단면 2차 반경 $r_x = 80\text{mm}$, $r_y = 40\text{mm}$이다.)

① 75 ② 100

③ 125 ④ 200

해설

$$\lambda_x = \frac{l_x}{r_x} = \frac{8 \times 10^3}{80} = 100$$

$$\lambda_y = \frac{l_y}{r_y} = \frac{5 \times 10^3}{40} = 125$$

$$\lambda = [\lambda_x,\ \lambda_y]_{max} = [100,\ 125]_{max} = 125$$

정답 ③

9급 2013년 지방직

07 다음 그림과 같이 원형단면을 갖는 캔틸레버 기둥의 지름이 $d=80\,\text{mm}$ 일 때, 유효좌굴계수 k를 고려한 유효세장비 λ_e는?

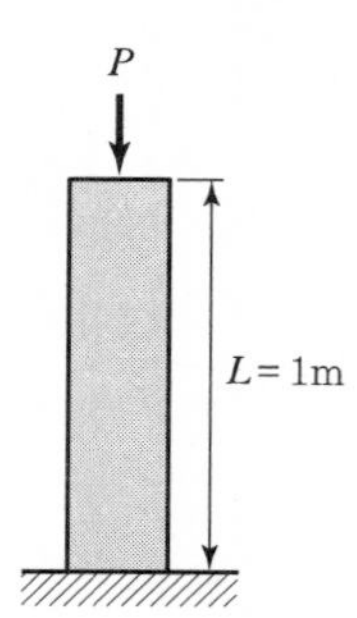

① 25 ② 38
③ 50 ④ 100

해설

$k=2$(고정－자유인 경우)

$$\lambda_e=\frac{kl}{r}=\frac{kl}{0.25d}=\frac{2\times(1\times10^3)}{0.25\times80}=100$$

정답 ④

9급 2011년 국가직

08 기둥에서 장주와 단주의 구별에 대한 설명으로 옳지 않은 것은?

① 횡구속 골조구조에서 $\frac{kl_u}{r} \leq 34-12(M_1/M_2)$ 조건을 만족하는 경우에는 단주로 간주할 수 있다.

② ①번 항목에서 $[34-12(M_1/M_2)]$의 값은 40을 초과할 수 없다.

③ M_1/M_2의 값은 기둥이 단일곡률일 때 양(+)으로 이중곡률일 때 음(−)으로 취하여야 한다.

④ 비횡구속 골조구조의 경우 $\frac{kl_u}{r} < 22$ 조건을 만족하는 경우에는 장주로 간주할 수 있다.

해설

단주와 장주의 구별

다음 각 경우에 대하여 세장비(λ)가 주어진 조건을 만족하면 단주로서 고려하고 조건을 만족하지 못하면 장주로서 고려한다.

㉠ 횡방향 상대변위가 구속된 경우(횡구속된 경우)

$$\lambda \leq 34-12\left(\frac{M_1}{M_2}\right) \leq 40$$

여기서, $\left(\frac{M_1}{M_2}\right)$의 부호는 단일곡률일 때 양(+)으로 이중곡률일 때 음(−)으로 취하여 하며,

$-0.5 \leq \left(\frac{M_1}{M_2}\right) \leq 1.0$이어야 한다.

㉡ 횡방향 상대변위가 구속되지 않은 경우(비횡구속된 경우)

$$\lambda \leq 22$$

정답 ④

9급 2019년 서울시

09 철근콘크리트 압축부재의 장주설계에 대한 설명으로 가장 옳지 않은 것은?(단, 콘크리트구조기준(2012)을 적용한다.)

① 비횡구속 골조의 압축부재의 경우, $\frac{kl_u}{r} \leq 22$이면 장주효과를 무시할 수 있다.

② 횡구속 골조의 압축부재의 경우, $\frac{kl_u}{r} \leq 34 - 12(M_1/M_2)$이면 장주효과를 무시할 수 있다.

③ 압축부재의 비지지길이 l_u는 바닥슬래브, 보, 기타 고려하는 방향으로 횡지지할 수 있는 부재들 사이의 순길이로 한다.

④ 기둥머리나 헌치가 있는 경우의 비지지길이는 검토하고자 하는 면이 있는 기둥머리나 헌치의 최상단까지 측정된 거리로 한다.

해설

기둥머리나 헌치가 있는 경우의 비지지길이는 검토하고자 하는 면이 있는 기둥머리나 헌치의 최하단까지 측정된 거리로 한다.

정답 ④

9급 2020년 국가직

10 철근콘크리트 비횡구속 골조의 압축부재에서 장주효과를 무시할 수 있는 회전반지름 r의 최솟값[mm]은?(단, 압축부재의 유효좌굴길이 $kl_u = 3.3\text{m}$이며, KDS 14 20 20을 따른다)

① 50
② 100
③ 150
④ 200

해설

횡방향 상대변위가 구속되지 않은 경우(비횡구속된 경우) 단주가 되기 위한 조건

$$\lambda = \frac{kl_u}{r} \leq 22$$

$$r \geq \frac{kl_u}{22} = \frac{(3.3 \times 10^3)}{22} = 150\text{mm}$$

정답 ③

9급 2007년 국가직

11 지름이 800mm인 철근콘크리트 원형단면 비횡구속 골조의 기둥 양단이 고정되어 있는 경우, 단주로 볼 수 있는 기둥의 최대 높이[m]는?(단, $k = 1.1$)

① 4 ② 5 ③ 6 ④ 7

해설

횡방향 상대변위가 구속되지 않은 경우, 단주로 볼 수 있는 기둥의 최대 높이(l_u)는 다음과 같다.

$$22 \geq \lambda = \frac{kl_u}{r} = \frac{kl_u}{0.25d}$$

$$l_u \leq \frac{22 \times 0.25d}{k} = \frac{22 \times 0.25 \times 800}{1.1} = 4{,}000\text{mm} = 4\text{m}$$

정답 ①

9급 2017년 지방직(1차)

12 지름 d = 600mm인 철근콘크리트 원형 단면 기둥을 단주로 볼 수 있는 최대 높이[m]는?(단, 압축부재의 유효좌굴길이계수 k = 1.5, 비횡구속 골조이며, 2012년도 콘크리트구조기준을 적용한다.)

① 2.2 ② 2.5 ③ 3.6 ④ 4.5

해설

횡방향 상대 변위가 구속되지 않은 경우(비횡구속된 경우) 단주가 되기 위한 세장비 조건

$$\lambda = \frac{kl}{r} \leq 22$$

$$l \leq \frac{22r}{k} = \frac{22 \times (0.25d)}{k} = \frac{5.5d}{k} = \frac{5.5 \times 600}{1.5} = 2{,}200\text{mm} = 2.2\text{m}$$

정답 ①

9급 2019년 지방직

13 500mm × 500mm 정사각형 단면을 가진 비횡구속 띠철근 기둥의 장주효과를 무시할 수 있는 최대 비지지길이[m]는?(단, 기둥의 양단은 힌지로 지지되어 있으며, KDS(2016) 설계기준을 적용한다.)

① 3.3 ② 4.3 ③ 6.8 ④ 7.9

해설

$k = 1.0$(양단 힌지인 경우)

$r = 0.3h$(직사각형 또는 정사각형 단면인 경우)

$$22 \geq \lambda = \frac{kl_u}{r} = \frac{(1.0)l_u}{(0.3h)}$$

$$l_u \leq 22 \times (0.3h) = 22 \times 0.3 \times 500 = 3{,}300\text{mm} = 3.3\text{m}$$

정답 ①

9급 2012년 지방직

14 **압축부재의 철근에 대한 설명으로 옳지 않은 것은?**

① 비합성 압축부재의 축방향 주철근의 철근량은 전체 단면적의 1% 이상, 10% 이하이어야 한다.
② 압축부재의 축방향 주철근은 사각형 띠철근으로 둘러싸인 경우 4개 이상으로 배근하여야 한다.
③ 압축부재의 축방향 주철근은 나선철근으로 둘러싸인 경우 6개 이상으로 배근하여야 한다.
④ 횡철근으로 사용되는 나선철근의 정착은 나선철근의 끝에서 추가로 1.5회전만큼 더 확보하여야 한다.

해설

비합성 압축부재의 축방향 주철근의 철근량은 전체 단면적의 1% 이상, 8% 이하이어야 한다.

정답 ①

9급 2013년 국가직

15 **다음 중 압축부재의 철근량 제한 규정에 대한 설명으로 옳지 않은 것은?**

① 최소 철근량은 지속적인 압축응력을 받을 때, 콘크리트의 크리프 및 건조수축의 영향을 줄이기 위해 필요하다.
② 최소 철근량은 휨의 유무에 관계없이 발생할 수 있는 휨에 대한 저항성을 제공하기 위해 필요하다.
③ 비합성 압축부재의 축방향 주철근 단면적은 전체 단면적의 0.10 배 이상, 0.15 배 이하로 한다.
④ 최대 철근량은 경제성과 콘크리트 타설의 요구사항을 고려한 실질적인 상한선으로 볼 수 있다.

해설

비합성 압축부재의 축방향 주철근 단면적은 전체 단면적의 0.01배 이상, 0.08배 이하로 한다.

정답 ③

9급 2010년 지방직

16 단면 크기가 300mm × 600mm 인 직사각형 단면 기둥(단주)이 있다. 최소 축방향 주철근량 [mm^2]과 최대 축방향 주철근량[mm^2]은?

	최소 축방향 주철근량	최대 축방향 주철근량
①	1,800	7,200
②	1,800	14,400
③	3,600	7,200
④	3,600	14,400

해설

$$0.01 \le \rho_g\left(=\frac{A_{st}}{A_g}\right) \le 0.08$$

$0.01A_g \le A_{st} \le 0.08A_g$

$0.01(300 \times 600) \le A_{st} \le 0.08(300 \times 600)$

$1{,}800\text{mm}^2 \le A_{st} \le 14{,}400\text{mm}^2$

정답 ②

9급 2014년 국가직

17 다음 그림과 같이 띠철근이 배근된 비합성 압축부재에서 축방향 주철근량[mm^2]의 범위는?(단, 축방향 주철근은 겹침이음이 되지 않으며, 2012년도 콘크리트구조기준을 적용한다.)

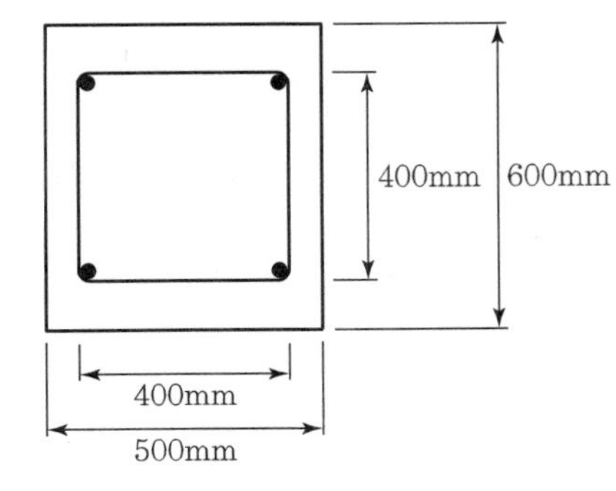

① 1,000 ~ 8,000
② 1,600 ~ 12,800
③ 3,000 ~ 24,000
④ 4,000 ~ 32,000

해설

$$0.01 \le \rho_g\left(=\frac{A_{st}}{A_g}\right) \le 0.08$$

$0.01A_g \le A_{st} \le 0.08A_g$

$0.01(500 \times 600) \le A_{st} \le 0.08(500 \times 600)$

$3{,}000\text{mm}^2 \le A_{st} \le 24{,}000\text{mm}^2$

정답 ③

9급 2016년 지방직

18 구조용 강재 심부 주위를 띠철근으로 보강한 합성부재의 설계 관련 내용으로 옳지 않은 것은?(단, 2012년도 콘크리트구조기준을 적용한다.)

① 콘크리트의 설계기준압축강도 f_{ck}는 21MPa 이상이어야 한다.

② 축방향 철근의 중심간격은 합성부재 단면의 최소 치수의 1/2 이하가 되도록 하여야 한다.

③ 띠철근 내측에 배치되는 축방향 철근량은 전체 단면적의 0.1배 이상, 0.8배 이하로 하여야 한다.

④ 띠철근의 지름은 합성부재 단면의 가장 긴 변의 1/50배 이상이어야 하지만, D10철근 이상, D16철근 이하로 하여야 한다.

해설

구조용 강재 심부 주위를 띠철근으로 보강한 합성부재에서 띠철근 내측에 배치되는 측방향 철근량은 전체 단면적의 0.01배 이상, 0.08배 이하로 하여야 한다.

정답 ③

9급 2011년 서울시

19 기둥과 같은 압축부재에서 띠철근을 사용하는 목적은?

① 콘크리트의 강도 증가

② 콘크리트의 크리프양 저감

③ 건조수축에 의한 균열 방지

④ 시공과정에서 콘크리트 재료분리 억제

⑤ 축방향 철근의 위치 확보와 좌굴 방지

해설

기둥과 같은 압축부재에서 띠철근을 사용하는 목적은 축방향 철근을 횡방향으로 결속하여 축방향 철근의 위치 확보 및 좌굴 방지를 위한 것이다.

정답 ⑤

9급 2014년 지방직

20 그림과 같이 압축부재인 띠철근 기둥의 단면 크기와 철근을 결정하였다. D13 철근을 띠철근으로 사용할 경우 띠철근의 수직간격[mm]은?(단, 종(축)방향 철근으로서 4개의 D29를 사용하며, 2012년도 콘크리트구조기준을 적용한다.)

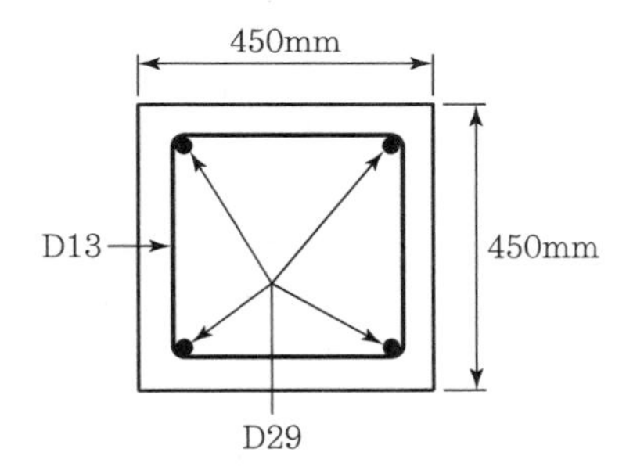

① 450mm
② 464mm
③ 500mm
④ 624mm

해설

띠철근 기둥에서 띠철근의 간격

㉠ 축방향 철근 지름의 16배 이하 = 29 × 16 = 464mm
㉡ 띠철근 지름의 48배 이하 = 13 × 48 = 624mm
㉢ 기둥단면의 최소치수 이하 = 450mm

따라서, 띠철근의 최대수직간격은 위 값 중에서 최솟값인 450mm 이하라야 한다.

정답 ①

9급 2018년 서울시(1차)

21 〈보기〉와 같은 기둥 단면에서 띠철근의 최대 수직간격은?(단, 정적조건을 기준으로 하며, D13의 공칭직경은 12.7mm, D35의 공칭직경은 34.9mm이다.)

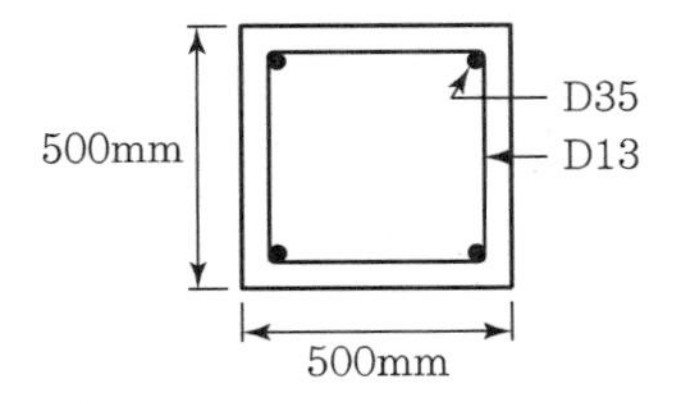

① 500mm
② 555mm
③ 609mm
④ 750mm

해설

띠철근 기둥에서 띠철근의 간격

㉠ 축방향 철근 지름의 16배 이하 = 34.9 × 16 = 558.4mm
㉡ 띠철근 지름의 48배 이하 = 12.7 × 48 = 609.6mm
㉢ 기둥 단면의 최소치수 이하 = 500mm

따라서 띠철근의 최대 수직간격은 최솟값인 500mm 이하라야 한다.

정답 ①

9급 2009년 국가직

22 **띠철근으로 D10을 사용하는 기둥에서 축방향 철근으로 D29를 4가닥 사용하고, 기둥 단면의 크기가 가로 400mm, 세로 300mm일 때 시방서(콘크리트구조기준, 2012 규정에 따른 띠철근의 최대 수직간격[mm]은?**

① 300
② 400
③ 480
④ 580

해설

띠철근 기둥에서 띠철근의 간격
㉠ 축방향 철근 지름의 16배 이하$=29\times16=464$mm
㉡ 띠철근 지름의 48배 이하$=10\times48=480$mm
㉢ 기둥단면의 최소치수 이하$=300$mm

따라서, 띠철근의 최대수직간격은 최솟값인 300mm 이하라야 한다.

정답 ①

9급 2010년 국가직

23 **단면의 크기가 500mm×600mm이고, 축방향 철근(D29)을 6개 사용한 띠철근(D13) 기둥이 슬래브를 지지하고 있을 때, 슬래브의 최하단 수평철근 아래에 배치되는 첫 번째 띠철근의 최대 수직간격[mm]은?(단, D29의 지름은 30mm, D13의 지름은 13mm이다.)**

① 312
② 480
③ 240
④ 500

해설

1. 띠철근 기둥에서 띠철근의 간격
   ㉠ 축방향 철근지름의 16배 이하$=30\times16=480$mm
   ㉡ 띠철근 지름의 48배 이하$=13\times48=624$mm
   ㉢ 기둥 단면의 최소치수 이하$=500$mm
   여기서, 띠철근의 최대 수직간격은 최솟값인 480mm 이하라야 한다.
2. 또한, 슬래브를 지지하고 있는 띠철근 기둥에서 슬래브의 최하단 수평철근 아래에 배치되는 첫 번째 띠철근의 간격은 다른 부분의 $\frac{1}{2}$ 이하라야 한다.

따라서, 이러한 경우 띠철근의 최대수직간격은 $\frac{480}{2}$mm, 즉, 240mm 이하라야 한다.

정답 ③

9급 2016년 국가직

24 콘크리트구조기준(2012)에서 압축부재의 철근에 대한 설명으로 옳지 않은 것은?

① 현장치기 콘크리트 공사에서 압축부재의 횡철근으로 사용되는 나선철근 지름은 13mm 이상으로 하여야 한다.

② 나선철근 또는 띠철근이 배근된 압축부재에서 축방향 철근의 순간격은 40mm 이상, 또한 철근 공칭지름의 1.5배 이상으로 하여야 한다.

③ 압축부재의 횡철근으로 사용되는 나선철근의 순간격은 25mm 이상, 75mm 이하이어야 한다.

④ 압축부재의 횡철근으로 사용되는 띠철근의 수직간격은 축방향 철근 지름의 16배 이하, 띠철근 지름의 48배 이하, 또한 기둥단면의 최소 치수 이하로 하여야 한다.

해설

현장치기 콘크리트 공사에서 압축부재의 횡철근으로 사용되는 나선철근 지름은 10mm 이상으로 하여야 한다.

정답 ①

9급 2010년 국가직

25 압축부재에 사용되는 나선철근이 나선철근으로서의 역할을 하기 위하여 설계 시 전제되어야 할 사항으로 옳지 않은 것은?

① 나선철근의 순간격은 25 mm 이상이어야 하고 95 mm 이하이어야 한다.

② 현장치기 콘크리트 공사에서 나선철근 지름은 10 mm 이상이어야 한다.

③ 나선철근의 정착은 나선철근의 끝에서 추가로 1.5회전만큼 더 확보하여야 한다.

④ 나선철근은 확대기초판 또는 기초 슬래브의 윗면에서 그 위에 지지된 부재의 최하단 수평철근까지 연장되어야 한다.

해설

나선철근의 순간격은 25mm 이상이어야 하고 75mm 이하이어야 한다.

정답 ①

9급 2010년 서울시

26 철근콘크리트의 압축부재 철근에 관한 구조상세 설명 중 옳지 않은 것은?

① 압축부재의 축방향 철근량은 기둥 전체 단면적의 1~8%로 해야 한다.
② 축방향 철근은 철근배치가 원형일 경우에 6개 이상 배근되어야 한다.
③ 나선철근의 순간격은 25 mm 이상 또는 굵은골재 최대치수의 4/3배 이상이어야 한다.
④ 띠철근의 수직간격은 압축부재 단면의 최소치수 이하, 300 mm 이하여야 한다.
⑤ 나선철근비는 $\rho_s = 0.45\left(\dfrac{A_g}{A_c} - 1\right)\dfrac{f_{ck}}{f_y}$ 에 의해 계산된 값 이하여야 한다.

해설

나선철근비는 $\rho_s = 0.45\left(\dfrac{A_g}{A_{ch}} - 1\right)\dfrac{f_{ck}}{f_{yt}}$ 에 의해 계산된 값 이상이어야 한다.

여기서, ρ_s : 나선철근비$\left(= \dfrac{\text{나선철근의 체적}}{\text{심부의 체적}}\right)$

A_g : 기둥의 총 단면적

A_{ch} : 심부의 단면적

f_{ck} : 콘크리트의 설계기준강도

f_{yt} : 나선철근의 설계기준항복강도

정답 ⑤

9급 2007년 국가직

27 나선철근 기둥의 심부지름이 300mm이고, 기둥단면의 지름이 400mm인 기둥의 최소 나선철근비는?(단, $f_{ck} = 30\text{MPa}$, $f_y = 300\text{MPa}$)

① 0.020
② 0.025
③ 0.030
④ 0.035

해설

$$\rho_s \geq 0.45\left(\frac{A_g}{A_{ch}} - 1\right)\frac{f_{ck}}{f_{yt}} = 0.45\left(\frac{\dfrac{\pi \times 400^2}{4}}{\dfrac{\pi \times 300^2}{4}} - 1\right)\frac{30}{300} = 0.035$$

정답 ④

9급 2011년 국가직

28 휨과 압축을 받는 직사각형 단주의 설계에 대한 설명으로 옳지 않은 것은?

① 균형상태는 압축측 연단의 콘크리트 변형률이 ε_{cu}에 도달함과 동시에 철근의 응력이 항복강도 f_y에 도달되는 상태를 말한다.

② 균형상태에서 중립축위치 $c_b = \left(\dfrac{\varepsilon_{cu}}{\varepsilon_{cu} + f_y/E_s}\right)d$ 이고, 압축부 콘크리트의 등가응력사각형깊이 $a_b = \beta_1 c_b$이다.

③ 압축지배인 경우에 띠철근 기둥의 강도감소계수는 0.70이고, 나선철근기둥의 강도감소계수는 0.75이다.

④ 기둥강도상관도 (P－M 상관도)에서 편심(e) < 균형편심(e_b)이면 기둥강도는 콘크리트의 압축으로 지배된다.

해설

압축지배단면에 대한 강도감소계수(ϕ)의 값

㉠ 나선철근 부재로 보강된 경우 : $\phi = 0.7$

㉡ 그 이외의 부재에 대한 경우 : $\phi = 0.65$

정답 ③

9급 2014년 국가직

29 띠철근으로 보강된 사각형 기둥의 압축지배구간에서는 강도감소계수 ϕ=(㉠), 나선철근으로 보강된 원형기둥의 압축지배구간에서는 강도감소계수 ϕ=(㉡)로 규정하였다. 강도감소계수를 다르게 적용하는 주된 이유는 (㉢)이다. ㉠, ㉡, ㉢ 안에 들어갈 내용은?(단, 2012년도 콘크리트구조기준을 적용한다.)

	㉠	㉡	㉢
①	0.65	0.70	같은 조건(콘크리트 단면적, 철근 단면적)에서 사각형 기둥이 원형기둥보다 큰 하중을 견딜 수 있기 때문
②	0.70	0.65	같은 조건(콘크리트 단면적, 철근 단면적)에서 사각형 기둥이 원형기둥보다 큰 하중을 견딜 수 있기 때문
③	0.65	0.70	나선철근을 사용한 기둥은 띠철근을 사용한 기둥에 비하여 충분한 연성을 확보하고 있기 때문
④	0.70	0.65	나선철근을 사용한 기둥은 띠철근을 사용한 기둥에 비하여 충분한 연성을 확보하고 있기 때문

정답 ③

9급 2009년 서울시

30 강도설계법에서 기둥이 압축파괴를 일으키는 조건은?

① $e > e_b$, $P_u < P_b$ ② $e < e_b$, $P_u > P_b$

③ $e < e_b$, $P_u < P_b$ ④ $e = e_b$, $P_u = P_b$

⑤ $e > e_b$, $P_u = P_b$

해설

편심거리에 따른 기둥의 파괴유형

㉠ $e = e_b(P_u = P_b)$: 균형파괴

㉡ $e > e_b(P_u < P_b)$: 인장파괴

㉢ $e < e_b(P_u > P_b)$: 압축파괴

정답 ②

9급 2009년 지방직

31 강도설계법에서 P－M 상관도를 이용하여 기둥단면을 설계할 때, 압축파괴구역에 해당하는 것으로 가장 옳은 것은?(단, e =편심거리, e_b =균형편심거리, P_b =균형축하중, P_u =극한하중, M_b =균형모멘트이다.)

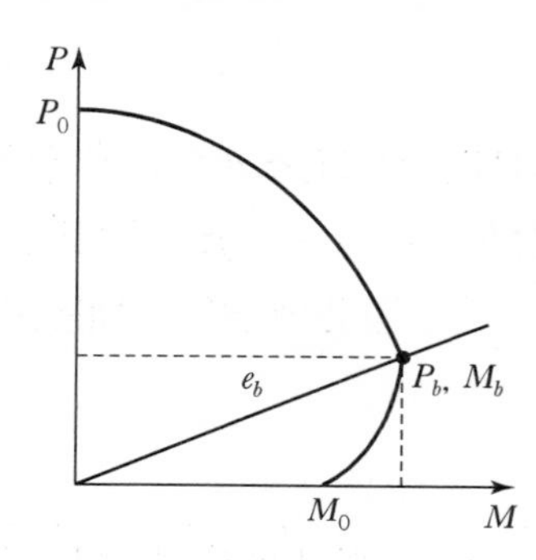

① $e = e_b$, $P_u = P_b$

② $e < e_b$, $P_u < P_b$

③ $e < e_b$, $P_u > P_b$

④ $e > e_b$, $P_u > P_b$

해설

편심거리에 따른 기둥의 파괴유형

㉠ $e = e_b(P_u = P_b)$: 균형파괴 ㉡ $e > e_b(P_u < P_b)$: 인장파괴 ㉢ $e < e_b(P_u > P_b)$: 압축파괴

정답 ③

9급 2007년 국가직

32 축력과 휨모멘트를 받는 기둥의 축력 – 휨모멘트 상관도를 그림과 같이 A, B, C, D 4개의 영역으로 구분하였다. 어떤 영역에 포함되도록 기둥을 설계하는 것이 가장 바람직한가?

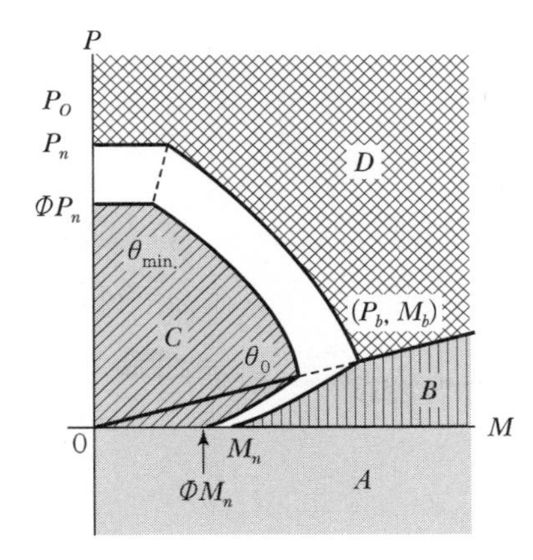

① A
② B
③ C
④ D

해설

$P_u \leq P_d = \phi P_n$

따라서, 계수 축방향 압축하중(P_u)은 P－M 상관도의 영역 C에 포함되도록 설계하는 것이 바람직하다.

정답 ③

9급 2013년 국가직

33 단면이 500mm × 500mm인 띠철근 압축부재가 있다. 8개의 축방향 철근이 적절한 간격으로 둘러싸여 있으며 횡방향 상대변위가 없는 단주이다. 이 압축부재에는 고정하중에 의한 축력 900kN, 활하중에 의한 축력 800kN, 활하중에 의한 휨모멘트 40kN · m가 작용한다. 다음 설명 중 옳지 않은 것은?(단, 최소편심은 0.1h로 본다.)

① 단면에 작용하는 계수축력은 2,360kN이다.
② 단면에 작용하는 계수휨모멘트는 48kN·m 이다.
③ 축하중 편심거리는 약 27mm 이다.
④ 이 부재의 단면 내에서는 압축응력만 작용한다.

해설

① $P_u = 1.2P_D + 1.6P_L = 1.2 \times 900 + 1.6 \times 800 = 2{,}360\text{kN}$

② $M_u = 1.6M_L = 1.6 \times 40 = 64\text{kN} \cdot \text{m}$

③ $e = \dfrac{M_u}{P_u} = \dfrac{64 \times 10^6}{2{,}360 \times 10^3} = 27.1\text{mm}$

④ $k = \dfrac{h}{6} = \dfrac{500}{6} = 83.3\text{mm} > e = 27.1\text{mm}$

정답 ②

9급 2019년 지방직

34 그림과 같은 띠철근 기둥의 순수 축하중강도 P_0[kN]는?(단, 기둥은 단주로서 콘크리트 설계기준 압축강도 f_{ck} = 30MPa, 철근의 설계기준 항복강도 f_y = 400MPa, 종방향 철근 총단면적 A_{st} = 3,000mm²이며, KDS(2016) 설계기준을 적용한다.)

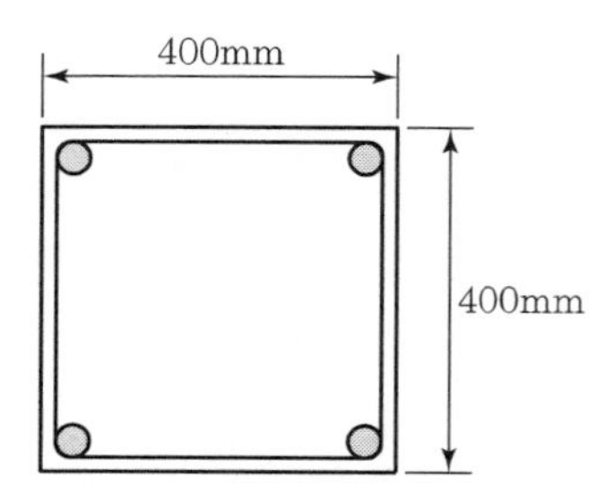

① 3,499.8 ② 4,522.4
③ 5,203.5 ④ 6,177.8

해설

$$P_0 = 0.85f_{ck}(A_g - A_{st}) + f_y A_{st}$$
$$= 0.85 \times 30 \times (400^2 - 3{,}000) + 400 \times 3{,}000$$
$$= 5{,}203.5 \times 10^3\text{N} = 5{,}203.5\text{kN}$$

정답 ③

9급 2013년 지방직

35 다음 그림과 같은 띠철근 기둥의 설계중심축하중 P_d[kN]는?(단, 단주이며 압축철근의 총단면적 A_{st} = 25,000mm², 콘크리트 설계기준강도 f_{ck} = 20MPa, 철근의 항복강도 f_y = 400MPa이다.)

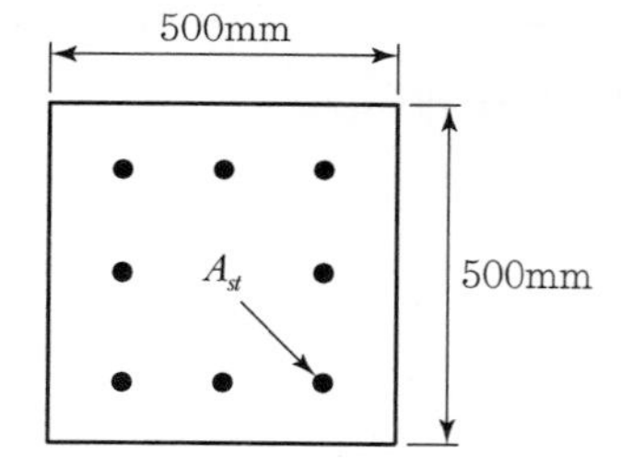

① 7,189
② 7,638
③ 7,742
④ 8,813

해설

$$P_d = \phi P_n$$
$$= \phi\alpha\{0.85f_{ck}(A_g - A_{st}) + f_y A_{st}\}$$
$$= 0.65 \times 0.80 \times \{0.85 \times 20 \times (500^2 - 25{,}000) + 400 \times 25{,}000\}$$
$$= 7{,}189 \times 10^3\text{N} = 7{,}189\text{kN}$$

정답 ①

9급 2011년 지방직

36 그림과 같은 트러스 형태(활절 연결 구조)의 띠철근콘크리트 기둥이 있다. 기둥은 좌굴의 영향이 없는 단주이며, 기둥단면이 아래 그림과 같을 때 구조물이 지지할 수 있는 극한하중 P [kN]는?(단, 기둥의 자중은 무시하고, 축방향 철근의 단면적 $A_s = 100\,\text{cm}^2$, 콘크리트의 설계기준강도 $f_{ck} = 20\text{MPa}$, 철근의 항복강도 $f_y = 400\text{MPa}$이다.)

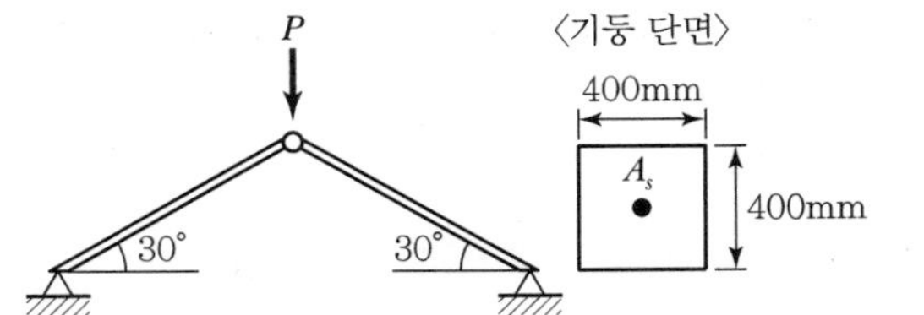

① 3,406
② 3,606
③ 3,806
④ 4,006

해설

$P_d = \phi P_n$

$= \phi \alpha \{0.85 f_{ck}(A_g - A_{st}) + f_y A_{st}\}$

$= 0.65 \times 0.80 \times \{0.85 \times 20 \times (400^2 - 100 \times 10^2) + 400 \times 100 \times 10^2\}$

$= 3{,}406 \times 10^3\text{N} = 3{,}406\text{kN}$

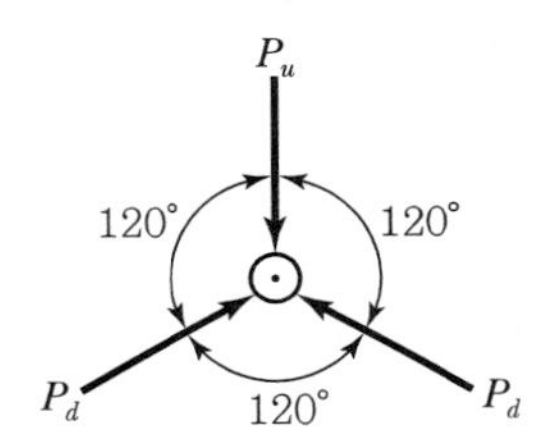

$$\frac{P_u}{\sin 120°} = \frac{P_d}{\sin 120°}$$

$P_u = P_d = 3{,}406\text{kN}$

정답 ①

9급 2012년 국가직

37 다음과 같은 정사각형 띠철근 기둥($600\,\text{mm} \times 600\text{mm}$)에 대한 축방향 철근의 총단면적 $A_{st} = 10,000\,\text{mm}^2$이다. 축방향 하중의 편심 e와 최소편심 $e_{\min}$의 관계가 $e \le e_{\min}$인 경우에 설계 축방향 압축강도 $P_d[\text{kN}]$와 균형상태 ($e = e_b$, e_b는 균형편심)인 경우에 가장 바깥쪽 압축철근의 축방향 변형도 $\varepsilon_s{}'$는?(단, 콘크리트 설계기준강도 $f_{ck} = 20\text{MPa}$, 철근의 항복강도 $f_y = 300\text{MPa}$, 폭 $b = 600\,\text{mm}$, 유효깊이 $d = 540\,\text{mm}$, 압축철근의 깊이 $d' = 60\,\text{mm}$이다.)

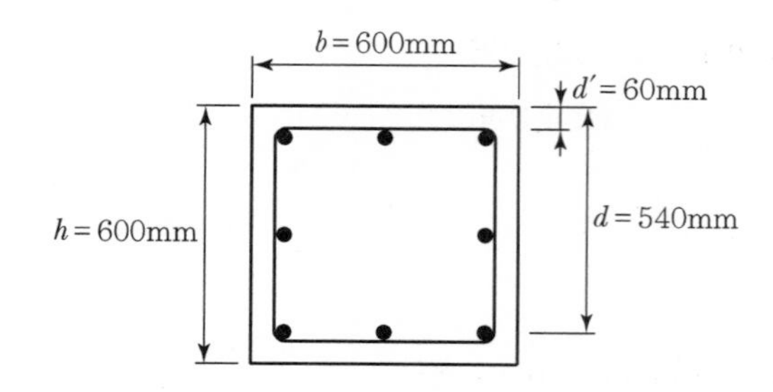

① $P_d = 4,654$ $\varepsilon_s{}' = 0.0023$

② $P_d = 4,654$ $\varepsilon_s{}' = 0.0028$

③ $P_d = 7,362$ $\varepsilon_s{}' = 0.0023$

④ $P_d = 7,362$ $\varepsilon_s{}' = 0.0028$

해설

1. 중심축하중을 받는 띠철근 기둥의 설계 축방향 압축강도(P_d)

($e \le e_{\min}$인 경우, 즉 $e = 0$인 경우)

$P_d = \phi P_n$

$= \phi\alpha\{0.85 f_{ck}(A_g - A_{st}) + f_y A_{st}\}$

$= 0.65 \times 0.80 \times \{0.85 \times 20 \times (600^2 - 10^4) + 300 \times 10^4\}$

$= 4,654 \times 10^3\text{N} = 4,654\text{kN}$

2. 균형상태일 경우 압축철근의 변형률($\varepsilon_s{}'$)

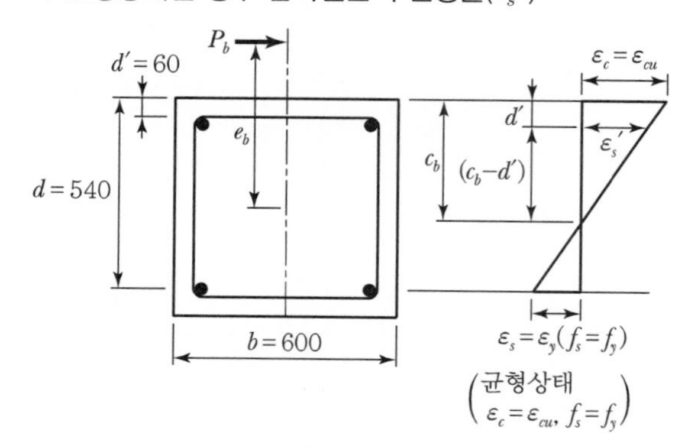

• $f_{ck} = 20\text{MPa} \le 40\text{MPa}$인 경우,

$\varepsilon_{cu} = 0.0033$

• $c_b = \dfrac{660}{660 + f_y} d$

$= \dfrac{660}{660 + 300} \times 540$

$= 371.25\text{mm}$

• $\varepsilon_s{}' = \dfrac{c_b - d'}{c_b} \varepsilon_{cu}$

$= \dfrac{371.25 - 60}{371.25} \times 0.0033$

$= 0.0027667$

정답 ②

9급 2016년 지방직

38 그림과 같은 철근콘크리트 기둥의 균형상태에서 콘크리트 압축력의 크기[kN]는?(단, 단주이며, 콘크리트의 설계기준압축강도 f_{ck} = 25MPa, 철근의 설계기준항복강도 f_y = 400 MPa, 철근의 탄성계수 E_s = 2.0 × 105MPa, 콘크리트 압축면적은 압축철근의 면적을 포함한다.)

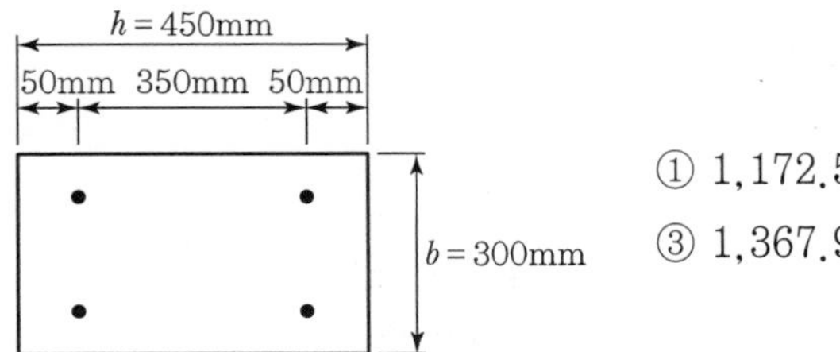

① 1,172.5 ② 1,270.2
③ 1,367.9 ④ 1,465.5

해설

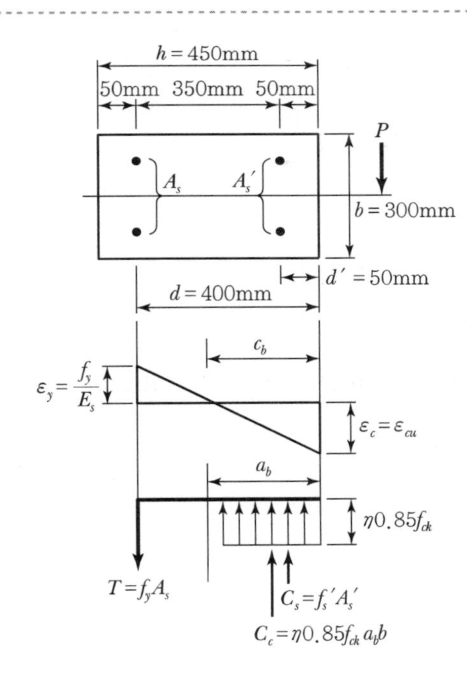

- f_{ck} = 25MPa ≤ 40MPa인 경우,
  $\varepsilon_{cu} = 0.0033$, $\beta_1 = 0.8$, $\eta = 1.0$
- $c_b = \dfrac{660}{660 + f_y} d = \dfrac{660}{660 + 400} \times 400 = 249.06\text{mm}$
- $a_b = \beta_1 c_b = 0.8 \times 249.06 = 199.25\text{mm}$
- $C_c = \eta 0.85 f_{ck} a_b b = 1 \times 0.85 \times 199.25 \times 300$
  $= 1{,}270.2 \times 10^3\text{N} = 1{,}270.2\text{kN}$

정답 ②

9급 2019년 서울시

39 그림과 같은 정사각형 띠철근 기둥(단주)에 편심을 갖는 공칭 축하중 P_n이 작용하여 압축응력블록의 깊이 a가 255mm이라면 인장철근력 T의 크기는?(단, $f_{ck} = \frac{20}{0.85}$MPa, $a = 0.85 \times 300$mm, $A_s = A'_s = 1{,}000\text{mm}^2$, $f_y = 400$MPa, $E_s = 2 \times 10^5$MPa이다.)

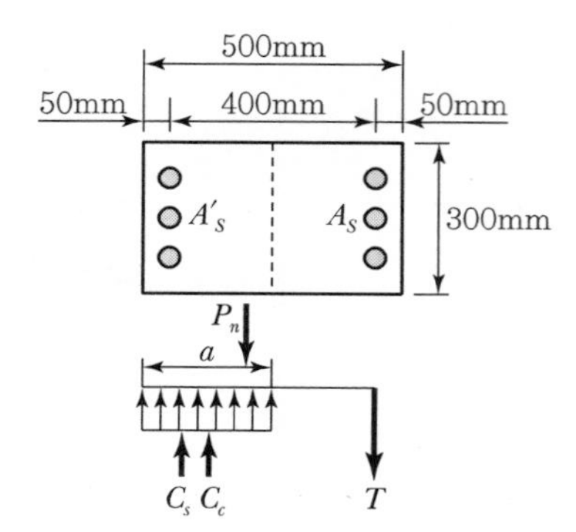

① 183.2kN
② 214.6kN
③ 271.8kN
④ 365.7kN

해설

- $f_{ck} = \frac{20}{0.85} = 23.53\text{MPa} \le 40\text{MPa}$인 경우, $\varepsilon_{cu} = 0.0033$, $\beta_1 = 0.8$
- $\varepsilon_y = \frac{f_y}{E_s} = \frac{400}{2 \times 10^5} = 0.002$
- $c = \frac{a}{\beta_1} = \frac{255}{0.8} = 318.75\text{mm}$
- $\varepsilon_s = \frac{d-c}{c}\varepsilon_{cu} = \frac{450-318.75}{318.75} \times 0.0033 = 0.001359$
- $\varepsilon_y(=0.002) > \varepsilon_s(=0.001359) \rightarrow f_s = E_s\varepsilon_s = (2 \times 10^5) \times (0.001359) = 271.8\text{MPa}$
- $T = f_s A_s = 271.8 \times 1{,}000 = 271.8 \times 10^3\text{N} = 271.8\text{kN}$

정답 ③

9급 2011년 국가직

40 압축과 휨을 받는 띠철근 기둥(단주)이 그림과 같은 변형률 분포를 나타낼 때 도심으로부터 편심을 갖는 공칭축하중강도 P_n[kN]는?(단, $f_{ck}=\dfrac{20}{0.85^2}$MPa, $f_y=300$MPa, $A_s=A_s'=2{,}500\text{mm}^2$, $E_s=2.0\times10^5$MPa이다. 또한 압축철근은 항복한 것으로 가정하고 철근의 압축력 $C_s=A_s'f_y$를 사용한다.)

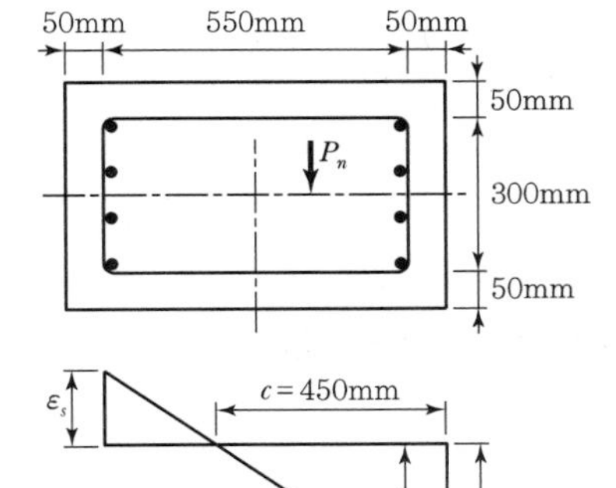

① 2,912
② 3,378
③ 3,588
④ 3,844

해설

1. ε_{cu}, β_1, η의 값

$f_{ck}=\dfrac{30}{0.85^2}=27.68\text{MPa}\le 40\text{MPa}$인 경우, $\varepsilon_{cu}=0.0033$, $\beta_1=0.8$, $\eta=1$

2. 철근의 항복변형률(ε_y)

$$\varepsilon_y=\frac{f_y}{E_s}=\frac{300}{2.0\times10^5}=0.0015$$

3. 콘크리트의 압축력(C_c)

$$C_c=\eta 0.85f_{ck}(\beta_1 c)b=1\times0.85\times\frac{20}{0.85^2}\times(0.8\times450)\times400=3{,}388.2\times10^3\text{N}=3{,}388.2\text{kN}$$

4. 압축철근의 압축력(C_s)

$$\varepsilon_s'=\frac{c-d'}{c}\varepsilon_{cu}=\frac{450-50}{450}\times0.0033=0.00293$$

$\varepsilon_s'(=0.00293)>\varepsilon_y(=0.0015)\rightarrow f_s'=f_y=300\text{MPa}$

$C_s=f_s'A_s'=f_yA_s'=300\times2{,}500=750\times10^3\text{N}=750\text{kN}$

5. 인장철근의 인장력(T)

$$\varepsilon_s=\frac{d-c}{c}\varepsilon_{cu}=\frac{600-450}{450}\times0.0033=0.0011$$

$\varepsilon_s(=0.0011)<\varepsilon_y(=0.0015)\rightarrow f_s=E_s\varepsilon_s=(2\times10^5)\times(0.0011)=220\text{MPa}$

$T=f_sA_s=200\times2{,}500=550\times10^3\text{N}=550\text{kN}$

6. 공칭축방향 압축강도(P_n)

$P_n=C_c+C_s-T=3{,}388.2+750-550=3{,}588.2\text{kN}$

정답 ③

9급 2012년 서울시

41 기둥의 좌굴 안정성에 대한 설명으로 옳지 않은 것은?

① 탄성계수가 클수록 유리하다.

② 양단힌지 지지보다 양단고정 지지가 유리하다.

③ 단면2차 모멘트 값이 클수록 유리하다.

④ 좌굴길이가 길수록 유리하다.

⑤ 임계하중의 식에서 유효길이계수는 지지조건에 따라 다르다.

해설

$$P_{cr} = \frac{\pi^2 EI}{(kl_u)^2}$$

기둥의 좌굴강도(P_{cr})는 $(kl_u)^2$에 반비례하므로 기둥은 좌굴길이가 길수록 좌굴에 불리하다.

정답 ④

9급 2020년 지방직

42 편심이 없는 중심 축하중만을 받는 I형 단면을 가진 강재 기둥 설계에 대한 설명으로 옳지 않은 것은?(단, 자중 및 국부좌굴은 고려하지 않는다)

① 하중이 임계좌굴하중에 도달하면 기둥은 세장비가 가장 작은 주축에 대해 좌굴이 발생한다.

② 지점조건, 비지지길이, 단면적이 모두 일정할 때 단면의 회전반경이 증가하면 좌굴하중은 증가한다.

③ 탄성좌굴을 유발하는 평균압축응력은 세장비의 제곱에 반비례한다.

④ 좌굴응력이 비례한계보다 작은 경우, 탄성상태에서 좌굴이 발생한다.

해설

하중이 임계좌굴하중에 도달하면 기둥은 세장비가 가장 큰 주축에 대해 좌굴이 발생한다.

정답 ①

9급 2020년 지방직

43 그림과 같이 기둥의 단부 조건이 양단 힌지이며, 비지지길이가 l_u인 기둥의 좌굴하중은?(단, E는 탄성계수, I는 단면2차모멘트이며, 탄성 좌굴로 거동한다)

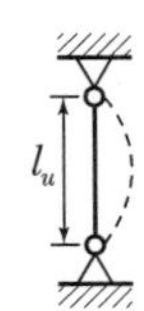

① $\dfrac{0.25\pi^2 EI}{(l_u)^2}$ ② $\dfrac{\pi^2 EI}{(l_u)^2}$

③ $\dfrac{2.04\pi^2 EI}{(l_u)^2}$ ④ $\dfrac{4\pi^2 EI}{(l_u)^2}$

해설

$$P_{cr} = \frac{\pi^2 EI}{(kl_u)^2} = \frac{\pi^2 EI}{(1\times l_u)^2} = \frac{\pi^2 EI}{(l_u)^2}$$

정답 ②

9급 2018년 국가직

44 중심축하중을 받는 길이 $L = 10\text{m}$, 직사각형 단면의 크기 $0.1\text{m}\times 0.12\text{m}$이고 양단 힌지인 기둥의 좌굴 임계하중 P_{cr}[kN]은?(단, $\pi = 3$으로 계산하며 기둥의 탄성계수 $E = 20\text{GPa}$이고, 기둥 내의 응력이 비례한도 이하이다.)

① 9 ② 18

③ 72 ④ 103.7

해설

$k = 1$(양단 힌지인 경우)

$$I_{\min} = \frac{bh^3}{12} = \frac{0.12\times 0.1^3}{12} = 10^{-5}\text{m}^4 = 10^{-5}\times(10^3)^4 = 10^7\text{mm}^4$$

$$P_{cr} = \frac{\pi^2 EI_{\min}}{(kl)^2} = \frac{3^2\times(20\times 10^3)\times 10^7}{(1\times 10\times 10^3)^2} = 18\times 10^3\text{N} = 18\text{kN}$$

정답 ②

9급 2008년 국가직

45 양단이 고정되었고 다음 그림과 같은 단면을 갖는 기둥의 오일러 좌굴하중[kN]은?(단, 기둥의 길이 $L=8\text{m}$이고 $E=2.0\times10^5\text{MPa}$이다.)

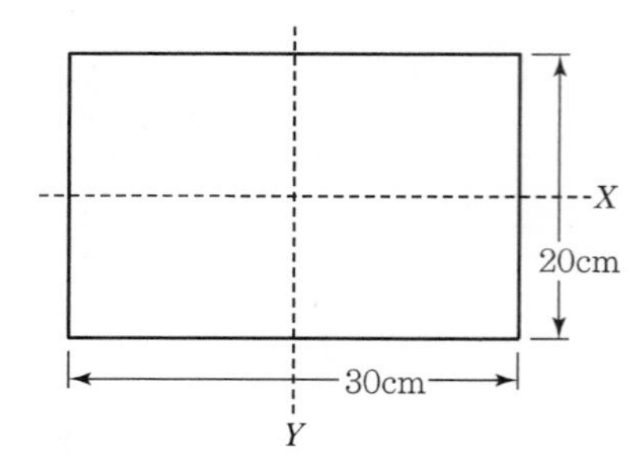

① 1,541
② 6,162
③ 12,576
④ 24,649

해설

$k=0.5$(양단고정인 경우)

$$I_{min}=\frac{bh^3}{12}=\frac{300\times200^3}{12}=2\times10^8\text{mm}^4$$

$$P_{cr}=\frac{\pi^2EI_{min}}{(kl)^2}=\frac{\pi^2\times(2\times10^5)\times(2\times10^8)}{(0.5\times8{,}000)^2}=24{,}674{,}011\text{N}=24{,}674\text{kN}$$

정답 ④

9급 2017년 지방직(2차)

46 중심축하중을 받는 길이 $L=10\text{m}$, 단면 크기 300mm×400mm인 양단고정 기둥의 오일러 좌굴하중[kN]은?(단, $\pi=3$으로 계산하며 기둥의 탄성계수 $E=20{,}000\text{MPa}$이다.)

① 5,880
② 6,080
③ 6,280
④ 6,480

해설

$k=0.5$(양단 고정인 경우)

$$I_{min}=\frac{bh^3}{12}=\frac{400\times300^3}{12}=9\times10^8\text{mm}^4$$

$$P_{cr}=\frac{\pi^2EI_{min}}{(kl)^2}=\frac{3^2\times(2\times10^4)\times(9\times10^8)}{(0.5\times10\times10^3)^2}=6{,}480\times10^3\text{N}=6{,}480\text{kN}$$

정답 ④

9급 2019년 국가직

47 유효길이 $L_e = 20\text{m}$, 직사각형 단면의 크기 $400\text{mm} \times 300\text{mm}$인 기둥이 1단 자유, 1단 고정인 경우 최소 좌굴임계하중 P_{cr}[kN]은?(단, 기둥의 탄성계수 $E = 200\text{GPa}$이다.)

① $450\pi^2$　　② 450π

③ $900\pi^2$　　④ 900π

해설

$l_e = k \cdot l = 20\text{m}$

$$I_{\min} = \frac{hb^3}{12} = \frac{400 \times 300^3}{12} = 9 \times 10^8 \text{mm}^4$$

$$P_{cr} = \frac{\pi^2 E I_{\min}}{(k \cdot l)^2} = \frac{\pi^2 \times (200 \times 10^3) \times (9 \times 10^8)}{(20 \times 10^3)^2} = 450\pi^2 \times 10^3 \text{N} = 450\pi^2 \text{kN}$$

정답 ①

9급 2019년 국가직

48 철근콘크리트 기둥 중 장주 설계에서 모멘트 확대계수를 두는 이유는?(단, 2012년도 콘크리트구조기준을 적용한다.)

① 전단력에 의한 모멘트 증가를 고려하기 위하여
② 횡방향 변위에 의한 모멘트 증가를 고려하기 위하여
③ 모멘트와 전단력의 간섭효과를 고려하기 위하여
④ 비틀림의 효과를 고려하기 위하여

해설

철근콘크리트 기둥 중 장주 설계에서 모멘트 확대계수를 두는 이유는 횡방향 변위에 의한 모멘트 증가를 고려하기 위한 것이다.

9급 2015년 국가직

49 **철근콘크리트 장주에서 기둥의 양단 사이에 횡하중이 없는 경우 상하단에 모멘트 $M_1 = 300$ kN·m, $M_2 = 400$kN·m와 계수 축력 $P_u = 3,000$kN이 작용하고 있다. 오일러 좌굴하중 $P_{cr} = 20,000$kN일 때, 모멘트 확대계수는?(단, 2012년도 콘크리트구조기준을 적용한다.)**

① $\frac{4}{3}$　　② $\frac{6}{5}$　　③ $\frac{9}{8}$　　④ $\frac{10}{9}$

해설

1. 등가휨모멘트 보정계수(C_m)

㉠ 기둥의 양단 사이에 횡방향하중이 없는 경우

$$C_m = 0.6 + 0.4\left(\frac{M_1}{M_2}\right) \geq 0.4$$

㉡ 기둥의 양단 사이에 횡하중이 없는 경우

$$C_m = 1$$

• 기둥의 양단 사이에 횡하중이 없는 경우 C_m값

$$C_m = 0.6 + 0.4\left(\frac{M_1}{M_2}\right) = 0.6 + 0.4\left(\frac{300}{400}\right) = 0.9$$

2. 모멘트 확대계수(δ_{ns})

$$\delta_{ns} = \frac{C_m}{1 - \frac{P_u}{0.75P_c}} = \frac{0.9}{1 - \frac{3,000}{0.75 \times 20,000}} = 1.125 = \frac{9}{8}$$

정답 ③

9급 2009년 지방직

50 **기둥설계에 관한 설명으로 옳지 않은 것은?**

① 기둥을 설계할 때 축력은 모든 바닥판 또는 지붕에 작용하는 사용하중으로부터 기둥에 전달된 힘으로 취하여야 하고, 최대 모멘트는 그 기둥에 인접한 바닥판 또는 지붕의 양쪽 경간에 작용하는 사용하중에 의한 전단모멘트로 취하여야 한다.

② 바닥판으로부터 기둥으로 전달되는 모든 휨모멘트는 그 바닥판 상하측 각 기둥의 상대 강성과 구속조건에 따라 상하측 각 기둥에 분배시켜야 한다.

③ 골조 또는 연속구조물을 설계할 때 내·외부 기둥의 불균형 바닥판 하중과 기타 편심하중에 의한 영향을 고려하여야 한다.

④ 연직하중으로 인한 기둥의 휨모멘트를 계산할 때 구조물과 일체로 된 기둥의 먼 단부는 고정되어 있다고 가정할 수 있다.

기둥을 설계할 때 축력은 모든 바닥판 또는 지붕에 작용하는 계수하중으로부터 기둥에 전달된 힘으로 취하여야 하고, 최대 모멘트는 그 기둥에 인접한 바닥판 또는 지붕의 한 쪽 경간에 작용하는 계수하중에 의한 휨모멘트로 취하여야 한다.

정답 ①

9급 2018년 지방직

51 **2축 휨을 받는 압축부재에 대한 설계개념으로 옳지 않은 것은?(단, 설계코드(KDS : 2016)와 2012년도 콘크리트구조기준을 적용한다.)**

① 광범위한 연구 및 실험에 의해 적용성이 입증된 근사해법에 의하여 설계할 수도 있다.

② 2축 휨을 받는 압축부재의 설계에 있어서, 원칙적으로 계수축력과 두 축에 대한 휨모멘트의 계수합휨모멘트를 구한 후 축력과 휨모멘트의 평형조건과 변형률의 적합조건을 이용하여 압축부재를 설계한다.

③ 압축부재 단면의 편심거리는 소성 중심부터 축력 작용점까지 거리로 취하여야 한다.

④ 두 축방향의 횡하중, 인접 경간의 하중 불균형 등으로 인하여 압축부재에 2축 휨모멘트가 작용되는 경우에는 1축 휨을 받는 압축부재로 설계하여야 한다.

해설

두 방향의 횡하중, 인접 경간의 하중 불균형 등으로 인하여 압축부재에 2축 휨모멘트가 작용되는 경우에는 2축 휨을 받는 압축부재로 설계하여야 한다.

정답 ④

9급 2011년 지방직

52 **RC 기둥에 대한 설명으로 옳지 않은 것은?**

① 기둥의 횡방향 철근에는 나선철근과 띠철근이 있다.

② 기둥의 세장비가 클수록 지진 시 전단파괴가 발생하기 쉽다.

③ 기둥의 좌굴하중은 경계조건의 영향을 받는다.

④ 축방향철근의 순간격은 축방향철근 지름의 1.5배 이상이어야 한다.

해설

기둥의 세장비가 작을수록 지진 시 전단파괴가 발생하기 쉽다.

정답 ②

Chapter

08

슬래브

Contents

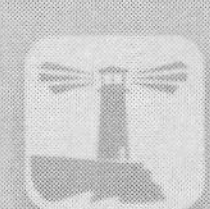

01 서론

1. 슬래브의 정의

콘크리트 구조물의 바닥이나 천장처럼 두께에 비하여 폭이 넓은 판모양의 구조물을 슬래브라고 한다.

2. 슬래브의 종류

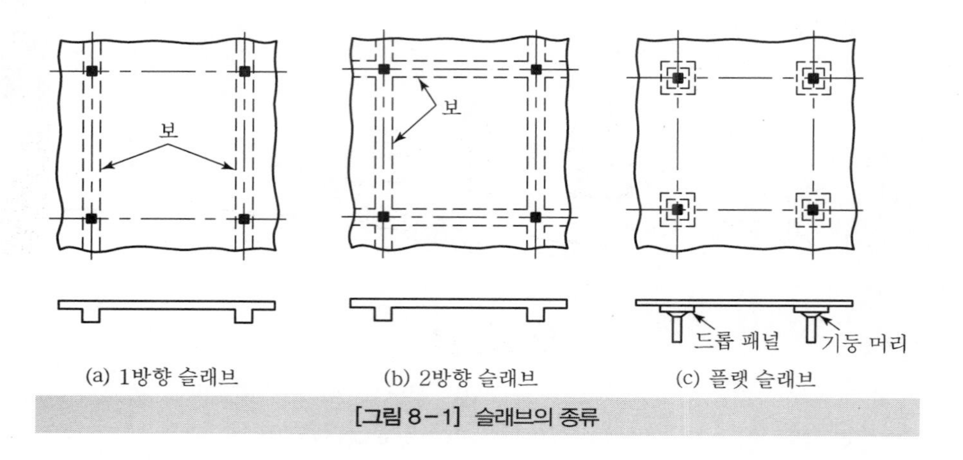

[그림 8-1] 슬래브의 종류

(1) 1방향 슬래브(One-way Slab)

① 긴 변 길이(L)가 짧은 변 길이(S)의 2배 초과하는 슬래브를 1방향 슬래브라고 한다.

$$\left(\frac{L}{S} > 2\right)$$

② 주철근을 짧은 변 방향으로만 배치하여 [그림 8-1]의 (a)와 같이 마주보는 두 변에 의하여 지지되는 슬래브를 1방향 슬래브라고 한다.

(2) 2방향 슬래브(Two-way Slab)

① 긴 변 길이(L)가 짧은 변 길이(S)의 2배 이하인 슬래브를 2방향 슬래브라고 한다.

$$\left(\frac{L}{S} \leq 2\right)$$

② 주철근을 짧은 변과 긴 변 방향으로 모두 배치하여 [그림 8-1]의 (b)와 같이 네 변에 의하여 지지되는 슬래브를 2방향 슬래브라고 한다.

(3) 플랫 슬래브(Flat Slab)

① [그림 8－1]의 (c)와 같이 보 없이 기둥만으로 지지된 슬래브를 플랫 슬래브라고 한다.
② 기둥 둘레의 전단력과 부모멘트를 감소시키기 위하여 드롭패널(Drop Pannel)과 기둥머리(Column Capital)를 둔다.

(4) 평판 슬래브(Flat Plate Slab)

① 드롭패널과 기둥머리 없이 순수하게 기둥만으로 지지된 슬래브를 평판 슬래브라고 한다.
② 하중이 크지 않거나 지간이 짧은 경우에 사용된다.

3. 슬래브의 설계방법과 설계경간

(1) 슬래브의 설계

슬래브의 설계는 판이론에 의하여 설계하는 것이 원칙이지만, 너무 복잡하기 때문에 근사해법에 의하여 설계하는 것이 보통이다.

(2) 1방향 슬래브

짧은 변의 길이를 설계 경간으로 간주하고, 긴 변은 단위폭을 취하여 폭이 1m인 직사각형 단면보로 설계한다.

(3) 2방향 슬래브

강도설계법에서는 직접설계법 또는 등가뼈대법으로 설계하도록 하고 있다.

(4) 슬래브의 경간

1) 단순 교량

받침부의 중심간 거리를 경간으로 한다.

2) 단순지지 슬래브

받침부와 일체로 되어 있지 않은 슬래브에서 순경간에 슬래브 중앙의 두께를 더한 것을 경간으로 한다. 단, 그 값이 받침부의 중심간 거리를 넘어서는 안 된다.

3) 연속 슬래브

받침부의 중심간 거리를 경간으로 하지만, 단면설계에 있어서 순경간 내면의 휨모멘트를 사용한다.

4) 짧은 경간의 연속 슬래브

지지보와 일체로 된 3m 이하의 순경간을 갖는 슬래브에서 순경간을 경간으로 한다.

02 1방향 슬래브

1. 1방향 연속 슬래브에서 근사해법을 적용할 수 있는 경우

① 활하중이 고정하중의 3배를 초과하지 않는 경우
② 등분포하중이 작용하는 경우
③ 2경간 이상인 경우
④ 인접 2경간의 차이가 짧은 경간의 20% 이하인 경우
⑤ 부재의 단면 크기가 일정한 경우

2. 휨모멘트

(1) 모멘트계수

[표 8-1] 모멘트계수

<table>
<tr><th colspan="4">$M_u = C \cdot w_u \cdot l_n^{\,2}$</th></tr>
<tr><th colspan="3">모멘트를 구하는 위치 및 조건</th><th>C</th></tr>
<tr><td rowspan="3">경간내부
(정모멘트)</td><td rowspan="2">최외측 경간</td><td>불연속 단부가 구속되어 있지 않은 경우</td><td>1/11</td></tr>
<tr><td>불연속 단부가 받침부와 일체로 된 경우</td><td>1/14</td></tr>
<tr><td colspan="2">내부 경간</td><td>1/16</td></tr>
<tr><td rowspan="6">지점부
(부모멘트)</td><td rowspan="2">최외측 지점</td><td>받침부가 테두리보나 구형인 경우</td><td>−1/24</td></tr>
<tr><td>받침부가 기둥인 경우</td><td>−1/16</td></tr>
<tr><td rowspan="2">첫 번째 내부 지점 외측 경간부</td><td>2개의 경간일 때</td><td>−1/9</td></tr>
<tr><td>3개 이상의 경간일 때</td><td>−1/10</td></tr>
<tr><td colspan="2">내측 지점(첫 번째 내부 지점 내측 경간부 포함)</td><td>−1/11</td></tr>
<tr><td colspan="2">경간이 3m 이하인 슬래브의 내측 지점</td><td>−1/12</td></tr>
</table>

(l_n : 부재의 순경간)

(2) 계산된 모멘트 값의 수정

① 활하중에 의한 경간 중앙의 부모멘트는 산정된 값의 1/2만 취한다.
② 경간 중앙의 정모멘트는 양단고정으로 보고 계산한 값 이상으로 취해야 한다.
③ 순경간이 3.0m를 초과하는 경우의 순경간 내면의 모멘트는 순경간을 경간으로 하여 계산한 고정단 휨모멘트 이상으로 적용해야 한다.

(3) 연속 휨부재의 모멘트 재분배

① 근사해법에 의해 휨모멘트를 계산한 경우를 제외하고, 어떠한 가정의 하중을 적용하여 탄성이론에 의하여 산정한 연속 휨부재 받침부의 부모멘트는 20% 이내에서 $1{,}000\varepsilon_t\%$ 만큼 증가 또

는 감소시킬 수 있다.

② 경간 내의 단면에 대한 휨모멘트의 계산은 수정된 부모멘트를 사용하여야 하며, 휨모멘트 재분배 이후에도 정적 평형은 유지되어야 한다.

③ 휨모멘트의 재분배는 휨모멘트를 감소시킬 단면에서 최외단 이장철근의 순인장변형률 ε_t가 0.0075 이상인 경우에만 가능하다.

3. 전단력

(1) 전단력 계수

① 첫 번째 내부 받침부 외측면의 전단력 $1.15\dfrac{w_u l_n}{2}$

② 그 밖의 받침부의 전단력 $\dfrac{w_u l_n}{2}$

(2) 전단에 대한 위험단면

1방향 슬래브와 보의 전단에 대한 위험단면의 위치는 지점으로부터 유효깊이 d 만큼 떨어진 곳이다.

4. 1방향 슬래브의 구조 세목

(1) 슬래브의 두께

① 슬래브의 두께는 100mm 이상이어야 한다.

② 1방향 슬래브의 최소 두께 규정은 [표 6－4]와 같다.

(2) 정철근 및 부철근의 중심간격

① 최대 휨모멘트가 발생하는 단면에서 슬래브두께의 2배 이하, 300mm 이하라야 한다.

② 그 밖의 단면에서 슬래브두께의 3배 이하, 450mm 이하라야 한다.

(3) 수축 및 온도철근

1) 슬래브에서 휨철근이 1방향으로만 배치되는 경우, 이 철근에 직각 방향으로 수축, 온도 철근을 배치하여야 한다.

2) 수축 및 온도철근의 간격은 슬래브두께의 5배 이하, 450mm 이하라야 한다.

3) 수축 및 온도철근의 콘크리트 총 단면적에 대한 철근비는 다음 값 이상이어야 하며, 또한, 어느 경우에도 그 값이 0.0014보다 작아서는 안 된다.

① $f_y \le 400$MPa인 이형철근을 사용한 슬래브 ······ 0.002

② $f_y > 400$MPa인 이형철근 또는 용접철망을 사용한 슬래브 ······ $0.002 \times \dfrac{400}{f_y}$

그러나 위의 철근비에 콘크리트의 총 단면적을 곱하여 계산한 수축 및 온도철근의 단면적을 단위 폭 m당 1,800mm²보다 크게 취할 필요는 없다.

03 2방향 슬래브

1. 2방향 슬래브에서 직접설계법을 적용할 수 있는 제한 조건

① 슬래브 판들은 단변 경간에 대한 장변 경간의 비가 2 이하인 직사각형이어야 한다.
② 활하중은 고정하중의 2배 이하이어야 한다.
③ 모든 하중은 연직하중으로서 슬래브판 전체에 등분포되는 것으로 간주한다.
④ 각 방향으로 3경간 이상이 연속되어야 한다.
⑤ 각 방향으로 연속한 받침부 중심 간 경간 길이의 차이는 긴 경간의 $\frac{1}{3}$ 이하이어야 한다.
⑥ 연속한 기둥 중심선으로부터 기둥의 이탈은 이탈 방향 경간의 최대 10%까지 허용한다.
⑦ 모든 변에서 보가 슬래브를 지지할 경우 직교하는 두 방향에서 보의 상대강성은 0.2 이상 5.0 이하라야 한다.

2. 하중분배

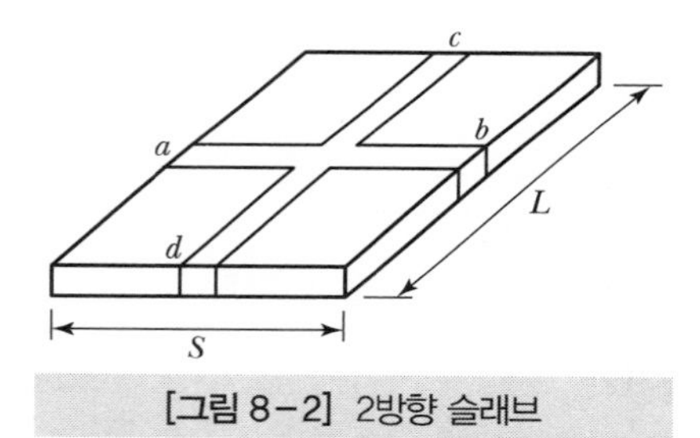

[그림 8-2] 2방향 슬래브

(1) 집중하중(P)이 작용하는 경우

1) 짧은 변(ab대)이 부담하는 하중(P_s)

$$P_S = \frac{L^3}{L^3 + S^3} P \quad \cdots\cdots (8.1)$$

2) 긴 변(cd대)이 부담하는 하중(P_L)

$$P_L = \frac{S^3}{L^3 + S^3} P \quad \cdots\cdots (8.2)$$

(2) 등분포하중(ω)이 작용하는 경우

1) 짧은 변(ab대)이 부담하는 하중(ω_S)

$$\omega_S = \frac{L^4}{L^4 + S^4}\omega \quad \cdots\cdots (8.3)$$

2) 긴 변(cd대)이 부담하는 하중(ω_L)

$$\omega_L = \frac{S^4}{L^4 + S^4}\omega \quad \cdots\cdots (8.4)$$

3. 지지보가 받는 하중

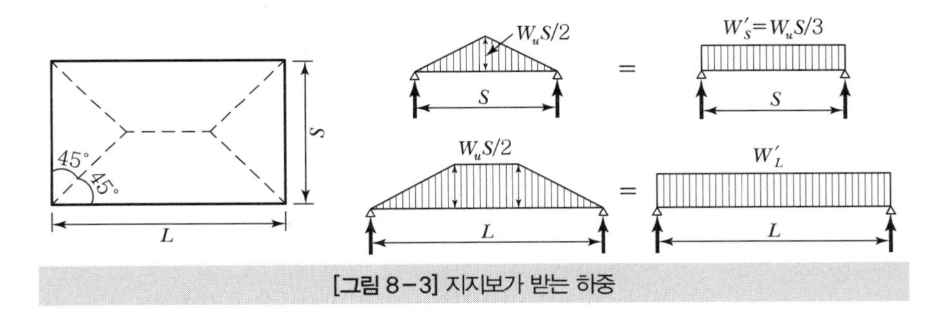

[그림 8-3] 지지보가 받는 하중

(1) 지지보가 받는 하중의 가정방법

2방향 직사각형 슬래브의 지지보에 작용하는 등분포하중은 네 모서리에서 변과 45°의 각을 이루는 선과 슬래브의 장변에 평행한 중심선의 교차점으로 둘러싸인 삼각형 또는 사다리꼴의 분포하중을 받는 것으로 본다.

(2) 지지보가 받는 환산 등분포하중

1) 단경간(S)이 받는 환산 등분포하중($\omega_S{}'$)

$$\omega_S{}' = \frac{\omega_u S}{3} \quad \cdots\cdots (8.5)$$

2) 장경간(L)이 받는 환산 등분포하중($W_L{}'$)

$$\omega_L{}' = \frac{\omega_u S}{3}\left(\frac{3-m^2}{2}\right) \quad \cdots\cdots (8.6)$$

여기서, $m = \dfrac{S}{L}$

4. 2방향 슬래브의 설계에 관한 기타 사항

(1) 내부 경간에서 전체 정적 계수휨모멘트의 분배

① 정계수모멘트 : $0.35M_0$(35% 분배)

② 부계수모멘트 : $0.65M_0$(65% 분배)

여기서, M_0 : 전체 정적 계수휨모멘트

(2) 전단에 대한 위험단면

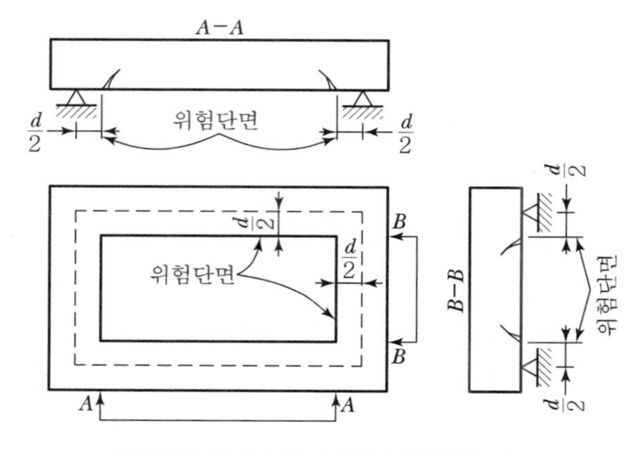

(a) 2방향 슬래브의 전단에 대한 위험단면

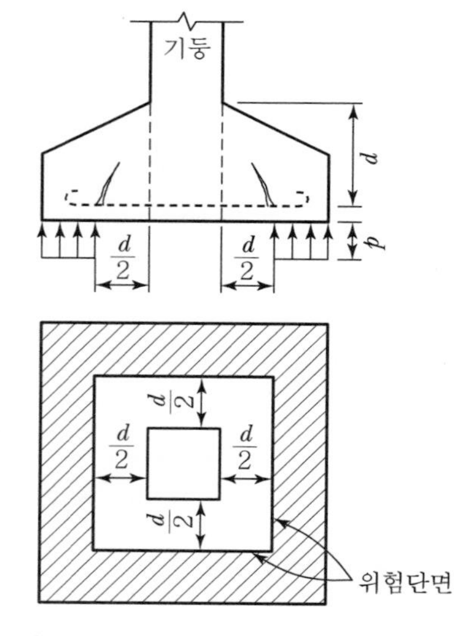

(b) 확대기초의 전단에 대한 위험단면

[그림 8−4] 2방향 슬래브와 확대기초의 전단에 대한 위험단면

① 2방향 슬래브 또는 확대기초의 전단파괴 유형은 펀칭(Punching) 전단파괴이다.
② 2방향 슬래브의 전단에 대한 위험단면의 위치와 2방향 확대기초의 전단에 대한 위험단면의 위치는 지점으로부터 $\frac{d}{2}$만큼 떨어진 곳이다.

5. 2방향 슬래브의 구조세목

① 주철근의 배치는 단경간 방향의 철근을 장경간 방향의 철근보다 슬래브 표면에 가깝게 배치한다.
② 주철근의 간격은 위험단면에서 슬래브두께의 2배 이하, 300mm 이하라야 한다.
③ 슬래브의 모서리 부분을 보강하기 위하여 장경간의 $\frac{1}{5}$ 되는 모서리 부분을 상면에는 대각선 방향으로, 하면에는 대각선에 직각방향으로 철근을 배치하거나 양변에 평행한 2방향 철근을 상하면에 배치한다.

Item pool

예상문제 및 기출문제

9급 2008년 국가직

01 단변장 S 장변장 L인 2방향 슬래브의 지간비는?

① $0.5 < \frac{L}{S} \leq 1$

② $\frac{L}{S} \geq 2$

③ $1 \leq \frac{L}{S} \leq 2$

④ $0.5 < \frac{S}{L} < 1$

해설

슬래브의 종류

㉠ 2방향 슬래브 : $1 \leq \frac{L}{S} \leq 2 \quad (S \leq L)$

㉡ 1방향 슬래브 : $2 < \frac{L}{S} \quad (S \leq L)$

정답 ③

9급 2010년 서울시

02 슬래브의 종류에 대해서 설명한 것으로 옳지 않은 것은?

① 1방향 슬래브는 주철근을 1방향으로 배치한 슬래브로 마주 보는 두 변에 의하여 지지되는 슬래브이다.

② 2방향 슬래브는 주철근을 2방향으로 배치한 슬래브로 네 변에 의하여 지지되며 서로 평행한 방향으로 주철근을 배치한다.

③ 플랫 슬래브는 보 없이 기둥만으로 지지된 슬래브이다.

④ 평판 슬래브는 지판과 기둥머리가 없다.

⑤ 슬래브는 지지조건에 따라 단순슬래브, 고정슬래브, 연속슬래브 등으로 분류할 수 있다.

해설

2방향 슬래브는 주철근을 2방향으로 배치한 슬래브로 네 변에 의하여 지지되며 서로 직교하는 방향으로 주철근을 배치한다.

정답 ②

9급 2011년 서울시

03 **단변에 대한 장변의 비가 2 이상인 경우에는 1방향 슬래브로 설계하는데, 그 이유로 옳은 것은?**

① 슬래브의 두께를 줄일 수 있기 때문
② 철근량을 줄일 수 있기 때문
③ 구조계산이 다소 복잡하여도 해석의 신뢰성이 높기 때문
④ 수평하중에 대한 저항성을 보다 더 신뢰성 있게 확보할 수 있기 때문
⑤ 하중의 대부분이 단변방향으로 작용하기 때문

해설

슬래브에서 단변에 대한 장변의 비가 2 이상인 경우에는 하중의 대부분이 단변방향으로 작용하기 때문에 1방향 슬래브로 설계한다.

정답 ⑤

9급 2017년 지방직(2차)

04 **다음 1방향 슬래브에 관한 설명으로 옳지 않은 것은?(단, 2012년도 콘크리트구조기준을 적용한다.)**

① 1방향 슬래브는 마주 보는 두 변에만 지지되는 슬래브를 말한다.
② 4변 지지되는 2방향 슬래브 중에서 단변에 대한 장변의 길이의 비가 1.5를 넘으면 1방향 슬래브로 해석한다.
③ 1방향 슬래브의 두께는 최소 100mm 이상으로 하여야 한다.
④ 정모멘트 철근 및 부모멘트 철근에 직각 방향으로 수축·온도철근을 배치하여야 한다.

해설

4변 지지되는 슬래브 중에서 단변에 대한 장변의 길이의 비가 2를 넘으면 1방향 슬래브로 해석한다.

정답 ②

9급 2010년 서울시

05 **연속보나 1방향 슬래브의 모멘트 계산에서 근사해법을 적용하기 위한 조건에 해당하지 않는 것은?**

① 2경간 이상인 경우
② 인접 2경간의 차이가 짧은 경간의 20% 이하인 경우
③ 활하중이 고정하중의 3배를 초과하는 경우
④ 등분포 하중이 작용하는 경우
⑤ 부재의 단면 크기가 일정한 경우

해설

활하중이 고정하중의 3배를 초과하지 않는 경우

정답 ③

9급 2017년 지방직(1차)

06 **연속보 또는 1방향 슬래브는 구조해석을 정확하게 하는 대신 콘크리트구조기준(2012)에 따라 근사해법을 적용하여 약산할 수 있다. 근사해법을 적용하기 위한 조건으로 옳지 않은 것은?**

① 활하중이 고정하중의 3배를 초과하지 않는 경우

② 부재의 단면이 일정하고, 2경간 이상인 경우

③ 인접 2경간의 차이가 짧은 경간의 30% 이하인 경우

④ 등분포 하중이 작용하는 경우

해설

서로 이웃한 경간이 20% 이상 차이가 나지 않는 경우

정답 ③

9급 2009년 국가직

07 **연속보 또는 1방향 슬래브가 2경간 이상, 인접 2경간의 차이가 짧은 경간의 20% 이하, 등분포하중 작용, 활하중이 고정하중의 3배를 초과하지 않고, 부재의 단면이 일정하다는 조건으로 휨모멘트를 근사식으로 구하고자 한다. 다음 중 옳지 않은 것은?(단, w_u : 등분포하중, l_n : 지간)**

① 정모멘트에서 불연속 단부가 구속되지 않은 경우의 최외측 경간 값 : $w_u \cdot l_n^2/11$

② 정모멘트에서 불연속 단부가 받침부와 일체로 된 경우의 최외측 경간 값 : $w_u \cdot l_n^2/14$

③ 부모멘트에서 2개의 경간일 때 첫 번째 내부 받침부 외측면에서의 값 : $w_u \cdot l_n^2/9$

④ 부모멘트에서 3개 이상의 경간일 때 첫 번째 내부 받침부 외측면에서의 값 : $w_u \cdot l_n^2/16$

해설

부모멘트에서 3개 이상의 경간일 때 첫 번째 내부 받침부 외측면에서의 값 : $-w_u l_n^2/10$

정답 ④

9급 2015년 국가직

08 **1방향 연속슬래브에 등분포 계수하중 w_u = 24kN/m가 작용하고 최외측 경간 길이 l_n = 5m이다. 받침부가 테두리 보로 되어 있을 때, 받침부와 일체로 된 최외단 받침부 내면의 단위 폭당 발생하는 부모멘트 [kN·m]는?(단, 2012년도 콘크리트 구조기준을 적용한다.)**

① 25 ② 37.5

③ 42.8 ④ 54.5

해설

받침부가 테두리 보로 되어 있을 때, 받침부와 일체로 된 최외단 받침부 내면의 단위 폭당 발생하는 부모멘트는 $\frac{w_u {l_n}^2}{24}$ 이다.

$$M = -\frac{w_u {l_n}^2}{24} = -\frac{24 \times 5^2}{24} = -25\text{kN}\cdot\text{m}$$

정답 ①

9급 2009년 지방직

09 **1방향 슬래브의 설계에 대한 설명 중 옳지 않은 것은?**

① 경간 중앙의 정모멘트는 양단 고정으로 보고 계산한 값 이상으로 취하여야 한다.

② 슬래브의 두께는 최소 100mm 이상으로 하여야 한다.

③ 순경간이 3.0m를 초과할 때 순경간 내면의 휨모멘트는 설계모멘트로 사용할 수 없다.

④ 활하중에 의한 경간 중앙의 부모멘트는 산정된 값의 1/2만 취할 수 있다.

해설

1방향 연속 슬래브에서 근사해법을 적용하여 계산된 휨모멘트 값의 수정

㉠ 활하중에 의한 경간 중앙의 부모멘트는 산정된 값의 1/2만 취한다.

㉡ 경간 중앙의 정모멘트는 양단고정으로 보고 계산한 값 이상으로 취해야 한다.

㉢ 순경간이 3.0m를 초과하는 경우의 순경간 내면의 모멘트는 순경간을 경간으로 하여 계산한 고정단 휨모멘트 이상으로 적용해야 한다.

정답 ③

9급 2017년 서울시

10 1방향 슬래브에 대한 다음 설명 중 가장 옳지 않은 것은?(단, 「콘크리트구조기준(2012)」을 적용한다.)

① 4변에 의해 지지되는 2방향 슬래브 중 장변의 길이가 단변의 길이의 2배를 넘으면 1방향 슬래브로 해석한다.

② 철근콘크리트 보와 일체로 만든 연속 슬래브에서 경간 중앙의 정모멘트는 양단 고정보로 보고 계산한 값 이하이어야 한다.

③ 철근콘크리트 보와 일체로 만든 연속 슬래브에서 활하중에 의한 경간 중앙의 부모멘트는 산정된 값의 1/2만 취할 수 있다.

④ 철근콘크리트 보와 일체로 만든 연속 슬래브에서 순경간이 3.0m를 초과할 때는 순경간 내면의 휨모멘트를 사용할 수 있다.

해설

철근콘크리트 보와 일체로 만든 연속 슬래브에서 경간 중앙의 정모멘트는 양단 고정보로 보고 계산한 값 이상으로 취해야 한다.

정답 ②

9급 2012년 서울시

11 일정한 두께의 1방향 슬래브에서 전단에 대한 위험 단면은?

① 지점

② 최대 모멘트가 작용하는 단면

③ 지점에서 유효깊이 d 만큼 떨어진 단면

④ 지점에서 $\frac{d}{2}$ 만큼 떨어진 단면

⑤ 슬래브의 중앙점

해설

슬래브에서 전단에 대한 위험단면의 위치

㉠ 1방향 슬래브 : 지점에서 유효깊이 d만큼 떨어진 곳

㉡ 2방향 슬래브 : 지점에서 유효깊이 $\frac{d}{2}$만큼 떨어진 곳

정답 ③

9급 2009년 서울시

12 **구조설계기준에서 1방향 슬래브의 최소 두께는 100mm를 넘어야 하는데, 이렇게 규정한 주된 이유는 무엇인가?**

① 철근과 콘크리트가 일체가 되어 외력에 저항하는 강성이 높은 구조물로 만들기 위해
② 테두리 보의 상대적 처짐에 의해 발생하는 휨모멘트와 전단에 대한 저항력을 높이려고
③ 장변방향과 직교하는 부분의 슬래브에 발생하는 부모멘트에 의한 균열을 방지하려고
④ 두께가 너무 얇으면 과도한 처짐으로 인해 균열이 발생하고 사용성에 문제가 생기므로
⑤ 인접 압축부재에 발생할 수 있는 횡방향 상대변위를 방지하여 높은 강성을 유지하려고

해설

슬래브의 두께가 너무 얇으면 과도한 처짐으로 인해 균열이 발생하여 사용성에 문제가 생기고, 완전하게 시공하기 어려우며, 슬래브의 강도에 큰 영향을 미치므로 슬래브의 최소두께는 100mm를 넘어야 한다.

정답 ④

9급 2009년 서울시

13 **1방향 슬래브의 정철근 및 부철근의 중심 간격은 위험 단면에서 슬래브 두께의 몇 배 이하 또는 몇 mm 이하로 하는가?**

① 2배 이하, 300mm 이하
② 2배 이하, 400mm 이하
③ 3배 이하, 300mm 이하
④ 3배 이하, 400mm 이하
⑤ 3배 이하, 500mm 이하

해설

1방향 슬래브에서 정철근 및 부철근의 중심간격
㉠ 최대 휨모멘트가 생기는 단면의 경우 : 슬래브 두께의 2배 이하, 300mm 이하
㉡ 기타 단면의 경우 : 슬래브 두께의 3배 이하, 450mm 이하

정답 ①

9급 2013년 국가직

14 1방향 슬래브에 대한 설명으로 옳지 않은 것은?

① 수축 · 온도철근의 간격은 슬래브 두께의 3배 이하, 450mm 이하로 한다.

② 슬래브 두께는 지지조건과 경간에 따라 다르나 100mm 이상이어야 한다.

③ 최대 휨모멘트가 일어나는 위험단면에서 주철근 간격은 슬래브 두께의 2배 이하, 300mm 이하로 한다.

④ 슬래브 두께는 과다한 처짐이 발생하지 않을 정도의 두께가 되어야 한다.

해설

수축 · 온도 철근의 간격은 슬래브 두께의 5배 이하, 450mm 이하로 한다.

정답 ①

9급 2012년 국가직

15 다음 중 1방향 슬래브의 설계기준으로 옳지 않은 것은?

① 건조수축과 온도변화에 따른 균열의 방지를 위해 정철근 및 부철근의 직각방향으로 배력철근을 배치하여야 한다.

② 위험단면에서 슬래브의 정철근 및 부철근의 중심간격은 슬래브 두께의 3배 이하, 400mm 이하로 하여야 한다.

③ 건조수축 및 온도철근의 콘크리트 총 단면적에 대한 철근비는 0.0014 이상이어야 한다.

④ 배력철근의 간격은 슬래브 두께의 5배 이하, 450mm 이하이어야 한다.

해설

1방향 슬래브에서 정철근 및 부철근의 중심간격

㉠ 최대 휨모멘트가 생기는 단면의 경우 : 슬래브 두께의 2배 이하, 300mm 이하

㉡ 기타 단면의 경우 : 슬래브 두께의 3배 이하, 450mm 이하

정답 ②

9급 2012년 지방직

16 슬래브의 설계방법에 대한 설명으로 옳지 않은 것은?

① 2방향 슬래브는 직접설계법 또는 등가골조법에 의해 설계할 수 있다.

② 4변에 의해 지지되는 2방향 슬래브 중에서 단변에 대한 장변의 비가 2배를 넘으면 1방향 슬래브로 해석한다.

③ 1방향 슬래브는 슬래브의 지간방향으로 주철근을 배치한다.

④ 1방향 슬래브의 부모멘트 철근에는 직각방향으로 수축 · 온도 철근을 배치할 필요가 없다.

해설

1방향 슬래브에서는 정철근 및 부철근에 직각방향으로 수축 · 온도 철근을 배치해야 한다.

정답 ④

9급 2018년 서울시(1차)

17 슬래브 설계기준에 관한 설명으로 가장 옳지 않은 것은?

① 2방향 슬래브의 위험단면에서 주철근의 간격은 슬래브 두께의 2배 이하이어야 하고, 또한 300mm 이하이어야 한다.

② 슬래브에서 주철근이 1방향으로만 배치되는 경우에는 주철근에 평행하게 건조수축철근과 온도철근을 배치해야 한다.

③ 1방향 슬래브는 최대 휨모멘트가 일어나는 단면에서 정철근과 부철근의 중심 간격이 슬래브 두께의 2배 이하이어야 하고, 또한 300mm 이하이어야 한다.

④ 슬래브가 네 변에서 지지되고 짧은 변에 대한 긴 변의 비가 2보다 작을 때 2방향 슬래브라고 한다.

해설

슬래브에서 주철근이 1방향으로만 배치되는 경우에는 주철근에 직각으로 건조수축철근과 온도철근을 배치해야 한다.

정답 ②

9급 2019년 국가직

18 슬래브 설계에 대한 설명으로 옳지 않은 것은?(단, 2012년도 콘크리트구조기준을 적용한다.)

① 4변에 의해 지지되는 2방향 슬래브 중에서 단변에 대한 장변의 비가 2배를 넘으면 1방향 슬래브로 해석한다.

② 철근콘크리트 보와 일체로 만든 연속 슬래브의 휨모멘트 및 전단력을 구하기 위하여, 단순받침부 위에 놓인 연속보로 가정하여 탄성해석 또는 근사적인 계산방법을 사용할 수 있다.

③ 1방향 슬래브의 두께는 최소 100mm 이상으로 하여야 한다.

④ 1방향 슬래브에서는 정모멘트 철근 및 부모멘트 철근에 평행한 방향으로 수축 · 온도철근을 배치하여야 한다.

해설

1방향 슬래브에서 정모멘트 철근 및 부모멘트 철근에 직각 방향으로 수축 · 온도철근을 배치하여야 한다.

정답 ④

9급 2018년 서울시(2차)

19 철근콘크리트 슬래브에 대한 설명으로 가장 옳지 않은 것은?

① 4변에 의해 지지되는 2방향 슬래브 중에서 단변에 대한 장변의 비가 2배를 넘으면 1방향 슬래브로 해석한다.

② 슬래브 끝의 단순받침부에서도 내민슬래브에 의하여 부모멘트가 일어나는 경우에는 이에 상응하는 철근을 배치하여야 한다.

③ 슬래브의 단변방향 보의 상부에 부모멘트로 인해 발생하는 균열을 방지하기 위하여 슬래브의 단변방향으로 슬래브 상부에 철근을 배치하여야 한다.

④ 1방향 슬래브에서는 정모멘트 철근 및 부모멘트 철근에 직각방향으로 수축 · 온도철근을 배치하여야 한다.

해설

슬래브의 단변방향 보의 상부에 부모멘트로 인해 발생하는 균열을 방지하기 위하여 슬래브의 장변 방향으로 슬래브 상부에 철근을 배치하여야 한다.

정답 ③

9급 2015년 국가직

20 1방향 슬래브에 대한 설명으로 옳지 않은 것은?(단, 2012년도 콘크리트구조기준을 적용한다.)

① 슬래브의 단변방향 보의 상부에 부모멘트로 인해 발생하는 균열을 방지하기 위하여 슬래브의 단변방향으로 슬래브 상부에 철근을 배치하여야 한다.

② 슬래브 끝의 단순받침부에서도 내민슬래브에 의하여 부모멘트가 일어나는 경우에는 이에 상응하는 철근을 배치하여야 한다.

③ 슬래브의 정모멘트 철근 및 부모멘트 철근의 중심 간격은 위험단면을 제외한 기타 단면에서는 슬래브 두께의 3배 이하이어야 하고, 또한 450mm 이하로 하여야 한다.

④ 처짐을 계산하지 않기 위한 단순지지된 1방향 슬래브의 두께는 $l/20$ 이상이어야 하며, 최소 100mm 이상으로 하여야 한다.

해설

1방향 슬래브의 단변방향 보의 상부에 부모멘트로 인해 발생하는 균열을 방지하기 위하여 슬래브의 장변방향으로 슬래브 상부에 철근을 배치하여야 한다.

정답 ①

9급 2016년 지방직

21 1방향 철근콘크리트 슬래브의 수축 · 온도 철근에 대한 설명으로 옳지 않은 것은?(단, 2012년도 콘크리트구조기준을 적용한다.)

① 휨철근에 평행하게 배치하여야 한다.

② 어떤 경우에도 철근비는 0.0014 이상이어야 한다.

③ 설계기준 항복강도 f_y를 발휘할 수 있도록 정착되어야 한다.

④ 간격은 슬래브 두께의 5배 이하, 또한 450mm 이하로 하여야 한다.

해설

철근콘크리트 1방향 슬래브에서 수축 · 온도 철근은 휨철근에 직각방향으로 배치하여야 한다.

정답 ①

9급 2020년 국가직

22 **1방향 철근콘크리트 슬래브의 수축·온도철근에 대한 설명으로 옳지 않은 것은?(단, KDS 14 20 50을 따른다)**

① 수축·온도철근으로 배치되는 이형철근의 철근비는 어떠한 경우에도 0.0014 이상이어야 한다.

② 수축·온도철근의 간격은 슬래브 두께의 5배 이하, 또한 450mm 이하로 하여야 한다.

③ 설계기준항복강도 f_y가 400MPa 이하인 이형철근을 사용한 슬래브의 수축·온도철근의 철근비는 $0.002\times\frac{200}{f_y}$ 이상이어야 한다.

④ 수축·온도철근은 설계기준항복강도 f_y를 발휘할 수 있도록 정착되어야 한다.

해설

1방향 철근콘크리트 슬래브의 수축·온도철근의 철근비는 다음 값 이상이어야 하며, 또한 어느 경우에도 그 값이 0.0014보다 작아서는 안 된다.

㉠ $f_y \leq$ 400MPa인 이형철근을 사용한 슬래브 − 0.002

㉡ $f_y >$ 400MPa인 이형철근을 사용한 슬래브 − $0.002\times\frac{400}{f_y}$

정답 ③

9급 2016년 서울시

23 **콘크리트구조기준(2012)에서 규정된 슬래브에 대한 설명 중 옳은 것을 모두 고르면?**

㉠ 1방향 슬래브에서는 정모멘트 철근 및 부모멘트 철근에 직각방향으로 수축·온도철근을 배치하여야 한다.
㉡ 슬래브의 단변방향 보의 상부에 부모멘트로 인해 발생하는 균열을 방지하기 위하여 슬래브의 장변방향으로 슬래브 상부에 철근을 배치하여야 한다.
㉢ 이형철근 및 용접철망의 수축·온도철근비는 어떤 경우에도 0.0014 이상이어야 한다.
㉣ 활하중에 의한 경간 중앙의 부모멘트는 산정된 값의 $\frac{1}{4}$만 취할 수 있다.
㉤ 2방향 슬래브의 최소 두께는 지판이 없을 때는 100mm 이상, 지판이 있을 때는 120mm 이상이다.

① ㉠, ㉡, ㉢
② ㉠, ㉡, ㉤
③ ㉡, ㉢, ㉣
④ ㉢, ㉣, ㉤

해설

㉣ 활하중에 의한 경간 중앙의 부모멘트는 산정된 값의 $\frac{1}{2}$만 취할 수 있다.

㉤ 2방향 슬래브의 최소 두께는 지판이 없을 때는 120mm 이상, 지판이 있을 때는 100mm 이상이다.

정답 ①

9급 2019년 지방직

24 **KDS(2016) 설계기준에서 제시된 근사해법을 적용하여 1방향 슬래브를 설계할 때 그 순서를 바르게 나열한 것은?**

ㄱ. 슬래브의 두께를 결정한다.
ㄴ. 단변에 배근되는 인장철근량을 산정한다.
ㄷ. 장변에 배근되는 온도철근량을 산정한다.
ㄹ. 계수하중을 계산한다.
ㅁ. 단변 슬래브의 계수휨모멘트를 계산한다.

① ㄱ → ㄹ → ㅁ → ㄴ → ㄷ
② ㄱ → ㄹ → ㄴ → ㄷ → ㅁ
③ ㄹ → ㅁ → ㄷ → ㄴ → ㄱ
④ ㄹ → ㄱ → ㄴ → ㄷ → ㅁ

해설

1방향 슬래브 설계 순서
슬래브의 두께 결정(w_D 결정) → 계수하중 산정(w_u 산정) → 단변의 계수 휨모멘트 산정(M_u 산정) → 단변에 배근되는 인장철근량 산정(주철근량 산정) → 장변에 배근되는 온도철근량 산정(보조철근량 산정)

정답 ①

9급 2010년 지방직

25 **직접설계법을 이용하여 슬래브 구조를 설계하려고 할 때 만족하여야 하는 사항이 아닌 것은?**

① 슬래브 판들은 단변 경간에 대한 장변 경간의 비가 2 이하인 직사각형이어야 한다.
② 모든 하중은 연직하중으로서 슬래브 판 전체에 걸쳐 등분포되어야 한다.
③ 각 방향으로 연속한 받침부 중심 간 경간 길이의 차이는 긴 경간의 $\frac{1}{3}$ 이하이어야 한다.
④ 보가 모든 변에서 슬래브 판을 지지할 경우, 직교하는 보의 상대강성이 0.1 이하라야 한다.

해설

보가 모든 변에서 슬래브 판을 지지할 경우, 직교하는 보의 상대강성은 0.2 이상 5.0 이하라야 한다.

정답 ④

9급 2014년 국가직

26 **2방향 슬래브에서 직접설계법을 적용할 수 있는 제한 조건 중 옳지 않은 것은?**

① 모든 하중은 연직하중으로 등분포하게 작용하며, 활하중은 고정하중의 2배 이하이어야 한다.
② 각 방향으로 2경간 이상 연속되어야 한다.
③ 슬래브 판들은 단변 경간에 대한 장변 경간의 비가 2 이하인 직사각형이어야 한다.
④ 각 방향으로 연속한 받침부 중심 간 경간 차이는 긴 경간의 $\frac{1}{3}$ 이하이어야 한다.

해설

각 방향으로 3경간 이상 연속되어야 한다.

정답 ②

9급 2019년 서울시

27 **2방향 슬래브 구조를 해석하기 위한 근사적 방법인 직접설계법을 적용하기 위한 제한사항으로 옳지 않은 것은?(단, 콘크리트구조기준(2012)을 적용한다.)**

① 연속한 기둥 중심선을 기준으로 기둥의 어긋남은 그 방향 경간의 10% 이하이어야 한다.
② 모든 하중은 슬래브 판 전체에 걸쳐 등분포된 연직하중이어야 하며, 활하중은 고정하중의 2배 이하이어야 한다.
③ 각 방향으로 연속한 받침부 중심 간 경간 길이의 차이는 긴 경간의 1/3 이하이어야 한다.
④ 슬래브 판들은 단변 경간에 대한 장변 경간의 비가 2 이상인 직사각형이어야 한다.

해설

2방향 슬래브에서 직접설계법을 적용하기 위해서 슬래브 판들은 단변 경간에 대한 장변 경간의 비가 2 이하인 직사각형이어야 한다.

정답 ④

9급 2010년 서울시

28 단순 지지된 2방향 슬래브의 중앙점에 집중하중 P가 작용하고, 경간의 길이가 1 : 4일 때, 단변방향 경간과 장변방향 경간의 하중 분배율은?

① 8 : 1
② 22 : 1
③ 4 : 1
④ 64 : 1
⑤ 42 : 1

해설

$L=4S$

$$P_s=\frac{L^3}{L^3+S^3}P=\frac{(4S)^3}{(4S)^3+S^3}P=\frac{64}{65}P$$

$$P_L=\frac{S^3}{L^3+S^3}P=\frac{S^3}{(4S)^3+S^3}P=\frac{1}{65}P$$

$P_s : P_L=64:1$

정답 ④

9급 2013년 지방직

29 단순지지된 경계조건하에서 장변 $L=4\text{m}$, 단변 $S=2\text{m}$인 슬래브 중앙에 집중하중 $P=36\text{kN}$이 작용할 때, 장변이 부담하는 하중 $P_L[\text{kN}]$은?

① 4
② 8
③ 16
④ 32

해설

$$P_L=\frac{S^3}{L^3+S^3}P=\frac{2^3}{4^3+2^3}\times 36=4\text{kN}$$

9급 2015년 지방직

30 2방향 콘크리트 슬래브의 중앙에 집중하중 175kN이 작용할 때 장경간이 부담하는 하중 [kN]은?(단, 장경간은 3m, 단경간은 2m이다.)

① 40
② 50
③ 60
④ 70

해설

$$P_L=\frac{S^3}{L^3+S^3}P=\frac{2^3}{3^3+2^3}\times 175=40\text{kN}$$

9급 2018년 지방직

31 4변이 단순지지된 직사각형 2방향 슬래브의 중앙에 집중하중 $P=140\text{kN}$이 작용될 때, 장경간 L에 분배되는 하중[kN]은?(단, 슬래브의 단경간 $S=2\text{m}$, 장경간 $L=3\text{m}$이다.)

① 16
② 32
③ 64
④ 108

해설

$$P_L=\frac{S^3}{L^3+S^3}P=\frac{2^3}{3^3+2^3}\times 140=32\text{kN}$$

정답 ②

9급 2017년 국가직

32 그림과 같이 단순 지지된 슬래브의 중앙점에 집중하중 $P=76\text{kN}$이 작용할 때, ab 방향에 분배되는 하중[kN]은?

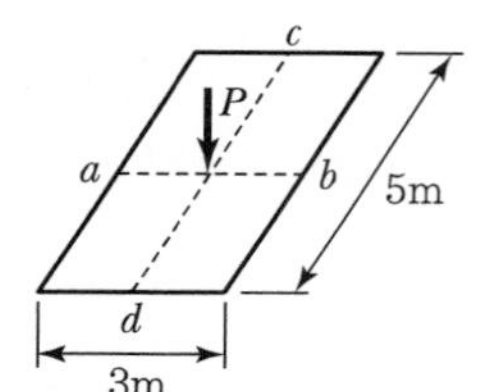

① 50
② 60.5
③ 62.5
④ 125

해설

$ab=S=3\text{m}$, $cd=L=5\text{m}$

$$P_{ab}=P_S=\frac{L^3}{S^3+L^3}P=\frac{5^3}{3^3+5^3}\times 76=62.5\text{kN}$$

정답 ③

9급 2018년 서울시(2차)

33 〈보기〉와 같이 단순지지된 2방향 슬래브에 등분포하중 w가 작용할 때 긴 변이 부담하는 하중 w_L과 짧은 변이 부담하는 하중 w_s에 대한 식으로 가장 옳은 것은?(단, L은 2방향 슬래브의 긴 변 길이, S는 2방향 슬래브의 짧은 변 길이를 나타낸다.)

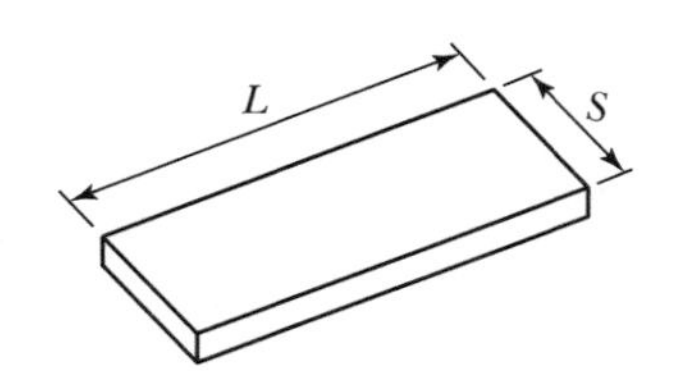

① $w_L = \dfrac{L^2}{L^2+S^2}w$, $w_S = \dfrac{S^2}{L^2+S^2}w$

② $w_L = \dfrac{S^2}{L^2+S^2}w$, $w_S = \dfrac{L^2}{L^2+S^2}w$

③ $w_L = \dfrac{L^4}{L^4+S^4}w$, $w_S = \dfrac{S^4}{L^4+S^4}w$

④ $w_L = \dfrac{S^4}{L^4+S^4}w$, $w_S = \dfrac{L^4}{L^4+S^4}w$

해설

2방향 슬래브에서 등분포하중(w)이 작용하는 경우 하중분배

$$w_L = \frac{S^4}{L^4+S^4}w, \ w_S = \frac{L^4}{L^4+S^4}w$$

정답 ④

9급 2011년 지방직

34 단순지지된 2방향 슬래브에 등분포하중 w가 작용한다. 경간길이의 비가 1 : 2 일 때, 단변방향의 분배하중(w_S)과 장변방향의 분배하중(w_L)의 비 $\left(\dfrac{w_S}{w_L}\right)$는?

① $\dfrac{1}{8}$

② $\dfrac{1}{16}$

③ 8

④ 16

해설

$L = 2S$

$$w_S = \frac{L^4}{L^4+S^4}w = \frac{(2S)^4}{(2S)^4+S^4}w = \frac{16}{17}w$$

$$w_L = \frac{S^4}{L^4+S^4}w = \frac{S^4}{(2S)^4+S^4}w = \frac{1}{17}w$$

$$\left(\frac{w_S}{w_L}\right) = 16$$

정답 ④

9급 2017년 지방직(2차)

35

단변 $S=1\text{m}$, 장변 $L=2\text{m}$인 단순 4변 지지의 직사각형 2방향 슬래브가 등분포 하중 w를 받을 때, 슬래브 중앙점 e에서 서로 직교하는 슬래브대 ab와 슬래브대 cd가 각각 분담하여 지지하는 등분포 하중의 비 w_{ab} : w_{cd}에 가장 가까운 값은?(단, 2012년도 콘크리트구조기준을 적용한다.)

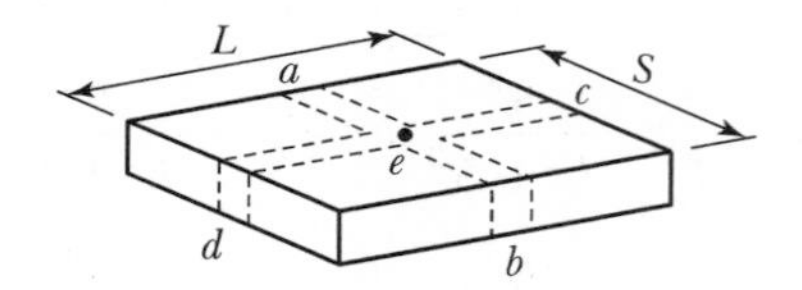

① 4 : 1
② 9 : 1
③ 16 : 1
④ 25 : 1

해설

$$w_{ab} : w_{cd} = w_S : w_L = \frac{L^4}{L^4+S^4}w : \frac{S^4}{L^4+S^4}w = \frac{2^4}{2^4+1^4} : \frac{1^4}{2^4+1^4} = 16 : 1$$

정답 ③

9급 2009년 지방직

36

단변의 길이가 l 이고 장변의 길이가 $3l$ 인 단순지지된 2방향 슬래브 중앙에 집중하중 P가 작용하고, 그 슬래브 전체에 등분포 하중 w 가 작용할 때 cd대가 부담하는 하중의 총 크기는?(단, 슬래브의 EI는 일정하다.)

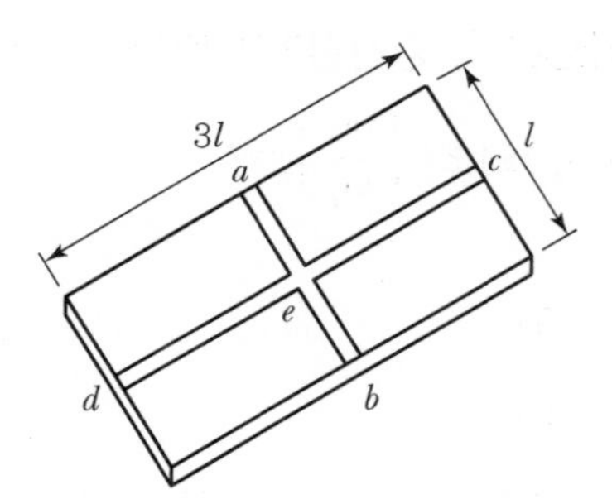

① $\dfrac{w}{17}+\dfrac{P}{9}$
② $\dfrac{16w}{17}+\dfrac{8P}{9}$
③ $\dfrac{w}{82}+\dfrac{P}{28}$
④ $\dfrac{81w}{82}+\dfrac{27P}{28}$

해설

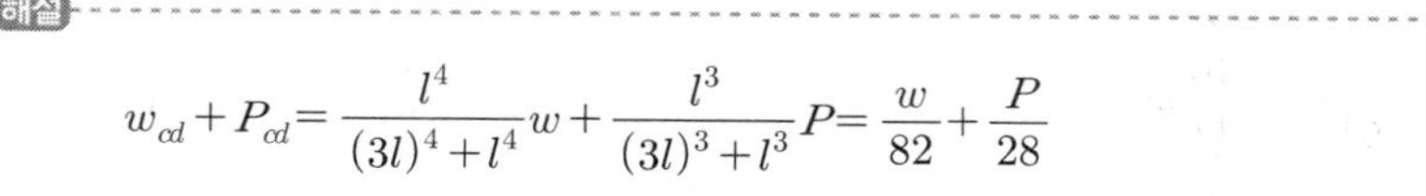

$$w_{cd}+P_{cd}=\frac{l^4}{(3l)^4+l^4}w+\frac{l^3}{(3l)^3+l^3}P=\frac{w}{82}+\frac{P}{28}$$

정답 ③

9급 2018년 국가직

37 직접설계법에 의한 2방향 슬래브의 내부 경간 설계에서 전체 정적 계수모멘트(M_o)가 300kN · m일 때, 부계수휨모멘트[kN · m]는? (단, 설계코드(KDS : 2016)와 2012년도 콘크리트구조기준을 적용한다.)

① 105 ② 150

③ 195 ④ 240

해설

부계수휨모멘트 $= 0.65M_o = 0.65 \times 300 = 195$kN · m

정답 ③

9급 2009년 국가직

38 그림은 받침부 사이에 보와 슬래브의 휨강성비 α 값이 1.0 보다 큰 보가 있는 2방향 슬래브이다. 외부 모퉁이 부분을 현행 기준(콘크리트구조설계기준, 2012)에 따라 특별 보강철근으로 보강하려고 한다. 보강영역 a, b의 치수[m]가 옳은 것은?

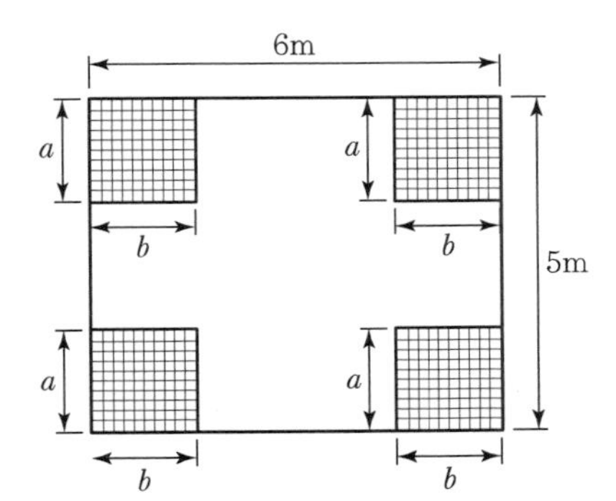

	a	b
①	2.0	1.7
②	1.2	1.0
③	1.2	1.2
④	1.0	1.0

해설

2방향 슬래브의 모서리 부분을 보강하기 위하여 장경간의 $\frac{1}{5}$ 되는 모서리 부분을 상면에는 대각선 방향으로, 하면에는 대각선에 직각 방향으로 철근을 배치하거나 양변에 평행한 2방향 철근을 상하면에 배치한다.

$a = b = \frac{L(\text{장경간})}{5} = \frac{6}{5} = 1.2\text{m}$

정답 ③

9급 2015년 서울시

39 **슬래브의 단변의 길이가 4m, 장변의 길이가 5m인 경우 모서리 보강 길이는 얼마인가?**

① 1.0m ② 1.1m

③ 1.2m ④ 1.3m

해설

- $\frac{L}{S}=\frac{5}{4}=1.25<2$ – 2방향 슬래브
- 2방향 슬래브의 모서리 부분을 보강하기 위하여 장경간의 $\frac{1}{5}$ 되는 모서리 부분을 상면에는 대각선 방향으로, 하면에는 대각선에 직각 방향으로 철근을 배치하거나 양변에 평행한 2방향 철근을 상하면에 배치한다.
- (모서리 보강길이)$=\frac{L}{5}=\frac{5}{5}=1\text{m}$

정답 ①

Chapter

09

확대기초

Contents

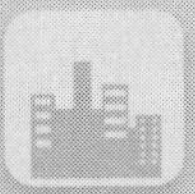

01 서론

1. 확대기초의 정의

상부구조물의 하중을 지반에 안전하게 분포시킬 목적으로 그 바닥 면적을 확대시킨 구조물을 확대기초라고 한다.

2. 확대기초의 종류

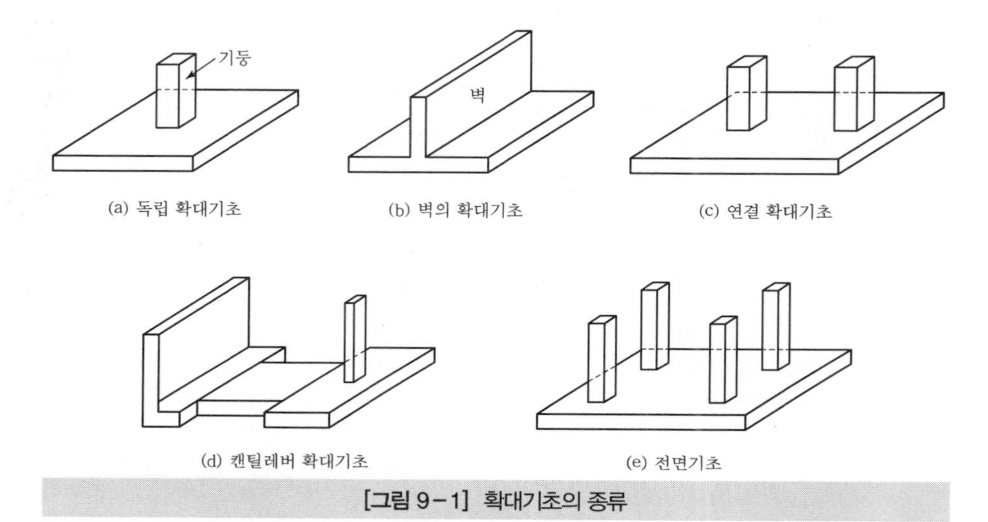

[그림 9-1] 확대기초의 종류

(1) 독립 확대기초

[그림 9-1]의 (a)와 같이 하나의 기둥을 지지하는 확대기초를 독립 확대기초라고 한다.

(2) 벽의 확대기초

[그림 9-1]의 (b)와 같이 벽체를 지지하는 확대기초를 벽의 확대기초라고 한다.

(3) 연결 확대기초

[그림 9-1]의 (c)와 같이 하나의 확대기초로 2개 이상의 기둥을 지지하는 확대기초를 연결 확대기초라고 한다.

(4) 캔틸레버 확대기초

[그림 9－1]의 (d)와 같이 2개의 독립 확대기초를 하나의 보로 연결한 연결 확대기초를 캔틸레버 확대기초라고 한다.

(5) 전면기초

[그림 9－1]의 (e)와 같이 모든 기둥을 하나의 연속된 확대기초로 지지하도록 만든 기초를 전면기초(Raft Footing) 또는 매트기초(Mat Foundation)라고 한다.

3. 설계를 위한 기본가정

① 확대기초 저면의 압력분포를 직선으로 가정한다.
② 확대기초 저면과 기초 지반 사이에는 압축력만 작용하는 것으로 가정한다.
③ 연결 확대기초에서는 하중을 기초 저면에 등분포시키는 것을 원칙으로 한다.
④ 캔틸레버 확대기초에서는 휨모멘트의 일부 또는 전부를 연결보에 부담시키고 확대기초는 연직하중만 받는 것으로 가정한다.

02 독립 확대기초

1. 확대기초의 넓이

① 확대기초를 강도설계법으로 설계할 경우라도 확대기초의 넓이를 계산하기 위한 기둥하중(P)은 사용하중을 사용한다.
② 독립 확대기초에서 기둥하중(P)에 의하여 기초 저면에 발생되는 압력(q)은 기초 지반의 허용지지력(q_a) 이하라야 한다. 따라서 필요로 하는 확대기초의 넓이(A)는 다음과 같다.

$$A \geq \frac{P}{q_a} \quad \cdots\cdots (9.1)$$

2. 휨모멘트

(1) 휨모멘트에 대한 위험단면

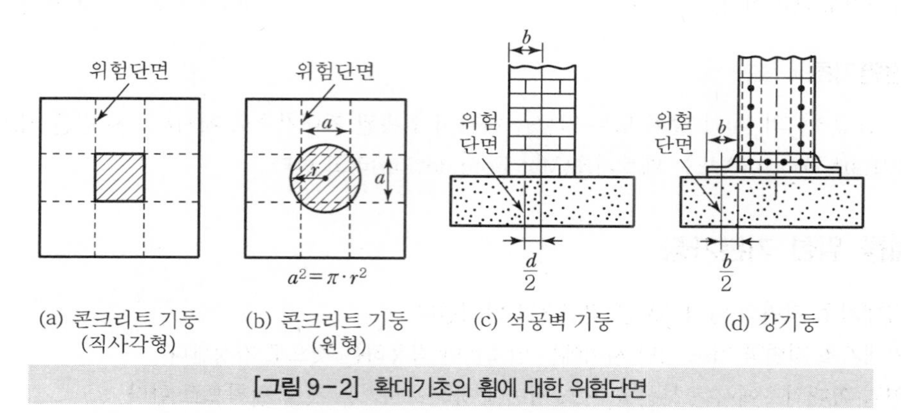

[그림 9-2] 확대기초의 휨에 대한 위험단면

1) 철근콘크리트로 된 기둥, 받침대 또는 벽체를 지지하는 확대기초의 경우

기둥, 받침대 또는 벽체의 전면을 휨에 대한 위험단면으로 고려한다.([그림 9-2]의 (a) 참고)

2) 철근콘크리트로 된 기둥 또는 받침대의 단면이 원형 또는 다각형인 경우

동일한 단면적을 갖는 정사각형 단면의 전면을 휨에 대한 위험단면으로 고려한다.([그림 9-2]의 (b) 참고)

3) 석공벽을 지지하는 확대기초의 경우

벽 전면과 벽 중심선의 중간선을 휨에 대한 위험단면으로 고려한다.([그림 9-2]의 (c) 참고)

4) 강저판을 통하여 강기둥을 지지하는 확대기초의 경우

강저판 연단과 강기둥 전면의 중간선을 휨에 대한 위험단면으로 고려한다.([그림 9-2]의 (d) 참고)

(2) 휨에 대한 위험단면의 휨모멘트

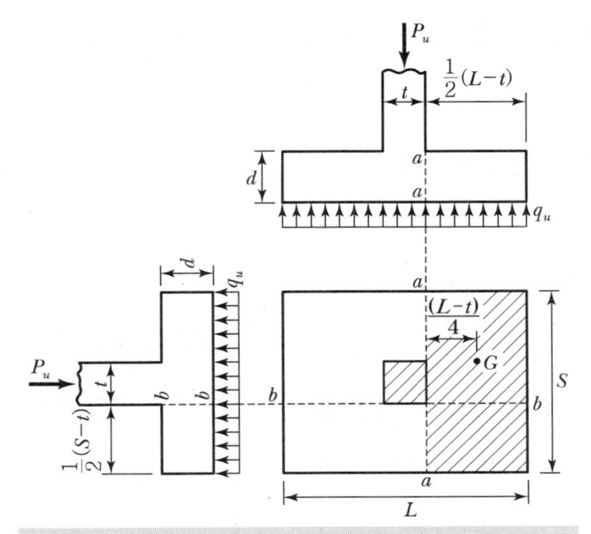

[그림 9-3] 확대기초의 휨에 대한 위험단면의 휨모멘트

1) 위험단면 a−a의 휨모멘트

단면 a−a를 고정단으로 하는 지간이 $\frac{1}{2}(L-t)$인 캔틸레버로 고려하여 계수하중(P_u)에 의하여 단면 a−a의 외측 부분에 발생되는 압력(q_u)에 대한 휨모멘트를 구하면 다음과 같다.

$$M_{(a-a)} = q_u \times \frac{1}{2}(L-t) \times S \times \frac{1}{4}(L-t) = \frac{1}{8} q_u S (L-t)^2 \quad \cdots\cdots (9.2)$$

2) 위험단면 b−b의 휨모멘트

위험단면 a−a에 대한 경우와 동일한 방법으로 구하면 다음과 같다.

$$M_{(b-b)} = q_u \times \frac{1}{2}(S-t) \times L \times \frac{1}{4}(S-t) = \frac{1}{8} q_u L (S-t)^2 \quad \cdots\cdots (9.3)$$

3. 전단력

(1) 전단에 대한 위험단면

1) 1방향 작용의 경우

1방향 작용을 하는 확대기초의 전단에 대한 위험단면의 위치는 기둥 전면으로부터 유효깊이 d 만큼 떨어진 곳이다.

2) 2방향 작용의 경우

2방향 작용을 하는 확대기초의 전단에 대한 위험단면의 위치는 기둥 전면으로부터 $\frac{d}{2}$만큼 떨어진 곳이다.

(2) 전단에 대한 위험단면의 전단력

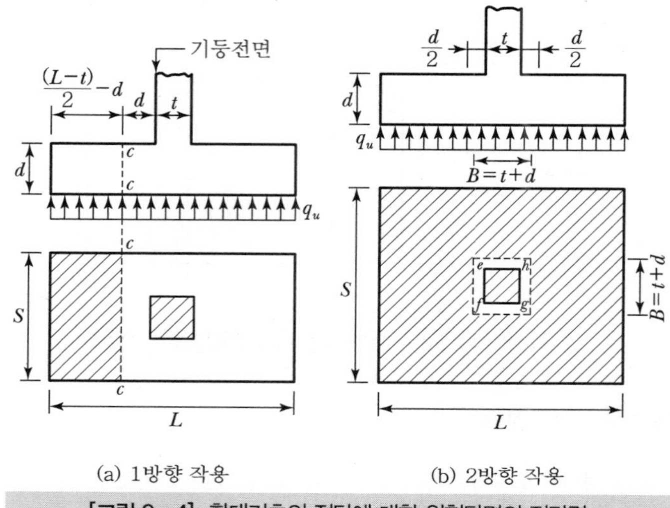

(a) 1방향 작용 (b) 2방향 작용

[그림 9-4] 확대기초의 전단에 대한 위험단면의 전단력

1) 1방향 작용의 경우

[그림 9-4]의 (a)에 보인 바와 같이 1방향 작용을 하는 확대기초의 전단에 대한 위험단면인 기둥 전면으로부터 d만큼 떨어진 단면 c−c의 전단력을 구하면 다음과 같다.

$$V_{(c-c)} = q_u\left(\frac{L-t}{2} - d\right)S \quad \cdots\cdots (9.4)$$

2) 2방향 작용의 경우

[그림 9-4]의 (b)에 보인 바와 같이 2방향 작용을 하는 확대기초의 전단에 대한 위험단면인 기둥 전면으로부터 $\frac{d}{2}$만큼 떨어진 단면 $e-f-g-h$의 전단력을 구하면 다음과 같다.

$$V_{\left(\begin{smallmatrix} e & h \\ f & g \end{smallmatrix}\right)} = q_u(SL - B^2) \quad \cdots\cdots (9.5)$$

여기서, $B=t+d$

03 확대기초의 구조세목

① 철근의 정착에 대한 위험단면은 휨모멘트에 대한 위험단면과 같은 위치로 정한다.
② 확대기초의 하단철근부터 상부까지의 높이는 확대기초가 흙 위에 놓인 경우는 150mm 이상, 말뚝 기초 위에 놓인 경우는 300mm 이상이라야 한다.
③ 무근콘크리트 확대기초의 높이는 200mm 이상이라야 한다.
④ 무근콘크리트 확대기초의 최대 응력은 콘크리트의 지압강도를 초과할 수 없다.
⑤ 무근콘크리트는 말뚝 위에 놓이는 확대기초에 사용해서는 안 된다.
⑥ 직접설계법은 연결 확대기초 및 전면기초의 설계에 사용될 수 없다.

Item pool

예상문제 및 기출문제

9급 2009년 지방직

01 철근콘크리트 확대기초에 대한 설명 중 옳지 않은 것은?

① 독립확대기초 및 벽확대기초의 휨모멘트는 단순보로서 산출하여야 한다.
② 확대기초는 부재로서 필요한 두께를 확보함과 동시에 강체로서 취급되는 두께를 가져야 함을 원칙으로 한다.
③ 휨설계에서 연속확대기초의 캔틸레버로서 작용하는 부분은 독립확대기초와 같이 설계하여야 한다.
④ 확대기초는 캔틸레버보, 단순보, 고정보 등 보 부재로서 설계하여야 한다.

해설

독립확대기초 및 벽확대기초의 휨모멘트는 캔틸레버보로서 산출한다.

정답 ①

9급 2011년 서울시

02 철근콘크리트 구조물은 구조물에 작용하는 하중을 지반에 전달하기 위해서 개개의 부재들(Member)로 구성되어 있는데, 다음 부재들의 하중 전달경로를 순서대로 나열한 것은?

① 하중 → 보 → 슬래브 → 기둥 → 기초 → 지반
② 하중 → 슬래브 → 보 → 기둥 → 기초 → 지반
③ 하중 → 기둥 → 슬래브 → 보 → 기초 → 지반
④ 하중 → 보 → 슬래브 → 기초 → 기둥 → 지반
⑤ 하중 → 기둥 → 보 → 슬래브 → 기초 → 지반

정답 ②

9급 2020년 국가직

03 철근콘크리트 기초판 설계에 대한 설명으로 옳지 않은 것은?(단, KDS 14 20 70을 따른다)

① 기초판은 계수하중과 그에 의해 발생되는 반력에 견디도록 설계하여야 한다.

② 기초판의 밑면적은 기초판에 의해 지반에 전달되는 계수하중과 지반의 극한지지력을 사용하여 산정하여야 한다.

③ 기초판에서 휨모멘트, 전단력에 대한 위험단면의 위치를 정할 경우, 원형 또는 정다각형인 콘크리트 기둥은 같은 면적의 정사각형 부재로 취급할 수 있다.

④ 말뚝기초의 기초판 설계에서 말뚝의 반력은 각 말뚝의 중심에 집중된다고 가정하여 휨모멘트와 전단력을 계산할 수 있다.

해설

기초판의 밑면적은 기초판에 의해 지반에 전달되는 사용하중과 지반의 허용지지력을 사용하여 산정한다.

정답 ②

9급 2011년 서울시

04 다음과 같은 조건일 때 지표면에 설치한 직사각형 독립기초의 길이(L)는?

고정하중 125t, 활하중 75t, 지반의 허용지지력 $q_a = 20\,t/m^2$, 기초 폭 $B = 2\,m$이다.

① 3m

② 4m

③ 5m

④ 6m

⑤ 7m

해설

$$A \geq \frac{P}{q_a}$$

$$BL \geq \frac{P}{q_a}$$

$$L \geq \frac{P}{q_a B} = \frac{(125+75)}{20 \times 2} = 5\text{m}$$

정답 ③

9급 2012년 국가직

05 정사각형 확대기초의 중앙에 기초판의 자중을 포함한 축방향 압축력 $P=5{,}000\text{kN}$이 사용하중으로 작용할 때, 가장 경제적인 정사각형 기초의 한 변의 길이[m]는?(단, 기초지반의 허용지지력 $q_a=200\,\text{kN/m}^2$이다.)

① 4.0 ② 4.5

③ 5.0 ④ 5.5

해설

$A \geq \dfrac{P}{q_a}$

$l^2 \geq \dfrac{P}{q_a}=\dfrac{5{,}000}{200}=25\text{m}^2$

$l \geq 5\text{m}$

정답 ③

9급 2015년 서울시

06 독립확대기초의 크기가 $1.5\text{m}\times1.5\text{m}$이고 지반의 허용지지력이 200kN/m^2인 경우 기초가 받을 수 있는 하중의 크기는 얼마인가?

① 150kN ② 300kN

③ 450kN ④ 600kN

해설

$A \geq \dfrac{P}{q_a}$

$P \leq q_a \cdot A = 200\times(1.5\times1.5)=450\text{kN}$

정답 ③

9급 2017년 지방직(1차)

07 그림과 같이 정사각형 확대기초에 기둥의 자중을 포함한 고정하중 $D = 3,000\text{kN}$과 활하중 $L = 2,700\text{kN}$이 편심이 없이 기초판에 작용할 때 확대기초 한 변의 최소 길이 l[m]은?(단, 기초 지반의 허용지지력 $q_a = 240\text{kN/m}^2$, 철근콘크리트 단위중량 $\gamma_c = 24\text{kN/m}^3$, 토사 무게는 무시하며, 2012년도 콘크리트구조기준을 적용한다.)

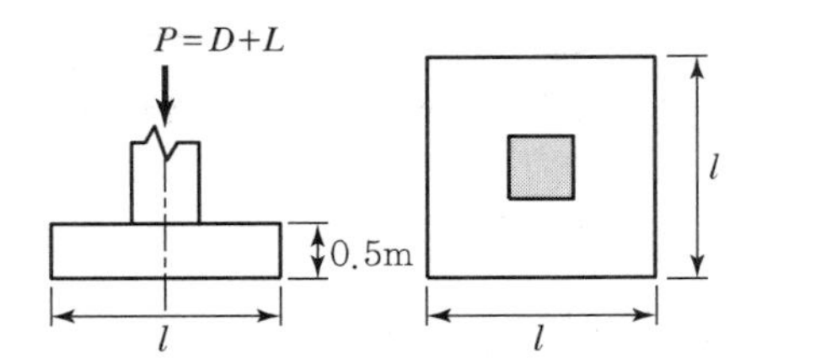

① 4
② 5
③ 6
④ 7

해설

$P = D + L = 3{,}000 + 2{,}700 = 5{,}700\text{kN}$

자중 $= \gamma_c \cdot V = \gamma_c(At) = 24 \times (l^2 \times 0.5) = 12l^2\text{kN}$

$F = P +$ 자중 $= 5{,}700 + 12l^2(\text{kN})$

$l^2 \geq \dfrac{F}{q_a} = \dfrac{5{,}700 + 12l^2}{240}$

$228l^2 \geq 5{,}700$

$l \geq 5\text{m}$

정답 ②

9급 2018년 국가직

08 기초판의 최대 계수휨모멘트를 계산할 때, 그 위험단면에 대한 설명으로 옳지 않은 것은? (단, 설계코드(KDS : 2016)와 2012년도 콘크리트구조기준을 적용한다.)

① 강재 밑판을 갖는 기둥을 지지하는 기초판은 기둥 외측면과 강재 밑판 단부의 중간
② 콘크리트 기둥, 주각 또는 벽체를 지지하는 기초판은 기둥, 주각 또는 벽체의 외면
③ 조적조 벽체를 지지하는 기초판은 벽체 중심과 단부의 중간
④ 다각형 콘크리트 기둥은 같은 면적 원형 환산단면의 외면

해설

기초판의 최대 계수 휨모멘트를 계산할 때, 그 위험단면은 다각형 콘크리트 기둥의 경우 같은 면적 정사각형 환산단면의 외면으로 한다.

정답 ④

9급 2010년 국가직

09 그림과 같이 바닥판과 기둥의 중심에 수직하중 $P=580\text{kN}$과 모멘트 $M=40\,\text{kN}\cdot\text{m}$가 작용하는 철근콘크리트 확대기초의 최대 지반반력[kN/m^2]은?

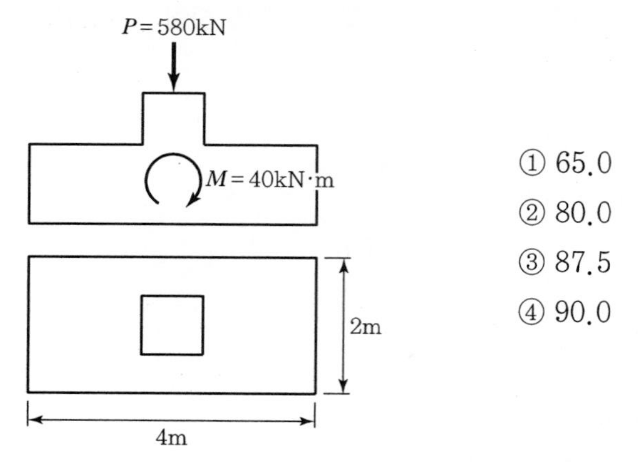

① 65.0
② 80.0
③ 87.5
④ 90.0

해설

$$q_{\max}=\frac{P}{A}+\frac{M}{Z}=\frac{1}{A}\left(P+\frac{M}{Z/A}\right)=\frac{1}{A}\left(P+\frac{M}{k}\right)=\frac{1}{A}\left(P+\frac{6M}{h}\right)$$

$$=\frac{1}{2\times4}\left(580+\frac{6\times40}{4}\right)=\frac{1}{8}(580+60)=80\text{kN/m}^2$$

[별해] $$q_{\max}=\frac{P}{A}\left(1+\frac{e}{k}\right)=\frac{P}{A}\left(1+\frac{\left(\frac{M}{P}\right)}{\left(\frac{h}{6}\right)}\right)=\frac{P}{A}\left(1+\frac{6M}{Ph}\right)$$

$$=\frac{580}{2\times4}\left(1+\frac{6\times40}{580\times4}\right)=72.5\left(1+\frac{3}{29}\right)=80\text{kN/m}^2$$

정답 ②

9급 2014년 국가직

10 그림과 같은 연직하중과 모멘트가 작용하는 철근콘크리트 확대기초의 최대 지반응력[kN/m^2]은?(단, 기초의 자중은 무시한다.)

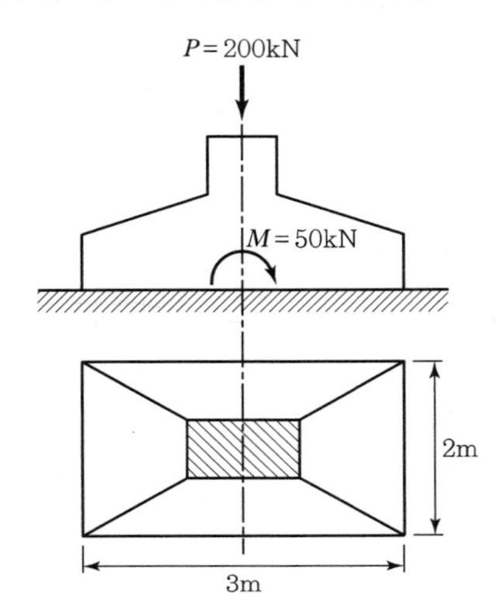

① 37
② 50
③ 65
④ 93

해설

$$q_{\max} = \frac{P}{A}\left(1+\frac{e}{k}\right) = \frac{P}{A}\left(1+\frac{\left(\frac{M}{P}\right)}{\left(\frac{h}{6}\right)}\right) = \frac{P}{A}\left(1+\frac{6M}{Ph}\right) = \frac{200}{3\times 2}\left(1+\frac{6\times 50}{200\times 3}\right) = 50\text{kN/m}^2$$

정답 ②

9급 2019년 국가직

11 그림과 같이 바닥판과 기둥의 중심에 수직하중 $P=600\text{kN}$과 휨모멘트 $M=36\text{kN}\cdot\text{m}$가 작용할 때, 확대기초에 발생하는 최대 응력[kN/m²]은?

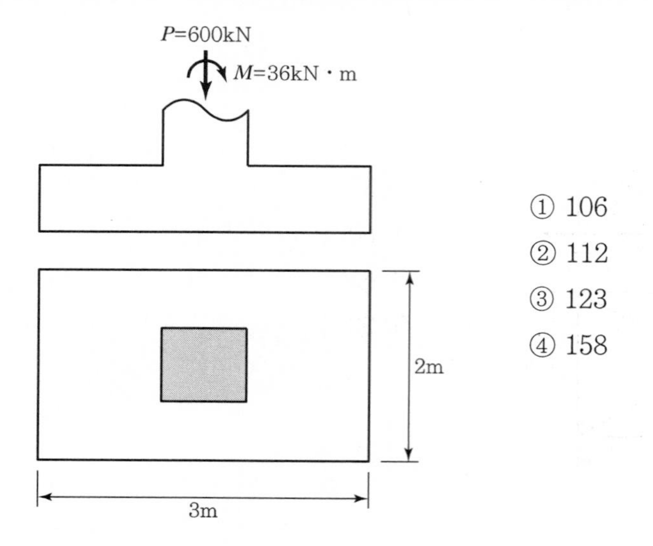

① 106
② 112
③ 123
④ 158

해설

$$q_{\max}=\frac{P}{A}\left(1+\frac{e}{k}\right)=\frac{P}{A}\left(1+\frac{6M}{Ph}\right)=\frac{600}{3\times2}\left(1+\frac{6\times36}{600\times3}\right)=112\text{kN/m}^2$$

정답 ②

9급 2019년 지방직

12 그림과 같이 연직하중 P와 휨모멘트 M이 바닥판과 기둥의 중심에 작용하는 철근콘크리트 확대기초의 최대 지반응력[kN/m²]은?(단, 기초의 자중은 무시한다.)

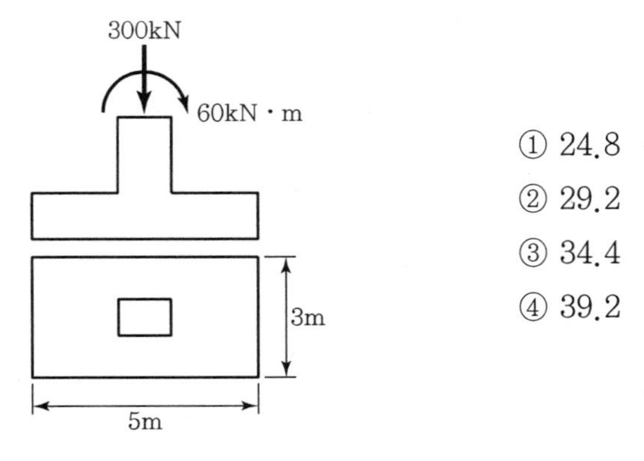

① 24.8
② 29.2
③ 34.4
④ 39.2

해설

$$q_{max} = \frac{P}{A}\left(1+\frac{e}{k}\right) = \frac{P}{A}\left(1+\frac{6M}{Ph}\right) = \frac{300}{3\times5}\left(1+\frac{6\times60}{300\times5}\right) = 24.8\text{kN/m}^2$$

정답 ①

9급 2017년 국가직

13 그림과 같은 철근 콘크리트 독립확대기초의 지반에 발생하는 최대 및 최소 지반응력(q_{max}, q_{min}[kN/m²])은?(단, 기초의 자중은 무시하고, 응력은 단위폭당 계산한다.)

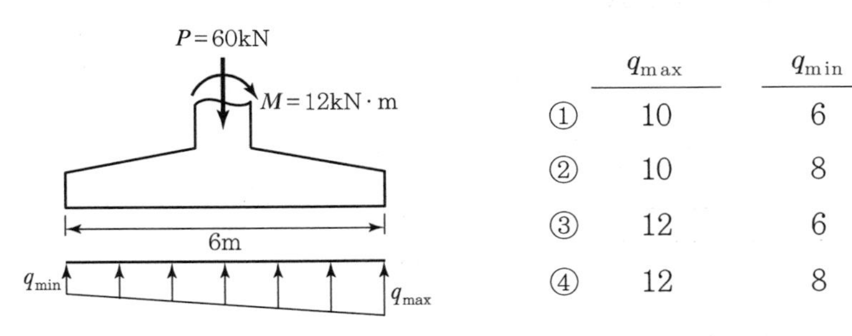

	q_{max}	q_{min}
①	10	6
②	10	8
③	12	6
④	12	8

해설

$$q_{\binom{max}{min}} = \frac{P}{A}\left(1(\pm)\frac{e}{k}\right) = \frac{P}{B}\left(1(\pm)\frac{\left(\frac{M}{P}\right)}{\left(\frac{B}{6}\right)}\right) = \frac{P}{B}\left(1(\pm)\frac{6M}{PB}\right)$$

$$= \frac{60}{6}\left(1(\pm)\frac{6\times12}{60\times6}\right) = 10(1(\pm)0.2)$$

$q_{max} = 12\text{kN/m}^2$, $q_{min} = 8\text{kN/m}^2$

정답 ④

9급 2011년 지방직

14 그림과 같이 수직하중과 모멘트가 작용하는 철근콘크리트 원형 확대기초에 발생하는 최대 지반반력 $q_{max}[\mathrm{kN/m^2}]$는?(단, 여기서 π는 원주율이다.)

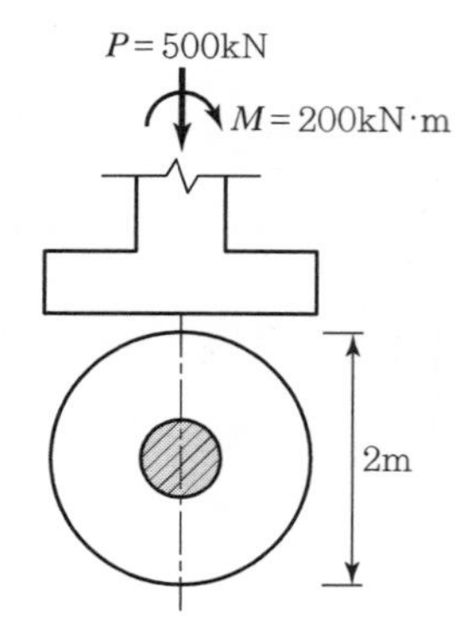

① $\dfrac{1,000}{\pi}$

② $\dfrac{1,100}{\pi}$

③ $\dfrac{1,200}{\pi}$

④ $\dfrac{1,300}{\pi}$

해설

$$q_{\max}=\frac{P}{A}+\frac{M}{Z}=\frac{1}{A}\left(P+\frac{M}{k}\right)=\frac{4}{\pi D^2}\left(P+\frac{8M}{D}\right)$$

$$=\frac{4}{\pi\times 2^2}\left(500+\frac{8\times 200}{2}\right)=\frac{1,300}{\pi}\mathrm{kN/m^2}$$

정답 ④

9급 2015년 지방직

15 콘크리트 기초판에 수직력 P와 모멘트 M이 동시에 작용하고 있다. A지점에 압축응력이 발생하기 위한 최소 수직력 P[kN]는?

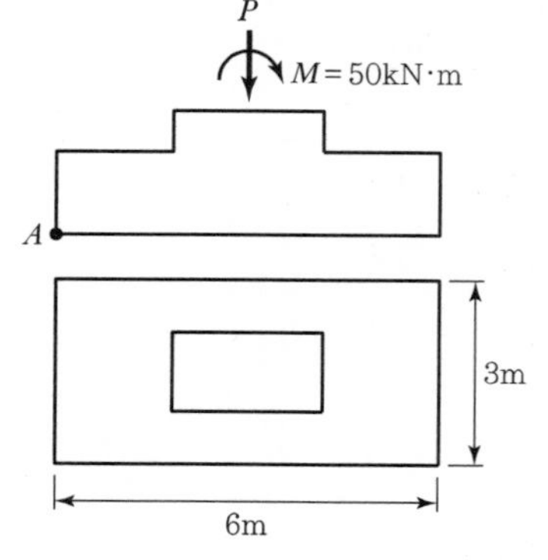

① 20
② 30
③ 40
④ 50

해설

$$q_A=\frac{P}{A}-\frac{M}{Z}=\frac{1}{A}\left(P-\frac{M}{k}\right)=\frac{1}{A}\left(P-\frac{6M}{h}\right)\geq 0$$

$$P\geq\frac{6M}{h}=\frac{6\times 50}{6}=50\mathrm{kN}$$

정답 ④

9급 2011년 국가직

16 그림과 같이 콘크리트 기초판과 기둥의 중심에 수직하중과 모멘트가 작용하고 있다. 콘크리트 기초판과 기초 지반 사이에 인장응력이 작용하지 않도록 하기 위한 최소 수직하중[kN]은?(단, 자중에 의한 하중효과는 무시하고, 하중계수는 고려하지 않는다.)

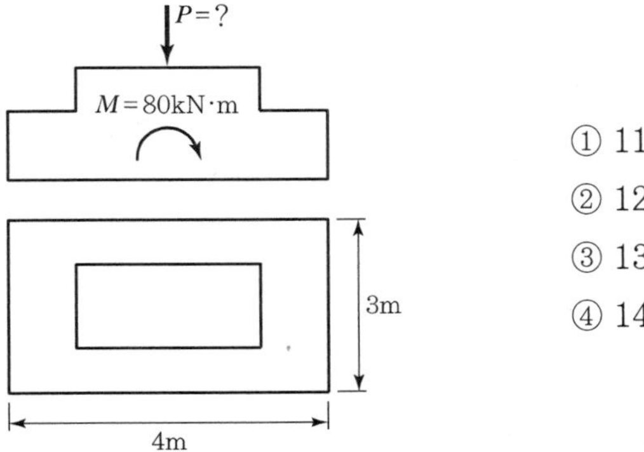

① 110
② 120
③ 130
④ 140

해설

$$q=\frac{P}{A}-\frac{M}{Z}=\frac{1}{A}\left(P-\frac{M}{k}\right)=\frac{1}{A}\left(P-\frac{6M}{h}\right)\geq 0$$

$$P\geq\frac{6M}{h}=\frac{6\times 80}{4}=120\text{kN}$$

정답 ②

9급 2019년 국가직

17 그림과 같은 철근콘크리트 사각형 확대기초가 $P=120\text{kN}$, $M=40\text{kN}\cdot\text{m}$를 받고 있다. 이때 확대기초에 발생하는 최소응력 q_{min}이 0이 되도록 하기 위한 길이 l[m]은?(단, 단위폭으로 고려한다.)

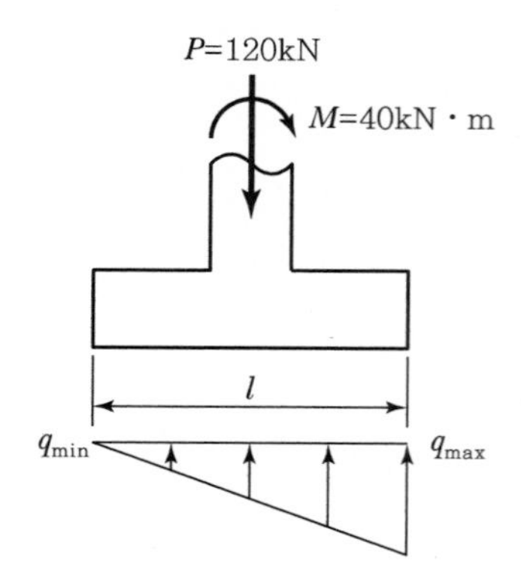

① 2
② 3
③ 4
④ 5

해설

$$q_{\min}=\frac{P}{A}\left(1-\frac{e}{k}\right)=\frac{P}{A}\left(1-\frac{6M}{Pl}\right)=0$$

$$l=\frac{6M}{P}=\frac{6\times 40}{120}=2\text{m}$$

정답 ①

9급 2020년 지방직

18 그림과 같이 기초에 편심하중이 작용할 때 기초 저면에 생기는 응력 분포 형상은?(단, 단위 폭으로 고려하고, $e = 100\text{mm}$, 지반 조건은 균일하며, 자중은 무시한다)

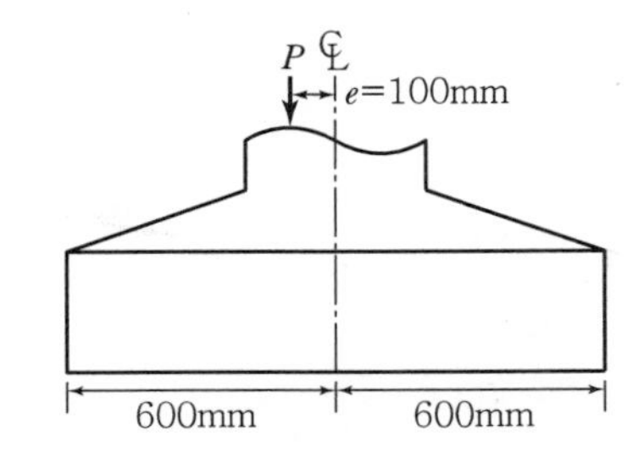

① q_{max}

② q_{max} q_{min}

③ q_{max} $q_{min}=0$

④ q_{max}

해설

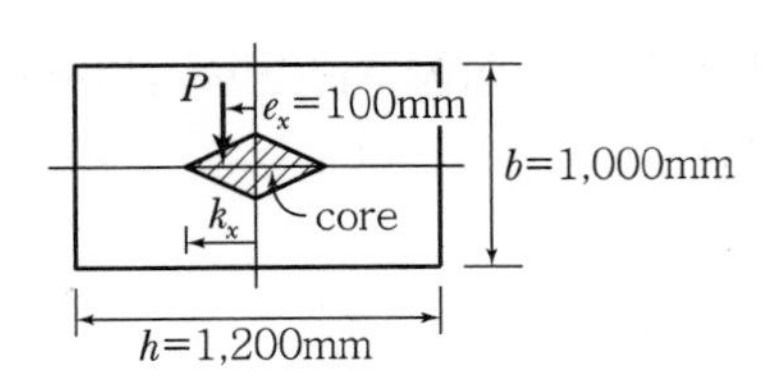

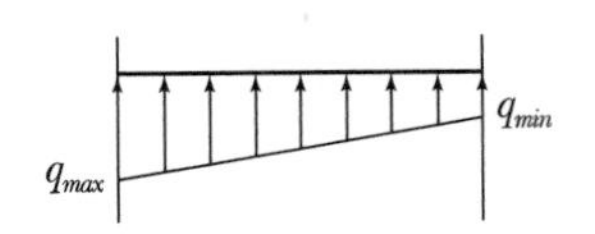

$$k_x = \frac{h}{6} = \frac{1,200}{6} = 200\text{mm}$$

$0 < e_x(=100\text{mm}) < k_x(=200\text{mm})$이므로 기초 저면에 발생하는 응력분포 형상은 사다리꼴이다.

정답 ②

9급 2013년 지방직

19 다음 그림과 같은 정방형 독립확대기초 저면에 작용하는 지압력이 $q_u=100\,\text{kN/m}^2$일 때, 위험단면에서의 소요휨모멘트 $M_u\,[\text{kN}\cdot\text{m}]$는?

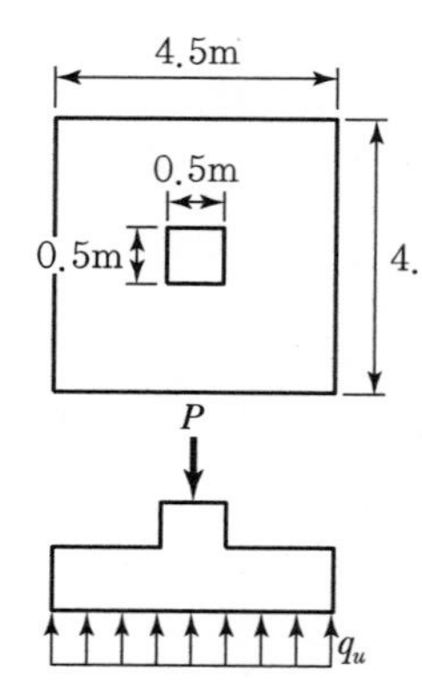

① 200
② 450
③ 900
④ 1,800

해설

$$M_u=\frac{1}{8}q_uL(S-t)^2=\frac{1}{8}\times100\times4.5\times(4.5-0.5)^2=900\text{kN}\cdot\text{m}$$

정답 ③

9급 2016년 국가직

20 그림과 같은 정사각형 독립확대기초 저면에 계수하중에 의한 상향 지반반력 160kN/m^2가 작용할 때, 위험단면에서의 계수휨모멘트$[\text{kN}\cdot\text{m}]$는?

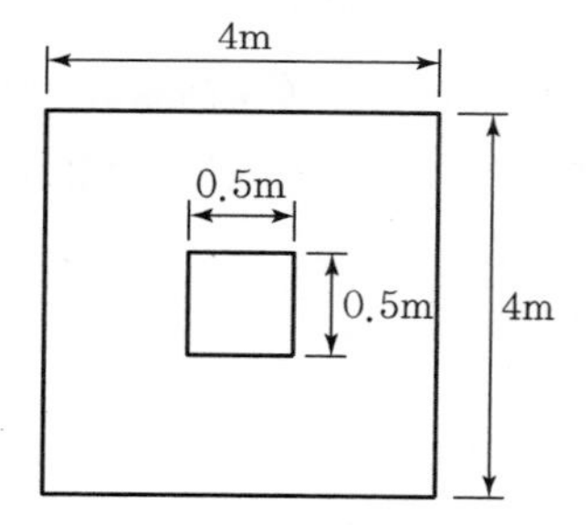

① 260
② 420
③ 760
④ 980

해설

$$M_u=\frac{1}{8}q_uL(s-t)^2=\frac{1}{8}\times160\times4\times(4-0.5)^2=980\,\text{kN}\cdot\text{m}$$

정답 ④

9급 2010년 지방직

21 다음 그림과 같이 계수하중 $P_u = 1,960\text{kN}$이 독립확대기초에 작용할 때, 위험단면의 설계 휨모멘트의 크기[kN·m]는?

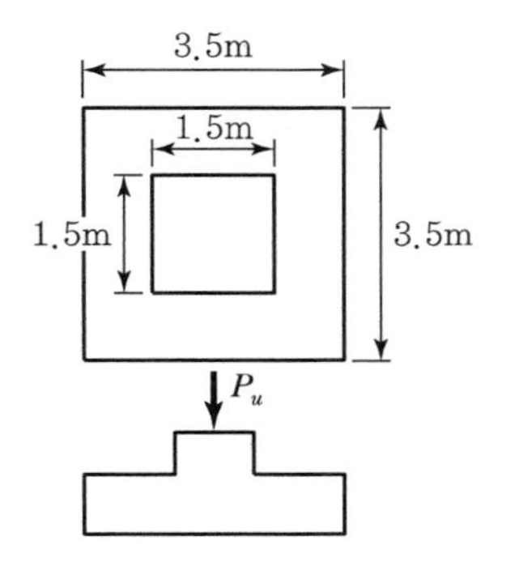

① 260
② 280
③ 300
④ 320

해설

$$q_u = \frac{P_u}{A} = \frac{1,960}{3.5^2} = 160\text{kN/m}^2$$

$$M_u = \frac{1}{8}q_u L(S-t)^2 = \frac{1}{8} \times 160 \times 3.5 \times (3.5-1.5)^2 = 280\text{kN}\cdot\text{m}$$

정답 ②

9급 2019년 서울시

22 그림과 같은 철근콘크리트 확대기초에서 긴변 방향의 위험단면에서 휨모멘트는?(단, 하중은 계수하중이다.)

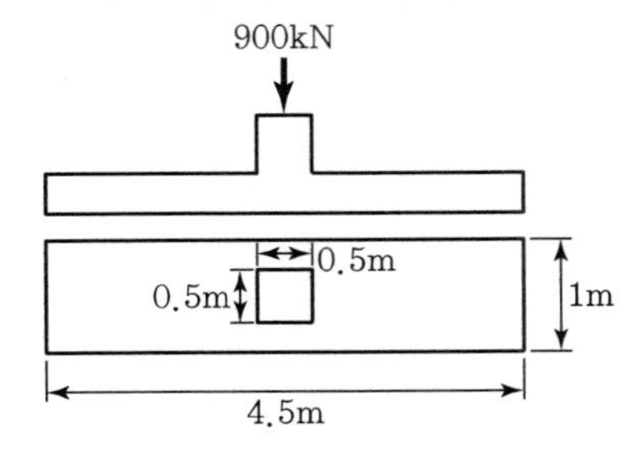

① 28kN · m
② 100kN · m
③ 400kN · m
④ 800kN · m

해설

$$q_u = \frac{P_u}{A} = \frac{900}{4.5 \times 1} = 200\text{kN/m}^2$$

$$M_u = \frac{1}{8}q_u S(L-t)^2 = \frac{1}{8} \times 200 \times 1 \times (4.5-0.5)^2 = 400\text{kN}\cdot\text{m}$$

정답 ③

9급 2007년 국가직

23 그림과 같이 3.5m × 1.6m 인 독립확대기초에서 사하중 500kN 이 500mm × 500mm 의 기둥에 작용한다. 이 독립확대기초에서 1방향 배근 시 전단력에 대한 위험단면의 위치를 나타내는 거리(c)[m]는?(단, 유효높이(d)는 450mm 이다.)

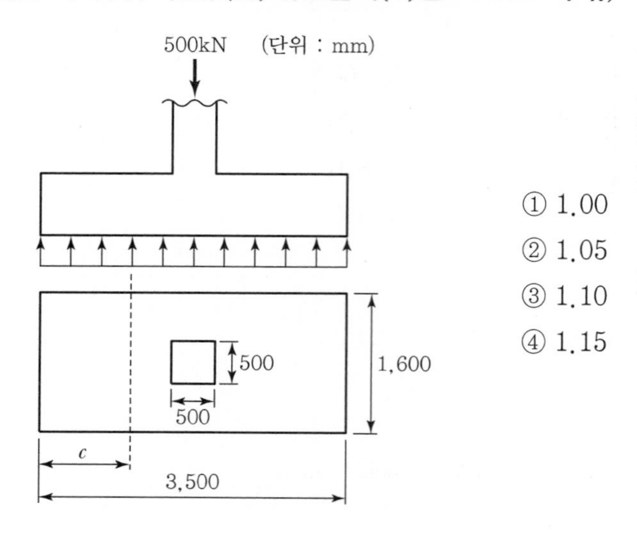

① 1.00
② 1.05
③ 1.10
④ 1.15

해설

확대기초에서 전단에 대한 위험단면의 위치

㉠ 1방향 작용의 경우 : 기둥 전면으로부터 유효깊이 d만큼 떨어진 단면

㉡ 2방향 작용의 경우 : 기둥 전면으로부터 유효깊이 $\frac{d}{2}$만큼 떨어진 단면

따라서, 1방향 작용의 경우 독립확대기초에서 전단에 대한 위험단면의 위치는 다음과 같다.

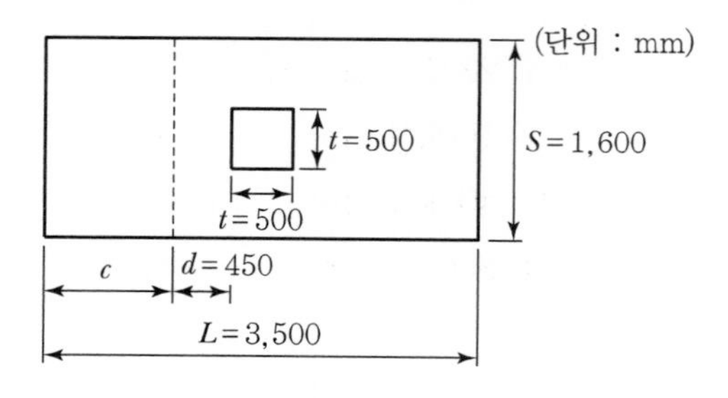

$$c=\frac{L-t}{2}-d=\frac{3,500-500}{2}-450=1,050\text{mm}=1.05\text{m}$$

정답 ②

9급 2012년 서울시

24 그림과 같이 $5m \times 2m$인 독립기초에서 사하중 800kN이 $600mm \times 600mm$의 기둥에 작용한다. 이 독립확대기초에서 1방향 배근 시 전단력에 대한 위험단면의 위치를 나타내는 거리 (c)[mm]는?(단, 유효높이(d)는 700mm이다.)

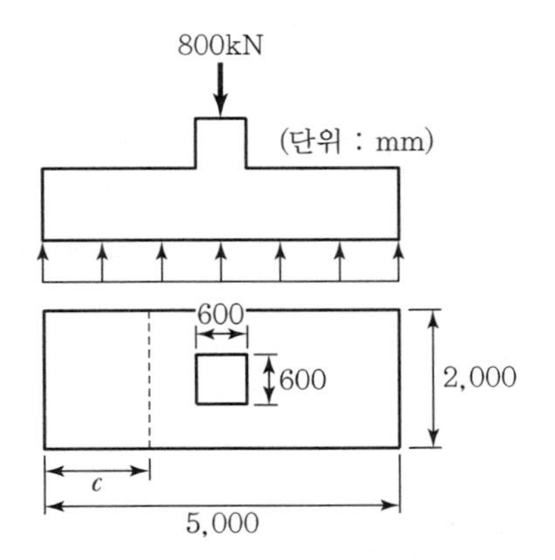

① 1,100mm
② 1,300mm
③ 1,500mm
④ 1,700mm
⑤ 1,900mm

해설

1방향 작용의 경우 독립확대기초에서 전단에 대한 위험단면의 위치는 다음과 같다.

$$C=\frac{L-t}{2}-d=\frac{5,000-600}{2}-700=1,500\text{mm}$$

정답 ③

9급 2015년 지방직

25 다음의 철근콘크리트 확대기초에서 유효깊이 $d=550$mm, 지압력 $q_u=0.3$MPa일 때, 1방향 전단에 대한 위험단면에 작용하는 전단력[kN]은?

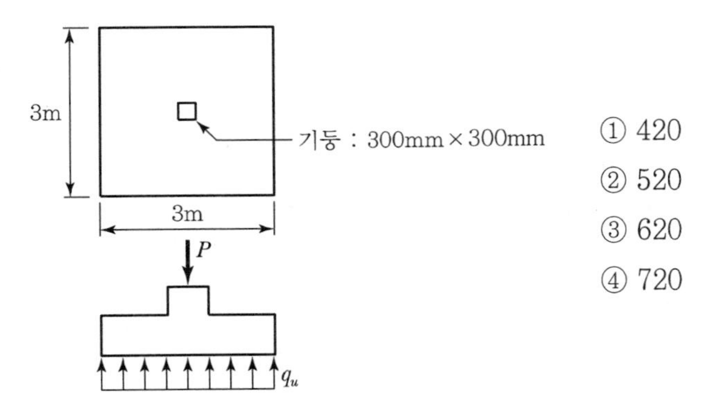

① 420
② 520
③ 620
④ 720

해설

$$V=q_u \cdot S\left(\frac{L-t}{2}-d\right)=0.3\times 3,000\left(\frac{3,000-300}{2}-550\right)$$
$$=720\times 10^3\text{N}=720\text{kN}$$

정답 ④

9급 2016년 지방직

26 그림과 같은 철근콘크리트 확대기초의 뚫림 전단에 대한 위험단면 둘레 길이[mm]는?(단, 2012년도 콘크리트구조기준을 적용한다.)

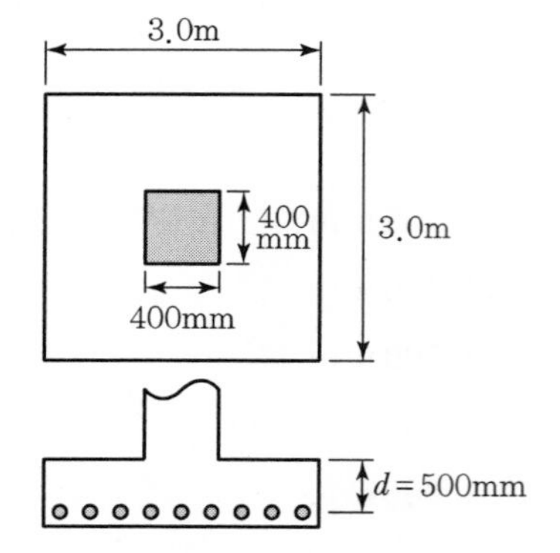

① 1,600　② 2,000　③ 3,000　④ 3,600

해설

2방향 작용의 경우 확대기초에서 전단에 대한 위험단면의 주변길이

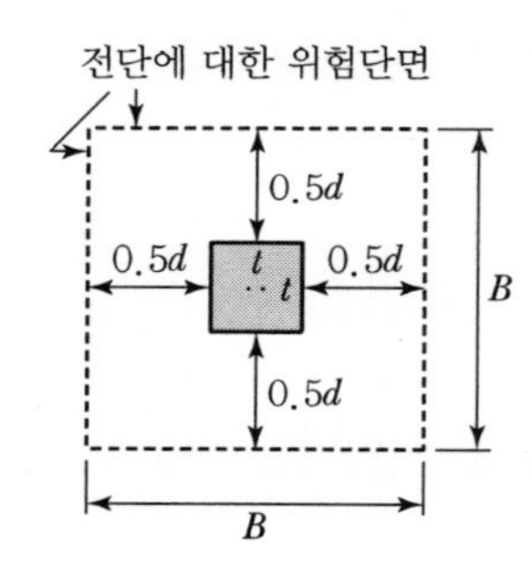

$B = t + d = 400 + 500 = 900\,\text{mm}$

$4B = 4 \times 900 = 3{,}600\,\text{mm}$

정답 ④

9급 2017년 국가직

27 그림과 같은 확대기초에 계수하중 $P_u = 1,200\text{kN}$이 작용할 때, 전단에 대한 위험단면의 둘레 길이 b_o[mm]는?(단, 2012년도 콘크리트구조기준을 적용한다.)

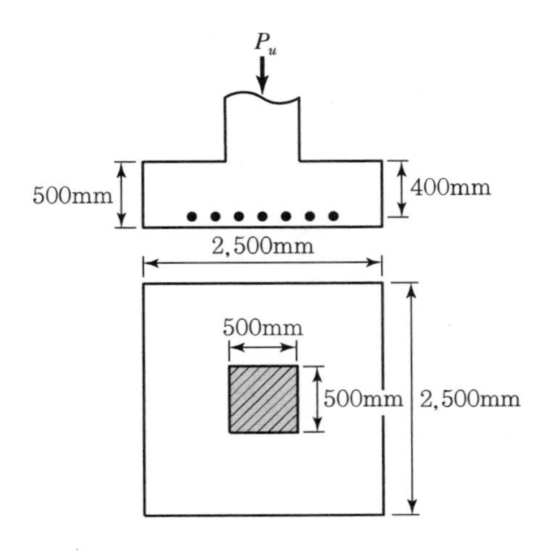

① 3,600
② 4,000
③ 4,400
④ 4,500

해설

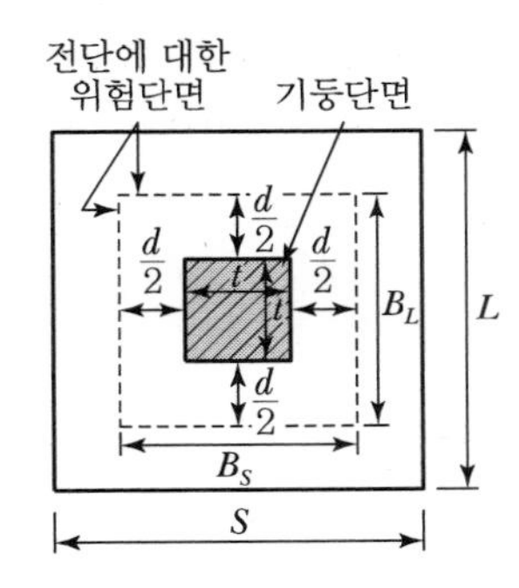

$L = S = 2,500\text{mm}$

$B = B_S = B_L$
$= t + d$
$= 500 + 400 = 900\text{mm}$

$b_o = 4B$
$= 4 \times 900 = 3,600\text{mm}$

정답 ①

9급 2017년 서울시

28 그림과 같이 독립확대기초에서 2방향 편칭전단에 대한 위험단면의 둘레길이가 4,000mm 일 때 기둥의 면적은?

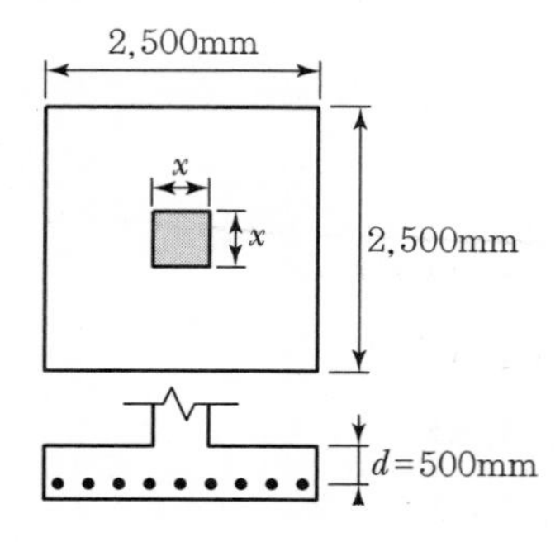

① 200,000mm²
② 230,000mm²
③ 250,000mm²
④ 300,000mm²

해설

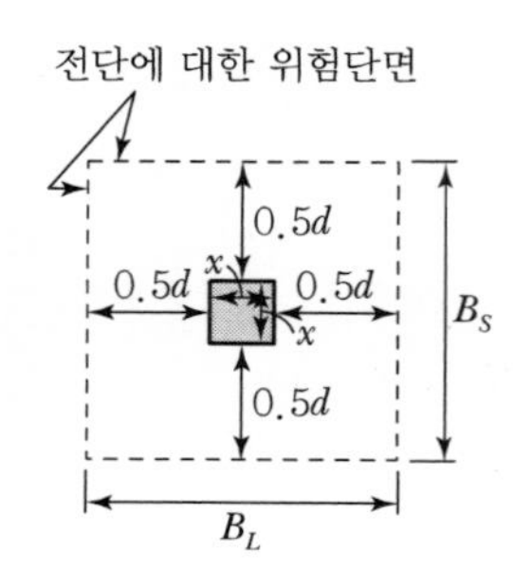

$B = B_S = B_L = x + d$

$b_o = 4B = 4(x+d) = 4{,}000\text{mm}$

$x = 1{,}000 - d = 1{,}000 - 500 = 500\text{mm}$

$A = x^2 = 500^2 = 250{,}000\text{mm}^2$

정답 ③

9급 2018년 국가직

29 그림과 같은 2방향 확대기초에서 계수하중 P_u = 1,000kN이 작용할 때, 위험단면에 작용하는 계수전단력 V_u[kN]는?(단, 설계코드(KDS : 2016)와 2012년도 콘크리트구조기준을 적용한다.)

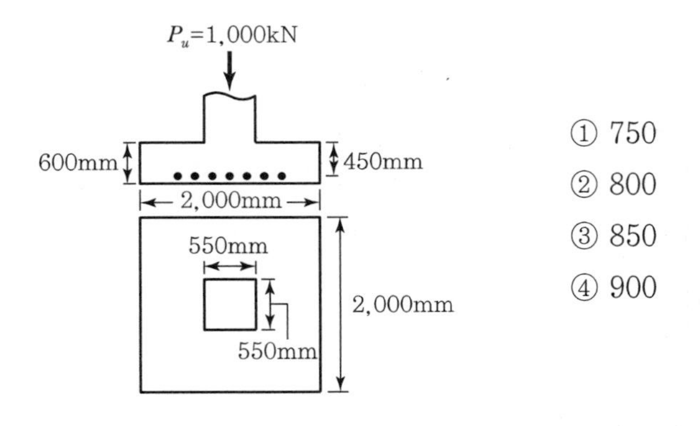

① 750
② 800
③ 850
④ 900

해설

1. 2방향 확대기초에서 전단에 대한 위험단면의 주변길이(B)

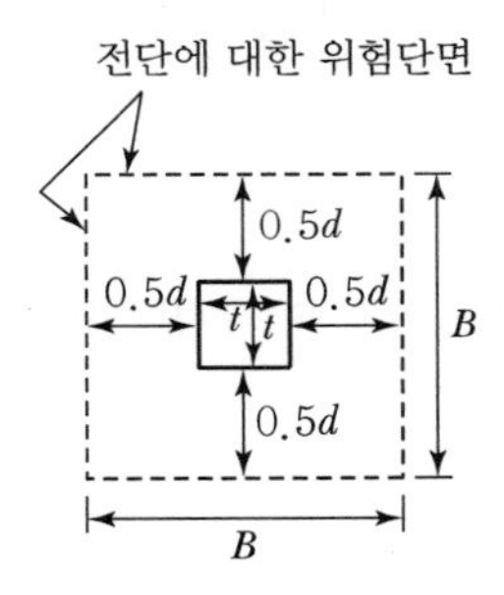

$t = 550\text{mm}$

$B = t + d = 550 + 450 = 1,000\text{mm}$

2. 2방향 확대기초에서 전단에 대한 위험단면의 계수전단력(V_u)

$$q_u = \frac{P_u}{A} = \frac{P_u}{SL} = \frac{1,000 \times 10^3}{2,000 \times 2,000} = 0.25\text{N/mm}^2$$

$$V_u = q_u(SL - B^2) = 0.25(2,000^2 - 1,000^2) = 750 \times 10^3\text{N} = 750\text{kN}$$

정답 ①

9급 2019년 국가직

30 그림과 같은 2방향 확대기초에 자중을 포함한 계수하중 $P_u = 1,600\text{kN}$이 작용할 때, 위험단면의 계수전단력 V_u[kN]는?(단, 2012년도 콘크리트구조기준을 적용한다.)

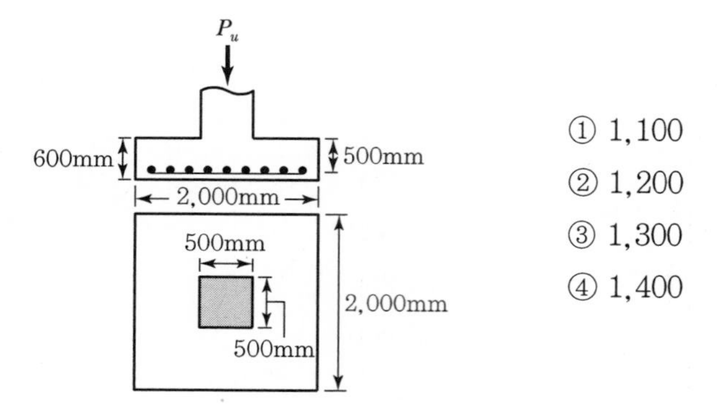

① 1,100
② 1,200
③ 1,300
④ 1,400

해설

1. 2방향 확대기초에서 전단에 대한 위험단면의 주변길이(B)

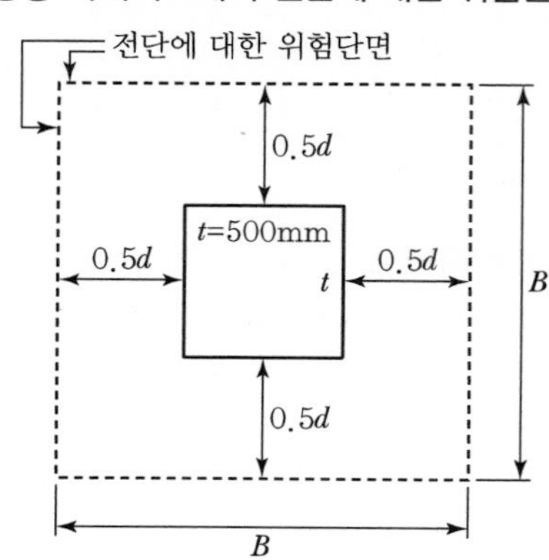

$B = t + d = 500 + 500 = 1,000\text{mm}$

2. 전단에 대한 위험단면의 계수전단력(V_u)

$$q_u = \frac{P_u}{A} = \frac{1,600}{2 \times 2} = 400\text{kN/m}^2$$

$$V_u = q_u(SL - B^2) = 400(2 \times 2 - 1 \times 1) = 1,200\text{kN}$$

정답 ②

9급 2012년 국가직

31 다음과 같은 기초판에 자중을 포함한 계수 축방향 하중 $P_u = 900\text{kN}$ 이 콘크리트 기둥 도심에 편심 없이 작용할 때, 직사각형 확대기초의 2방향 전단에 대한 위험단면에서의 계수전단력 V_u[kN]는?

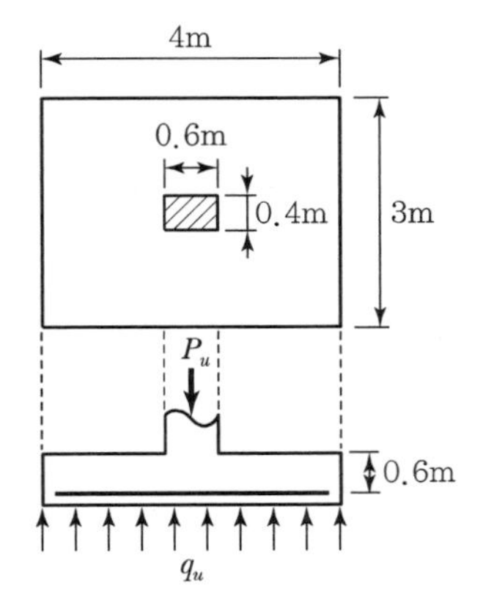

① 745kN ② 810kN ③ 845kN ④ 910kN

해설

• 2방향 작용의 경우 확대기초에서 전단에 대한 위험단면의 주변길이(B_L, B_S)

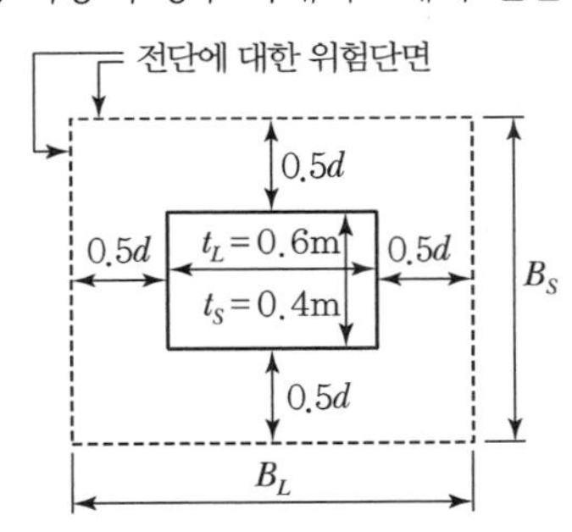

$B_S = t_s + 1.0d = 0.4 + 1.0 \times 0.6 = 1.0\text{m}$

$B_L = t_L + 1.0d = 0.6 + 1.0 \times 0.6 = 1.2\text{m}$

• 위험단면에서 계수전단력(V_u)

$q_u = \dfrac{P_u}{A} = \dfrac{900}{3 \times 4} = 75\text{kN/m}^2$

$V_u = q_u(SL - B_s B_L) = 75(3 \times 4 - 1.0 \times 1.2) = 810\text{kN}$

정답 ②

9급 2018년 지방직

32 그림과 같이 계수 축방향 하중 P_u가 편심 없이 작용하는 독립확대기초에서 2방향 전단력은 1방향 전단력의 몇 배인가?(단, 확대기초 주철근의 유효깊이는 1m이다.)

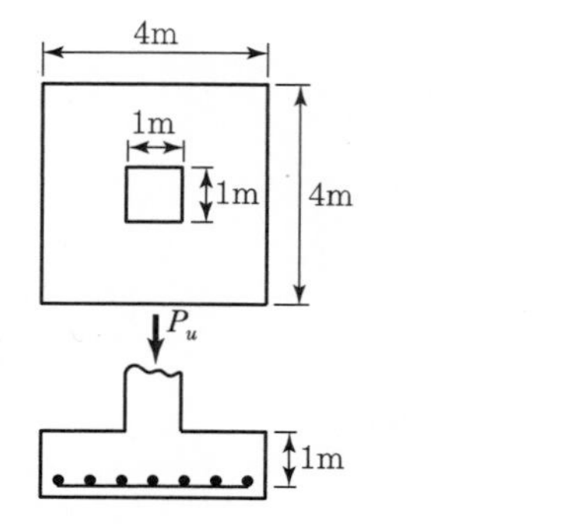

① 3
② 4
③ 5
④ 6

해설

1. 1방향 확대기초에서 전단에 대한 위험단면의 계수전단력($V_{u(1)}$)

$$V_{u(1)} = q_u \cdot S\left(\frac{L-t}{2} - d\right) = q_u \cdot 4\left(\frac{4-1}{2} - 1\right) = 2q_u$$

2. 2방향 확대기초에서 전단에 대한 위험단면의 계수전단력($V_{u(2)}$)

$$B = t + d = 1 + 1 = 2\text{m}$$

$$V_{u(2)} = q_u(LS - B^2) = q_u(4^2 - 2^2) = 12q_u$$

3. $$\frac{V_{u(2)}}{V_{u(1)}} = \frac{12q_u}{2q_u} = 6$$

정답 ④

9급 2012년 지방직

33 철근콘크리트 기초판의 설계에 대한 설명으로 옳지 않은 것은?

① 독립확대기초의 휨모멘트는 기초판을 자른 수직면에서 그 수직면의 한쪽 전체 면적에 작용하는 힘에 대해 계산하여야 한다.

② 콘크리트 기둥, 받침대 또는 벽체를 지지하는 기초판의 최대 계수휨모멘트를 계산할 때 위험단면은 기둥, 받침대 또는 벽체의 외면으로 한다.

③ 2방향 직사각형 기초판에서 철근은 장변 및 단변 방향으로 전체 폭에 균등하게 배치하여야 한다.

④ 말뚝기초의 기초판 설계에서 말뚝의 반력은 각 말뚝의 중심에 집중된다고 가정하여 휨모멘트와 전단력을 계산할 수 있다.

해설

2방향 직사각형 기초판에서 휨철근은 다음과 같이 배치한다.

㉠ 긴 변 방향의 철근은 기초판의 전 폭에 걸쳐 등간격으로 배치한다.

㉡ 짧은 변 방향의 철근은 다음 식으로 계산되는 양을 짧은 변의 폭만큼의 중앙구간에 균등하게 배치하고, 나머지 양은 양쪽 구간에 등간격으로 배치한다.

$$A_{sc} = \frac{2}{\beta+1} A_{ss}$$

여기서, A_{sc} : 중앙구간에 배치할 철근량

A_{ss} : 짧은 변 방향으로 배치할 철근량

β : 긴 변과 짧은 변의 비, $\beta = \dfrac{L(\text{긴 변의 길이})}{S(\text{짧은 변의 길이})}$

9급 2016년 서울시

34 다음 그림과 같은 2방향 직사각형 기초판에서 짧은 변 방향의 전체 철근량이 $10{,}000\text{mm}^2$라 할 때 집중구간 유효폭 b에 배근되어야 할 철근량은?

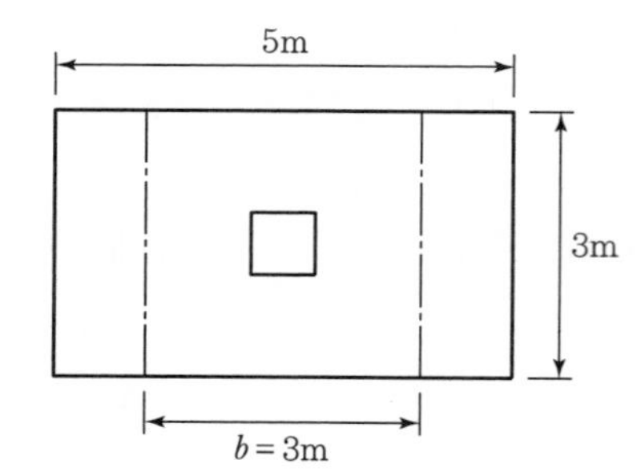

① $5{,}200\text{mm}^2$
② $6{,}000\text{mm}^2$
③ $6{,}800\text{mm}^2$
④ $7{,}500\text{mm}^2$

해설

$$\beta = \frac{L(\text{긴 변의 길이})}{S(\text{짧은 변의 길이})} = \frac{5}{3}$$

$$A_{sc} = \frac{2}{\beta+1}A_{ss} = \frac{2}{\left(\frac{5}{3}\right)+1} \times 10{,}000 = 7{,}500\text{mm}^2$$

여기서, A_{sc} : 중앙 구간에 배치할 철근량
A_{ss} : 짧은 변 방향으로 배치할 철근량

정답 ④

9급 2018년 서울시(2차)

35 장변이 6m이고, 단변이 4m인 독립확대기초에서 단변 방향으로 배치할 총 철근량이 $3{,}000\text{mm}^2$이다. 이때 단변 방향으로 단변의 폭만큼 중앙 구간에 등간격으로 배치할 철근량은?

① $2{,}400\text{mm}^2$
② $3{,}000\text{mm}^2$
③ $1{,}500\text{mm}^2$
④ $1{,}200\text{mm}^2$

해설

$$\beta = \frac{L}{S} = \frac{6}{4} = 1.5$$

$$A_{sc} = \frac{2}{\beta+1}A_{ss} = \frac{2}{1.5+1} \times 3{,}000 = 2{,}400\text{mm}^2$$

정답 ①

9급 2008년 국가직

36 콘크리트 기초판 설계 시 고려하여야 할 사항으로 옳지 않은 것은?

① 말뚝기초에서 임의 단면에 대한 전단력은 말뚝 중심이 그 단면에서 $d_{pile}/2$ 이상 내측에 있는 경우, 말뚝의 반력은 전단력으로 작용하는 것으로 하여야 한다.

② 기초판에서 휨모멘트, 전단력 및 철근정착에 대한 위험단면의 위치를 정할 경우, 원형 또는 정다각형인 콘크리트 기둥이나 받침대는 같은 면적의 정사각형 부재로 취급할 수 있다.

③ 기초판 상연에서부터 하부 철근까지의 깊이는 흙에 놓이는 기초의 경우는 150 mm 이상, 말뚝기초의 경우는 300 mm 이상으로 하여야 한다.

④ 1방향 기초판 또는 2방향 정사각형 기초판에서 철근은 기초판 전체 폭에 걸쳐 균등하게 배치하여야 한다.

해설

말뚝기초에서 임의 단면에 대한 전단력은 말뚝 중심이 그 단면에서 $d_{pile}/2$ 이상 외측에 있는 경우, 말뚝의 반력이 전단력으로 작용하는 것으로 하여야 한다.

정답 ①

9급 2018년 서울시(1차)

37 기초설계와 관련한 내용으로 가장 옳은 것은?(단, A_g는 지지되는 부재의 기둥단면의 총 면적, d는 유효깊이이다.)

① 기초판 상단에서부터 철근까지의 길이를 직접기초는 100mm 이상, 말뚝기초는 200mm 이상으로 한다.

② 다우얼철근(dowel)의 최소 면적은 $0.05A_g$이고, 2개 이상이어야 한다.

③ 2방향 기초에서 전단에 대한 위험단면의 위치는 기둥 전면으로부터 d만큼 떨어진 곳이다.

④ 전면기초 저면과 기초지반 사이에는 압축력만 작용하는 것으로 가정한다.

해설

① 기초판 상단에서부터 철근까지의 깊이를 직접기초는 150mm 이상, 말뚝기초는 300mm 이상으로 한다.

② 다우얼철근(dowel)의 최소 면적은 $0.005A_g$이고, 2개 이상이어야 한다.

③ 2방향 기초에서 전단에 대한 위험단면의 위치는 기둥 전면으로부터 $\frac{d}{2}$만큼 떨어진 곳이다.

정답 ④

9급 2013년 국가직

38 **구조물 기초설계 시 말뚝본체의 허용압축하중 결정 시 고려해야 하는 사항으로 옳지 않은 것은?**

① 허용압축하중을 산정하기 위한 강말뚝 본체의 유효단면적은 구조물 사용기간 중의 부식을 공제한 값으로 한다.

② 현장타설 콘크리트말뚝 본체의 허용압축하중은 콘크리트와 보강재로 구분하여 허용압축하중을 각각 산정한 다음, 이 두 값 중 작은 값으로 결정한다.

③ RC말뚝 본체의 허용압축하중은 콘크리트의 허용압축응력에 콘크리트의 단면적을 곱한 값에 장경비 및 말뚝이음에 의한 지지하중 감소를 고려하여 결정한다.

④ 현장타설 콘크리트말뚝 보강재의 허용압축하중은 보강재의 허용압축응력에 보강재의 단면적을 곱한 값으로 한다.

해설

현장타설 콘크리트말뚝 본체의 허용압축하중은 콘크리트와 보강재의 허용압축하중을 각각 산정하여 합한 값으로 결정한다.

정답 ②

9급 2014년 지방직

39 **얕은기초의 설계를 위한 극한지지력 산정 시 지하수위가 그림과 같이 기초에 근접해 있을 경우, Terzaghi 지지력 공식에서 지하수위를 고려하는 방안에 대한 설명으로 옳지 않은 것은?(단, Terzaghi 지지력 공식(띠, 연속기초) $q_{ult} = cN_c + qN_q + \frac{1}{2}\gamma BN_\gamma$이고, 지지력 공식에서 q_{ult} = 극한지지력, B = 기초의 폭, c = 흙의 점착력, $q = \gamma D_f$, γ = 흙의 단위중량, γ_t = 습윤단위중량, γ' = 수중단위중량, γ_{sat} = 포화단위중량, γ_w = 물의 단위중량이며 N_c, N_q, N_γ는 지지력계수이다. 또한 D_w = 지하수위의 깊이, D_f = 기초의 근입깊이이고, 지하수의 흐름은 없는 것으로 가정한다.)**

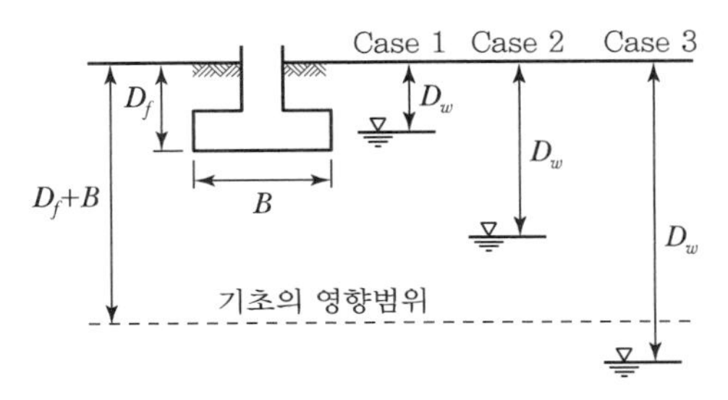

① 지하수위가 기초 바닥 위에 존재하는 경우(Case 1), 지하수위 위쪽 지반의 단위중량은 습윤단위중량 γ_t를 사용하고, 지하수위 아래쪽 지반의 단위중량은 수중단위중량 $\gamma'(=\gamma_{sat}-\gamma_w)$을 사용하여 극한지지력을 산정한다.

② 지하수위가 기초 바닥 위에 존재하는 경우(Case 1), Terzaghi 지지력 공식은 $q_{ult} = cN_c + [\gamma_t D_w + \gamma'(D_f - D_w)]N_q + \frac{1}{2}\gamma' BN_\gamma$와 같이 수정하여 적용한다.

③ 지하수위가 기초 바닥 아래와 기초의 영향범위 사이에 존재하는 경우(Case2), Terzaghi 지지력 공식에서 $q = \gamma_t D_f$를 사용하고 $\frac{1}{2}\gamma BN_\gamma$는 $\frac{1}{2}(\gamma_{sat} - \gamma_w) BN_\gamma$로 수정하여 극한지지력을 산정한다.

④ 지하수위가 기초의 영향범위 아래에 존재하는 경우(Case 3), 지하수위가 기초의 영향범위 $(D_f + B)$보다 깊게 위치하여 지하수위에 대한 영향을 고려할 필요가 없으므로 흙의 단위 중량은 습윤단위중량 γ_t를 사용하여 극한지지력을 산정한다.

해설

지하수위가 기초 바닥 아래와 기초의 영향범위 사이에 존재하는 경우(Case 2), Terzaghi 지지력 공식에서 $q = \gamma_t D_f$를 사용하고, $\frac{1}{2}\gamma BN_\gamma$는

$\frac{1}{2}\left[(\gamma_{sat} - \gamma_w) + \frac{d}{B}\{\gamma_t - (\gamma_{sat} - \gamma_w)\}\right]BN_\gamma$로 수정하여 극한지지력을 산정한다.

정답 ③

Chapter 10

옹벽

Contents

01 서론

1. 옹벽의 정의

비탈진 경사면의 토사 붕괴를 방지할 목적으로 만들어진 구조물을 옹벽이라고 한다.

2. 옹벽의 종류

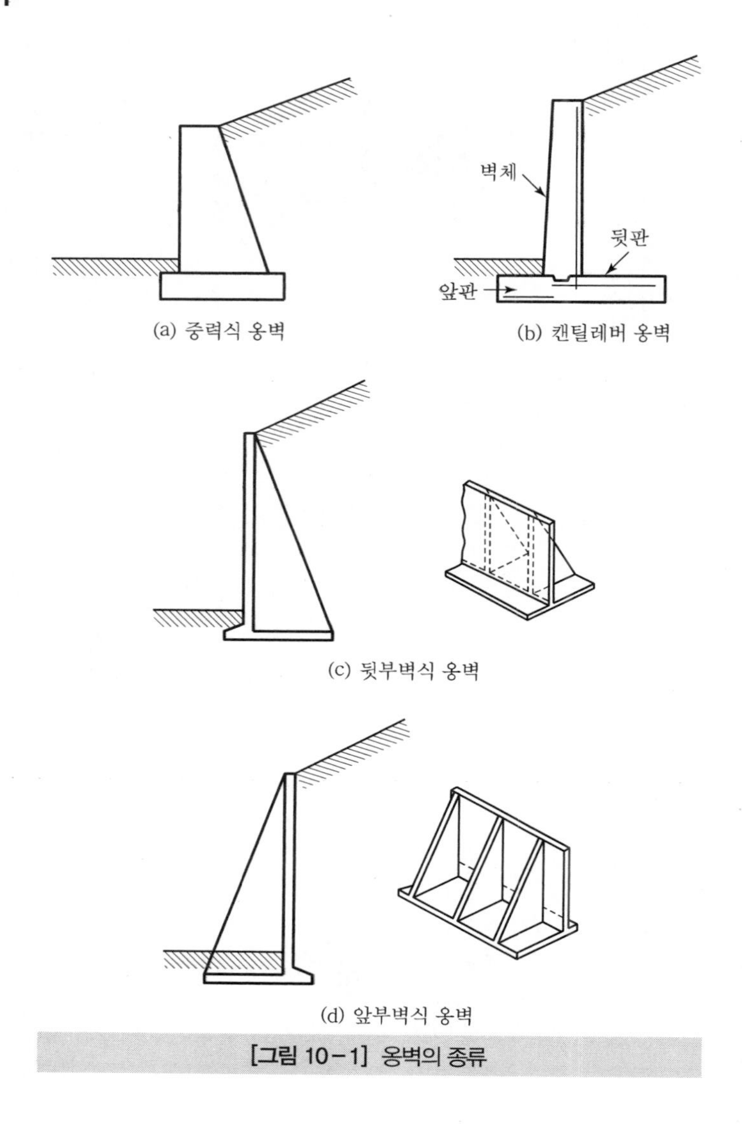

[그림 10-1] 옹벽의 종류

(1) 중력식 옹벽

[그림 10－1]의 (a)와 같이 무근콘크리트로 만들어지며 자중에 의하여 안정을 유지하는 옹벽을 중력식 옹벽이라고 한다.

(2) 캔틸레버 옹벽

[그림 10－1]의 (b)와 같이 철근콘크리트로 만들어진 옹벽을 캔틸레버 옹벽이라고 하며 역T형 옹벽이라고도 한다.
가장 보편적으로 사용되는 옹벽으로서 옹벽의 벽체(Stem), 뒷판(Heel) 및 앞판(Toe)은 각각 캔틸레버로 작용한다.

(3) 뒷부벽식 옹벽

[그림 10－1]의 (c)와 같이 캔틸레버 옹벽의 후면에 일정한 간격의 부벽을 설치하여 보강한 옹벽을 뒷부벽식 옹벽이라고 한다.

(4) 앞부벽식 옹벽

[그림 10－1]의 (d)와 같이 캔틸레버 옹벽의 전면에 일정한 간격의 부벽을 설치하여 보강한 옹벽을 앞부벽식 옹벽이라고 한다.

02 옹벽의 설계

1. 옹벽의 종류에 따른 위치별 설계방법

옹벽의 종류에 따른 위치별 설계방법은 [표 10－1]과 같다.

[표 10－1] 옹벽의 종류에 따른 위치별 설계방법

옹벽의 종류	설계위치	설계방법(설계모델)
캔틸레버 옹벽	전면벽 저 판	캔틸레버
뒷부벽식 옹벽	전면벽 저 판 뒷부벽	2방향 슬래브 연속보 T형보
앞부벽식 옹벽	전면벽 저 판 앞부벽	2방향 슬래브 연속보 직사각형보

2. 옹벽에 작용하는 하중

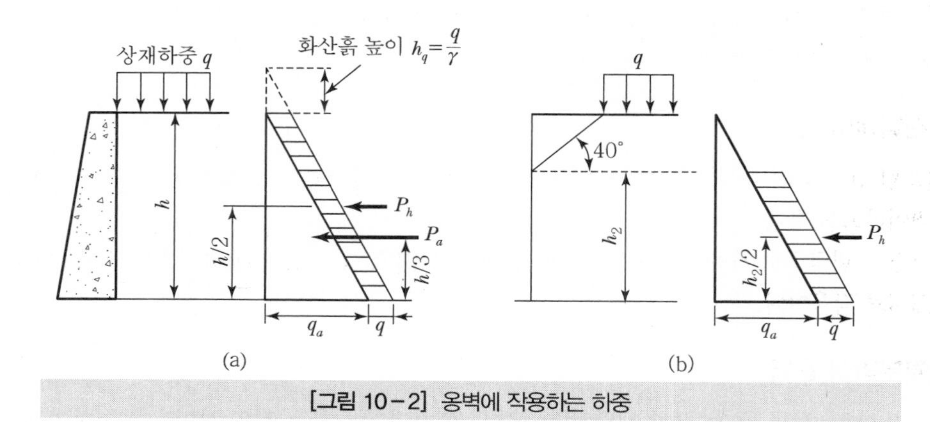

[그림 10-2] 옹벽에 작용하는 하중

(1) 토압

토압은 흙의 단위중량과 깊이에 비례한다. [그림 10-2]의 (a)와 같이 지표면으로부터 h깊이의 토압(q_a)은 다음과 같다.

$$q_a = C_a \gamma h \quad \cdots\cdots (10.1)$$

여기서, C_a : 흙의 물리적 성질에 따른 계수
γ : 흙의 단위중량

(2) 주동토압

옹벽 배후의 주동토압(P_a)은 다음과 같다.

$$P_a = \frac{1}{2} q_a h = \frac{1}{2} C_a \gamma h^2 \quad \cdots\cdots (10.2)$$

(3) 상재하중

상재하중(q)을 뒤채움 흙의 단위중량(γ)으로 나누어 줌으로써 흙의 높이로 환산하여 그 높이만큼 뒤채움 흙이 더 쌓인 것으로 고려한다.

$$h_q = \frac{q}{\gamma} \quad \cdots\cdots (10.3)$$

여기서, h_q : 환산 흙높이
q : 상재하중(단위 면적당 하중)

참고

◈ 상재하중이 옹벽에서 얼마간 떨어진 곳에서 작용할 경우
수평면과 40°를 이루는 곳에서부터 상재하중이 옹벽에 영향을 준다고 본다.([그림 10-2]의 (b) 참고)

3. 옹벽의 안정

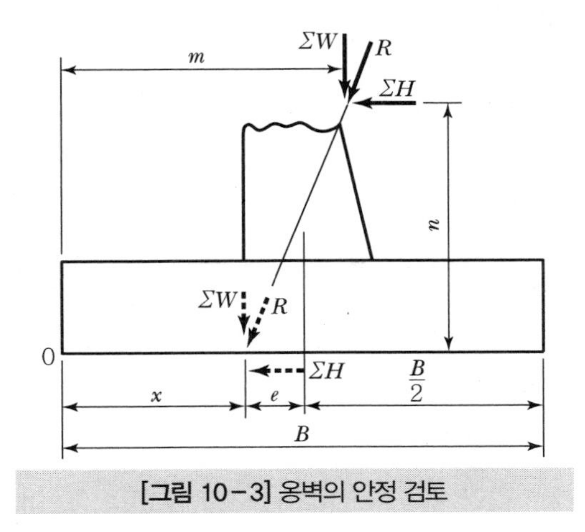

[그림 10-3] 옹벽의 안정 검토

(1) 전도에 대한 안정

1) 전도에 대한 안전율

$$\frac{M_r}{M_a} = \frac{m(\sum W)}{n(\sum H)} \geq 2.0 \qquad (10.4)$$

여기서, M_r : 저항모멘트

M_a : 전도모멘트

$\sum W$: 옹벽의 자중을 포함한 연직하중의 합계

$\sum H$: 토압을 포함한 수평하중의 합계

2) 전도에 대한 기타 사항

옹벽에 작용하는 모든 하중의 합력(R)의 작용선은 기초 저판의 중앙 $\frac{1}{3}$ 안에 있어야 한다.

(2) 활동에 대한 안정

1) 활동에 대한 안전율

$$\frac{f(\sum W)}{\sum H} \geq 1.5 \quad \cdots\cdots (10.5)$$

여기서, f : 기초 지반과 옹벽의 기초 저면 사이의 마찰계수

2) 활동에 대한 기타 사항

활동에 대한 저항력을 증가시키기 위하여 옹벽의 폭을 증가시키거나 또는 활동방지벽(Base Shear Key)을 설치하기도 한다.

(3) 침하에 대한 안정

1) 침하에 대한 안전율

$$\frac{q_a}{q_{max}} \geq 1.0 \quad \cdots\cdots (10.6)$$

여기서, q_a : 지반의 허용지지력

q_{max} : 최대 지지반력

$$q_{\left(\substack{max \\ min}\right)} = \frac{\sum W}{B}\left(1 \pm \frac{6e}{B}\right) \quad \cdots\cdots (10.7)$$

2) 침하에 대한 기타 사항

지반의 허용지지력(q_a)은 지반의 극한지지력(q_u)의 $\frac{1}{3}$이어야 한다.

03 옹벽의 구조세목

(1) 옹벽의 연장이 30m 이상 될 경우에는 신축이음을 두어야 한다. 신축이음은 30m 이하의 간격으로 설치하되 완전히 끊어서 온도변화와 지반의 부등침하에 대비해야 한다. 신축이음에서는 철근도 끊어야 하며, 콘크리트가 서로 물리게 하는 것이 바람직하다.

(2) 옹벽 연직벽의 표면에는 연직방향으로 V형 홈의 수축이음을 두어야 한다. 그 간격은 9m 이하라야 한다. 수축이음에서는 철근을 끊어서는 안 된다. 이러한 V형의 수축이음을 설치하면 벽 표면의 건조수축으로 인한 균열을 V형 홈에서 받아들이게 되어 균열이 방지된다.

(3) 수축과 온도변화에 의한 균열을 방지하기 위하여 벽의 노출면에 가깝게 수평, 수직 두 방향으로 철근을 배치해야 한다. 이 철근은 될 수 있는 대로 가는 것을 좁은 간격으로 배치하는 것이 좋다.

1) 수평으로 배치되는 수축 및 온도철근의 벽체 단면적에 대한 최소 철근비

① $f_y \geq 400$MPa인 D16 이하의 이형철근 ········ 0.0020

② 그 밖의 이형철근 ········ 0.0025

③ 지름이 16mm 이하인 용접철망 ········ 0.0020

2) 수직으로 배치되는 수축 및 온도철근의 벽체 단면적에 대한 최소 철근비

① $f_y \geq 400$MPa인 D16 이하의 이형철근 ········ 0.0012

② 그 밖의 이형철근 ········ 0.0015

③ 지름이 16mm 이하인 용접철망 ········ 0.0012

3) 수평 및 수직철근의 간격

수평 및 수직철근의 간격은 벽체두께의 3배 이하, 450mm 이하라야 한다.

(4) D35 이하의 철근이 배치된 벽체의 노출면에서 피복두께는 20mm 이상이라야 하고, 흙에 접하여 타설되고 영구히 흙에 묻히는 콘크리트의 피복두께는 80mm 이상이라야 한다.

(5) 옹벽 연직벽의 전면은 1 : 0.02 정도의 경사를 뒤로 두어 시공오차나 지반침하에 의해서 벽면이 앞으로 기우는 것을 방지한다.

(6) 옹벽에는 쉽게 배수될 수 있는 높이에 65mm 이상 지름의 배수구멍을 4.5m 정도의 간격으로 설치해야 한다. 뒷부벽식 옹벽에서는 부벽의 각 격간에 1개 이상의 배수구멍을 두어야 한다. 옹벽의 뒤채움 속에는 배수구멍으로 물이 잘 모이도록 배수층을 두어야 한다. 배수층에는 조약돌이나 부순돌 또는 자갈을 사용하며, 배수층의 두께는 300~400mm 정도로 한다.

Item pool
예상문제 및 기출문제

9급 2012년 서울시

01 다음 중 철근콘크리트 옹벽에 관한 설명으로 옳지 않은 것은?

① 부벽식 옹벽의 전면벽은 3변 지지된 2방향 슬래브로 설계할 수 있다.
② 캔틸레버식 옹벽의 저판은 전면벽과의 접합부를 힌지로 간주하여 설계한다.
③ 뒷부벽은 T형보, 앞부벽은 직사각형보로 해석한다.
④ 옹벽의 설계 시에는 옹벽의 자중, 옹벽배면의 토압, 뒤채움흙의 무게, 지반반력, 상재하중 등을 고려한다.
⑤ 철근콘크리트 옹벽의 종류에는 캔틸레버식 옹벽, 뒷부벽식 옹벽, 앞부벽식 옹벽 등이 있다.

해설

캔틸레버식 옹벽의 저판은 전면벽과의 접합부를 고정단으로 간주하여 설계한다.

정답 ②

9급 2016년 지방직

02 그림 중 역T형 옹벽의 개략적인 주철근 배근으로 가장 적절한 것은?

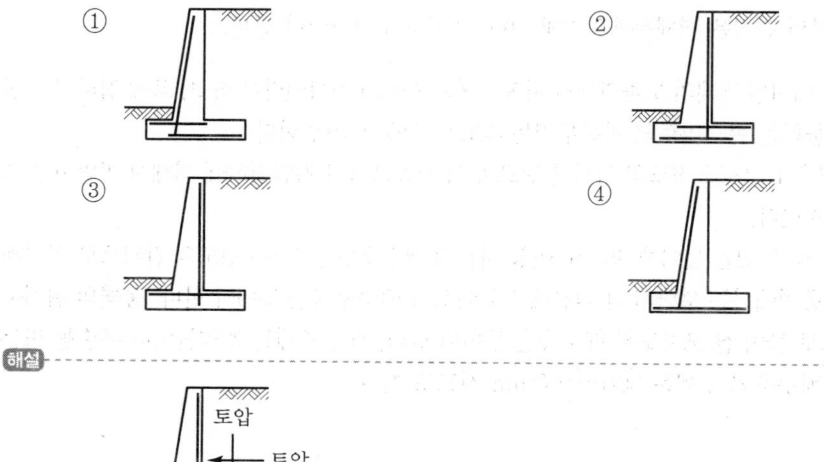

해설

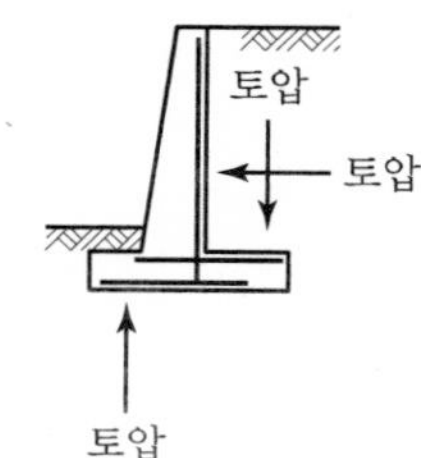

정답 ②

9급 2010년 서울시

03 옹벽에 관한 설명으로 틀린 것은?

① 부벽식 옹벽의 전면벽은 3변 지지된 2방향 슬래브로 설계할 수 있다.

② 캔틸레버식 옹벽의 저판은 전면벽과의 접합부를 고정단으로 간주하여 설계한다.

③ 뒷부벽은 T형보, 앞부벽은 직사각형보로 해석한다.

④ 옹벽의 설계 시에는 옹벽의 자중을 무시하고 토압만을 고려하여 설계한다.

⑤ 철근콘크리트 옹벽의 종류에는 캔틸레버식 옹벽, 뒷부벽식 옹벽, 앞부벽식 옹벽 등이 있다.

해설

옹벽의 설계 시에는 옹벽의 자중, 상재하중, 뒤채움 흙의 중량, 옹벽에 작용하는 토압, 그리고 경우에 따라서는 수압 등을 고려하여 설계한다.

정답 ④

9급 2009년 지방직

04 옹벽설계 시 구조해석에 대한 설명으로 옳지 않은 것은?

① 캔틸레버식 옹벽의 저판은 전면벽과의 접합부를 고정단으로 간주한 캔틸레버로 가정하여 단면을 설계할 수 있다.

② 부벽식 옹벽의 저판은 정밀한 해석이 사용되지 않는 한 부벽 간의 거리를 경간으로 가정한 고정보 또는 연속보로 설계할 수 있다.

③ 캔틸레버식 옹벽의 전면벽은 저판에 지지된 캔틸레버로 설계할 수 있다.

④ 부벽식 옹벽의 전면벽은 2변 지지된 2방향 슬래브로 설계할 수 있다.

해설

부벽식 옹벽의 전면벽은 3변 지지된 2방향 슬래브로 설계할 수 있다.

정답 ④

9급 2010년 국가직

05 옹벽의 구조세목 중 옳지 않은 것은?

① 콘크리트가 흙에 접하는 면에서는 최소 피복두께를 80mm 이상으로 해야 한다.

② 부벽식 옹벽의 전면벽은 3변 지지된 2방향 슬래브로 설계할 수 있다.

③ 전도 및 지반반력에 대한 안정조건은 만족하지만, 활동에 대한 안정조건을 만족하지 못할 경우에는 활동방지벽 혹은 횡방향 앵커 등을 설치하여 활동저항력을 증대시킬 수 있다.

④ 부벽식 옹벽의 저판은 정밀한 해석이 사용되지 않는 한 부벽 간의 거리를 경간으로 가정한 단순보로 설계할 수 있다.

해설

부벽식 옹벽의 저판은 정밀한 해석이 사용되지 않는 한 부벽 간의 거리를 경간으로 가정한 고정보 또는 연속보로 설계할 수 있다.

정답 ④

9급 2011년 지방직

06 옹벽에 대한 설명으로 옳지 않은 것은?

① 옹벽은 상재하중, 뒤채움 흙의 중량, 옹벽의 자중 및 옹벽에 작용하는 토압, 경우에 따라서는 수압에 견디도록 설계되어야 한다.

② 뒷부벽은 직사각형보로 설계하여야 하며, 앞부벽은 T형보로 설계하여야 한다.

③ 부벽식 옹벽의 전면벽은 3변 지지된 2방향 슬래브로 설계할 수 있다.

④ 저판과 전면벽의 접합부를 고정단으로 간주하여, 각각을 캔틸레버로 보고 설계한다.

해설

부벽식 옹벽에서 부벽의 설계

㉠ 뒷부벽 : T형보로 설계

㉡ 앞부벽 : 직사각형보로 설계

정답 ②

9급 2019년 지방직

07 그림과 같은 중력식 옹벽의 전도에 대한 안전율은?(단, 콘크리트의 단위중량 $\gamma_c = 25\text{kN/m}^3$, 흙의 내부마찰각 $\phi = 30°$, 점착력 $c = 0$, 흙의 단위중량 $\gamma_s = 20\text{kN/m}^3$이고, 옹벽 전면에 작용하는 수동토압은 무시하며, KDS(2016) 설계기준을 적용한다.)

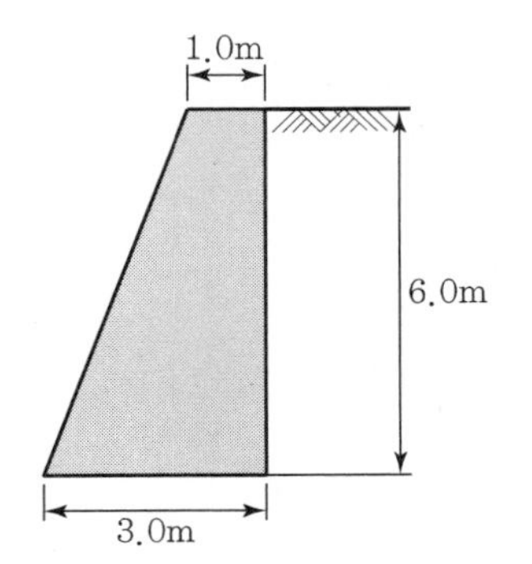

① 1.52
② 2.08
③ 2.40
④ 3.50

해설

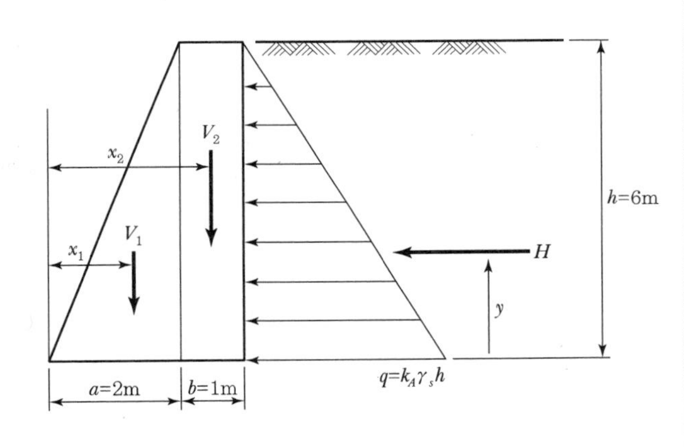

$$k_A = \frac{1-\sin\phi}{1+\sin\phi} = \frac{1-\sin 30°}{1+\sin 30°} = \frac{1}{3}$$

$$H = \frac{1}{2}qh = \frac{1}{2}(k_A\gamma_s h)h = \frac{1}{2}k_A\gamma_s h^2$$

$$= \frac{1}{2}\times\frac{1}{3}\times 20\times 6^2 = 120\text{kN/m}$$

$$V_1 = \gamma_c\left(\frac{ah}{2}\right) = 25\left(\frac{2\times 6}{2}\right) = 150\text{kN/m}$$

$$V_2 = \gamma_c(bh) = 25(1\times 6) = 150\text{kN/m}$$

$$y = \frac{h}{3} = \frac{6}{3} = 2\text{m}$$

$$x_1 = \frac{2}{3}a = \frac{2\times 2}{3} = \frac{4}{3}\text{m}$$

$$x_2 = a + \frac{b}{2} = 2 + \frac{1}{2} = \frac{5}{2}\text{m}$$

$$F.S_{(\text{전도})} = \frac{M_r(\text{저항 모멘트})}{M_0(\text{전도 모멘트})} = \frac{\Sigma(V\cdot x)}{\Sigma(H\cdot y)} = \frac{\left(150\times\frac{4}{3}\right)+\left(150\times\frac{5}{2}\right)}{(120\times 2)} = 2.4$$

정답 ③

9급 2017년 국가직

08 그림과 같이 옹벽의 무게 $W=90\text{kN}$이고 옹벽에 작용하는 수평력 $H=20\text{kN}$일 때, 전도에 대한 안전율과 활동에 대한 안전율은?(단, 옹벽의 무게 및 수평력은 단위폭당 값이며 옹벽의 저판 콘크리트와 흙 사이의 마찰계수는 0.4이고, 2012년도 콘크리트구조기준을 적용한다.)

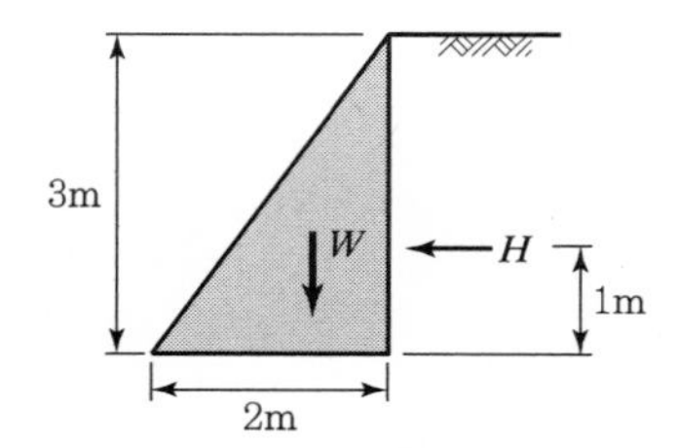

	전도에 대한 안전율	활동에 대한 안전율
①	3.0	1.5
②	3.0	1.8
③	6.0	1.5
④	6.0	1.8

해설

1. 전도에 대한 안전율($F.S._{(o)}$)

$$F.S._{(o)}=\frac{M_r}{M_o}=\frac{90\times\left(2\times\frac{2}{3}\right)}{20\times 1}=6$$

2. 활동에 대한 안전율($F.S._{(s)}$)

$$F.S._{(s)}=\frac{W\cdot f}{\text{H}}=\frac{90\times 0.4}{20}=1.8$$

정답 ④

9급 2017년 서울시

09 〈보기〉와 같은 중력식 옹벽의 무게 $W=90$kN이고 옹벽에 작용하는 수평력 $H=20$kN일 때 전도에 대한 안전율과 활동에 대한 안전율은?(단, 옹벽의 무게 및 수평력은 단위폭당 값이며 옹벽의 저판 콘크리트와 흙 사이의 마찰계수는 0.4이다.)

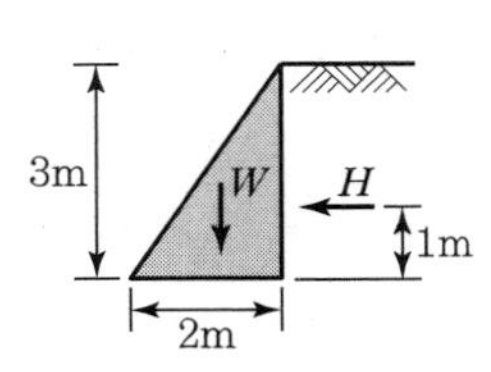

	전도에 대한 안전율	활동에 대한 안전율
①	3.0	1.5
②	3.0	1.8
③	6.0	1.5
④	6.0	1.8

해설

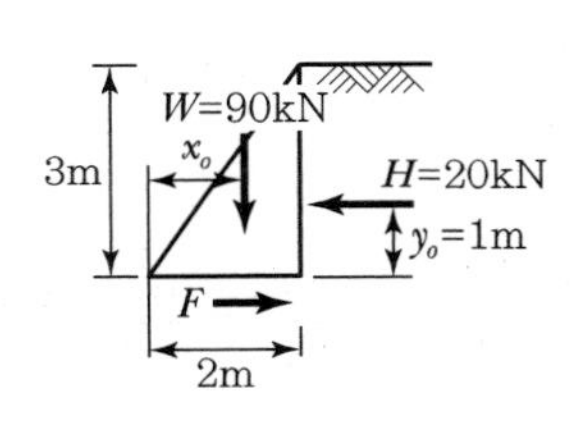

• 전도에 대한 안전율($FS_{(전도)}$)

$$FS_{(전도)}=\frac{M_r(\text{저항모멘트})}{M_o(\text{전도모멘트})}=\frac{wx_o}{Hy_o}=\frac{90\times\left(2\times\frac{2}{3}\right)}{20\times1}=6$$

• 활동에 대한 안전율($FS_{(활동)}$)

$$FS_{(활동)}=\frac{F(\text{마찰저항력})}{H(\text{수평력})}=\frac{f\cdot w}{H}=\frac{0.4\times90}{20}=1.8$$

정답 ④

9급 2016년 서울시

10 다음 그림과 같은 중력식 옹벽에서 전도에 대한 안전율과 활동에 대한 안전율은?(단, 옹벽의 무게 W 및 수평력 H는 단위폭당 값이고, 옹벽의 뒤판 마찰은 무시하며, 옹벽의 저판 콘크리트와 흙 사이의 마찰계수는 0.4이다.)

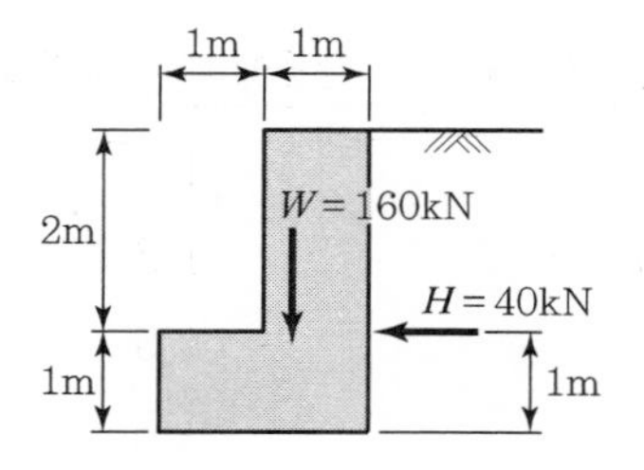

① 전도에 대한 안전율=5, 활동에 대한 안전율=1.8
② 전도에 대한 안전율=4, 활동에 대한 안전율=1.8
③ 전도에 대한 안전율=5, 활동에 대한 안전율=1.6
④ 전도에 대한 안전율=4, 활동에 대한 안전율=1.6

해설

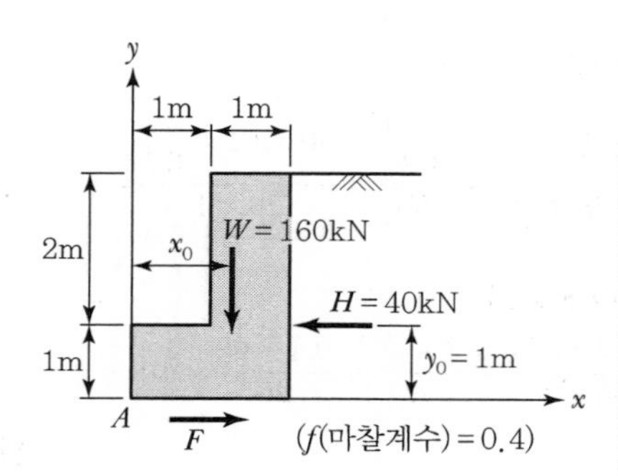

• 옹벽의 자중에 의한 수직력(W)의 작용위치(x_o)

$$x_o = \frac{G_y}{A} = \frac{\{(1\times 2)\times 1\}+\{(2\times 1)\times 1.5\}}{(1\times 2)+(2\times 1)} = 1.25\,\text{m}$$

• 전도에 대한 안전율($FS_{(전도)}$)

$$FS_{(전도)} = \frac{M_r(\text{저항모멘트})}{M_o(\text{전도모멘트})} = \frac{Wx_o}{Hy_o} = \frac{160\times 1.25}{40\times 1} = 5$$

• 활동에 대한 안전율($FS_{(활동)}$)

$$FS_{(활동)} = \frac{F(\text{옹벽 저판과 흙 사이의 마찰저항력})}{H(\text{토압을 포함한 수평력})} = \frac{f\cdot W}{H} = \frac{0.4\times 160}{40} = 1.6$$

정답 ③

9급 2010년 국가직

11 콘크리트 옹벽의 뒷면에서 단위 m 당 수평력의 합력이 20kN이 작용할 때, 활동에 대해 안정하려면 활동저항력의 최솟값[kN]은?

① 20
② 30
③ 40
④ 50

해설

$$1.5 \le \frac{\text{활동에 대한 저항력}(f\cdot V)}{\text{옹벽에 작용하는 수평력}(H)}$$

활동에 대한 저항력$(f\cdot V) \ge 1.5\times$옹벽에 작용하는 수평력

$= 1.5\times 20 = 30\text{kN}$

정답 ②

9급 2009년 국가직

12 **역T형 옹벽에 작용하는 하중에 의한 지반반력이 $q_1 = 20\,\mathrm{kN/m^2}$, $q_2 = 10\,\mathrm{kN/m^2}$이고, 지반과 옹벽저판 사이의 마찰계수는 0.5이다. 옹벽의 활동에 대한 안정을 만족하기 위한 최대 수평력 H[kN]는?**

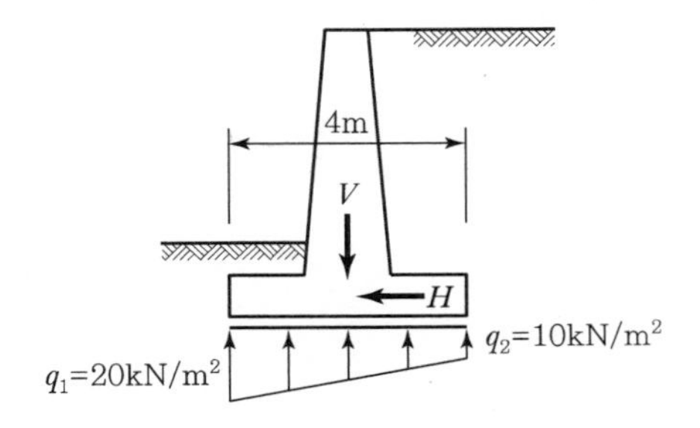

① 20
② 30
③ 40
④ 50

해설

1) 수직력 V

$\Sigma F_y = 0(\uparrow \oplus)$

$$\left(\frac{q_1 + q_2}{2}\right)B - V = 0$$

$$V = \frac{1}{2}B(q_1 + q_2) = \frac{1}{2} \times 4 \times (20 + 10) = 60\mathrm{kN}$$

2) 수평력 H

$$1.5 \le \frac{f \cdot V}{H}$$

$$H \le \frac{f \cdot V}{1.5} = \frac{0.5 \times 60}{1.5} = 20\mathrm{kN}$$

정답 ①

9급 2012년 지방직

13 다음과 같은 콘크리트 옹벽이 활동에 대하여 안정하기 위한 B의 최솟값[m]은?(단, 콘크리트 단위중량은 24kN/m^3, 흙의 단위중량은 20kN/m^3, 토압계수는 0.3, 옹벽저면과 흙의 마찰계수는 0.5이다.)

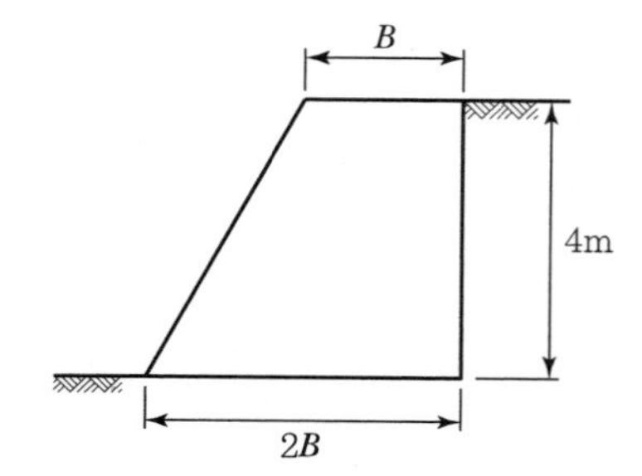

① 0.67
② 1.00
③ 1.34
④ 2.00

해설

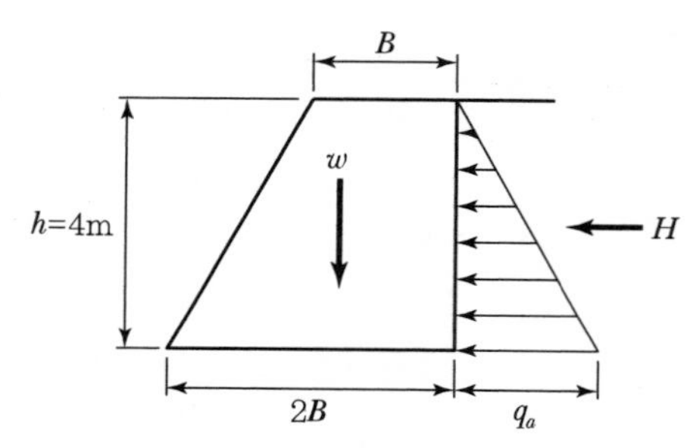

$$q_a = C_a \gamma_s h = 0.3 \times 20 \times 4 = 24\text{kN/m}^2$$

$$H = \frac{1}{2} q_a h = \frac{1}{2} \times 24 \times 4 = 48\text{kN/m}$$

$$w = \gamma_c V = \gamma_c \left(\frac{B+2B}{2} \times h \right) = 24 \left(\frac{3B}{2} \times 4 \right) = 144B\,\text{kN/m}$$

활동에 대한 안정 조건

$$\frac{f \cdot w}{H} \geq 1.5$$

$$\frac{f \cdot 144B}{H} \geq 1.5$$

$$B \geq \frac{1.5H}{144f} = \frac{1.5 \times 48}{144 \times 0.5} = 1\text{m}$$

정답 ②

9급 2017년 서울시

14 무근콘크리트 옹벽이 활동에 대해 안전하기 위한 최대높이 h는?(단, 콘크리트의 단위중량은 24kN/m^3, 흙의 단위 중량은 20kN/m^3, 토압계수는 0.4, 마찰계수는 0.5이며, 「콘크리트구조기준(2012)」을 적용한다.)

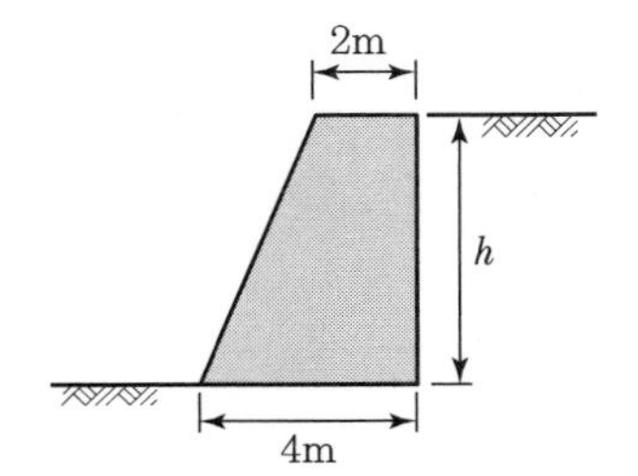

① 5.8m
② 6.0m
③ 6.2m
④ 6.4m

해설

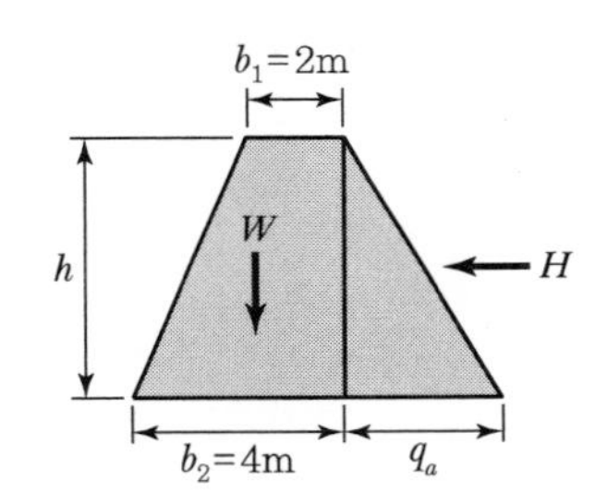

$$q_a = c_a \gamma_s h = 0.4 \times 20 \times h = 8h\,\text{kN/m}^2$$

$$H = \frac{1}{2} q_a h = \frac{1}{2}(8h)h = 4h^2\,\text{kN/m}$$

$$W = \gamma_c V = \gamma_c \left(\frac{b_1 + b_2}{2} \times h \right)$$

$$= 24\left(\frac{2+4}{2} \times h \right) = 72h\,\text{kN/m}$$

활동에 대한 안정조건

$$\frac{f \cdot W}{H} \geq 1.5$$

$$\frac{(0.5) \times (72h)}{(4h^2)} \geq 1.5$$

$$h \leq 6\text{m}$$

정답 ②

9급 2018년 지방직

15 그림과 같이 활동안전율 2.0을 만족시키기 위한 무근콘크리트 옹벽의 최대높이 H[m]는? (단, 콘크리트의 단위중량은 24kN/m³, 흙의 단위중량은 20kN/m³, 주동토압계수는 0.4, 옹벽 저판과 흙 사이의 마찰계수는 0.5이다.)

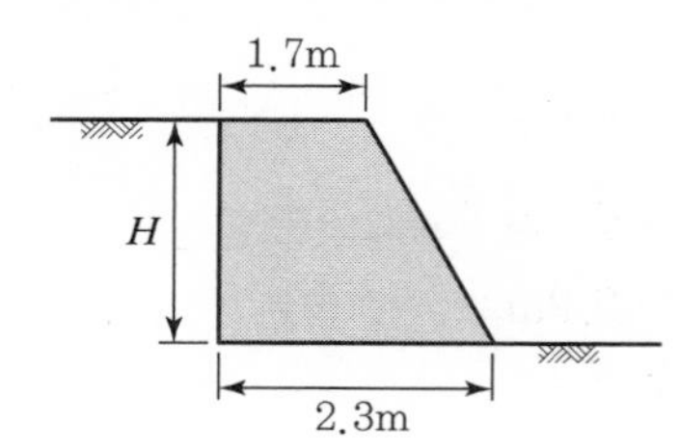

① 2.5
② 3.0
③ 3.5
④ 4.0

해설

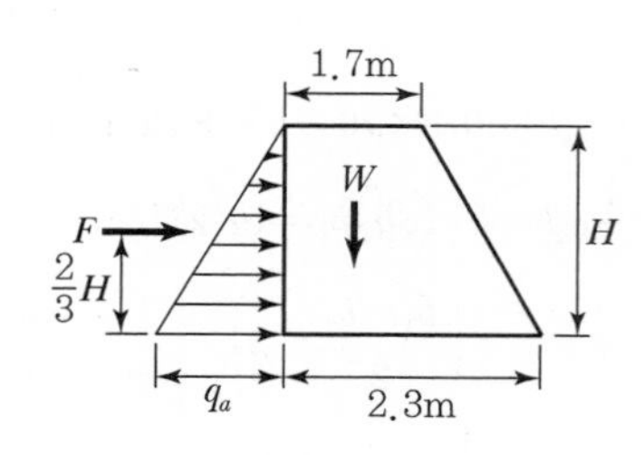

$q_a = C_a \gamma_s H = 0.4 \times 20 \times H = 8H(\text{kN/m}^3)$

$F = \frac{1}{2} q_a H = \frac{1}{2} \times 8H \times H = 4H^2(\text{kN/m}^3)$

$W = \gamma_c \cdot V_c = 24 \times \left(\frac{1.7+2.3}{2} \times H \right) = 48H(\text{kN/m}^2)$

활동에 대한 안정조건

$\frac{f \cdot W}{F} \geq F.S. = 2.0$

$f \cdot W \geq 2.0F$

$0.5(48H) \geq 2.0(4H^2)$

$H \leq 3\text{m}$

정답 ②

9급 2013년 지방직

16 다음 그림과 같이 단위 폭을 갖는 옹벽을 설계할 때, 옹벽의 최대지반반력 q_{max} [kN/m²]는?

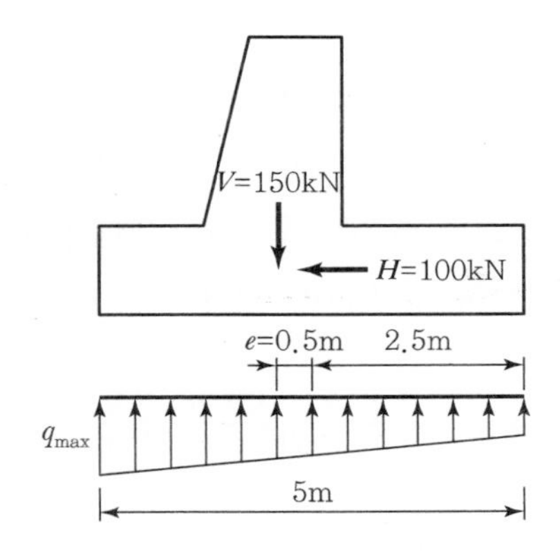

① 12
② 32
③ 48
④ 66

해설

$$q_{max} = \frac{V}{B}\left(1+\frac{6e}{B}\right) = \frac{150}{5}\left(1+\frac{6\times0.5}{5}\right) = 48\text{kN/m}^2$$

정답 ③

9급 2011년 서울시

17 다음 그림과 같은 옹벽의 최대접지압은?

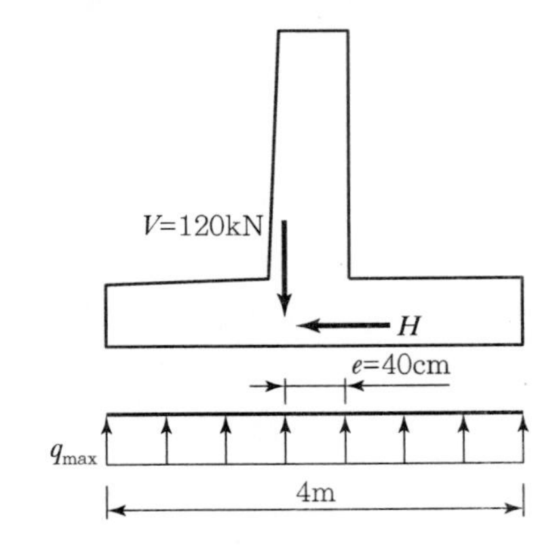

① 12kN/m^2
② 24kN/m^2
③ 32kN/m^2
④ 48kN/m^2
⑤ 64kN/m^2

해설

$$q_{max} = \frac{V}{B}\left(1+\frac{6e}{B}\right) = \frac{120}{4}\left(1+\frac{6\times0.4}{4}\right) = 48\text{kN/m}^2$$

정답 ④

9급 2015년 국가직

18 철근콘크리트 옹벽에서 지반의 단위길이에 발생하는 반력의 크기[kN/m²]는?(단, 옹벽의 자중은 무시한다.)

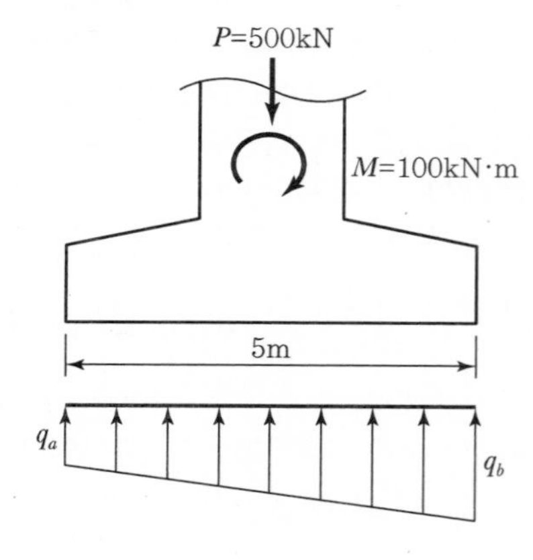

	q_a	q_b
①	68	117
②	76	124
③	82	149
④	91	169

해설

$$e=\frac{M}{P}=\frac{100}{500}=0.2\text{m}$$

$$q_a=q_{\min}=\frac{P}{B}\left(1-\frac{6e}{B}\right)=\frac{500}{5}\left(1-\frac{6\times 0.2}{5}\right)=76\text{kN/m}^2$$

$$q_b=q_{\max}=\frac{P}{B}\left(1+\frac{6e}{B}\right)=\frac{500}{5}\left(1+\frac{6\times 0.2}{5}\right)=124\text{kN/m}^2$$

정답 ②

9급 2014년 지방직

19 그림과 같은 옹벽의 안정검토를 위해 적용되는 수식으로 옳지 않은 것은?(단, w_1 = 저판 위의 토압수직분력, w_2 = 옹벽자체중량, P_h = 수평토압의 합력, Σw = 연직력 합, ΣH = 수평력 합, R = 연직력과 수평력의 합력, e = 편심거리, d = O점에서 합력 작용점까지 거리, f = 기초지반과 옹벽기초 사이의 마찰계수, ΣM_r = 저항모멘트, ΣM_o = 전도모멘트, B = 옹벽저판의 폭, q_a = 지반의 허용지지력이며, 옹벽저판과 기초지반 사이의 부착은 무시한다.)

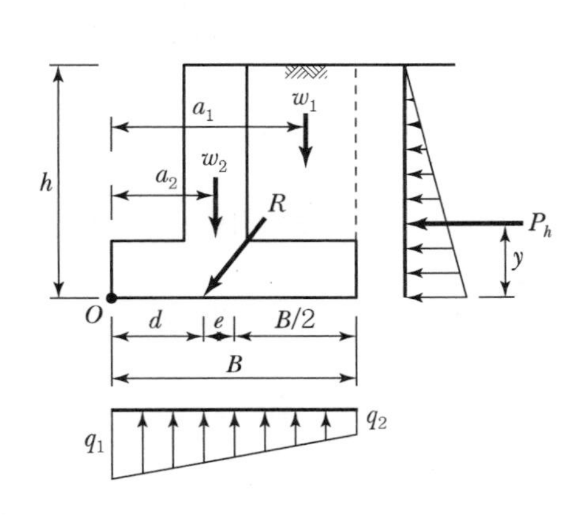

① $\Sigma w = w_1 + w_2$, $\Sigma H = P_h$,
$\Sigma M_r = w_1 a_1 + w_2 a_2$, $\Sigma M_O = P_h y$

② 전도안전률 $= \dfrac{\Sigma M_O}{\Sigma M_r} \geq 2.0$,
활동안전률 $= \dfrac{\Sigma H}{f(\Sigma w)} \geq 1.5$

③ 편심거리 $e = \dfrac{B}{2} - d$
$= \dfrac{B}{2} - \dfrac{\Sigma M_r - \Sigma M_O}{\Sigma w}$

④ $q_{1,2} = \dfrac{\Sigma w}{B}\left(1 \pm \dfrac{6e}{B}\right) \leq q_a \left(\text{단, } e \leq \dfrac{B}{6}\right)$

해설

전도안전율$= \dfrac{\Sigma M_r}{\Sigma M_o} \geq 2.0$, 활동안전율$= \dfrac{f(\Sigma w)}{\Sigma H} \geq 1.5$

정답 ②

9급 2011년 국가직

20 **옹벽의 안정검토에 대한 설명으로 옳지 않은 것은?(단, ΣH는 수평력의 합, y는 기초저판 아랫면에서 수평력 작용점까지의 높이, ΣV는 수직력의 합, x는 기초저판 앞면에서 수직력 작용점까지의 거리, μ는 마찰계수, B는 기초저판의 폭이다.)**

① 전도모멘트 $M_o = (\Sigma H)y$이고, 저항모멘트 $M_r = (\Sigma V)x$이면, 전도안전율$= \dfrac{M_r}{M_o} \geq 2.0$ 이다.

② 저판의 밑면과 지반 사이에 발휘될 수 있는 마찰저항력 $H_r = \mu(\Sigma V)$이고, $H_o = \Sigma H$이면, 활동안전율$= \dfrac{H_r}{H_o} \geq 1.5$이다.

③ 지반의 허용지지력을 극한지지력 q_u로부터 구하는 경우, 지반의 허용지지력 $q_a = \dfrac{q_u}{3}$을 취한다.

④ 편심거리 $e \leq \dfrac{B}{6}$이면, 최대지반반력 $q_{max} = \dfrac{\Sigma V}{B}\left(1 - \dfrac{3e}{B}\right) \leq q_a$이다.

해설

편심거리 $e \leq \dfrac{B}{6}$이면, 최대지반반력 $q_{max} = \dfrac{\Sigma V}{B}\left(1 + \dfrac{6e}{B}\right) \leq q_a$이다.

정답 ④

9급 2014년 국가직

21 **옹벽의 안정조건에 대한 설명으로 옳지 않은 것은?**

① 활동에 대한 저항력은 옹벽에 작용하는 수평력의 1.5배 이상이어야 한다.

② 지반 침하에 대한 안정성 검토에서 지반의 최대 지반반력은 지반의 극한지지력 이하가 되어야 하며, 지반의 허용지지력은 지반의 극한지지력의 1/3이어야 한다.

③ 전도 및 지반지지력에 대한 안정조건은 만족하지만, 활동에 대한 안정조건만을 만족하지 못할 경우에는 활동방지벽 혹은 횡방향 앵커 등을 설치하여 활동저항력을 증대시킬 수 있다.

④ 전도에 대한 저항휨모멘트는 횡토압에 의한 전도모멘트의 2.0배 이상이어야 한다.

해설

지반 침하에 대한 안정성 검토에서 지반의 최대 지반반력은 지반의 허용지지력 이하가 되어야 하며, 지반의 허용지지력은 지반의 극한지지력의 1/3이어야 한다.

정답 ②

9급 2017년 국가직

22 옹벽의 안정조건에 대한 설명으로 옳지 않은 것은?(단, 2012년도 콘크리트구조기준을 적용한다.)

① 활동에 대한 저항력은 옹벽에 작용하는 수평력의 1.5배 이상이어야 한다.

② 지반에 유발되는 최대 지반반력은 지반의 허용지지력을 초과할 수 없다.

③ 전도에 대한 저항휨모멘트는 횡토압에 의한 전도모멘트의 2배 이상이어야 한다.

④ 지반의 허용지지력은 지반의 극한지지력의 3배 이상이어야 한다.

해설

지반의 허용지지력은 지반의 극한 지지력의 $\frac{1}{3}$이어야 한다.

정답 ④

9급 2019년 서울시

23 옹벽 설계에 대한 설명으로 옳지 않은 것은?(단, 콘크리트구조기준(2012)을 적용한다.)

① 옹벽은 외력에 대하여 활동, 전도 및 지반침하에 대한 안정성을 가져야 하며, 이들 안정은 계수하중에 의하여 검토한다.

② 활동에 대한 저항력은 옹벽에 작용하는 수평력의 1.5배 이상이어야 한다.

③ 전도에 대한 저항 휨모멘트는 횡토압에 의한 전도 모멘트의 2.0배 이상이어야 한다.

④ 지반 침하에 대한 안정성 검토 시에 최대지반반력은 지반의 허용지지력 이하가 되도록 한다. 지반의 내부 마찰각, 점착력 등과 같은 특성으로부터 지반의 극한 지지력을 구할 수 있다. 다만, 이 경우에 허용지지력 q_a는 $q_u/3$이어야 한다.

해설

옹벽은 외력에 대하여 활동, 전도 및 지반침하에 대한 안정성을 가져야 하며, 이들 안정은 사용하중에 의하여 검토한다.

정답 ①

9급 2015년 국가직

24 일반적인 옹벽의 안정에 대한 설명으로 옳은 것만을 모두 고른 것은?

ㄱ. 지반에 유발되는 최대 지반반력은 지반의 허용지지력을 초과할 수 없다.
ㄴ. 활동에 대한 저항력은 옹벽에 작용하는 수평력의 1.5배 이상이어야 한다.
ㄷ. 전도 및 지반지지력에 대한 안정조건은 만족하지만, 활동에 대한 안정조건만을 만족하지 못할 경우에는 활동방지벽 혹은 횡방향 앵커 등을 설치하여 활동저항력을 증대시킬 수 있다.
ㄹ. 전도에 대한 저항모멘트는 횡토압에 의한 전도모멘트의 1.5배 이상이어야 한다.

① ㄱ, ㄴ
② ㄴ, ㄷ
③ ㄱ, ㄴ, ㄷ
④ ㄱ, ㄷ, ㄹ

해설

ㄹ. 전도에 대한 저항모멘트는 횡토압에 의한 전도모멘트의 2배 이상이어야 한다.

정답 ③

9급 2013년 서울시

25 옹벽에 대한 안정조건 중 잘못된 것은?

① 옹벽의 안정 검토에서 고려하는 외력은 옹벽의 자중, 뒤채움 흙의 중량, 상재하중과 옹벽 배면의 토압 등을 고려하여야 한다.
② 전도 및 지반지지력에 대한 안정조건은 만족하지만, 활동에 대한 안정조건만을 만족하지 못하는 경우에는 활동방지벽 또는 횡방향 앵커 등을 설치한다.
③ 활동에 대한 저항력은 옹벽에 작용하는 수직력의 1.5배이다.
④ 전도에 대한 저항휨모멘트는 횡토압에 의한 전도모멘트의 2.0배이다.
⑤ 침하가 있는 경우를 대비하여 침하에 대한 안정조건을 고려하여야 한다.

해설

활동에 대한 저항력은 옹벽에 작용하는 수평력의 1.5배이다.

정답 ③

9급 2016년 국가직

26 옹벽의 설계에 대한 설명으로 옳지 않은 것은?

① 옹벽은 상재하중, 뒤채움 흙의 중량, 옹벽의 자중 및 옹벽에 작용하는 토압, 필요에 따라서는 수압에 견디도록 설계하여야 한다.

② 무근콘크리트 옹벽은 자중에 의하여 저항력을 발휘하는 중력식 형태로 설계하여야 한다.

③ 활동에 대한 저항력은 옹벽에 작용하는 수평력의 1.5배 이상이어야 한다.

④ 전도에 대한 저항휨모멘트는 횡토압에 의한 전도모멘트 이상이어야 한다.

해설

전도에 대한 저항휨모멘트는 횡토압에 의한 전도모멘트의 2배 이상이어야 한다.

정답 ④

9급 2008년 국가직

27 옹벽 설계 시 고려하여야 할 사항 중 옳은 것은?

① 뒷부벽은 T형보로 설계하여야 하며, 앞부벽은 직사각형보로 설계하여야 한다.

② 활동에 대한 저항력은 옹벽에 작용하는 수평력의 2.0배 이상이어야 한다.

③ 저판의 뒷굽판은 정확한 방법이 사용되지 않는 한, 뒷굽판 하부에 재하되는 모든 하중을 지지하도록 설계하여야 한다.

④ 전도에 대한 저항모멘트는 횡토압에 의한 전도휨모멘트의 1.5배 이상이어야 한다.

해설

② 활동에 대한 저항력은 옹벽에 작용하는 수평력의 1.5배 이상이어야 한다.
③ 저판의 뒷굽판은 정확한 방법이 사용되지 않는 한, 뒷굽판 상부에 재하되는 모든 하중을 지지하도록 설계하여야 한다.
④ 전도에 대한 저항모멘트는 횡토압에 의한 전도휨모멘트의 2배 이상이어야 한다.

정답 ①

9급 2017년 지방직(2차)

28 **옹벽의 설계일반에 대한 설명으로 옳지 않은 것은?(단, 2012년도 콘크리트구조기준을 적용한다.)**

① 활동에 대한 저항력은 옹벽에 작용하는 수평력의 1.5배 이상이어야 한다.
② 전도에 대한 저항휨모멘트는 횡토압에 의한 전도모멘트의 2.0배 이상이어야 한다.
③ 부벽식 옹벽을 설계할 경우에 뒷부벽과 앞부벽은 T형보로 설계해야 한다.
④ 캔틸레버식 옹벽의 전면벽은 저판에 지지된 캔틸레버로 설계할 수 있다.

해설

부벽식 옹벽을 설계할 경우에 뒷부벽은 T형보로 설계해야 하며, 앞부벽은 직사각형보로 설계해야 한다.

정답 ③

9급 2018년 서울시(1차)

29 **옹벽 설계와 관련한 내용 중 가장 옳지 않은 것은?**

① 부벽식 옹벽의 뒷부벽은 T형보로 설계한다.
② 캔틸레버식 옹벽의 전면벽은 저판에 지지된 캔틸레버로 설계할 수 있다.
③ 활동에 대한 저항력은 옹벽에 작용하는 수평력의 1.5배 이상, 전도에 대한 저항휨모멘트는 횡토압에 의한 전도 모멘트의 2.0배 이상이어야 한다.
④ 부벽식 옹벽의 전면벽은 2변 지지된 1방향 슬래브로 설계할 수 있다.

해설

부벽식 옹벽의 전면벽은 3변 지지된 2방향 슬래브로 설계할 수 있다.

정답 ④

9급 2013년 국가직

30 **다음 중 옹벽설계와 관련된 내용으로 옳지 않은 것은?**

① 전도에 대한 저항모멘트는 토압에 의한 전도모멘트의 2.0 배 이상으로 한다. 작용하중의 합력이 저판 폭의 중앙 1/3 (암반의 경우 1/2, 지진 시 토압에 대해서는 2/3) 이내에 있다면 전도에 대한 안정성 검토는 생략할 수 있다.

② 뒷부벽식 옹벽은 필요 철근을 부벽에 충분히 정착시켜야 하며, 벽체와 저판에는 20% 이상 배력철근을 두어야 한다.

③ 부벽식 옹벽의 저판은 부벽 간의 거리를 경간으로 가정하여 고정보 또는 연속보로 설계할 수 있다.

④ 옹벽설계에 있어 강성옹벽에 작용하는 토압은 일반적으로 정지토압을 사용한다. 다만 변위가 허용되지 않는 구조물의 경우에는 주동토압을 사용한다.

해설

옹벽설계에 있어 강성옹벽에 작용하는 토압은 일반적으로 주동토압을 사용한다. 다만, 변위가 허용되지 않는 구조물의 경우에는 정지토압을 사용한다.

정답 ④

9급 2020년 국가직

31 **옹벽의 설계에 대한 설명으로 옳지 않은 것은?(단, KDS 14 20 72 및 KDS 14 20 74를 따른다)**

① 부벽식 옹벽의 전면벽은 3변 지지된 2방향 슬래브로 설계할 수 있다.

② 저판의 뒷굽판은 뒷굽판 상부에 재하되는 모든 하중을 지지하도록 설계한다.

③ 캔틸레버식 옹벽의 전면벽은 저판에 지지된 캔틸레버로 설계할 수 있다.

④ 벽체에 배근되는 수직 및 수평철근의 간격은 벽두께의 4배와 500mm 중 큰 값으로 한다.

해설

벽체에 배근되는 수직 및 수평철근의 간격은 벽두께의 3배 이하 또한 450mm 이하로 하여야 한다.

정답 ④

9급 2010년 지방직

32 철근콘크리트 아치의 구조 상세 중 옳지 않은 것은?

① 아치리브의 상 · 하면 축방향 철근에 직각인 횡방향 철근을 배치하여야 한다. 이 횡방향 철근은 D13 이상, 축방향 철근 지름의 $\frac{1}{3}$ 이상을 사용하되, 그 간격은 축방향 철근 지름의 15배 이하, 300 mm 이하, 아치리브 단면의 최소치수 이하로 하여야 한다.

② 철근콘크리트 아치는 아치의 상 · 하면에 따라서 가능하면 대칭인 축방향 철근을 배치하여야 한다. 이 축방향 철근은 아치리브 폭 1m당 400mm^2 이상, 또 상 · 하면의 철근을 합하여 콘크리트 단면적의 0.15% 이상 배치하여야 한다.

③ 폐복식 아치에서는 스프링깅과 측벽의 적당한 위치에 신축이음을 두어야 한다.

④ 아치리브가 박스단면인 경우에는 연직재가 붙는 곳에 격벽을 설치하여야 한다.

해설

철근콘크리트 아치는 아치의 상 · 하면에 따라서 가능하면 대칭인 축방향 철근을 배치하여야 한다. 이 축방향 철근은 아치리브 폭 1m 당 600mm^2 이상. 또 상 · 하면의 철근을 합하여 콘크리트 단면적의 0.15% 이상 배치하여야 한다.

정답 ②

9급 2018년 지방직

33 아치구조물 구조해석의 일반사항에 대한 설명으로 옳지 않은 것은?(단, 설계코드(KDS : 2016)와 2012년도 콘크리트구조기준을 적용한다.)

① 아치 단면력을 산정할 때에는 콘크리트의 수축과 온도 변화의 영향을 고려하여야 한다.

② 아치구조 해석 시 기초의 침하가 예상되는 경우에는 그 영향을 고려하여야 한다.

③ 아치 리브에 발생하는 단면력은 축선 이동의 영향을 받기 때문에 그 영향을 반드시 고려해야 한다.

④ 아치의 축선은 아치 리브의 단면 도심을 연결하는 선으로 할 수 있다.

해설

아치리브에 발생하는 단면력은 축선 이동의 영향을 받지만, 일반적인 경우 그 영향이 작아서 무시할 수 있으므로 미소변형이론에 기초하여 단면력을 계산할 수 있다.

정답 ③

9급 2018년 서울시(2차)

34 **「콘크리트구조기준(2012)」에서 아치의 좌굴에 대한 검토 시, 아치 리브를 설계할 때는 응력 검토뿐만 아니라 면 내 및 면 외 방향의 좌굴에 대한 안정성을 규정에 따라 확인하도록 제시한 것과 관련한 설명으로 가장 옳지 않은 것은?(단, λ = 세장비이다.)**

① $\lambda \le 10$인 경우 좌굴 검토는 필요하지 않다.

② $20 < \lambda \le 60$인 경우 유한변형에 의한 영향을 편심하중에 의한 휨모멘트로 치환하여 발생하는 휨모멘트에 더하여 단면의 계수휨모멘트에 대한 안정성을 검토하여야 한다.

③ $60 < \lambda \le 100$의 경우 부재 재료의 비선형성을 고려하여 좌굴에 대한 안정성을 검토하여야 한다.

④ $\lambda > 200$의 경우 아치구조물로서 적합하지 않다.

해설

아치의 좌굴에 대한 검토

1. 아치리브를 설계할 때는 응력 검토뿐만 아니라 면 내 및 면 외 방향의 좌굴에 대한 안정성을 아래 규정에 따라 확인하여야 한다.
   ① $\lambda \le 20$인 경우 좌굴 검토는 필요하지 않다.
   ② $20 < \lambda \le 70$인 경우 유한변형에 의한 영향을 편심하중에 의한 휨모멘트로 치환하여 발생하는 휨모멘트에 더하여 단면의 계수휨모멘트에 대한 안정성을 검토해야 한다.
   ③ $70 < \lambda \le 200$인 경우 유한변형에 의한 영향에 더하여 철근콘크리트 부재 재료의 비선형성에 의한 영향을 고려하여 좌굴에 대한 안정성을 검토하여야 한다.
   ④ $\lambda > 200$인 경우 아치구조물로서 적합하지 않다.

2. 아치의 면외좌굴에 대해서는 아치리브를 직선 기둥으로 가정하고, 이 기둥이 아치리브 단부에 발생하는 수평반력과 같은 축력을 받는다고 가정할 수 있다. 이 경우 기둥의 길이는 원칙적으로 아치 경간과 같다고 가정하여야 한다.

정답 ③

9급 2011년 서울시

35 암거 설계에 대한 설명으로 옳은 것은?

① 유량이 적은 경우에는 아치형 암거가 효과적이다.

② 암거 측벽에 작용하는 토압은 반원형 분포로 고려한다.

③ 상자암거 하부판을 설계할 때 상부판상의 토압은 무시한다.

④ 암거 설계에서 가장 먼저 결정해야 하는 것은 매설 깊이이다.

⑤ 유수량 산정은 암거를 통하는 최대수량을 가정하여 결정한다.

해설

① 유량이 적은 경우에는 관암거가 효과적이다.
② 암거 측벽에 작용하는 토압은 사다리꼴 분포로 고려한다.
③ 상자암거 하부판을 설계할 때 상부판상의 토압은 고려한다.
④ (수로)암거 설계에서 가장 먼저 결정해야 하는 것은 유량이다.

수로암거 설계순서
유량 결정 → 매설깊이 결정 → 단면 가정 → 하중 산정 → 단면 결정 → 안전성 검토

정답 ⑤

9급 2007년 국가직

36 암거 설계에 대한 설명으로 옳지 않은 것은?

① 암거의 단면은 배수 유량이나 구배에 따라 결정되지만, 단면치수나 철근량은 매설깊이에서의 하중을 고려하여 결정된다.

② 암거의 설계유량은 안전을 위하여 평균유량의 2배를 가정하며 이것을 하중으로 고려한다.

③ 슬래브식 상자형 암거(Box Culvert)의 경우 양측벽을 옹벽으로 생각하여 상부 슬래브를 단순보로 고려한다.

④ 암거의 폭에 비하여 길이가 충분히 길고, 흙의 두께가 일정한 경우에는 종단방향의 부재력 변화를 고려하지 않고, 횡단방향의 부재력을 고려한다.

해설

암거의 설계유량은 안전을 위하여 최대유량으로 가정하며 이것을 하중으로 고려한다.

정답 ②

9급 2020년 지방직

37 **암거와 라멘 구조물의 설계에 대한 설명으로 옳은 것은?**

① 토압이 작용하는 경우 측벽에 작용하는 토압은 깊이에 따라 일정한 직사각형 분포로 고려한다.

② 상자암거 설계에서 활하중을 고려하지 않는다.

③ 매설된 경우에 매설깊이는 고려할 필요가 없다.

④ 라멘 구조물의 경우 일반적으로 수평부재와 연직부재가 만나는 절점부에서 모멘트에 대한 수평부재의 위험단면은 연직부재의 전면으로 볼 수 있다.

해설

1) 토압이 작용하는 경우 측벽에 작용하는 토압은 깊이에 따라 사다리꼴 분포로 고려한다.
2) 상자암거 설계에서 활하중을 고려한다.
3) 매설된 경우에 매설깊이를 고려한다.

Chapter 11

프리스트레스트 콘크리트(PSC)

Contents

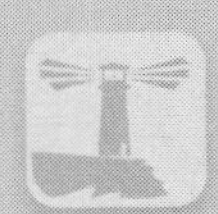

01 서론

1. 프리스트레스트 콘크리트(PSC)의 정의

철근콘크리트의 결함인 균열을 방지하여 전 단면을 유효하게 이용할 수 있도록 사용 하중 작용 시 발생하는 인장응력을 소정의 한도까지 상쇄할 수 있도록 미리 인위적으로 그 응력의 크기와 분포를 정하여 내력을 준 콘크리트를 프리스트레스트 콘크리트(Prestressed Concrete)라고 한다.

2. 프리스트레스트 콘크리트의 장점과 단점

(1) 프리스트레스트 콘크리트의 장점

① 균열이 발생하지 않도록 설계하기 때문에 강재의 부식이 방지되며 내구성이 좋다.
② 고강도 재료를 사용함으로써 강성이 증가하고, 단면을 감소시킬 수 있어 RC부재보다 지간을 길게 할 수 있다.
③ 강재를 곡선 배치한 경우에는 전단력이 감소되어 복부를 얇게 할 수 있다.
④ PSC부재는 보통 풀 프리스트레싱 상태로 설계하므로 전 단면을 유효하게 이용할 수 있다.
⑤ 과다한 하중으로 인해 일시적인 균열이 발생하더라도 하중이 제거되면 균열은 다시 복원된다. 즉 탄력성과 복원성이 우수하다.
⑥ 프리캐스트 PSC를 사용할 경우 거푸집, 동바리가 필요 없으며, 현장치기 PSC일 경우는 이어대기시공이나 분할시공이 가능하다.
⑦ 건조수축, 크리프의 영향이 적다.
⑧ 안정성이 높다.

(2) 프리스트테스트 콘크리트의 단점

① RC에 비하여 단가가 비싸고 보조재료(쉬스, 정착장치, 그라우팅 등)가 많이 사용되므로 공사비가 비싸다.
② 시공 단계에서 응력이나 안정성 검토 단계가 많고 하중의 크기나 방향에 민감하므로 설계, 제조, 운반, 가설에 있어 세심한 주의가 필요하는 등 시공이 어렵다.
③ 고온에서는 고강도 강재의 강도가 저하되므로 내화성이 떨어진다.
④ 고강도 재료를 사용하여 같은 하중을 지지할 경우 RC에 비하여 단면이 작기 때문에 변형이 크고 진동하기 쉽다.

3. 프리스트레스트 콘크리트의 분류

(1) 긴장 시기

1) 프리텐션방식(Pre－tensioning System)

긴장재를 먼저 긴장시킨 후 콘크리트를 타설하는 방식

2) 포스트텐션방식(Post－tensioning System)

콘크리트 경화 후 긴장재를 긴장하는 방식

(2) 프리스트레싱의 도입 정도

1) 완전 프리스트레싱(Full Prestressing)

콘크리트의 전 단면에 인장응력이 발생하지 않도록 프리스트레스를 가하는 방법

2) 부분 프리스트레싱(Partial Prestressing)

콘크리트 단면의 일부에 어느 정도의 인장응력이 발생하는 것을 허용하는 방법

(3) 긴장재의 부착 여부

1) 부착된 긴장재(Bonded Tendon)

프리텐션방식 또는 포스트텐션방식에서 그라우팅된 긴장재

2) 부착되지 않은 긴장재(Unbonded Tendon)

포스트텐션방식에서 그라우팅이 되지 않은 긴장재

참고

◈ 그라우팅(Grouting)

강재의 부식을 방지하고, 동시에 PS강재와 콘크리트를 부착시키기 위하여 쉬스(Sheath) 속에 시멘트풀 또는 모르터를 주입하는 작업을 '그라우팅'이라고 한다.

(4) 단부 정착장치의 유무

1) 단 정착장치가 있는 긴장재(End－anchored Tendon)

일반적으로 포스트텐션방식의 경우

2) 단 정착장치가 없는 긴장재(Non End－anchored Tendon)

일반적으로 프리텐션방식의 경우

(5) 제작 장소

1) 프리캐스팅 PSC(Precasting PSC)

제조 공장 또는 현장 근처에서 미리 제작된 PSC

2) 현장타설 PSC(Cast−in−Place PSC)

현장에서 제작된 PSC

(6) 내적－외적 프리스트레싱

1) 내적 프리스트레싱

내부 긴장재 또는 내부 케이블을 사용한 경우

2) 외적 프리스트레싱

외부 긴장재 또는 외부 케이블을 사용한 경우(기존 구조물의 보강에 사용)

(7) 선형－원형 프리스트레싱

1) 선형 프리스트레싱

PSC보 또는 PSC슬래브 등의 경우

2) 원형 프리스트레싱

PSC원형 탱크, PSC사일로(silo) 또는 PSC관 등의 경우

02 재료

1. 콘크리트

(1) 콘크리트의 품질

1) 압축강도가 높아야 한다.

2) 건조수축 및 크리프가 작아야 한다.

① 일반적인 경우의 W/C : 45% 이하
② 현장타설인 경우의 W/C : 35～40%
③ 공장제작인 경우의 W/C : 33～35%

(2) 콘크리트의 설계기준강도

프리스트레스트 콘크리트에 사용되는 강재는 고강도이므로 콘크리트 또한 일반 RC에 비하여 고강도 콘크리트를 사용한다.

1) 프리텐션방식

$$f_{ck} \geq 35\text{MPa}$$

2) 포스트텐션방식

$$f_{ck} \geq 30\text{MPa}$$

(3) 콘크리트의 탄성계수

프리스트레스트 콘크리트의 탄성계수는 일반 RC의 탄성계수와 동일하다.

1) 1,450kg/m$^3 \leq m_c \leq$2,500kg/m^{3}인 경우

$$E_c = 0.077 m_c^{1.5} \sqrt[3]{f_{cm}}\,(\text{MPa})$$
$$f_{cm} = f_{ck} + \Delta f\,(\text{MPa})$$

2) m_c=2,300kg/m^3, 보통 골재를 사용한 경우

$$E_c = 8,500 \sqrt[3]{f_{cm}}\,(\text{MPa})$$

(4) PS강재와 직접 부착되는 콘크리트나 그라우트에는 PS강재를 부식시킬 수 있는 염화칼슘이 사용되어서는 안 된다.

2. PS강재

(1) PS강재의 품질

① 인장강도가 높아야 한다.(고강도일수록 긴장력의 손실률이 적다.)

② 항복비$\left(= \dfrac{\text{항복강도}}{\text{인장강도}} \times 100\%\right)$가 커야 한다.

③ 릴랙세이션이 작아야 한다.

④ 적당한 연성과 인성이 있어야 한다.

⑤ 응력부식에 대한 저항성이 커야 한다.

⑥ 부착시켜 사용하는 PS강재는 콘크리트와의 부착 강도가 커야 한다.

⑦ 어느 정도의 피로강도를 가져야 한다.

⑧ 곧게 잘 펴지는 직선성(신직성)이 좋아야 한다.

(2) PS강재의 종류

1) PS강선

① 원형 PS강선(PS강선)

지름 2.9~9mm의 원형 강선을 하나 또는 여러 개를 나란히 놓아 다발로 긴장재를 구성한 것으로 프리텐션방식 또는 포스트텐션방식에 사용된다.

② 이형 PS강선

콘크리트와의 부착강도를 높이기 위하여 표면에 요철을 연속 또는 일정 간격으로 둔 것으로 프리텐션방식에 주로 사용된다.

2) PS강봉

① 원형 PS강봉(PS강봉)

지름 9.2~32mm, 포스트텐션방식에 주로 사용된다.

② 이형 PS강봉

지름 7.4~13mm, 표면에 요철을 연속 또는 일정 간격으로 둔 것

③ 전조나사 등을 사용하여 쉽게 정착할 수 있으며 릴랙세이션이 작다.

3) PS강연선

① 여러 개의 강선을 꼬아서 만든 것으로 2연선, 7연선이 많이 쓰이며 9연선, 37연선도 사용된다.

② 작은 지름의 PS강연선은 프리텐션방식, 포스트텐션방식에 모두 사용된다.

③ 큰 지름의 PS강연선은 포스트텐션방식에 많이 쓰인다.

(3) PS강재의 특징

1) PS강선의 인장강도는 고강도 철근의 4배이며 PS강봉의 인장강도는 고강도 철근의 2배 정도이다.

2) PS강재의 인장강도 크기

PS강연선 > PS강선 > PS강봉

3) 지름이 작은 것일수록 인장강도나 항복점응력은 커지고 파단 시의 연신율은 작아진다.

4) 뚜렷한 항복점이 없다.(KS규정 : 0.2%의 잔류변형률을 나타내는 응력을 항복점으로 함)

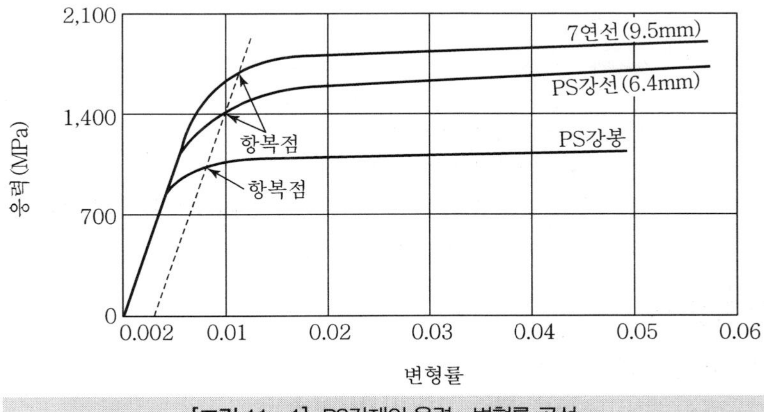

[그림 11-1] PS강재의 응력-변형률 곡선

(4) PS강재의 탄성계수

PS강재의 탄성계수는 강도에 비하여 비교적 작은 값으로 $(1.9 \sim 2.1) \times 10^5$MPa정도이다. 시험에 의하여 정하는 것을 원칙으로 하지만, 시험에 의하지 않을 경우는 다음 값으로 해석해도 된다.

$$E_P = 2.0 \times 10^5 \mathrm{MPa}$$

(5) PS강재의 릴랙세이션

1) 릴랙세이션의 정의

PS강재를 긴장한 채 일정한 길이로 유지해 두면 시간의 경과와 더불어 인장응력이 감소하는 현상. 즉, 긴장력이 느슨해지는 현상을 릴랙세이션이라고 한다.

참고

◈ PS강재의 릴랙세이션
PS 강재의 릴랙세이션은 온도에 따라 변하며 높은 온도에서 매우 커진다.

2) 릴랙세이션의 종류

① 순릴랙세이션
인장응력의 감소량을 PS강재의 초기 인장응력에 대한 백분율로 나타낸 것을 순릴랙세이션이라고 한다.

② 겉보기릴랙세이션
콘크리트의 건조수축이나 크리프에 의한 PS강재의 인장변형 감소를 고려하여 구한 PS강재의 릴랙세이션 값을 겉보기 릴랙세이션이라고 한다.

$$\gamma = \gamma_0\left(1 - \frac{2\Delta f_{p(C+S)}}{f_{pi}}\right) \qquad (11.1)$$

여기서, γ : 겉보기릴랙세이션
γ_0 : 순릴랙세이션
$\Delta f_{p(C+S)}$: 콘크리트의 크리프 및 건조수축에 의한 긴장재 인장응력의 감소량
f_{pi} : 프리스트레싱 직후의 긴장재의 인장응력

(6) PS강재의 중심간격

1) 프리텐션부재의 단부

PS강선은 $5d_b$ 이상, PS강연선은 $4d_b$ 이상이어야 한다.

2) 프리텐션부재의 지간 중앙부

수직간격을 부재 끝단보다 좁게 사용하거나 다발로 사용해도 좋다.

(7) 쉬스의 순간격

포스트텐션부재에서 쉬스를 다발로 사용해도 좋으며, 이때 쉬스의 순간격은 굵은골재 최대 치수의 1/3~1배 또는 25mm 이상이다.

3. 기타 보조 재료

(1) 쉬스(Sheath)

포스트텐션방식에서 덕트를 형성하기 위해 쓰이는 파상모양의 얇은 강관을 쉬스라고 한다.

참고

◈ 덕트(Duct)
콘크리트 부재 속에 긴장재를 배치하기 위하여 미리 확보해둔 구멍을 덕트라고 한다.

(2) 정착장치와 접속장치

1) 정착장치

포스트텐션방식에서 긴장재를 긴장한 후 그 끝을 콘크리트에 정착시키는 기구를 정착장치라고 한다.

2) 접속장치

PS강재와 PS강재를 접속하는 기구를 접속장치라고 하며 주로 나사를 많이 사용한다.

03 프리스트레스트 콘크리트의 기본개념

1. 응력개념(균등질보의 개념)

(1) 응력개념의 정의

콘크리트에 프리스트레스가 도입되면 콘크리트가 탄성체로 전환되어 탄성이론에 의한 해석이 가능하다는 개념을 응력개념 또는 균등질보의 개념이라고 한다.

(2) 응력개념에 의한 PSC부재의 해석

1) 긴장재가 직선으로 도심에 배치된 경우

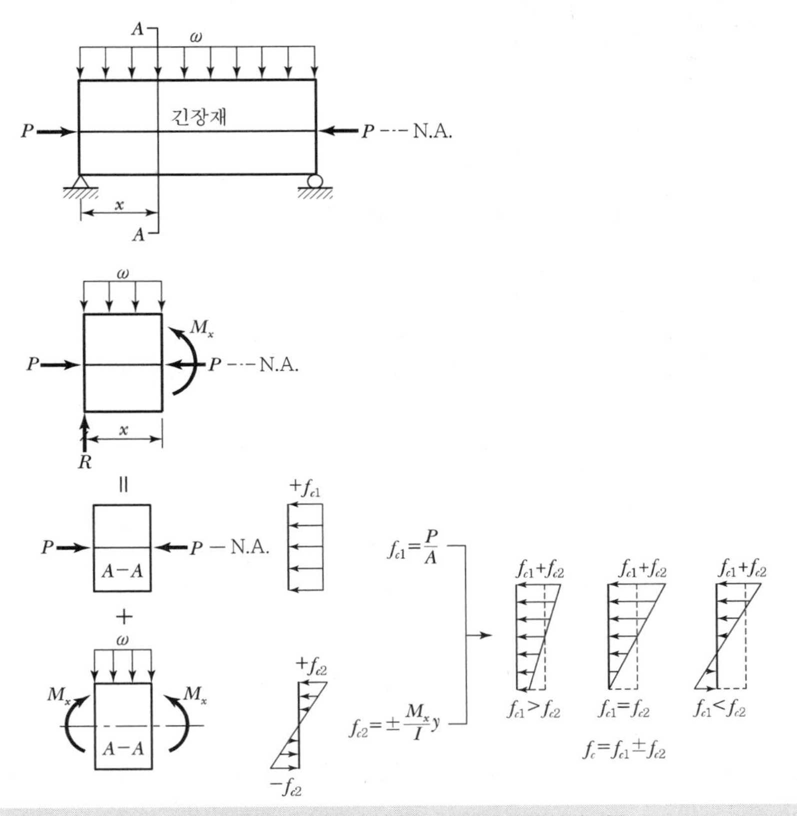

[그림 11－2] 긴장재가 직선으로 도심에 배치된 경우

긴장재가 직선으로 도심에 배치된 경우의 단면응력은 다음과 같다.

$$f_{c\binom{상}{하}} = f_{c1} \pm f_{c2} = \frac{P}{A} \pm \frac{M_x}{I} y \quad \cdots\cdots (11.2)$$

여기서, 부호는 압축(＋)이고, 인장(－)이다.

2) 긴장재가 직선으로 편심 배치된 경우

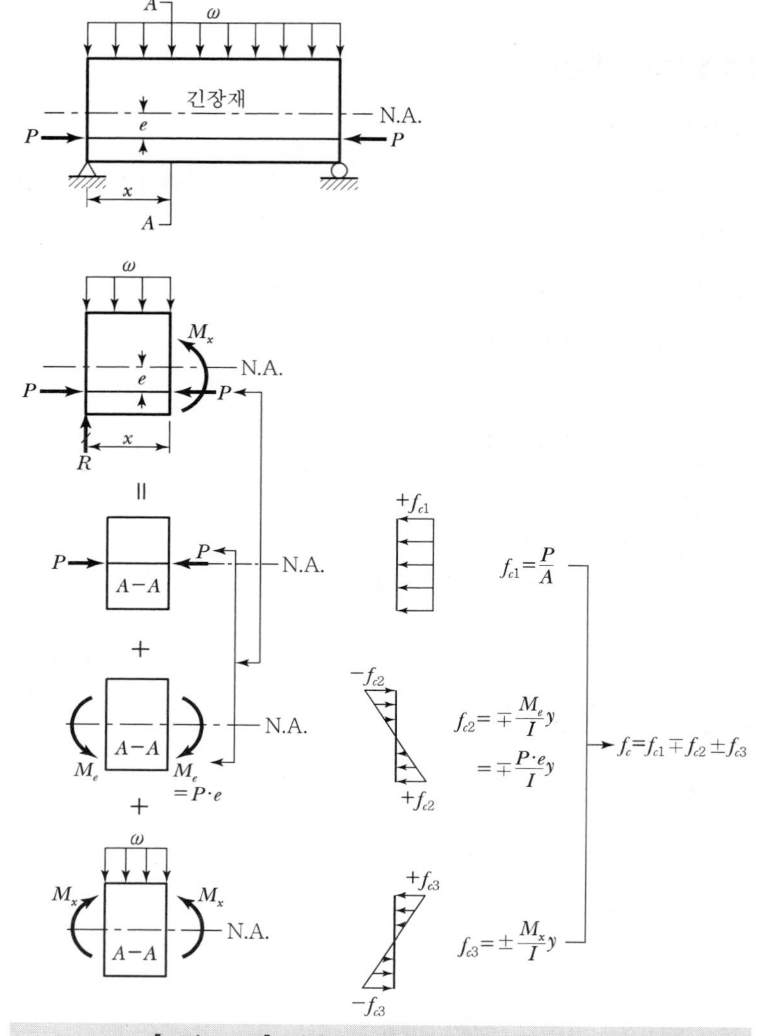

[그림 11-3] 긴장재가 직선으로 편심 배치된 경우

긴장재가 직선으로 편심 배치된 경우의 단면응력은 다음과 같다.

$$f_{c\left(\substack{상\\하}\right)}=f_{c1}\mp f_{c2}\pm f_{c3}=\frac{P}{A}\mp\frac{Pe}{I}y\pm\frac{M_x}{I}y \quad\cdots\cdots (11.3)$$

3) 긴장재가 절곡 또는 곡선 배치된 경우

① 휨모멘트

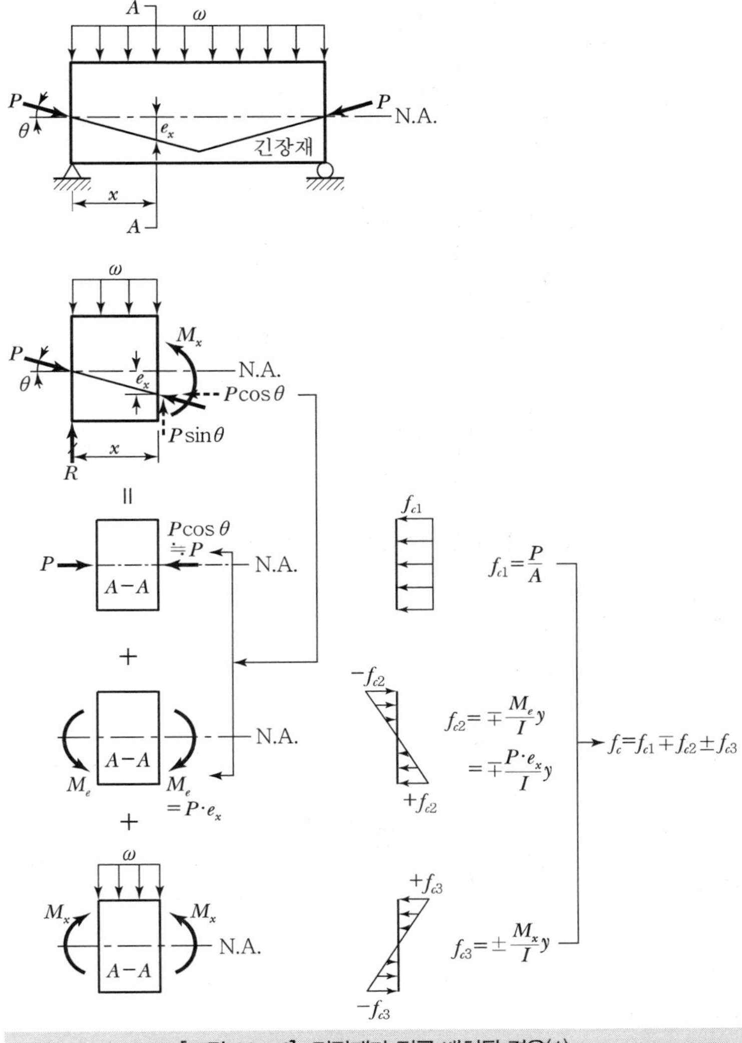

[그림 11−4] 긴장재가 절곡 배치된 경우(1)

긴장재가 절곡 배치된 경우의 단면응력은 다음과 같다.

$$f_{c\left(\substack{상\\하}\right)}=f_{c1}\mp f_{c2}\pm f_{c3}=\frac{P}{A}\mp\frac{Pe_x}{I}y\pm\frac{M_x}{I}y \quad \cdots\cdots (11.4)$$

② 전단력

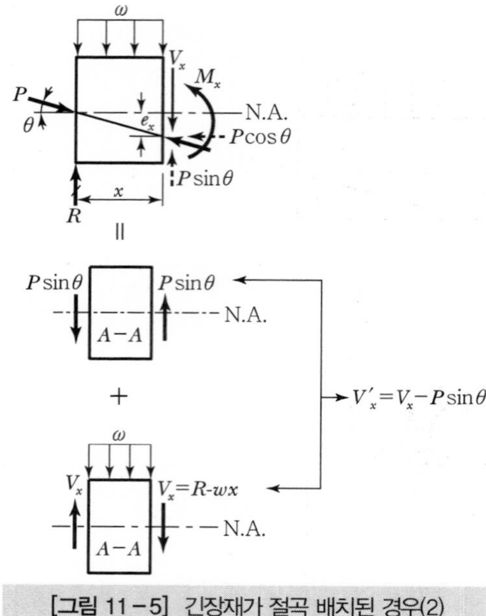

[그림 11-5] 긴장재가 절곡 배치된 경우(2)

긴장재가 절곡 배치된 경우의 전단력은 다음과 같다.

$$V_x' = V_x - P\sin\theta = R - wx - P\sin\theta \quad \cdots\cdots (11.5)$$

4) PS강재의 배치방법에 따른 효과

[표 11-1] PS강재의 배치방법에 따른 효과

PS강재배치방법	프리스트레싱에 의한 부재 단면력	작용하중 및 프리스트레싱에 의한 부재 단면응력	프리스트레싱 효과
긴장재를 직선으로 도심에 배치한 경우	압축력	$f_c = \frac{P}{A} \pm \frac{M_x}{I}y$	콘크리트의 인장응력 감소
긴장재를 직선으로 편심 배치한 경우	압축력 부모멘트	$f_c = \frac{P}{A} \mp \frac{P \cdot e}{I}y \pm \frac{M_x}{I}y$	콘크리트의 인장응력 감소
긴장재를 절곡 또는 곡선으로 배치한 경우	압축력 부모멘트 전단력	$f_c = \frac{P}{A} \mp \frac{P \cdot e_x}{I}y \pm \frac{M_x}{I}y$ $V_x' = V_x - P \cdot \sin\theta$ V_x : 작용하중에 의한 전단력	콘크리트의 인장응력 감소, 전단력 감소

2. 강도개념(내력모멘트 개념)

(1) 강도개념의 정의

RC보와 같이 압축력은 콘크리트가 받고 인장력은 긴장재가 받게 하여 두 힘에 의한 우력이 외력모멘트에 저항한다는 개념을 강도개념 또는 내력모멘트개념이라고 한다.

(2) 강도개념에 의한 PSC 부재의 해석

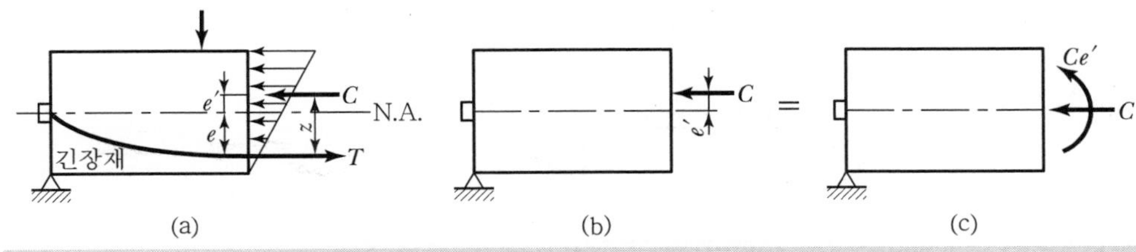

[그림 11-6] 강도개념에 의한 PSC부재의 해석

1) 휨모멘트

$$C = T = P$$

$$M = C \cdot Z = T \cdot Z = P \cdot Z \quad \cdots\cdots (11.6)$$

여기서, P : PS강재에 작용시킨 프리스트레스 힘
M : 외력에 의한 휨모멘트

2) 단면응력

$$f_{c\left(\substack{상 \\ 하}\right)} = \frac{C}{A} \pm \frac{Ce'}{I}y = \frac{P}{A} \pm \frac{Pe'}{I}y \quad \cdots\cdots (11.7)$$

3. 하중평형개념(등가하중개념)

(1) 하중평형개념의 정의

프리스트레싱에 의하여 부재에 작용하는 힘과 부재에 작용하는 외력이 평형되게 한다는 개념을 하중평형개념 또는 등가하중개념이라고 한다.

(2) 프리스트레싱에 의한 상향력

1) 긴장재가 포물선으로 배치된 경우

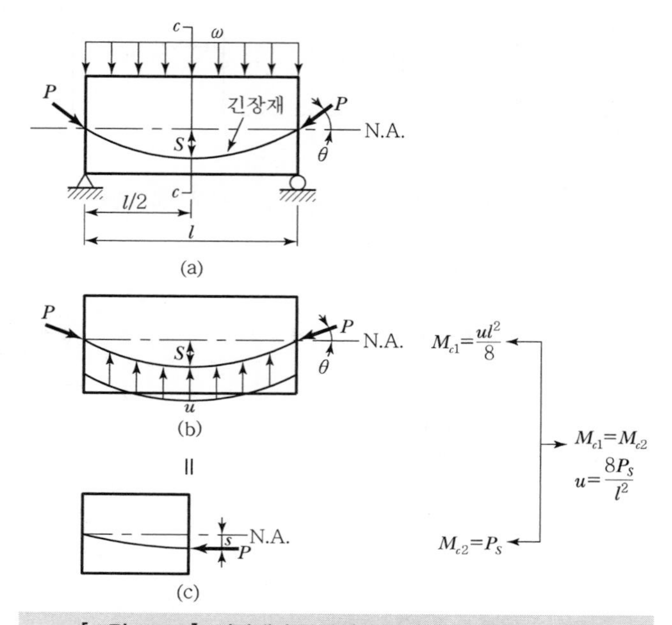

[그림 11-7] 긴장재가 포물선으로 배치된 경우의 상향력

긴장재가 포물선으로 배치된 경우의 상향력은 [그림 11-7]의 (b)와 (c)로부터 다음과 같이 나타낼 수 있다.

$$u=\frac{8Ps}{l^2} \quad \cdots\cdots (11.8)$$

2) 긴장재가 절곡 배치된 경우

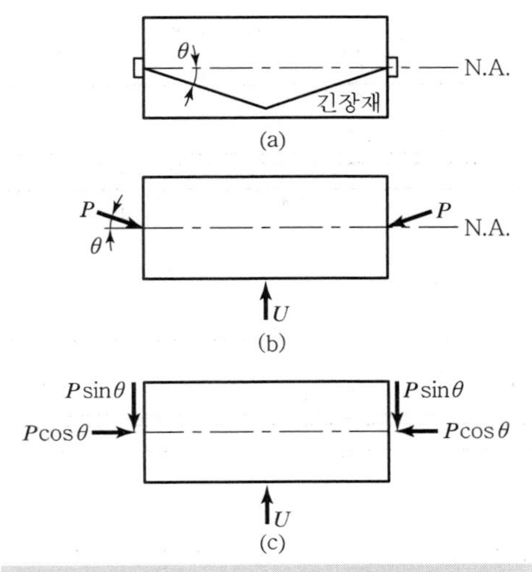

[그림 11-8] 긴장재가 절곡 배치된 경우의 상향력

긴장재가 절곡 배치된 경우의 상향력은 [그림 11-8]의 (c)로부터 다음과 같이 나타낼 수 있다.

$$u = 2P\sin\theta \quad \cdots\cdots (11.9)$$

04 프리스트레싱 방법 및 정착공법

1. 프리스트레싱 방법

(1) 프리텐션방식

1) 프리텐션방식의 정의

PS강재에 인장력을 주어 긴장해 놓은 후 콘크리트를 타설하고, 콘크리트가 경화한 후 PS강재의 인장력을 서서히 풀어서 콘크리트에 프리스트레스를 주는 방식을 프리텐션방식이라고 한다.

2) 프리텐션방식의 분류

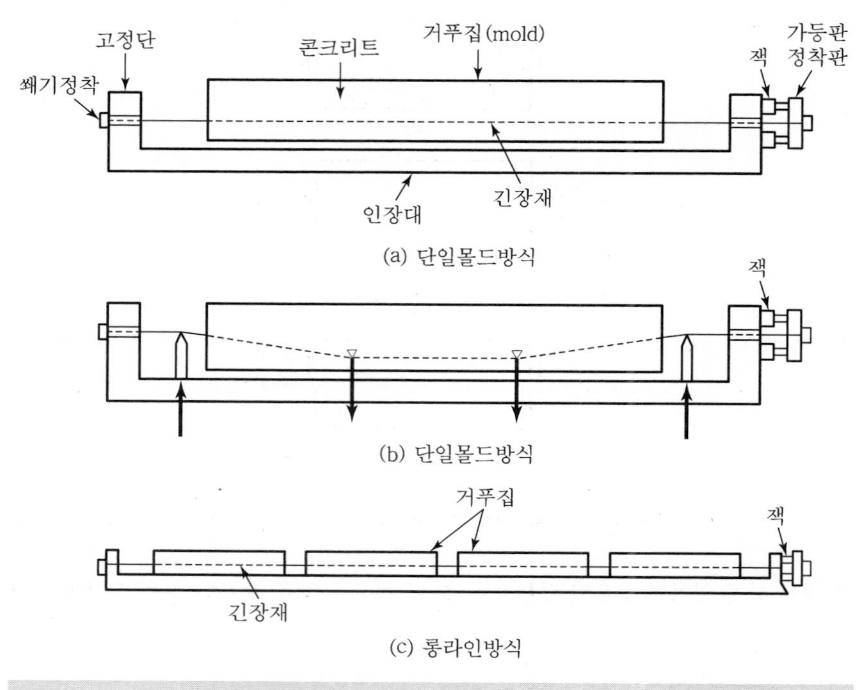

[그림 11-9] 프리텐션방식

① 단일몰드방식(Individual Mold Method) : 단독식 [그림 11-9]의 (a), (b)참고
② 롱라인방식(Long Line Method) : 연속식 [그림 11-9]의 (c) 참고

3) 프리텐션방식의 장점과 단점

① 프리텐션방식의 장점
㉠ 동일한 형상과 치수의 부재를 대량으로 제작할 수 있다.
㉡ 쉬스, 정착장치 등이 필요하지 않다.

② 프리텐션방식의 단점
㉠ 긴장재를 곡선으로 배치하기 어렵다.
㉡ 부재의 단부(정착구역)에 프리스트레스가 도입되지 않는다.

4) 프리텐션방식의 작업 순서

지주설치 → 강재 배치 및 긴장 → 거푸집 설치 → 콘크리트 타설 → 콘크리트 양생 → 콘크리트 경화 후 긴장재 절단

(2) 포스트텐션방식

1) 포스트텐션방식의 정의

콘크리트가 경화한 후 PS강재를 긴장하여 그 끝을 콘크리트에 정착함으로써 콘크리트에 프리스트레스를 주는 방식을 포스트텐션방식이라고 한다.

2) 포스트텐션방식의 분류

① 긴장재가 부착된 포스트텐션부재(Post-tensioned Bonded Member) : PS강재와 콘크리트를 부착시키기 위하여 긴장력을 도입한 후 시멘트풀 등으로 그라우팅 작업을 한 포스트텐션부재

② 긴장재가 부착되지 않은 포스트텐션부재(Post-tensioned Unbonded Member) : 피복된 PS강재 또는 플라스틱 쉬스 속에 넣은 PS강재 등을 사용하여 그라우팅 작업을 하지 않은 포스트텐션부재(중간 칸막이를 갖는 중공 콘크리트 보 등)

3) 포스트텐션방식의 장점과 단점

① 포스트텐션방식의 장점

㉠ PS강재를 곡선으로 배치할 수 있으므로 대형 구조물에 적합하다.

㉡ 구조물 자체를 지지대로 사용하기 때문에 인장대를 필요로 하지 않는다.

㉢ 공사현장에서 긴장작업이 가능하다.

㉣ 부착시키지 않은 포스트텐션부재는 PS강재의 재긴장이 가능하다.

② 포스트텐션방식의 단점

㉠ 부착시키지 않은 PSC부재는 파괴 강도가 낮고 균열 폭이 커진다.

㉡ 특수한 긴장방법과 정착장치가 필요하다.

4) 포스트텐션방식의 작업 순서

철근 배근, 쉬스 설치 및 거푸집 제작 → 콘크리트 타설 및 양생 → 콘크리트 경화 후 쉬스 속에 PS강재 삽입 → PS강재 긴장 및 정착 → 쉬스 속 그라우팅

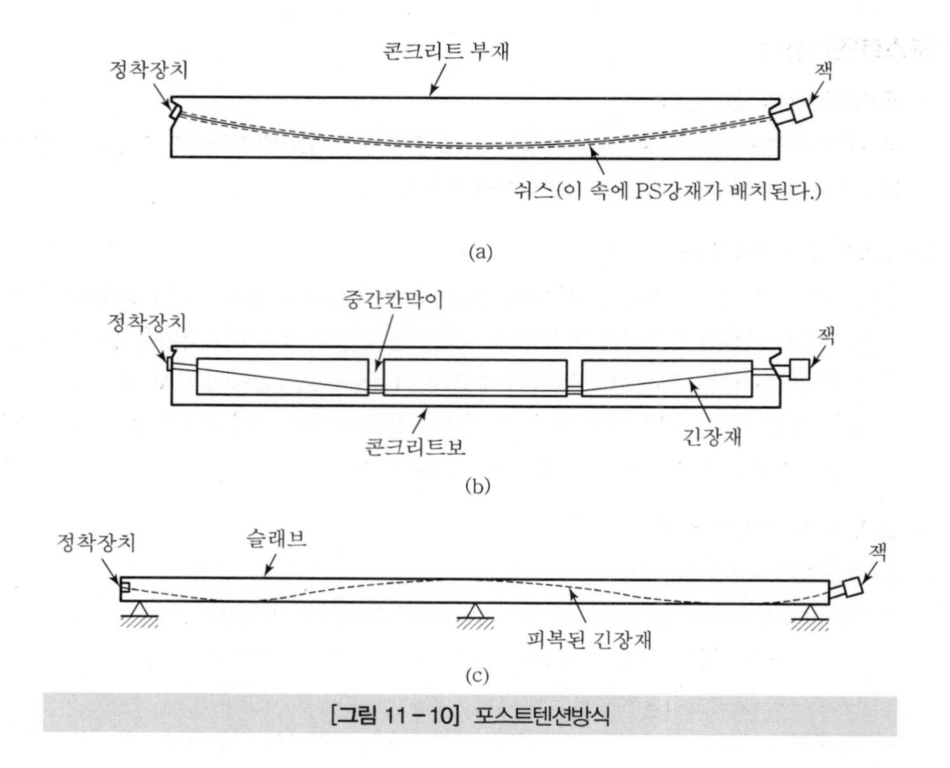

[그림 11－10] 포스트텐션방식

2. 정착공법

(1) 쐐기식 공법

1) 쐐기식 공법의 정의

PS강재와 정착장치 사이의 마찰력을 이용하여 쐐기작용으로 PS강재를 정착하는 방법으로 PS강선, PS강연선의 정착에 주로 사용되는 공법이다.

2) 쐐기식 공법의 종류

① 프레시네공법(Freyssinet공법, 프랑스)

12개의 PS강선을 동일한 간격의 다발로 만들어 하나의 긴장재를 구성하여 한 번에 긴장하여 1개의 쐐기로 정착하는 공법이다.

② VSL공법(Vorspann System Losiger공법, 독일)

지름 12.4mm 또는 지름 12.7mm의 구연선 PS스트랜드를 앵커헤드의 구멍에서 하나씩 쐐기로 정착하는 공법, 접속장치에 의해 PS케이블을 이어나갈 수 있고 재긴장도 가능하다.

③ CCL공법(영국)

④ Magnel공법(벨기에)

(2) 지압식공법

1) 리벳머리식

① 리벳머리식의 정의

PS강선 끝을 못머리처럼 제두가공하여 이것을 지압판으로 지지하게 하는 공법

② BBRV공법(스위스)

리벳머리식 정착의 대표적인 공법으로 보통 지름 7mm의 PS강선 끝을 제두기라는 특수한 기계로 냉간 가공하여 리벳머리를 만들고 이것을 앵커헤드로 지지시키는 공법이다.

2) 너트식

① 너트식의 정의

PS강봉 끝의 전조나사에 너트를 끼워서 정착판에 정착하는 공법으로 PS강봉의 정착에 주로 사용된다.

② Dywidag공법(독일)

PS강봉 단부의 전조나사에 특수 강재너트를 끼워 정착판에 정착하는 공법으로 커플러(Coupler)를 사용하여 PS강봉을 쉽게 이어나갈 수 있다. 또한 장대교 가설에 많이 사용되고, 캔틸레버가설법(FCM)에 사용된다.

(3) 루프식 공법

1) 루프식 공법의 정의

루프(Loop) 모양으로 가공한 PS강선 또는 강연선을 콘크리트 속에 묻어넣어 콘크리트와의 부착 또는 지압에 의하여 정착하는 공법이다.

2) 루프식 공법의 종류

① Leoba공법

② Baur－Leonhardt공법

05 프리스트레스의 도입과 손실

1. 프리스트레스의 도입

(1) 프리스트레스 도입시 콘크리트에 요구되는 강도

$$f_{ci} \geq 1.7 f_{c,\max}$$

여기서, f_{ci} : 프리스트레스를 토입할 때 콘크리트의 압축강도
$f_{c,\max}$: 프리스트레스 도입 직후 콘크리트에 발생하는 최대 압축응력

(2) 프리스트레스 도입시 콘크리트의 압축강도

1) 프리텐션방식

$$f_{ci} \geq 30\text{MPa}$$

참고

짧은 부재 또는 부재 단부 근처에서 큰 휨모멘트나 전단력을 받는 프리텐션 부재의 경우
$f_{ci} \geq 35\text{MPa}$

2) 포스트텐션방식

$$f_{ci} \geq 28\text{MPa}$$

2. 프리스트레스의 손실

PS강재에 준 인장응력은 여러 가지 원인에 의하여 감소한다. PS강재의 인장응력이 감소함에 따라 콘크리트에 도입된 프리스트레스가 감소하는 현상을 프리스트레스의 감소 또는 프리스트레스의 손실이라 한다.

(1) 프리스트레스의 손실 원인

1) 프리스트레스를 도입할 때 발생하는 손실
(도입시 손실, 즉시손실, 즉시감소)
① 정착장치의 활동(Anchorage Slip, Anchorage Set)
② PS강재와 쉬스 사이의 마찰(포스트텐션방식에만 해당)
③ 콘크리트의 탄성변형(탄성수축, Elastic Shortening)

2) 프리스트레스 도입후에 발생하는 손실

(도입후 손실, 시간적 손실, 시간적 감소)

① 콘크리트의 크리프

② 콘크리트의 건조 수축(프리텐션방식 > 포스트텐션방식)

③ PS강재의 릴랙세이션(Relaxation)

(2) 유효율

1) 유효율(R)

$$R=\frac{P_e}{P_i}\times 100(\%) \quad \cdots\cdots (11.10)$$

여기서, P_i : 즉시손실 발생 후의 인장력(초기 프리스트레스 힘)

P_e : 시간손실 발생 후의 인장력(유효 프리스트레스 힘)

참고

◈ 유효율(R)의 대략 값

① 프리텐션방식 : $R=80\%$

② 포스트텐션방식 : $R=85\%$

2) 감소율

$$\text{감소율}=\frac{\Delta P}{P_i}\times 100(\%)=\frac{P_i-P_e}{P_i}\times 100(\%) \quad \cdots\cdots (11.11)$$

참고

◈ 감소율

일반적으로 감소율은 P_i의 20~ 35% 범위

(3) 프리스트레스의 손실량

1) 정착장치의 활동에 의한 손실량

① 프리텐션방식

고정지주의 정착장치 활동에 의하여 긴장력이 손실된다.

② 포스트텐션방식(1단 정착일 경우)

$$\Delta f_{pa} = E_p \varepsilon_p = E_p \frac{\Delta l}{l} \quad \cdots\cdots (11.12)$$

여기서, Δf_{pa} : 정착장치의 활동에 의한 긴장응력의 손실량
E_p : 긴장재의 탄성계수
ε_p : 긴장재의 변형률
Δl : 정착장치의 활동량(긴장재의 활동량)
l : 긴장재의 길이

2) PS강재와 쉬스 사이의 마찰에 의한 손실량

① 엄밀식

$$P_{px} = P_{pj} e^{-(kl_{px} + \mu_p \alpha_{px})} \quad \cdots\cdots (11.13)$$

$$\Delta P_f = P_{pj} - P_{px} = P_{pj}[1 - e^{-(kl_{px} + \mu_p \alpha_{px})}] \quad \cdots\cdots (11.14)$$

여기서, P_{px} : 긴장단으로부터 거리 x만큼 떨어진 곳의 긴장력
P_{pj} : 긴장단의 초기 긴장력
ΔP_f : PS강재와 쉬스 사이의 마찰에 의한 긴장력의 손실량
k : 파상마찰계수
l_{px} : 긴장단으로부터 고려하는 곳까지의 긴장재 길이
μ_p : 곡률마찰계수
α_{px} : 긴장단으로부터 고려하는 곳까지의 각변화량(radian)

② 근사식

$kl_{px} + \mu_p \alpha_{px} \leq 0.3$인 경우는 근사식을 사용할 수 있다.

$$P_{px} = \frac{P_{pj}}{(1 + kl_{px} + \mu_p \alpha_{px})} \quad \cdots\cdots (11.15)$$

$$\Delta P_f = P_{pj} - P_{px} = P_{pj}\left[\frac{(kl_{px} + \mu_p \alpha_{px})}{1 + (kl_{px} + \mu_p \alpha_{px})}\right] \quad \cdots\cdots (11.16)$$

3) 콘크리트의 탄성변형에 의한 손실량

① 프리텐션방식

$$\Delta f_{pe} = E_p \varepsilon_p = E_p \varepsilon_e = E_p \frac{f_{cs}}{E_c} = n f_{cs} \quad \cdots\cdots (11.17)$$

여기서, Δf_{pe} : 콘크리트의 탄성변형에 의한 긴장응력의 손실량

ε_e : 콘크리트의 탄성변형률

n : 탄성계수비$\left(=\dfrac{E_p}{E_c}\right)$

f_{cs} : 프리스트레스 도입 직후 PS강재의 도심위치에서 발생하는 콘크리트의 압축응력

② 포스트텐션방식

- 1회의 긴장작업으로 프리스트레스를 도입할 경우
  콘크리트의 탄성변형에 의한 긴장응력의 손실량은 발생하지 않는다.
- 여러 개의 긴장재를 순차적으로 긴장할 경우

$$\Delta f_{pe} = \frac{1}{2} n f_{cs} \frac{N-1}{N} \quad \cdots\cdots (11.18)$$

여기서, N : 긴장재의 긴장횟수

4) 콘크리트의 크리프에 의한 손실량

$$\Delta f_{pc} = E_p(C_u \varepsilon_e) = C_u n f_{cs} \quad \cdots\cdots (11.19)$$

여기서, Δf_{pc} : 콘크리트의 크리프에 의한 긴장응력의 손실량
C_u : 크리프 계수

5) 콘크리트의 건조수축에 의한 손실량

$$\Delta f_{ps} = E_p \varepsilon_{sh} \quad \cdots\cdots (11.20)$$

여기서, ε_{sh} : 콘크리트의 건조수축 변형률

6) PS강재의 릴랙세이션에 의한 손실량

$$\Delta f_{pr} = \gamma f_{pi} \quad \cdots\cdots (11.21)$$

여기서, γ : PS강재의 겉보기릴랙세이션 값
- PS강봉 : $\gamma = 3\%$
- PS강선 및 PS스트랜드 : $\gamma = 5\%$

06 프리스트레스트 콘크리트 보의 해석과 설계

1. 콘크리트와 PS강재의 허용응력

(1) 콘크리트의 허용응력

1) 프리스트레스 도입 직후 시간에 따른 프리스트레스 손실이 일어나기 전의 응력은 다음 값 이하로 하여야 한다.

① 휨압축응력 : $0.60f_{ci}$

② 단순지지 부재 단부의 휨압축응력 : $0.7f_{ci}$

③ 휨인장응력 : $0.25\sqrt{f_{ci}}$

④ 단순지지 부재 단부의 휨인장응력 : $0.50\sqrt{f_{ci}}$

2) 비균열등급 또는 부분균열등급 프리스트레스트 콘크리트 휨부재에서 모든 프리스트레스의 손실이 일어난 후 사용하중에 의한 콘크리트의 휨응력은 다음 값 이하로 하여야 한다.

① 압축연단응력(유효프리스트레스+지속하중) : $0.45f_{ck}$

② 압축연단응력(유효프리스트레스+전체하중) : $0.60f_{ck}$

(2) PS강재의 허용응력

1) 긴장을 할 때 긴장재의 인장응력

$0.80f_{pu}$ 또는 $0.94f_{py}$ 중 작은 값 이하

2) 프리스트레스 도입 직후 긴장재의 인장응력

$0.74f_{pu}$와 $0.82f_{py}$ 중 작은 값 이하

3) 정착구와 커플러의 위치에서 프리스트레스 도입 직후 포스트텐션 긴장재의 응력

$0.70f_{pu}$ 이하

여기서, f_{pu} : 긴장재의 설계기준인장강도
f_{py} : 긴장재의 설계기준항복강도

2. 균열 휨모멘트

(1) 균열 휨모멘트의 정의

콘크리트 단면의 인장측 연단의 응력이 콘크리트의 파괴계수에 도달할 때의 모멘트를 균열 휨모멘트라고 한다.

(2) 콘크리트 단면의 인장측 연단의 응력

$$f_{c(하)} = \frac{P_i}{A} + \frac{P_i e_p}{I} y_b - \frac{M_x}{I} y_b \quad \cdots\cdots (11.22)$$

(3) 균열 휨모멘트

균열 휨모멘트(M_{cr})는 식(11.22)에 $f_{c(하)} = -f_r$, $M_x = M_{cr}$을 대입함으로써 구할 수 있다.

$$M_{cr} = f_r Z_b + P_e\left(\frac{{r_c}^2}{y_b} + e_p\right) \quad \cdots\cdots (11.23)$$

여기서, f_r : 콘크리트의 파괴계수($=0.63\lambda\sqrt{f_{ck}}$)
Z_b : 콘크리트의 단면계수
r_c : 콘크리트의 단면 2차 회전반경
y_b : 중립축으로부터 인장측 연단까지의 거리
e_p : PS강재의 편심거리

3. 공칭휨강도

(1) PS강재의 응력(f_{ps}) ($f_{pe} \geq 0.5 f_{pu}$)

1) PS강재가 부착된 부재

① 인장철근과 압축철근의 영향을 고려할 경우

$$f_{ps} = f_{pu}\left[1 - \frac{\gamma_p}{\beta_1}\left(\rho_p \frac{f_{pu}}{f_{ck}} + \frac{d}{d_p}(w - w')\right)\right] \quad \cdots\cdots (11.24)$$

여기서, γ_p : PS강재의 종류에 따른 계수
β_1 : $\frac{a}{c}$
ρ_p : 강재비$\left(=\frac{A_p}{bd_p}\right)$
d : 인장철근의 유효깊이
d_p : PS강재의 유효깊이
w : 인장철근의 강재지수$\left(=\rho\frac{f_y}{f_{ck}},\ \rho = \frac{A_s}{bd}\right)$
w' : 압축철근의 강재지수$\left(=\rho'\frac{f_y}{f_{ck}},\ \rho' = \frac{A_s'}{bd}\right)$

② 인장철근과 압축철근의 영향을 무시할 경우

$$f_{ps} = f_{pu}\left(1 - \frac{\gamma_p}{\beta_1}\rho_p \frac{f_{pu}}{f_{ck}}\right) \quad \cdots\cdots (11.25)$$

2) PS강재가 부착되지 않은 부재

① $\dfrac{l}{h} \leq 35$인 경우

$$f_{ps} = f_{pe} + 70 + \frac{f_{ck}}{100\rho_p} \quad \cdots\cdots (11.26)$$

여기서, f_{ps}는 f_{py}와 $(f_{pu} + 420)$MPa 이하로 하여야 한다.

여기서, f_{pe} : PS강재의 유효 인장응력

② $\dfrac{l}{h} > 35$인 경우

$$f_{ps} = f_{pe} + 70 + \frac{f_{ck}}{300\rho_p} \quad \cdots\cdots (11.27)$$

여기서, f_{ps}는 f_{py}와 $(f_{pe} + 210)$MPa 이하로 하여야 한다.

(2) 공칭휨강도

1) PS강재만을 고려할 경우

$$M_n = A_p f_{ps}\left(d_p - \frac{a}{2}\right) \quad \cdots\cdots (11.28)$$

여기서, $a = \dfrac{A_p f_{ps}}{\eta 0.85 f_{ck} b}$ ⋯⋯ (11.29)

2) 인장철근의 영향을 고려할 경우

$$M_n = A_p f_{ps}\left(d_p - \frac{a}{2}\right) + A_s f_y\left(d - \frac{a}{2}\right) \quad \cdots\cdots (11.30)$$

4. 공칭전단강도

(1) 공칭전단강도(V_n)

$$V_n = V_c + V_s$$

여기서, V_c : 콘크리트가 부담하는 전단강도
V_s : 전단철근이 부담하는 전단강도

(2) 콘크리트가 부담하는 전단강도(V_c)

콘크리트가 부담하는 전단강도(V_c)는 다음의 식들로 계산되는 공칭전단강도 V_{ci}와 V_{cw} 중에서 작은 값을 취해야 한다.

1) 휨전단균열을 일으키는 공칭전단강도

$$V_{ci} = 0.05\,\lambda\sqrt{f_{ck}}\,b_w d_p + V_d + \frac{V_i\,M_{cr}}{M_{\max}} \le 0.17\,\lambda\sqrt{f_{ck}}\,b_w d_p \quad \cdots\cdots (11.31)$$

여기서, d_p : 압축콘크리트 연단에서 프리스트레스 긴장재의 도심까지 거리(0.8h 이상이어야 하며, h는 부재의 전체 두께 또는 깊이이다.)
V_d : 고정하중의 영향에 의한 단면의 전단력
V_i : $M_{\max}$와 동시에 일어나는 작용하중으로 인한 단면의 계수전단력
$M_{\max}$: 작용하중으로 인한 단면의 최대 계수휨모멘트
M_{cr} : 균열 휨모멘트

$$M_{cr} = \left(\frac{I}{y_t}\right)(0.5\lambda\sqrt{f_{ck}} + f_{pcc} - f_d)$$

f_{pcc} : 작용하중에 의해 인장응력이 발생하는 단면의 연단에서 모든 프리스트레스 손실을 감안한 유효 프리스트레스 힘에 의한 콘크리트의 압축응력

2) 복부전단균열을 일으키는 공칭전단강도

$$V_{cw} = (0.29\lambda\sqrt{f_{ck}} + 0.3 f_{pc})\,b_w d_p + V_p \quad \cdots\cdots (11.32)$$

여기서, f_{pc} : 작용하중을 저항하는 단면의 중심에서 모든 프리스트레스의 손실을 감안한 콘크리트의 압축응력 또는 단면의 중심이 플랜지 내에 위치할 경우는 복부와 플랜지의 교차점에서 압축응력
V_p : 유효 프리스트레스 힘의 수직분력

3) 실용식에 의한 공칭전단강도

휨 철근 또는 긴장재 인장강도의 40% 이상의 유효 프레스트레스 힘이 작용하는 부재의 경우는 실용식으로 콘크리트의 공칭전단강도(V_c)를 계산해도 좋다.

$$V_c = (0.05\lambda\sqrt{f_{ck}} + 4.9\frac{V_u d}{M_u})b_w d \quad \cdots\cdots (11.33)$$

여기서, $\frac{1}{6}\lambda\sqrt{f_{ck}}b_w d \le V_c \le \left(\frac{5\lambda\sqrt{f_{ck}}}{12}\right)b_w d$

$\frac{V_u d}{M_u} \le 1.0$

(3) 전단철근이 부담하는 전단강도

$$V_s = \frac{A_v f_y d}{s} \ge \frac{V_u - \phi V_c}{\phi}$$

9급 2012년 지방직

01 **프리스트레스트 콘크리트 구조물(A)과 철근콘크리트 구조물(B)에 대한 설명으로 옳지 않은 것은?**

① A는 균열이 발생하지 않도록 설계하는 경우도 있기 때문에 내구성 및 수밀성이 B에 비하여 좋다.
② A의 부재는 솟음 때문에 고정하중에 의한 처짐이 B의 부재에 비하여 작게 발생한다.
③ A는 B에 비하여 강성이 크므로 변형이 작고, 진동이 적게 발생한다.
④ 고강도 강재는 고온에 노출되면 갑자기 강도가 감소하므로 A는 B에 비하여 내화성에 있어서는 불리하다.

해설

동일한 하중을 지지할 경우 A는 B에 비하여 단면이 작기 때문에 변형이 크고, 진동이 크게 발생한다.

정답 ③

9급 2014년 서울시

02 **다음 설명은 프리스트레스트 콘크리트(PSC)보와 철근콘크리트(RC)보에 관한 설명이다. 이 중 옳지 않은 것은?**

① RC보에 비해 PSC보는 고강도의 강재와 콘크리트를 사용한다.
② PSC보는 설계하중하에서 균열이 생기지 않으므로 내구성이 뛰어나다.
③ PSC보는 RC보에 비해 탄성적이고 복원력이 우수하다.
④ RC보에 비해 PSC보는 화재 손상에 대한 내구성이 뛰어난 특성을 보인다.
⑤ 같은 하중에 대한 단면에서 PSC보는 RC보에 비해 자중을 경감시킬 수 있다.

해설

RC보에 비해 PSC보는 화재 손상에 대한 내구성이 떨어진다.

정답 ④

9급 2013년 국가직

03 다음 중에서 프리스트레스트 콘크리트(PSC)보와 철근콘크리트(RC)보의 비교에 관한 설명으로 옳지 않은 것은?

① PSC보는 RC보에 비하여 고강도의 콘크리트와 강재를 사용한다.

② 긴장재를 곡선으로 배치한 PSC보에서는 긴장재 인장력의 연직분력만큼 전단력이 감소하므로 같은 전단력을 받는 RC보에 비하여 복부의 폭을 얇게 할 수 있다.

③ PSC보는 RC보에 비해 더욱 탄성적이고 복원성이 크다.

④ 탄성응력상태 RC보에서는 하중이 증가함에 따라 철근의 인장력(T)과 콘크리트의 압축력(C)이 커지고 우력 팔길이(Z)는 감소한다.

해설

탄성응력상태 RC보에서는 하중이 증가함에 따라 철근의 인장력(T)과 콘크리트의 압축력(C)이 커지고 우력 팔길이(Z)는 일정하다. 반면 PSC보에서는 하중이 증가함에 따라 철근의 인장력(T)과 콘크리트의 압축력(C)은 일정하고 우력 팔길이(Z)가 증가한다.

정답 ④

9급 2013년 국가직

04 다음 중 프리스트레스트 콘크리트 설계원칙 및 시방 관련 내용으로 옳지 않은 것은?

① 프리스트레스트 콘크리트 그라우트의 물－결합재 비는 45% 이상으로 하며, 소요의 반죽질기가 얻어지는 범위 내에서 될 수 있는 대로 크게 할 필요가 있다.

② 프리스트레스트 콘크리트 슬래브 설계에 있어 등분포하중에 대하여 배치하는 긴장재의 간격은 최소한 1방향으로는 슬래브두께의 8배 또는 1.5m 이하로 하여야 한다.

③ 포스트텐션 덕트에 있어 그라우트 시공 등의 용이성을 위해 그라우트되는 다수의 강선, 강연선 또는 강봉을 배치하기 위한 덕트는 내부 단면적이 긴장재 단면적의 2배 이상이어야 한다.

④ 그라우트 시공은 프리스트레싱이 끝나고 8시간이 경과한 다음 가능한 한 빨리 하여야 하며, 어떠한 경우에도 프리스트레싱이 끝난 후 7일 이내에 실시하여야 한다.

해설

프리스트레스트 콘크리트 그라우트의 물－결합재 비는 45% 이하로 한다.

정답 ①

9급 2019년 국가직

05 프리텐션 프리스트레싱 강재가 보유하여야 할 재료성능으로 옳은 것은?

① 인장강도가 작아야 한다.

② 연신율이 작아야 한다.

③ 릴랙세이션이 작아야 한다.

④ 콘크리트와의 부착강도가 작아야 한다.

해설

PS강재에 요구되는 성질

㉠ 인장강도가 커야 한다.
㉡ 항복비가 커야 한다.
㉢ 릴랙세이션이 작아야 한다.
㉣ 적당한 연성과 인성이 있어야 한다.
㉤ 응력부식에 대한 저항성이 커야 한다.
㉥ 부착시켜 사용하는 PS강재는 콘크리트의 부착강도가 커야 한다.
㉦ 어느 정도의 피로강도를 가져야 한다.
㉧ 곧게 잘 펴지는 직선성이 좋아야 한다.

9급 2014년 서울시

06 프리스트레스트(PS) 콘크리트구조물에 사용되는 PS강재의 바람직한 특성이 아닌 것은?

① 인장강도가 높아야 한다.

② 적당한 연성과 인성이 있어야 한다.

③ 항복비(=항복응력/인장강도)가 작아야 한다.

④ 릴랙세이션이 작아야 한다.

⑤ 적절한 피로강도를 가져야 한다.

해설

프리스트레스트(PS) 콘크리트 구조물에 사용되는 PS강재의 항복비는 커야 한다.

9급 2009년 국가직

07 다음 그림은 프리스트레스트 콘크리트 긴장재의 응력–변형률 곡선이다. 긴장재의 항복점 응력(f_{py})을 정하기 위하여 사용하는 영구신율 A의 값은?

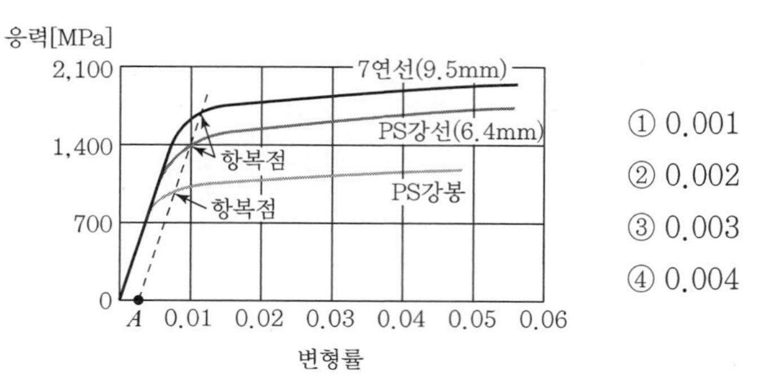

① 0.001
② 0.002
③ 0.003
④ 0.004

해설

강재의 항복응력

㉠ 강재의 응력–변형률 곡선의 모양은 서로 비슷하지만 뚜렷한 항복점이 없다.
㉡ 변형률이 0.002인 곳에서 원점으로부터 비례한계점까지 이르는 직선과 평행한 직선을 그어 응력–변형률 곡선과 만나는 점을 항복점이라 한다.
㉢ 강재의 항복응력은 대략 극한응력의 85~90% 정도이다.

정답 ②

9급 2012년 서울시

08 PS강재를 긴장한 채 일정한 길이를 유지해 두면 시간이 경과함에 따라 인장응력이 감소하는 현상은?

① 탄성변형
② 건조수축
③ 릴랙세이션
④ 크리프
⑤ 탄성압축

해설

PS강재를 긴장한 채 일정한 길이로 유지해 두면 시간의 경과와 더불어 인장응력이 감소하는 현상을 릴랙세이션이라고 한다.

정답 ③

9급 2017년 지방직(2차)

09 프리스트레싱 강재의 릴랙세이션에 대한 설명으로 옳지 않은 것은?

① 긴장한 강재를 일정한 길이로 유지했을 때 시간의 경과와 함께 인장응력이 감소하는 현상을 릴랙세이션이라 한다.

② 일정 변형률하에서 발생하는 강재의 인장응력 감소량을 초기 인장응력에 대한 백분율로 나타낸 것을 순 릴랙세이션이라 한다.

③ 겉보기 릴랙세이션은 프리스트레스트 콘크리트 부재의 건조수축, 크리프 등의 변형으로 인한 효과를 동시에 고려하기 때문에 순 릴랙세이션 값보다 크다.

④ 릴랙세이션 손실은 프리스트레싱 강재의 온도의 영향을 받는다.

해설

겉보기 릴랙세이션은 프리스트레스트 콘크리트 부재의 건조수축, 크리프 등의 변형으로 인한 효과를 동시에 고려하기 때문에 순 릴랙세이션 값보다 작다.

정답 ③

9급 2009년 지방직

10 그림과 같이 자중과 활하중의 합 $w = 80\,\mathrm{kN/m}$ 가 작용할 때 A점의 응력이 영(zero)이 되기 위한 PS강재의 긴장력[kN]은?(단, PS강재가 단면 중심에서 긴장되며 손실은 고려하지 않는다.)

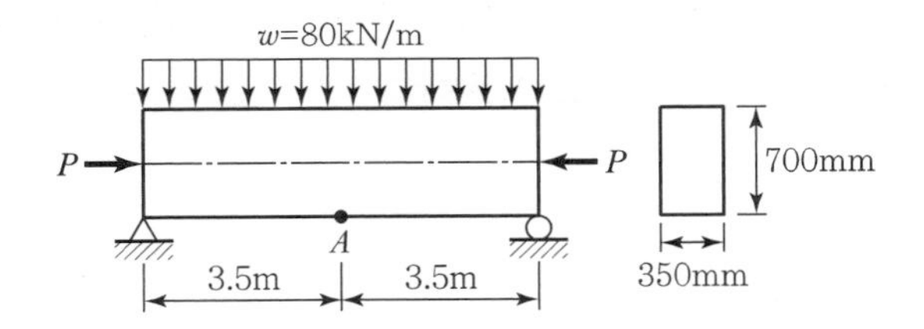

① 2,400

② 2,450

③ 4,100

④ 4,200

해설

$$f_A = \frac{P}{A} - \frac{M}{Z} = \frac{P}{bh} - \frac{3wl^2}{4bh^2} = \frac{1}{bh}\left(P - \frac{3wl^2}{4h}\right) = 0$$

$$P = \frac{3wl^2}{4h} = \frac{3 \times 80 \times 7^2}{4 \times 0.7} = 4{,}200\mathrm{kN}$$

정답 ④

9급 2012년 서울시

11 그림과 같이 고정하중과 활하중의 합 $w=60\text{kN/m}$가 작용할 때 PS강재가 단면 중심에서 긴장되며, A점의 콘크리트 응력이 0(zero)이 되려면 PS강재에 작용하는 긴장력은?(단, 손실은 고려하지 않는다.)

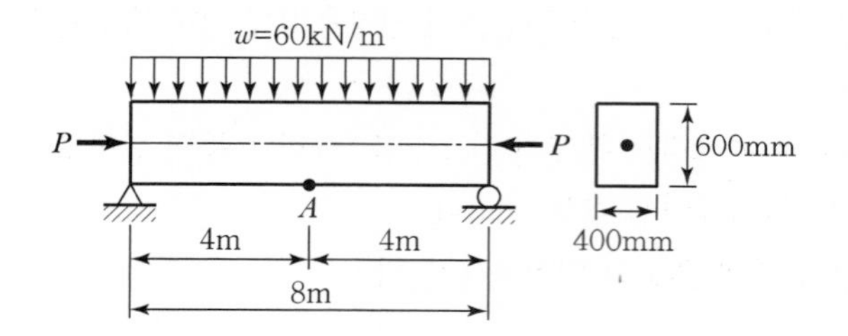

① 3,600kN
② 3,800kN
③ 4,600kN
④ 4,800kN
⑤ 5,600kN

해설

$$f_A=\frac{P}{A}-\frac{M}{Z}=\frac{P}{bh}-\frac{6}{bh^2}\cdot\frac{wl^2}{8}=0$$

$$P=\frac{3wl^2}{4h}=\frac{3\times60\times8^2}{4\times0.6}=4,800\text{kN}$$

정답 ④

9급 2015년 국가직

12 그림과 같이 자중을 포함한 등분포 하중이 작용할 때, A점에서 응력이 영(Zero)이 되기 위한 PS강재의 긴장력[kN]은?(단, P의 긴장력은 중심에 작용한다.)

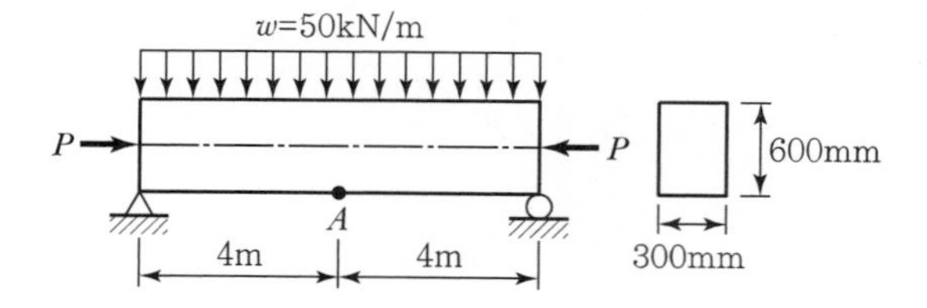

① 2,500
② 3,000
③ 3,500
④ 4,000

해설

$$f_A=\frac{P}{A}-\frac{M}{Z}=\frac{P}{bh}-\frac{6}{bh^2}\cdot\frac{wl^2}{8}=0$$

$$P=\frac{3wl^2}{4h}=\frac{3\times50\times8^2}{4\times0.6}=4,000\text{kN}$$

정답 ④

9급 2020년 국가직

13 그림과 같은 자중을 포함한 등분포하중 w가 작용하는 단순 지지된 프리스트레스트 콘크리트 보의 경간 중앙에서 단면 하단의 콘크리트 응력을 0이 되게 하는 프리스트레스 힘 P[kN]는?(단, 긴장재는 콘크리트 보의 단면도심에 배치되어 있으며, 콘크리트 보의 단면적은 긴장재를 무시한 총단면적을 사용한다)

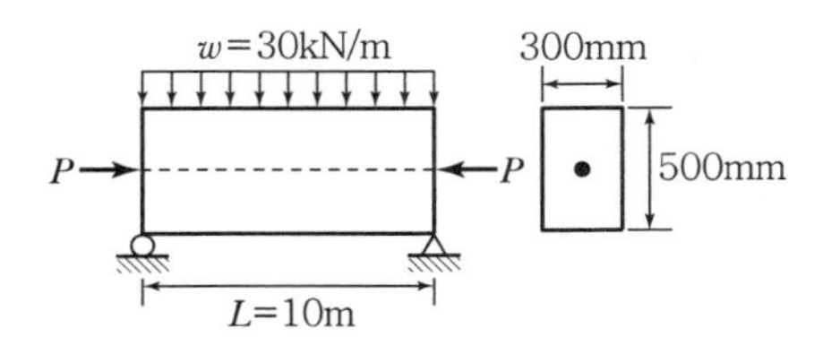

① 3,000
② 3,500
③ 4,500
④ 6,000

해설

$$f_b = \frac{P}{A} - \frac{M}{Z} = \frac{P}{bh} - \frac{6}{bh^2} \cdot \frac{wl^2}{8} = \frac{1}{bh}\left(P - \frac{3wl^2}{4h}\right) = 0$$

$$P = \frac{3wl^2}{4h} = \frac{3 \times 30 \times 10^2}{4 \times 0.5} = 4{,}500\text{kN}$$

정답 ③

9급 2017년 국가직

14 그림과 같이 프리스트레스트 콘크리트 단순보 단면의 중심에 PS강선이 배치된 부재에 자중을 포함한 등분포하중 w = 4kN/m가 작용한다. 이 부재에 인장응력이 발생하지 않으려면 PS강선에 도입되어야 할 최소 긴장력 P[kN]는?

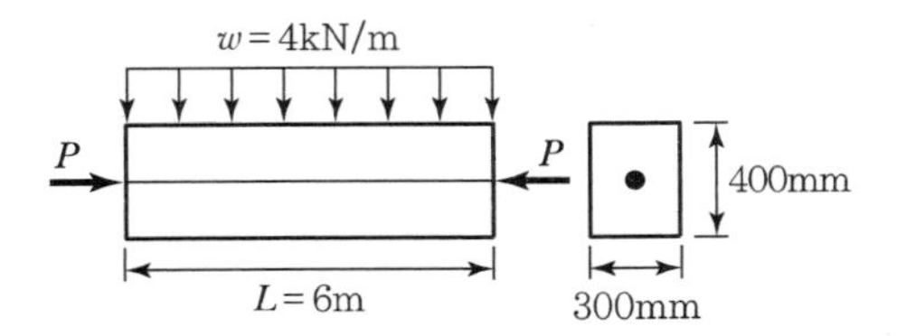

① 150
② 270
③ 390
④ 430

해설

$$f_b = \frac{P}{A} - \frac{M}{Z} = \frac{P}{bh} - \frac{3wl^2}{4bh^2} = \frac{1}{bh}\left(P - \frac{3wl^2}{4h}\right) \geq 0$$

$$P \geq \frac{3wl^2}{4h} = \frac{3 \times 4 \times 6^2}{4 \times 0.4} = 270\text{kN}$$

정답 ②

9급 2013년 지방직

15 폭이 400 mm, 높이가 600 mm 인 직사각형보의 도심에 PS강재가 배치되어 있고, 프리텐션 방식으로 초기에 $P_i = 1,000\,\text{kN}$ 의 프리스트레싱을 가하였다. 단순지지된 콘크리트보 지간 중앙의 하단에 응력이 생기지 않았다면, 이때 외부하중에 의한 지간 중앙의 휨모멘트 M [kN·m]은?

① 24 ② 30

③ 50 ④ 100

해설

$$f_b = \frac{P}{A} - \frac{M}{Z} = \frac{P}{bh} - \frac{6M}{bh^2} = 0$$

$$M = \frac{Ph}{6} = \frac{1,000 \times 0.6}{6} = 100\text{kN} \cdot \text{m}$$

정답 ④

9급 2015년 서울시

16 그림과 같이 지간 4m인 직사각형 단순보의 도심에 PS강재가 직선으로 배치되어 있고, 1,200kN의 프리스트레스 힘이 작용하고 있을 때, 보의 중앙단면 하연 응력이 0(zero)이 되도록 하기 위한 등분포하중 w[kN/m]은?(단, 보의 자중은 고려하지 않는다.)

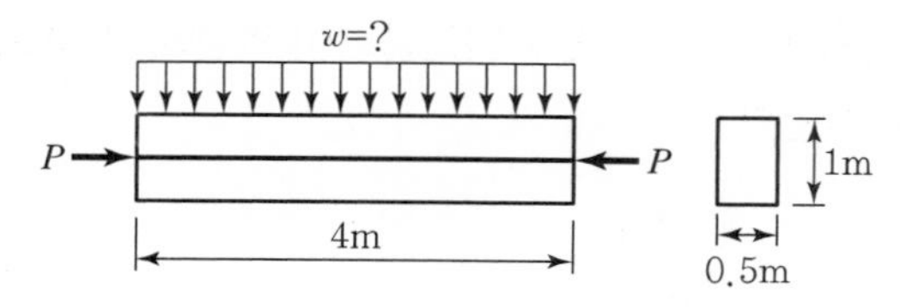

① 80kN/m

② 87kN/m

③ 97kN/m

④ 100kN/m

해설

$$f_b = \frac{P}{A} - \frac{M}{Z} = \frac{P}{bh} - \frac{6}{bh^2} \cdot \frac{wl^2}{8} = \frac{1}{bh}\left(P - \frac{3wl^2}{4h}\right) = 0$$

$$w = \frac{4hP}{3l^2} = \frac{4 \times 1 \times 1,200}{3 \times 4^2} = 100\text{kN/m}$$

정답 ④

9급 2011년 국가직

17 그림과 같이 지간이 8m인 프리스트레스트 콘크리트 단순보에 PS강재가 직선으로 단면의 도심에 배치되어 있고 1,200kN의 프리스트레스 힘이 작용하고 있다. 보의 단위중량을 $25\,\mathrm{kN/m^3}$로 가정할 때, 보의 중앙단면 하연의 응력이 0(zero)이 되도록 하기 위해 자중 외에 추가로 가해 주어야 하는 등분포하중 w[kN/m]은?

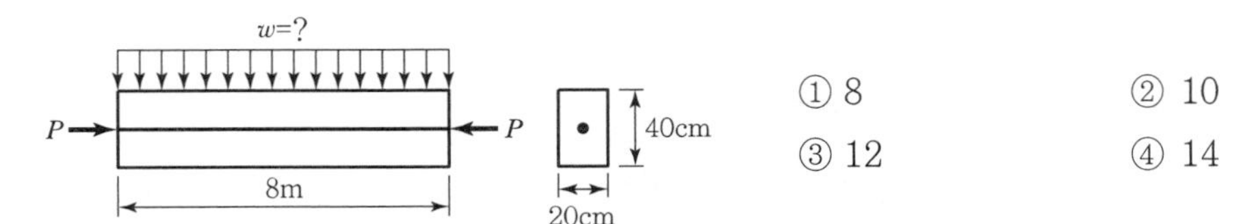

① 8 ② 10
③ 12 ④ 14

해설

$$w_c = \gamma_c A = 25 \times (0.2 \times 0.4) = 2\mathrm{kN/m}$$

$$f_b = \frac{P}{A} - \frac{M}{Z} = \frac{P}{bh} - \frac{6}{bh^2} \cdot \frac{(w+w_c)l^2}{8} = \frac{1}{bh}\left\{P - \frac{3(w+w_c)l^2}{4h}\right\} = 0$$

$$w = \frac{4Ph}{3l^2} - w_c = \frac{4 \times 1{,}200 \times 0.4}{3 \times 8^2} - 2 = 8\mathrm{kN/m}$$

정답 ①

9급 2016년 서울시

18 다음 그림과 같음 PSC 부재의 등가하중으로 옳은 것은?

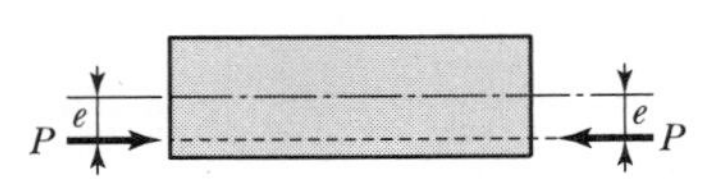

① $P\sin\theta$, $P\sin\theta$, $P\cos\theta$, $2P\sin\theta$, $P\cos\theta$

② $P\sin\theta$, $P\sin\theta$, $P\cos\theta$, $P\cos\theta$

③ Pe, Pe, P, P

④ Pe, Pe, P, P

해설

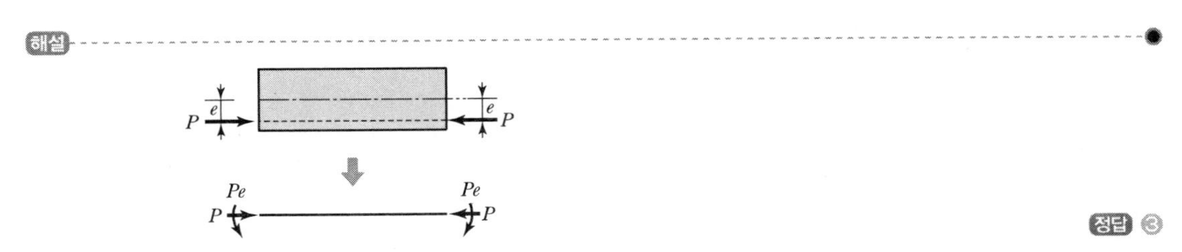

정답 ③

9급 2017년 서울시

19 그림과 같이 콘크리트 부재에 프리스트레스를 도입할 때, 프리스트레스만에 의해 발생 가능한 단면 내 응력분포 형태를 모두 고르면?(단, +는 압축응력을, −는 인장응력을 나타낸다.)

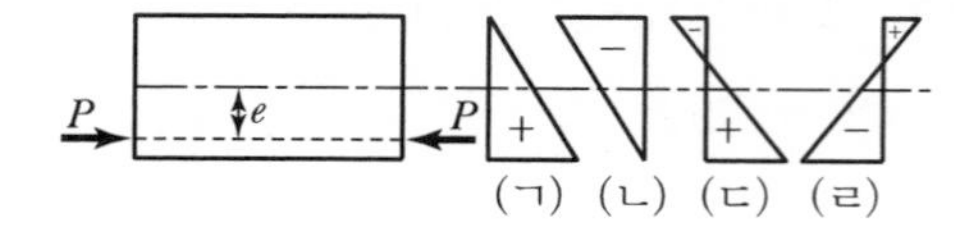

① (ㄱ), (ㄷ)　　② (ㄱ), (ㄹ)
③ (ㄴ), (ㄷ)　　④ (ㄴ), (ㄹ)

해설

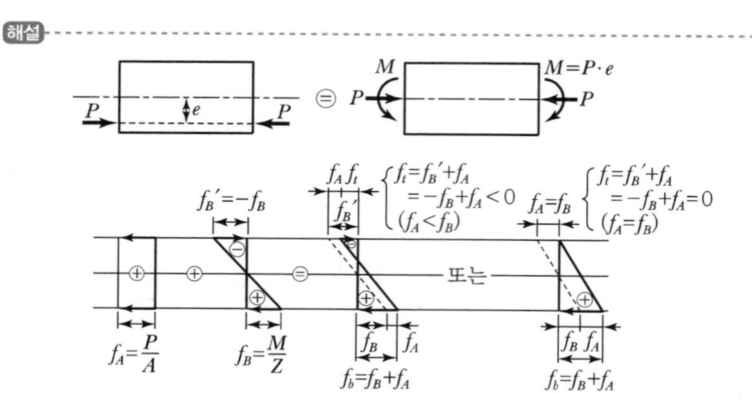

정답 ①

9급 2020년 지방직

20 그림과 같이 중립축으로부터 편심거리 e만큼 떨어진 지점에 긴장력 P를 작용시킨 프리스트레스트 콘크리트(PSC) 보의 중앙 단면에서의 응력분포로 적절한 것은?(단, PSC 보의 프리스트레스만을 고려하고 자중은 무시하며, (+)는 압축응력, (−)는 인장응력으로 정의한다. 단면은 직사각형이며, 이외 다른 조건은 고려하지 않는다)

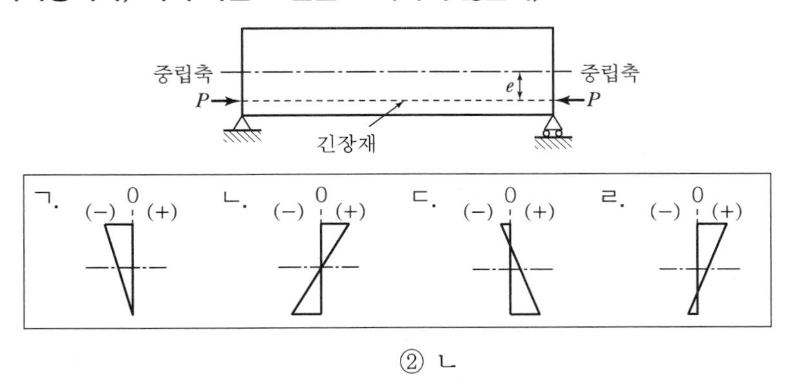

① ㄱ
② ㄴ
③ ㄷ
④ ㄹ

해설

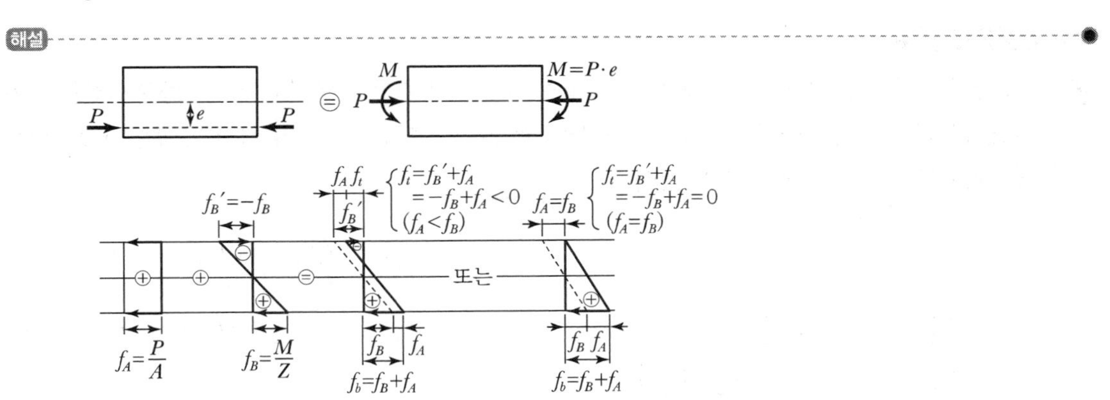

정답 ③

9급 2009년 국가직

21 그림과 같이 긴장재를 직선으로 편심배치(편심= e)한 경우에 보의 밑면에 발생하는 응력의 크기[$\mathrm{kN/m^2}$]는?(단, 단면2차모멘트 I : $1\mathrm{m}^4$, 중립축에서 밑면까지의 거리 y : $1\mathrm{m}$, 단면적 A : $2\mathrm{m}^2$, 자중 및 하중에 의한 단면에 작용하는 휨모멘트 M : $50\mathrm{kN\cdot m}$, 긴장력 P : $100\mathrm{kN}$, 편심량 e : $0.1\mathrm{m}$)

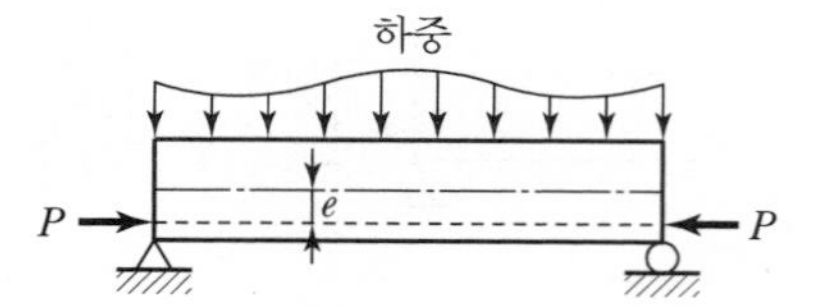

① 10 ② 20
③ 30 ④ 40

해설

$$f_b = \frac{P}{A} + \frac{Pe}{I}y - \frac{M}{I}y$$

$$= \frac{100}{2} + \frac{100 \times 0.1}{1} \times 1 - \frac{50}{1} \times 1 = 10\mathrm{kN/m^2}$$

정답 ①

9급 2018년 지방직

22 그림과 같은 단순보에 e만큼 편심된 프리스트레스 힘 P가 작용하고 있다. 등분포하중 w가 작용할 때 보 지간 중앙단면에서의 하연응력은?(단, 보의 자중은 무시하고, 깊은 보의 비선형 변형률 분포는 고려하지 않는다.)

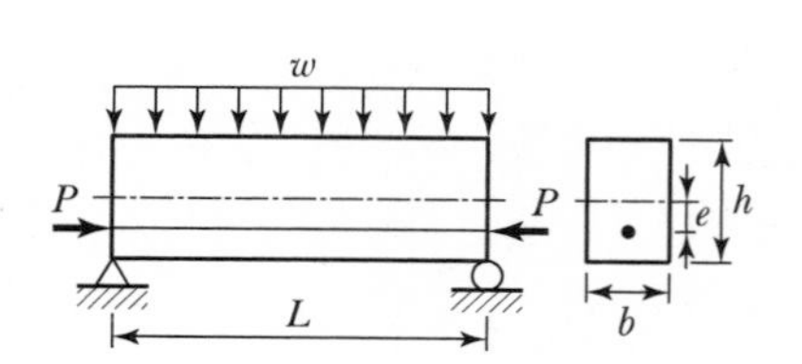

① $\frac{1}{bh}\left(P + \frac{6Pe}{h} - \frac{3wL^2}{4h}\right)$

② $\frac{1}{bh}\left(P + \frac{6Pe}{h} - \frac{4wL^2}{3h}\right)$

③ $\frac{1}{4bh}\left(P + \frac{6Pe}{h} - \frac{3wL^2}{4h}\right)$

④ $\frac{1}{4bh}\left(P + \frac{6Pe}{h} - \frac{4wL^2}{3h}\right)$

해설

$$f_b = \frac{P}{A} + \frac{Pe}{Z} - \frac{M}{Z}$$

$$= \frac{P}{(bh)} + \frac{Pe}{\left(\frac{bh^2}{6}\right)} - \frac{\left(\frac{wL^2}{8}\right)}{\left(\frac{bh^2}{6}\right)}$$

$$= \frac{1}{bh}\left(P + \frac{6Pe}{h} - \frac{3wL^2}{4h}\right)$$

정답 ①

9급 2017년 지방직(1차)

23 그림과 같은 프리스트레스트콘크리트 단순보에 프리스트레스 힘 $P=4,800\text{kN}$, 자중을 포함한 등분포하중 $w=80\text{kN/m}$가 작용할 경우 지간 중앙단면의 하연응력[MPa]은?(단, 지간 중앙의 긴장재의 편심 $e=0.4\text{m}$이며 프리스트레스 손실은 없다고 가정한다.)

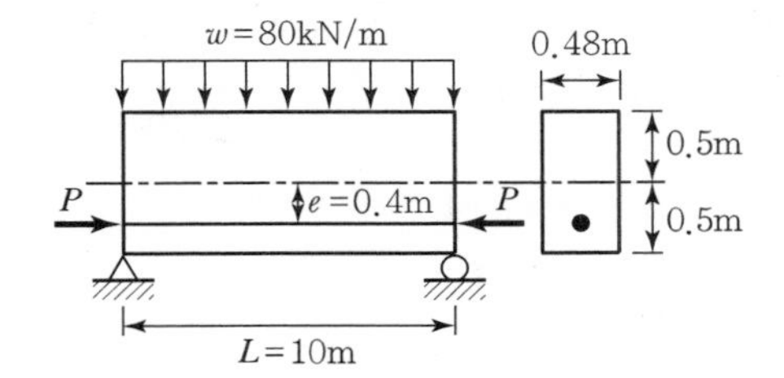

① 20.5(인장응력)
② 21.5(압축응력)
③ 22.5(인장응력)
④ 23.5(압축응력)

해설

$$f_b=\frac{P}{A}+\frac{P\cdot e}{Z}-\frac{M}{Z}$$
$$=\frac{P}{bh}+\frac{6Pe}{bh^2}-\frac{3wL^2}{4bh^2}$$
$$=\frac{P}{bh}\left(1+\frac{6e}{h}\right)-\frac{3wL^2}{4bh^2}$$
$$=\frac{4{,}800}{0.48\times1}\left(1+\frac{6\times0.4}{1}\right)-\frac{3\times80\times10^2}{4\times0.48\times1^2}$$
$$=10{,}000(1+2.4)-12{,}500$$
$$=21.5\times10^3\text{kPa}=21.5\text{MPa}(압축)$$

정답 ②

9급 2018년 국가직

24 그림과 같이 폭 0.36m, 높이 1m인 직사각형 단면에 정모멘트가 3,000kN · m, 긴장력이 3,600kN이 작용하고 있다. 긴장재의 편심거리가 0.3m일 때, 응력개념에 의한 부재 상단응력의 크기[MPa]는?(단, 구조물의 거동은 선형탄성으로 가정한다.)

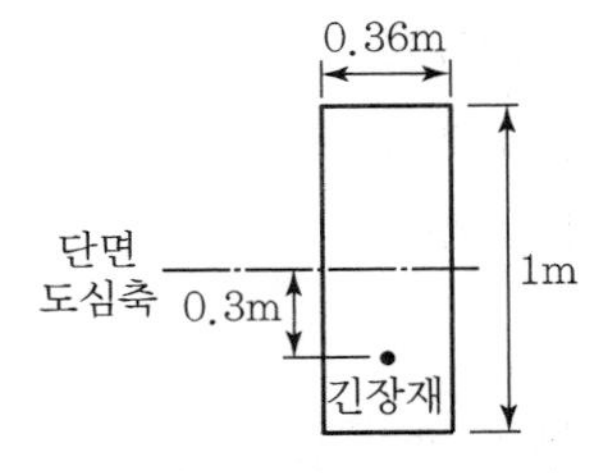

① 22
② 32
③ 42
④ 52

해설

$$f_t=\frac{P}{A}-\frac{P\cdot e}{Z}+\frac{M}{Z}=\frac{P}{bh}-\frac{6Pe}{bh^2}+\frac{6M}{bh^2}=\frac{3{,}600}{0.36\times1}-\frac{6\times3{,}600\times0.3}{0.36\times1^2}+\frac{6\times3{,}000}{0.36\times1^2}$$
$$=(10-18+50)\times10^3=42\times10^3\text{kN/m}^2=42\text{N/mm}^2=42\text{MPa}$$

정답 ③

9급 2012년 국가직

25 다음과 같은 지간이 $L = 10\text{m}$ 인 프리스트레스트 콘크리트 단순보에 자중을 포함한 등분포하중 $w = 30\text{kN/m}$ 가 작용하고 있다. 부재 단면이 폭 $b = 400\text{mm}$, 높이 $h = 600\text{mm}$ 이며, PS강선은 편심 $e = 0.2\text{m}$ 로 직선배치되어 있다. 균등질보개념(응력개념)을 적용할 때, 이 보의 중앙부 하단에 휨에 의한 수직응력이 0(zero)이 되기 위해 도입해야 하는 프리스트레스의 크기 P[kN]는?(단, 프리스트레스의 손실은 무시한다.)

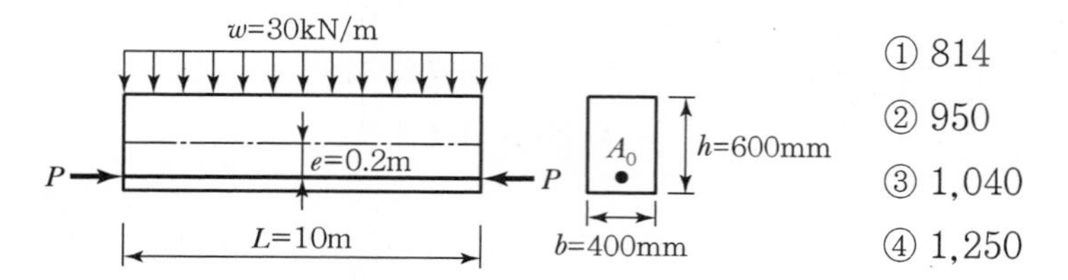

① 814
② 950
③ 1,040
④ 1,250

해설

$$f_b = \frac{P}{A} + \frac{Pe}{Z} - \frac{M}{Z} = \frac{P}{bh} + \frac{6Pe}{bh^2} - \frac{6}{bh^2} \cdot \frac{wl^2}{8} = \frac{1}{bh}\left\{P\left(1 + \frac{6e}{h}\right) - \frac{3wl^2}{4h}\right\} = 0$$

$$P = \frac{3wl^2}{\left(1 + \frac{6e}{h}\right)4h} = \frac{3wl^2}{4h + 24e} = \frac{3 \times 30 \times 10^2}{4 \times 0.6 + 24 \times 0.2} = 1{,}250\text{kN}$$

정답 ④

9급 2018년 서울시(2차)

26 <보기>와 같이 지간 10m의 프리스트레스트 콘크리트 단순보에 자중을 포함한 하중이 24kN/m의 등분포하중으로 작용하고 있다. 부재 단면은 폭 500mm, 높이 800mm이고 PS강선이 편심 $e = 0.2\text{m}$로 직선배치되어 있을 때 이 보의 중앙부 하단 응력이 0이 되도록 하는 프리스트레스트 힘 P의 크기는?

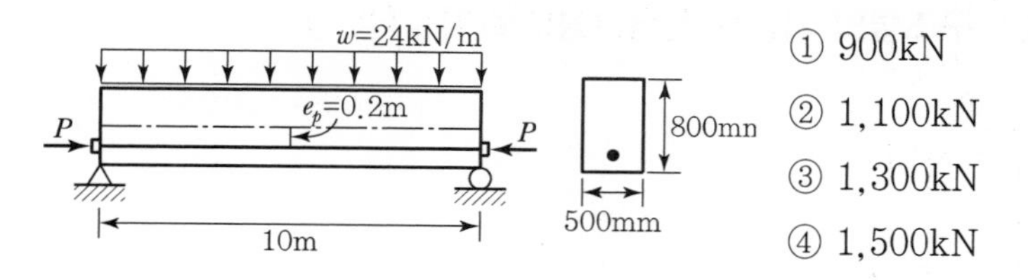

① 900kN
② 1,100kN
③ 1,300kN
④ 1,500kN

해설

$$f_b = \frac{P}{A} + \frac{P \cdot e}{Z} - \frac{M}{Z} = \frac{P}{bh} + \frac{6Pe}{bh^2} - \frac{3wl^2}{4bh^2} = \frac{1}{bh}\left\{P\left(1 + \frac{6e}{h}\right) - \frac{3wl^2}{4h}\right\} = 0$$

$$P = \frac{3wl^2}{4h + 24e} = \frac{3 \times 24 \times 10^2}{4 \times 0.8 + 24 \times 0.2} = 900\text{kN}$$

정답 ①

9급 2010년 국가직

27 PS강재가 양 지점부에서는 중립축, 경간 중앙부에서는 편심 $e=100\text{mm}$로 포물선 배치된 직사각형 단면 프리스트레스트 콘크리트보의 유효 프리스트레스 힘이 $P_e=600\text{kN}$일 때, 경간 중앙에서 단면 상연의 응력이 0이 되기 위하여 작용시켜야 할 휨모멘트[kN·m]는?(단, 단면적 $A=60{,}000\text{mm}^2$ 단면2차모멘트 $I=450{,}000{,}000\text{mm}^4$이다.)

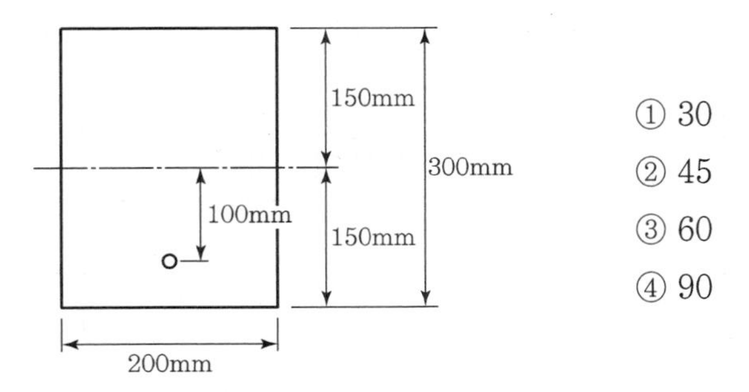

① 30
② 45
③ 60
④ 90

해설

$$f_t=\frac{P}{A}-\frac{Pe}{Z}+\frac{M}{Z}=\frac{P}{bh}-\frac{6Pe}{bh^2}+\frac{6M}{bh^2}=P\left(\frac{h}{6}-e\right)+M=0$$

$$M=P\left(e-\frac{h}{6}\right)=600\left(0.1-\frac{0.3}{6}\right)=30\text{kN}\cdot\text{m}$$

정답 ①

9급 2018년 서울시(1차)

28 〈보기〉와 같은 경간 L인 단순보에 등분포하중(자중 포함) $w=P/3L$이 작용하며, PS강재는 편심거리 e로 직선배치되어 프리스트레스 힘 P가 작용하고 있다. 이 보의 중앙부 하단에서 휨에 의한 수직응력이 0(zero)이 되려면 편심거리 e의 크기는?(단, 경간 L은 단면 높이 h의 8배이다.)

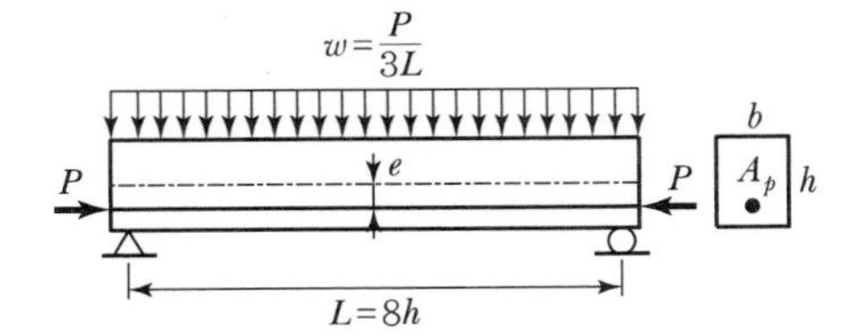

① $\frac{h}{6}$
② $\frac{h}{4}$
③ $\frac{h}{3}$
④ $\frac{h}{2}$

해설

$$M=\frac{wL^2}{8}=\frac{\left(\frac{P}{3L}\right)L^2}{8}=\frac{PL}{24}=\frac{P(8h)}{24}=\frac{Ph}{3}$$

$$f_b=\frac{P}{A}+\frac{Pe}{Z}-\frac{M}{Z}=\frac{P}{bh}+\frac{6Pe}{bh^2}-\frac{6\left(\frac{Ph}{3}\right)}{bh^2}=\frac{P}{bh}\left(1+\frac{6e}{h}-2\right)=0$$

$$e=\frac{h}{6}$$

정답 ①

9급 2019년 서울시

29 그림과 같은 긴장재를 절곡 배치한 프리스트레스 콘크리트 부재의 A−A 단면에서 프리스트레스 힘에 의해 작용하는 단면력이 옳은 것은?

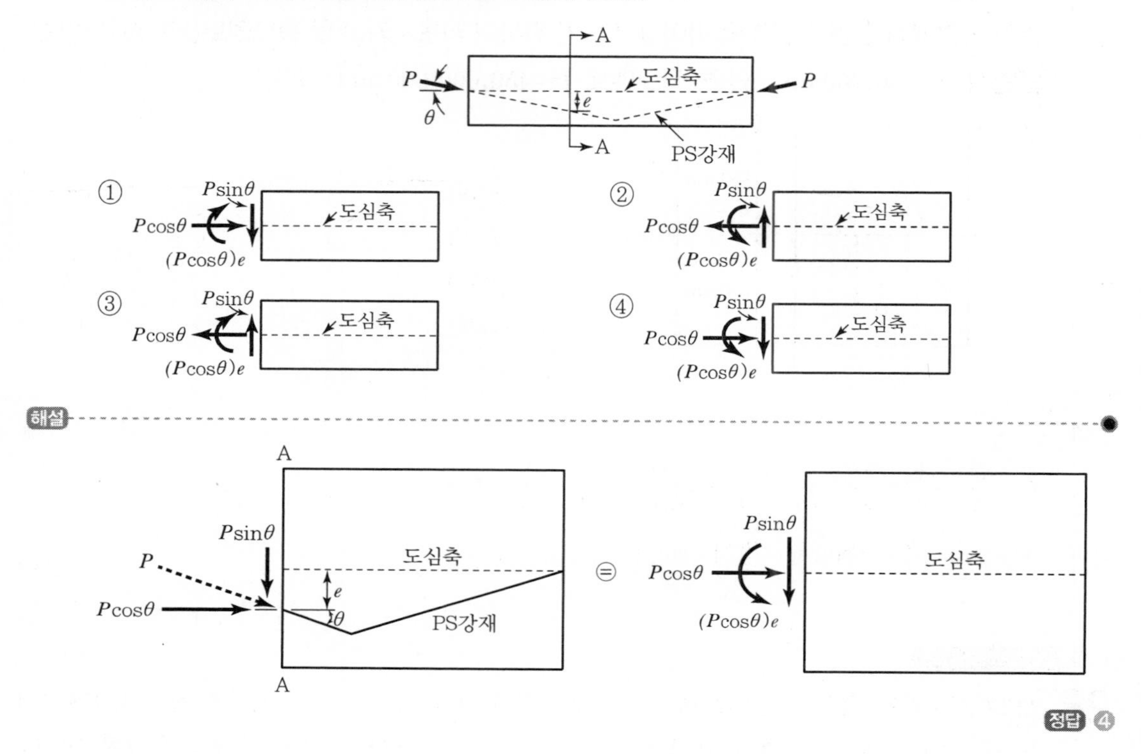

정답 ④

9급 2016년 국가직

30 긴장재의 배치형상에 따른 프리스트레싱 효과에 의하여 콘크리트에 발생하는 휨모멘트를 나타낸 것으로 옳지 않은 것은?

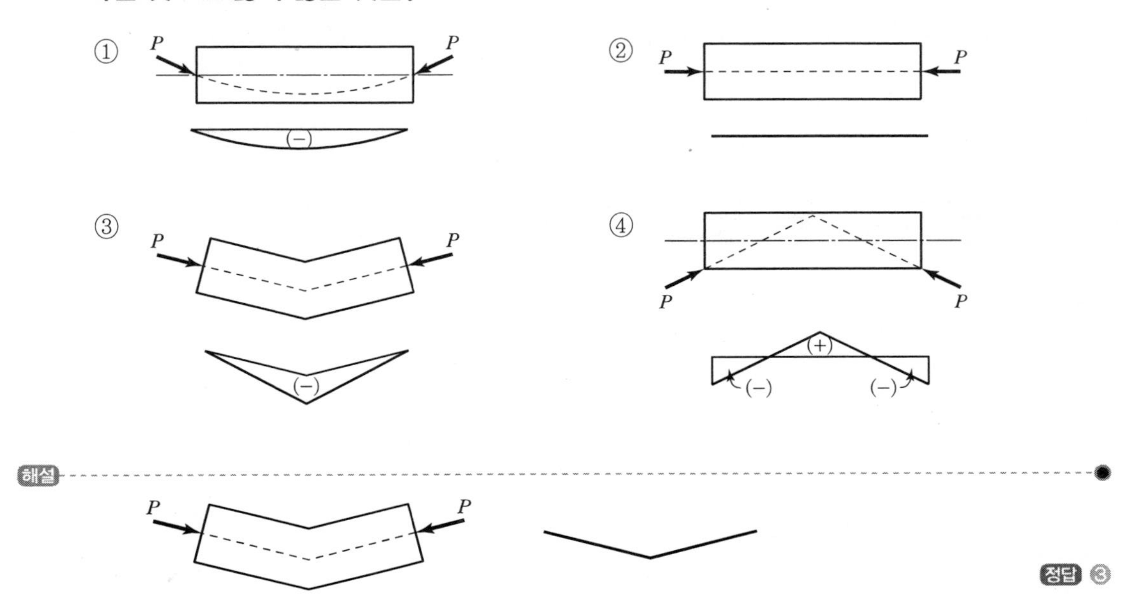

해설

정답 ③

9급 2018년 지방직

31 그림과 같이 프리스트레스트 콘크리트 보의 중앙에 집중하중 200kN이 작용될 때, 지간 중앙단면의 하연에 인장응력 12MPa이 발생하였다. 이때, 프리스트레스 힘 F[kN]는?(단, 보의 자중은 무시하고, 깊은 보의 비선형 변형률 분포는 고려하지 않는다.)

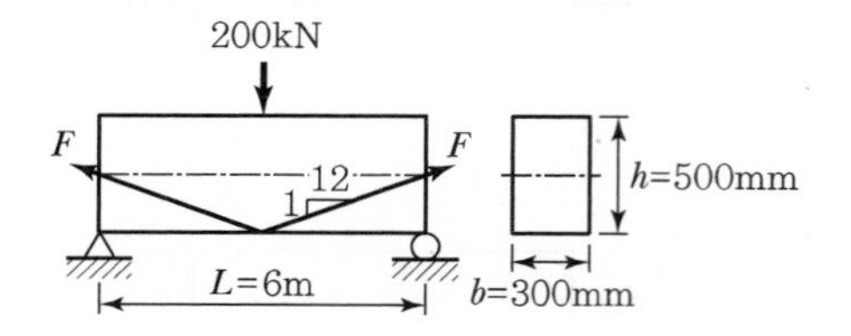

① $25\sqrt{145}$

② $50\sqrt{145}$

③ $75\sqrt{145}$

④ $100\sqrt{145}$

해설

$$f_b = \frac{F_x}{A} + \frac{F_x \cdot e}{Z} - \frac{M}{Z}$$

$$= \left(\frac{12}{\sqrt{145}}F\right) \cdot \left(\frac{1}{bh}\right) + \left(\frac{12}{\sqrt{145}}F\right)\left(\frac{6}{bh^2}\right)\left(\frac{h}{2}\right) - \left(\frac{6}{bh^2}\right)\left(\frac{Pl}{4}\right)$$

$$= \frac{48}{\sqrt{145}}\frac{F}{bh} - \frac{3Pl}{2bh^2}$$

$$F = \frac{\sqrt{145}}{48}\left(f_b + \frac{3Pl}{2bh^2}\right)bh$$

$$= \frac{\sqrt{145}}{48}\left(-12 + \frac{3\times(200\times10^3)\times(6\times10^3)}{2\times300\times500^2}\right)\times300\times500$$

$$= 37.5\sqrt{145}\times10^3\text{N} = 37.5\sqrt{145}\,\text{kN}$$

정답 정답 없음

9급 2013년 지방직

32 다음 그림과 같이 긴장재를 포물선으로 배치한 PSC보에 자중을 포함한 등분포하중 w 가 작용하는 경우, 지간 중앙의 단면에서 상연응력 f_c^T 와 하연응력 f_c^B 의 합 $f_c^T + f_c^B$ [MPa]는? (단, 프리스트레스트 힘 $P = 4,500\,\text{kN}$, 경간중앙에서 긴장재의 편심 $e = 0.2\text{m}$ 이다.)

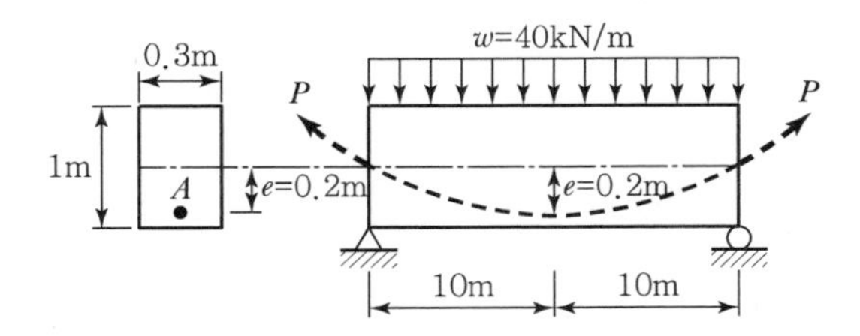

① 30(압축)
② 37(압축)
③ 40(압축)
④ 44(압축)

해설

$$f_c^{\binom{T}{B}} = \frac{P}{A}(\mp)\frac{P \cdot e}{Z}(\pm)\frac{M}{Z}$$

$$f_c^T + f_c^B = 2\frac{P}{A} = 2 \times \frac{4,500}{(0.3 \times 1)} = 30 \times 10^3 \text{kN/m}^2 = 30\text{MPa}$$

정답 ①

9급 2014년 국가직

33 다음 그림과 같이 PS강재를 포물선으로 배치한 PSC보에 등분포 하중(자중 포함) $w = 16\text{kN/m}$ 가 작용할 경우, 경간 중앙의 단면에서 상연응력과 하연응력이 동일하였다. 이때 경간 중앙에서의 PS강재의 편심거리 e[m]는?(단, 프리스트레스트 힘 $P = 2,500\text{kN}$ 이 도입된다.)

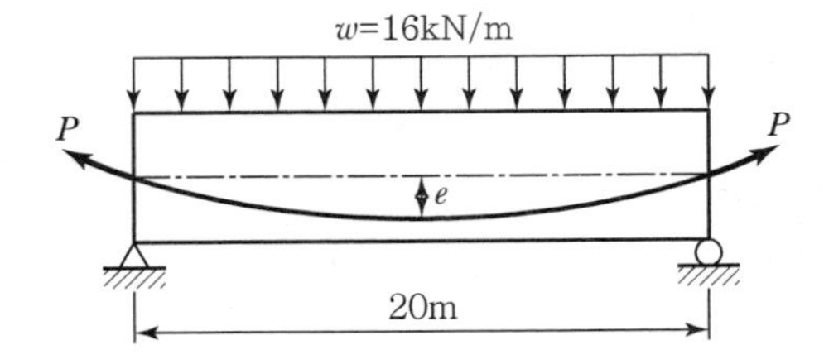

① 0.26
② 0.28
③ 0.30
④ 0.32

해설

$$f_{\binom{t}{b}} = \frac{P}{A}(\mp)\frac{P \cdot e}{Z}(\pm)\frac{M}{Z}$$

$$f_t - f_b = -2\left(\frac{Pe}{Z} - \frac{M}{Z}\right) = 0$$

$$e = \frac{M}{P} = \frac{wl^2}{8P} = \frac{16 \times 20^2}{8 \times 2,500} = 0.32\text{m}$$

정답 ④

9급 2017년 국가직

34 그림과 같이 지간 l = 10m인 프리스트레스트 콘크리트 단순보에 자중을 포함한 등분포하중 w = 40kN/m가 작용하고 있다. 긴장재는 지간 중앙에 편심 e = 0.4m로 절곡 배치하였다. 긴장력 P = 1,000kN일 때, 보의 끝단에서 전단력이 작용하지 않는 지점까지의 거리 x[m]는?(단, $\sin\theta = 2e/L$로 가정하고, 프리스트레스의 손실은 무시한다.)

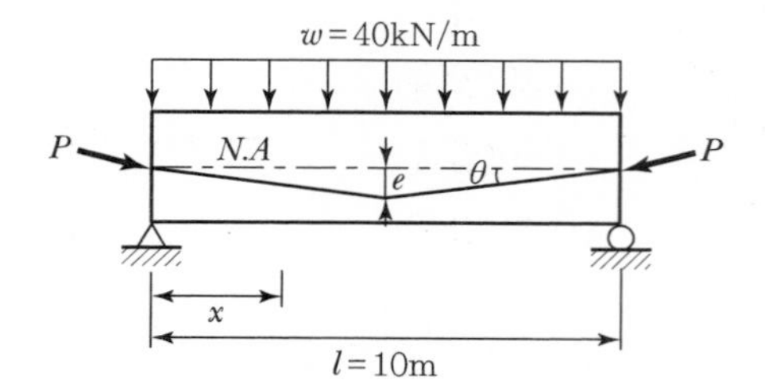

① 1
② 2
③ 3
④ 4

해설

1. 외력(w = 40kN/m)에 의한 x점의 단면력

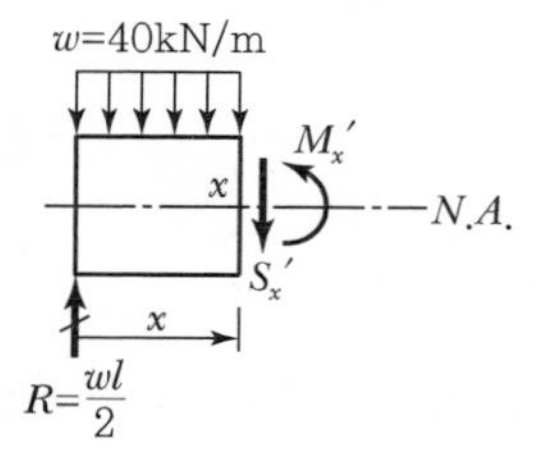

$\Sigma F_y = 0(\uparrow \oplus)$

$$\frac{wl}{2} - wx - S_x' = 0$$

$$S_x' = \frac{wl}{2} - wx$$

$\Sigma M_{\otimes} = 0(\curvearrowright \oplus)$

$$\frac{wl}{2}x - (wx)\frac{x}{2} - M_x' = 0$$

$$M_x' = \frac{wl}{2}x - \frac{w}{2}x^2$$

2. 프리스트레싱력(P = 1,000kN)에 의한 x점의 단면력

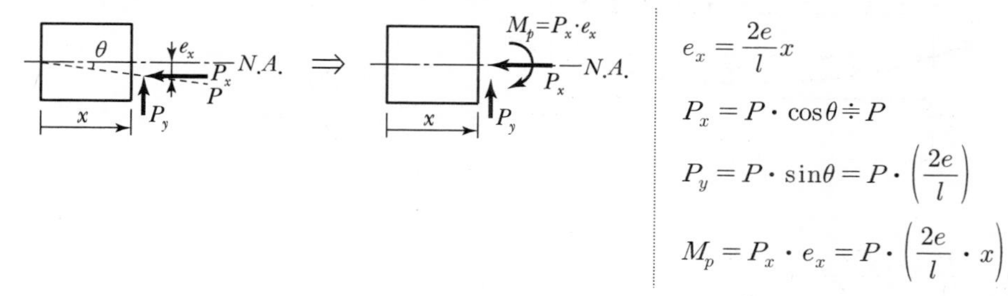

$$e_x = \frac{2e}{l}x$$

$$P_x = P \cdot \cos\theta \doteqdot P$$

$$P_y = P \cdot \sin\theta = P \cdot \left(\frac{2e}{l}\right)$$

$$M_p = P_x \cdot e_x = P \cdot \left(\frac{2e}{l} \cdot x\right)$$

3. 외력과 프리스트레싱력에 의한 x점의 단면력

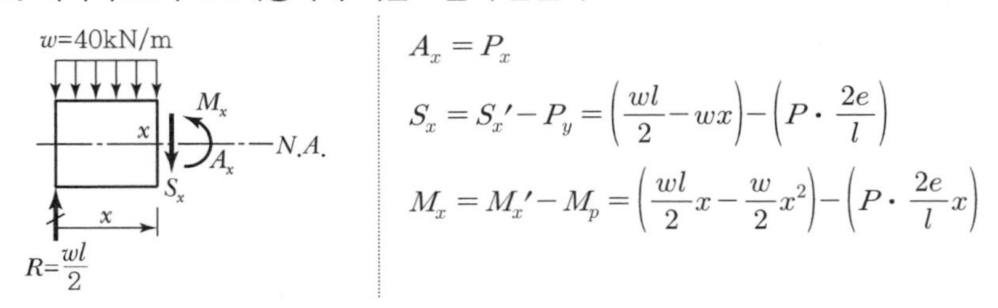

$$A_x = P_x$$

$$S_x = S_x{}' - P_y = \left(\frac{wl}{2} - wx\right) - \left(P \cdot \frac{2e}{l}\right)$$

$$M_x = M_x{}' - M_p = \left(\frac{wl}{2}x - \frac{w}{2}x^2\right) - \left(P \cdot \frac{2e}{l}x\right)$$

4. $S_x = 0$인 곳의 위치(x)

$$S_x = \frac{wl}{2} - wx - P \cdot \frac{2e}{l} = 0$$

$$x = \frac{l}{2} - \frac{P}{w} \cdot \frac{2e}{l} = \frac{10}{2} - \frac{1,000}{40} \cdot \frac{2 \times 0.4}{10} = 3\text{m}$$

정답 ③

9급 2007년 국가직

35 휨모멘트(M) 1,650kN · m(자중 포함)가 작용하는 PSC보에 프리스트레스 힘(P) 3,300kN이 가해졌을 때 내력모멘트의 팔길이[m]는?

① 0.4 ② 0.5

③ 0.2 ④ 0.3

해설

강도개념(내력모멘트 개념)에서 내력모멘트의 팔길이(Z)

$$Z = \frac{M}{P} = \frac{1,650}{3,300} = 0.5\text{m}$$

정답 ②

9급 2014년 서울시

36 PSC보에 휨모멘트 $M=700\text{kN}\cdot\text{m}$(자중 포함)이 작용하고 있다. 프리스트레스 힘 $P=3{,}500\text{kN}$이 가해질 때, 내력모멘트의 팔길이(m)는?

① 0.1m
② 0.2m
③ 0.3m
④ 0.4m
⑤ 0.5m

해설

$M=CZ=TZ=PZ$

$Z=\dfrac{M}{P}=\dfrac{700}{3{,}500}=0.2\text{m}$

정답 ②

9급 2020년 국가직

37 그림과 같은 긴장재를 편심 배치한 프리스트레스트 콘크리트 보에 자중을 포함한 등분포하중 w가 작용한다. 내력개념에 기초하여 해석할 때, 경간 중앙 위치에서 보 단면의 도심과 단면 내 압축력 C의 작용점 사이의 거리 e'[mm] 및 하단 수직응력 f_{bot}[MPa]는?(단, 프리스트레스 힘 $P=1{,}000\text{kN}$이고, 콘크리트 보의 단면적은 긴장재를 무시한 총단면적을 사용한다)

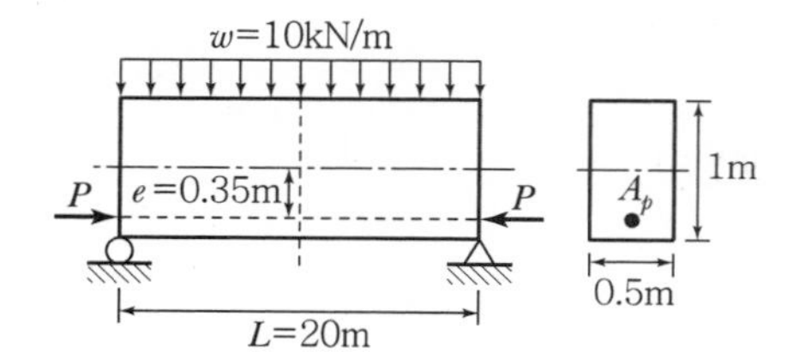

	e'	f_{bot}
①	150	0.2(압축)
②	150	3.8(압축)
③	350	−0.2(인장)
④	350	−3.8(인장)

해설

$z=\dfrac{M}{P}=\dfrac{1}{P}\cdot\dfrac{wl^2}{8}=\dfrac{wl^2}{8P}=\dfrac{10\times20^2}{8\times1{,}000}=0.5\text{m}$

$e'=z-e=0.5-0.35=0.15\text{m}=150\text{mm}$

$f_{bot}=\dfrac{P}{A}-\dfrac{Pe'}{Z}=\dfrac{P}{bh}-\dfrac{6Pe'}{bh^2}=\dfrac{P}{bh}\left(1-\dfrac{6e'}{h}\right)$

$=\dfrac{1{,}000}{0.5\times1}\left(1-\dfrac{6\times0.15}{1}\right)=200\text{kPa}=0.2\text{MPa}$(압축)

정답 ①

9급 2008년 국가직

38 다음 그림에서 보의 길이(l)가 10m이고, 긴장력(F)이 200kN인 경우, 보 중앙의 강선(tendon) 꺾인점에서의 상향력 U[kN]는?(단, 텐던의 경사각(θ)은 30도이다.)

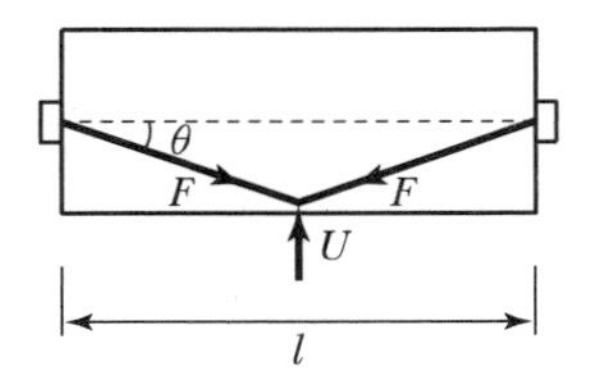

① 100
② 150
③ 200
④ 250

해설

$U = 2F\sin\theta = 2 \times 200 \times \sin 30° = 200\text{kN}$

정답 ③

9급 2015년 지방직

39 그림과 같이 지간 L = 8m인 프리스트레스트 콘크리트 단순보의 지간 중앙에 집중하중 Q = 240kN이 작용하고 있다. 꺾인 직선 긴장재는 지간 중앙에 편심 e = 0.3m로 설치되었다. 하중평형법에 의해 집중하중 Q와 등가상향력의 크기가 같아지도록 하는 프리스트레스의 크기 P[kN]는?(단, $\sin\theta = 2e/L$으로 가정하고, 프리스트레스의 손실은 무시하며, 집중하중은 자중을 포함하고 있다.)

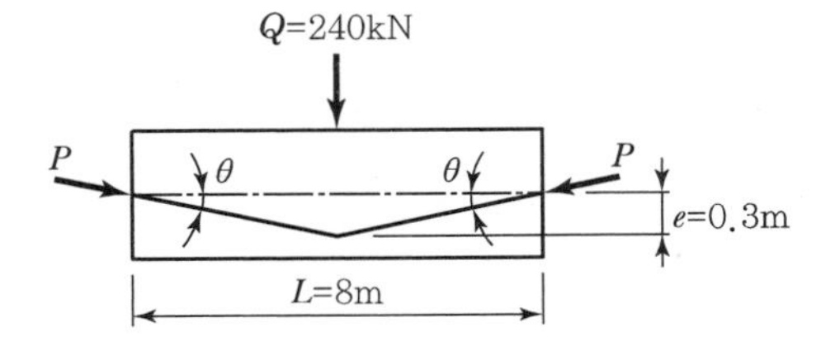

① 800
② 1,000
③ 1,300
④ 1,600

해설

$U = 2P\sin\theta = Q$

$$P = \frac{Q}{2\sin\theta} = \frac{Q}{2\left[\frac{e}{\left(\frac{L}{2}\right)}\right]} = \frac{QL}{4e} = \frac{240 \times 8}{4 \times 0.3} = 1{,}600\text{kN}$$

정답 ④

9급 2010년 국가직

40 그림과 같이 긴장재를 포물선으로 배치한 프리스트레스트 콘크리트보를 하중평형의 개념으로 해석할 때, 긴장재를 긴장한 후 양끝을 콘크리트에 정착하면 압축력 외에 등분포의 상향력이 작용하게 된다. 이때 콘크리트보의 중앙단면에서 유효 프리스트레스 힘에 의해 발생하는 부(−)모멘트[kN·m]는?(단, 유효 프리스트레스 힘은 4,000[kN]이다.)

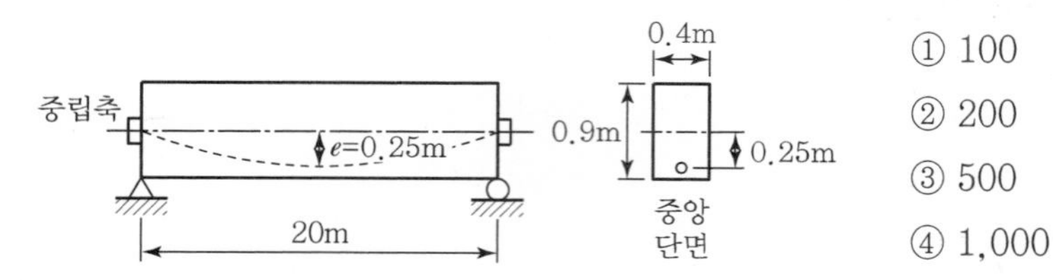

① 100
② 200
③ 500
④ 1,000

해설

$M = Pe = 4{,}000 \times 0.25 = 1{,}000\text{kN} \cdot \text{m}$

정답 ④

9급 2013년 국가직

41 다음과 같이 긴장재를 포물선으로 배치한 PSC보의 프리스트레스 힘(P)은 1,000kN이고, 경간 중앙단면에서의 긴장재 편심량(e)은 0.3m이다. 하중평형의 개념을 적용할 때 콘크리트에 발생하는 등분포 상향력[kN/m]은?

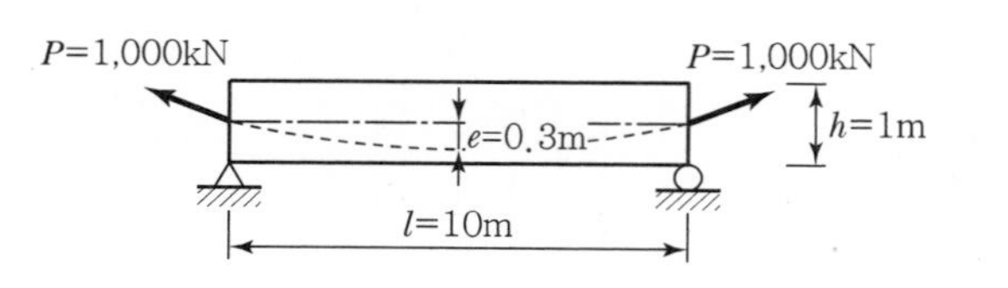

① 24
② 30
③ 36
④ 42

해설

$$u = \frac{8Pe}{l^2} = \frac{8 \times 1{,}000 \times 0.3}{10^2} = 24\text{kN/m}$$

정답 ①

9급 2011년 지방직

42 그림과 같이 긴장재를 포물선으로 배치한 프리스트레스트 콘크리트보를 하중평형의 개념으로 해석할 때, 긴장재를 긴장한 후 양끝을 콘크리트에 정착하면 프리스트레싱에 의한 등분포 상향력[kN/m]은?(단, 유효프리스트레스 힘은 2,000kN이다.)

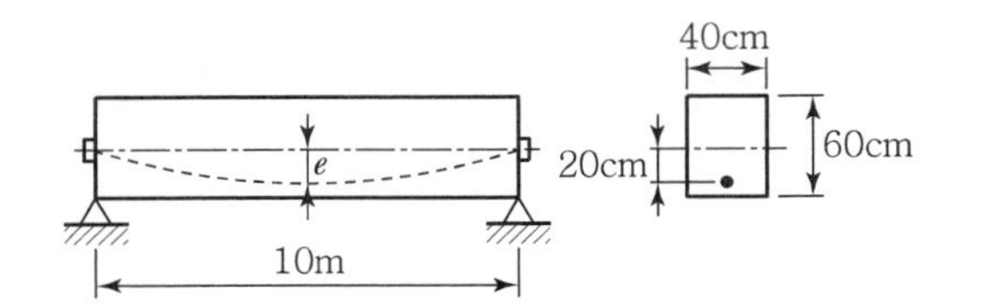

① 24
② 28
③ 32
④ 36

해설

$$u = \frac{8Pe}{l^2} = \frac{8 \times 2{,}000 \times 0.2}{10^2} = 32\text{kN/m}$$

정답 ③

9급 2020년 지방직

43 그림과 같이 높이(h)가 800mm이고, 길이(L)가 20m인 PSC 단순보에서, 긴장력(P) 8,000kN을 작용시켰을 때, 긴장력에 의한 등가등분포 상향력 U[kN/m]는?(단, 중앙부 편심(e) 300mm, 양 단부 편심(e) 0mm로 2차 포물선으로 긴장재가 배치되어 있으며, 자중 및 긴장력 손실은 무시한다)

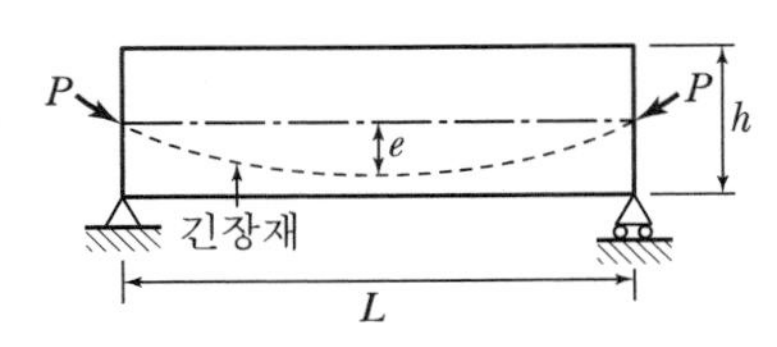

① 48
② 34
③ 20
④ 16

해설

$$U = \frac{8Pe}{L^2} = \frac{8 \times 8{,}000 \times 0.3}{20^2} = 48\text{kN/m}$$

정답 ①

9급 2018년 서울시(2차)

44 〈보기〉와 같이 길이 20m인 보에 PS긴장재를 포물선 배치하여 $P=4,000$kN으로 긴장할 때 등분포 상향력 u는 얼마인가?(단, 폭 $b=400$mm, 새그 $s=250$mm이다.)

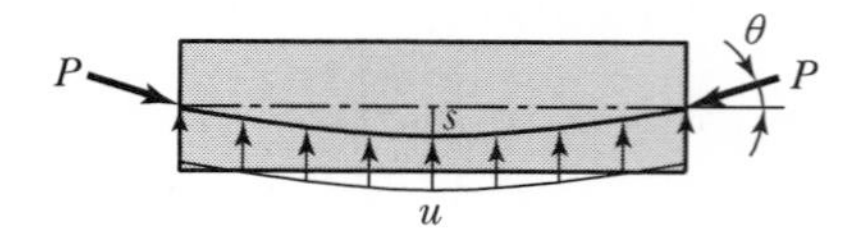

① 20kN/m ② 25kN/m
③ 30kN/m ④ 40kN/m

해설

$$u=\frac{8Ps}{l^2}=\frac{8\times 4,000\times 0.25}{20^2}=20\text{kN/m}$$

정답 ①

9급 2017년 지방직(2차)

45 지간 중앙에서 편심 $e=0.3$m인 포물선 형태로 긴장재를 배치한 지간 $L=20$m의 프리스트레스트 콘크리트보가 있다. 활하중 $w_L=17.5$kN/m가 작용할 때, 자중을 포함한 전체 등분포 하중과 하중평형개념에 의한 등분포 상향력의 크기가 같아지도록 하는 프리스트레스 힘[kN]은?(단, 콘크리트 단위중량은 25kN/m^{3}이고, 프리스트레스 손실은 없다.)

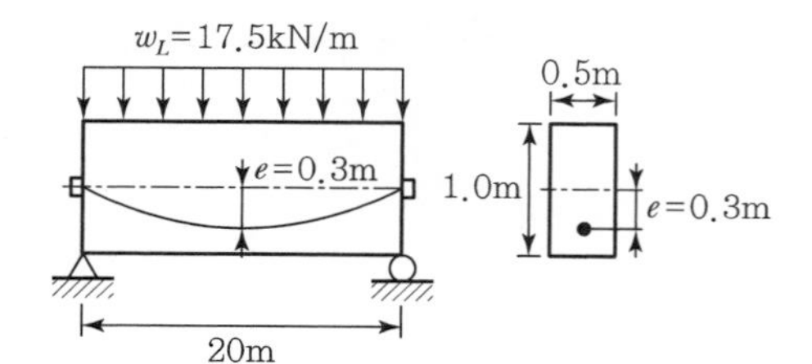

① 2,000
② 3,000
③ 4,000
④ 5,000

해설

$$w_D=\gamma_c\cdot A_c=\gamma_c(bh)=25(0.5\times 1)=12.5\text{kN/m}$$
$$w=w_D+w_L=12.5+17.5=30\text{kN/m}$$
$$w=u=\frac{8Pe}{l^2}$$
$$P=\frac{wl^2}{8e}=\frac{30\times 20^2}{8\times 0.3}=5,000\text{kN}$$

정답 ④

9급 2008년 국가직

46 다음 그림은 단순 PSC보를 나타낸 것이다. 자중을 포함한 등분포하중 $w = 40\text{kN/m}$, 프리스트레스 힘 $P = 800\text{kN}$이 작용할 때 프리스트레스에 의한 상향력과 이 등분포하중이 비기기 위해서는 단순 PSC보의 길이 L을 몇 m로 해야 하는가?

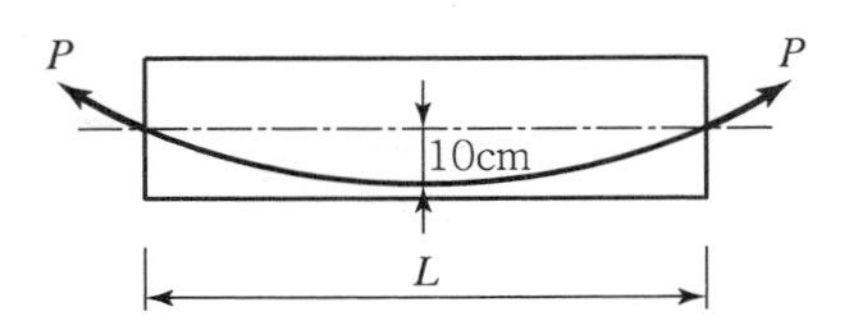

① 4
② 5
③ 6
④ 7

해설

$$w = u = \frac{8Pe}{L^2}$$

$$L = \sqrt{\frac{8Pe}{w}} = \sqrt{\frac{8 \times 800 \times 0.1}{40}} = 4\text{m}$$

정답 ①

9급 2014년 서울시

47 다음과 같이 긴장재가 포물선으로 배치된 PSC보의 자중이 포함된 등분포하중 $w = 50\text{kN/m}$, 프리스트레스 힘 $P = 1{,}600\text{kN}$이 작용하고 있다. 등분포하중과 프리스트레스에 의한 상향력이 같기 위한 긴장재 편심량 e(m)의 값은?

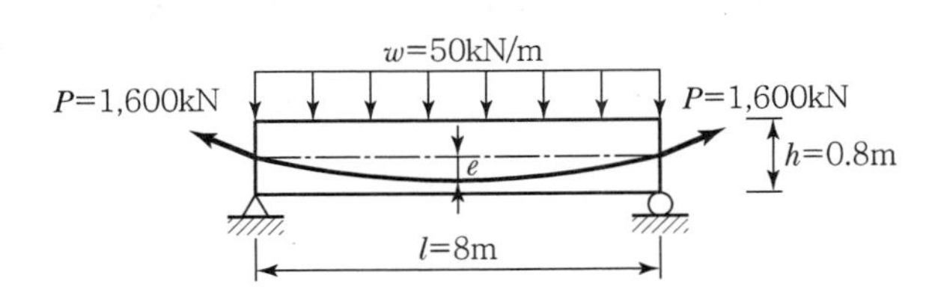

① 0.2m
② 0.25m
③ 0.3m
④ 0.35m
⑤ 0.4m

해설

$$w = u = \frac{8Pe}{l^2}$$

$$e = \frac{wl^2}{8P} = \frac{50 \times 8^2}{8 \times 1{,}600} = 0.25\text{m}$$

정답 ②

9급 2010년 지방직

48 지간 40m 인 PSC 단순보에 자중을 포함한 등분포 하중(w)이 20kN/m로 하향으로 작용하고, PS강선에 프리스트레스 힘 4,000kN이 중앙에서 편심 $e = 400$mm, 지점에서 편심 없이 포물선으로 작용할 때, PS강선에 의한 등분포 상향력[kN/m]과 PSC단순보에 작용하는 순 하향의 등분포 하중[kN/m] 크기는?

	등분포 상향력	순하향 등분포 하중
①	4	16
②	8	12
③	10	10
④	12	8

해설

등분포 상향력$(u) = \frac{8Pe}{l^2} = \frac{8 \times 4{,}000 \times 0.4}{40^2} = 8$kN/m

순하향 하중$= w - u = 20 - 8 = 12$kN/m

정답 ②

9급 2012년 국가직

49 다음과 같은 긴장재가 포물선으로 배치된 프리스트레스트 콘크리트 단순보에 프리스트레스 $P = 600$kN이 가해졌다. 하중평형법에 의해 상향력과 상쇄되고 남은 순하향 하중[kN/m]은?(단, 자중을 포함한 등분포하중 $w = 15$kN/m가 작용하고 있으며, 프리스트레스의 손실은 무시하고 $s = 0.2$m이다.)

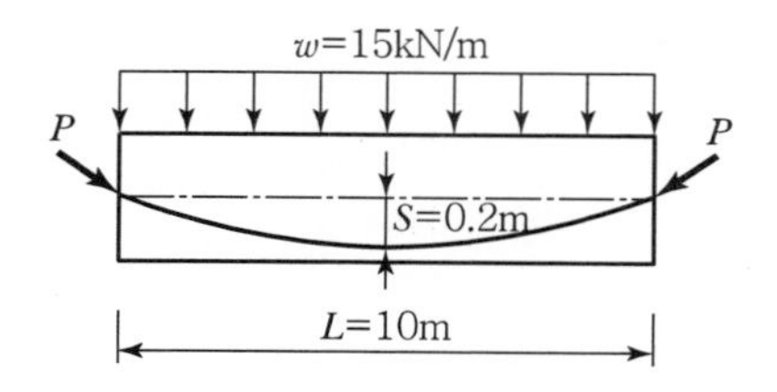

① 2.4
② 3.4
③ 4.4
④ 5.4

해설

$u = \frac{8Pe}{l^2} = \frac{8 \times 600 \times 0.2}{10^2} = 9.6$kN/m

순하향 하중$= w - u = 15 - 9.6 = 5.4$kN/m

정답 ④

9급 2016년 국가직

50 그림과 같이 긴장재가 포물선으로 배치된 지간 10m인 PS 콘크리트 보에 등분포하중(자중 포함) $w = 40\text{kN/m}$ 가 작용하고 있다. 프리스트레스 힘 $P = 1{,}000\text{kN}$ 일 때, 지간 중앙단면에서 순하향 등분포하중[kN/m]은?

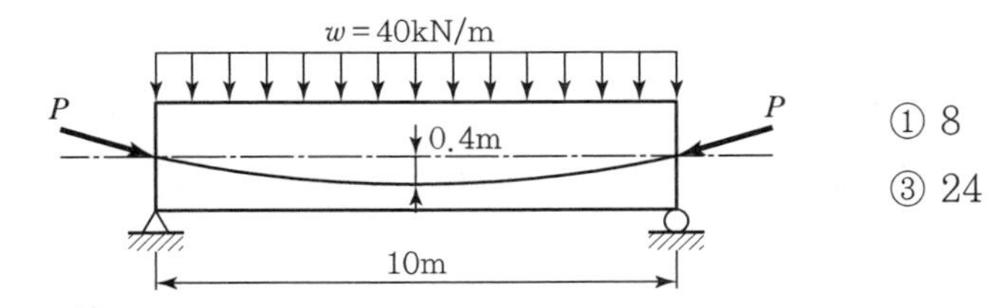

① 8　② 16　③ 24　④ 32

해설

$$u = \frac{8Pe}{l^2} = \frac{8 \times 1{,}000 \times 0.4}{10^2} = 32\,\text{kN/m}$$

순하향 하중 $= w - u = 40 - 32 = 8\,\text{kN/m}$

정답 ①

9급 2019년 지방직

51 그림과 같이 자중을 포함한 등분포하중 $w = 20\text{kN/m}$가 재하된 프리스트레스트 콘크리트 단순보에 긴장력 $P = 2{,}000\text{kN}$이 작용할 때 보에 작용하는 순하향 하중[kN/m]은?(단, 프리스트레스의 손실은 무시한다.)

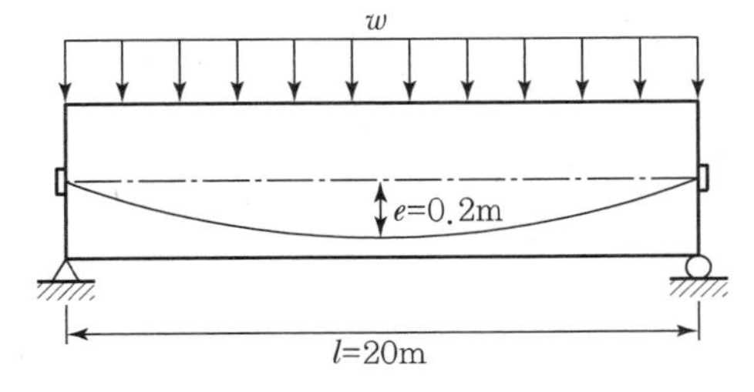

① 4
② 8
③ 12
④ 16

해설

$$u = \frac{8Pe}{l^2} = \frac{8 \times 2{,}000 \times 0.2}{20^2} = 8\text{kN/m}$$

w'(순하향하중)$= w - u = 20 - 8 = 12\text{kN/m}$

정답 ③

9급 2016년 지방직

52 그림과 같이 긴장재를 포물선으로 배치한 PSC 단순보의 하중평형 개념에 의한 부재 중앙에서 모멘트[kN · m]는?(단, 긴장력 $P = 800\text{kN}$, 지간 $l = 8\text{m}$, 지간중앙에서 긴장재 편심 $e = 0.2\text{m}$, 자중을 포함한 등분포하중 $w = 25\text{kN/m}$이며, 프리스트레스 손실은 무시한다.)

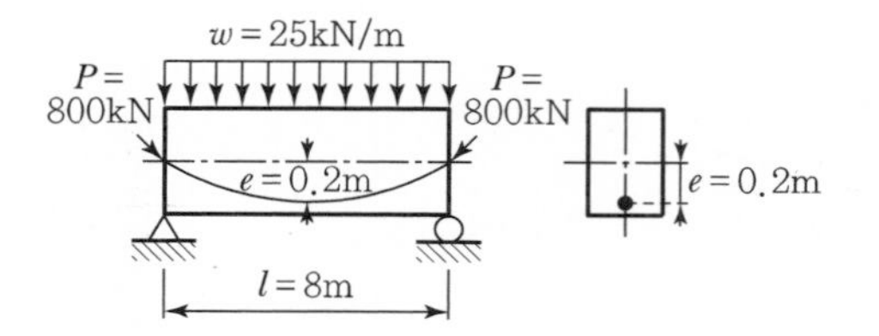

① 20
② 40
③ 60
④ 80

해설

$$U = \frac{8Pe}{l^2} = \frac{8 \times 800 \times 0.2}{8^2} = 20\,\text{kN/m}$$

$$M = \frac{(w-u)l^2}{8} = \frac{(25-20) \times 8^2}{8} = 40\,\text{kN} \cdot \text{m}$$

정답 ②

9급 2018년 국가직

53 그림과 같이 긴장재를 포물선 모양으로 배치한 PSC 단순보의 하중평형 개념에 의한 부재 중앙에서 휨모멘트[kN · m]는?(단, 자중을 포함한 등분포하중 $w = 10\text{kN/m}$이며, 손실이 모두 발생한 후의 긴장력은 1,200kN이다.)

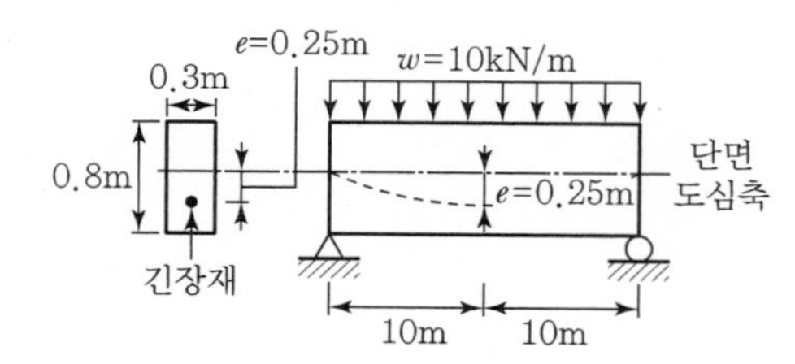

① 100
② 200
③ 240
④ 300

해설

$$u = \frac{8Pe}{l^2} = \frac{8 \times 1{,}200 \times 0.25}{20^2} = 6\text{kN/m}$$

$$M = \frac{(w-u)l^2}{8} = \frac{(10-6) \times 20^2}{8} = 200\text{kN} \cdot \text{m}$$

정답 ②

9급 2014년 서울시

54 프리텐션 방식의 프리스트레싱에 대한 다음의 설명 중 옳지 않은 것은?

① 일반적으로 설비를 갖춘 공장 내에서 제조되기 때문에 제품의 품질에 대한 신뢰성이 높다.
② 같은 모양의 콘크리트 공장제품을 대량으로 생산할 수 있다.
③ PS강재를 곡선으로 배치하는 것이 용이하다.
④ 쉬스(Sheath), 정착장치가 필요하지 않다.
⑤ 정착구역에는 소정의 프리스트레스가 도입되지 않기 때문에 설계상 주의가 필요하다.

해설

프리텐션 방식은 콘크리트 타설 전에 PS강재를 긴장하므로 PS강재를 곡선으로 배치하기 어렵다.

정답 ③

9급 2015년 지방직

55 프리스트레스트 콘크리트의 성질에 관한 설명으로 옳지 않은 것은?

① 포스트텐션 방식에서 긴장재의 인장력은 긴장재 끝에서 멀어질수록 감소한다.
② 프리텐션 방식은 덕트를 통하여 배치한 긴장재를 콘크리트가 굳은 다음에 긴장시켜 프리스트레스를 주는 방식이다.
③ 프리텐션 방식에서 프리스트레스를 도입하기 위하여 긴장재의 고정을 풀어주면 압축응력이 작용하여 콘크리트 부재는 단축되며, 긴장재의 인장응력은 감소한다.
④ 긴장재와 덕트가 완전히 직선인 것으로 가정할 경우, 긴장재의 파상마찰로 인한 손실은 일어나지 않는다.

해설

포스트텐션 방식은 덕트를 통하여 배치한 긴장재를 콘크리트가 굳은 다음에 긴장시켜 프리스트레스를 주는 방식이다.

정답 ②

9급 2014년 지방직

56 프리스트레싱 방법 중 포스트텐션 방식에 대한 설명으로 옳지 않은 것은?

① 프리스트레스 힘은 PS강재와 콘크리트 사이의 부착에 의해서 도입된다.
② 부재를 제작하기 위한 별도의 인장대(Tensioning Bed)가 필요하지 않다.
③ 프리캐스트 PSC 부재의 결합과 조립에 편리하게 이용된다.
④ PS강재를 곡선 형상으로 배치할 수 있어 대형 구조물 제작에 적합하다.

해설

프리텐션 방식에서 프리스트레스 힘은 PS강재와 콘크리트 사이의 부착에 의해서 도입된다.

정답 ①

9급 2011년 지방직

57 PSC에 대한 설명으로 옳지 않은 것은?

① 도관(Sheath)은 프리텐션 공법에 사용된다.
② 포스트텐션은 정착부의 정착에 의해 응력을 전달한다.
③ 프리텐션은 철근과 콘크리트의 부착에 의해 응력을 전달한다.
④ 그라우팅(Grouting) 시에는 압축공기로 도관을 불어 내는 것이 좋다.

해설

도관(sheath)은 포스트텐션 공법에 사용된다.

정답 ①

9급 2019년 국가직

58 포스트텐션 방식의 PSC보를 시공하는 순서를 바르게 나열한 것은?

ㄱ. 거푸집 조립	ㄴ. 콘크리트 타설	ㄷ. 그라우팅 실시
ㄹ. 프리스트레스 도입	ㅁ. 쉬스관 설치	

① ㄱ → ㄴ → ㄹ → ㅁ → ㄷ
② ㄱ → ㅁ → ㄴ → ㄹ → ㄷ
③ ㅁ → ㄱ → ㄴ → ㄷ → ㄹ
④ ㅁ → ㄷ → ㄱ → ㄹ → ㄴ

해설

포스트텐션 방식의 PSC보를 시공하는 순서
거푸집 조립 → 쉬스관 설치 → 콘크리트 타설 → 프리스트레스 도입 → 그라우팅 실시

정답 ②

9급 2018년 서울시(2차)

59 **PS강재의 정착 방법 중에서 쐐기식 공법에 해당하지 않는 것은?**

① VSL 공법
② CCL 공법
③ Magnel 공법
④ Leoba 공법

해설

Leoba 공법은 PS강재의 정착방법 중에서 루프(Loop)식 공법에 해당한다.

정답 ④

9급 2013년 서울시

60 **강선이나 강봉 등을 사용하기 전에 미리 솟음을 두고 제작한 강재에 하중을 가한 다음 인장구역의 일부에 콘크리트를 타설함으로써 프리스트레스를 도입하는 공법은?**

① 프레시네(Fressyinet) 공법
② 마그넬(Magnel) 공법
③ VSL(Vorspann System Losinger) 공법
④ 프리플렉스(Pre－flex) 공법
⑤ 디비닥(Dywidag) 공법

정답 ④

9급 2017년 지방직(2차)

61 **프리스트레스트 콘크리트보에서 긴장재 정착 공법에 해당하지 않는 것은?**

① Freyssinet 공법
② VSL 공법
③ Dywidag 공법
④ ILM 공법

해설

ILM 공법은 교량 가설공법 중의 하나이다.

정답 ④

9급 2012년 지방직

62 다음 내용에 해당되는 교량의 가설공법은?

- 상부구조물을 교대 또는 제1교각의 후방에 설치한 주형 제작장에서 일정한 길이의 세그먼트씩 제작
- 경간을 통과할 수 있는 평형 압축력을 포스트텐션 방식에 의하여 세그먼트에 도입시켜 미리 제작된 주형과 일체화
- 압출장치에 의해 주형을 교축 방향으로 밀어내어 가설

① FCM ② PSM

③ ILM ④ MSS

해설

PSC교량 가설공법

1) FCM(Free Cantilever Method, 캔틸레버 공법)
FCM은 동바리 없이 교각 위에서 양쪽의 교축 방향으로 한 블록씩 콘크리트를 쳐서 프리스트레스를 도입하고, 이 부분을 지점으로 하여 순차적으로 한 블록씩 이어나가는 가설공법이다.

2) PSM(Precast Segmental Method, 프리캐스트 세그먼트 공법)
PSM은 공장에서 세그먼트 또는 블록을 운반하여 이를 소정의 위치에 배치한 후 포스트텐션 방식에 의하여 압착하여 접합시켜서 교량을 완성하는 공법이다.

3) ILM(Incremental Launching Method, 압출공법)
ILM은 교대 배후에 거더(Girder) 제작장소를 설치하고, 10~30m의 블록으로 분할하여 콘크리트를 이어쳐서 교량거더를 제작하여 이를 잭(jack)으로 밀어내는 가설공법이다.

4) MSS(Movable Scaffolding System, 이동 지보공 공법)
MSS는 매어단 지보공과 거푸집을 사용하여 1경간씩 현장타설로 시공하고 탈형과 지보공의 이동이 기계적으로 이루어지는 가설공법이다.

정답 ③

9급 2014년 지방직

63 다음 설명에 모두 해당하는 PSC교량의 가설공법은?

- 동바리가 필요하지 않아 깊은 계곡, 유량이 많은 하천, 선박이 항해하는 해상 등에 유용하게 사용되는 가설공법
- 교각에서 양측의 교축 방향을 향하여 한 블록씩 콘크리트를 타설 또는 프리캐스트 콘크리트 블록을 순차적으로 연결하는 가설공법
- 각 시공 구분마다 오차의 수정이 가능한 가설공법

① PWS(Prefabricated Parallel Wire Strand) 공법

② FCM(Free Cantilever Method) 공법

③ FSM(Full Staging Method) 공법

④ ILM(Incremental Launching Method) 공법

해설

PSC교량 가설공법

1) PWS(Prebabricated Parallel Wire Strand, 조립식 평행선 스트랜드 공법)
PWS는 직경 5mm의 아연도금 강선을 공장에서 수십 가닥에서 수백 가닥으로 평행하게 묶어 실제 길이만큼 제작하여 양단에 소켓(Socket)을 정착하고 이것을 릴(Real)에 감아 현장으로 반입하여 가설하는 공법이다.

2) FCM(Free Cantilever Method, 캔틸레버 공법)
FCM은 동바리 없이 교각 위에서 양쪽의 교축 방향으로 한 블록씩 콘크리트를 쳐서 프리스트레스를 도입하고, 이 부분을 지점으로 하여 순차적으로 한 블록씩 이어나가는 가설공법이다.

3) FSM(Full Staging Method, 동바리 공법)
FSM은 콘크리트를 타설하는 경간전체에 동바리를 설치하여 타설된 콘크리트가 일정한 강도에 도달할 때까지 콘크리트의 하중 및 거푸집, 작업대 등의 무게를 동바리가 지지하도록 하는 공법이다.

4) ILM(Incremental Launching Method, 압출공법)
ILM은 교대 배후에 거더(Girder) 제작장소를 설치하고, 10~30m의 블록으로 분할하여 콘크리트를 이어쳐서 교량거더를 제작하여 이를 잭(jack)으로 밀어내는 가설공법이다.

9급 2014년 서울시

64 교량의 상부 구조물을 교대 후방에 미리 설치한 제작장에서 한 세그먼트(15~20m)씩 제작하여 교축 방향으로 밀어 점차적으로 교량을 가설하는 공법은?

① 이동식 비계 공법(MSS)
② 프리캐스트 세그먼트 공법(PSM)
③ 지주지지식 동바리 공법
④ 압출 공법(ILM)
⑤ 캔틸레버 공법(FCM)

해설

ILM(Incremental Launching Method, 압출공법)

ILM은 교대 배후에 거더(Girder) 제작장소를 설치하고, 10~30m의 블록으로 분할하여 콘크리트를 이어쳐서 교량거더를 제작하여 이를 잭(jack)으로 밀어내는 가설공법이다.

정답 ④

9급 2020년 국가직

65 연속보 형식의 프리스트레스트 콘크리트 교량의 공법에 대한 설명으로 옳지 않은 것은?

① 캔틸레버 공법(FCM)에는 현장타설 콘크리트 공법과 프리캐스트 세그멘탈 공법을 적용할 수 있다.
② 이동식 비계공법(MSS)은 가설 중의 상부구조 중량을 이동식 비계를 통해서 지반에 직접 전달하는 공법이다.
③ 경간단위 공법(SSM)은 프리캐스트 콘크리트 세그먼트를 한 경간 단위로 가설을 진행하여 연속보를 완공하는 공법이다.
④ 연속압출공법(ILM)은 부재를 압출하는 방법으로 부재를 당기는 형식, 또는 들고 미는 형식을 사용한다.

해설

MSS(Movable Scaffolding System, 이동식 지보공법 또는 이동식 비계공법)

MSS는 매어 단 지보공과 거푸집을 사용하여 1경간씩 현장타설로 시공하고 탈형과 지보공의 이동이 기계적으로 이루어지는 가설공법이다.

시공방법은 2개의 주 거더(Main Girder)를 교각 위에 놓인 지지 브래킷(Bracket)에 거치한다. 주 거더 위에 거푸집을 얹어 콘크리트를 타설하고, 타설한 콘크리트가 일정 강도에 도달하면 PC강재를 이용하여 프리스트레스(Prestress)를 도입한다. 거푸집을 이탈시켜 지지 브래킷 위의 이동 장비에 의해 다음 작업 경간으로 이동한다.

정답 ②

9급 2019년 국가직

66 **PSC보에서 프리스트레스 힘의 즉시손실 원인에 해당하는 것은?(단, 2012년도 콘크리트구조기준을 적용한다.)**

① 콘크리트의 건조수축 ② 콘크리트의 크리프
③ 강재의 릴랙세이션 ④ 정착 장치의 활동

해설

프리스트레스 손실의 원인
1) 프리스트레스 도입 시 손실(즉시손실)
  ㉠ 정착 장치의 활동에 의한 손실
  ㉡ PS강재와 쉬스 사이의 마찰에 의한 손실
  ㉢ 콘크리트의 탄성변형에 의한 손실

2) 프리스트레스 도입 후 손실(시간손실)
  ㉠ 콘크리트의 크리프에 의한 손실
  ㉡ 콘크리트의 건조수축에 의한 손실
  ㉢ PS강재의 릴랙세이션에 의한 손실

정답 ④

9급 2020년 지방직

67 **포스트텐션에 의한 프리스트레스를 도입할 때 발생 가능한 즉시 손실의 원인만을 모두 고르면?**

ㄱ. 정착장치의 활동	ㄴ. 콘크리트 크리프
ㄷ. 콘크리트 탄성변형	ㄹ. 콘크리트 건조수축
ㅁ. PS강재의 릴렉세이션	ㅂ. PS강재와 쉬스 사이의 마찰

① ㄱ, ㄴ, ㅁ ② ㄱ, ㄷ, ㅂ
③ ㄴ, ㄷ, ㄹ ④ ㄴ, ㄷ, ㅂ

해설

66번 해설 참고

정답 ②

9급 2008년 국가직

68 **프리스트레스 손실은 프리스트레스를 도입할 때 발생하는 즉시 손실과 프리스트레스 도입 후에 발생하는 시간적 손실로 크게 나눌 수 있다. 다음 중 프리스트레스 도입 후에 발생하는 시간적 손실로만 묶여 있는 것은?**

① 정착장치의 활동, 콘크리트의 탄성변형, PS강재와 쉬스 사이의 마찰

② PS강재의 릴랙세이션, 콘크리트의 건조수축, 정착장치의 활동

③ 콘크리트의 건조수축, PS강재의 릴랙세이션, 콘크리트의 크리프

④ 콘크리트의 크리프, PS강재와 쉬스 사이의 마찰, 콘크리트의 탄성변형

해설

66번 해설 참고

정답 ③

9급 2015년 지방직

69 **프리스트레스트 콘크리트 부재에서 프리스트레스의 감소 원인 중 프리스트레스 도입 후에 발생하는 시간적 손실의 원인에 해당하는 것은?**

① 콘크리트의 크리프

② 정착장치의 활동

③ 콘크리트의 탄성수축

④ 긴장재와 덕트의 마찰

해설

66번 해설 참고

정답 ①

9급 2015년 서울시

70 **프리스트레스 손실의 원인 가운데 프리스트레스 도입 후 발생하는 시간적 손실의 원인으로 옳지 않은 것은?**

① 콘크리트 크리프
② PS강재의 릴랙세이션
③ PS강재와 쉬스 사이의 마찰
④ 콘크리트 건조수축

해설

66번 해설 참고

정답 ③

9급 2012년 지방직

71 **프리스트레스의 손실에 대한 설명으로 옳지 않은 것은?**

① 포스트텐션 방식에서는 긴장재와 쉬스 사이의 마찰에 의한 손실을 고려하고 있다.
② 프리스트레스 도입 시 콘크리트의 탄성수축으로 인해 프리스트레스의 손실이 발생한다.
③ 프리스트레스 도입 후 시간이 지남에 따라 콘크리트의 건조수축, 크리프, PS강재의 릴랙세이션으로 인해 프리스트레스의 손실이 발생된다.
④ 콘크리트의 건조수축과 크리프에 의한 프리스트레스의 손실은 포스트텐션 방식이 프리텐션 방식보다 일반적으로 더 크다.

해설

콘크리트의 건조수축과 크리프에 의한 프리스트레스의 손실은 프리텐션 방식이 포스트텐션 방식보다 일반적으로 더 크다.

정답 ④

9급 2017년 지방직(1차)

72 **유효프리스트레스 f_{pe}를 결정하기 위하여 고려해야 하는 프리스트레스 손실 원인을 모두 고른 것은?**

ㄱ. 정착장치의 활동
ㄴ. 콘크리트의 건조수축
ㄷ. 포스트텐션 긴장재와 덕트 사이의 마찰
ㄹ. 콘크리트의 공칭압축강도
ㅁ. 긴장재 응력의 릴랙세이션

① ㄱ, ㄴ, ㄹ
② ㄱ, ㄷ, ㄹ, ㅁ
③ ㄱ, ㄴ, ㄷ, ㅁ
④ ㄴ, ㄷ, ㄹ, ㅁ

해설

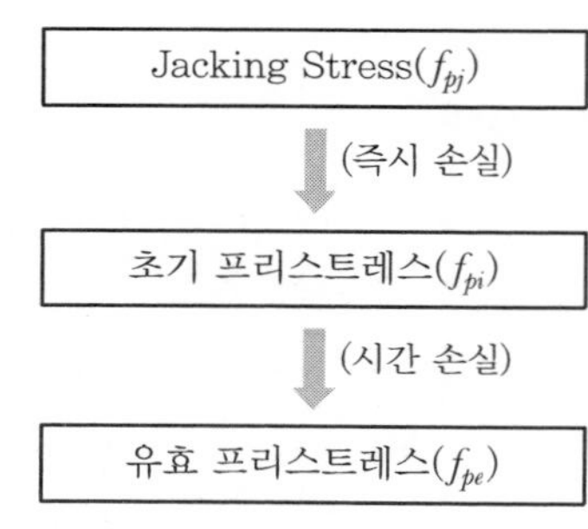

1. 즉시 손실
   - 정착장치의 활동에 의한 손실
   - PS강재와 쉬스 사이의 마찰에 의한 손실
   - 콘크리트의 탄성 변형에 의한 손실
2. 시간 손실
   - 콘크리트의 크리프에 의한 손실
   - 콘크리트의 건조수축에 의한 손실
   - PS 강재의 릴랙세이션에 의한 손실

정답 ③

9급 2017년 서울시

73 **프리스트레스의 손실에 대한 설명 중 가장 옳지 않은 것은?(단, P_j : 재킹 힘, P_i : 도입 직후의 프리스트레스 힘, P_e : 유효 프리스트레스 힘이다.)**

① 즉시 손실과 시간적 손실을 합한 긴장재의 손실은 일반적으로 재킹 힘 P_j의 20~35% 범위이다.
② 도입 직후의 프리스트레스 힘(P_i)은 즉시손실이 발생한 이후에 긴장재에 작용하는 힘이다.
③ 유효 프리스트레스 힘(P_e)은 시간적 손실이 발생한 이후에 긴장재에 작용하는 힘이다.
④ 프리스트레스 힘의 유효율(R)은 $P_e = RP_j$ 또는 $R = \dfrac{P_e}{P_j}$로 나타낸다.

해설

프리스트레스 힘의 유효율(R)은 $P_e = RP_i$ 또는 $R = \dfrac{P_e}{P_i}$로 나타낸다.

정답 ④

9급 2015년 서울시

74 **프리스트레스의 잭킹 응력 f_{pj}가 1,100MPa이고, 즉시 손실량이 100MPa, 시간적 손실량이 200MPa일 때, 유효율 R의 값으로 옳은 것은?**

① $R=0.6$　　② $R=0.7$

③ $R=0.8$　　④ $R=0.9$

해설

$f_{pi}=f_{pj}-(\text{즉시 손실량})=1,100-100=1,000\text{MPa}$

$f_{pe}=f_{pi}-(\text{시간 손실량})=1,000-200=800\text{MPa}$

$$R=\frac{P_e}{P_i}=\frac{f_{pe}}{f_{pi}}=\frac{800}{1,000}=0.8$$

여기서, f_{pj} : 프리스트레스의 재킹응력

f_{pi} : 초기 프리스트레스 응력

f_{pe} : 유효 프리스트레스 응력

P_i : 초기 프리스트레스력

P_e : 유효 프리스트레스력

9급 2019년 지방직

75 **T형 프리스트레스트 콘크리트 단순보에 설계하중이 작용할 때 보의 처짐은 0이었으며, 프리스트레스 도입단계부터 보의 상연에 부착된 변형률 게이지로 측정된 콘크리트 탄성변형률 $\varepsilon_c=4.0\times10^{-4}$이었다. 이 경우 초기긴장력 P_i[kN]는?(단, 콘크리트의 탄성계수 $E_c=$ 25GPa, T형보의 총단면적 $A_g=170,000\text{mm}^2$, 프리스트레스의 유효율 $R=0.85$이다.)**

① 1,400　　② 1,600

③ 1,800　　④ 2,000

$P_e=E_c\varepsilon A=(25\times10^3)\times(4.0\times10^{-4})\times(17\times10^4)=1,700\times10^3\text{N}=1,700\text{kN}$

$$P_i=\frac{P_e}{R}=\frac{1,700}{0.85}=2,000\text{kN}$$

9급 2010년 지방직

76 일단 정착하는 프리스트레스트 콘크리트 포스트텐션 부재에서 일단의 정착부 활동이 2mm 발생하였다. PS강선의 길이가 20m, 초기 프리스트레스 $f_i = 1{,}200\text{MPa}$일 때 PS강선과 쉬스 사이에 마찰이 없는 경우 정착부 활동으로 인한 프리스트레스 손실량[MPa]은?(단, PS강선 탄성계수 $E_p = 200{,}000\text{MPa}$, 콘크리트 탄성계수 $E_c = 28{,}000\text{MPa}$이다.)

① 1.2
② 2.8
③ 20
④ 40

해설

$$\Delta f_{pa} = E_p \varepsilon_p = E_p \frac{\Delta l}{l} = (2\times 10^5)\times \frac{2\times 10^{-3}}{20} = 20\text{MPa}$$

정답 ③

9급 2012년 국가직

77 길이 $L = 10\text{m}$인 포스트텐션 프리스트레스트 콘크리트보의 강선에 1,000MPa의 인장력을 가했다. 정착장치에 의한 강선의 활동량이 5mm일 경우, 정착장치 활동에 의한 프리스트레스 손실[MPa]은?(단, 1단 정착이며, PS강재의 탄성계수 $E_p = 2.0\times 10^5\text{MPa}$이다.)

① 100
② 120
③ 140
④ 160

해설

$$\Delta f_{pa} = E_p \varepsilon_p = E_p \frac{\Delta l}{l} = (2\times 10^5)\times \frac{5\times 10^{-3}}{10} = 100\text{MPa}$$

정답 ①

9급 2018년 국가직

78 양단 정착하는 PSC 포스트텐션 부재에서 일단 정착부 활동이 4mm 발생하였을 때, PS강재와 쉬스의 마찰이 없는 경우에 정착부 활동에 의한 프리스트레스 손실량[MPa]은?(단, PS강재의 길이 20m, 초기 프리스트레스 $f_i = 1{,}200\text{MPa}$, PS강재 탄성계수 $E_{ps} = 200\text{GPa}$, 콘크리트 탄성계수 $E_c = 28\text{GPa}$이다.)

① 20
② 40
③ 60
④ 80

해설

$$\Delta f_{pa} = E_p \cdot \frac{2\cdot \Delta l}{l} = (200\times 10^3)\times \frac{2\times 4}{(20\times 10^3)} = 80\text{MPa}$$

정답 ④

9급 2010년 국가직

79 길이 10m 인 포스트텐션 프리스트레스트 콘크리트보의 강선에 1,000MPa 의 인장응력을 도입한 후 정착하였더니 정착장치에서 활동량의 합이 3mm 였다. 이때 프리스트레스의 감소율[%]은?(단, PS강재의 탄성계수 $E_{ps} = 2.0 \times 10^5$MPa이다.)

① 3 ② 4

③ 5 ④ 6

해설

$$\Delta f_{pa} = E_p \varepsilon_p = E_p \frac{\Delta l}{l} = (2.0 \times 10^5) \times \frac{3 \times 10^{-3}}{10} = 60\text{MPa}$$

$$\text{감소율} = \frac{\Delta f_{pa}}{f_p} \times 100(\%) = \frac{60}{1,000} \times 100 = 6\%$$

정답 ④

9급 2019년 지방직

80 길이 10m의 포스트텐셔닝 콘크리트 보의 긴장재에 1,500MPa의 프리스트레스를 도입하여 일단 정착하였더니 정착부 활동이 6mm 발생하였다. 이때 프리스트레스의 손실률[%]은?(단, 긴장재는 직선으로 배치되어 긴장재와 쉬스의 마찰은 없으며, 탄성계수 E_p = 200GPa 이다.)

① 8 ② 10

③ 12 ④ 14

해설

$$\Delta f_{pa} = E_p \frac{\Delta l}{l} = (200 \times 10^3) \times \frac{6 \times 10^{-3}}{10} = 120\text{MPa}$$

$$\text{손실률} = \frac{\Delta f_{pa}}{f_p} \times 100(\%) = \frac{120}{1,500} \times 100(\%) = 8(\%)$$

정답 ①

9급 2013년 서울시

81 **프리스트레스트 콘크리트의 손실 중 프리텐션 방식의 손실이 아닌 것은?**

① 콘크리트의 탄성수축 손실
② 콘크리트의 크리프 손실
③ PS강재와 쉬스 사이의 마찰 손실
④ 강재의 릴랙세이션 손실
⑤ 콘크리트의 건조수축 손실

해설

PS강재와 쉬스의 마찰에 의한 손실은 포스트텐션 방식에서만 발생한다.

정답 ③

9급 2016년 지방직

82 **프리텐션 방식의 PSC 보에서 발생되는 응력손실로 옳지 않은 것은?**

① 콘크리트의 크리프에 의한 손실
② 콘크리트의 탄성수축에 의한 손실
③ 긴장재 응력의 릴랙세이션에 의한 손실
④ 긴장재와 덕트 사이의 마찰에 의한 손실

해설

긴장재와 덕트 사이의 마찰에 의한 손실은 포스트텐션 방식의 PSC 보에서만 발생한다.

정답 ④

9급 2018년 서울시(1차)

83 **프리스트레스트콘크리트 구조물의 프리스트레스 손실 중 포스트텐션방식에서만 고려하는 것은?**

① 콘크리트의 탄성수축에 의한 손실
② 콘크리트의 크리프에 의한 손실
③ 긴장재와 덕트 사이의 마찰에 의한 손실
④ 긴장재의 릴랙세이션에 의한 손실

해설

긴장재와 덕트 사이의 마찰에 의한 손실은 포스트텐션 방식에서만 고려된다.

정답 ③

9급 2018년 서울시(2차)

84 **PSC 보에서 정착장치에 의한 응력손실과 관련하여 덕트와 PS강재 사이의 부착 유무에 따른 설명으로 가장 옳지 않은 것은?(단, l_{set}은 마찰력과 미끌림에 의한 응력손실이 평형을 이루는 길이를 의미한다.)**

① 비부착긴장재의 경우 PS강재는 부재 전체 길이에서 일정한 크기로 변형된다.
② 부착긴장재의 경우 응력손실은 부재 단부에서 최대가 되지만, 안쪽으로 들어갈수록 작아진다.
③ 부착긴장재의 경우 PS강재의 응력은 부재 단부에서 부재 안쪽으로 들어갈수록 증가한다.
④ 부착 및 비부착 긴장재에 따른 응력은 부재 단부로부터 거리 l_{set}가 되었을 때 동일하게 된다.

해설

부착긴장재의 경우 PS강재의 응력은 부재 단부에서 부재 안쪽으로 들어갈수록 감소한다.

정답 ③

9급 2017년 서울시

85 **프리스트레스트콘크리트 포스트텐션부재에서 긴장재의 마찰 손실을 계산할 때 사용되는 요소가 아닌 것은?(단, 「콘크리트구조기준(2012)」을 적용한다.)**

① 긴장재의 파상마찰계수
② 긴장재의 회전각 변화량
③ 곡선부의 곡률마찰계수
④ 긴장재의 설계항복강도

해설

PS 강재와 쉬스 사이의 마찰에 의한 손실량을 구하는 식

1) 엄밀식

$$\Delta P_f = P_{pj}[1-e^{-(kl_{px}+\mu_p\alpha_{px})}]$$

여기서, ΔP_f : PS 강재와 쉬스 사이의 마찰에 의한 긴장력 손실량
k : 파상마찰계수
l_{px} : 긴장단으로부터 고려하는 곳까지의 긴장재 길이
μ_p : 곡률마찰계수
α_{px} : 긴장단으로부터 고려하는 곳까지의 각 변화량(radian)

2) 근사식

$kl_{px}+\mu_p\alpha_{px} \le 0.3$인 경우는 근사식을 사용할 수 있다.

$$\Delta P_f = P_{pj}\left[\frac{(kl_{px}+\mu_p\alpha_{px})}{1+(kl_{px}+\mu_p\alpha_{px})}\right]$$

정답 ④

9급 2014년 국가직

86 다음 그림과 같은 포스트텐션보에서 PS강재가 단부 A에서만 인장력 P_o로 일단 긴장될 때, 마찰손실을 고려한 단면 C, D 위치에서 PS강재의 인장력은?(단, AB, DE : 곡선구간, BC, CD : 직선구간, PS강재의 곡률마찰계수 $\mu = 0.3(/\text{rad})$, PS강재의 파상마찰계수 $\kappa = 0.004(/\text{m})$, 마찰손실을 제외한 다른 손실은 고려하지 않는다.)

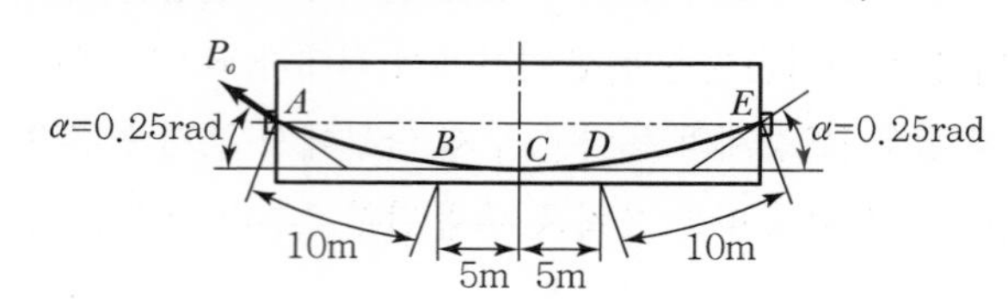

	단면 $C(P_C)$	단면 $D(P_D)$
①	$P_o e^{-(0.3\times0.25+0.004\times15)}$	$P_o e^{-(0.3\times0.25+0.004\times10)}$
②	$P_o e^{-(0.3\times0.25+0.004\times15)}$	$P_o e^{-(0.3\times0.25+0.004\times20)}$
③	$P_o e^{-(0.3\times0.25+0.004\times5)}$	$P_o e^{-(0.3\times0.5+0.004\times10)}$
④	$P_o e^{-(0.3\times0.25+0.004\times5)}$	$P_o e^{-(0.3\times0.5+0.004\times20)}$

해설

$$P_{px} = P_o e^{-(kl_p+\mu\alpha_p)}$$

$$P_c = P_o e^{-(0.004\times15+0.3\times0.25)}$$

$$P_D = P_o e^{-(0.004\times20+0.3\times0.25)}$$

정답 ②

9급 2009년 지방직

87 그림과 같은 PSC부재의 A단에서 강재를 긴장할 경우 B단까지의 마찰에 의한 긴장력 감소율[%]은?(단, $\theta_1 = 0.11\text{rad}$, $\theta_2 = 0.07\text{rad}$, $\theta_3 = 0.11\text{rad}$ μ(곡률마찰계수)=0.50, k(파상마찰계수)=0.0015이고 근사법으로 계산한다.)

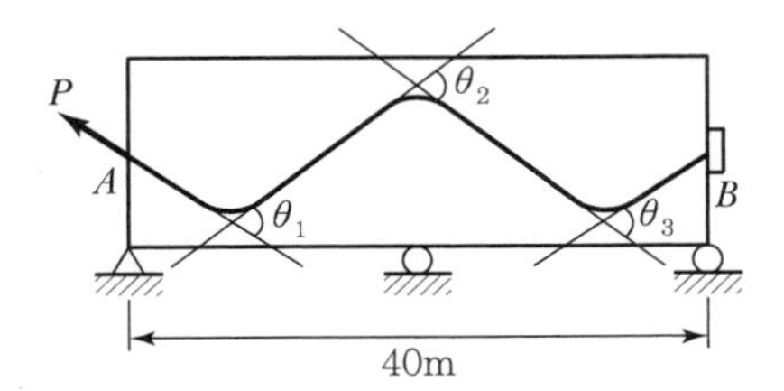

① 20　② 19　③ 18　④ 17.0

해설

$\alpha_{px} = \theta_1 + \theta_2 + \theta_3 = 0.11 + 0.07 + 0.11 = 0.29\text{rad}$

$l_{px} = 40\text{m}$

$$\Delta P_f = P_{pj}\left[\frac{(kl_{px} + \mu_p \alpha_{px})}{1+(kl_{px} + \mu_p \alpha_{px})}\right]$$

$$= P_{pj}\left[\frac{(0.0015\times 40 + 0.5\times 0.29)}{1+(0.015\times 40 + 0.5\times 0.29)}\right] = 0.17P_{pj}$$

$$감소율 = \frac{\Delta P_f}{P_{pj}} \times 100(\%) = \frac{0.17P_{pj}}{P_{pj}} \times 100(\%) = 17\%$$

정답 ④

9급 2013년 서울시

88 프리텐션 방식에 의하여 제작되는 프리스트레스트 콘크리트에서 단면의 도심에 배치된 PS 강재를 f_{pj}로 긴장할 때 탄성변형에 의해 PS강재의 응력 손실량을 구하는 식은?(단, n : 탄성계수비, A_c : 콘크리트의 단면적, A_p : PS강재의 단면적)

① $\dfrac{A_c}{A_c - nA_p} f_{pj}$　② $\dfrac{A_p}{A_c + nA_p} f_{pj}$

③ $\dfrac{nA_c}{A_c - nA_p} f_{pj}$　④ $\dfrac{nA_p}{A_c + nA_p} f_{pj}$

⑤ $\dfrac{2nA_p}{A_c + 2nA_p} f_{pj}$

해설

$$\Delta f_{pe} = E_p \varepsilon_p = E_p \varepsilon_e = E_p\left(\frac{f_{cs}}{E_c}\right) = nf_{cs} = n\left(\frac{A_p f_{pj}}{A_c + nA_p}\right)$$

정답 ④

9급 2009년 지방직

89 프리텐션방식의 PSC에 초기 긴장력을 가했을 때 프리스트레스 도입 직후 PS강재 도심 위치에서의 콘크리트압축응력(f_{cs})이 5MPa로 산정되었다. 이때 PS강재의 탄성계수(E_p)는 2.0×10^5MPa이고 콘크리트의 탄성계수(E_c)는 4.0×10^4MPa일 경우, 콘크리트 탄성변형에 의한 PS 강재의 프리스트레스 감소량[MPa]은?

① 1　② 2.5
③ 10　④ 25

해설

$$n=\frac{E_p}{E_c}=\frac{2\times10^5}{4\times10^4}=5$$

$$\Delta f_{pe}=E_p\varepsilon_p=E_p\varepsilon_e=E_p\left(\frac{f_{cs}}{E_c}\right)=nf_{cs}=5\times5=25\text{MPa}$$

정답 ④

9급 2016년 서울시

90 600mm^{2}의 PSC 강선을 단면 도심축에 배치한 단면 200mm×300mm인 프리텐션 PSC 부재가 있다. 초기 프리스트레스가 1,000MPa일 때 콘크리트의 탄성 변형에 의한 프리스트레스 감소량은?(단, 철근과 콘크리트의 탄성계수비 $n=\frac{E_s}{E_c}=6$, 긴장재의 단면적은 무시하고, 부재의 총단면적을 사용한다.)

① 40MPa　② 50MPa
③ 60MPa　④ 70MPa

해설

$$\Delta f_{pe}=nf_{cs}=n\frac{P_i}{A_g}=n\frac{A_pf_{pi}}{bh}=6\times\frac{600\times1{,}000}{200\times300}=60\,\text{MPa}$$

정답 ③

9급 2018년 지방직

91 그림과 같이 단면적 2.0cm^2인 긴장재 4개가 직사각형 단면의 도심축에 균등하게 배치되었다. 프리텐션 방식으로 초기 프리스트레스 1,000MPa이 긴장재에 도입될 때, 콘크리트의 탄성수축으로 인한 프리스트레스 손실응력[MPa]은?(단, 프리스트레스 긴장재의 탄성계수는 2.1×10^5MPa, 콘크리트의 탄성계수는 3.0×10^4MPa이다.)

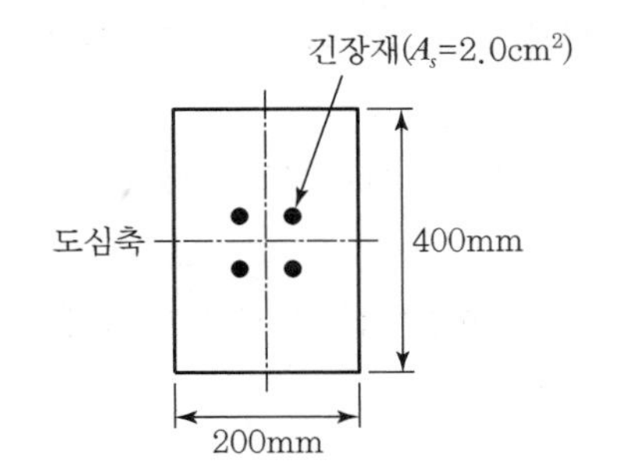

① 40
② 50
③ 60
④ 70

해설

$$n=\frac{E_p}{E_c}=\frac{2.1\times10^5}{3\times10^4}=7$$

$$\Delta f_{pe}=nf_{cs}=n\frac{P_i}{A_g}=n\frac{f_{pi}A_p}{bh}=7\times\frac{1{,}000(4\times2\times10^2)}{200\times400}=70\text{MPa}$$

정답 ④

9급 2016년 지방직

92 단면도심에 긴장재가 배치된 직사각형 프리텐션 PSC 보의 긴장재를 1,500MPa로 긴장하였다. 프리스트레스를 도입하여 탄성수축에 의한 손실이 발생한 후 긴장재의 응력[MPa]은?(단, 직사각형 보의 폭 b = 300mm, 부재의 전체 깊이 h = 500mm, PS 긴장재의 단면적 A_p = 600mm², 탄성계수비 n = 6이며, 콘크리트 단면적은 긴장재의 면적을 포함한다.)

① 1,460
② 1,464
③ 1,468
④ 1,472

$$\Delta f_{pe}=nf_{cs}=n\frac{P_i}{A_g}=n\frac{A_pf_{pi}}{bh}=6\times\frac{600\times1{,}500}{300\times500}=36\text{MPa}$$

(탄성수축에 의한 손실이 발생한 후 긴장재의 응력) $=f_{pi}-\Delta f_{pe}=1{,}500-36=1{,}464\text{MPa}$

정답 ②

9급 2010년 지방직

93 **프리스트레스트 콘크리트(PSC)보에 프리스트레스를 도입할 때 다음 중 콘크리트의 탄성변형으로 인한 손실이 발생하지 않는 경우는?**

① 하나의 긴장재로 이루어진 PSC보가 프리텐션공법으로 제작되었을 때
② 여러 가닥의 긴장재로 이루어진 PSC보가 프리텐션공법으로 제작되었을 때
③ 프리스트레스를 순차적으로 도입하는 여러 가닥의 긴장재로 이루어진 PSC보가 포스트텐션공법으로 제작되었을 때
④ 하나의 긴장재로 이루어진 PSC보가 포스트텐션공법으로 제작되었을 때

해설

1회의 긴장작업으로 프리스트레스를 도입할 경우 포스트텐션공법에서 탄성변형에 의한 프리스트레스 손실은 발생하지 않는다.

정답 ④

9급 2008년 국가직

94 **30 cm × 30 cm의 사각형 콘크리트 단면에 1개당 3 cm^{2}인 PS강선 4개를 그림과 같이 강선군의 도심과 콘크리트 부재단면 도심이 일치하도록 배치한 포스트텐션 부재가 있다. PS강선을 1개씩 차례로 긴장하는 경우 콘크리트의 탄성수축에 의한 프리스트레스의 평균 손실량 [MPa]은?(단, 초기 프리스트레스는 1,000MPa이고 탄성계수비 $n = 6.0$이다.)**

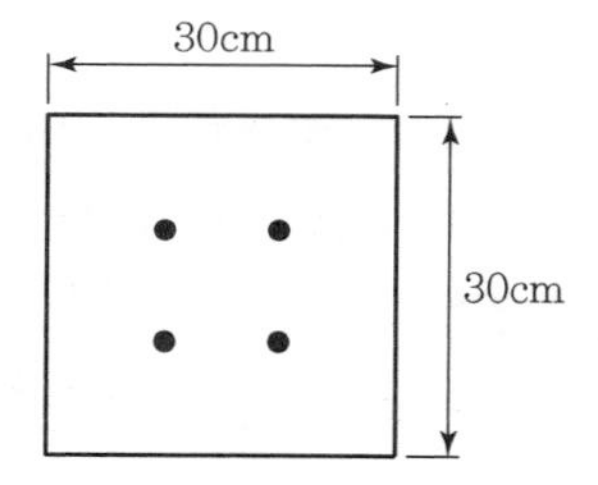

① 10
② 15
③ 20
④ 30

해설

포스트텐션 방식에서 여러 개의 긴장재를 순차적으로 긴장할 경우 탄성변형에 의한 프리스트레스의 평균손실량(Δf_{pe})

$$\Delta f_{pe} = \frac{1}{2} n f_{cs} \frac{N-1}{N} = \frac{1}{2} n \frac{P_i}{A_g} \frac{N-1}{N} = \frac{1}{2} n \frac{A_p f_{pi}}{A_g} \frac{N-1}{N}$$

$$= \frac{1}{2} \times 6 \times \frac{(4 \times 3) \times 1,000}{30^2} \times \frac{4-1}{4} = 30\text{MPa}$$

정답 ④

9급 2011년 국가직

95 프리스트레스트 콘크리트 부재에 프리스트레스 도입으로 인한 콘크리트 압축응력 $f_{cs}=5\text{MPa}$이고, 콘크리트 크리프계수 $C_u=2.0$ 탄성계수비 $n=6$일 때, 콘크리트 크리프에 의한 PS강재의 프리스트레스 감소량[MPa]은?

① 40 ② 50

③ 60 ④ 70

해설

$$\Delta f_{pc}=E_p\varepsilon_p=E_p\varepsilon_c=E_p(C_u\varepsilon_e)=C_u n f_{cs}=2\times6\times5=60\text{MPa}$$

정답 ③

9급 2014년 서울시

96 프리스트레스트 콘크리트 부재에서 긴장재의 인장응력 $f_p=1{,}000\text{MPa}$, 콘크리트의 압축응력 $f_{cs}=6\text{MPa}$, 콘크리트의 크리프 계수 $C_u=2.5$, 탄성계수비 $n=6$일 때, 콘크리트 크리프에 의한 PS강재의 프리스트레스 감소량은?

① 30MPa ② 45MPa

③ 60MPa ④ 75MPa

⑤ 90MPa

해설

$$\Delta f_{pc}=C_u\cdot n f_{cs}=2.5\times6\times6=90\text{MPa}$$

정답 ⑤

9급 2010년 서울시

97 PSC 부재에서 PS강재의 인장응력 $f_p=1{,}200\text{MPa}$, 콘크리트 압축응력 $f_c=8\text{MPa}$, 콘크리트 크리프계수 $C_u=2$, $n=6$일 때, 콘크리트 크리프에 의한 PS강재 인장응력 감소율은?

① 2% ② 4%

③ 6% ④ 8%

⑤ 10%

해설

$$\Delta f_{pc}=C_u n f_{cs}=2\times6\times8=96\text{MPa}$$

$$\text{감소율}=\frac{\Delta f_{pc}}{f_p}\times100(\%)=\frac{96}{1{,}200}\times100(\%)=8\%$$

정답 ④

9급 2011년 지방직

98 프리스트레싱 긴장재를 긴장한 PSC 부재에서 건조수축으로 인한 프리스트레스 손실량[MPa]은?(단, 긴장재는 콘크리트구조설계기준(2012)의 표준탄성계수를 적용하고, 발생된 건조수축변형률 $\varepsilon_{sh} = 4 \times 10^{-5}$이다.)

① 8　　② 16

③ 32　　④ 64

해설

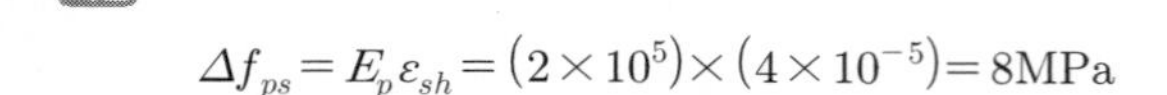

$\Delta f_{ps} = E_p \varepsilon_{sh} = (2 \times 10^5) \times (4 \times 10^{-5}) = 8\text{MPa}$

정답 ①

9급 2011년 국가직

99 PS강재의 탄성계수 $E_{ps} = 2 \times 10^5\text{MPa}$이고 콘크리트의 건조수축률 $\varepsilon_{sh} = 25 \times 10^{-5}$일 때, 콘크리트 건조수축에 의한 PS강재의 프리스트레스 감소율을 5%로 제어하기 위한 초기 프리스트레스 값[MPa]은?

① 1,000　　② 2,000

③ 3,000　　④ 4,000

해설

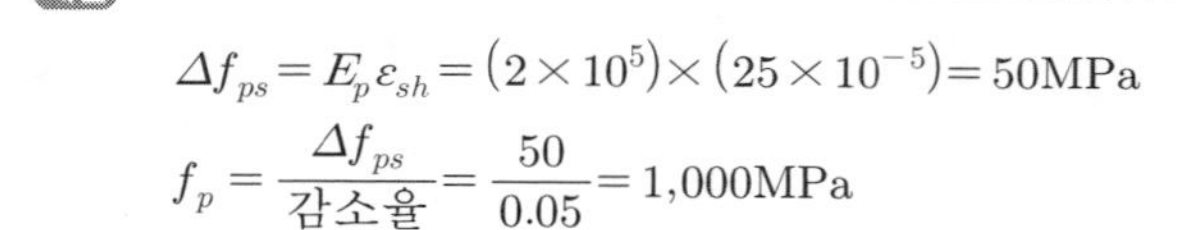

$\Delta f_{ps} = E_p \varepsilon_{sh} = (2 \times 10^5) \times (25 \times 10^{-5}) = 50\text{MPa}$

$f_p = \dfrac{\Delta f_{ps}}{감소율} = \dfrac{50}{0.05} = 1{,}000\text{MPa}$

정답 ①

9급 2019년 서울시

100 프리텐션 부재에 프리스트레스를 도입하였을 때, 도입 직후 긴장재 도심 위치에서의 콘크리트 응력(f_{cs})이 7MPa로 산정되었다. 크리프 계수 $C_u = 2.0$, 탄성계수비 $n = E_p/E_c = 6$, 콘크리트 건조수축변형률 $\varepsilon_{sh} = 20 \times 10^{-5}$, 긴장재의 탄성계수 $E_p = 2.0 \times 10^5$MPa일 때, 콘크리트의 크리프와 건조수축으로 인한 프리스트레스 손실량의 합은?

① 96MPa
② 112MPa
③ 124MPa
④ 138MPa

해설

$\Delta f_{pc} = C_u \cdot n \cdot f_{cs} = 2.0 \times 6 \times 7 = 84\text{MPa}$

$\Delta f_{ps} = E_p \varepsilon_{sh} = (2 \times 10^5) \times (20 \times 10^{-5}) = 40\text{MPa}$

$\Delta f_{pc} + \Delta f_{ps} = 84 + 40 = 124\text{MPa}$

정답 ③

9급 2013년 지방직

101 프리텐션방식 PSC 부재에서 직사각형 콘크리트 단면이 $500\text{mm} \times 500\text{mm}$이고 긴장재는 단면의 도심에 배치되어 있다. 초기긴장력 $P_i = 2{,}500\text{kN}$이 도입되면 5년 뒤 탄성, 크리프 및 건조수축에 의한 총손실 Δf_p[MPa]는?(단, 프리스트레싱 강재의 탄성계수 $E_{ps} = 200{,}000\text{MPa}$, 콘크리트의 탄성계수 $E_c = 40{,}000\text{MPa}$, 콘크리트의 크리프 계수 $C_u = 2.0$, 건조수축 변형률 $\varepsilon_{sh} = 500 \times 10^{-6}$이다.)

① 120
② 170
③ 200
④ 250

해설

$$n = \frac{E_{ps}}{E_c} = \frac{2 \times 10^5}{4 \times 10^4} = 5$$

$$\Delta f_{pe} = n f_{cs} = n\frac{P_i}{A_g} = \frac{nP_i}{bh} = \frac{5 \times (2{,}500 \times 10^3)}{500 \times 500} = 50\text{MPa}$$

$\Delta f_{pc} = C_u \cdot n f_{cs} = C_u \cdot \Delta f_{pe} = 2 \times 50 = 100\text{MPa}$

$\Delta f_{ps} = E_p \varepsilon_{sh} = (2 \times 10^5) \times (500 \times 10^{-6}) = 100\text{MPa}$

$\Delta f_{pe} + \Delta f_{pc} + \Delta f_{ps} = 50 + 100 + 100 = 250\text{MPa}$

정답 ④

9급 2014년 국가직

102 프리스트레스트 콘크리트에서 발생되는 프리스트레스의 손실에 대한 설명으로 옳은 것은?

① 프리텐션 방식에서는 긴장재와 쉬스 사이의 마찰에 의한 손실을 고려하고 있다.

② 포스트텐션 방식에서 여러 개의 긴장재에 프리스트레스를 순차적으로 도입하는 경우에는 콘크리트의 탄성수축으로 인한 손실은 발생되지 않는다.

③ 프리스트레스의 도입 후, 시간이 경과함에 따라 발생되는 시간적 손실은 콘크리트의 탄성수축, 콘크리트의 건조수축 및 크리프에 의해 발생된다.

④ 프리스트레스의 도입 후, 시간이 경과함에 따라 발생되는 시간적 손실은 프리텐션 방식이 포스트텐션 방식보다 일반적으로 더 크다.

해설

① 긴장재와 쉬스 사이의 마찰에 의한 손실은 포스트텐션 방식에서만 고려한다.

② 포스트텐션 방식에서 1회의 긴장작업으로 프리스트레스를 도입할 경우에는 콘크리트의 탄성수축으로 인한 손실은 발생되지 않는다.

③ 프리스트레스 도입 후, 시간이 경과함에 따라 발생되는 시간적 손실은 콘크리트의 크리프, 콘크리트의 건조수축 및 PS강재의 릴랙세이션에 의해 발생된다.

정답 ④

9급 2007년 국가직

103 프리트스레스 힘에 대한 설명으로 옳지 않은 것은?

① 일반적으로 프리스트레스 힘에 의해 보의 변형이 구속되어 부정정력이 발생하게 되는데, 단면의 응력을 검토할 경우에는 이 부정정력을 고려하여야 한다.

② 유효 프리스트레스 힘은 프리스트레싱 직후 프리스트레스 힘의 감소, 콘크리트의 크리프, 콘크리트의 건조수축, PS강재의 릴랙세이션 등의 영향을 고려하여 산출된다.

③ 프리스트레싱 직후 프리스트레스 힘의 손실량을 추정할 때 포스트텐션 방식에서는 콘크리트의 탄성변형만을 고려하여야하고, 프리텐션 방식에서는 콘크리트의 탄성변형, PS강재와 쉬스의 마찰, 정착장치에서의 활동을 고려하여 검토하여야 한다.

④ 설계 시 고려하여야 할 주요 프리스트레스 힘에는 프리스트레싱 직후의 프리스트레스 힘과 유효프리스트레스 힘 등이 있다.

프리스트레싱 직후 프리스트레스 힘의 손실량을 추정할 때 포스트텐션 방식에서는 정착장치의 활동, PS강재와 쉬스의 마찰, 콘크리트의 탄성변형(여러 개의 긴장재를 순차적으로 긴장할 경우)을 고려하고, 프리텐션 방식에서는 정착단의 활동, 콘크리트의 탄성변형을 고려하여 검토한다.

정답 ③

9급 2009년 서울시

104 **프리스트레스 도입 직후 시간에 따른 프리스트레스 손실이 일어나기 전의 콘크리트에서 허용하는 휨압축응력은 얼마인가?(단, 프리스트레스를 도입할 때 콘크리트 압축강도(f_{ci}) $= 36$MPa, 콘크리트의 설계기준압축강도 (f_{ck}) $= 45$MPa이다.)**

① 18.0MPa
② 21.6MPa
③ 28.8MPa
④ 27.0MPa
⑤ 36.0MPa

해설

콘크리트의 허용응력

1) 프리스트레스 도입 직후 시간에 따른 프리스트레스 손실이 일어나기 전의 응력은 다음 값 이하로 하여야 한다.
   ① 휨압축응력 : $0.60f_{ci}$
   ② 단순지지 부재 단부의 휨압축응력 : $0.7f_{ci}$
   ③ 휨인장응력 : $0.25\sqrt{f_{ci}}$
   ④ 단순지지 부재 단부의 휨인장응력 : $0.50\sqrt{f_{ci}}$

2) 비균열등급 또는 부분균열등급 프리스트레스트 콘크리트 휨부재에서 모든 프리스트레스의 손실이 일어난 후 사용하중에 의한 콘크리트의 휨응력은 다음 값 이하로 하여야 한다.
   ① 압축연단응력(유효프리스트레스+지속하중) : $0.45f_{ck}$
   ② 압축연단응력(유효프리스트레스+전체하중) : $0.60f_{ck}$

따라서, 프리스트레스 도입 직후 시간에 따른 프리스트레스 손실이 일어나기 전의 콘크리트의 허용 휨압축응력(f_{ca})은 다음과 같다.

$f_{ca} = 0.6f_{ci} = 0.6 \times 36 = 21.6\text{MPa}$

9급 2007년 국가직

105 **프리스트레싱 긴장재의 허용응력규정에 관한 설명 중 가장 적당한 것은? (여기서, f_{pu} 는 프리스트레싱 긴장재의 설계기준 인장강도이고, f_{py} 는 프리스트레싱 긴장재의 설계기준 항복강도이다.)**

① 긴장을 할 때 프리스트레싱 긴장재의 인장응력은 $0.80f_{pu}$ 또는 $0.94f_{py}$ 중 큰 값 이상으로 하여야 한다.

② 긴장을 할 때 프리스트레싱 긴장재의 인장응력은 $0.80f_{pu}$ 또는 $0.94f_{py}$ 중 작은 값 이하로 하여야 한다.

③ 긴장을 할 때 프리스트레싱 긴장재의 인장응력은 $0.74f_{pu}$ 또는 $0.82f_{py}$ 중 큰 값 이상으로 하여야 한다.

④ 긴장을 할 때 프리스트레싱 긴장재의 인장응력은 $0.74f_{pu}$ 또는 $0.82f_{py}$ 중 작은 값 이하로 하여야 한다.

해설

긴장재(PS강재)의 허용응력

적용범위	허용응력
긴장할 때 긴장재의 인장응력	$0.8f_{pu}$와 $0.94f_{py}$ 중 작은 값 이하
프리스트레스 도입 직후 긴장재의 인장응력	$0.74f_{pu}$와 $0.82f_{py}$ 중 작은 값 이하
정착구와 커플러(coupler)의 위치에서 프리스트레스 도입 직후 포스트텐션 긴장재의 인장응력	$0.7f_{pu}$ 이하

정답 ②

9급 2009년 서울시

106 **프리스트레스 부재 제작 시 강재를 긴장할 때 긴장재의 인장응력은 얼마인가?(단, f_{pu} =설계기준인장강도, f_{py} =설계기준항복강도)**

① $0.74f_{pu}$ 또는 $0.82f_{py}$ 중 작은 값 이하

② $0.74f_{pu}$ 또는 $0.90f_{py}$ 중 작은 값 이하

③ $0.80f_{pu}$ 또는 $0.94f_{py}$ 중 작은 값 이하

④ $0.82f_{pu}$ 또는 $0.90f_{py}$ 중 작은 값 이하

⑤ $0.82f_{pu}$ 또는 $0.94f_{py}$ 중 작은 값 이하

105번 해설 참고

정답 ③

9급 2016년 국가직

107 **프리스트레스트 콘크리트 보에서 긴장재의 허용응력에 대한 기준으로 옳은 것은?(단, f_{pu}는 긴장재의 인장강도, f_{py}는 긴장재의 항복강도이고, 2012년도 콘크리트구조기준을 적용한다.)**

① 긴장할 때 긴장재의 인장응력 : $0.84f_{pu}$와 $0.92f_{py}$ 중 작은 값 이하

② 긴장할 때 긴장재의 인장응력 : $0.82f_{pu}$와 $0.94f_{py}$ 중 작은 값 이하

③ 프리스트레스 도입 직후의 인장응력 : $0.74f_{pu}$와 $0.82f_{py}$ 중 작은 값 이하

④ 프리스트레스 도입 직후의 인장응력 : $0.72f_{pu}$와 $0.84f_{py}$ 중 작은 값 이하

해설

105번 해설 참고

정답 ③

9급 2011년 서울시

108 **PS강재의 허용응력과 콘크리트의 허용응력에 대한 설명으로 옳은 것은?**

① 프리스트레스 도입 직후 콘크리트 허용 휨압축응력 $f_{ca} = 0.85f_{ci}$이다.

② 프리스트레스 도입 직후 콘크리트 허용 휨인장응력(단순지지 부재 단부의 경우) $f_{ca} = 0.50\sqrt{f_{ci}}$ 이다.

③ 설계하중 상태에서의 콘크리트 허용 압축연단응력(유효프리스트레스+지속하중) $f_{ca} = 0.60f_{ck}$ 이다.

④ 프리스트레스 도입 직후 PS강선의 허용응력(포스트텐셔닝) $f_{pa} = 0.74f_{pu}$ 이다.

⑤ 프리스트레스 도입 직후 PS강선의 허용응력(프리텐셔닝) $f_{pa} = 0.74f_{pu}$ 와 $0.82f_{py}$ 중 큰 값이다.

해설

① 프리스트레스 도입 직후 시간에 따른 프리스트레스 손실이 일어나기 전의 콘크리트의 허용 휨압축응력 $f_{ca} = 0.60f_{ci}$이다.

③ 모든 프리스트레스의 손실이 일어난 후 사용하중에 의한 콘크리트의 허용 압축연단응력(유효프리스트레스+지속하중) $f_{ca} = 0.45f_{ck}$이다.

④,⑤ 프리스트레스 도입 직후 긴장재의 허용인장응력 $f_{pa} = [0.74f_{pu},\ 0.82f_{py}]_{\min}$ 이다.

정답 ②

9급 2011년 서울시

109 **프리텐션 단순보에 대하여 휨 균열 모멘트 M_{cr}를 결정하기 위한 식으로 옳은 것은?(단, I_e = 환산 단면2차모멘트, A_e = 환산 단면적, e_p = 환산 단면중립축과 PS강재 도심 사이의 거리, y_1 = 상연(압축 측)에서 환산단면 중립축까지의 거리, y_2 = 하연(인장 측)에서 환산단면 중립축까지 거리, f_r = 콘크리트 휨 인장강도, f_{ck} = 콘크리트 설계기준강도, P_e = 유효인장력)**

① $\frac{M_{cr}}{I_e}y_1 = \frac{P_e}{A_e} + \frac{P_e e_p}{I_e}e_p + f_r$

② $\frac{M_{cr}}{I_e}y_2 = \frac{P_e}{A_e} + \frac{P_e e_p}{I_e}e_p - f_r$

③ $\frac{M_{cr}}{I_e}y_2 = \frac{P_e}{A_e} + \frac{P_e e_p}{I_e}y_2 + f_r$

④ $\frac{M_{cr}}{I_e}y_1 = \frac{P_e}{A_e} + \frac{P_e e_p}{I_e}y_1 - f_r$

⑤ $\frac{M_{cr}}{I_e}y_2 = -\frac{P_e}{A_e} + f_{ck}$

해설

$M_{cr} = f_r \cdot Z_2 + P_e\left(\frac{r_e^{\,2}}{y_2} + e_p\right)$, 여기서 $Z_2 = \frac{I_e}{y_2}$, $r_e^{\,2} = \frac{I_e}{A_e}$

$\frac{M_{cr}}{I_e}y_2 = f_r + \frac{P_e}{A_e} + \frac{P_e e_p}{I_e}y_2$

정답 ③

9급 2015년 서울시

110 **콘크리트 구조물의 설계기준은 부착긴장재를 가지는 프리스트레스트 콘크리트 휨부재의 공칭 휨강도 계산에서 긴장재의 응력을 $f_{ps} = f_{pu}\left[1 - \frac{\gamma_p}{\beta_1}\left\{\rho_p \frac{f_{pu}}{f_{ck}} + \frac{d}{d_p}(w - w')\right\}\right]$의 식을 통해 근사적으로 계산하는 것을 허용하고 있다. 그러나 이 식의 사용을 위해서는 긴장재의 유효응력이 얼마 이상이 될 것을 요구하고 있다. 긴장재의 설계기준인장강도 f_{pu} = 1,800MPa일 때, 이 식을 사용하기 위해서는 프리스트레스 긴장재의 유효응력은 얼마 이상이 되어야 하는가?**

① 720MPa

② 810MPa

③ 900MPa

④ 1,080MPa

해설

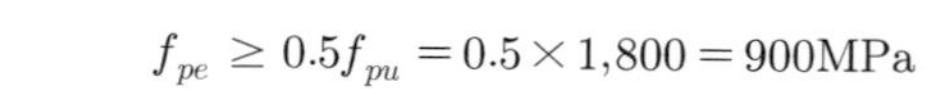

$f_{pe} \geq 0.5f_{pu} = 0.5 \times 1,800 = 900\text{MPa}$

정답 ③

9급 2009년 국가직

111 **미리 만들어 놓은 PSC부재를 소정의 위치에 가설한 후 나머지 부분을 현장에서 이어쳐서 완성하는 것을 PSC합성구조라 한다. 이 합성구조의 이점으로 옳지 않은 것은?**

① 접합면에서 전단응력이 발생하지 않는다.
② 현장에서 거푸집과 비계를 크게 줄일 수 있다.
③ 현장작업이 간단하여 공사기간을 단축할 수 있다.
④ 단면의 인장측만을 PSC구조로 할 수 있다.

해설

PSC 합성구조의 장점
㉠ 일반적으로 프리캐스트 부재는 공장생산제품이므로 균일한 품질의 부재를 대량으로 제작할 수 있다.
㉡ 현장에서 거푸집과 비계를 크게 줄일 수 있다.
㉢ 현장 작업이 간단하여 공사기간을 단축할 수 있다.
㉣ 단면의 인장측만을 PSC구조로 할 수 있다.

정답 ①

9급 2014년 지방직

112 **프리스트레스트 콘크리트 부재의 설계 원칙으로 옳지 않은 것은?(단, 2012년도 콘크리트구조기준을 적용한다.)**

① 프리스트레스를 도입할 때부터 구조물의 수명기간 동안에 모든 재하단계의 강도 및 사용조건에 따른 거동에 근거하여야 한다.
② 프리스트레스에 의해 발생되는 부재의 탄 · 소성변형, 처짐, 길이변화 및 회전 등에 의해 인접한 구조물에 미치는 영향을 고려하여야 하며, 이때 온도와 건조수축의 영향도 고려하여야 한다.
③ 긴장재가 부착되기 전의 단면 특성을 계산할 경우 덕트로 인한 단면적의 손실을 고려하여야 한다.
④ 덕트의 치수가 과대하여 긴장재와 덕트가 부분적으로 접촉하는 경우, 접촉하는 위치 사이에 있어서 부재 좌굴과 얇은 복부 및 플랜지의 좌굴 가능성에 대한 검토는 생략할 수 있다.

덕트의 치수가 과대하여 긴장재와 덕트가 부분적으로 접촉하는 경우, 접촉하는 위치 사이에 있어서 부재 좌굴과 얇은 복부 및 플랜지의 좌굴 가능성에 대하여 검토해야 한다.

정답 ④

9급 2017년 서울시

113 **포스트텐션 보의 정착구역에 대한 설명으로 옳지 않은 것은?(단, 「콘크리트구조기준(2012)」을 적용한다.)**

① 일반구역은 국소구역을 제외한 정착구역으로 정의한다.
② 국소구역은 정착장치의 적절한 기능 수행을 위하여 필요한 위치에 국소구역 보강을 하여야 한다.
③ 국소구역은 정착장치 및 이와 일체가 되는 구속철근과 이들을 둘러싸고 있는 콘크리트 사각기둥으로 정의한다.
④ 일반구역은 정착장치에 의해 유발되는 파열력, 할렬력 및 종방향 단부인장력에 저항할 수 있도록 보강하여야 한다.

해설

일반구역은 국소구역을 포함하는 정착구역으로 정의한다.

정답 ①

9급 2011년 국가직

114 **프리스트레스트 콘크리트(PSC)의 설계 시 균열검토를 수행해야 하는 이유로 옳지 않은 것은?**

① 균열로 인해 PS강재의 인장응력이 감소되어 보의 피로 저항성이 감소되기 때문
② 균열을 수반할 때 발생되는 휨강성의 감소에 따라서 처짐이 영향을 받기 때문
③ 보에 균열이 발생하면 PS강재는 부식에 취약해지기 때문
④ 균열은 수밀성을 요하는 구조물에서 누수의 원인이 되기 때문

해설

균열로 인해 PS강재의 인장응력이 증가되어 보의 피로 저항성이 감소되기 때문

정답 ①

9급 2017년 지방직(1차)

115 프리스트레스트콘크리트 휨부재는 미리 압축을 가한 인장구역에서 사용하중에 의한 인장연단응력 f_t에 따라 균열등급을 구분한다. 비균열등급에 속하는 인장연단응력 f_t[MPa]는? (단, f_{ck}는 콘크리트 설계기준압축강도이며, 2012년도 콘크리트구조기준을 적용한다.)

① $f_t \leq 0.63\sqrt{f_{ck}}$

② $0.63\sqrt{f_{ck}} < f_t \leq 1.0\sqrt{f_{ck}}$

③ $f_t > 1.0\sqrt{f_{ck}}$

④ $f_t > 1.15\sqrt{f_{ck}}$

해설

PSC 휨부재의 균열에 따른 구분

1) 비균열 등급
- ㉠ $f_t \leq 0.63\sqrt{f_{ck}}$ 인 경우
  여기서, f_t : 사용하중하에서 총단면으로 계산한, 미리 압축을 가한 인장구역에서의 인장연단응력
- ㉡ 사용하중이 작용할 때의 응력 계산 시 비균열단면, 즉 총단면 사용
- ㉢ 처짐 계산 시 I_g(총단면에 대한 단면 2차 모멘트) 사용

2) 부분균열 등급
- ㉠ $0.63\sqrt{f_{ck}} < f_t \leq 1.0\sqrt{f_{ck}}$
- ㉡ 사용하중이 작용할 때의 응력 계산 시 총단면 사용
- ㉢ 처짐 계산 시 균열 환산 단면에 기초한 모멘트－처짐 관계를 사용하거나 I_e(유효단면 2차 모멘트) 사용

3) 균열 등급
- ㉠ $1.0\sqrt{f_{ck}} < f_t$
- ㉡ 사용하중이 작용할 때의 응력 계산 시 균열 환산 단면 사용
- ㉢ 처짐 계산 시 균열 환산 단면에 기초한 모멘트－처짐 관계를 사용하거나 I_e(유효단면 2차 모멘트) 사용

9급 2019년 서울시

116 프리스트레스트 콘크리트 설계에 관한 설명으로 옳지 않은 것은?(단, 콘크리트구조기준(2012)을 적용한다.)

① 프리스트레스를 도입할 때, 사용하중이 작용할 때, 그리고 균열하중이 작용할 때의 응력계산은 선형탄성 이론을 따른다.

② 프리스트레스트 콘크리트 휨부재는 미리 압축을 가한 인장구역에서 사용하중에 의한 인장연단응력 f_t에 따라 비균열등급, 부분균열등급, 완전균열등급으로 구분된다.

③ 2방향 프리스트레스트 콘크리트 슬래브는 $f_t \leq 0.63\sqrt{f_{ck}}$를 만족하는 비균열등급 부재로 설계되어야 한다.(단, f_{ck}=콘크리트의 설계기준압축강도)

④ 휨부재의 설계휨강도 계산은 강도설계법에 따라야 하며, 이때 긴장재의 응력은 f_y대신 f_{ps}를 사용한다.(단, f_y=철근의 설계기준항복강도, f_{ps}=긴장재의 인장응력)

해설

2방향 프리스트레스 콘크리트 슬래브는 $f_t \leq 0.5\sqrt{f_{ck}}$를 만족하는 비균열 등급 부재로 설계되어야 한다.

정답 ③

Chapter 12

강구조 및 교량

Contents

01 서론

1. 강구조의 정의

강재로 제작된 구조물을 강구조라 하며 특히, 교량, 철탑, 탱크, 수문 등의 부재로 많이 사용되고 있다.

2. 강재의 연결

(1) 강재연결의 정의

서로 다른 부재를 접합하거나 또는 같은 부재를 연장시켜 이음하는 것을 연결이라 하며, 부재 사이의 힘을 전달하도록 연결한다.

(2) 강재연결의 종류

1) 기계적 방법

① 리벳이음

② 고장력 볼트이음

③ 핀이음

2) 용접

① 홈용접(맞대기이음)

② 필렛용접(겹대기이음)

(3) 강재연결의 일반사항

1) 부재의 연결은 연결부에서 계산된 응력보다 큰 응력에 저항하도록 설계하는 것이 원칙이며 또한 연결부의 강도가 모재 전체강도의 75% 이상을 갖도록 설계하여야 한다.

2) 부재 연결부의 요구사항

① 부재 사이의 응력전달이 확실해야 한다.

② 가급적 편심이 발생하지 않도록 연결한다.

③ 연결부에서 응력집중이 없어야 한다.

④ 부재의 변형에 따른 영향을 고려하여야 한다.

⑤ 잔류응력이나 2차응력을 일으키지 않아야 한다.

(4) 강재의 연결방법을 병용할 경우

1) 용접과 리벳의 병용

한 이음부에 용접과 리벳을 병용하는 경우에는 용접이 모든 응력을 부담하는 것으로 고려한다.

2) 용접과 고장력 볼트이음을 병용하는 경우

한 이음부에 용접과 고장력 볼트이음을 병용하는 경우에는 다음 항에 따라야 한다.

① 홈용접을 사용한 맞대기이음과 고장력 볼트 마찰이음 또는 응력 방향에 나란한 필렛용접과 고장력 볼트의 마찰이음을 병용하는 경우에는 각 이음이 응력을 부담하는 것으로 고려한다. 단, 각 이음의 응력 부담 상태에 대해서는 충분한 검토를 하여야 한다.
② 응력과 직각을 이루는 필렛용접과 고장력 볼트 마찰이음을 병용해서는 안 된다.
③ 용접과 고장력 볼트 지압이음을 병용해서는 안 된다.

02 리벳이음

1. 리벳이음의 종류

(1) 겹대기이음과 맞대기이음

1) 겹대기이음

강판을 겹쳐서 접합하는 방법을 겹대기이음이라 한다.

2) 맞대기이음

강판의 끝부분을 서로 맞대고 한쪽 또는 양쪽에 이음판을 붙여서 접합하는 방법을 맞대기이음이라 한다.

(2) 직접이음과 간접이음

1) 직접이음

모재와 모재를 직접 접합하는 방법을 직접이음이라고 한다.

2) 간접이음

모재 사이에 채움판을 넣어서 접합하는 방법을 간접이음이라고 한다.

2. 리벳의 응력

(1) 1면 전단(단전단)의 경우

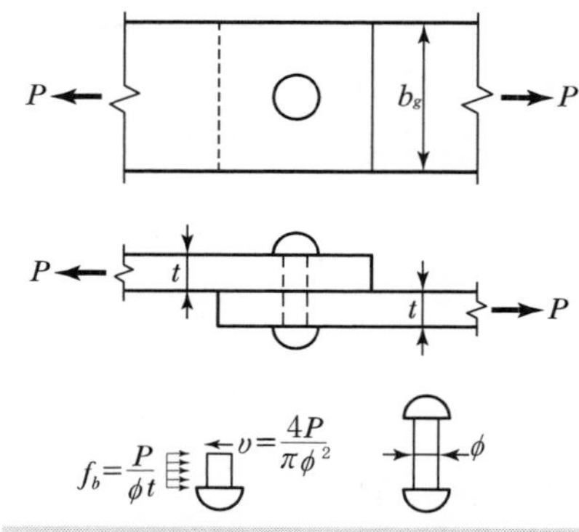

[그림 12-1] 리벳의 응력(1면 전단의 경우)

1) 전단응력(v_R)

$$v_R = \frac{P}{A_{(\bigcirc)}} = \frac{4P}{\pi\phi^2} \quad \cdots\cdots (12.1)$$

여기서, $A_{(\bigcirc)}$: 리벳의 단면적

2) 지압응력(f_b)

$$f_b = \frac{P}{A_{(\square)}} = \frac{P}{\phi t} \quad \cdots\cdots (12.2)$$

여기서, $A_{(\square)}$: 강판에 의하여 감싸진 리벳의 투영 면적

(2) 2면 전단(복전단)의 경우

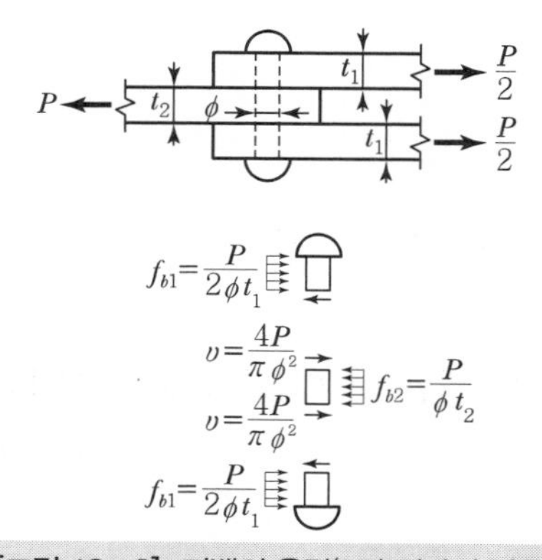

[그림 12-2] 리벳의 응력(2면 전단의 경우)

1) 전단응력

$$v_R = \frac{P}{2A_{(\bigcirc)}} = \frac{2P}{\pi\phi^2} \quad \cdots\cdots (12.3)$$

2) 지압응력

$$f_{b1} = \frac{P}{A_{(\square)1}} = \frac{P}{2\phi t_1} \quad \cdots\cdots (12.4)$$

$$f_{b2} = \frac{P}{A_{(\square)2}} = \frac{P}{\phi t_2} \quad \cdots\cdots (12.5)$$

$$f_b = (f_{b1},\ f_{b2})_{\max} \quad \cdots\cdots (12.6)$$

3. 리벳이음의 설계

(1) 리벳의 강도

1) 전단강도(P_{Rs})

① 1면 전단의 경우

$$P_{Rs} = v_a \frac{\pi\phi^2}{4} \quad \cdots\cdots (12.7)$$

여기서, v_a : 리벳의 허용전단응력

② 2면 전단의 경우

$$P_{Rs} = v_a \frac{\pi\phi^2}{2} \quad \cdots\cdots (12.8)$$

2) 지압강도(P_{Rb})

① 강판의 두께가 동일한 경우

$$P_{Rb.} = f_{ba} \cdot \phi t \quad \cdots\cdots (12.9)$$

여기서, f_{ba} : 리벳의 허용지압응력

② 강판의 두께가 서로 다른 경우

$$P_{Rb1} = f_{ba}\phi t_1 \quad \cdots\cdots (12.10)$$

$$P_{Rb2} = f_{ba}\phi t_2 \quad \cdots\cdots (12.11)$$

$$P_{Rb} = (R_{Rb1},\ P_{Rb2})_{\min} \quad \cdots\cdots (12.12)$$

3) 리벳의 강도(리벳 값, P_R)

$$P_R = (P_{Rs}, P_{Rb})_{\min} \quad \cdots\cdots (12.13)$$

(2) 강판의 강도

1) 강판의 강도

① 압축부재의 경우

$$P_{ca} = f_{ca} \cdot A_g \quad \cdots\cdots (12.14)$$

여기서, P_{ca} : 강판의 압축강도
f_{ca} : 강판의 허용압축응력
A_g : 강판의 총단면적

② 인장부재의 경우

$$P_{ta} = f_{ta} \cdot A_n \quad \cdots\cdots (12.15)$$

여기서, P_{ta} : 강판의 인장강도
f_{ta} : 강판의 허용인장응력
A_n : 강판의 순단면적

참고

압축을 받는 강판의 경우는 이음부에 배치한 리벳(또는 볼트)의 단면적도 저항 단면적에 포함되지만 인장을 받는 경우는 리벳(또는 볼트)의 단면적은 제외된다.

2) 강판의 순단면적

① 일렬 배열의 판형

$$d_h = \phi + 3(\text{mm}) \quad \cdots\cdots (12.16)$$

$$b_n = b_g - n \cdot d_h \quad \cdots\cdots (12.17)$$

$$A_n = b_n \cdot t \quad \cdots\cdots (12.18)$$

여기서, d_h : 리벳구멍의 지름
ϕ : 리벳(또는 볼트)의 지름
b_n : 강판의 순폭
b_g : 강판의 총폭
n : 강판의 폭방향으로 동일 선상에 존재하는 리벳구멍의 개수
A_n : 강판의 순단면적
t : 강판의 두께

② 지그재그 배열의 판형

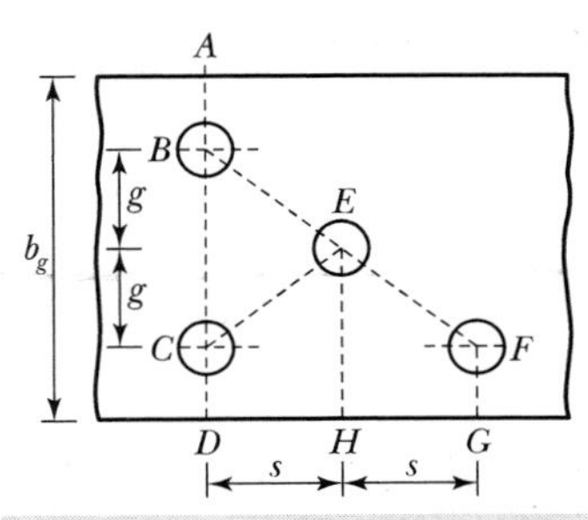

[그림 12-3] 지그재그 배열의 판형

강판의 폭을 절단하는 모든 경로에 대한 길이를 계산하여 그중 최솟값을 강판의 순폭으로 결정한다.

$$\begin{cases} \text{ABCD 경로} : b_{n1} = b_g - 2d_h \\ \text{ABEH 경로} : b_{n2} = b_g - d_h - w \\ \text{ABECD 경로} : b_{n3} = b_g - d_h - 2w \\ \text{ABEFG 경로} : b_{n4} = b_g - d_h - 2w \end{cases} \quad \cdots\cdots (12.19)$$

$$b_n = (b_{n1},\ b_{n2},\ b_{n3},\ b_{n4})_{\min} \quad \cdots\cdots (12.20)$$

$$A_n = b_n \cdot t$$

여기서, $w = d_h - \dfrac{s^2}{4g}$ ······ (12.21)

g : 리벳의 응력에 직각 방향인 리벳선 간의 거리

s : 리벳(또는 볼트)의 피치

③ L형강

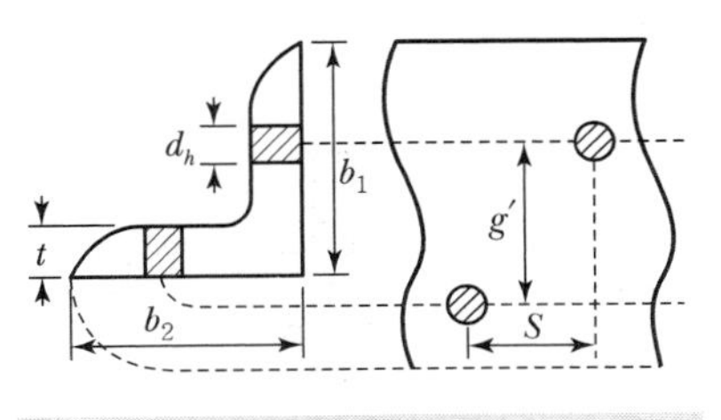

[그림 12-4] L형강

$$b_{n1} = b_g - d_h$$

$$b_{n2} = b_g - 2d_h + \frac{s^2}{4g}$$

$$b_n = (b_{n1},\ b_{n2})_{\min}$$

$$A_n = b_n \cdot t$$

여기서, $b_g = b_1 + b_2 - t$ ·························· (12.22)

$g = g' - t$ ·························· (12.23)

(3) 리벳의 개수

$$n = \frac{P_a}{P_R} \quad \cdots\cdots (12.24)$$

여기서, n : 필요로 하는 리벳의 개수(올림에 의하여 결정한다.)

P_a : 강판의 강도

P_R : 리벳의 강도

03 고장력 볼트이음

1. 고장력 볼트이음의 일반사항

(1) 고장력 볼트이음은 마찰이음, 지압이음, 인장이음이 있으며, 마찰이음을 기본으로 한다.
(2) 볼트의 최소 중심간격, 최대 중심간격 및 연단거리는 리벳의 경우와 같다.
(3) 한 이음에서 2개 이상의 고장력 볼트를 사용해야 한다.
(4) 강판의 순단면을 계산할 경우에 사용되는 볼트구멍
① $\phi < 27$mm인 경우 : $d_h = \phi + 2$mm
② $\phi \geq 27$mm인 경우 : $d_h = \phi + 3$mm
(5) 볼트길이는 부재를 충분히 체결할 수 있도록 선택하여야 한다. 그러나 지압이음의 경우 나사부가 전단면에 걸려서는 안 된다.

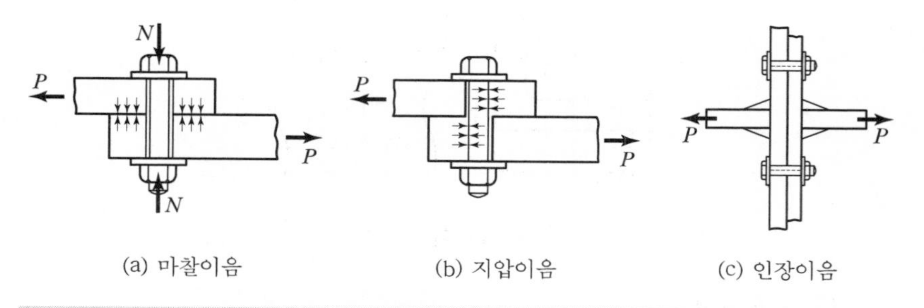

[그림 12-5] 고장력 볼트이음의 종류

참고

고장력 볼트 체결시 임팩트렌치(Impact Wrench)를 사용한다.

2. 고장력 볼트이음의 장점

① 내화력이 리벳이음이나 용접이음보다 크다.
② 소음이 적다.
③ 불량한 부분의 교체가 쉽다.
④ 이음매의 강도가 크다.
⑤ 현장 시공 설비가 간편하다.
⑥ 노동력의 절약과 공사시간을 단축할 수 있으므로 경제적이다.

04 용접이음

1. 용접이음의 장점과 단점

(1) 장점

① 이음부에서 이음판이나 L형강과 같은 강재가 필요 없고 부재를 직접 이을 수 있으므로 재료가 절약되는 동시에 단면이 간단해진다.
② 리벳구멍으로 인한 인장재 단면이 감소되지 않기 때문에 강도의 저하가 없다.
③ 작업의 소음이 적고 경비와 시간이 절약된다.

(2) 단점

① 부분적으로 가열되므로 잔류응력 및 변형이 남게 된다.
② 용접부위의 내부 검사가 간단하지 않다.(X선 검사)
③ 용접부에 응력집중 현상이 발생하기 쉽다.

2. 용접이음의 종류

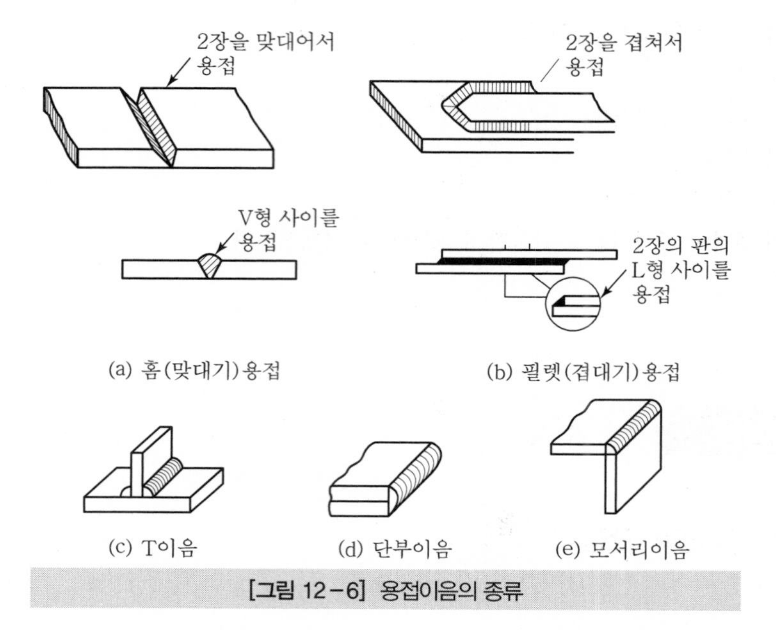

[그림 12-6] 용접이음의 종류

> **참고**
>
> ◈ 용접의 종류
> ① 아크용접
> ② 가스용접
> ③ 전기저항용접

(1) 홈용접

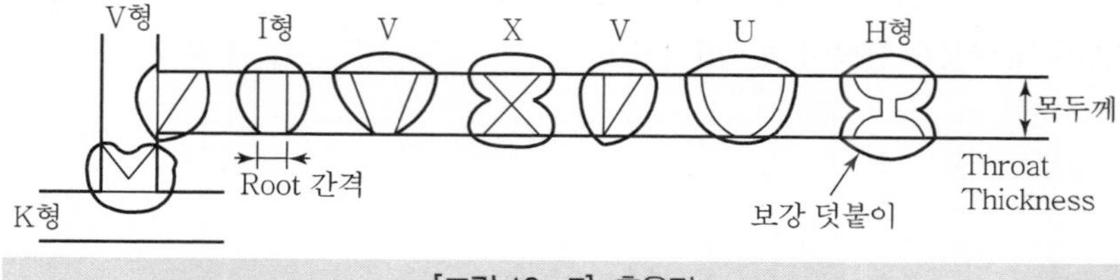

[그림 12-7] 홈용접

① I형 홈용접 : 강판이 얇은 경우 사용되는 용접

② V형 홈용접 : 가장 보편적으로 사용되는 용접

③ X형 홈용접 : 강판이 두꺼운 경우(19mm 이상) 사용되는 용접

(2) 필렛용접

목두께의 방향이 모재의 면과 45° 되게 하는 용접

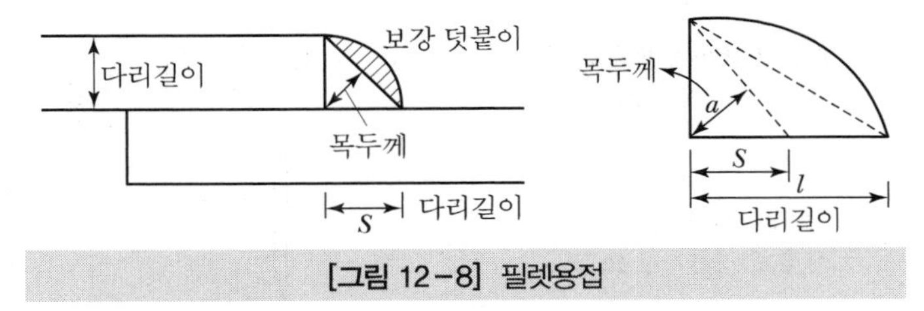

[그림 12-8] 필렛용접

3. 용접이음의 결함 종류

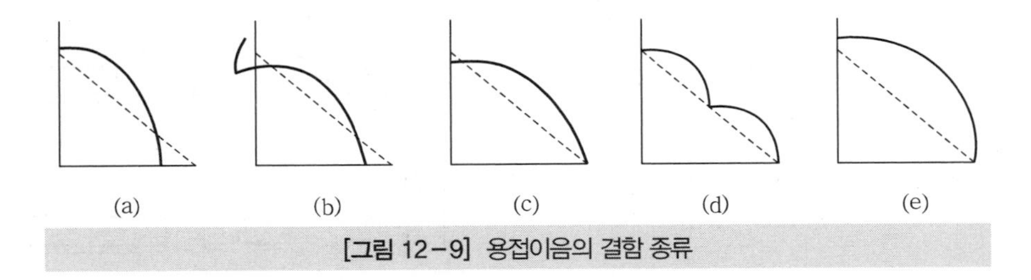

[그림 12-9] 용접이음의 결함 종류

① 오버랩(Over Lap) ([그림 12-9]의 (a) 참고)
② 언더컷(Under Cut) ([그림 12-9]의 (b) 참고)
③ 다리길이 부족([그림 12-9]의 (c) 참고)
④ 용접두께 부족([그림 12-9]의 (d) 참고)
⑤ 보강 덧붙임 과다([그림 12-9]의 (e) 참고)

4. 용접이음의 주의사항

① 용접은 되도록 아래보기 자세로 한다.
② 단면이 서로 다른 중요부재의 홈용접에서 두께 및 폭을 서서히 변화시킬 길이방향의 경사는 1/5 이하로 한다.
③ 응력을 전달하는 겹이음에는 2줄 이상의 필렛용접을 사용하고 얇은 쪽 강판두께의 5배 이상 겹치게 한다.
④ 용접은 열을 될 수 있는 대로 균등하게 분포시킨다.
⑤ 용접은 중심에서 주변을 향해 대칭으로 해나가는 것이 변형을 적게 한다.

5. 용접이음의 기호

용접이음의 종류를 나타내며 설명선에 치수를 기입한다.

[표 12-1] 용접이음의 기호

용접종류		실형도시
V형 홈용접	판두께 19mm, 홈깊이 16mm, 홈각도 60° 루트 간격 2mm의 경우	
	T이음, 뒷덧판사용 홈각도 45° 루트 간격 6.4mm의 경우	
X형 홈용접	홈깊이 화살쪽 16mm, 화살과 반대쪽 9mm, 홈각도 화살쪽 60° 화살과 반대쪽 90°, 루트 간격 3mm의 경우	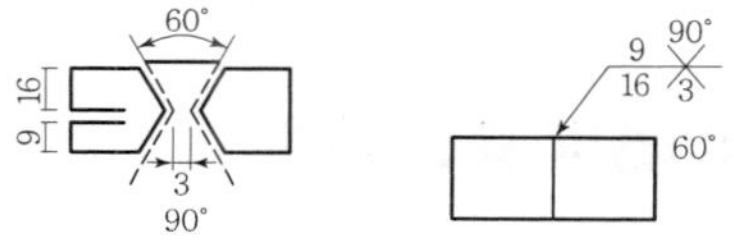
모살 용접	양쪽 다리길이가 틀릴 때	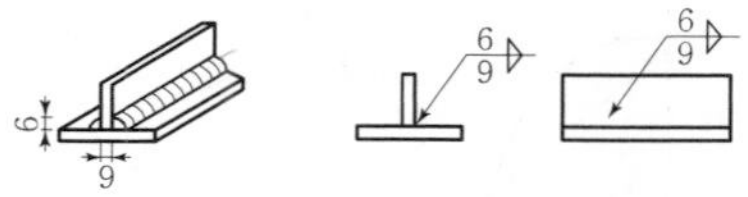
	병렬용접 용접길이 50mm, 피치 150mm의 경우	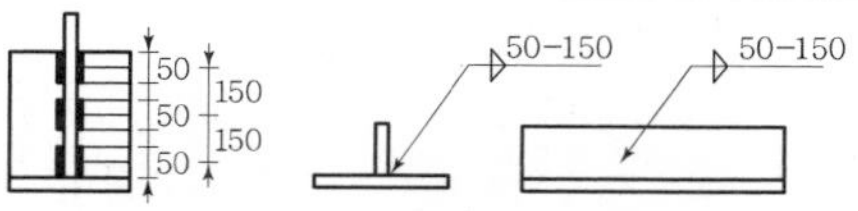
엇모 용접	전면 다리길이 6mm, 후면 다리길이 9mm, 용접길이 50mm, 피치 300mm의 경우	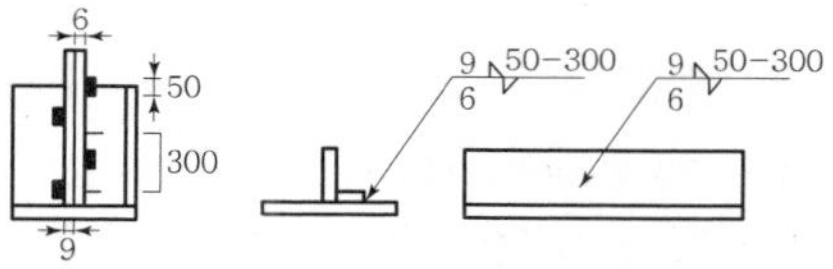

참고

◈ 표 보충

① 위 : 화살표 반대쪽에 용접하는 것을 표시

② 아래 : 화살표 쪽에 용접하는 것을 표시

6. 용접이음부의 응력

(1) 목두께(a)

응력을 전달하는 용접이음부의 유효두께를 목두께라고 한다.

1) 홈용접의 목두께(a)

a=모재의 두께(t)

(두께가 다른 경우 얇은 부재의 두께)

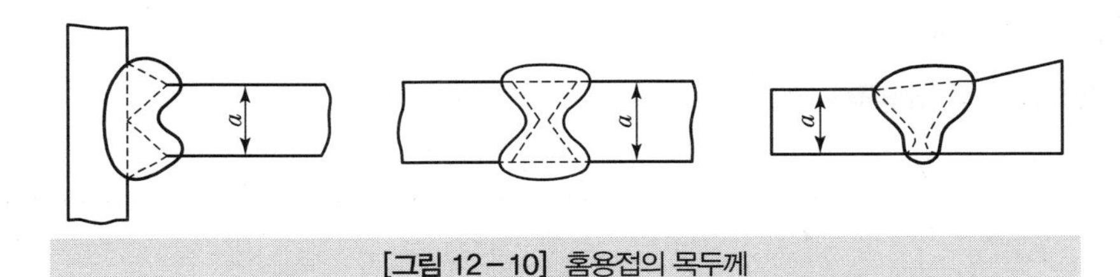

[그림 12-10] 홈용접의 목두께

2) 필렛용접의 목두께(a)

$$a = \frac{\sqrt{2}}{2}s = 0.707s \quad \cdots\cdots (12.25)$$

여기서, s : 모재의 다리길이([그림 12-8] 참고])

(2) 유효길이(l_e)

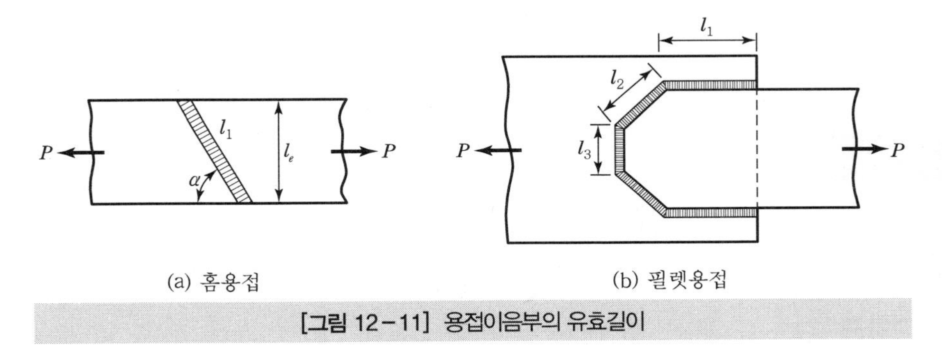

(a) 홈용접 (b) 필렛용접

[그림 12-11] 용접이음부의 유효길이

이론상의 목두께를 갖는 용접이음부의 길이를 유효길이(l_e)라 하며 전단면이 용입 홈용접이고 용접선이 응력방향에 직각이 아닌 경우는 응력 방향에 직각으로 투영시킨 길이를 실제 유효길이로 한다.

1) [그림 12-11] (a)의 경우

$$l_e = l_1 \sin\alpha \quad \cdots\cdots (12.26)$$

2) [그림 12-11]의 (b)경우

$$l_e = 2l_1 + 2l_2 + l_3 \quad \cdots\cdots (12.27)$$

(3) 용접이음부의 응력

1) 인장 또는 압축응력

$$f = \frac{P}{\Sigma al_e} \quad \cdots\cdots (12.28)$$

여기서, f : 용접이음부에 발생하는 인장 또는 압축응력
P : 용접이음부에 작용하는 힘
Σal_e : 용접이음의 유효단면적의 합

2) 전단응력

$$v = \frac{P}{\Sigma al_e} \quad \cdots\cdots (12.29)$$

여기서, v : 용접이음부에 발생하는 전단응력

05 교량

1. 하중

(1) 고정하중

고정하중은 구조물의 자중・부속물과 그곳에 부착된 제반설비, 토피, 포장, 장래의 덧씌우기와 계획된 확폭 등에 의한 모든 예측 가능한 중량을 포함한다. 고정하중을 산출할 때는 [표 12-2]에 나타낸 단위질량을 사용하여야 한다. 다만, 실질량이 명백한 것은 그 값을 사용한다.

[표 12-2] 재료의 단위질량

재료	단위질량(kg/m³)
강재, 주강, 단강	7,850
주철, 주물강재	7,250
알루미늄 합금	2,800
철근콘크리트	2,500
프리스트레스트 콘크리트	2,500
콘크리트	2,350
시멘트 모르타르	2,150
역정재(방수용)	1,100

재료		단위질량(kg/m³)
아스팔트 포장재		2,300
목재	단단한 것	960
	무른 것	800
용수	담수	1,000
	해수	1,025

(2) 차량 활하중

1) 재하차로의 수

① 차량활하중의 재하를 위한 재하차로의 수 N은 식 (12.30)과 같다.

$$N = \frac{W_C}{W_P} \text{의 정수부} \quad \cdots\cdots (12.30)$$

여기서, W_C : 연석, 방호울타리(중앙분리대 포함) 간의 교폭(m)
W_P : 발주자에 의해 정해진 계획차로의 폭(m)

다만, 식 (12.30)에 의한 N이 1이며 W_C가 6.0m 이상인 경우에는 재하차로의 수(N)를 2로 한다.

② 재하차로의 폭 W는 식 (12.31)과 같다.

$$W = \frac{W_C}{N} \leq 3.6\text{m} \quad \cdots\cdots (12.31)$$

③ 교량 바닥판상의 차도가 중앙분리대 등에 의해 물리적으로 두 부분으로 나누어져 있는 경우에는 다음을 따른다.

- 두 부분이 영구적인 시설로 분리되어 있는 경우에는 두 부분의 폭을 각각 고려하여 재하차로의 수와 폭을 정하여야 한다.
- 두 부분이 임시적인 시설로 분리되어 있는 경우에는 전체 차도의 폭을 고려하여 재하차로의 수와 폭을 정하여야 한다.

2) 설계 차량활하중

교량이나 이에 부수되는 일반구조물의 노면에 작용하는 차량활하중('KL−510'으로 명명함)은 표준트럭하중과 표준차로하중으로 이루어져 있다.

이 하중들은 재하차로 내에서 횡방향으로 3,000mm의 폭을 점유하는 것으로 가정한다.

① 표준트럭하중

표준트럭의 중량과 축간거리는 [그림 12-12]와 같다.

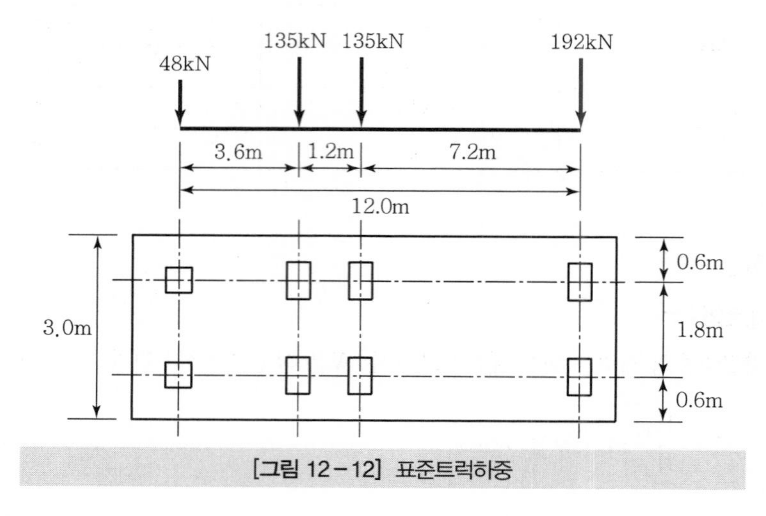

[그림 12-12] 표준트럭하중

② 표준차로하중

표준차로하중은 종방향으로 균등하게 분포된 하중으로 [표 12-3]의 값을 적용한다. 횡방향으로는 3,000mm의 폭으로 균등하게 분포되어 있다. 표준차로하중의 영향에는 충격하중을 적용하지 않는다.

[표 12-3] 표준차로하중

$L \le 60\text{m}$	$\omega = 12.7(\text{kN/m})$
$L > 60\text{m}$	$\omega = 12.7 \times \left(\frac{60}{L}\right)^{0.10}(\text{kN/m})$

여기서, L : 표준차로하중이 재하되는 부분의 지간

(3) 충격하중

1) 일반사항

매설된 부재와 목재 부재에서 허용된 경우를 제외하고 원심력과 제동력 이외의 표준트럭하중에 의한 정적효과는 [표 12-4]에 규정된 충격하중의 비율에 따라 증가시켜야 한다.

정적하중에 적용시켜야 할 충격하중계수는 다음과 같다. (1+IM/100)

충격하중은 보도하중이나 표준차로하중에는 적용되지 않는다.

[표 12-4] 충격하중계수, IM

성분		IM
바닥판 신축이음장치를 제외한 모든 다른 부재	피로한계상태를 제외한 모든 한계상태	25%
	피로한계상태	15%

다음과 같은 경우에는 충격하중을 적용할 필요가 없다.

- 상부구조물로부터 수직반력을 받지 않는 옹벽
- 전체가 지표면 이하인 기초부재

충격하중은 탄성동적응답에서 차량에 의한 진동에 관한 규정에 따라 충분한 증거에 의해 검증될 수 있다면 연결부를 제외한 다른 부재에 대하여 감소시킬 수 있다.

2) 매설된 부재

암거나 매설된 구조물에 대한 충격하중은 백분율로 식 (12.32)와 같다.

$$\text{IM} = 40(1.0 - 4.1 \times 10^{-4} D_E) \geq 0\% \quad \cdots\cdots (12.32)$$

여기서, D_E : 구조물을 덮고 있는 최소 깊이(mm)

3) 목재부재

목교나 교량의 목재부재에 대해서는 [표 12−4]에 제시된 값의 50%로 줄일 수 있다.

2. 교량을 구성하는 부재

(1) 주형

1) 주형의 높이(h)

$$h = 1.1\sqrt{\frac{M}{f_a \cdot t}} \text{ (cm)} \quad \cdots\cdots (12.33)$$

여기서, h : 주형의 높이(cm)
M : 설계 휨모멘트(kgf · cm)
f_a : 허용휨응력(kgf/cm²)
t : 복부의 두께

2) 주형의 경제적인 높이

① 도로교 : $\left(\frac{1}{15} \sim \frac{1}{20}\right)L$

② 철도교 : $\left(\frac{1}{10} \sim \frac{1}{15}\right)L$

3) 플랜지의 단면적(A_f)

$$A_f = \frac{M}{f \cdot h} - \frac{A_{wg}}{6} \text{ (cm}^2\text{)} \quad \cdots\cdots (12.34)$$

여기서, h : 상하 플랜지중심 간의 거리
A_{wg} : 복부판의 총단면적

4) 판형의 휨응력(f)

$$f=\frac{M}{I}y \quad \cdots\cdots (12.35)$$

5) 판형의 전단응력(v)

$$v=\frac{V}{A_{wn}(\text{복부판의 순단면적})} \quad \cdots\cdots (12.36)$$

$$\left[\text{압면보의전단응력},\ v=\frac{V}{A_{wg}(\text{복부판의 총단면적})}\right] \quad \cdots\cdots (12.37)$$

여기서, V : 하중에 의해 단면에 발생하는 전단력

(2) 보강재(Stiffner)

복부의 좌굴방지를 위한 보강재

① 수직 보강재

② 수평 보강재

(3) 브레이싱(Bracing)

① 수직 브레이싱

과대하중의 집중을 완화시키고, 처짐을 억제시킨다.

② 수평 브레이싱

횡하중 및 비틀림에 저항한다.

Item pool
예상문제 및 기출문제

9급 2014년 지방직

01 **강재와 콘크리트 재료를 비교하였을 때, 강재의 특성에 대한 설명으로 옳지 않은 것은?**

① 단위체적당 강도가 크다.

② 재료의 균질성이 뛰어나다.

③ 연성이 크고 소성변형능력이 우수하다.

④ 내식성에는 약하지만 내화성에는 강하다.

해설

내식성에는 강하지만 내화성에는 약하다.

정답 ④

9급 2016년 지방직

02 **구조용 강재에 대한 설명으로 옳지 않은 것은?**

① SS540 강재는 건축구조용 압연강재이다.

② HSB500 강재는 교량구조용 압연강재이다.

③ SM400B 강재는 용접구조용 압연강재이다.

④ SMA570W 강재는 용접구조용 내후성 열간압연강재이다.

해설

SS540 강재는 일반구조용 압연강재이다.

정답 ①

9급 2014년 지방직

03 강재 연결(이음)부 구조에 대한 설명으로 옳지 않은 것은?

① 연속경간에서 볼트이음은 고정하중에 의한 휨모멘트 방향의 변환점 또는 변환점 가까이 있는 곳에 있도록 해야 한다.
② 연결부 구조는 응력을 전달하지 않아야 한다.
③ 가급적 편심이 발생하지 않도록 해야 한다.
④ 가급적 잔류응력이나 응력집중이 없어야 한다.

해설

연결부 구조는 응력 전달이 확실해야 한다.

정답 ②

9급 2009년 서울시

04 강재의 연결에 관한 사항 중 옳지 않은 것은?

① 응력집중이 발생하지 않도록 해야 한다.
② 잔류응력은 최대한 방지하여야 한다.
③ 경우에 따라서 용접과 볼트의 지압이음을 병용할 수 있다.
④ 용접과 리벳을 병용하는 경우에는 용접이 모든 응력을 부담해야 한다.
⑤ 연결은 모재 전 강도의 75% 이상의 강도를 갖도록 해야 한다.

해설

용접과 고장력 볼트의 지압이음을 병용해서는 안 된다.

정답 ③

9급 2012년 지방직

05 도로교설계기준에 규정된 강재의 연결부에서 연결방법을 병용하는 규정으로 옳은 것은?

① 홈용접(groove weld)을 사용한 맞대기이음과 고장력 볼트 마찰이음을 병용해서는 안 된다.
② 응력 방향과 직각을 이루는 필릿용접과 고장력 볼트 마찰이음을 병용하는 경우에는 이들이 각각 응력을 분담하는 것으로 한다.
③ 응력 방향에 평행한 필릿용접과 고장력 볼트 마찰이음을 병용해서는 안 된다.
④ 용접과 고장력 볼트 지압이음을 병용해서는 안 된다.

해설

① 홈용접을 사용한 맞대기이음과 고장력 볼트 마찰이음은 병용할 수 있다.
② 응력 방향과 직각을 이루는 필릿용접과 고장력 볼트 마찰이음을 병용해서는 안 된다.
③ 응력 방향에 평행한 필릿용접과 고장력 볼트 마찰이음은 병용할 수 있다.

정답 ④

9급 2016년 국가직

06 강구조에서 용접과 볼트의 병용에 대한 설명으로 옳지 않은 것은?

① 볼트접합은 원칙적으로 용접과 조합해서 하중을 부담시킬 수 없다. 이러한 경우 볼트가 전체 하중을 부담하는 것으로 한다.

② 볼트가 전단접합인 경우에는 예외적으로 용접과 하중을 분담하는 것이 허용된다.

③ 마찰볼트접합으로 기 시공된 구조물을 개축할 경우 고장력볼트는 기 시공된 하중을 받는 것으로 가정하고 병용되는 용접은 추가된 소요강도를 받는 것으로 용접설계를 병용할 수 있다.

④ 표준구멍과 하중방향에 직각인 단슬롯의 경우 볼트와 하중방향에 평행한 필릿용접이 하중을 각각 분담할 수 있다.

해설

볼트접합은 원칙적으로 용접과 조합해서 하중을 부담시킬 수 없다. 이러한 경우 용접이 전체 하중을 부담하는 것으로 한다.

정답 ①

9급 2016년 서울시

07 도로교 설계기준(2012)에 규정된 용접연결에 대한 설명 중 가장 옳지 않은 것은?

① 용접축에 평행한 압축이나 인장에 대한 필릿용접의 설계강도는 모재의 설계강도를 사용한다.

② 그루브 용접과 필릿용접에는 매칭 용접금속을 사용하여야 한다.

③ 두께가 6mm 이상인 부재의 필릿용접 치수는 계약서에 용접을 전체 목두께만큼 육성하도록 명시되지 않는 한 그 부재 두께보다 2mm 큰 값으로 한다.

④ 필릿용접의 최소유효길이는 용접치수의 4배, 그리고 어떤 경우에도 40mm보다 길어야 한다.

해설

두께가 6mm 이상인 부재의 필릿용접 치수는 계약서에 용접을 전체 목두께만큼 육성하도록 명시되지 않는 한 그 부재 두께보다 2mm 작은 값으로 한다.

정답 ③

9급 2010년 지방직

08 M20(지름 20mm)을 사용한 1면 전단 고장력볼트의 마찰이음 시 강판에 628kN이 작용할 때 볼트의 최소 개수는?(단, 강판의 파괴는 무시하며, 볼트 허용전단응력 $f_{va} = 100\text{MPa}$이고, π는 3.14로 한다.)

① 10개 ② 14개

③ 20개 ④ 24개

해설

1) 볼트의 전단강도(P_v)

$$P_v = v_a \times \left(\frac{\pi d^2}{4}\right) = 100 \times \left(\frac{3.14 \times 20^2}{4}\right) = 31.4 \times 10^3\text{N} = 31.4\text{kN}$$

2) 최소 볼트 수(n)

$$n = \frac{P}{P_v} = \frac{628}{31.4} = 20\text{개}$$

정답 ③

9급 2018년 서울시(1차)

09 <보기>와 같이 볼트의 직경이 4cm이며 mp의 길이가 5cm이고 인장하중 $P = 20\text{kN}$을 받는 볼트의 연결부에서 볼트 $mnpq$ 부분의 지압응력 값은?

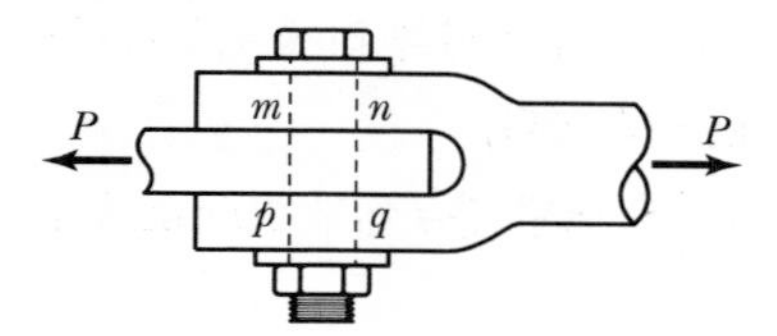

① 1.6kN/cm^2

② 2.35kN/cm^2

③ 1.25kN/cm^2

④ 1kN/cm^2

해설

$$f_b = \frac{P}{\phi t} = \frac{20}{4 \times 5} = 1\text{kN/cm}^2$$

정답 ④

9급 2010년 서울시

10 그림과 같은 리벳이음에서 리벳지름 $d = 20\text{mm}$, 철판두께 $t = 10\text{mm}$, 허용전단응력 $v_a =$ 60MPa, 허용지압응력 $f_b = 150\text{MPa}$ 일 때 이 리벳의 강도는?

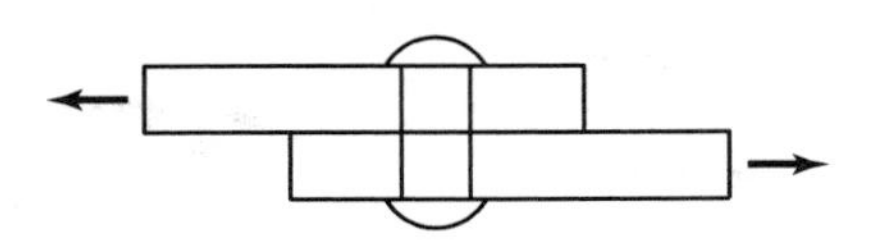

① 30.00kN
② 18.85kN
③ 23.32kN
④ 42.00kN
⑤ 11.20kN

해설

리벳의 강도(P_R)

1) 리벳의 전단강도(P_{RS})

$$P_{RS} = v_a \times \left(\frac{\pi d^2}{4}\right) = 60 \times \left(\frac{\pi \times 20^2}{4}\right) = 18.85 \times 10^3\text{N} = 18.85\text{kN}$$

2) 리벳의 지압강도(P_{Rb})

$$P_{Rb} = f_b \times (dt) = 150 \times (20 \times 10) = 30.0 \times 10^3\text{N} = 30.0\text{kN}$$

3) 리벳의 강도(P_R)

$$P_R = [P_{Rs},\ P_{Rb}]_{\min} = [18.85\text{kN},\ 30.0\text{kN}]_{\min} = 18.85\text{kN}$$

정답 

9급 2009년 국가직

11 **다음 그림과 같은 지압형 연결부에 가할 수 있는 최대 허용인장력[kN]은?(단, M22(B10T) 볼트의 허용전단응력 : 190MPa, SM490Y강재의 허용지압응력 : 360MPa, 볼트는 4개이며 볼트의 간격은 규정을 만족한다고 가정한다.)**

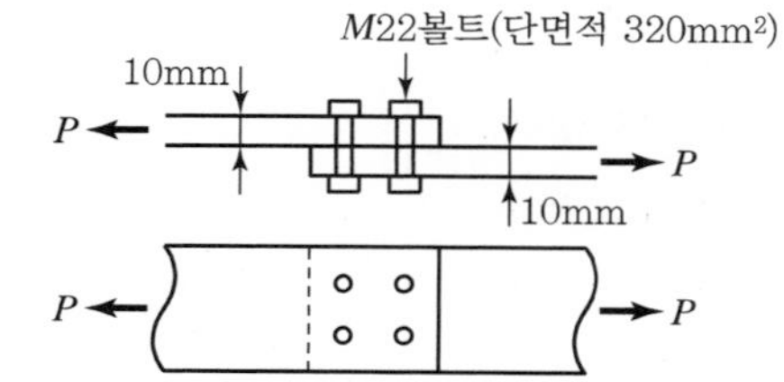

① 233.2

② 243.2

③ 253.2

④ 263.2

해설

1) 볼트의 강도(P_a)

㉠ 볼트의 전단강도(P_v)

$P_v = v_a \times (4A_v) = 190 \times (4 \times 320) = 243.2 \times 10^3 \text{N} = 243.2\text{kN}$

㉡ 볼트의 지압강도(P_b)

$P_b = f_b \times (4A_b) = 360 \times \{4 \times (22 \times 10)\} = 316.8 \times 10^3 \text{N} = 316.8\text{kN}$

㉢ 볼트의 강도(P_a)

$P_a = [P_v,\ P_b]_{\min} = [243.2\text{kN},\ 316.8\text{kN}]_{\min} = 243.2\text{kN}$

2) 최대허용인장력(P)

$P \le P_a = 243.2\text{kN}$

정답 

9급 2017년 국가직

12 그림과 같이 리벳의 직경이 20mm일 때, 이 리벳의 강도[kN]는?(단, 리벳의 허용 전단응력 v_a = 130MPa, 허용 지압응력 f_{ba} = 300MPa이다.)

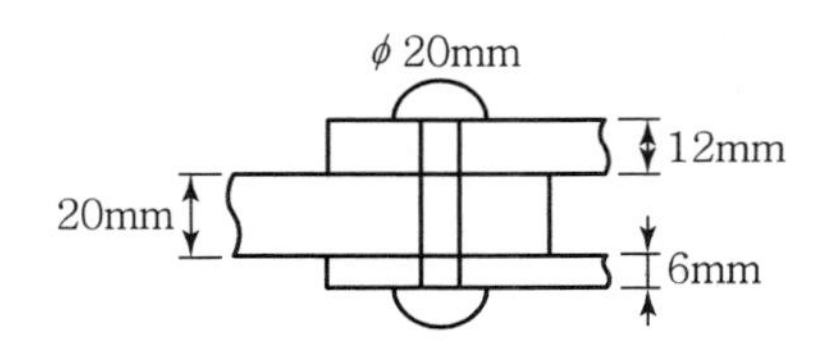

① 26 π

② 52 π

③ 108

④ 216

해설

1. 리벳의 전단강도(P_v)

$$P_v = V_a\left(2 \cdot \frac{\pi\phi^2}{4}\right) = 130 \times \left(2 \times \frac{\pi \times 20^2}{4}\right) = 26\pi \times 10^3\text{N} = 26\pi\text{kN}$$

2. 리벳의 지압강도(P_b)

$$t = [20,\ (12+6)]_{\min} = 18\text{mm}$$

$$P_b = f_{ba}(\phi t) = 300 \times (20 \times 18) = 108 \times 10^3\text{N} = 108\text{kN}$$

3. 리벳의 강도

$$P_a = [P_v,\ P_b]_{\min} = [26\pi\text{kN},\ 108\text{kN}]_{\min} = 26\pi\text{kN}$$

정답 ①

9급 2011년 국가직

13 **그림과 같은 연결에서 볼트가 지지할 수 있는 인장력[kN]은?(단, 허용전단응력 v_{sa} = 200MPa, 허용지압응력 f_{ba} = 300MPa, π = 3으로 계산한다.)**

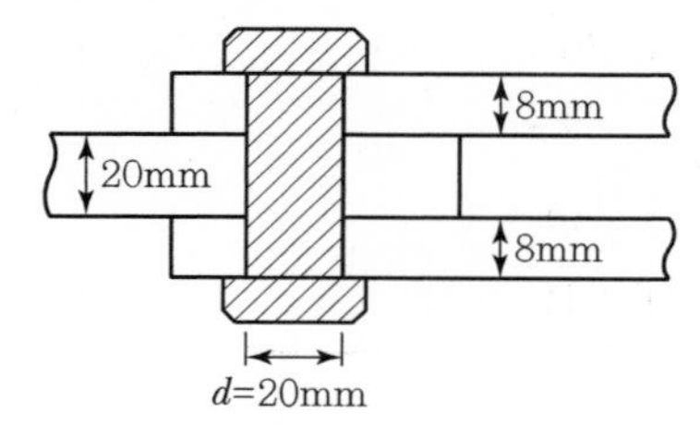

① 64
② 96
③ 120
④ 180

해설

1) 볼트의 강도(P_a)

㉠ 볼트의 전단강도(P_v)

$$P_v = v_{sa} \times \left(2 \times \frac{\pi d^2}{4}\right) = 200 \times \left(2 \times \frac{3 \times 20^2}{4}\right) = 120 \times 10^3\text{N} = 120\text{kN}$$

㉡ 볼트의 지압강도(P_b)

$$t = [20\text{mm},\ (8+8)\text{mm}]_{\min} = 16\text{mm}$$

$$P_b = f_{ba} \times (dt) = 300 \times (20 \times 16) = 96 \times 10^3\text{N} = 96\text{kN}$$

㉢ 볼트의 강도(P_a)

$$P_a = [P_v,\ P_b]_{\min} = [120\text{kN},\ 96\text{kN}]_{\min} = 96\text{kN}$$

2) 최대허용인장력(P)

$$P \le P_a = 96\text{kN}$$

정답 ②

9급 2011년 지방직

14 그림에서 4개의 볼트(직경 20mm)에 가할 수 있는 허용인장력 P[kN]는?(단, 볼트의 허용 전단응력 $v_{sa}=100$MPa, 볼트의 허용지압응력 $f_{ba}=200$MPa, π는 원주율이다.)

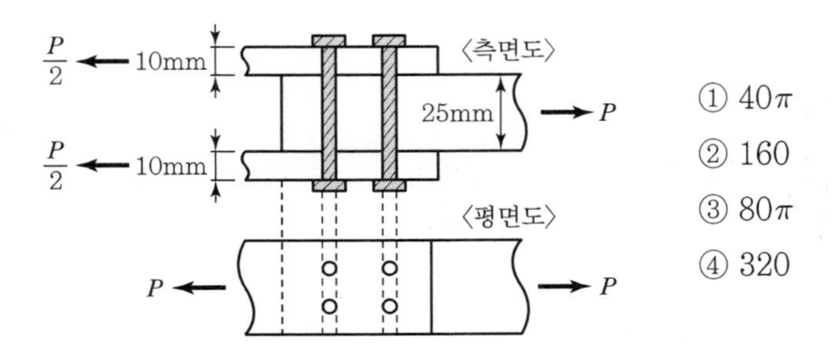

① 40π
② 160
③ 80π
④ 320

해설

1) 볼트의 강도(P_a)

㉠ 볼트의 전단강도(P_v)

$$P_v = v_{sa} \times \left(2 \times 4 \times \frac{\pi d^2}{4}\right) = 100 \times \left(2 \times 4 \times \frac{\pi \times 20^2}{4}\right) = 80\pi \times 10^3\text{N} = 80\pi\,\text{kN}$$

㉡ 볼트의 지압강도(P_b)

$$t = [(10+10)\text{mm},\ 25\text{mm}]_{\min} = 20\text{mm}$$

$$P_b = f_{ba} \times (4 \times dt) = 200 \times (4 \times 20 \times 20) = 320 \times 10^3\text{N} = 320\text{kN}$$

㉢ 볼트의 강도(P_a)

$$P_a = [P_v,\ P_b]_{\min} = [80\pi\,\text{kN},\ 320\text{kN}]_{\min} = 80\pi\,\text{kN}$$

2) 허용 인장력(P)

$$P \le P_a = 80\pi\,\text{kN}$$

정답 ③

9급 2015년 국가직

15 그림과 같은 연결에서 볼트의 강도[kN]는?(단, 계산 시 $\pi=3$, 허용전단응력 $v_{sa}=200$MPa, 허용지압응력 $f_{ba}=300$MPa이다.)

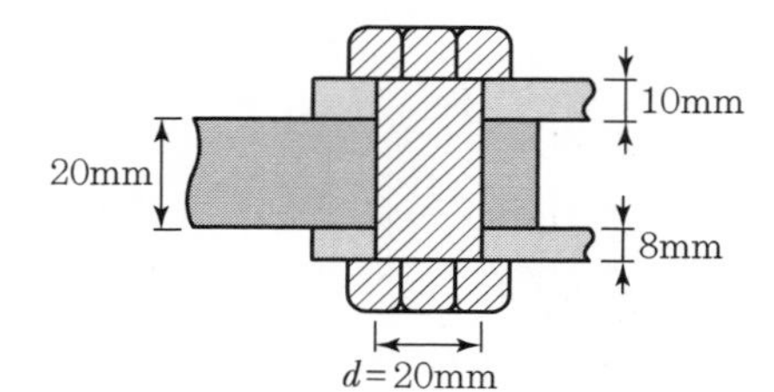

① 87
② 108
③ 120
④ 125

해설

1. 볼트의 전단강도

$$P_v = v_{sa} \times \left(2 \times \frac{\pi d^2}{4}\right) = 200 \times \left(2 \times \frac{3 \times 20^2}{4}\right) = 120 \times 10^3\text{N} = 120\text{kN}$$

2. 볼트의 지압강도

$$t = [20\text{mm},\ (10+8)\text{mm}]_{\min} = 18\text{mm}$$

$$P_b = f_{ba} \times (dt) = 300 \times (20 \times 18) = 108 \times 10^3\text{N} = 108\text{kN}$$

3. 볼트의 강도

$$P_a = [P_v,\ P_b]_{\min} = [120\text{kN},\ 108\text{kN}]_{\min} = 108\text{kN}$$

정답 ②

9급 2018년 서울시(2차)

16 〈보기〉와 같은 리벳이음에서 판이 지압에 의해 파괴되기 위한 판 두께 t는 얼마 이하인가?(단, 직경 $\phi=20$mm, 허용전단응력 $v_a=120$MPa, 허용지압응력 $f_{ba}=300$MPa이다.)

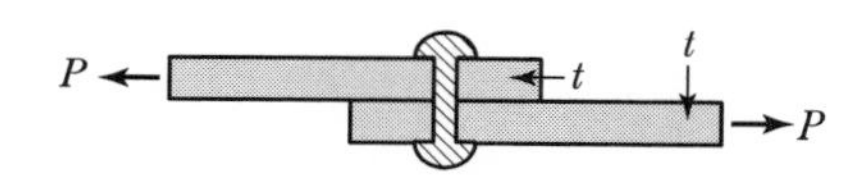

① 6.28mm
② 7.53mm
③ 8.36mm
④ 9.83mm

해설

$$P_v = v_a\left(\frac{\pi\phi^2}{4}\right) \geq P_b = f_{ba}(t\phi)$$

$$t \leq \frac{v_a \phi \pi}{4 f_{ba}} = \frac{120 \times 20 \times \pi}{4 \times 300} = 2\pi = 2 \times 3.14 = 6.28\text{mm}$$

정답 ①

9급 2014년 서울시

17 다음의 그림과 같이 강판을 지름 24mm의 리벳으로 연결할 경우, 이음부의 강도가 복전단 강도로 결정되는 t의 범위는?(단, 허용전단응력 $v_{sa}=$ 200MPa, 허용지압응력 $f_{ba}=$300MPa)

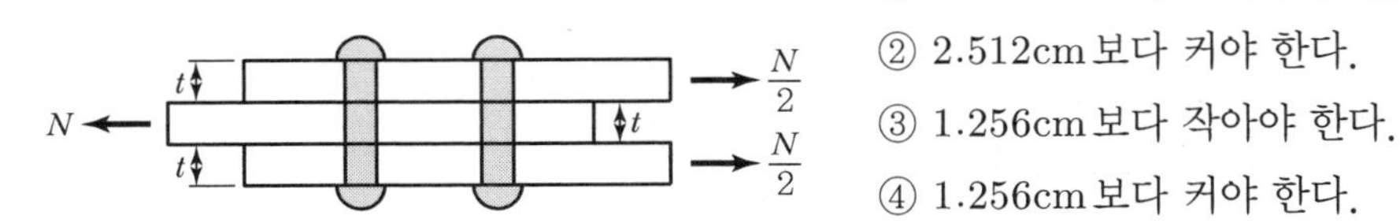

① 2.512cm보다 작아야 한다.
② 2.512cm보다 커야 한다.
③ 1.256cm보다 작아야 한다.
④ 1.256cm보다 커야 한다.
⑤ 0.628cm보다 커야 한다.

해설

$$P_v = v_{sa}\left(2 \cdot \frac{\pi d^2}{4}\right) = 200 \times \left(2 \times \frac{\pi \times 24^2}{4}\right) = 180{,}955.7\text{N}$$

$P_b = f_{ba}(dt) = 300 \times 24 \times t = 7{,}200\text{t}$

$P_b \geq P_v$

$7{,}200\text{t} \geq 180{,}955.7$

$t \geq 25.13\text{mm} = 2.513\text{cm}$

정답 ②

9급 2007년 국가직

18 인장력 600kN이 작용하는 두께 20mm의 강판(SS400)을 지압이음용 고장력볼트(M22 – B8T)를 사용하여 2면전단으로 연결할 때 필요한 최소 볼트 수는?(단, 1면 전단에 대한 볼트 1개당 허용전단력 P_{va} = 55kN, 볼트 1개당 허용지압력 P_{ba} = 105kN)

① 3
② 4
③ 5
④ 6

해설

1) 볼트의 강도(P_a)

㉠ 볼트의 전단강도(P_v) $P_v = 2 \times P_{va} = 2 \times 55 = 110\text{kN}$

㉡ 볼트의 지압강도(P_b) $P_b = P_{ba} = 105\text{kN}$

㉢ 볼트의 강도(P_a) $P_a = [P_v,\ P_b]_{\min} = [110\text{kN},\ 105\text{kN}]_{\min} = 105\text{kN}$

2) 최소 볼트수(n)

$n = \dfrac{P}{P_a} = \dfrac{600}{105} = 5.7 ≒ 6$개(올림에 의하여)

정답 ④

9급 2012년 국가직

19 **다음과 같은 리벳이음에서 필요한 최소 리벳 수[개]는?(단, 리벳의 허용전단응력 $v_{sa} =$ 200MPa, 허용지압응력 $f_{ba} = 240$MPa, 리벳의 직경 $d = 19$mm, 강판의 두께 $t = 12$mm 이다.)**

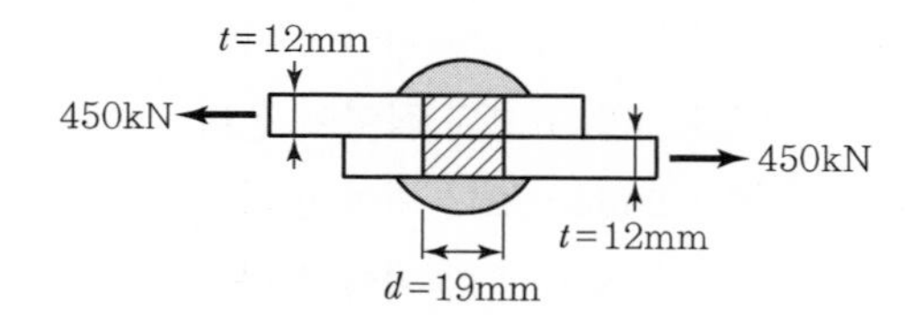

① 7
② 8
③ 9
④ 10

해설

1) 리벳의 강도

㉠ 리벳의 전단강도(P_{Rs}) $P_{Rs} = v_{sa} \times \left(\frac{\pi d^2}{4}\right) = 200 \times \left(\frac{\pi \times 19^2}{4}\right) = 56.7 \times 10^3\text{N} = 56.7\text{kN}$

㉡ 리벳의 지압강도(P_{Rb}) $P_{Rb} = f_{ba} \times (dt) = 240 \times (19 \times 12) = 54.7 \times 10^3\text{N} = 54.7\text{kN}$

㉢ 리벳의 강도(P_R) $P_R = [P_{Rs},\ P_{Rb}]_{\min} = [56.7\text{kN},\ 54.7\text{kN}]_{\min} = 54.7\text{kN}$

2) 최소 리벳 수(n)

$n = \frac{P}{P_R} = \frac{450}{54.7} = 8.2 \fallingdotseq 9$개(올림에 의하여)

정답 ③

9급 2013년 지방직

20 다음 그림과 같이 강판을 리벳(rivet)으로 이음할 경우, 필요한 리벳의 개수 n[개]은?(단, 판 두께 $t_1=8\text{mm}$, $t_2=18\text{mm}$, $t_3=8\text{mm}$, 리벳지름 20mm, 허용전단응력 $v_a=80\text{MPa}$, 허용지압응력 $f_{ba}=140\text{MPa}$이다.)

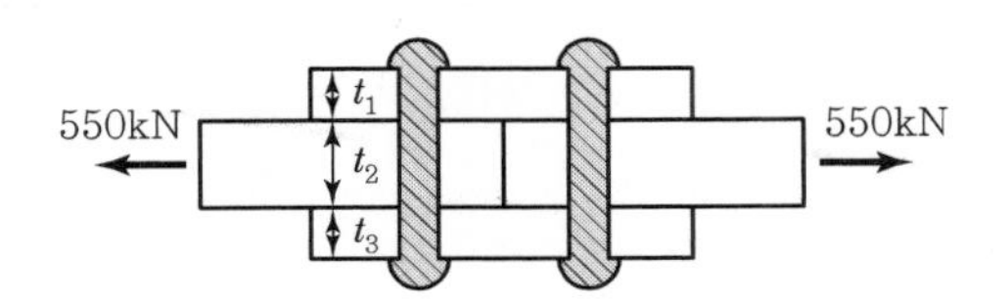

① 10
② 11
③ 12
④ 13

해설

1. 리벳의 전단강도(P_v)

$$P_v=v_a\left(2\cdot\frac{\pi d^2}{4}\right)=80\times\left(2\times\frac{\pi\times 20^2}{4}\right)=50{,}265\text{N}=50.3\text{kN}$$

2. 리벳의 지압강도(P_b)

$$t=[t_2,\ (t_1+t_3)]_{\min}=[18,\ (8+8)]_{\min}=16\text{mm}$$

$$P_b=f_{ba}(dt)=140\times(20\times 16)=44{,}800\text{N}=44.8\text{kN}$$

3. 리벳의 강도(P_a)

$$P_a=[P_v,\ P_b]_{\min}=44.8\text{kN}$$

4. 리벳의 개수(n)

$$n=\frac{P}{P_a}=\frac{550}{44.8}=12.3\approx 13\text{개(올림)}$$

정답 ④

9급 2015년 지방직

21 그림과 같이 설계 축력이 200kN인 고장력 볼트(F10T−M22 볼트) 5개를 이용하여 마찰이음 연결부를 설계할 때, 연결부의 공칭마찰강도[kN]는?(단, 도로교설계기준(한계상태설계법, 2012)에 따라 볼트의 공칭마찰강도는 $R_n = K_h K_s N_s P_t$로 계산하고, K_h는 구멍크기계수, K_s는 표면상태계수, N_s는 볼트 1개당 미끄러짐면의 수, P_t는 볼트의 설계 축력을 나타내며, $K_h = 0.4$, $K_s = 0.6$이다.)

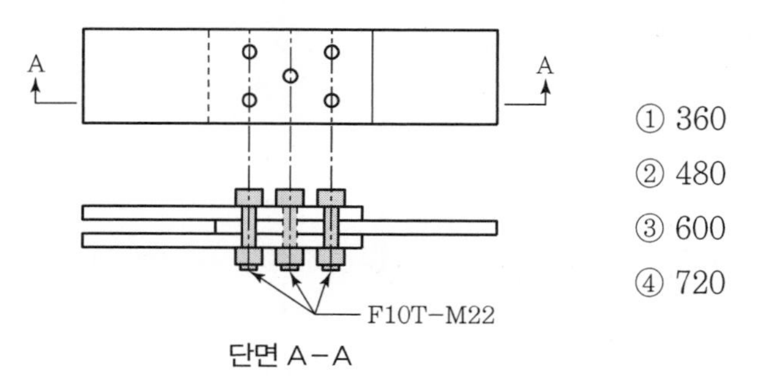

① 360
② 480
③ 600
④ 720

해설

$R_n = K_h K_s N_s P_t = 0.4 \times 0.6 \times (2 \times 5) \times 200 = 480\text{kN}$

정답 ②

9급 2015년 지방직

22 고장력 볼트이음에 대한 설명으로 옳지 않은 것은?

① 고장력 볼트는 너트회전법, 직접인장측정법, 토크관리법 등을 사용하여 규정된 설계볼트장력 이상으로 조여야 한다.
② 고장력 볼트로 연결된 인장부재의 순단면적은 볼트의 단면적을 포함한 전체 단면적으로 한다.
③ 볼트의 최소 및 최대 중심간격, 연단거리 등은 리벳의 경우와 같다.
④ 마찰접합은 고장력 볼트의 강력한 조임력으로 부재 간에 발생하는 마찰력에 의해 응력을 전달하는 접합형식이다.

해설

고장력 볼트로 연결된 인장부재의 순단면적은 연결재의 구멍의 영향을 고려하여 산정한다.

정답 ②

9급 2012년 서울시

23 그림과 같이 인장하중 P를 받는 강판이 볼트(구멍직경 22 mm)로 연결되어 있다. 순단면적을 구하기 위한 순폭은?

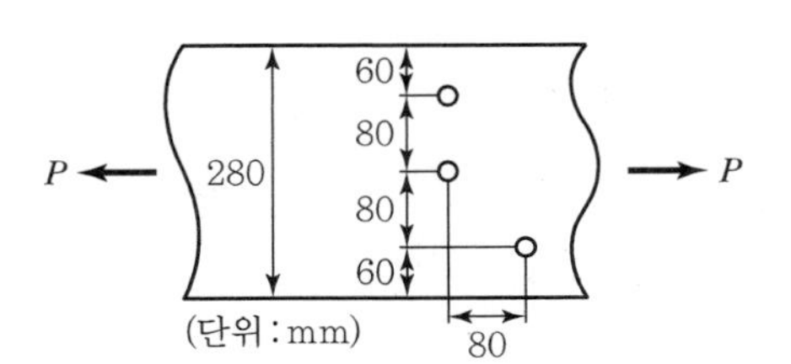

① 214 mm
② 225 mm
③ 234 mm
④ 236 mm
⑤ 235 mm

해설

$d_h = d + 3 = 22\text{mm}$

$b_{n2} = b_g - 2d_h = 280 - 2 \times 22 = 236\text{mm}$

$b_{n3} = b_g - 3d_h + \dfrac{s^2}{4g} = 280 - 3 \times 22 + \dfrac{80^2}{4 \times 80} = 234\text{mm}$

$b_n = [b_{n2},\ b_{n3}]_{\min} = [236\text{mm},\ 234\text{mm}]_{\min} = 234\text{mm}$

정답 ③

9급 2019년 국가직

24 그림과 같이 지그재그로 볼트구멍(지름 $d = 25\text{mm}$)이 있고 인장력 P가 작용하는 판에서 인장응력 검토를 위한 순폭 b_n[mm]은?

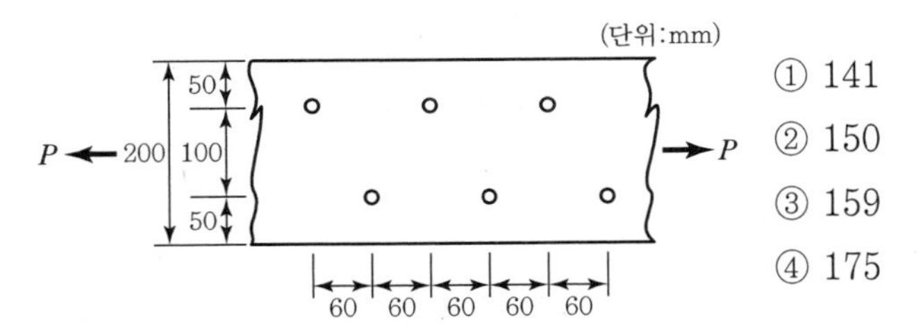

① 141
② 150
③ 159
④ 175

해설

$b_{n1} = b_g - d_h = 200 - 25 = 175\text{mm}$

$b_{n2} = b_g - 2d_h + \dfrac{s^2}{4g} = 200 - 2 \times 25 + \dfrac{60^2}{4 \times 100} = 159\text{mm}$

$b_n = [b_{n1},\ b_{n2}]_{\min} = [175\text{mm},\ 159\text{mm}]_{\min} = 159\text{mm}$

정답 ③

9급 2017년 지방직(1차)

25 그림과 같이 편심이 없는 하중 T를 받는 볼트로 연결된 판이 ABFGHIJ로 파괴되기 위한 p[mm]의 범위는?(단, 연결재 구멍의 직경은 20mm이다.)

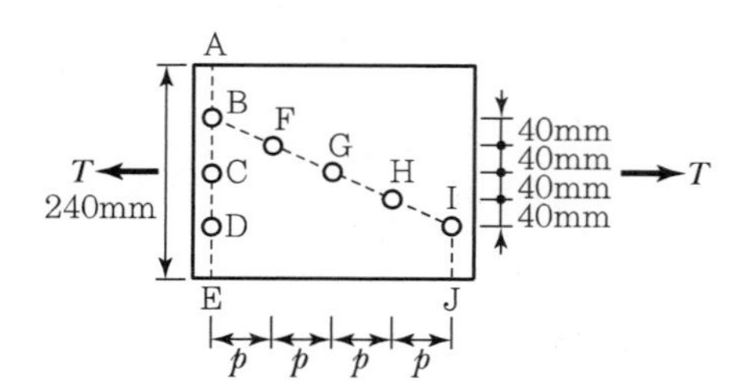

① $30 \leq p < 40$

② $40 \leq p < 50$

③ $70 \leq p < 80$

④ $80 \leq p < 100$

해설

$b_{n3} = b_g - 3d_n$, $b_{n5} = b_g - 5d_h + 4 \cdot \dfrac{p^2}{4g}$

$b_{n5} < b_{n3}$

$b_g - 5d_h + \dfrac{p^2}{g} < b_g - 3d_h$

$p < \sqrt{2d_h g} = \sqrt{2 \times 20 \times 40} = 40\text{mm}$

정답 ①

9급 2013년 서울시

26 그림과 같은 구멍이 뚫린 강판에 인장력이 작용할 때의 순단면적은?(단, 볼트지름 d = 22mm, 구멍의 지름은 볼트지름에 3mm를 더한 지름이다.)

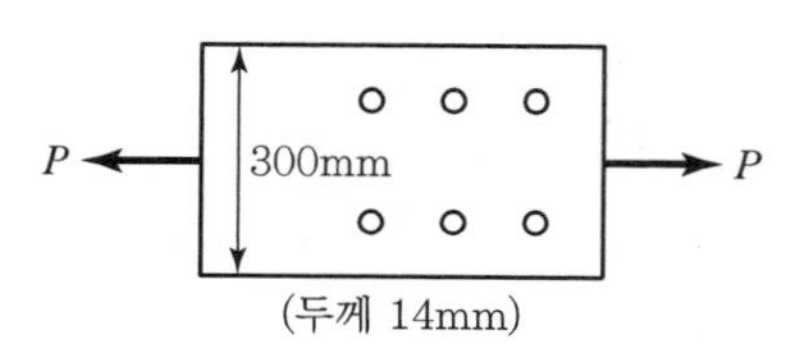

① 35.00cm^2

② 37.00cm^2

③ 35.50cm^2

④ 35.00cm^2

⑤ 35.00cm^2

해설

$d_h = d + 3 = 22 + 3 = 25\text{mm}$

$b_n = b_g - 2d_h = 300 - 2 \times 25 = 250\text{mm}$

$A_n = b_n \cdot t = 250 \times 14 = 3{,}500\text{mm}^2 = 35\text{cm}^2$

정답 ①

9급 2014년 국가직

27 다음 그림과 같이 인장력이 작용하는 강판의 최소 순단면적[mm^2]은?(단, 볼트이음으로 볼트구멍의 지름은 20mm이며, 강판의 두께는 10mm이다.)

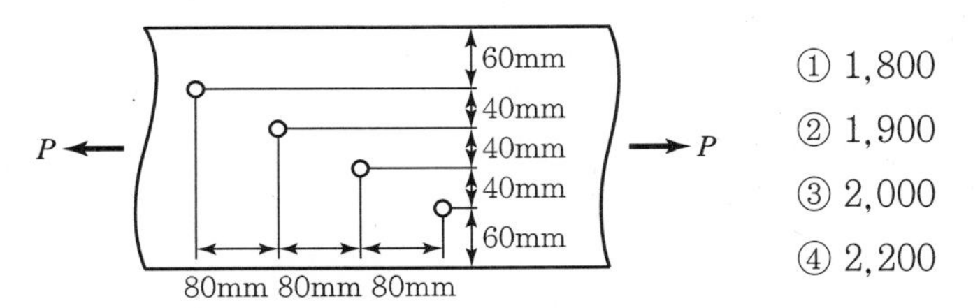

① 1,800
② 1,900
③ 2,000
④ 2,200

해설

$b_{n1} = b_g - d_h = 240 - 20 = 220\text{mm}$

$b_{n2} = b_g - 2d_h + \dfrac{s^2}{4g} = 240 - 2\times 20 + \dfrac{80^2}{4\times 40} = 240\text{mm}$

$b_{n3} = b_g - 3d_h + 2\cdot\dfrac{s^2}{4g} = 240 - 3\times 20 + 2\times\dfrac{80^2}{4\times 40} = 260\text{mm}$

$b_{n4} = b_g - 4d_h + 3\cdot\dfrac{s^2}{4g} = 240 - 4\times 20 + 3\times\dfrac{80^2}{4\times 40} = 280\text{mm}$

$b_n = [b_{n1},\ b_{n2},\ b_{n3},\ b_{n4}]_{\min} = 220\text{mm}$

$A_n = b_n \cdot t = 220\times 10 = 2{,}200\text{mm}^2$

정답 ④

9급 2020년 국가직

28 그림과 같은 볼트구멍이 있는 강판에 인장력 T가 작용할 때, 순단면적[mm^2]은?(단, 볼트구멍의 직경 d = 25 mm, 강판의 두께 t = 10mm이며, KDS 14 31 10을 따른다)

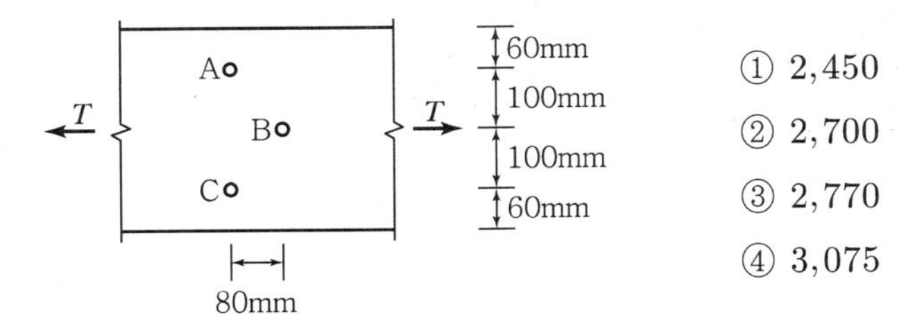

① 2,450
② 2,700
③ 2,770
④ 3,075

해설

$b_{n2} = b_g - 2d_h = 320 - 2\times 25 = 270\text{mm}$

$b_{n3} = b_g - 3d_h + 2\dfrac{S^2}{4g} = 320 - 3\times 25 + 2\times\dfrac{80^2}{4\times 100} = 277\text{mm}$

$b_n = [b_{n1},\ b_{n2}]_{\min} = [270\text{mm},\ 277\text{mm}]_{\min} = 270\text{mm}$

$A_n = b_n \cdot t = 270\times 10 = 2{,}700\text{mm}^2$

정답 ②

9급 2010년 국가직

29 그림과 같이 $t = 5\text{mm}$의 강판에 볼트구멍이 배치된 경우, 순단면적[mm^2]은?(단, 볼트공칭 직경 $\phi = 19\text{mm}$이다.)

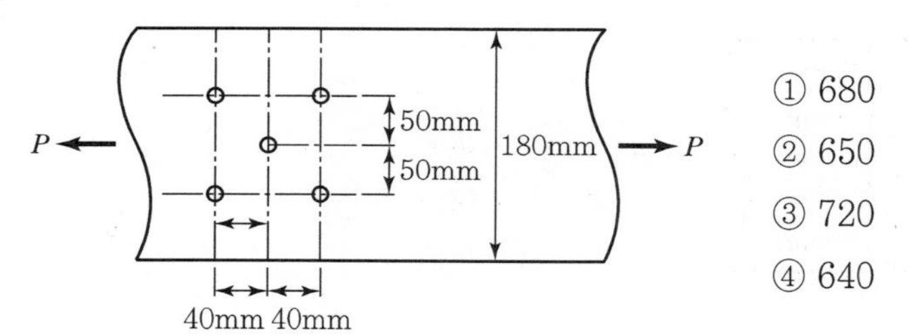

① 680
② 650
③ 720
④ 640

해설

$d_h = \phi + 3 = 19 + 3 = 22\text{mm}$

$b_{n2} = b_g - 2d_h = 180 - 2 \times 22 = 136\text{mm}$

$b_{n3} = b_g - 3d_h + 2\dfrac{s^2}{4g} = 180 - 3 \times 22 + 2 \times \dfrac{40^2}{4 \times 50} = 130\text{mm}$

$b_n = [b_{n2},\ b_{n3}]_{\min} = [136\text{mm},\ 130\text{mm}]_{\min} = 130\text{mm}$

$A_n = b_n t = 130 \times 5 = 650\text{mm}^2$

정답 ②

9급 2018년 국가직

30 그림과 같은 인장재 L형강의 순단면적[mm^2]은?(단, 구멍의 직경은 25mm이고, 설계코드(KDS : 2016)와 도로교설계기준(한계상태설계법) 2015를 적용한다.)

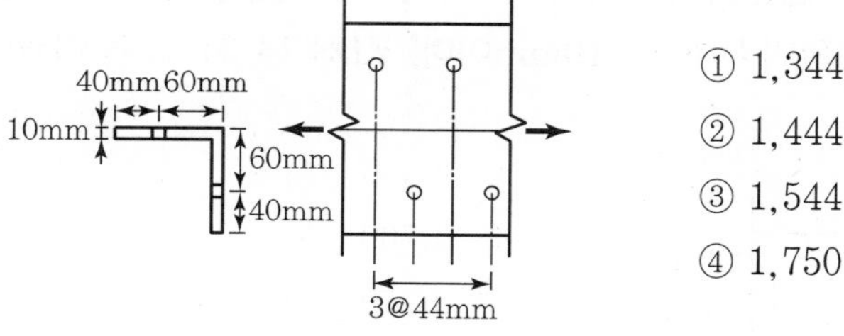

① 1,344
② 1,444
③ 1,544
④ 1,750

해설

$b_g = b_1 + b_2 - t = 100 + 100 - 10 = 190\text{mm}$

$g = g_1 + g_2 - t = 60 + 60 - 10 = 110\text{mm}$

$b_{n1} = b_g + d_h = 190 - 25 = 165\text{mm}$

$b_{n2} = b_g - 2d_h + \dfrac{s^2}{4g} = 190 - 2 \times 25 + \dfrac{44^2}{4 \times 110} = 144.4\text{mm}$

$b_n = [b_{n1},\ b_{n2}]_{\min} = [165\text{mm},\ 144.4\text{mm}]_{\min} = 144.4\text{mm}$

$A_n = b_n \cdot t = 144.4 \times 10 = 1{,}444\text{mm}^2$

정답 ②

9급 2017년 국가직

31 그림과 같이 두께가 10mm인 강판을 리벳으로 연결한 경우 강판이 최대로 허용할 수 있는 인장력 P[kN]는?(단, 강판의 허용인장응력 f_{ta} = 150MPa, 리벳구멍의 지름 = 25mm이다.)

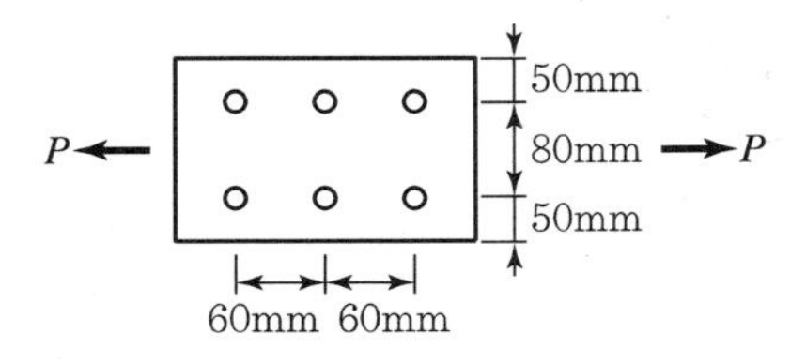

① 135
② 155
③ 175
④ 195

해설

$b_n = b_g - 2d_h = 180 - 2 \times 25 = 130\text{mm}$

$A_n = b_n \cdot t = 130 \times 10 = 1{,}300\text{mm}^2$

$f_{ta} \geq f_t = \dfrac{P}{A_n}$

$P \leq f_{ta} \cdot A_n = 150 \times 1{,}300 = 195 \times 10^3\text{N} = 195\text{kN}$

정답 ④

9급 2011년 지방직

32 그림과 같은 강판(두께 10mm)을 리벳으로 이음할 때 강판의 허용인장력[kN]은?(단, 리벳 구멍의 직경은 20mm이고, 강판의 허용인장응력 f_{ta} = 200MPa이다.)

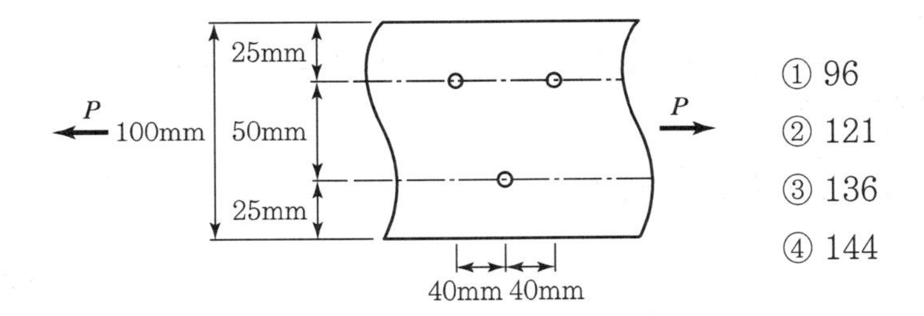

① 96
② 121
③ 136
④ 144

해설

$d_h = d + 3 = 20\text{mm}$

$b_{n1} = b_g - d_h = 100 - 20 = 80\text{mm}$

$b_{n2} = b_g - 2d_h + \dfrac{s^2}{4g} = 100 - 2 \times 20 + \dfrac{40^2}{4 \times 50} = 68\text{mm}$

$b_n = [b_{n1},\ b_{n2}]_{\min} = [80\text{mm},\ 68\text{mm}]_{\min} = 68\text{mm}$

$A_n = b_n \times t = 68 \times 10 = 680\text{mm}^2$

$P_a = f_{ta} \times A_n = 200 \times 680 = 136 \times 10^3\text{N} = 136\text{kN}$

정답 ③

9급 2009년 국가직

33 그림과 같은 용입홈용접에서 목두께 표시가 옳은 것은?

㉠
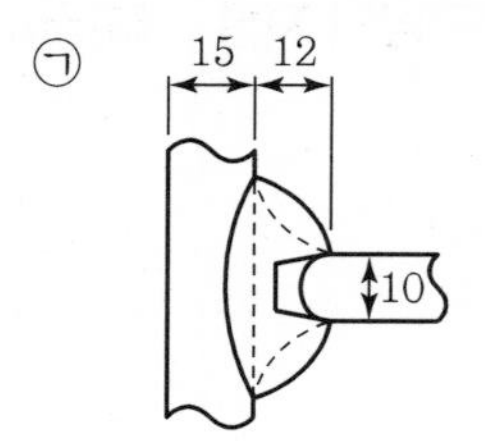

㉡
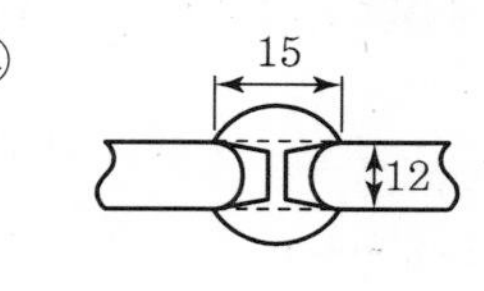

㉢
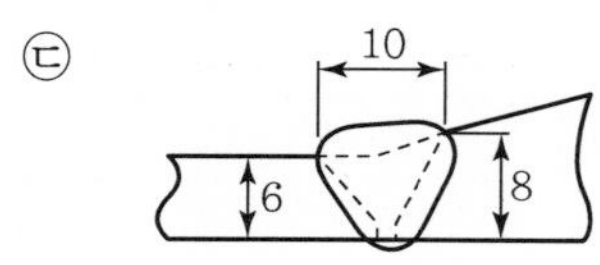

㉣
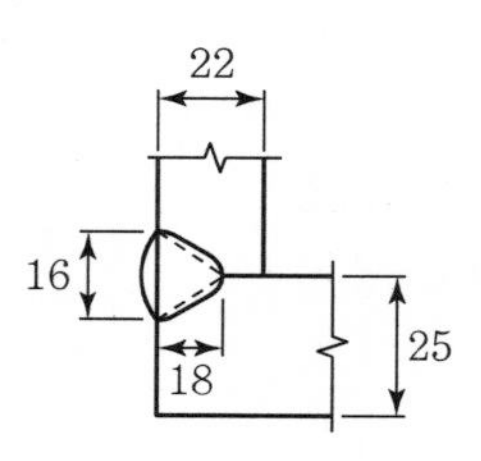

	㉠	㉡	㉢	㉣
①	12	15	10	18
②	15	12	8	25
③	10	12	6	18
④	12	12	6	16

해설

용입홈용접에서 목두께(a)

1) 전단면 용입홈용접 : 목두께(a)는 두께가 서로 다른 경우 얇은 부재의 두께로 한다.
   ㉠ $a=10$, ㉡ $a=12$, ㉢ $a=6$

2) 부분 용입홈용접 : 목두께(a)는 용입깊이로 한다.
   ㉣ $a=18$

정답 ③

9급 2013년 국가직

34 다음과 같은 맞대기 용접부에 발생하는 인장응력[MPa]은?

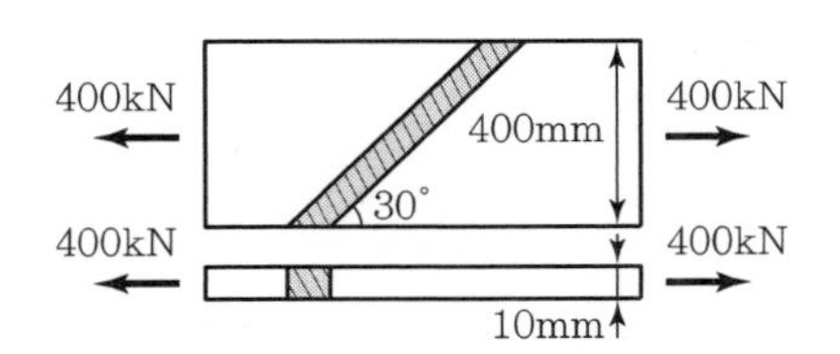

① 100
② 150
③ 200
④ 300

해설

$$f=\frac{P}{A}=\frac{(400\times10^3)}{10\times400}=100\text{N/mm}^2=100\text{MPa}$$

정답 ①

9급 2011년 서울시

35 다음 그림과 같이 전단력(P) 600kN 이 작용하는 부재를 용접이음할 때 생기는 전단응력은?

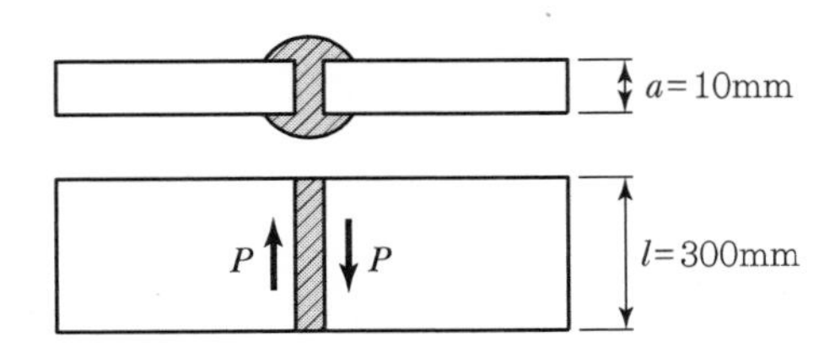

① 100MPa
② 150MPa
③ 200MPa
④ 250MPa
⑤ 300MPa

해설

$$v=\frac{P}{A}=\frac{(600\times10^3)}{10\times300}=200\text{N/mm}^2=200\text{MPa}$$

정답 ③

9급 2016년 지방직

36 그림과 같이 폭과 두께가 일정한 강재를 완전용입용접으로 연결하였을 때 용접부에 작용하는 응력[MPa]은?(단, l = 300mm, t = 10mm이다.)

㉠

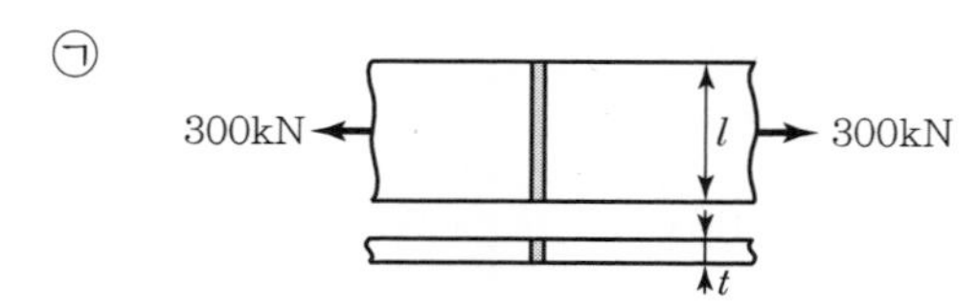

㉡

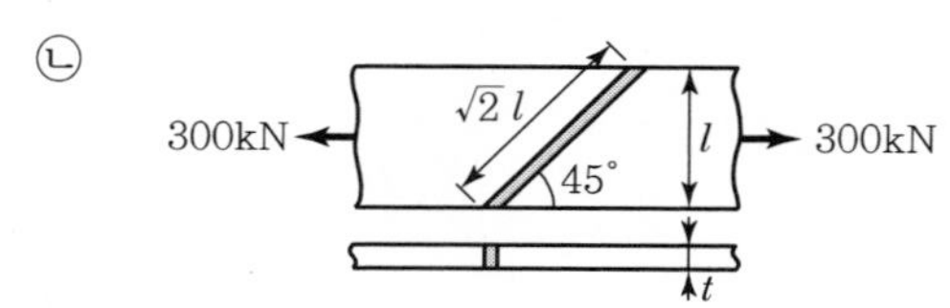

㉢

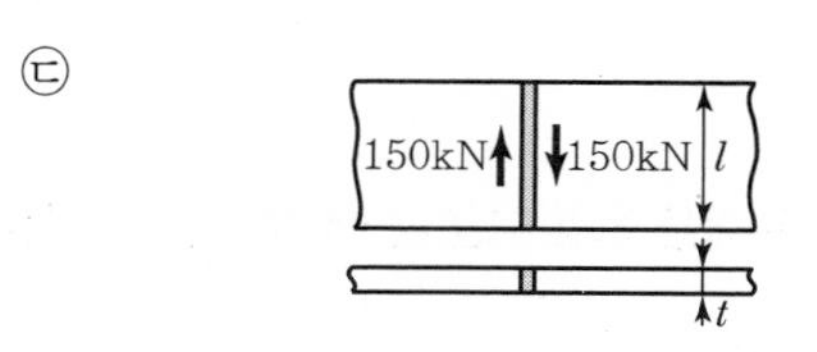

	㉠	㉡	㉢
①	100	100	100
②	100	141	100
③	100	141	50
④	100	100	50

해설

㉠ $f=\dfrac{P}{A}=\dfrac{(300\times10^3)}{300\times10}=100\,\text{MPa}$

㉡ $f=\dfrac{P}{A}=\dfrac{(300\times10^3)}{300\times10}=100\,\text{MPa}$

㉢ $v=\dfrac{P}{A}=\dfrac{(150\times10^3)}{300\times10}=50\,\text{MPa}$

정답 ④

9급 2012년 국가직

37 필릿용접에서 인장력 $P=120\text{kN}$이고, 용접목두께 $a=6\,\text{mm}$이며, 용접유효길이 $L=2\text{m}$일 때, 용접부에 발생하는 응력[MPa]은?

① 10 ② 12 ③ 14 ④ 16

해설

$v=\dfrac{P}{\Sigma al}=\dfrac{(120\times10^3)}{6\times(2\times10^3)}=10\text{N/mm}^2=10\text{MPa}$

정답 ①

9급 2010년 국가직

38 필릿용접 이음이 그림과 같은 경우 용접부에 발생하는 전단응력[MPa]은?

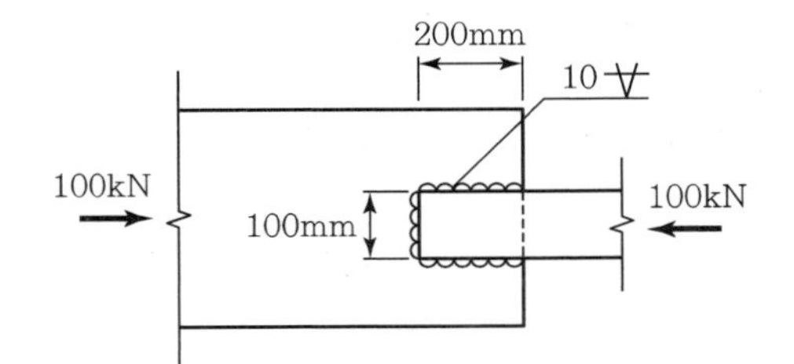

① 20
② $20\sqrt{2}$
③ $25\sqrt{2}$
④ 25

해설

$$a=\frac{s}{\sqrt{2}}=\frac{10}{\sqrt{2}}=5\sqrt{2}\,\text{mm}$$

$$v=\frac{P}{\Sigma al}=\frac{(100\times10^3)}{5\sqrt{2}\,(2\times200+100)}=20\sqrt{2}\,\text{N/mm}^2=20\sqrt{2}\,\text{MPa}$$

정답 ②

9급 2017년 지방직(1차)

39 그림과 같은 필릿용접부의 전단응력[MPa]은?

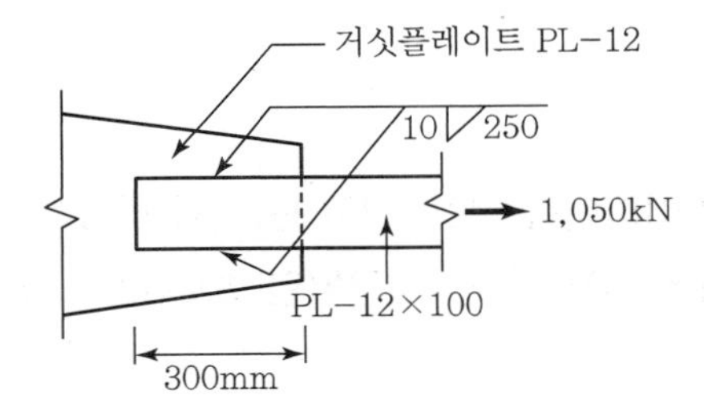

① 250
② 300
③ 325
④ 350

해설

$$a=0.7s=0.7\times10=7\text{mm}$$

$$v=\frac{P}{\Sigma al}=\frac{(1{,}050\times10^3)}{7\times(2\times250)}=300\text{N/mm}^2=300\text{MPa}$$

정답 ②

9급 2016년 국가직

40 그림과 같은 유효길이를 갖는 필릿용접부가 받을 수 있는 인장력 P[N]는?(단, 필릿용접의 허용전단응력 v_a = 80MPa이다.)

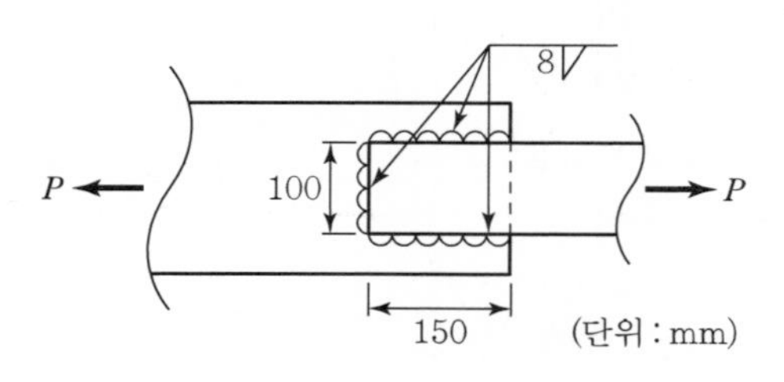

① $P=80\times\frac{8}{\sqrt{2}}\times(150\times 2)$

② $P=80\times\frac{8}{\sqrt{2}}\times(150\times 2+100)$

③ $P=80\times 8\times(150\times 2)$

④ $P=80\times 8\times(150\times 2+100)$

해설

$a=\frac{S}{\sqrt{2}}=\frac{8}{\sqrt{2}}\text{(mm)}$

$\Sigma l=(150\times 2+100)\text{(mm)}$

$v_a \geq v=\frac{P}{\Sigma al}$

$P\leq v_a\cdot(\Sigma al)=80\times\frac{8}{\sqrt{2}}\times(150\times 2+100)\text{(N)}$

정답 ②

9급 2009년 지방직

41 그림과 같이 두께가 동일한 강판을 공장에서 겹침이음 필릿(Fillet)용접을 하였다. 용접치수 s = 10mm 일 때, 용접부의 허용하중 P[kN]에 가장 가까운 값은?(단, SM400 강재를 사용하고 용접부 허용응력은 80MPa 이다.)

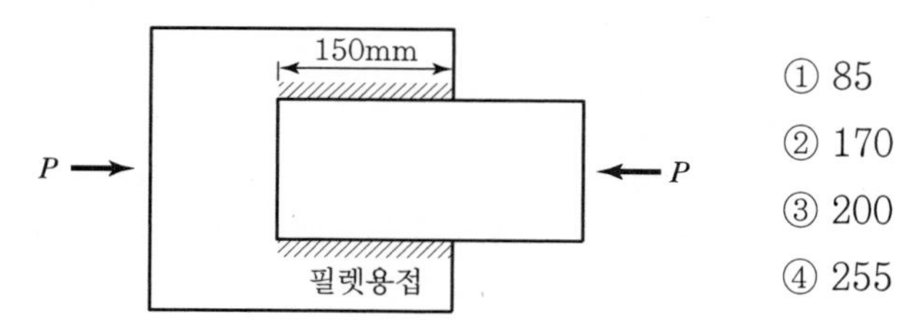

① 85

② 170

③ 200

④ 255

해설

$v_a=\frac{P_a}{\Sigma al}$

$P_a=v_a(\Sigma al)=80\times\{(0.707\times 10)\times(2\times 150)\}=170\times 10^3\text{N}=170\text{kN}$

정답 ②

9급 2013년 지방직

42 다음 그림과 같이 필릿용접을 하였을 때, 이 연결구조가 지지할 수 있는 최대허용하중 P_{max} [kN]는?(단, 허용인장응력 $f_{ta}=140\text{MPa}$, 용접부 허용응력 $v_a=80\text{MPa}$이며 현장용접에 따른 강도 저감은 없다.)

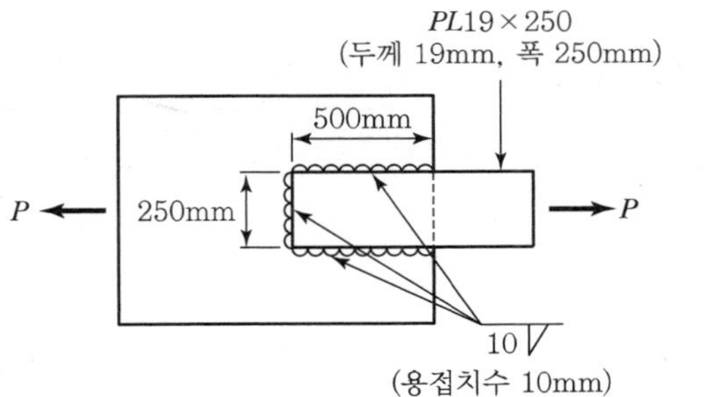

① 660

② 665

③ 700

④ 707

해설

1. 필릿 용접부의 허용하중($P_{a,v}$)

$$P_{a,v}=v_a(\Sigma al)$$
$$=80\times\{(0.707\times10)\times(2\times500+250)\}$$
$$=707\times10^3\text{N}=707\text{kN}$$

2. 강판의 허용하중($P_{a,t}$)

$$P_{a,t}=f_{ta}(bt)$$
$$=140\times(250\times19)$$
$$=665\times10^3\text{N}=665\text{kN}$$

3. 최대 허용하중(P_{max})

$$P_{max}=[P_{a,v},\ P_{a,t}]_{min}=665\text{kN}$$

정답 ②

9급 2019년 지방직

43 12mm 두께의 강판과 10mm 두께의 강판을 필릿용접할 때 요구되는 최소 용접치수[mm]는?(단, KDS(2016) 설계기준을 적용한다.)

① 4 ② 6 ③ 10 ④ 12

해설

1. 필릿용접의 최소치수(mm) [강구조 설계기준(하중저항계수 설계법), 2016]

접합부의 얇은 쪽 소재 두께(t)	필릿용접의 최소치수($s_{\min}$)
$t < 6$	2
$6 \le t < 13$	5
$13 \le t < 20$	6
$20 \le t$	8

하중저항계수 설계법에 따르면, 접합부의 얇은 쪽 소재 두께가 $t = 10\text{mm}$이므로 필릿용접의 최소치수는 $s_{\min} = 5\text{mm}$이다.

2. 필릿용접의 최소치수(mm) [강구조 설계기준(허용응력 설계법), 2016]

접합부의 두꺼운 쪽 소재 두께(t)	필릿용접의 최소치수($s_{\min}$)
$t < 6$	3
$6 \le t < 12$	5
$12 \le t < 20$	6
$20 \le t$	8

허용응력 설계법에 따르면, 접합부의 두꺼운 쪽 소재 두께가 $t = 12\text{mm}$이므로 필릿용접의 최소치수는 $s_{\min} = 6\text{mm}$이다.

정답 정답 없음

9급 2017년 지방직(1차)

44 하중저항계수설계법을 적용한 강구조설계기준(2014)에서 기술하고 있는 강도저항계수에 대한 설명으로 옳지 않은 것은?

① 인장재의 총단면의 항복에 대한 강도저항계수 $\phi_t = 0.90$을 적용한다.

② 인장재의 유효순단면의 파괴에 대한 강도저항계수 $\phi_t = 0.85$를 적용한다.

③ 중심축 압축력을 받는 압축부재의 강도저항계수 $\phi_c = 0.90$을 적용한다.

④ 비틀림이 발생하지 않은 휨부재의 강도저항계수 $\phi_b = 0.90$을 적용한다.

해설

하중저항계수법을 적용한 강구조설계기준(2014)에서 인장재의 유효순단면의 파괴에 대한 강도저항계수 $\phi_t = 0.75$를 적용한다.

정답 ②

9급 2018년 국가직

45 **축방향 인장을 받는 부재 및 이음재의 설계에 대한 설명으로 옳지 않은 것은?(단, 설계코드(KDS : 2016)와 도로교설계기준(한계상태설계법) 2015를 적용한다.)**

① 축방향 인장을 받는 부재의 강도는 전단면 파단을 고려하여 결정한다.
② 인장부재는 세장비 규정과 피로에 관한 규정을 만족해야 하며, 연결부 끝부분에서 블록전단강도에 관한 검토를 해야 한다.
③ 축방향 인장력과 휨모멘트를 동시에 받아 순압축응력이 작용하는 플랜지는 국부좌굴에 대한 검토가 필요하다.
④ 아이바, 봉강, 케이블 및 판을 제외한 인장부재에서 교번응력을 받지 않는 인장 주부재의 최대 세장비는 200이다.

해설

축방향 인장을 받는 부재 및 이음재는 전단면 항복 및 순단면 파단을 검토해야 한다.

정답 ①

9급 2019년 국가직

46 **접합부에서, 한쪽 방향으로는 인장파단, 다른 방향으로는 전단항복 혹은 전단파단이 발생하는 한계상태는?(단, 2011년도 강구조 설계기준을 적용한다.)**

① 전단면 파단
② 블록전단파단
③ 순단면 항복
④ 전단면 항복

해설

접합부에서 전단 파괴선 방향으로 전단파단 또는 전단항복, 이에 직각방향으로 인장파단이 발생하는 한계상태는 블록전단파단 한계상태이다.

정답 ②

9급 2018년 지방직

47 그림과 같이 거싯플레이트에 항복강도 $f_y = 200\text{MPa}$, 인장강도 $f_u = 400\text{MPa}$, 두께가 10mm인 인장부재가 연결되어 있다. 하중저항계수설계법으로 계산할 때, 굵은 점선을 따라 발생되는 설계블록전단파단강도[kN]는?(단, 인장응력은 균일하며, 강도저항계수는 0.75, 연결재의 볼트구멍 직경은 20mm, 설계코드(KDS : 2016)와 2016년도 강구조설계기준을 적용한다.)

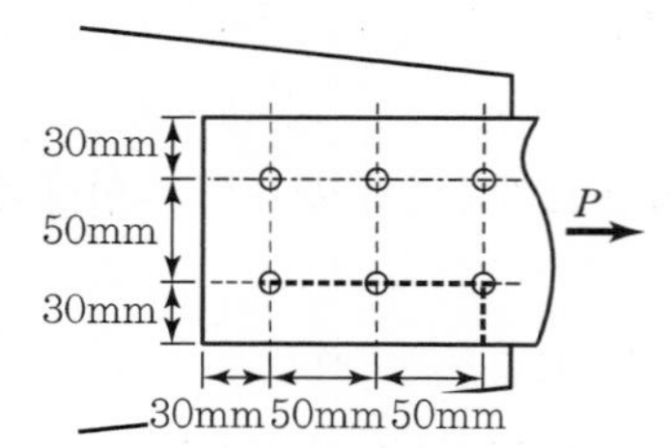

① 150
② 177
③ 200
④ 223

해설

1. 인장파단강도(R_{nt})

$$A_{nt} = \left(30 - \frac{20}{2}\right) \times 10 = 200\text{mm}^2$$

$$R_{nt} = F_u \cdot A_{nt} = 400 \times 200 = 80 \times 10^3\text{N} = 80\text{kN}$$

2. 전단강도(R_{nv})

1) 전단파단강도

$$A_{nv} = \left(130 - 2 \times 20 - \frac{20}{2}\right) \times 10 = 800\text{mm}^2$$

$$0.6F_uA_{nv} = 0.6 \times 400 \times 800 = 192 \times 10^3\text{N} = 192\text{kN}$$

2) 전단항복강도

$$A_{gv} = 130 \times 10 = 1{,}300\text{mm}^2$$

$$0.6F_y \cdot A_{gv} = 0.6 \times 200 \times 1{,}300 = 156 \times 10^3\text{N} = 156\text{kN}$$

3) 전단강도

$$R_{nv} = [0.6F_uA_{nv},\ 0.6F_yA_{gv}]_{\min} = 156\text{kN}$$

3. 블록전단파단강도(R_d)

$$R_d = \phi R_n = \phi[R_{nt} + R_{nv}] = 0.75[80 + 156] = 177\text{kN}$$

정답 ②

9급 2020년 국가직

48 필릿용접에 대한 설명으로 옳지 않은 것은?(단, KDS 14 31 25를 따른다)

① 유효면적은 유효길이에 유효목두께를 곱한 것으로 한다.

② 유효길이는 필릿용접의 총길이에서 용접치수의 3배를 공제한 값으로 한다.

③ 유효목두께는 용접치수의 0.7배로 한다.

④ 단속 필릿용접의 한 세그먼트 길이는 용접치수의 4배 이상이며 최소 40mm이어야 한다.

해설

필릿용접의 유효길이는 필릿용접의 총길이에서 용접치수의 2배를 공제한 값으로 한다.

9급 2012년 지방직

49 하중저항계수설계법에 의하여 그림과 같은 필릿용접부의 설계강도[kN]는?(단, 항복강도 $F_y = 250\text{MPa}$, 허용전단응력 $F_v = 80\text{MPa}$이다.)

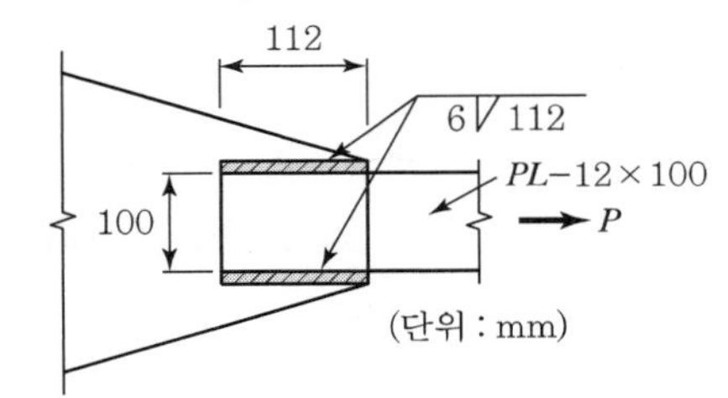

① 75.2

② 113.4

③ 126.0

④ 162.0

해설

F_w(용접부 공칭강도)$= 0.6F_y = 0.6 \times 250 = 150\text{MPa}$

A_w(용접부 유효면적)$= \Sigma a l_e = (0.7s) \times \{2 \times (l - 2s)\}$

$= (0.7 \times 6) \times \{2 \times (112 - 2 \times 6)\} = 840\text{mm}^2$

R_d(용접부 설계강도)$= \phi R_w = \phi(F_w A_w)$

$= 0.9(150 \times 840) = 113.4 \times 10^3\text{N} = 113.4\text{kN}$

9급 2018년 국가직

50 연석 간의 교폭이 9m, 발주자에 의해 정해진 계획차로의 폭이 9m일 때, 차량활하중의 재하를 위한 재하차로의 수 N은?(단, 설계코드(KDS : 2016)와 도로교설계기준(한계상태설계법) 2015를 적용한다.)

① 1　　② 2

③ 3　　④ 4

해설

$$N=\frac{W_C}{W_P}=\frac{9}{9}=1$$

여기서, N : 재하차로의 수

W_C : 연석, 방호울타리(중앙분리대 포함) 간의 교폭(m)

W_P : 발주자에 의해 정해진 계획차로의 폭(m)

N이 '1'이며 W_C가 6m 이상인 경우에는 재하차로의 수(N)를 '2'로 한다.

정답 ②

9급 2009년 국가직

51 우리나라 도로교 설계 시 적용하는 표준트럭에 관한 그림이다. 옳은 것은?(단위 : m)

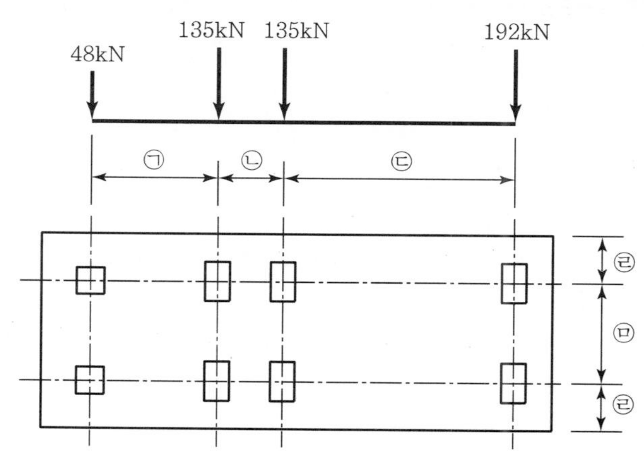

	㉠	㉡	㉢	㉣	㉤
①	3.6	3.6	7.2	0.3	2.4
②	3.6	1.2	7.2	0.6	1.8
③	3.6	3.6	7.2	0.6	2.4
④	3.6	1.2	7.2	0.3	1.8

정답 ②

9급 2008년 국가직

52 도로교에서 지간이 10m이며 극한한계상태에 대한 검토를 수행할 경우 충격계수(IM)는 얼마인가?(단, 부재에 신축이음 장치는 없다.)

① 10% ② 15%

③ 20% ④ 25%

해설

충격계수(IM)

성분		IM
바닥판 신축이음장치를 제외한 모든 다른 부재	피로한계상태를 제외한 모든 한계상태	25%
	피로한계상태	15%

정답 ④

9급 2011년 서울시

53 다음 중 강재 보로 사용하기에 가장 효율이 좋은 단면은?(단, 단면적은 모두 같다.)

① 주축방향 휨을 받는 정사각형 단면
② 약축방향 휨을 받는 L형 단면
③ 강축방향 휨을 받는 H형 단면
④ 강축방향 휨을 받는 T형 단면
⑤ 강축방향 휨을 받는 직사각형 단면

해설

강재보로 사용하기에 가장 효율이 좋은 단면은 강축방향 휨을 받는 H형 단면이다.

정답 ③

9급 2010년 서울시

54 강교량에 대한 설명 중 옳지 않은 것은?

① 강교량은 상부구조물의 재료로 강재를 사용한 교량을 말한다.
② H형 강거더교는 제작이 단순하고 경제적이다.
③ 플레이트거더교는 구조가 단순하지만 유지관리가 어렵다.
④ 박스거더교는 비틀림강성이 커서 활하중 편심재하시 역학적으로 효율성이 좋다.
⑤ 박스거더교는 플레이트거더교에 비해 플랜지폭을 크게 할 수 있어 휨모멘트에 대해 효과적이다.

해설

플레이트거더교는 구조가 단순하고, 유지관리도 쉬운 편이다.

정답 ③

9급 2015년 서울시

55 다음 그림과 같은 플레이트 거더의 각부 명칭을 옳게 짝지은 것은?

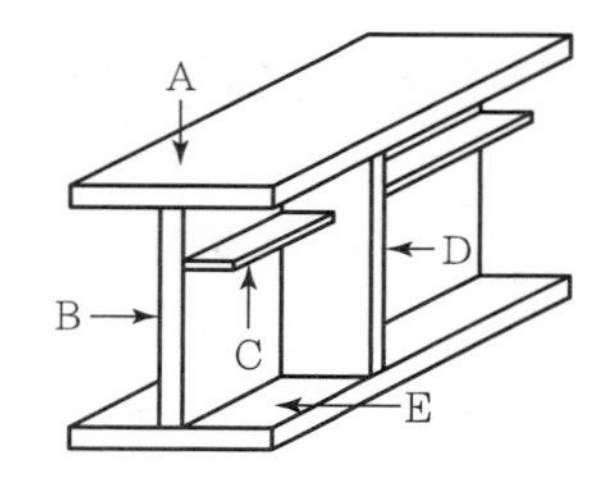

① A=상부플랜지, B=브레이싱, C=수직보강재, D=수평보강재, E=하부플랜지
② A=상부플랜지, B=브레이싱, C=수평보강재, D=수직보강재, E=하부플랜지
③ A=상부플랜지, B=복부판, C=브레이싱, D=수직보강재, E=하부플랜지
④ A=상부플랜지, B=복부판, C=수평보강재, D=수직보강재, E=하부플랜지

해설

A : 상부플랜지, B : 복부판, C : 수평보강재, D : 수직보강재, E : 하부플랜지

정답 ④

9급 2013년 서울시

56 그림과 같은 플레이트 거더교는 상부플랜지, 하부플랜지 및 복부판으로 구성되는 3개의 주형을 가로보로 연결한 것이다. 플레이트 거더교에서 상부구조의 가로보가 하는 역할로 옳은 것은?

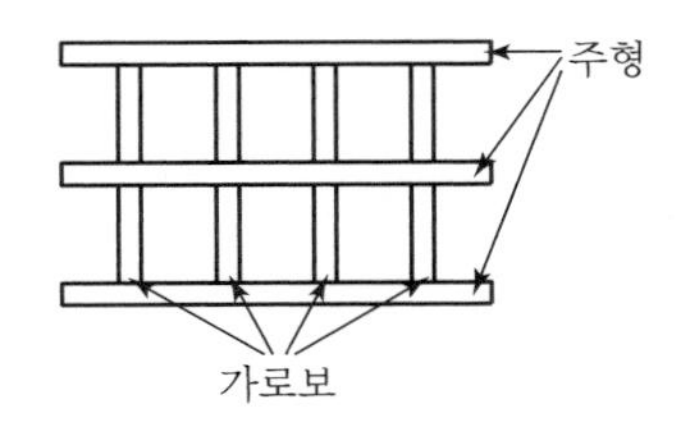

① 복부판의 전단강도를 증가한다.
② 주형에 작용하는 하중을 분배한다.
③ 주형의 횡비틀림좌굴강도에 영향을 준다.
④ 상부플랜지의 휨과 좌굴저항성이 증가한다.
⑤ 하부플랜지의 휨과 좌굴저항성이 증가한다.

해설

가로보는 한쪽 주형에 작용하는 하중을 다른 주형에 분배하는 역할과 주형의 반력을 하부구조에 안전하게 전달하는 역할을 한다.

정답 ②

9급 2011년 국가직

57 플레이트 거더의 보강재에 대한 설명으로 옳지 않은 것은?

① 수직보강재의 폭은 복부판 높이의 1/30에, 50 mm를 가산한 것보다 크게 잡는 것이 좋다.
② 수직보강재의 간격은 지점부에서 복부판 높이의 2.0배 이하, 그 밖에는 2.5배 이하까지 허용되지만, 일반적으로 복부판 높이보다 작게 선택한다.
③ 수평보강재와 수직보강재는 복부판의 같은 쪽에 붙일 필요는 없지만 같은 쪽에 붙일 경우 수평보강재는 수직보강재 사이에서 되도록 폭을 넓혀 붙인다.
④ 수평보강재를 1단 설치하는 경우 압축플랜지에서 $0.2h$(h는 복부판 높이) 부근, 2단 설치하는 경우에는 $0.14h$와 $0.36h$ 부근에 설치하는 것을 원칙으로 한다.

해설

수직보강재의 간격은 지점부에서 복부판 높이의 1.5배 이하, 그 밖에는 3.0배 이하까지 허용되지만, 일반적으로 복부판 높이보다 작게 선택한다.

정답 ②

9급 2009년 지방직

58 I－형강을 길이 6.5m인 교량의 수평 인장브레이싱으로 사용할 때 세장비(λ)는?(단, I－200×150×9×16 : $A=50\text{cm}^2$, $I_x=5{,}000\text{cm}^4$, $I_y=1{,}250\text{cm}^4$이다.)

① 65　　② 130

③ 150　　④ 170

해설

$r_{\min}=\sqrt{\dfrac{I_{\min}}{A}}=\sqrt{\dfrac{1{,}250}{50}}=5\text{cm}$,　$\lambda=\dfrac{l}{r_{\min}}=\dfrac{(6.5\times10^2)}{5}=130$

정답 ②

9급 2014년 지방직

59 H형강을 사용하여 길이가 5m인 기둥을 설계할 때 세장비(λ)는?(단, 기둥은 양단이 힌지로 지지되고, H형강 강축의 단면2차모멘트 $I_{xx}=20{,}000\text{cm}^4$, 약축의 단면2차모멘트 $I_{yy}=8{,}100\text{cm}^4$이며, 면적 $A=100\text{cm}^2$이다.)

① 45.5　　② 55.6

③ 66.7　　④ 81.0

해설

$r_{\min}=\sqrt{\dfrac{I_{\min}}{A}}=\sqrt{\dfrac{8{,}100}{100}}=9\text{cm}$,　$\lambda_e=\dfrac{k\cdot l}{r_{\min}}=\dfrac{1\times500}{9}=55.6$

정답 ②

9급 2018년 국가직

60 H형강을 사용하여 길이가 4m이고 양단이 고정인 기둥을 설계할 때, 유효좌굴길이에 대한 세장비(λ)는?(단, H형강의 단면적은 $1\times10^3\text{mm}^2$이고, 강축의 단면2차모멘트는 $1\times10^7\text{mm}^4$, 약축의 단면2차모멘트는 $6.4\times10^6\text{mm}^4$이다.)

① 20　　② 25

③ 40　　④ 50

해설

$k=0.5$(양단 고정인 경우)

$r_{\min}=\sqrt{\dfrac{I_{\min}}{A}}=\sqrt{\dfrac{6.4\times10^6}{10^3}}=80\text{mm}$

$\lambda_e=\dfrac{l_e}{r_{\min}}=\dfrac{k\cdot l}{r_{\min}}=\dfrac{0.5\times(4\times10^3)}{80}=25$

정답 ②

9급 2018년 서울시(1차)

61 〈보기〉와 같이 H형 단면 압축재의 중간 위치에 약축(y축)에 대한 지지대가 설치되어 있을 때, 압축부재의 설계강도를 계산하기 위해 사용되는 세장비 $\frac{kl}{r}$은?(단, 부재 내 강축(x축) 방향으로 중간지지(intermediate bracing)는 없고, H형 단면에 대하여 $r_x = 120\text{mm}$, $r_y = 50\text{mm}$이다.)

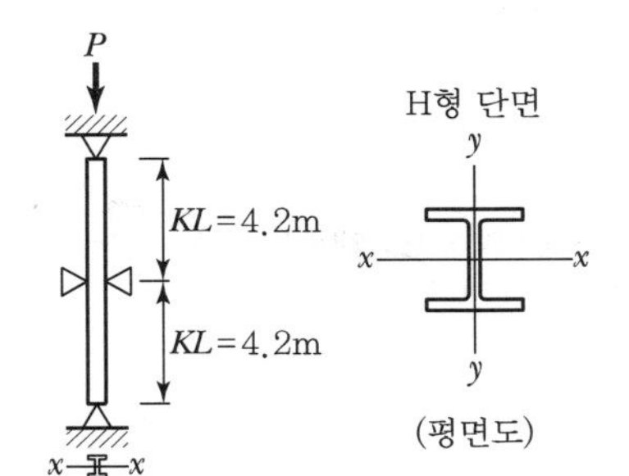

① 140
② 70
③ 168
④ 84

해설

$$\lambda_x = \frac{k_x l_x}{r_x} = \frac{8.4 \times 10^3}{120} = 70$$

$$\lambda_y = \frac{k_y l_y}{r_y} = \frac{4.2 \times 10^3}{50} = 84$$

$$\lambda = [\lambda_x, \ \lambda_y]_{max} = 84$$

정답 ④

9급 2015년 지방직

62 양단이 고정되어 있는 길이 5m의 H형강(300 × 300 × 10 × 15)을 사용한 기둥의 오일러 좌굴하중[kN]은?(단, $\pi^2 = 10$으로 가정하고, H형강의 강축 및 약축의 단면2차모멘트 $I_{xx} = 2 \times 10^8 \text{mm}^4$, $I_{yy} = 5 \times 10^7 \text{mm}^4$, 탄성계수 $E = 2.0 \times 10^5$MPa이다.)

① 16,000　　② 18,000

③ 20,000　　④ 22,000

해설

$k = 0.5$(양단 고정인 경우)

$$P_{cr} = \frac{\pi^2 EI_{\min}}{(kl)^2} = \frac{10 \times (2 \times 10^5) \times (5 \times 10^7)}{(0.5 \times 5{,}000)^2} = 16{,}000 \times 10^3 \text{N} = 16{,}000 \text{kN}$$

정답 ①

9급 2013년 국가직

63 다음 중 강구조물의 구조적 거동 특성으로 옳지 않은 것은?

① 강구조물은 박판보강 부재나 요소의 세장성에 따른 각종 좌굴 파괴모드가 구조내력을 지배한다.

② 강구조물은 특히 교량의 손상이나 파손의 대부분은 보강재나 연결부의 불량 접합부나 연결부에서 시작한다.

③ 강구조물의 경우 연결 상세부위에서의 피로파손으로 인한 피로균열의 성장에 따른 피로파괴가 강구조물의 붕괴를 촉발하는 원인이 되기도 한다.

④ 강구조물은 극심한 기후환경하에서도 충분한 내구성을 확보하고 있기 때문에 장기간에 걸쳐 유지관리가 불필요하며 비교적 취성파괴에 강한 거동 특성을 지니고 있다.

해설

강구조물은 연성파괴에 강한 거동 특성을 지니고 있다.

정답 ④

9급 2018년 지방직

64 **내진설계기준의 기본개념에 대한 설명으로 옳지 않은 것은?(단, 2010년도 도로교설계기준과 2016년도 도로교설계기준(한계상태설계법)을 적용한다.)**

① 설계기준은 제주도를 제외한 남한 전역에 적용될 수 있다.

② 지진 시 교량 부재들의 부분적인 피해는 허용하나 전체적인 붕괴는 방지한다.

③ 지진 시 가능한 한 교량의 기본 기능은 발휘할 수 있게 한다.

④ 교량의 정상수명 기간 내에 설계지진력이 발생할 가능성은 희박하다.

해설

내진설계의 기본개념(도로교설계기준(2016년))

(1) 인명피해를 최소화한다.

(2) 지진 시 교량 부재들의 부분적인 피해는 허용하나 전체적인 붕괴는 방지한다.

(3) 지진 시 가능한 한 교량의 기본 기능은 발휘할 수 있게 한다.

(4) 교량의 정상수명 기간 내에 설계 지진력이 발생할 가능성은 희박하다.

(5) 설계기준은 남한 전역에 적용될 수 있다.

(6) 이 규정을 따르지 않더라도 창의력을 발휘하여 보다 발전된 설계를 할 경우에는 이를 인정한다.

9급 2012년 지방직

65 **현행 도로교설계기준에 제시된 도로교 내진설계의 기본개념에 부합하지 않는 것은?**

① 지진 시 인명피해를 최소화한다.

② 지진 시 교량의 기본 기능은 가능한 한 발휘할 수 있게 한다.

③ 지진 시 교량의 전체적인 붕괴뿐만 아니라 부재들의 부분적인 피해도 방지한다.

④ 창의력을 발휘하여 보다 발전된 설계를 할 경우에는 이를 인정한다.

지진 시 교량의 전체적인 붕괴는 방지하지만 부재들의 부분적인 피해는 허용한다.

9급 2014년 서울시

66 **우리나라 내진설계기준의 기본개념에 해당하지 않는 것은?**

① 인명피해를 최소화한다.
② 지진 시 교량 부재들의 부분적 피해는 방지한다.
③ 지진 시 가능한 한 교량의 기본 기능은 발휘할 수 있게 한다.
④ 교량의 정상수명 기간 내에 설계지진력이 발생할 가능성은 희박하다.
⑤ 설계기준은 남한 전역에 적용될 수 있다.

해설

지진 시 교량의 전체적인 붕괴는 방지하지만 부재들의 부분적인 피해는 허용한다.

정답 ②

9급 2014년 서울시

67 **우리나라의 지진재해도 해석결과에 근거한 지진구역에서의 평균재현주기 500년에 해당되는 암반상 지진지반운동의 세기를 나타내는 계수는?**

① 가속도계수
② 지진구역계수
③ 위험도계수
④ 응답수정계수
⑤ 지반계수

정답 ②

9급 2017년 서울시

68 **제주도 지역에 위치하는 교량 설계 시 적용하여야 할 지진구역 계수(재현주기 500년)는? (단, 「도로교설계기준(2016)」을 적용한다.)**

① 0.07
② 0.10
③ 0.11
④ 0.15

해설

1) 지진구역 구분

지진구역	행정구역	
I	시	서울, 인천, 대전, 부산, 대구, 울산, 광주, 세종
	도	경기, 충북, 충남, 경북, 경남, 전북, 전남, 강원 남부
II	도	강원 북부, 제주

2) 지진구역 계수(재현주기 500년에 해당)

지진구역	I	II
구역계수	0.11	0.07

정답 ①

9급 2019년 지방직

69 KDS(2016) 설계기준에서 제시된 교량 내진설계에 관한 내용 중에서 옳지 않은 것은?

① 위험도계수 I는 평균재현주기가 1,000년인 지진의 유효수평지반가속도 S를 기준으로 평균재현주기가 다른 지진의 유효수평지반가속도의 상대적 비율을 의미한다.

② 교량의 지진하중을 결정하는 데 사용되는 지반계수는 지반상태가 탄성지진응답계수에 미치는 영향을 반영하기 위한 보정계수이다.

③ 교량의 내진등급은 중요도에 따라 내진특등급, 내진I등급, 내진II등급으로 분류하며 지방도의 교량은 내진I등급이다.

④ 교량이 위치할 부지에 대한 지진지반운동의 유효수평지반가속도 S는 지진구역계수 Z에 각 평균재현주기의 위험도계수 I를 곱하여 결정한다.

해설

위험도계수 I는 평균재현주기가 500년인 지진의 유효수평지반가속도 S를 기준으로 평균재현주기가 다른 지진의 유효수평지반가속도의 상대적 비율을 의미한다.

정답 ①

9급 2016년 지방직

70 우리나라 고속도로, 자동차전용도로, 특별시도, 광역시도 또는 일반국도상 교량의 내진등급은?(단, 2010년도 도로교설계기준을 적용한다.)

① 내진 I등급 ② 내진 II등급

③ 내진 III등급 ④ 내진 IV등급

해설

도로교의 내진등급

내진등급	교량
내진 특등급	내진 I 등급 중에서 국방, 방재상 매우 중요한 교량 또는 지진 피해 시 사회경제적으로 영향이 매우 큰 교량
내진 I 등급	• 고속도로, 자동차 전용도로, 특별시도, 광역시도 또는 일반국도상의 교량 및 이들 도로 위를 횡단하는 교량 • 지방도, 시도 및 군도 중 지역의 방재계획상 필요한 도로에 건설된 교량 및 이들 도로 위를 횡단하는 교량 • 해당 도로의 일일계획교통량을 기준으로 판단했을 때 중요한 교량
내진 II등급	내진 특등급 및 내진 I 등급에 속하지 않는 교량

정답 ①

9급 2015년 서울시

71 도로교 내진설계 시 설계변위에 대한 설명으로 옳지 않은 것은?

① 최소받침지지길이는 모든 거더의 단부에서 확보하여야 한다.

② 최소받침지지길이의 확보가 어렵거나 낙교방지를 보장하기 위해서는 변위구속장치를 설치해야 한다.

③ 지진 시에 교량과 교대 혹은 인접하는 교량간의 충돌에 의한 주요 구조부재의 손상을 방지해야 한다.

④ 교량의 여유간격은 가동받침의 이동량보다 작아야 한다.

해설

교량의 여유간격은 가동받침의 이동량보다 커야 한다.

정답 ④

9급 2011년 국가직

72 도로교 내진설계 시 고려사항으로 옳지 않은 것은?

① 거더의 단부에서는 최소 받침지지길이가 확보되어야 한다.

② 상부구조의 여유간격은 지진 시의 지반에 대한 상부구조의 총변위량만으로 산정한다.

③ 최소 받침지지길이의 확보가 어려울 경우에 낙교 방지를 위해 변위구속장치를 설치해야 한다.

④ 지진 시 상부구조와 교대 혹은 인접하는 상부구조 간의 충돌에 의한 주요 구조부재의 손상을 방지해야 한다.

해설

$\Delta l_i = d + \Delta l_s + \Delta l_c + 0.4\Delta l_t$

여기서, Δl_i : 상부구조의 여유간격(mm)

d : 지반에 대한 상부구조의 총변위량($d = d_i + d_{sub}$)(mm)

Δl_s : 콘크리트의 건조수축에 의한 이동량(mm)

Δl_c : 콘크리트의 크리프에 의한 이동량(mm)

Δl_t : 온도 변화로 인한 이동량(mm)

d_i : 고려하고 있는 방향에 대한 강성중심에서 등가지진력에 의한 지진 시 설계변위

d_{sub} : 등가지진력에 의한 하부구조의 지진 시 변위

정답 ②

9급 2015년 서울시

73 내진설계에서의 설계지반운동에 대한 설명 중 옳은 것은?

① 설계지반운동은 부지 정지작업이 완료된 지표면에서의 자유장 운동으로 정의한다.
② 국지적인 토질조건, 지질조건이 지반운동에 미치는 영향은 무시할 수 있다.
③ 설계지반운동은 1축 방향 성분으로 정의된다.
④ 모든 점에서 똑같이 가진하는 것이 합리적일 수 없는 특징을 갖는 교량 건설부지에 대해서는 지반운동의 시간적 변화모델을 사용해야 한다.

해설

② 국지적인 토질조건, 지질조건이 지반운동에 미치는 영향은 고려되어야 한다.
③ 설계지반운동은 2축 방향 성분으로 정의된다.
④ 모든 점에서 똑같이 가진하는 것이 합리적일 수 없는 특징을 갖는 교량 건설부지에 대해서는 지반운동의 공간적 변화모델을 사용해야 한다.

정답 ①

9급 2015년 서울시

74 풍하중에 대한 설명으로 옳은 것은?

① 기본풍속(V_{10})이란 재현기간 100년에 해당하는 개활지에서의 지상 100m의 10분 평균 풍속을 말한다.
② 일반 중소지간 교량의 설계기준풍속(V_D)은 40m/s로 한다.
③ 중대지간 교량의 설계기준풍속(V_D)은 풍속기록과 구조물 주변의 지형, 환경 및 교량상부 구조의 지상 높이 등을 고려하여 합리적으로 결정한 10분 최대 풍속을 말한다.
④ 기본풍속(V_{10})과 설계기준풍속(V_D)은 반비례 관계이다.

해설

① 기본풍속(V_{10})이란 재현기간 100년에 해당하는 개활지에서의 지상 10m의 10분 평균 풍속을 말한다.
③ 중대지간 교량의 설계기준풍속(V_D)은 풍속기록과 구조물 주변의 지형, 환경 및 교량상부 구조의 지상높이 등을 고려하여 합리적으로 결정한 10분 평균풍속을 말한다.
④ 기본풍속(V_{10})과 설계기준풍속(V_D)은 비례관계이다.

$$\left(V_D = 1.723 \left(\frac{Z_D}{Z_G} \right)^{\alpha} V_{10} \right)$$

정답 ②

9급 2014년 서울시

75 교량의 내풍설계를 위한 기본풍속(V_{10})에 대한 설명이 옳은 것은?

① 재현기간 100년에 해당하는 개활지에서의 지상 10m의 5분간 평균 풍속
② 재현기간 100년에 해당하는 개활지에서의 지상 20m의 5분간 평균 풍속
③ 재현기간 100년에 해당하는 개활지에서의 지상 10m의 10분간 평균 풍속
④ 재현기간 100년에 해당하는 개활지에서의 지상 20m의 10분간 평균 풍속
⑤ 재현기간 100년에 해당하는 개활지에서의 지상 20m의 15분간 평균 풍속

해설

교량의 내풍설계를 위한 기본풍속(V_{10})이란 재현기간 100년에 해당하는 개활지에서의 지상 10m의 10분간 평균풍속을 말한다.

정답 ③

9급 2014년 서울시

76 교량구조물의 설계 시 정의하는 초과홍수에 설명이 옳은 것은?

① 유량이 50년 빈도 홍수보다 많고 100년 빈도 홍수보다 적은 홍수 또는 조석흐름
② 유량이 50년 빈도 홍수보다 많고 500년 빈도 홍수보다 적은 홍수 또는 조석흐름
③ 유량이 100년 빈도 홍수보다 많고 300년 빈도 홍수보다 적은 홍수 또는 조석흐름
④ 유량이 100년 빈도 홍수보다 많고 500년 빈도 홍수보다 적은 홍수 또는 조석흐름
⑤ 유량이 200년 빈도 홍수보다 많고 500년 빈도 홍수보다 적은 홍수 또는 조석흐름

정답 ④

9급 2017년 지방직(1차)

77 **다음 설명은 2015년 도로교설계기준(한계상태설계법)에서 규정하는 어떤 한계상태에 대한 것인가?**

> 교량의 설계수명 이내에 발생할 것으로 기대되는, 통계적으로 중요하다고 규정한 하중조합에 대하여 국부적/전체적 강도와 안정성을 확보하는 것으로 규정한다.

① 사용한계상태 ② 피로와 파단한계상태

③ 극한한계상태 ④ 극단상황한계상태

해설

① 사용한계상태 : 정상적인 사용조건하에서 응력, 변형 및 균열폭을 제한하는 것으로 규정한다.
② 피로와 파단한계상태 : 피로한계상태는 기대응력 범위의 반복 횟수에서 발생하는 단일 피로 설계트럭에 의한 응력범위를 제한하는 것으로 규정한다. 파단한계상태는 「KSD3515－용접구조물 압연강재」에 제시하고 있는 재료 인성 요구사항으로 규정한다.
③ 극한한계상태 : 교량의 설계수명 이내에 발생할 것으로 기대되는, 통계적으로 중요하다고 규정한 하중조합에 대하여 국부적/전체적 강도와 안정성을 확보하는 것으로 규정한다.
④ 극단상황한계상태 : 극단상황한계상태는 지진 또는 홍수 발생 시 또는 세굴된 상황에서 선박, 차량 또는 유빙에 의한 충돌 시 등의 상황에서 교량의 붕괴를 방지하는 것으로 규정한다.

정답 ③

9급 2019년 지방직

78 KDS(2016) 설계기준에서 제시된 교량설계 원칙 중 한계상태에 대한 설명으로 옳은 것은?

① 사용한계상태는 극단적인 사용조건하에서 응력, 변형 및 균열폭을 제한하는 것으로 규정한다.

② 피로한계상태는 기대응력범위의 반복 횟수에서 발생하는 단일 피로설계트럭에 의한 응력범위를 제한하는 것으로 규정한다.

③ 극한한계상태는 지진 또는 홍수 발생 시, 또는 세굴된 상황에서 선박, 차량 또는 유빙에 의한 충돌 시 등의 상황에서 교량의 붕괴를 방지하는 것으로 규정한다.

④ 극단상황한계상태는 교량의 설계수명 이내에 발생할 것으로 기대되는, 통계적으로 중요하다고 규정한 하중조합에 대하여 국부적/전체적 강도와 안정성을 확보하는 것으로 규정한다.

해설

도로교설계기준에서 규정하는 한계상태

① 사용한계상태 : 정상적인 사용조건하에서 응력, 변형률 및 균열폭을 제한하는 것으로 규정한다.

② 피로한계상태 : 기대응력범위의 반복 횟수에서 발생하는 단일 피로 설계트럭에 의한 응력범위를 제한하는 것으로 규정한다.

③ 극한한계상태 : 교량의 설계수명 이내에 발생할 것으로 기대되는, 통계적으로 중요하다고 규정한 하중조합에 대하여 국부적/전체적 강도와 안정성을 확보하는 것으로 규정한다.

④ 극단상황한계상태 : 지진 또는 홍수 발생 시, 또는 세굴된 상황에서 선박, 차량 또는 유빙에 의한 충돌 시 등의 상황에서 교량의 붕괴를 방지하는 것으로 규정한다.

정답 ②

9급 2016년 국가직

79 한계상태설계법을 채택한 도로교설계기준(2012)에 제시된 한계상태로서 옳지 않은 것은?

① 파괴 이전에 현저하게 육안으로 관찰될 정도의 비탄성 변형이 발생하지 않도록 제한하는 변형한계상태

② 기대응력범위의 반복 횟수에서 발생하는 단일 피로설계트럭에 의한 응력범위를 제한하는 피로한계상태

③ 정상적인 사용조건하에서 응력, 변형 및 균열폭을 제한하는 사용한계상태

④ 설계수명 이내에 발생할 것으로 기대되는, 통계적으로 중요하다고 규정한 하중조합에 대하여 강도와 안정성 확보를 위한 극한 한계상태

해설

한계상태는 극한한계상태, 사용한계상태, 피로한계상태, 극단상황한계상태로 구분된다.

정답 ①

9급 2015년 서울시

80 「도로교설계기준 한계상태설계법」에서 말하는 한계상태에 대한 설명 중 옳지 않은 것은?

① 극단상황한계상태는 지진 또는 홍수 발생 시, 또는 세굴된 상황에서 선박, 차량 또는 유빙에 의한 충돌 시 등의 상황에서 교량의 붕괴를 방지하는 것으로 규정한다.

② 극한한계상태는 교량의 설계수명 이상에서 발생할 것으로 기대되는 하중조합에 대하여 국부적/전체적 강도와 사용성을 확보하는 것으로 규정한다.

③ 피로한계상태는 기대응력범위의 반복 횟수에서 발생하는 단일 피로설계트럭에 의한 응력 범위를 제한하는 것으로 규정한다.

④ 사용한계상태는 정상적인 사용조건 하에서 응력, 변형 및 균열폭을 제한하는 것으로 규정한다.

해설

극한한계상태는 교량의 설계수명 이내에서 발생할 것으로 기대되는 하중조합에 대하여 국부적/전체적 강도와 안정성을 확보하는 것으로 규정한다.

정답 ②

9급 2017년 지방직(2차)

81 도로교설계기준(한계상태설계법, 2015년)의 설계원칙에 대한 설명으로 옳지 않은 것은?

① 교량구조계는 극한한계상태에서의 파괴 이전에 육안으로 관찰될 정도의 비탄성 변형이 발생할 수 있도록 형상화 및 상세화되어야 한다.

② 특별한 이유가 없는 한, 다재하경로구조와 연속구조로 하는 것이 바람직하다.

③ 사용한계상태는 정상적인 사용조건하에서 응력, 변형 및 균열폭을 제한하는 것이다.

④ 구조물의 중요도는 피로한계상태에만 적용한다.

해설

구조물의 중요도는 극한한계상태와 극단상황한계상태에만 적용한다.

정답 ④

9급 2019년 서울시

82 **도로교설계기준(2015)에 제시된 콘크리트 교량구조의 한계상태에 대한 설명으로 가장 옳지 않은 것은?**

① 사용한계상태는 사용자의 안전을 위험하게 하는 구조적 손상 또는 파괴에 관련된 것이다.
② 극한한계상태를 부재의 정역학적 평형 손실 한계상태 등에 대하여 검토한다.
③ 한계상태는 설계에서 요구하는 성능을 더 이상 발휘할 수 없는 한계이다.
④ 피로한계상태는 교량의 사용 수명 동안 작용하는 활하중에 의한 교번응력에 대하여 검토한다.

해설

사용자의 안전을 위험하게 하는 구조적 손상 또는 파괴에 관련된 한계상태는 극한한계상태이다.

정답 ❶

9급 2015년 지방직

83 **도로교설계기준(한계상태설계법, 2012)의 기반이 된 한계상태설계법에 대한 설명으로 옳지 않은 것은?**

① 부분안전계수를 사용하여 하중 및 각 재료에 대한 특성이 고려된 설계법이다.
② 설계이론에서 재료는 선형탄성 구간에 있는 것으로 가정한다.
③ 하중과 재료의 불확실성을 고려한 설계법으로 구조 신뢰성 이론에 기반하고 있다.
④ 안정성과 사용성을 극한한계상태와 사용한계상태를 이용하여 확보한다.

해설

설계이론에서 재료는 탄성한계까지는 선형거동을 하고, 탄성한계를 넘어서는 비선형 거동을 한다고 가정한다.

정답 ❷

9급 2015년 국가직

84 **한계상태설계법을 적용한 도로교설계기준(2012)에서 하중에 대한 설명으로 옳지 않은 것은?**

① 설계차량활하중은 표준트럭하중과 표준차로하중으로 이루어지며, 표준트럭하중의 전체 중량은 510kN이다.

② 표준차로하중은 횡방향으로 3m의 폭으로 균등하게 분포되어 있으며, 표준차로하중의 영향에는 충격하중을 적용하지 않는다.

③ 피로하중은 세 개의 축으로 이루어져 있으며 총중량을 351kN으로 환산한 한 대의 설계트럭하중 또는 축하중이고, 충격하중도 피로하중에 적용된다.

④ 보도나 보행자 또는 자전거용 교량에서 유지관리용 또는 이에 부수되는 차량통행이 예상되는 경우 이 차량에 대해 충격하중을 설계에 고려하여야 한다.

해설

보도나 보행자 또는 자전거용 교량에서 유지관리용 또는 이에 부수되는 차량통행이 예상되는 경우 이 차량에 대해 충격하중을 설계에 고려하지 않는다.

정답 ④

9급 2015년 지방직

85 **도로교설계기준(한계상태설계법, 2012)에 따른 신축이음 설계에 관한 설명으로 옳지 않은 것은?**

① 신축이음의 설계 연직하중은 표준트럭의 후륜하중으로 한다.

② 신축이음의 설계 수평하중은 설계 연직하중의 20%로 하고 신축이음에서의 바퀴 접촉과 분포를 고려한다.

③ 강교량인 경우 노면 틈새 간격은 계수하중을 고려한 극한 이동상태에서 25mm 이상이어야 한다.

④ 각종 이동량 및 시공 여유량 등을 모두 고려하여 차량 진행방향으로 산정한 신축이음 노면 최대 틈새 간격(W, mm)은 틈새가 하나(for Single Gap)인 경우 $W \leq 120$mm를 만족하여야 한다.

해설

각종 이동량 및 시공 여유량 등을 모두 고려하여 차량 진행 방향으로 산정한 신축이음 노면 최대 틈새 간격(W, mm)은 틈새가 하나(for single gap)인 경우 $W \leq 100$mm을 만족하여야 한다.

정답 ④

9급 2013년 국가직

86 「도로교설계기준(2010)」에 따른 도로교의 교량 바닥판 설계 시 철근콘크리트 바닥판에 배근되는 배력철근에 대한 설계기준을 설명한 내용으로 옳지 않은 것은?

① 배근되는 배력철근량은 온도 및 건조수축에 대한 철근량 이상이어야 하며, 이때 바닥판 단면에 대한 온도 및 건조수축 철근량의 비는 1.0%이다.

② 배력철근의 양은 정모멘트 구간에 필요한 주철근에 대한 비율로 나타낸다.

③ 배력철근의 양은 주철근이 차량진행방향에 평행할 경우는, $55/\sqrt{L}$% (L : 바닥판의 지간(m))와 50% 중 작은 값 이상으로 한다.

④ 집중하중으로 작용하는 활하중을 수평방향으로 분산시키기 위해 바닥판에는 주철근의 직각방향으로 배력철근을 배치하여야 한다.

정답 ①

9급 2014년 서울시

87 도로설계에서 도로계획의 일반사항으로 옳지 않은 것은?

① 설계속도는 도로설계의 기초가 되는 자동차의 속도를 말하며, 도로의 기능별 구분과 지역 및 지형에 따라 결정한다.

② 도로의 기능은 크게 통행기능과 공간기능으로 구분한다.

③ 예측된 수요교통량을 설계될 기본 구간의 차로당 공급 서비스 교통량으로 나누어서 차로수를 산정한다.

④ 소형차도로는 대도시 및 도시 근교의 교통 과밀지역의 용량 확대와 교통시설 구조 개선 등 도로정비 차원에서 소형자동차만이 통행할 수 있는 도로다.

⑤ 지방지역 고속도로의 경우 설계서비스 수준으로 D를 사용하고 도시지역 고속도로 또는 일반도로의 경우 설계서비스 수준으로 C를 사용한다.

해설

도로 종류별 설계서비스 수준

지역 구분 / 도로 구분	지방 지역	도시 지역
고속도로	C	D
일반도로	D	D

정답 ⑤

Chapter 13

기타

Contents

본 장은 토목설계 분야에 해당하나 과목별 분류가 어려운 문제들만 모아 구성하였습니다.

ITEM POOL 예상문제 및 기출문제

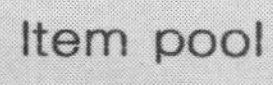

예상문제 및 기출문제

9급 2013년 서울시

01 SS400 강재의 탄성계수(E)가 205,000MPa일 때, SM490 강재의 탄성계수 E와 전단탄성계수 G는?(단, 강재의 포아송비는 0.3이다.)

① $E=\frac{205,000\times490}{400}$MPa, $G=\frac{205,000}{2.6}$MPa

② $E=\frac{205,000\times400}{490}$MPa, $G=\frac{205,000}{2.4}$MPa

③ $E=$205,000MPa, $G=\frac{205,000}{2.6}$MPa

④ $E=$205,000MPa, $G=\frac{205,000}{2.4}$MPa

⑤ $E=$205,000MPa, $G=\frac{205,000\times490}{2.4}$MPa

해설

$E=$205,000MPa

$$G=\frac{E}{2(1+\nu)}=\frac{205,000}{2(1+0.3)}=\frac{205,000}{2.6}\text{MPa}$$

정답 ③

9급 2018년 서울시(1차)

02 길이 100m의 양단이 고정된 레일은 단면적 $A=50\text{cm}^2$, 열팽창계수 $\alpha=1.5\times10^{-6}/℃$, 탄성계수 $E=200\text{GPa}$이다. 이 경우 온도가 10℃ 상승할 때 레일에 발생되는 열응력의 값은?(단, 마찰은 무시한다.)

① 3,000kN/m^2　　② 600kN/m^2

③ 3kN/m^2　　④ 60kN/m^2

해설

$$\sigma_T=E\cdot\alpha\cdot\Delta T=(200\times10^6)\times(1.5\times10^{-6})\times10=3,000\text{kPa}=3,000\text{kN/m}^2$$

정답 ①

9급 2007년 국가직

03 단면적이 400mm^2이고, 길이가 10m인 강봉(steel bar)이 온도변화의 영향으로 3mm가 늘어났다. 이 인장변형을 억제하는 데 필요한 최소 압축력[kN]은?(단, 강봉의 탄성계수 $E_s = 2.1 \times 10^5\text{MPa}$)

① 25.2
② 30.2
③ 35.2
④ 37.2

해설

$$\delta_T + \delta_R = \delta_T + \frac{RL}{EA} = 0$$

$$R = -\frac{EA\delta_T}{L} = -\frac{(2.1 \times 10^5) \times 400 \times 3}{(10 \times 10^3)} = -25.2 \times 10^3\text{N} = -25.2\text{kN}$$

정답 ①

9급 2008년 국가직

04 다음 그림에서 봉의 단면적이 A이고 탄성계수가 E일 때 봉의 변형에너지 U는?

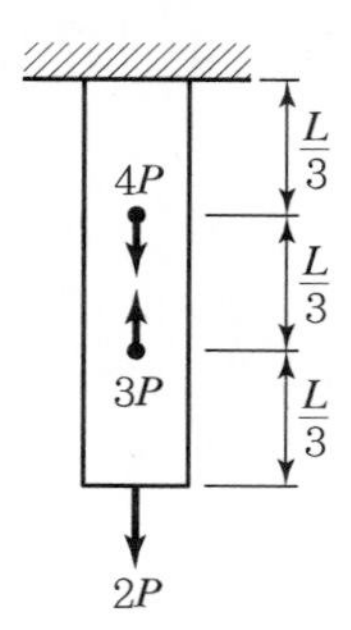

① $\dfrac{P^2L}{EA}$ ② $\dfrac{3P^2L}{2EA}$

③ $\dfrac{2P^2L}{EA}$ ④ $\dfrac{7P^2L}{3EA}$

해설

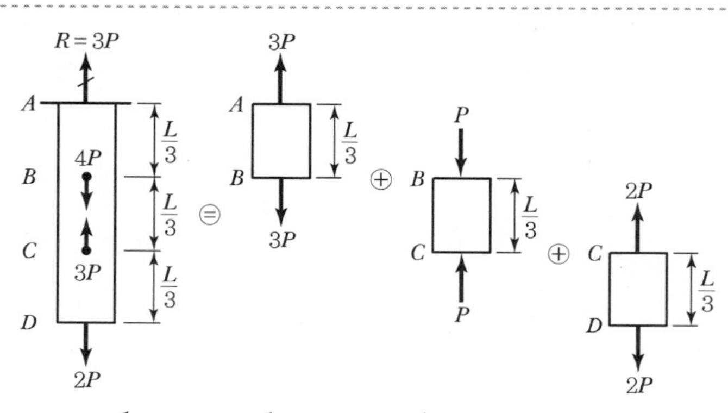

$$U = U_{AB} + U_{BC} + U_{CD} = \frac{1}{2}(3P)\delta_{AB} + \frac{1}{2}(-P)\delta_{BC} + \frac{1}{2}(2P)\delta_{CD}$$

$$= \frac{P}{2}\left(3 \cdot \frac{(3P)\left(\frac{L}{3}\right)}{EA} + (-1)\frac{(-P)\left(\frac{L}{3}\right)}{EA} + 2 \cdot \frac{(2P)\left(\frac{L}{3}\right)}{EA}\right)$$

$$= \frac{P^2L}{2EA}\left(3 + \frac{1}{3} + \frac{4}{3}\right) = \frac{P^2L}{2EA}\frac{14}{3} = \frac{7P^2L}{3EA}$$

정답 ④

9급 2018년 서울시(1차)

05 〈보기〉와 같이 철근콘크리트 기둥(단주)의 중심에 집중하중 P가 작용한다. 하중과 응력의 평형을 고려할 때 탄성과 비탄성영역의 전체 범위에 대해 타당하게 사용할 수 있는 식으로 알맞은 것은?(단, $f_s{}'$ = 철근응력, f_c = 콘크리트 응력, $n = E_s/E_c$, A_c = 콘크리트 면적, $A_s{}'$ = 압축철근 면적, $A_g = A_c + A_s{}'$이다.)

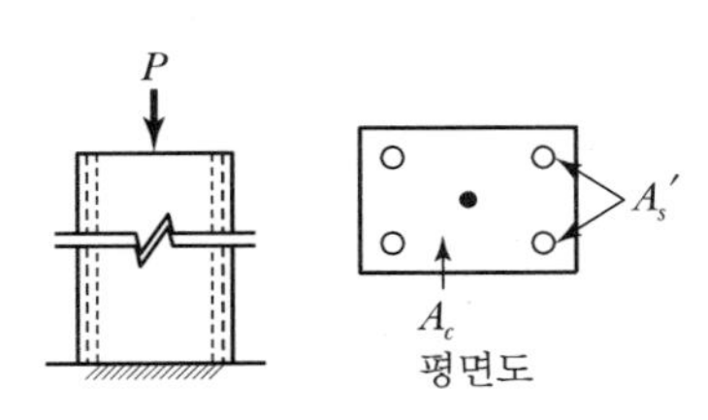

① $P = f_c(A_c + nA_s{}')$

② $P = f_c\{A_g + (n-1)A_s{}'\}$

③ $P = f_cA_c + f_s{}'A_s{}'$

④ $P = f_s{}'\left(\frac{A_c}{n} + A_s{}'\right)$

해설

1. 평형방정식

$$P = P_c + P_s = f_cA_c + f_s{}'A_s{}' \quad \cdots\cdots (1)$$

2. 적합 조건식

$$\varepsilon_c = \varepsilon_s{}',\ \frac{f_c}{E_c} = \frac{f_s{}'}{E_s},\ f_s{}' = \frac{E_s}{E_c}f_c = nf_c \quad \cdots\cdots (2)$$

식 (2)를 식 (1)에 대입하면

$$P = f_cA_c + (nf_c)A_s{}' = f_c(A_c + nA_s{}') \quad \cdots\cdots (3)$$

$$= f_c\{(A_g - A_s{}') + nA_s{}'\} = f_c\{A_g + (n-1)A_s{}'\} \quad \cdots\cdots (4)$$

식 (2)를 다시 표현하면

$$f_c = \frac{f_s{}'}{n} \quad \cdots\cdots (5)$$

식 (5)를 식 (1)에 대입하면

$$P = \left(\frac{f_s{}'}{n}\right)A_c + f_s{}'A_s{}' = f_s{}'\left(\frac{A_c}{n} + A_s{}'\right) \quad \cdots\cdots (6)$$

하중 P를 표현하는 식 (1), (3), (4), (6) 중에서 탄성계수비 n이 고려된 식 (3), (4), (6)은 탄성영역에서만 적용할 수 있으며, 식 (1)은 탄성영역뿐만 아니라 비탄성영역에서도 적용할 수 있다.

정답 ③

9급 2017년 지방직(1차)

06 한 변의 길이가 300mm인 정사각형 단면을 가진 철근콘크리트 기둥에 편심이 없는 단기하중이 축방향으로 작용하고 있다. 축방향 철근의 단면적 A_{st} = 2,500mm², 철근의 탄성계수 E_s = 200GPa, 콘크리트의 탄성계수 E_c = 25GPa일 때 철근이 받는 응력이 120MPa이라면 콘크리트가 받는 응력[MPa]은?(단, 콘크리트의 설계기준압축강도 f_{ck} = 40MPa이며, 철근과 콘크리트 모두 탄성범위 이내에서 거동한다.)

① 10
② 12
③ 15
④ 18

해설

$$n=\frac{E_s}{E_c}=\frac{200}{25}=8$$

$$f_c=\frac{f_s}{n}=\frac{120}{8}=15\text{MPa}$$

정답 ③

9급 2012년 서울시

07 탄성거동을 하는 철근콘크리트 기둥의 단면이 $40\,\text{cm}\times 40\,\text{cm}$, 철근의 단면적은 $40\,\text{cm}^2$, 탄성계수비$\left(n=\frac{E_s}{E_c}\right)$는 8이다. 기둥에 하중을 작용할 경우, 콘크리트에 발생되는 응력이 $80\,\text{kg/cm}^2$이라면 기둥에 재하되고 있는 하중은?

① 150,400kg
② 153,600kg
③ 156,800kg
④ 147,200kg
⑤ 139,200kg

해설

$$\begin{aligned}P&=f_c(A_c+nA_s)\\&=80\times\{(40^2-40)+8\times 40\}\\&=150{,}400\text{kg}\end{aligned}$$

정답 ①

9급 2016년 서울시

08 다음 그림과 같은 철근콘크리트 부재에 축방향 하중 P가 작용하여 콘크리트가 받는 응력이 10MPa이다. 이때 작용하는 축방향 하중 P는?(단, 축방향 철근의 단면적 $A_{st}=2{,}000\text{mm}^2$, 철근과 콘크리트의 탄성계수비 $n=\dfrac{E_s}{E_c}=8$, 부재는 탄성범위 이내에서 거동한다.)

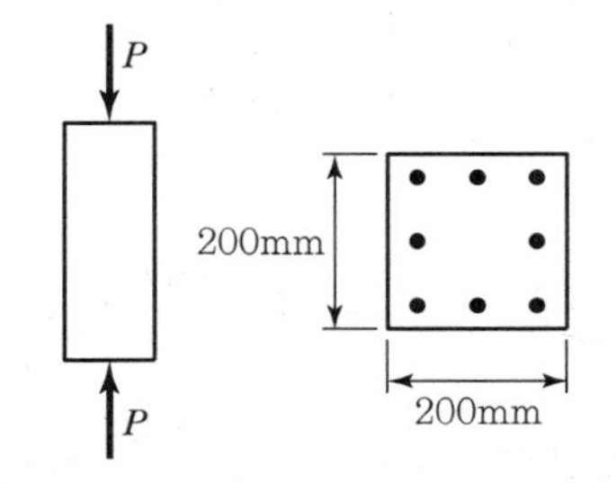

① 460kN ② 500kN
③ 540kN ④ 580kN

해설

$P=f_c\{A_g+(n-1)A_{st}\}=10\{200^2+(8-1)2{,}000\}=540\times10^3\text{N}=540\text{kN}$

정답 ③

9급 2013년 국가직

09 지간 중앙에서 집중하중이 작용하고 균열이 발생하지 않은 단순 지지된 탄성상태인 직사각형 철근콘크리트보에서의 부재력과 응력에 대한 설명으로 옳지 않은 것은?

① 지간 중앙 단면에서 휨에 의한 응력의 절댓값은 중립축에서 멀수록 증가한다.
② 지간 중앙 단면에서 부재 하부표면의 사인장응력 값은 0이 된다.
③ 지간 중앙 단면에서 휨에 의한 응력의 절댓값은 단면2차모멘트(I) 값이 클수록 증가한다.
④ 지간 중앙 단면에서 상부 표면에서의 전단응력은 0이 된다.

해설

$f=\dfrac{My}{I}$, 지간 중앙 단면에서 휨에 의한 응력의 절댓값은 단면2차모멘트(I) 값이 클수록 감소한다.

정답 ③

9급 2010년 지방직

10 그림과 같이 보 지간 중앙점에 집중하중 P가 작용하고, 양단에 $10P$의 집중된 압축력이 단면 중심에 작용하는 보에 대한 설명으로 옳지 않은 것은?

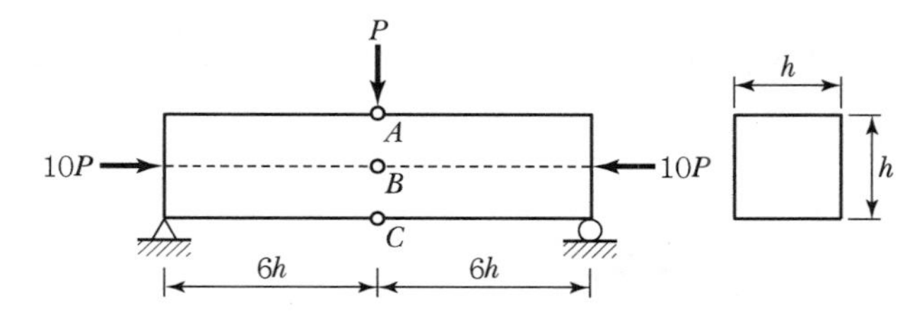

① A,B,C 위치에서 양단의 집중압축력에 의한 압축응력의 크기는 모두 $\dfrac{10P}{h^2}$이다.

② B 위치(중립축 상)에서 단부압축력과 휨으로 인한 압축응력의 크기는 $\dfrac{10P}{h^2}$이다.

③ A 위치에서 단부압축력과 휨으로 인한 압축응력의 크기는 $\dfrac{28P}{h^2}$이다.

④ C 위치에서 단부압축력과 휨으로 인한 인장응력의 크기는 $\dfrac{6P}{h^2}$이다.

해설

$$f_c = \frac{M}{Z} - \frac{C}{A} = \frac{6}{h^3} \cdot \frac{P(12h)}{4} - \frac{10P}{h^2} = \frac{8P}{h^2}$$

정답 ④

9급 2018년 서울시(1차)

11 〈보기〉의 그림 (가)와 같이 중앙 지점에 집중하중이 작용하는 단순보가 그림 (나)와 같이 6cm×20cm의 단면으로 이루어진 경우 최대 휨응력은?

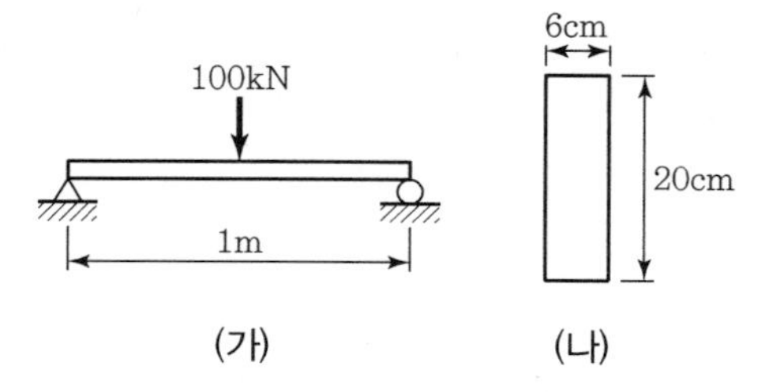

① 6.25kN/cm^2

② 12.65kN/cm^2

③ 166.75kN/cm^2

④ 833kN/cm^2

해설

$$\sigma_{max} = \frac{M_{max}}{Z} = \frac{3Pl}{2bh^2} = \frac{3\times100\times100}{2\times6\times20^2} = 6.25\text{kN/cm}^2$$

정답 ①

9급 2010년 국가직

12 그림과 같이 직사각형단면을 갖는 단순보에 하중 P가 작용하였을 경우, 최대 전단응력과 최대 휨응력을 계산한 값은?

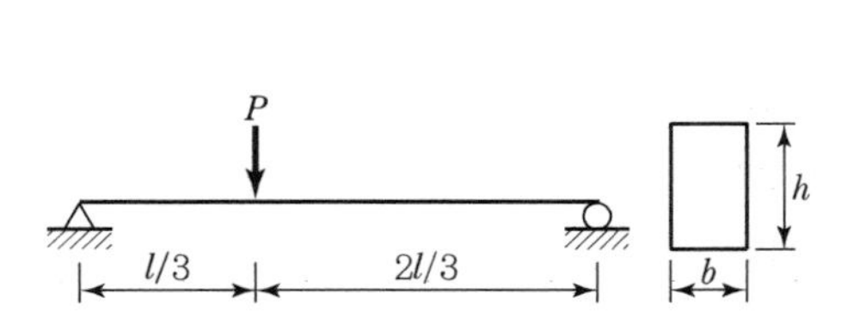

	최대 전단응력	최대 휨응력
①	$\frac{P}{2bh}$	$\frac{4Pl}{3bh^2}$
②	$\frac{P}{bh}$	$\frac{2Pl}{3bh^2}$
③	$\frac{P}{2bh}$	$\frac{2Pl}{3bh^2}$
④	$\frac{P}{bh}$	$\frac{4Pl}{3bh^2}$

해설

$$v_{\max} = \alpha \frac{S_{\max}}{A} = \frac{3}{2} \cdot \frac{1}{bh} \cdot \frac{2P}{3} = \frac{P}{bh}$$

$$f_{\max} = \frac{M_{\max}}{Z} = \frac{6}{bh^2} \cdot \frac{P\left(\frac{l}{3}\right)\left(\frac{2l}{3}\right)}{l} = \frac{4Pl}{3bh^2}$$

정답 ④

9급 2017년 서울시

13 〈보기〉와 같은 보의 단면에 10kN의 전단력이 작용하는 경우 단면의 중립축(N.A)에서 10cm 떨어진 A점에서의 전단응력 값은?

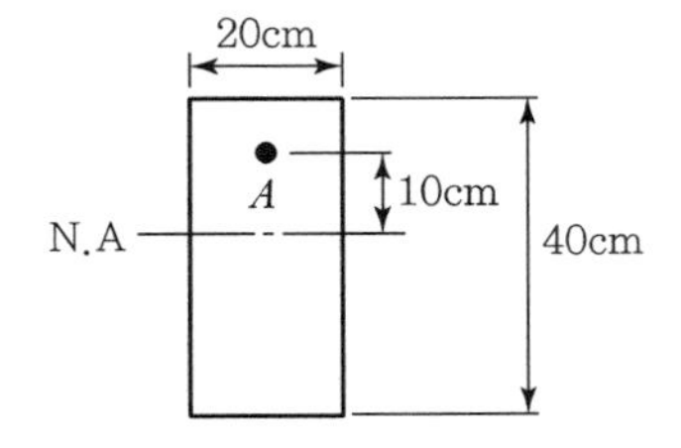

① 9.4N/cm^2
② 14N/cm^2
③ 0.2N/cm^2
④ 0.02N/cm^2

해설

$$Q_A = (20 \times 10) \times 15 = 3 \times 10^3 \text{cm}^3$$

$$I_{N.A} = \frac{1}{12}(20 \times 40^3) = \frac{32}{3} \times 10^4 \text{cm}^4$$

$$\tau_A = \frac{VQ_A}{I_{N.A}b} = \frac{(10 \times 10^3) \times (3 \times 10^3)}{\left(\frac{32}{3} \times 10^4\right) \times 20} = \frac{225}{16} = 14.0625 \text{N/cm}^2$$

정답 ②

9급 2020년 지방직

14 그림과 같은 동일 재질의 강재로 만들어진 직사각형 단면에 대해 $x-x$ 축에 대한 소성단면계수[$\times 10^6 \text{mm}^3$]는?(단, 좌굴은 고려하지 않는다)

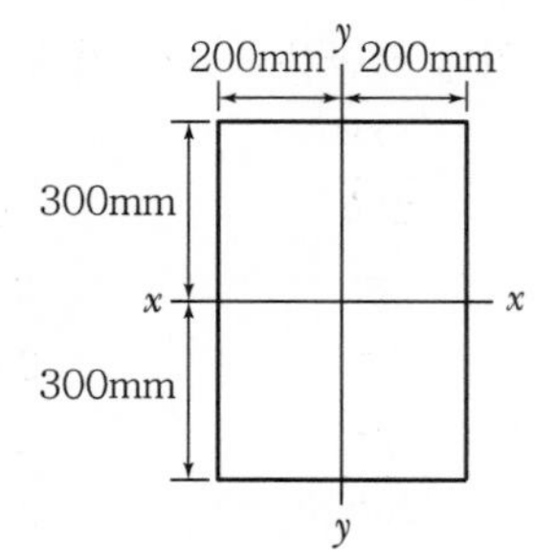

① 6

② 12

③ 24

④ 36

해설

$$Z_P = \frac{bh^2}{4} = \frac{400 \times 600^2}{4} = 36 \times 10^6 \text{mm}^3$$

정답 ④

9급 2013년 서울시

15 H형 단면의 강축과 약축에 대한 단면2차모멘트가 각각 $I_x = 0.0027B^2$, $I_y = 0.0009B^2$이다. H형 단면의 플랜지를 서로 나란하게 붙여서 좌굴에 대한 안정성을 검토하는 경우 최소 단면2차모멘트는?

① $0.0010B^2$
② $0.0016B^2$
③ $0.0018B^2$
④ $0.0054B^2$
⑤ $0.0036B^2$

해설

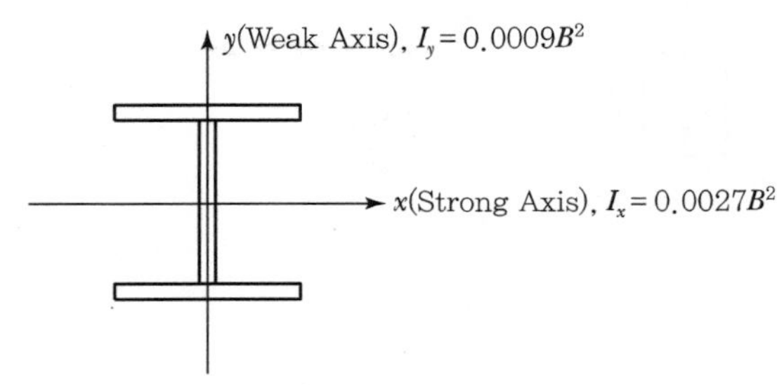

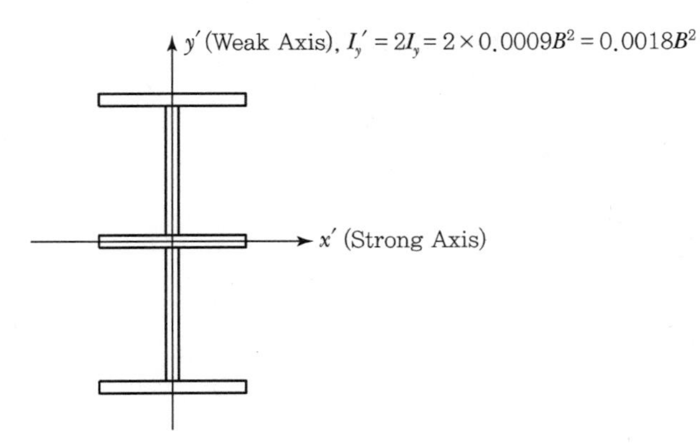

정답 ③

9급 2011년 서울시

16 프리텐션 콘크리트 단순보에서 자중 w가 작용하고 있다. PS강재는 그림과 같이 도심에서 편심 e를 갖고 직선으로 배치되어 있다. 자중에 의한 보 중앙의 수직처짐이 발생하지 않게 하기 위하여 프리스트레스 힘 P를 얼마나 도입해야 하는가?(단, 단순보 중앙의 자중에 의한 수직처짐은 $\dfrac{5wl^4}{384EI}$이다.)

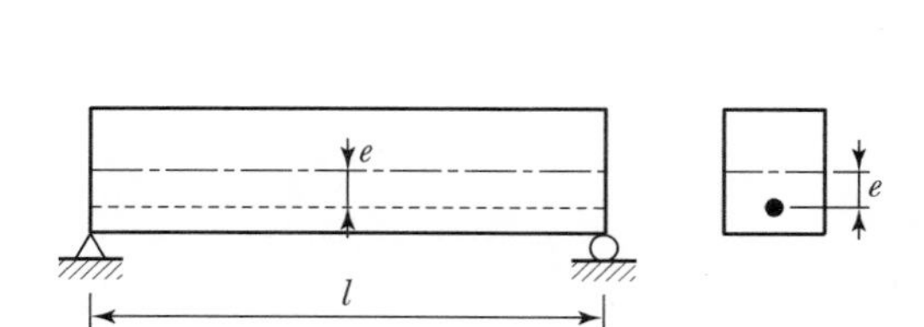

① $\dfrac{40wl^2}{384e}$

② $\dfrac{wl^2}{384e}$

③ $\dfrac{20wl^2}{384e}$

④ $\dfrac{5wl^2}{384e}$

⑤ $\dfrac{25wl^2}{384e}$

해설

$$\delta_c = \frac{5wl^4}{384EI} - \frac{(P \cdot e)l^2}{8EI} = 0$$

$$P = \frac{40wl^2}{384e}$$

9급 2008년 국가직

17 다음 그림과 같은 구조물에서 P_1으로 인한 B점의 처짐 δ_1과 P_2로 인한 B점의 처짐 δ_2가 있다. P_1이 작용한 후 P_2가 작용할 때 P_1이 하는 일[kN · mm]은?

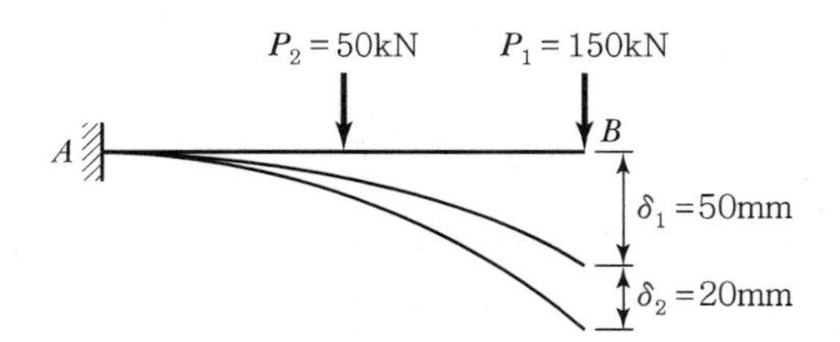

① 6,500
② 6,750
③ 7,000
④ 7,250

해설

$$w_{12}=\frac{1}{2}P_1\delta_1+P_1\delta_2$$

$$=\frac{1}{2}\times 150\times 50+150\times 20=6{,}750\text{kN}\cdot\text{mm}$$

정답 ②

9급 2009년 지방직

18 그림과 같이 양단이 고정되고 단면이 균일한 보의 중앙에 집중하중 P가 작용하고 있을 경우, 탄성처짐곡선의 접선의 기울기가 영(Zero)인 곳은?

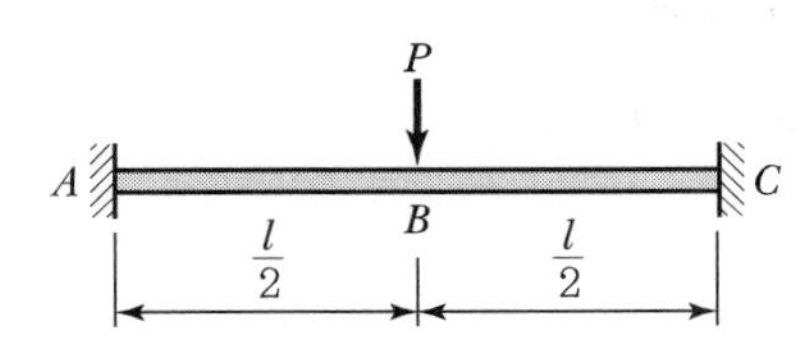

① A, C 점
② B 점
③ A, B, C 점
④ AB의 중간점과 BC의 중간점

정답 ③

9급 2014년 서울시

19 다음 중 재하시험에 의한 평가와 관련된 내용으로 옳지 않은 것은?

① 재하시험의 목적은 구조물 또는 부재의 실제 내하력을 정량화하여 안전성을 평가하기 위함이다.
② 구조물의 일부분만을 재하할 경우, 내하력이 의심스러운 부분의 예상 취약 원인을 충분히 확인할 수 있는 적절한 방법으로 실시하여야 한다.
③ 해석적인 평가는 재하시험을 수행한 이후에 수행하여야 한다.
④ 책임구조기술자는 재하시험 전에 재하하중, 계측, 시험조건, 수치해석 등을 포함한 재하시험 계획을 수립하여 구조물의 소유주 또는 관리 주체의 승인을 받아야 한다.
⑤ 건물에서 부재의 안전성을 재하시험 결과에 근거하여 직접 평가할 경우에는 보, 슬래브 등과 같은 휨부재의 안전성 검토에만 적용할 수 있다.

해설

해석적인 평가는 재하시험 전에 수행하여야 한다.

정답 ③

9급 2014년 서울시

20 자연상태 함수비 15%인 세립토에 대해 에터버그한계를 평가한 결과, 수축한계 3%, 소성한계 25%, 액성한계 45%로 평가되었다. 이 흙의 소성지수(PI)는 얼마로 결정되는가?

① 10%　　② 20%
③ 22%　　④ 30%
⑤ 42%

해설

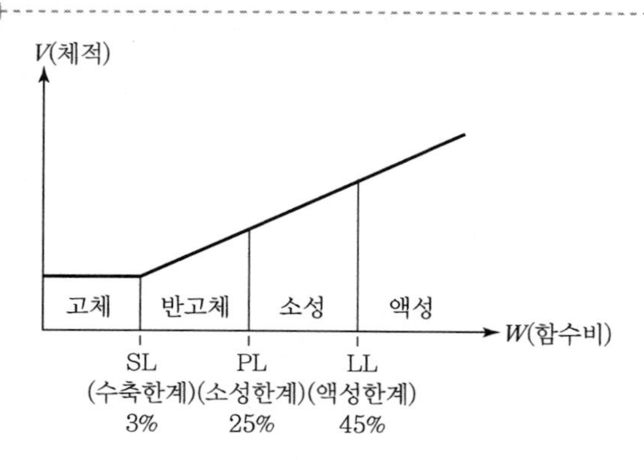

PI(소성지수) $= LL$(액성한계) $- PL$(소성한계)
$= 45 - 25$
$= 20\%$

정답 ②

9급 2018년 서울시(1차)

21 〈보기〉와 같은 옹벽에 작용하는 주동토압의 크기는?(단, 벽면마찰각과 옹벽 연직변위는 무시한다.)

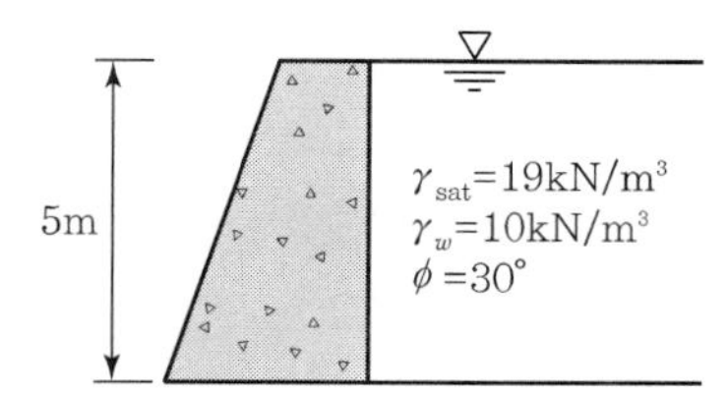

① 32.5kN/m
② 162.5kN/m
③ 287.5kN/m
④ 325kN/m

해설

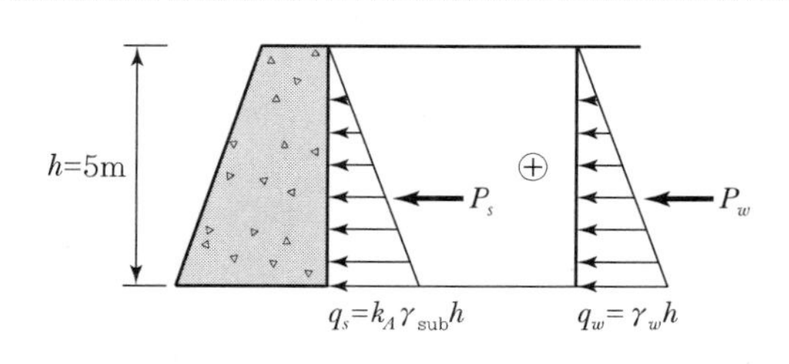

$\gamma_{sat}=19\text{kN/m}^3$

$\gamma_w=10\text{kN/m}^3$

$\phi=30°$

$$\gamma_{sub}=\gamma_{sat}-\gamma_w=19-10=9\text{kN/m}^3$$

$$k_A=\frac{1-\sin\phi}{1+\sin\phi}=\frac{1-\sin 30°}{1+\sin 30°}=\frac{1-\left(\frac{1}{2}\right)}{1+\left(\frac{1}{2}\right)}=\frac{1}{3}$$

$$\begin{aligned}P_A&=P_s+P_w\\&=\frac{1}{2}k_A\gamma_{sub}h^2+\frac{1}{2}\gamma_w h^2\\&=\frac{1}{2}\times\frac{1}{3}\times 9+5^2+\frac{1}{2}\times 10\times 5^2=37.5+125=162.5\text{kN/m}\end{aligned}$$

정답 ②